AF588371
HERRENKNECHT
Tunnelling Systems

GOECKE
SCHWELM

Taschenbuch für den Tunnelbau 2024

Kompendium der Tunnelbautechnologie
Planungshilfe für den Tunnelbau

Herausgegeben von der DGGT ·
Deutsche Gesellschaft für Geotechnik e. V.

Unter Mitwirkung von Dr. rer. nat. K. Laackmann (Federführung)
Prof. Dr.-Ing. H. Balthaus
Dipl.-Ing. M. Breidenstein
Dr.-Ing. C. Camós-Andreu
Dr.-Ing. S. Franz
Prof. Dr.-Ing. A. Hettler
Dipl.-Ing. A. Hillebrenner
Dipl.-Ing. K. Kruschinski-Wüst
Prof. Dr.-Ing. D. Mähner
Prof. Dr.-Ing. B. Maidl
MR Prof. Dr.-Ing. G. Marzahn
Dipl.-Ing. M. Meissner
Dipl.-Ing. S. Schwaiger
Prof. Dr.-Ing. M. Thewes
Dr.-Ing. G. Wehrmeyer
Dr.-Ing. B. Wittke-Schmitt

48. Jahrgang

Bibliografische Information der Deutschen Nationalbibliothek
Die Deutsche Nationalbibliothek verzeichnet diese Publikation in der Deutschen Nationalbibliografie; detaillierte bibliografische Daten sind im Internet über http://dnb.d-nb.de abrufbar.

Herstellung: pp030 – Produktionsbüro Heike Praetor, Berlin
Satz: Olaf Mangold Text&Typo, Stuttgart
Druck und Bindung: CPI books GmbH, Leck

Printed in the Federal Republic of Germany.
Gedruckt auf säurefreiem Papier.

Print ISBN: 978-3-433-03419-4
ePDF ISBN: 978-3-433-61168-5
ePub ISBN: 978-3-433-61169-2
oBook ISBN: 978-3-433-61167-8

Implenia
VISION UNDER-GROUND
DIE ZUKUNFT DES UNTERIRDISCHEN BAUENS
BELEUCHTET AUS UNTERSCHIEDLICHEN PERSPEKTIVEN
NEWSLETTER ABONNIEREN

Vorwort zum achtundvierzigsten Jahrgang

Die Welt befindet sich im Wandel! Diese Erkenntnis ist sicher nicht neu. Dennoch werden aktuell Wandel- und Wende-Begriffe zunehmend, nahezu inflationär, benutzt. Dabei sind Weiterentwicklungen – und damit auch ein Wandel der Prozesse, Verfahren, Ressourcen und Verantwortlichkeiten – in unserer Branche ebenso wie in anderen technischen und wissenschaftlichen Disziplinen grundlegend für den Fortschritt. Weiterentwicklungen im Tunnelbau werden häufig durch technische und wirtschaftliche Projektrandbedingungen und Vorgaben aus dem Genehmigungsprozess initiiert, oder sie ergeben sich aus der Analyse zurückliegender Projekte und deren besonderen Herausforderungen. Bei der Umsetzung der Weiterentwicklungen ist der rationale Ingenieursverstand gefordert. Es gilt, nicht nur die Chancen und Risiken von Innovationen zu bewerten, sondern auch die erforderlichen Voraussetzungen zu schaffen und die Aus- und Wechselwirkungen, beispielsweise mit dem Baugrund, zu beachten.

Das Taschenbuch für den Tunnelbau dient Auftraggebern, Planern, Bauausführenden und Zulieferern seit fast fünf Jahrzehnten als praxisnaher Ratgeber. Es greift seit vielen Jahren die aktuellen Entwicklungen und Problemstellungen auf, dokumentiert den anerkannten Stand der Technik und zeigt die neuen Erkenntnisse aus der universitären Forschung. Für die diesjährige Ausgabe haben Herausgeberbeirat und Verlag aus einer größeren Anzahl an Beitragsvorschlägen eine Auswahl getroffen und einen interessanten Mix zusammengestellt. Die Beiträge behandeln Themen aus den Bereichen bergmännischer Tunnelbau, maschineller Tunnelbau, Digitalisierung im Tunnelbau, Baustoffe und Bauteile, Tunnelbetrieb und Sicherheit, Forschung und Entwicklung, Vertragswesen und betriebswirtschaftliche Aspekte sowie Praxisbeispiele.

Wir wünschen Ihnen eine interessante Lektüre und freuen uns über Rückmeldungen sowie Themenanregungen und Beitragsvorschläge für zukünftige Ausgaben aus Ihren Reihen.

Dr.-Ing. *B. Wittke-Schmitt* Dr. rer. nat. *K. Laackmann*

Inhalt

Digitalisierung im Tunnelbau

Baustoffe und Bauteile

Tunnelbetrieb und Sicherheit

Forschung und Entwicklung

Vertragswesen und betriebswirtschaftliche Aspekte

Praxisbeispiele

Autorenverzeichnis

Dr.-Ing. Fernando Acosta Urrea, Ed. Züblin AG, Zentrale Technik – Tunnelbau, Albstadtweg 5, 70567 Stuttgart *110*

Dipl.-Ing. Dr. Wolfgang Aldrian, Master Builders Solutions GmbH, Roseggerstraße 101, 8670 Krieglach, Österreich *181*

Andreas Auchter, Arge NBS Flughafentunnel, Echterdinger Straße 100/2, 70599 Stuttgart *509*

Dipl.-Ing. Lars Babendererde, BabEng GmbH, Einsiedelstraße 28, 23554 Lübeck *369*

Tim Babendererde, BabEng GmbH, Einsiedelstraße 28, 23554 Lübeck *460*

Dipl.-Ing. Gereon Behnen, Büchting + Streit AG, Gunzenlehstraße 22–24, 80689 München *181*

Dipl.-Ing. Per Dost, WTM Engineers GmbH, Johannisbollwerk 6–8, 20459 Hamburg *460*

Dipl.-Bauing. ETH Heinz Ehrbar, Heinz Ehrbar Partners GmbH, Holzwiesstrasse 12, 8704 Herrliberg, Schweiz *369*

Paul Erdmann, Amberg Engineering AG, Domstraße 37, 50668 Köln *460*

Dipl. Geol. Walter Fahrnberger, PGBBT-N, Grabenweg 64, 6020 Innsbruck, Österreich *416*

Prof. Dr.-Ing. habil. Jochen Fillibeck, Technische Universität München, Zentrum Geotechnik, Lehrstuhl und Prüfamt für Grundbau, Bodenmechanik, Felsmechanik und Tunnelbau, Franz-Langinger-Straße 10, 81245 München *1*

Prof. Dr.-Ing. Dipl.-Wirt.-Ing. Oliver Fischer, Technische Universität München, Lehrstuhl für Massivbau – MPA, Theresienstraße 90, 80333 München *181*

Dipl.-Ing. Patrik Fößleitner, B. Sc., Forschungsbereich Verkehr & Umwelt, Inffeldgasse 25c, 8010 Graz, Österreich *252*

Dr. Michael Henzinger, Amberg Engineering AG, SOHO/Grabenweg 64, 6020 Innsbruck, Österreich *460*

Tim Hochstein, M. Sc., Bundesanstalt für Straßenwesen, Brüderstraße 53, 51427 Bergisch Gladbach ***280***

Dominik Hörrle, Ed. Züblin AG, Zentrale Technik – Tunnelbau, Albstadtweg 5, 70567 Stuttgart ***110***

Dipl.-Ing. Reinhard Huber, Müller + Hereth, Ingenieurbüro für Tunnel- und Felsbau GmbH, Laufener Straße 16, 83395 Freilassing ***416***

Josh Jonasen, BART Silicon Valley Phase II Extension, 2830 De La Cruz Boulevard, Suite 300, Santa Clara, California 95959, USA ***85***

Dipl.-Ing. Harald Kammerer, M. Sc., ILF Consulting Engineers Austria GmbH, Harrachstraße 26, 4020 Linz, Österreich ***252***

Dipl.-Ing. Gudrun Karpa, ZPP Ingenieure AG, Spitalerstraße 4, 20095 Hamburg ***460***

Dr.-Ing. Ingo Kaundinya, Bundesanstalt für Straßenwesen, Brüderstraße 53, 51427 Bergisch Gladbach ***280***

Dipl.-Ing. Martin Keinprecht, Brenner Basistunnel BBT-SE, Amraser Straße 8, 6020 Innsbruck, Österreich ***416***

Dipl. Wirtsch-Ing. Kai Kruschinski-Wüst, DB Netz AG, Arnulfstrasse 25–27, 80335 München ***150***

Till Kugler, M. Sc., Universität Stuttgart, Institut für Geotechnik, Pfaffenwaldring 35, 70569 Stuttgart ***280***

Dipl. Wirt.-Ing. Anne Lehan, Referat B3 Tunnel- und Grundbau, Tunnelbetrieb, Zivile Sicherheit, Bundesanstalt für Straßenwesen (BASt), Brüderstraße 53, 51427 Bergisch Gladbach ***252***

Dr.-Ing. Ulrich Maidl, mtc – Maidl Tunnelconsultants, Fuldastraße 11, 47051 Duisburg ***85***

Dr.-Ing. Georg Mayer, BUNG GmbH, König-Karl-Straße 43, 70372 Stuttgart ***252***

Richard A. McLane, BART Silicon Valley Phase II Extension, 2830 De La Cruz Boulevard, Suite 300, Santa Clara, California 95959, USA ***85***

Prof. Dr.-Ing. Christian Moormann, Universität Stuttgart, Institut für Geotechnik, Pfaffenwaldring 35, 70569 Stuttgart ***280***

Dr.-Ing. Heiko Neher, Ed. Züblin AG, Zentrale Technik – Tunnelbau, Albstadtweg 5, 70567 Stuttgart ***110***

Dipl.-Ing. Atusa Tojan Ranjbar, DB Netz AG, Elisabeth-Schwarzhaupt-Platz 1, MK3-Nordbahnhof, 10115 Berlin ***369***

Dr. techn. Klaus Rieker, Wayss & Freytag Ingenieurbau AG, Eschborner Landstraße 130–132, 60489 Frankfurt ***369***

Dr. Regina Schmidt, ILF Beratende Ingenieure Austria GmbH, Dietrich-Keller-Straße 20, 8074 Raaba, Österreich ***252***

Dr.-Ing. Britta Schößer, Ruhr-Universität Bochum, Lehrstuhl für Tunnelbau, Leitungsbau und Baubetrieb, Universitätsstraße 150, Gebäude IC 6-125, 44801 Bochum ***323***

Dipl.-Ing. (FH) Armin Semmelmann, Ed. Züblin AG, Direktion Tunnelbau, Albstadtweg 5, 70567 Stuttgart ***509***

Dipl.-Ing. Christof Sistenich, Referat B3 Tunnel- und Grundbau, Tunnelbetrieb, Zivile Sicherheit, Bundesanstalt für Straßenwesen (BASt), Brüderstraße 53, 51427 Bergisch Gladbach ***252***

Dipl.-Ing. Markus Springer, DB Netz AG, Arnulfstraße 25–27, 80335 München ***150***

Dr.-Ing. Janosch Stascheit, mtc – Maidl Tunnelconsultants, Fuldastraße 11, 47051 Duisburg ***85***

Prof. Dr.-Ing. Markus Thewes, Ruhr-Universität Bochum, Lehrstuhl für Tunnelbau, Leitungsbau und Baubetrieb, Universitätsstraße 150, Gebäude IC 6-125, 44801 Bochum ***323***

Dipl.-Ing. Alexander Thieme, Ingenieurbüro Müller + Hereth GmbH, Laufener Straße 16, 83395 Freilassing ***1***

Götz Tintelnot, TPH Bausysteme GmbH, Nordportbogen 8, 22848 Norderstedt ***181***

Xavier Torelló Ciriano, Grupo TYPSA, TYPSA Branch – Catalonia, Rosselló I Porcel 21, 3th, 08016 Barcelona, Spanien ***110***

Dipl.-Ing. Dr. David Unteregger, Brenner Basistunnel BBT-SE, Amraser Straße 8, 6020 Innsbruck, Österreich ***416***

Dr.-Ing. Götz Vollmann, Ruhr-Universität Bochum, Lehrstuhl für Tunnelbau, Leitungsbau und Baubetrieb, Universitätsstraße 150, Gebäude IC 6-125, 44801 Bochum ***369***

Dr.-Ing. Gerhard Wehrmeyer, Herrenknecht AG, Schlehenweg 2, 77963 Schwanau-Allmannsweier ***53***

M. Sc. Maximilian Weiß, DB Netz AG, Arnulfstraße 25–27, 80335 München *150*

Bernd Wiesiolek, Ed. Züblin AG, Zentrale Technik, Albstadtweg 5, 70567 Stuttgart *509*

Dipl.-Ing. Martin Wohlketzetter, Staatliches Bauamt Weilheim, Münchener Straße 39, 82362 Weilheim *1*

Dr.-Ing. Gerhard Zehetmaier, WTM Engineers GmbH, Johannisbollwerk 6–8, 20459 Hamburg *460*

Dipl.-Ing. Martin Zeindl, Landesbaudirektion Bayern, Referat Tunnel und Tunnelausstattung, Infanteriestraße 1, 80797 München *1*

Dr.-Ing. Zdeněk Žižka, METROPROJEKT Praha a. s., Argentinská 1621/36, 170 00 Praha 7, Tschechische Republik *323*

Raphael Zuber, M. Sc., Staatliches Bauamt Weilheim, Münchener Straße 39, 82362 Weilheim *1*

Dipl.-Ing. Christoph Zulauf, EBP Schweiz AG, Mühlebachstrasse 11, 8032 Zürich, Schweiz *252*

Konventioneller bergmännischer Tunnelbau

I. Die Herausforderungen am Kramertunnel, Garmisch-Partenkirchen

Martin Zeindl, Jochen Fillibeck, Raphael Zuber, Martin Wohlketzetter, Alexander Thieme

Der zur Entlastung des Ortsteils Garmisch geplante Kramertunnel führt auf einer Länge von rund 3,6 km durch das westlich von Garmisch-Partenkirchen gelegene Kramermassiv. Aufgrund der begrenzten Erkundungsmöglichkeiten wurde zunächst in den Jahren 2011–2013 ein Erkundungsstollen und ab 2019 dann der Haupttunnel aufgefahren.

Im Rahmen dieser Veröffentlichung wird nach einer allgemeinen Projekteinführung insbesondere auf die tunnelbautechnischen Herausforderungen eingegangen, die der Spritzbetonvortrieb im Lockergestein (Bergsturzbereich und Murschuttbereich) sowie im Festgestein (Hauptdolomitstrecke und Kramerüberschiebung) mit sich brachte. Weiterhin wird die Ausführung eines großen Abluftbauwerks beschrieben und es werden die durch die Vorabherstellung des Erkundungsstollens erhaltenen Erkenntnisse dargelegt, die für den sicheren Vortrieb des Haupttunnels unabdingbar waren.

The challenges at the Kramer Tunnel, Garmisch-Partenkirchen

The Kramer Tunnel, planned to relieve the Garmisch district, runs over a length of around 3.6 km through the Kramer Massif to the west of Garmisch-Partenkirchen. Due to the limited exploration possibilities, an exploratory tunnel was first excavated between 2011 and 2013, followed by the main tunnel from 2019 onwards.

In this publication, after a general introduction to the project, particular attention is paid to the tunnel construction challenges posed by the shotcrete heading in soft rock (rockslide area and debris area) and in solid rock (main dolomite section and Kramer overthrust). Furthermore, the execution of a large ventila-

Tunnelbau 2024, Herausgegeben von der DGGT, Deutsche Gesellschaft für Geotechnik e.V.

tion structure is described and the findings obtained from the preliminary construction of the exploratory tunnel, which were indispensable for the safe excavation of the main tunnel, are presented.

1 Projektvorstellung

Der Kramertunnel ist Teil der Ortsumgehung der Bundesstraße 23 (B 23) um Garmisch-Partenkirchen. Seit 2019 laufen die Bauarbeiten für den Tunnelrohbau, nach der Durchführung der Vorwegmaßnahme mit dem Erkundungsstollen in den Jahren 2011 – 2013 [1]. Nach der mehrjährigen Zwangspause bei den Bauarbeiten waren der Vortrieb durch einen rund 300 m langen Bergsturzbereich [2] und der Wechsel von Fest- und Lockergesteinsschichten mit eingelagerter Großstörung während der Projektlaufzeit besonders herausfordernd. Nach seiner Fertigstellung wird der Kramertunnel mit einer Länge von 3.609 m der längste Straßentunnel in Bayern sein.

1.1 Lage und Streckenzug

Garmisch-Partenkirchen ist verkehrlich geprägt durch die durch den Ort führenden Bundesstraßen B 2 und B 23 und den damit verbundenen Nachteilen, wie Verkehrslärm, Beeinträchtigungen bei der Aufenthaltsqualität im Ortsbereich und den Einschränkungen im Verkehrsfluss. Die B 2 und die B 23 bilden nach dem Autobahnende der A 95 bei Eschenlohe zwischen Bayern und Tirol – und damit insbesondere zwischen den Landeshauptstädten München und Innsbruck – die zentrale und länderübergreifende Verkehrsverbindung.

Die B 23 zweigt nördlich von Garmisch-Partenkirchen von der B 2 nach Westen ab und verläuft durch den Ortsteil Garmisch über Grainau und weiter in südwestlicher Richtung nach Griesen sowie über den Fernpass nach Tirol. Neben dem Reiseverkehr zieht die Region um das Loisachtal mit Garmisch-Partenkirchen als bekannter Berg- und Wintersportdestination zusätzlich Individualverkehr in die gesamte Region. Dabei führt die B 23 durch den Ortsteil Garmisch derzeit bis zu 16.000 Fahrzeuge pro 24 h. Stauungen und Verkehrsbehinderungen machen daher eine Umgehung dringend erforderlich.

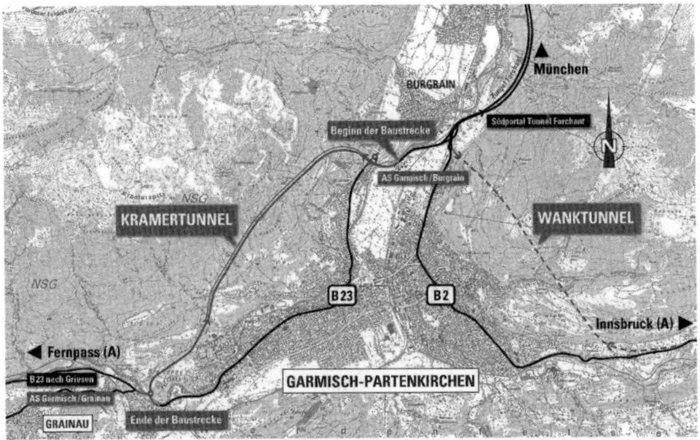

Bild 1. Übersichtslageplan

Die topografische Lage im Talkessel, die schnell aufsteigenden Hänge am Kramermassiv und die bereits bestehende Bebauung lassen als einzige Option eine unterirdische Streckenführung auf rund 3,6 km für den Bau einer Ortsumgehung zu. Damit wird das Kramermassiv an seiner östlichen Seite mit dem gleichnamigen Kramertunnel unterfahren.

Die etwa 5,6 km lange und in Bau befindliche Umgehungsstraße schwenkt infolge der Verlegung der B 23 westlich von Garmisch-Partenkirchen mit dem Kramertunnel von der bestehenden B 23 kurz nach der Loisach-Überquerung ab. Bereits nach ca. 150 m taucht die Trasse im Bereich eines stillgelegten Steinbruchs in das Kramermassiv ein, das in einem 3.609 m langem Tunnel durchfahren wird. Ab dem südlichen Tunnelende verläuft die Straße entlang des von US-Streitkräften genutzten Gebietes in der Breitenau, überquert dann die Loisach und schließt bei Grainau an die vorhandene B 23 an (Bild 1).

1.2 Planungshistorie

Die ersten Planungen für eine Westumfahrung von Garmisch-Partenkirchen gab es schon in den 1970er-Jahren. 1982 wurde das Raumordnungsverfahren, in dem verschiedene mögliche Trassen landesplanerisch seit 1981 beurteilt wurden, abgeschlossen. Damit war die grundsätzliche Führung der Westumfahrung vorgegeben. Die Vorentwurfsplanung wurde 1998 durch das Bundesverkehrsministerium genehmigt. Da durch das vorgesehene Straßenbauvorhaben Gelände in Anspruch genommen werden sollte, das den US-Streitkräften zur Nutzung überlassen wurde, begann eine Abstimmung mit den zuständigen US-Behörden. Aufgrund der Terroranschläge am 11.09.2001 erhöhten sich jedoch die Sicherheitsanforderungen der US-Streitkräfte, die zu einer deutlichen Kostenerhöhung für die Umgehungsstraße im Bereich des US-Geländes geführt hätten. Gemeinsam wurden nun Trassenvarianten gesucht, die das US-Areal umfahren. 2006 konnte sich die Straßenbauverwaltung mit den US-amerikanischen Behörden und dem Markt Garmisch-Partenkirchen auf eine Trasse einigen, die das besagte Gebiet weitgehend unbeeinträchtigt lässt (Bild 2). Im Jahr 2007 wurde daraufhin das Planfeststellungsverfahren durchgeführt. Eine Klage gegen den Planfeststellungsbeschluss vom 30.11.2007 wurde vom Bayerischen Verwaltungsgerichtshof am 23.06.2009 abgewiesen.

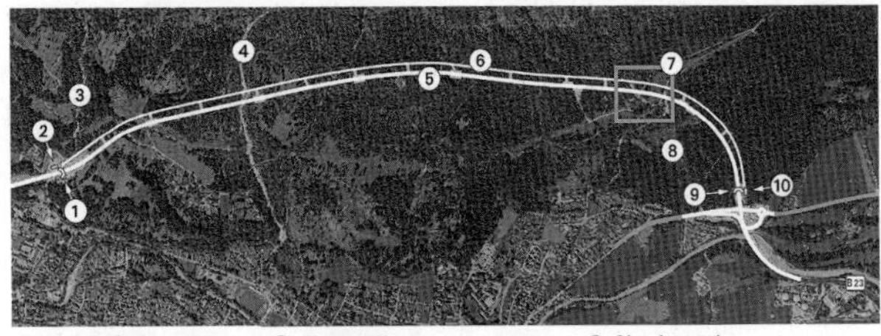

① Südportal
② Betriebsgebäude
③ Durerlaine
④ Ackerlaine
⑤ Hauptröhre
⑥ Rettungsstollen
⑦ Bergsturzbereich 350 m
⑧ Schmölzer See
⑨ Nordportal
⑩ Betriebsgebäude

Bild 2. Kramertunnel – Lageplan

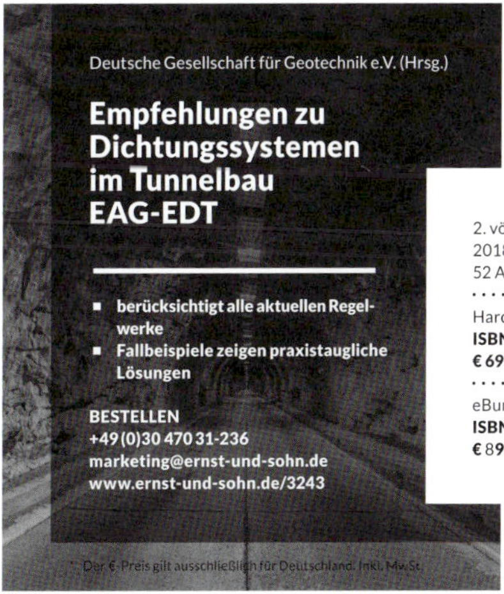

1.3 Konzeption des Tunnelbauwerks

Der Kramertunnel wird als einröhriger Gegenverkehrstunnel mit einer Durchfahrtsgeschwindigkeit von 80 km/h gebaut. Der Regelquerschnitt umfasst 3,75 m breite Fahrstreifen je Richtung und jeweils einen 1,0 m breiten Notgehweg. Gemäß den Richtlinien für die Ausstattung und den Betrieb von Straßentunneln aus dem Jahr 2006 (RABT 2006) bzw. den Empfehlungen für die Ausstattung und den Betrieb von Straßentunneln mit einer Planungsgeschwindigkeit von 80 km/h oder 100 km/h von 2019 (EABT 80/100) wird die Fahrröhre mit einer Zwischendecke hergestellt (Bild 3). Das Lüftungssystem besteht aus einem 2.500 m langen Lüftungskanal und je acht Strahlventilatoren á 45 kW, die auf den ersten 600 m an beiden Portaleingängen angeordnet werden. Die Abluft wird über eine unterirdische Lüfterkaverne, in der zwei zentrale Axialventilatoren (je 400 kW) installiert sind, zunächst durch einen 85 m hohen Schacht und ab der Oberfläche über einen anschließenden 25 m hohen Kamin ins Freie geführt.

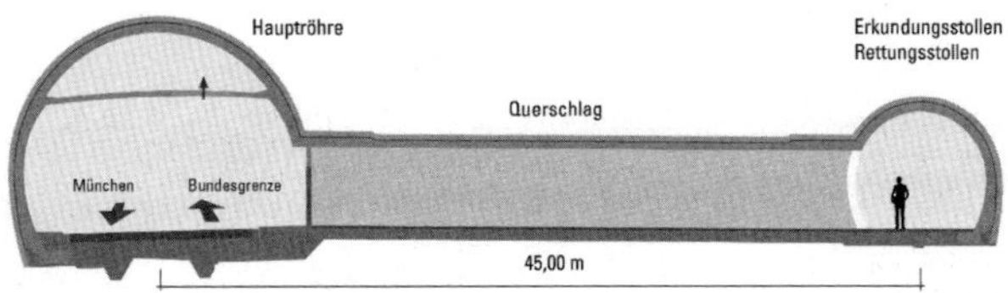

Bild 3. Querschnitt Haupttunnel; Blickrichtung von Nord nach Süd

Parallel zum Haupttunnel verläuft in einem Abstand von etwa 45 m der befahrbare Rettungsstollen (lichte Maße 3,5 m × 3,5 m). Beide Tunnelbauwerke werden mit 13 Querschlägen verbunden, um die Fluchtwege im Ereignisfall sicherzustellen. Davon werden sieben Querschläge begehbar und sechs befahrbar hergestellt.

Für die notwendige Tunneltechnik werden an beiden Portalen sowie in Tunnelmitte (Kaverne) insgesamt drei Betriebsgebäude vorgesehen.

Haupttunnel und Rettungsstollen werden im Festgesteinsbereich mit Regenschirmabdichtung und Bergwasserdrainage ausgebaut. Das mit max. 50 l/s prognostizierte Bergwasser wird für das gesamte Bauwerk zusammengefasst und im Nordportalbereich in die Vorflut der Loisach eingeleitet. In den Lockergesteinsbereichen des Bergsturzes im nördlichen und der Durerlaine im südlichen Bereich ist der Einbau eines Innenschalensohlgewölbes in wasserundurchlässigem (WU-) Beton in Kombination mit einer druckwasserhaltenden Rundumabdichtung erforderlich.

Die Ausbruchsquerschnitte ohne bzw. mit Sohlgewölbe betragen im Haupttunnel 92 m^2 bzw. 115 m^2 und im Erkundungsstollen 29 m^2 bzw. 36 m^2.

1.4 Erkundungsstollen und Zwangspause

Im Februar 2011 starteten die Vortriebsarbeiten im Erkundungsstollen, der später zum Rettungsstollen ausgebaut werden sollte, nachdem bereits im Jahr zuvor die Arbeiten an der südlichen Zulaufstrecke begonnen hatten. Entlang der Tunnelstrecke wurden aus den Vorerkundungen geologische Herausforderungen wie ein wasserführender Bergsturzbereich und eine Großstörzone prognostiziert. Da größere Abschnitte der Tunnelstrecke aufgrund der topografischen Gegebenheiten nicht durch Baugrundaufschlussbohrungen im Voraus erkundet werden konnten, wurde als vertiefende Erkundungsmaßnahme der Bau des Erkundungsstollens zeitlich vorgezogen. Es bestand das Ziel, die gewonnenen Erkenntnisse aus der Herstellung des Erkundungsstollens in eine anschließende Ausplanung der Hauptbaumaßnahmen einfließen zu lassen. Mit dem eigentlichen Ausbruch des Erkundungsstollens wurde gleichzeitig von Norden und von Süden begonnen.

Bis 2013 konnten vom Erkundungsstollen 3.353 m von insgesamt 3.703 m aufgefahren werden [1]. Im gleichen Jahr musste der Vortrieb aufgrund der ungünstigen Bedingungen im Bergsturzbereich eingestellt werden. Es folgten eine umfangreiche Variantenuntersuchung sowie ein ergänzender Planfeststellungsbeschluss. Mit zusätzlichen naturschutzfachlichen Auflagen und der Erlaubnis, eine Bergwasser-

absenkung im Bergsturzbereich durchzuführen, erging dieser Beschluss im Jahr 2017. Daraufhin wurde die Bau- und Finanzierungsfreigabe für die Gesamtmaßnahme zur Herstellung des Tunnelbauwerks durch das Bundesverkehrsministerium erteilt.

1.5 Aktuelle Bauphase

Nach einer mehrjährigen Zwangspause konnte im Jahr 2019 der Bauvertrag für das Hauptbaulos, das die Erstellung des Haupttunnels und die Fertigstellung des Erkundungsstollens vorsah, vergeben werden. Mit dem feierlichen Tunnelanschlag Anfang Februar 2020 starteten die Vortriebsarbeiten von Norden. Fast zeitgleich begannen die Vortriebsarbeiten von Süden mit dem Auffahren des Lockergesteins im Bereich der Durerlaine.

Der Durchschlag im Haupttunnel konnte am 27.10.2021 vollzogen werden. Knapp ein halbes Jahr später erfolgte am 05.04.2022 der Durchschlag im Erkundungsstollen. Ab Mai 2021 begannen die Arbeiten für den Einbau der Innenschale. Diese werden voraussichtlich bis Herbst 2023 dauern (Stand Juli 2023). Danach folgt der weitere Innenausbau mit dem Einbau der Betonfahrbahn. Nach der Installation der Betriebstechnik und den abschließenden Probe- und Testläufen kann der Kramertunnel als Herzstück der westlichen Ortsumfahrung von Garmisch-Partenkirchen dem Verkehr übergeben werden.

2 Geologische und hydrogeologische Verhältnisse

Das Projektgebiet liegt am Nordrand der Kalkalpen im Bereich der oberostalpinen Lechtaldecke. In Bild 4 sind, stark vereinfacht, die mit dem Kramertunnel zu durchfahrenden geologischen Formationen im Schnitt dargestellt. In Bild 2 sind die planerischen Abschnitte ausgewiesen.

Von Norden kommend stehen zunächst Plattenkalke an, gefolgt von den Kössener Schichten. Bei den Plattenkalken handelt es sich um meist hellgraue, eng- bis mittelständig geklüftete Kalke mit dünnen bis mittleren Schichtflächenabständen, denen geringmächtige Mergellagen zwischengeschaltet sein können. Der Plattenkalk geht all-

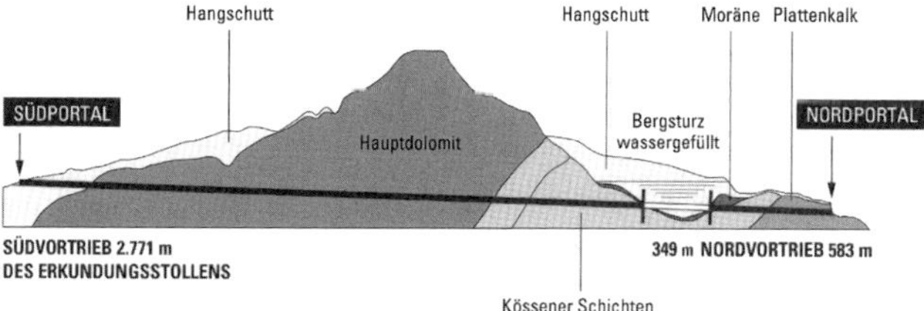

Bild 4. Geologischer Längsschnitt

mählich stratigrafisch unter Zunahme des Mergelanteils in die Kössener Schichten über, wobei zwischen einer Kalk-Mergel-dominierten Fazies und einer Schiefertonfazies unterschieden wird. Die Gesteins- und Gebirgsfestigkeit ist in den Karbonaten hoch, in den mergeldominierten Lagen bzw. den Schiefertonlagen mäßig hoch. Lokal ist in gestörten Bereichen mit sehr geringer Festigkeit zu rechnen. Bezogen auf den Tunnelbau wird das Gebirgsverhalten als standfest bis gefügebedingt nachbrüchig und in Störungszonen auch als stark nachbrüchig beschrieben.

Die Oberfläche der Kössener Schichten ist im Schnitt entlang des Tunnels muldenartig ausgebildet. Darin ist Grundmoränen- und Bergsturzmaterial abgelagert (s. Bild 4), das der Erkundungsstollen über eine Länge von ca. 240 m und der Haupttunnel über eine Länge von ca. 320 m durchörtern muss. Die Grundmoräne wurde anhand der Erkundungsbohrungen als überwiegend bindig mit fester Konsistenz charakterisiert; es wurden zudem eingeschaltete, geringmächtige Kies-Sand-Schichten mit sehr dichter Lagerung gefunden. Die Erkundungsergebnisse zu den Bergsturzmassen wiesen dagegen auf eine ausgeprägte heterogene Zusammensetzung hin: Neben großen Felsblöcken wurde stark zerrüttetes, teils zu Lockermaterial zerlegtes Gebirge und an der Basis zur Grundmoräne auch eine mächtigere Schicht aus relativ gleichkörnigem Grobsand bis Feinkies erkundet. Es wurde angenommen, dass sich bei Sturzereignissen Felspartien von den Flanken des Kramermassivs lösten, die dann als ein inhomogenes

Gemenge auf der Moräne abgelagert wurden. Dementsprechend bestehen die Bergsturzmassen aus mechanisch stark beanspruchtem Hauptdolomit sowie aus Gesteinen der Kössener Schichten. Aufgrund aller Erkundungsergebnisse wurde für den Tunnelvortrieb in der geringmächtigen Grundmoräne ein standfestes bis gebräches und im Bergsturzmaterial aufgrund der inhomogenen Zusammensetzung ein bereichsweise rolliges bis fließendes Gebirgsverhalten prognostiziert.

Im Anschluss daran folgen nach Süden wieder Kössener Schichten, in denen auch die aus der Literatur bekannte Kramerüberschiebung liegt. Sie ist durch eine starke tektonische Beanspruchung gekennzeichnet. Es stehen Kalk- und Mergelsteine im Wechsel mit Schiefertonen an, wobei die Schiefertone gemäß Bohrgut teilweise vollständig zu Lockergestein zerlegt vorliegen. Da gleichzeitig mit dem Durchörtern der Kramerüberschiebung die Überdeckung ansteigt, wurden für den Vortrieb des Erkundungsstollens druckhafte Verhältnisse prognostiziert. Diese hatten sich bei den Vortriebsarbeiten nicht bestätigt, konnten allerdings für das Auffahren des Haupttunnels aufgrund des größeren Querschnitts nicht ganz ausgeschlossen werden.

An die Kössener Schichten schließt sich über einen Vortriebsabschnitt von etwa 2 km Länge der Hauptdolomit an. Dabei handelt es sich um Dolomitgestein mit dünnen bis dicken Schichtflächenabständen sowie meist mittelständiger Klüftung und hoher bis sehr hoher Gesteinsfestigkeit, das in gestörten Bereichen teils deutlich bis hin zu Kakiriten entfestigt sein kann. Diese feinkörnigen, weißen Strukturen beschränken sich jedoch auf Zentimeter bis wenige Dezimeter in ihrer Mächtigkeit, wobei im unmittelbar angrenzenden Fels keine nennenswerte Entfestigung auftritt. In Zonen, in denen das Gebirge großräumiger tektonisiert vorliegt, können als Kataklasite bezeichnete Störungsbrekzien vorliegen. Diese Brekzien sind sekundär kalzitisch verheilt und können demnach eine hohe Festigkeit aufweisen, die aufgrund der isotropen Eigenschaften die des ungestörten, geschichteten Hauptdolomits übersteigen kann. Im Allgemeinen wird dem Gebirge ein standfestes bis nachbrüchiges Gebirgsverhalten zugewiesen. Die Bilder 5 und 6 zeigen beispielhaft unterschiedliche Erscheinungsformen des Hauptdolomits.

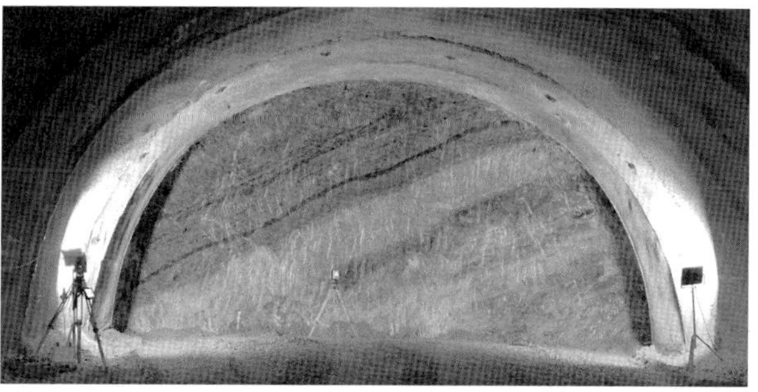

Bild 5. Ortsbrustfoto bei Tunnelmeter 2877,6 im gut geschichteten Hauptdolomit

Bild 6. Ortsbrustfoto bei Tunnelmeter 3176,5 im Hauptdolomit mit weißen Kakiritbändern

Südlich des Hauptdolomits werden bis zum Tunnelportal Murschuttsedimente angetroffen. Es handelt sich überwiegend um Kiese (kantige bis angerundete Kornform) mit Stein- und Blockeinlagerungen und variierendem Feinkornanteil, die sich auf dem Hauptdolomit abgelagert haben. Wie auch aus der unmittelbaren Umgebung bekannt, zeigte sich beim Vortrieb des Erkundungsstollens, dass diese Kiese überwiegend dicht gelagert sind. Allerdings wurden mit dem Erkundungsstollen unter dem Bachlauf der Durerlaine auch jüngere, stark wasserführende Murschuttsedimente in lockerer Lagerung angetroffen. Beispielhaft ist hierzu eine geologische Kartierung in den jüngeren Murschuttsedimenten in Bild 7 dargestellt.

Gemäß den hydrogeologischen Erkundungen ist im Plattenkalk und im Hauptdolomit überwiegend mit Kluftwasserzutritten zu rechnen. Dabei wurden Wasserspiegelhöhen gemessen, die im Bereich des Hauptdolomits bis zu ca. 200 m über die Gradiente reichen. Die Grundmoräne und die Kramerüberschiebung wurden als weitgehend dicht, der Bergsturzbereich im Vergleich dazu als stark durchlässig erkundet; der Wasserdruck im Bergsturzbereich betrug, bezogen auf das Sohlausbruchsniveau, ca. 50 m Wassersäule. Im südlichen Murschutt wurde kein geschlossener Grundwasserleiter exploriert. Allerdings war aus dem Vortrieb des Erkundungsstollens bekannt, dass die Durerlaine saisonal stark schwankende Wasserführung aufweist, wo-

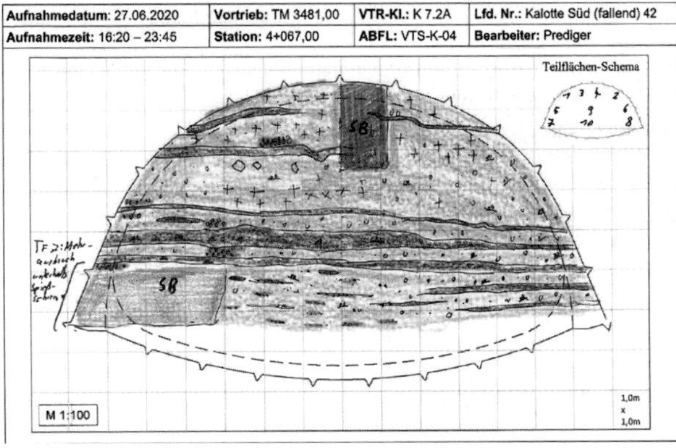

Bild 7. Geologische Ortsbrustkartierung bei Tunnelmeter 3481 in den lockeren Murschuttablagerungen. (In den grau hinterlegten Bereichen war der Spritzbeton (SB) bereits aufgebracht. Eine Kartierung war dort nicht mehr möglich.)

bei das Wasser auch im Untergrund in Richtung Talaquifer fließt und damit im Bereich der Tunnel- und Stollenröhre über dichteren Horizonten als Schichtwasser vorliegen kann.

3 Wasserhaltung und Vortrieb im Bergsturzbereich

3.1 Geologische und hydrogeologische Erkenntnisse aus dem Vortrieb des Erkundungsstollens

Südlich des Plattenkalks und der Kössener Schichten folgt der Bergsturzbereich. Es handelt sich um eine glazial überprägte Mulde, die am Rand vorwiegend mit Moränenmaterial gefüllt ist. Der Hauptteil der Muldenfüllung besteht jedoch aus wassergesättigtem Bergsturzmaterial aus unterschiedlich stark zerbrochenen Schollen aus Hauptdolomit sowie vereinzelt darin eingeschuppten Spänen aus Kössener Schichten. Dieser Bergsturzbereich wurde während des Baus des Erkundungsstollens intensiv erkundet. Hierzu wurden vom Erkundungsstollen aus diverse Aufschlussbohrungen in die Bergsturzmulde getrieben. Die massiven Wasserzutritte während der Erkundung (Bild 8) wiesen auf eine sehr hohe Durchlässigkeit der Bergsturzab-

Bild 8. Erkundungsbohrungen vom Erkundungsstollen in die Bergsturzmulde gegen bis zu 5 bar Wasserdruck

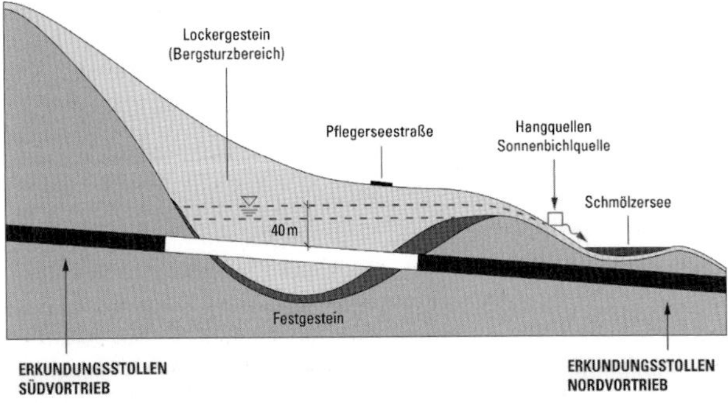

Bild 9. Bergsturzmulde mit Hangquellmooren

lagerungen mit Wasserdrücken von bis zu 5 bar hin, bezogen auf die Tunnelsohle. Gemäß der Beurteilung des Bohrguts handelt es sich bei den Bergsturzmassen auf Vortriebsniveau um überwiegend grobkörnige Lockergesteinsmassen mit geringem Feinkornanteil.

Erste im Jahr 2011 über kurze Zeiträume durchgeführte Versuche zeigten die grundsätzliche Machbarkeit einer Grundwasserabsenkung in den Bergsturzablagerungen. Als unmittelbare Auswirkung legte jedoch genau diese Absenkung nun über diesem neuen Pegel liegende Quellen und Hangmoore trocken, die vor der Maßnahme durch den Überlauf der Muldenstruktur mit Grundwasser gespeist worden waren (Bild 9). Diese Auswirkung stand nicht mit dem damals gültigen Planfeststellungsbeschluss im Einklang, weshalb eine unmittelbare Fortsetzung des Vortriebs unter abgesenkten Bedingungen nicht möglich war. Die geplanten Arbeiten mussten daher 350 m vor dem Durchschlag unterbrochen werden.

Es folgten umfangreiche Untersuchungen zu den Fragen, mit welchem Verfahren ein Weiterbau möglich wäre und welche Auswirkungen damit auf die darüber liegenden Quellen im FFH-Gebiet (Fauna-Flora-Habitat) verbunden seien. Das Ergebnis 2013 ergab, dass der Bergwasserspiegel im Bergsturzbereich während der Bauzeit temporär abgesenkt und beide Tunnelröhren für den Endzustand druckdicht ausgebaut werden müssen [1]. Nach Bauende soll dieser Bereich mithilfe des natürlichen Bergwasserzustroms sowie einer künstlichen Zuleitung von Oberflächenwasser wieder auf das ursprüngliche Niveau aufgefüllt werden.

Zur Anpassung des Verfahrens war aufgrund der obertägigen Beeinflussungen und des Umgangs mit hohen Wassermengen ein ergänzender Planfeststellungsbeschluss erforderlich. Im Rahmen dieses Beschlusses wurde 2017 festgestellt, dass die sensiblen Hangquellmoore im FFH-Gebiet, die direkt neben dem Bergsturzbereich liegen und von einer Entwässerung des gesamten Bereichs stark betroffen wären, nur durch eine künstliche Bewässerung erhalten werden können. So wurde 2018 vorab die künstliche Hangquellmoorbewässerung am Kramerplateau hergestellt. Diese sah vor, jede natürliche Quelle mit einem künstlich verlegten Wasserschlauch zu versehen und nach dem Trockenfallen mit der gleichen Schüttung zu ersetzen. Erst nachdem die Funktionsfähigkeit des Systems nachgewiesen wurde, konnte mit der Hauptbauphase gestartet werden.

3.2 Wasserhaltungskonzept für den Bergsturzbereich zum Vortrieb des Haupttunnels

Auf Grundlage der Ergebnisse der geologischen und hydrologischen Vorerkundung sowie reflexions- und hybridseismischer Untersuchungen waren die Lage, der Umriss und das Tiefste der Bergsturzmulde hinreichend genau bekannt. Auf dieser Basis entstand das Modell einer wassergesättigten Muldenstruktur, die sich über vom Tunnel ausgehende und in diese Mulde reichende Entwässerungslanzen vor Beginn der Vortriebsarbeiten gravitativ entleeren sollte. Im Detail wurden im Zuge der Ausschreibung folgende Maßnahmen zur Absenkung des Grundwasserspiegels geplant und ausgeführt:

1. Vor Wiederaufnahme der Arbeiten sollte der Bergwasserspiegel 2019 über sechs aus der Testphase 2011 bestehende und zehn neu zu bohrende Drainagelanzen abgesenkt werden. Hierzu wurden vom Endpunkt des bereits aufgefahrenen Nordabschnitts des Erkundungsstollens bis zu 53 m lange, steigende Schrägbohrungen

gegen einen Wasserdruck von bis zu 5 bar abgeteuft. Dies erfolgte im Doppelkopfbohrverfahren mithilfe von Preventerrohren.

2. Zur gezielten Ergänzung dieser Grundwasserabsenkung im Vortriebsbereich wurden vor Beginn der Vortriebsarbeiten 2020 weitere steigende Drainagebohrungen aus einer eigens dafür geplanten Bohrnische sowie aus der Strosse der zu diesem Zeitpunkt bereits bis an den Nahbereich des Bergsturzbereichs vorgetriebenen Tunnelröhre ausgeführt.

3. Für die Restwasserhaltung vor der Ortsbrust bzw. die Entwässerung lokaler, schwebender Schichtwasserhorizonte wurden vorauseilende Drainagebohrungen als verrohrte Vollbohrungen während des Vortriebs vorgesehen. Für Bereiche mit geringer Durchlässigkeit war der Einsatz von Vakuumlanzen geplant.

4. Zur Sicherstellung des Beharrungszustands der Absenkung während der Durchfahrt des Bergsturzbereichs war eine Galerie von Vertikalbrunnen vortriebsbegleitend in der Kalottensohle zu installieren, die jeweils 10 m hinter der Ortsbrust erstmalig in Betrieb zu nehmen waren (Bild 12). Im Strossen-/Sohlvortrieb waren die Brunnen einzukürzen und die Brunnenanlage (Sohlbereich) wieder in Betrieb zu setzen.

Bereits während der Tests der Entwässerungslanzen zeigte sich, dass sich die anfangs hohen Schüttmengen innerhalb weniger Wochen deutlich reduzierten und asymptotisch abflachten, sodass zu erwarten war, auf diese Weise keine ausreichende Entwässerung zu erreichen. Mit Baubeginn Ende 2019 wurden deshalb weitere fächerförmig ausgerichtete Entwässerungsbohrungen mit einer Länge bis zu 90 m aus der Ulme des Erkundungsstollens mit der Zielrichtung auf die Vortriebseinfahrt in den Bergsturzbereich im Haupttunnel und aus der tiefer liegenden Bohrnische abgeteuft. Auch sie führten jedoch nicht zu dem für die Vortriebsarbeiten angestrebten Entwässerungsniveau in der Bergsturzmulde. Somit ergab sich die Notwendigkeit der Planung und Ausführung zusätzlicher obertägiger Vertikalbrunnen zur Beschleunigung und Unterstützung der bereits erreichten Absenkung, in Verbindung mit weiteren Zusatzmaßnahmen aus dem Vortrieb.

Die von der Geländeoberkante (GOK) aus hergestellten Brunnen wurden so angeordnet, dass sie abschnittsweise betrieben werden konnten. Zudem wurden die Brunnen so positioniert, dass der Grundwasserzufluss zur Mulde vollständig erfasst wurde. Die höherpositionierten Brunnenstandorte wurden jeweils durch einen zweiten, tiefer liegenden Brunnen abgesichert, sodass lokal bestehende Einschränkungen hinsichtlich der Ergiebigkeit kompensiert werden konnten. Aufgrund genehmigungsrechtlicher Randbedingungen war es nicht möglich, weitere Brunnen im Zustrombereich bergseitig zu situieren.

Für die Hauptabsenkung wurden insgesamt sechs großkalibrige Brunnen im Abstand von ca. 60–70 m und dazwischenliegend vier bepumpbare 5-Zoll-Pegel mit Endteufen bis zu 100 m errichtet. Die Brunnen- und Pegelstandorte sind im Lageplan in Bild 10 dargestellt. Im Hinblick auf Starkregenereignisse mit lokalen Grundwasserzuströmen wurde die Regelbarkeit des Gesamtsystems auf einen Wert von bis zu 270 l/s ausgelegt. Um ein möglichst tiefes Absenkungsniveau zu erreichen, liegen die Endteufen im Festgestein.

Anhand von Grundwasserstandsmessungen wurde während der Absenkmaßnahme festgestellt, dass mit den von der Geländeoberkante

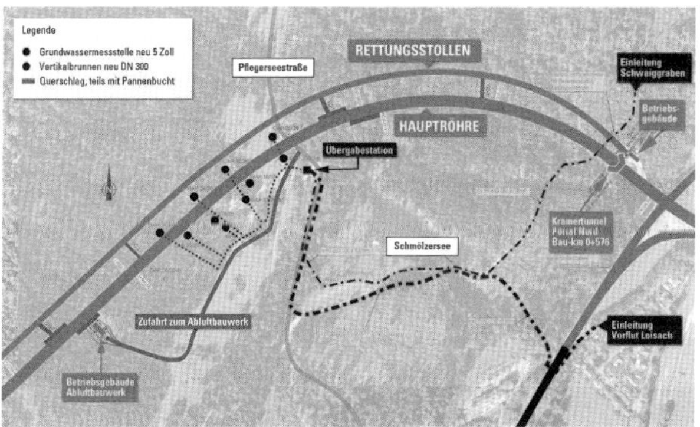

Bild 10. Gesamtansicht der Brunnengalerie und der Ablaufleitungen

aus hergestellten Brunnen eine großräumige Absenkung durchgeführt werden konnte, die aber zur lokalen Restabsenkung im unmittelbaren Vortriebsbereich durch weitere gezielte Maßnahmen zu ergänzen war. Insgesamt stellten sich durch die heterogene Baugrundzusammensetzung mit kleinräumig deutlich variierenden hydraulischen Durchlässigkeiten unterschiedliche Grundwasserspiegelstände in der Bergsturzmulde ein. Mit fortschreitender Abnahme der Wasserspiegelhöhe trat die Parzellierung des Baugrunds immer deutlicher zutage. Somit war auch nach der vorsichtigen und durch zusätzliche Injektions- und Entwässerungsmaßnahmen gesicherten Einfahrt in die Bergsturzmulde eine vorauseilende Wasserhaltung während der Vortriebsarbeiten erforderlich. Diese wurde wie folgt ausgeführt:

1. Fallende Drainagebohrungen: Die fallenden Drainagebohrungen wurden je nach Vortriebsklasse in Bohrkampagnen mit in der Regel 10 m Abstand ausgeführt, um eine ausreichende Überlappung der Maßnahmen sicherzustellen. Je nach angetroffener Situation wurden sowohl die Anzahl als auch die Länge und Richtung der fallenden Drainagebohrungen angepasst. Die Drainagebohrungen wurden mit Membrankolbenpumpen bepumpt (Bild 11). Die Ein-

Bild 11. Membrankolbenpumpen beim Vortrieb des Haupttunnels

Bild 12. Bohren eines Vertikalfilterbrunnens

schränkungen der Bohrgeometrie durch den Querschnitt sowie die maximalen Förderhöhen und -mengen waren stets zu berücksichtigen.

2. Steigende Drainagebohrungen aus dem Querschnitt: Zur Fassung von schwebendem und gravitativ zusickerndem Grundwasser wurden aus der Ortsbrust zusätzliche steigende Drainagebohrungen mit einer maximalen Länge von 21 m gesetzt, die temporär Wasser führten (Bild 13). Diese Bohrungen wurden mit einem konventionellen Bohrwagen als Vollbohrung ausgeführt, wobei ein innenliegendes gelochtes Stahlrohr mit außenliegendem PVC-Drainagerohr in einem Arbeitsgang eingebracht wurde.

3. Erkundungsmaßnahmen: Als Voraussetzung zur Projektierung der zusätzlichen Maßnahmen zur Restwasserabsenkung war es unverzichtbar, die geohydraulischen Verhältnisse im unmittelbaren, vortriebsnahen Bereich laufend zu erkunden. Zusätzlich zu den allgemeinen Beobachtungen an der Ortsbrust dienten sämtliche Bohrungen (Ortsbrustanker, Spießbohrungen, Schlagbohrungen) zur Datenakquise. Voraussetzung hierfür war die laufende

Betreuung und geologische Dokumentation all dieser Bohrungen. Als zusätzliche Informationsquelle wurden sogenannte „Absenkzielbohrungen" in der Ortsbrust ausgeführt, um einen Wasserstand im Bereich vor der Ortsbrust zu messen.

Die Umsetzung der vielfältigen Wasserhaltungsmaßnahmen erforderte eine permanente fachliche Betreuung und Beurteilung. Daher wurde mit dem Einfahren in die Bergsturzmulde eine geotechnische Fachbauleitung eingerichtet, die die Situation mit ausschließlichem Blick auf die technischen Erfordernisse beurteilte sowie die für den Vortrieb unabdingbar erforderlichen Maßnahmen festlegte. Die geotechnische Fachbauleitung bestand aus zwei Sachverständigen, die jeweils von beiden Vertragspartnern bestellt wurden. Zur Beurteilung der Gesamtsituation wurden neben Wasserspiegel- und Durchflussmessungen an allen Absenkmaßnahmen auch die geologischen und hydrogeologischen Verhältnisse an der Ortsbrust während des Vortriebs permanent ausgewertet und berücksichtigt. Die Entscheidun-

Bild 13. Steigende Drainagebohrung im Querschnitt mit dem Vortriebsbohrwagen

gen basierten auf rein fachlich-technischer Grundlage und wurden in enger Abstimmung mit den zuständigen Bauleitern sowie den Geologen getroffen. Hierfür wurden verschiedene Termine festgelegt:

- arbeitstäglich stattfindende Treffen der geotechnischen Fachbauleitung des Auftragnehmers (AN), der geotechnischen Beratung des Auftraggebers (AG), der Bauleitung und den Geologen zur Festlegung der Maßnahmen für den weiteren Vortrieb, genannt Geotechnik-Jour-fixe;
- monatlicher Rück- und Ausblick zum Vortrieb im Bergsturz durch die geotechnische Fachbauleitung des AN mit anschließender Diskussion unter Teilnahme der Vertragspartner, deren Beratern sowie dem Tunnelbautechnischen Sachverständigen.

Zur Unterstützung der Interpretation vorrangig der vorliegenden geologischen Verhältnisse stellte der Auftraggeber ein umfangreiches 3D-Geologie-Modell im Rahmen des Building Information Modelling (BIM), Anwendungsfall „Geologie", zur Verfügung. Dieses beinhaltete zum einen die geologische Dokumentation des Erkundungsstollens sowie das Bau-SOLL aus den Grundlagen der Prognose. Im Weiteren wurde die laufende geologische Dokumentation aus den digitalisierten Ortsbrustkartierungen im Modell abgebildet. Neben diesem Bau-IST mit der Darstellung der Verteilung der lithologischen Einheiten, der Gesteinsgrenzen und der Störungen stand die Überführung in ein BIM-Modell für einen SOLL-IST-Abgleich zur Verfügung (Bild 14). Zudem bestand die Option, hieraus lokal ein Prognosemodell zu entwickeln.

Zum anderen wurden im Bereich des Bergsturzes die hydrogeologischen Verhältnisse in das 3D-Modell integriert. Die erforderlichen Daten kamen sowohl von den Grundwassermessstellen der obertägigen Brunnen als auch von den vortriebsbegleitenden Bergwasserstandsmessungen aus dem Haupttunnel.

Es war somit möglich, dem Fachbauleitungsgremium eine anschauliche und aktuelle Datengrundlage zur Verfügung zu stellen, die der Planung künftiger Entwässerungsbohrungen aus dem Haupttunnel sowie der Einschätzung der globalen Situation diente.

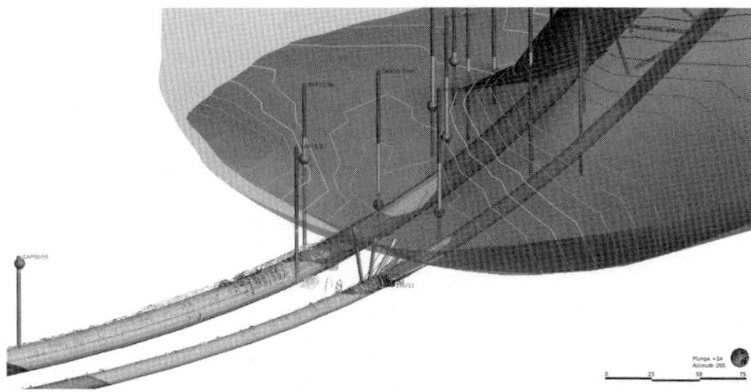

Bild 14. Darstellung im BIM-Geologie-Modell mit Grundwassermessstellen und wassergefüllter Bergsturzmulde

Die Kombination der baulichen Entwässerungsmaßnahmen zusammen mit ihrer technischen und baubetrieblichen Steuerung führte dann zum erhofften Erfolg: Das Grundwasserniveau wurde im gesamten Bereich abgesenkt und sicher gehalten, ohne dass es zu relevanten Unterbrechungen oder Stillstandszeiten während des Vortriebs im Bergsturzbereich kam.

3.3 Vortriebsgestaltung im Bergsturzbereich

Gemäß den vorliegenden Aufschlüssen und den hohen Durchlässigkeiten war erwartet worden, dass es sich bei den Bergsturzmassen überwiegend um grobkörniges Lockergestein handelt, in das einzelne Felsblöcke unterschiedlicher Größenordnung eingebunden sind. Dementsprechend wurde im Zuge der Ausführungsplanung vor Vortriebsbeginn ein Konzept zu Ausbruch und Sicherung unter Berücksichtigung einer Block-in-Matrix-Struktur erarbeitet. Dabei war gemäß den Erkundungsergebnissen zu berücksichtigen, dass die Matrix weitgehend kohäsionslos ist und darin Felsblöcke eingebettet sein können, die mit besonderer Sorgfalt zu sichern sind.

Tatsächlich stellten sich die Bergsturzmassen beim Vortrieb jedoch als ein heterogenes, engständig bis außerordentlich engständig ge-

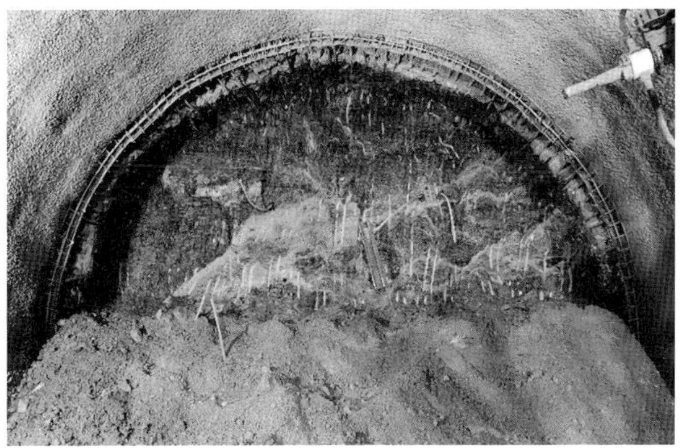

Bild 15. Ortsbrust der Kalotte im Bergsturz mit Ausbruchmaterial

klüftetes, stark zerlegtes Gebirge heraus. Dieses lag, wie in Bild 15 deutlich zu erkennen, nach dem Lösen zwar überwiegend in Sand- und Kieskorngröße vor, wies jedoch beim Vortrieb infolge guter Verzahnung der Kluftkörper einen guten Gebirgsverbund und eine weitgehend standfeste Ortsbrust auf – selbst dann, wenn es geringfügige Wasserzutritte aus der Ortsbrust gab.

Aufgrund der spröden Gesteinseigenschaft des Hauptdolomits zeigten sich teils stark entfestigte, allerdings oft noch im Gebirgsverbund erhaltene Partien, die gut tragfähig und bereichsweise auch gering durchlässig waren. Somit konnte der Bergsturzbereich im Kalottenvortrieb mit Tunnelbagger, vorauseilender Spießsicherung und Sicherung der Ortsbrust mittels Ortsbrustankern aufgefahren werden [2]. Die gemessenen Konvergenzen lagen häufig unter 10 mm; dies zeigt, dass der Ausbauwiderstand der Außenschale den Gebirgsverhältnissen entsprechend ausreichend dimensioniert gewählt wurde.

Die oben beschriebene strukturelle Zusammensetzung der inhomogenen Bergsturzablagerungen begründet auch die von der Prognose abweichenden hydrogeologischen Verhältnisse. Insbesondere die äußerst heterogenen Lagerungsverhältnisse mit kleinräumig wechselnden Durchlässigkeiten erschweren Rückschlüsse auf hydraulische Verhältnisse innerhalb des übergeordneten Aquifers „Bergsturzmulde". Dadurch konnte die Bergsturzmulde nicht vollständig durch einzelne Bohrungen vom Muldentiefsten aus entwässert werden, sondern bedurfte gezielter Maßnahmen, um lokale, teils isolierte Grundwasserhorizonte zu erreichen. Die teilweise noch intakten Festgesteinspartien innerhalb stärker beanspruchter Bereiche bildeten variabel ausgerichtete hydraulische Barrieren, die teils kleinräumige Variationen der hydraulischen Potenzialhöhen zur Folge hatten.

4 Lockergesteinsvortrieb im Murschuttbereich Süd

Ausgehend vom Südportal verliefen die Vortriebe des Erkundungs- und des Haupttunnels bis zum Erreichen des Hauptdolomits in sogenannten Murschuttsedimenten, die aus unterschiedlich sandigen und schluffigen Kiesen in meist dichter Lagerung (ältere Murschuttsedimente) bestehen. Allerdings wiesen die jüngeren Murschuttsedimente im Bereich des Bachbetts der Durerlaine nur eine lockere Lagerung und vermehrt Rollkieslagen mit nur geringem Sand- und Feinkornanteil auf (Bild 16). Die Durerlaine ist ein Oberflächengerinne aus dem Kramermassiv, das im Bereich der beiden Röhren oberflächlich befestigt ist und den Tunnel kreuzt. Beim Vortrieb des Erkundungsstollens zeigte sich, dass die Durerlaine auch außerhalb von Starkregenereignissen Wasser führt, das allerdings über die vorhandenen

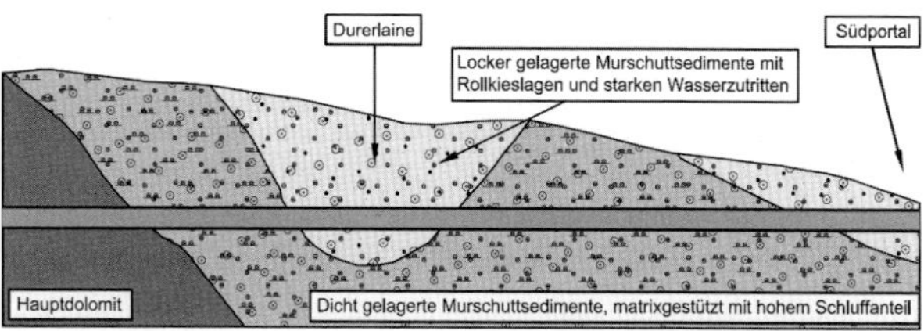

Bild 16. Schematischer Längsschnitt durch den südlichen Lockergesteinsabschnitt des Erkundungsstollens

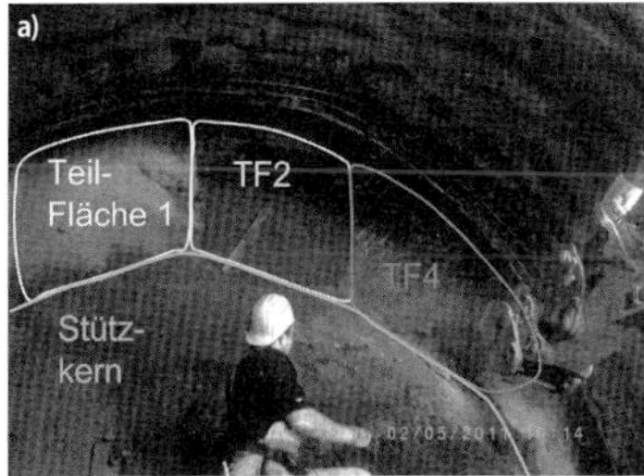

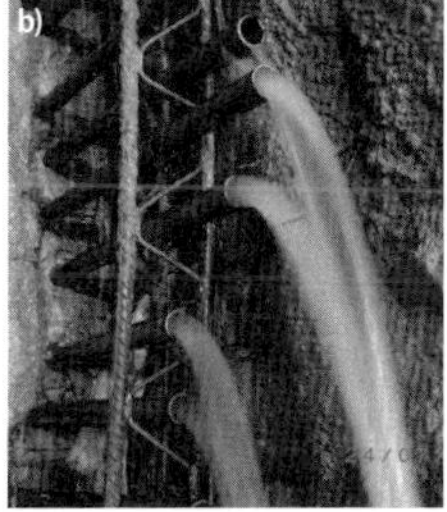

Bild 17. Vortrieb des Erkundungsstollens unter der Durerlaine: a) Öffnen der Ortsbrust in Teilflächen (TF); b) Drainage durch eng gesetzte Rohrspieße

Rollkieslagen als Schichtwasser unterhalb der befestigten Rinne abfließt. Dementsprechend musste der Vortrieb des Erkundungsstollens – je nach Niederschlag und Jahreszeit – bei einem Wasserzufluss zur Ortsbrust zwischen 30 und 80 l/s bewerkstelligt werden. Dies führte dazu, dass die Ortsbrust nur über geringe Höhen senkrecht standfest war.

Um in dieser Situation für den Erkundungsstollen einen sicheren Vortrieb gewährleisten zu können, wurde neben einer vorauseilenden Wasserhaltung und eng gesetzten Rohrspießen zur Unterstützung der Entwässerung ein Vortrieb mit Stützkern und Ortsbrustankern ausgeführt. Der Boden wurde in Teilflächen mit Fenstern von teils nur 2 m^2 Ausbruchfläche gelöst (Bilder 17a und b).

Aufgrund der Erfahrungen beim Vortrieb des Erkundungsstollens wurde bei der Planung des Haupttunnels zunächst eine Verlängerung der offenen Bauweise mit rückverankerter, überschnittener Bohrpfahlwand konzipiert (Bilder 18 und 19), um die Vortriebsstrecke in den locker gelagerten jüngeren Murschuttsedimenten durch einen größeren Voreinschnitt zu verkürzen. Beim Vortrieb des Haupttunnels standen die ungünstigen Baugrundverhältnisse im Bereich der locker gelagerten jüngeren Murschuttsedimente der Durerlaine daher nur auf 72 Vortriebsmetern an, gefolgt von den dicht gelagerten älteren Murschuttsedimenten.

Der bergseitige Erkundungsstollen wirkte sich als sehr vorteilhaft aus, da er als Drainage gegenüber dem Haupttunnel fungierte. Zusammen mit ergänzenden Drainagebohrungen vom Erkundungsstollen aus, die das den Querschnitt umströmende Wasser fassen sollten, konnte der Grundwasserzustrom zum Haupttunnel wirksam minimiert werden. In Ergänzung dazu wurde eine obertägige Vertikalbrunnengale-

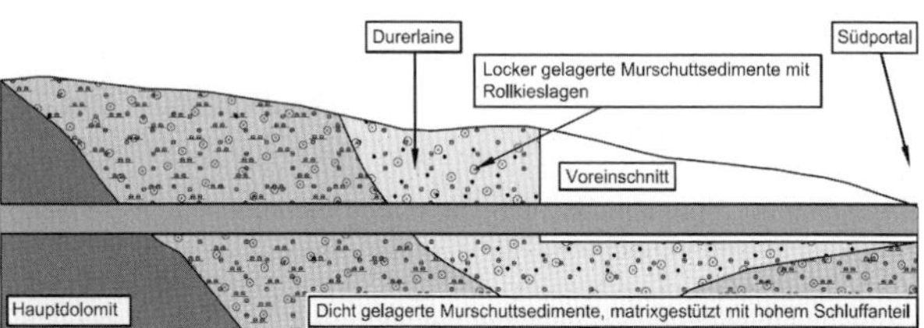

Bild 18. Schematischer Längsschnitt durch den südlichen Lockergesteinsabschnitt des Haupttunnels mit Voreinschnitt Süd

Bild 19. Voreinschnitt Süd mit bereits hergestellter offener Bauweise vor der Hinterfüllung

rie aus elf bis zu 30 m tiefen leistungsstarken Brunnen zwischen Haupttunnel und Rettungsstollen errichtet. Vor dem Hintergrund der aus dem Erkundungsstollen bekannten kurzfristigen Reaktion der Durerlaine auf Niederschläge wurde die Brunnengalerie als zusätzliche Maßnahme geschaffen, um Lastspitzen im Grundwasserzustrom puffern zu können. Durch die Kombination dieser Maßnahmen konnte das im Bereich der Durerlaine unterirdisch abfließende Wasser weitgehend vor dem Haupttunnel gefasst werden. Es traten beim Vortrieb daher fast ausschließlich bergfeuchte Verhältnisse auf, was den Vortrieb im Haupttunnel gegenüber dem Erkundungsstollen deutlich vereinfachte. Lediglich infolge einer kurzen Phase mit hohen Niederschlagsmengen war der unterirdische Wasserabfluss so hoch, dass auch im Vortriebsquerschnitt der Kalotte Wasserzutritte zu verzeichnen waren. Zu beobachten war, dass das befestigte Gerinne an der Oberfläche an die Kapazitätsgrenze kam, die Vertikalbrunnen unter Volllast förderten und die Schächte der Baudrainage im Erkundungsstollen überliefen. Im Haupttunnel kamen indes nur wenige l/s lokal im bergseitigen Ulm an, die örtlich gefasst werden konnten. Diese einmaligen Beobachtungen zeigten, dass ohne die Vorwegmaßnahmen zur Wasserhaltung mit Wassereintritten im Haupttunnel zu rechnen gewesen wäre, die den Vortrieb beträchtlich erschwert hätten.

Aufgrund der gegenüber dem Erkundungsstollen wesentlich größeren Kalottenortsbrustfläche des Haupttunnels wurden neben verpressten Rohrspießen, einem Stützkeil, Ortsbrustankern und einer Spritzbetonsicherung der Ortsbrust schon während des Entwurfs zusätzliche Sicherheitsvorkehrungen vorgesehen. Diese umfassten das Öffnen der Ortsbrust in bis zu 22 Teilflächen, den Einbau eines Kalottensohlgewölbes und das bedarfsweise Setzen von gezielten Entwässerungsmaßnahmen sowie lokale Verkittungsinjektionen nach örtlichem Erfordernis. Derartige Injektionen wurden beispielsweise beim U-Bahn-Bau in München in den quartären Rollkieslagen erfolgreich angewendet.

Im Mittel wurde die Kalotte in den jüngeren Murschuttsedimenten in elf, in den älteren in fünf Teilflächen aufgefahren. Als unterstützende Maßnahme wurde in den jüngeren Murschuttsedimenten eine Ortsbrustverkittung ausgeführt. Wie die geringen und rasch abklingenden

Verformungen zeigten, konnten Gebirgslasten in den älteren Murschuttsedimenten ohne den Einbau eines Kalottensohlgewölbes von der Außenschale aufgenommen werden.

5 Festgesteinsvortrieb

5.1 Vortrieb im Hauptdolomit

Die Erfahrungen beim Vortrieb des Erkundungsstollens wie die bei den keine 10 km entfernten Tunnel Oberau und Farchant gemachten zeigten, dass der Hauptdolomit mit Ausnahme von Störungszonen eine gute Gebirgstragfähigkeit aufweist. Dementsprechend wurde der Erkundungsstollen überwiegend in der Vortriebsklasse 3 mit Abschlagslängen von meist 2,2 m, teilweise bis zu 3 m aufgefahren. Nur in Störungszonen, wo das Gebirge in engen Bereichen teils kleinstückig bis zur Kieskornfraktion zerschert vorlag, musste über kurze Strecken die Abschlagslänge auf 1,7 m reduziert werden. Den Erfahrungen folgend wurde im Zuge der Ausschreibung des Haupttunnels der Vortrieb der Kalotte im Hauptdolomit in den Vortriebsklassen 3 und 4 geplant.

Die folgende Tabelle 1 zeigt die wesentlichen Unterschiede der beiden prognostizierten Vortriebsklassen.

Tabelle 1. Unterschiede zwischen den Vortriebsklassen T-K 3.2 und T-K 4.1 beim Auffahren des Haupttunnels

	T-K 3.2	**T-K 4.1**
Ankerung	RR-Anker, Einbau im Abschlagsfeld direkt hinter der Ortsbrust; L = 3 m	SN-Anker, Einbau im Feld hinter dem Abschlagsfeld, L = 4 m. Anzahl der Anker ist größer als bei T-K 3.2
Ausbaubogen	kein Ausbaubogen vorgesehen	Ausbaubogen bei jedem Abschlag
Spritzbetondicke	15 cm	20 cm
Abschlagstiefe	bis 2,2 m	bis 1,7 m

Auch im Haupttunnel wurden Störungen prognostiziert. Diese liegen als stärker mechanisch beanspruchte Hauptdolomitabschnitte vor.

Im Vortrieb konnten hierzu verschiedene Beobachtungen zu deren Ausprägung gemacht werden (s. Abschnitt 2). Dabei ist grundsätzlich festzustellen, dass keine weitreichende Entfestigung mit Auswirkungen auf die globale Standfestigkeit beobachtet werden konnte.

Beim Auffahren des Erkundungsstollens traten insbesondere zwischen den Stationen 2475 und 1900 erhöhte Wasserzutritte auf (Bild 20), die anfangs in Summe bis zu 100 l/s betrugen. Durch die drainierende Wirkung des Erkundungsstollens wurden für den Vortrieb des Haupttunnels geringere Wassermengen prognostiziert. Dazu wurden bei der Ausschreibung Maßnahmen zur gezielten Bergwasserableitung sowie zum Schutz der Fahrsohlen gegen Aufweichen bauvertraglich vorgesehen. Auch weil während des Vortriebs wenige Niederschläge zu verzeichnen waren, konnte weitestgehend in bergfeuchten Verhältnissen vorgetrieben werden. Nur in wenigen Aus-

Bild 20. Vortrieb Erkundungsstollen im Hauptdolomit

nahmen wurden in gestörten Bereichen rinnende bis fließende Wasserzutritte angetroffen.

Da die gemessenen Konvergenzen bei Anwendung der Vortriebsklassen T-K 3.2 sowie T-K 4.1 im Hauptdolomit überwiegend weniger als 10 mm betrugen und das Gebirge insgesamt als standfest bis leicht nachbrüchig beurteilt wurde, konnte der gewählte Ausbauwiderstand in beiden Klassen als ausreichend betrachtet werden. Zur Optimierung der Bauabläufe konnte abschnittsweise sogar die systematische Ankerung in der VKL 3.2 zugunsten einer im Bedarfsfall ausgeführten Einzelankerung entfallen. Im Hauptdolomitabschnitt wurden Vortriebsleistungen von bis zu acht Abschlägen pro Tag realisiert.

5.2 Vortrieb in der Kramerüberschiebung

Die Kramerüberschiebung ist gegenüber den Kössener Schichten durch ein vermehrtes schichtweises Auftreten von Mergeln und Schiefertonen und damit einhergehend geringeren Anteilen von Kalklagen sowie durch eine intensive Verfaltung und Scherung (tektonische Beanspruchung) der anstehenden Schichten gekennzeichnet. Die Berechnungen zum Erkundungsstollen mithilfe der Finite-Elemente-Methode (FE-Methode) ergaben, dass große Verformungen aufgrund druckhafter Gebirgsverhältnisse nicht ausgeschlossen werden können und es damit zu Überbeanspruchungen der Spritzbetonschale kommen kann, wenn an der Ortsbrust ausschließlich die vorgenannten Schiefertone anstehen.

Allerdings zeigte der Vortrieb des Erkundungsstollens in der Kramerüberschiebung nicht die befürchteten druckhaften Gebirgseigenschaften. Zum einen wiesen die Schiefertone an der Ortsbrust noch Festgesteinscharakter auf und zerscherten erst infolge der mechanischen Beanspruchung beim Ausbruch. Zum anderen standen Schiefertonschichten immer im Wechsel mit Mergelsteinlagen an, wobei die Mergelsteinlagen an der Ortsbrust meist überwogen.

Daher konnte nach einer kurzen Versuchsphase beim Erkundungsstollen auf die Herstellung von Deformationsschlitzen zur Verhinderung von Überbeanspruchungen in der Spritzbetonschale verzichtet werden. Bild 21 zeigt die Spritzbetonschale des Erkundungsstollens mit zwei noch offenen Schlitzen in den oberen Ulmen und Bild 22 beispielhaft die gemessenen Vertikalverformungen am noch durch Schlitze geöffneten Ring bei Tunnelmeter 1585.

Bild 21. Schlitze in der Spritzbetonschale beim Vortrieb in der Kramerüberschiebung

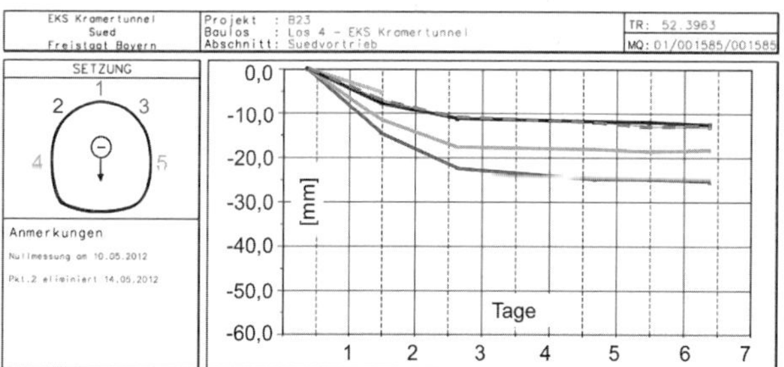

Bild 22. Beispiel von Vertikalverformungen in der Kramerüberschiebung bei Station 1585

Beim Vortrieb des Haupttunnels zeigten sich in einem vorsorglich sehr eng gefassten Raster an Konvergenzmessungen sowie zusätzlichen Extensometerquerschnitten, dass es zu keinen auffälligen Verformungen im Bereich des Hohlraums kam. Somit konnte auf die Ausführung von Schlitzen oder Stauchelementen verzichtet werden. Der Vortrieb im Haupttunnel konnte somit schneller als angenommen in den leichteren Vortriebsklassen T-K 4.1 und T-K 4.2 ohne Kalottensohle mit 4 m langen Radialankern und einer Abschlagslänge von 1,7 m erfolgreich durchgeführt werden. Die Vertikalverformungen in der Firste betrugen überwiegend 15–25 mm, wobei die Verformungen in einem zeitlichen Abstand von wenigen Tagen hinter der Ortsbrust zur Ruhe kamen.

6 Herstellung des Abluftbauwerks

6.1 Abteufen des Abluftschachts

Das Abluftbauwerk besteht aus dem Abluftschacht sowie dem 25 m über GOK hinausragenden Abluftkamin. Der senkrechte Abluftschacht ist über die vom Haupttunnel abzweigende Abluftkaverne mit dem Haupttunnel verbunden. Der Schacht weist einen lichten Durchmesser von 4,50 m und einschließlich dem Abluftkamin eine Höhe von rund 118 m über Fahrbahnniveau auf.

Beim Abluftschacht standen ab GOK als Murschutt ausgewiesene nichtbindige Kiese mit wechselndem Feinkornanteil an. Der Bergwasserspiegel wurde während des Vortriebs abgesenkt, sodass in diesem Aquifer keine nennenswerten Wasserzutritte beobachtet wurden. Ab Teufe 30,6 m wurde das anstehende Gebirge als bindige Grundmoräne angesprochen. An dieser stauenden Grenzschicht wurden trotz der Grundwasserabsenkung Wasserzutritte von etwa 2–4 l/s angetroffen. Der im Liegenden an die Grundmoräne als Erosionsdiskordanz ausgebildete Übergang von Locker- zu Festgesteinen wurde bei Teufe 55,6 m erreicht. Ab hier standen vollflächig Gesteine der Schieferton-Fazies der Kössener Schichten im Ausbruchsquerschnitt an. Der Festgesteinsabschnitt erstreckte sich bis zur Endteufe. Die Bergwasserverhältnisse wurden hier als bergfeucht dokumentiert.

Bild 23. Abteufen im Lockergestein im Schutz der Spunddielen

Über die Tiefe des anstehenden Lockergesteins wurde nach 10 m ab GOK von einer vorauseilenden Sicherung mittels Rohrspießen auf eine Sicherung der Ausbruchlaibung mittels Spunddielen und einer darauf aufbauenden Spritzbetonschale umgestellt (Bild 23).

Entsprechend der Prognose wurden ab Teufe 55,6 m Gesteine der Kössener Schichten angetroffen. Aufgrund der Zunahme des Anteils an Kalksteinbänken wurde der Vortrieb mittels Lockerungssprengungen als wirtschaftlichste Vortriebsmethode ausgewählt.

Im Zuge des Abteufens wurden alle 10 m die Konturen für die Aufnahme von Schachtwiderlagern ausgebildet. Grundsätzlich wurden die Auflager rückverankert. Zudem erfolgte im Bereich der Kössener Schichten die Ausbildung eines Dichtschotts zur Abschottung des von oben durch die durchlassigen Schichten anströmenden Bergwassers. Die Lage des Dichtschotts wurde anhand der angetroffenen Geologie vor Ort bestimmt.

Eine Besonderheit beim Vortrieb des Schachts bildete im unteren Bereich der Verzug der Ausbruchsgeometrie vom runden Schachtprofil, das über eine Tiefe von ca. 76 m hergestellt wurde, auf das rechteckige Schachtprofil über eine Länge von 4 m. Am unteren Ende des Verzugs bindet der Schacht in die Abluftkaverne ein.

6.2 Wasserhaltung beim Abteufen des Abluftschachts und Wasserableitung im Endzustand

Zur Sicherung des Schachtvortriebs im Lockermaterialabschnitt waren Grundwasserabsenkungsmaßnahmen von Obertage erforderlich. Hierzu wurden radial um den Schacht drei Brunnen bis zur Oberkante der Kössener Schichten hergestellt. Das über die Brunnen gefasste Wasser wurde mittels Pumpen und einer Druckleitung gefördert. Zudem wurde während des gesamten Vortriebs eine offene Wasserhaltung betrieben. Alle gefassten Wässer wurden letztendlich über Rohrleitungen in die Loisach eingeleitet. Die Wasserhaltung über die Brunnen wurde bis zur vollständigen Aushärtung der Innenschale des Schachts und darüber hinaus, bis zum Abschluss der Betonierarbeiten des anschließenden Kavernenbauwerks, aufrechterhalten.

Aus Wirtschaftlichkeitsgründen wurden nach erfolgtem Abteufen des Schachts die Pumpen der Absenkbrunnen außer Betrieb gesetzt. Zum Zeitpunkt der Annäherung des Kavernenvortriebs an den Schacht stand das Wasser im Schacht über die gesamte Höhe des Festgesteins an. Vor dem Durchschlag aus der Kaverne (Bild 24) wurde der Schacht weitestgehend gelenzt. Das Restwasser wurde über Drainagebohrun-

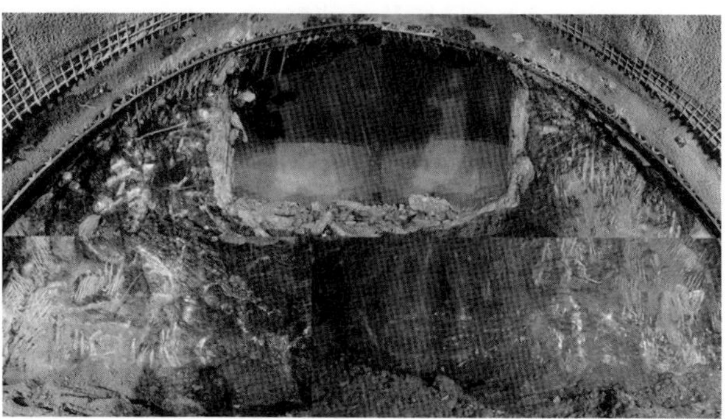

Bild 24. Durchschlag vom Kalottenvortrieb der Kaverne in den Schacht

gen aus dem Kalottenvortrieb der Kaverne gezielt gefasst und abgeleitet.

Zur Ableitung des Bergwassers nach der Herstellung der Innenschale wurden im Bereich der Kössener Schichten unterhalb des Dichtschotts zwischen Außen- und Innenschale des Schachts zwei vertikale, jeweils 0,50 m breite Noppenbahnstreifen fixiert, die an die Ulmendrainage der Kaverne angeschlossen wurden.

6.3 Abschottung des druckdichten Abschnitts des Abluftschachts

Zur Vermeidung einer hydraulischen Verbindung zwischen dem Murschuttfächer und der Tunneldrainage wurde im Abluftschacht im Bereich der Kössener Schichten ein umlaufendes Dichtschott ausgeführt (Bild 25). Dieses Dichtschott wurde zur Minimierung einer Gebirgsauflockerung mittels Fräsen ausgebrochen.

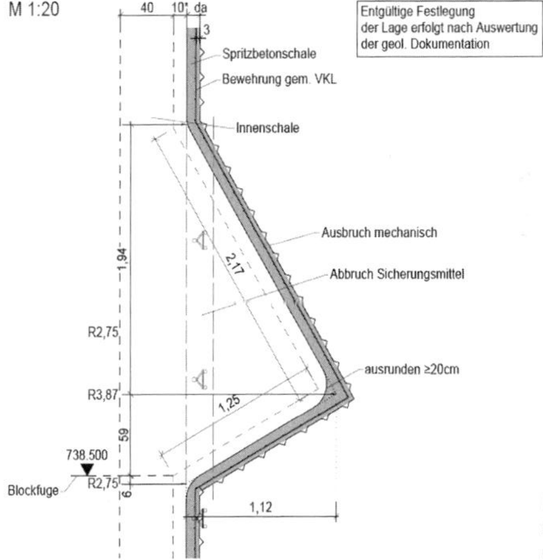

Bild 25. Detailskizze Dichtschott des Abluftschachts

Gemäß Ausführungsplanung wurde vorgegeben, die Lage für den Ausbruch des Dichtschotts im Abluftschacht analog zu jenen im Rettungsstollen und im Haupttunnel nach Vorliegen der geologischen Dokumentation final festzulegen. Hierbei bestand die Anforderung, dass das Dichtschott in weitestgehend ungestörtem Gebirge zu liegen kommt, um eine bestmögliche Abschottwirkung zu erzielen. Das Dichtschott konnte an der in der Ausschreibung prognostizierten Lage ausgeführt werden. Nach erfolgtem Ausbruch und vor Beginn der Innenschalenarbeiten wurden im Bereich des Dichtschotts 95 Bohrungen mit 0,6 m Länge ausgeführt und verpresst.

Ergänzend hierzu wurden Verpressschläuche auf der Innenseite der Außenschale verlegt, um den durch mögliches Schwinden des Innenschalenbetons entstehenden Spalt zwischen Außen- und Innenschale nachträglich zu verpressen und damit Wasserwegigkeiten zu verschließen (Bild 26). Mit dieser Maßnahme wurden die Arbeiten am Dichtschott zur Unterbindung hydraulischer Kurzschlüsse verschiedener Aquifere abgeschlossen.

Bild 26. Ausbildung des Dichtschotts hinter der Innenschale

6.4 Herstellung der Innenschale des Abluftschachts sowie des Abluftkamins

Die Innenschale des Abluftschachts, der oberhalb der Abluftkaverne beginnt und auf dem der obertägige Abluftkamin aufsitzt, wurde als wasserundurchlässige Betonkonstruktion (WUBKO) nach ZTV-ING [3] hergestellt. Unabhängig von der druckentlastenden Ausführung im unteren Schachtabschnitt wurde die Innenschale des Abluftschachts auf den anstehenden Wasserdruck bemessen. Die Innenschale des Abluftschachts wurde einschließlich des oberirdischen Abluftkamins mittels Gleitschalung hergestellt. Alle 10 m wurden im Bereich der Schachtfußwiderlager Raumfugen gemäß RIZ-ING T Fug 10 [4] ausgebildet. Hierbei zeigte sich insbesondere die Notwendigkeit der optimalen Organisation der ineinandergreifenden Prozesse. Bei einer mittleren Einbauleistung von 3,9 m pro Arbeitstag musste der fortlaufende Einbau von Bewehrung, Einbauteilen und Blockfugen während einer kontinuierlichen Betonage koordiniert werden. Die Betonkosmetik wurde unmittelbar nach der Betonage von einem angehängten Gerüst aus durchgeführt (Bild 27).

Bild 27. Gleitschalung zur Herstellung des Abluftkamins

Über GOK ragt der Abluftkamin, der ebenfalls mittels Gleitschalung einschließlich einer Konterschalung gebaut wurde, 25 m hoch hinaus. Die Außenseite des Abluftkamins wurde während des Gleitens unmittelbar rau abgerieben und erhielt damit eine geschlossene Oberflächenstruktur.

7 Innenausbau des Tunnels mit Folgerungen hinsichtlich der Abdichtung, der Blockhinterlegung und der Dichtblöcke mit Dichtschotts

Entsprechend den vorherrschenden hydrogeologischen Randbedingungen sind die Tunnelbauwerke (Tunnel- und Stollenröhre, Querschläge und Kaverne) im Bereich der geschlossenen Bauweise abschnittsweise druckentlastet (drainiert) und abschnittsweise druckdicht mit folgendem Regelaufbau des zwischen Spritzbetonaußenschale und Innenschale angeordneten Abdichtungssystems ausgebaut:

- Abdichtungsträger
- Bergseitige Schutzschicht (Geotextil)
- Kunststoffdichtungsbahn (KDB)
- Schutzfolie in der Sohle bei Rundumabdichtung

Davon ausgenommen sind die Übergangsbereiche druckdicht/drainiert sowie der Abluftschacht, die als WUBKO gemäß ZTV-ING [3], ohne zusätzliche Abdichtung, ausgeführt wurden.

7.1 Drainierte Abschnitte (hoher Wasserdruck) – druckentlasteter Ausbau (Regenschirmabdichtung)

In den druckentlasteten Abschnitten wurde die Abdichtung der Tunnelbauwerke mit Regenschirmabdichtung im Gewölbe aus einlagigen, 2 mm dicken Kunststoff-Dichtungsbahnen (KDB) hergestellt. Die KDB ist mit einer Klemmkonstruktion wasserdicht an das Widerlager der Innenschale angeschlossen. Mit dieser Maßnahme wird das Eindringen von Injektionsmaterial der Firstspaltverpressung in die Ulmendrainagen unterbunden. Die Entspannung des Grundwassers, die sich beim Vortrieb einstellte, wird durch die Ableitung des außerhalb der Innenschale zusickernden Wassers und der Abdichtungsmaßnahmen auf Dauer aufrechterhalten.

7.2 Abdichtung im Bergsturz und Lockergesteinsbereich Süd

In den druckdichten Abschnitten wurden die Tunnelbauwerke rundum mit einlagigen KDB abgedichtet. Zum Schutz der Abdichtung in der Sohle wurde eine Schutzfolie (2 mm) angeordnet und ca. 1 m über die Betonierfuge Sohle – Gewölbe hochgezogen.

Im Lockergesteinsbereich Süd (Durerlaine) wurden der Haupttunnel und der Rettungsstollen gegen einen – nur bei extremen Regenereignissen – wirksamen Wasserdruck von 2 bar mit Rundumabdichtung aus einlagigen, 3 mm dicken KDB nach ZTV-ING [3] ausgebaut. Der Übergang zum Festgestein und zu der Regenschirmabdichtung wurde mit 2 WUBKO-Blöcken nach ZTV-ING [3] abgedichtet.

Die Bauwerksabdichtung im Bergsturzbereich musste bei Wasserdrücken bis zu 5 bar über der Tunnelsohle mit zwei unabhängigen Dichtungsebenen sichergestellt werden [2]. Dafür war eine Zulassung im Einzelfall notwendig.

Die Dichtungsebene 1 besteht aus einer wasserundurchlässigen, bewehrten Innenschale (Blocklänge max. 10 m) mit Wandstärken von 60 cm in den Regelblöcken und bis 1,10 m in der Pannenbucht 1 mit innenliegenden radialen Elastomer-Fugenbändern (Breite ≥ 500 mm).

Die Dichtungsebene 2 besteht aus einer Rundumabdichtung aus 1-lagigen KDB (3 mm) und einer planmäßigen Blockhinterlegung. Die dabei gemäß ZTV-ING [3] bzw. EAG-EDT [5] geforderte blockweise Ausbildung von Schottbereichen wird durch den Einbau von radial angeordneten Fugenbändern sichergestellt.

Das ausgeführte Abdichtungssystem im Bereich des Bergsturzes erfüllt die Empfehlungen der EAG-EDT [5]. Es enthält, neben einer WUBKO einschließlich innenliegender Fugenbänder und einer einlagigen Folienabdichtung mit radialen Schottfugenbändern, Vorrichtungen zur Blockhinterlegung, die denen eines Prüf- und Injektionssystems entsprechen. Bei einem Prüf- und Injektionssystem gemäß ZTV-ING [3] wird das System jedoch nur optional für nachträgliche Abdichtungsarbeiten genutzt.

Das im Bergsturzbereich ausgeführte Abdichtungssystem enthält planmäßig eine systematische Blockhinterlegung [2]. Als sinnvolle Größenordnung für einen Verpressabschnitt wurde jeweils ein Innenschalenblock gewählt. Mit dem Einbau von radialen Schottfugenbändern ca. 1 m rechts und links neben der Blockfuge wird die Abschottung gegen den anschließenden Block sichergestellt. Die planmäßige Blockhinterlegung wird vor dem Aufstau des Bergwasserspiegels durchgeführt. Der Spalt zwischen der Abdichtung und der Innenschale kann deshalb voraussichtlich mit niedrigen Drücken verpresst werden, da kein unter Druck stehendes Wasser verdrängt werden muss. Eventuell vorhandene Fehlstellen an der Außenseite der Innenschale werden damit zuverlässig vor dem Anstieg des Bergwasserspiegels verfüllt. Mit der Ausführung einer Blockhinterlegung soll das Schadensrisiko deutlich reduziert werden.

Auf den Einbau eines horizontalen außenliegenden Fugenbands zwischen Sohle und Gewölbe wurde bewusst verzichtet, damit der Block durchgängig hinterlegt werden kann und keine Lufteinschlüsse verbleiben. Ein Austreten von Zementsuspension in den jeweils oberhalb liegenden Verpressstutzen und in der Firste kann dadurch beobachtet werden. Dies dient als Hinweis, dass von unten nach oben steigend die Hinterlegung abgeschlossen ist.

7.3 Abschottung der druckdichten Abschnitte – Tunnel und Stollen

Um einen Wasserabfluss aus dem Bergsturzbereich (druckdichter Tunnelabschnitt) in den drainierten Tunnelabschnitt durch Längsläufigkeiten entlang der Tunnelröhren zu vermeiden, wurden Zusatzmaßnahmen durchgeführt. Zum einen im Gebirge im Nahbereich der Tunnelröhre (aufgelockerter Ausbruchsrand), in einer Tiefe bis ca. 5 m zum Ausbruchsrand, zum anderen im Ringraum zwischen Außen- und Innenschale.

Hierzu wurden vor und nach dem Bergsturzbereich unter geeigneten geologischen bzw. geotechnischen Bedingungen zuverlässige, dauerhafte Abdichtungen hergestellt, die unter dem Begriff „Abschottung" zusammengefasst werden [2].

Jede Abschottung enthält folgende wesentlichen Maßnahmen (Bilder 28 und 29):

- Ausführung von zwei 10 m langen WUBKO-Blöcken
- 2 Betonrippen (Ringschotte): Tiefe 0,75 m, Breite 3,60 m, mechanische Herstellung
- 1 Injektionsschirm (3,5–5,0 m) in 5 Reihen in Kombination mit der Betonrippe
- planmäßig verpresste Injektionsschläuche zwischen Innen- und Außenschale im Bereich der Betonrippen
- umlaufende Bentonitmatten vor und nach den Betonrippen

Die Injektionen wurden mit dem Ziel ausgeführt, die Durchlässigkeit des anstehenden Gebirges zu verringern. Dazu wurden in einem Probefeld im Nahbereich jedes Injektionsschirms über Vorversuche die Injektionsparameter verifiziert. Dabei zeigte sich, dass das Gebirge auch ohne Vergütung schon als schwach durchlässig bezeichnet

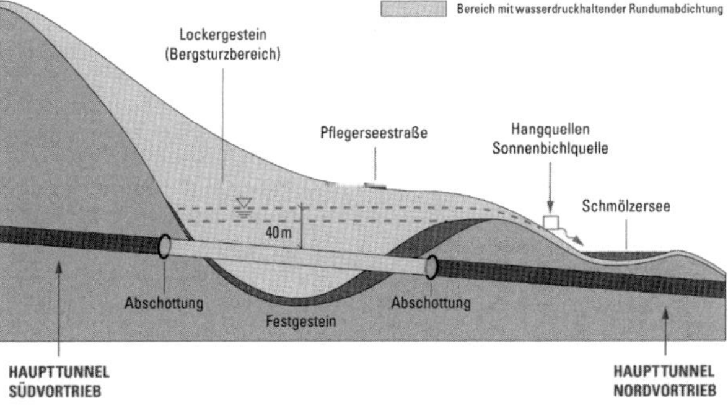

Bild 28. Schemazeichnung Bergsturz und Abschottungsmaßnahmen

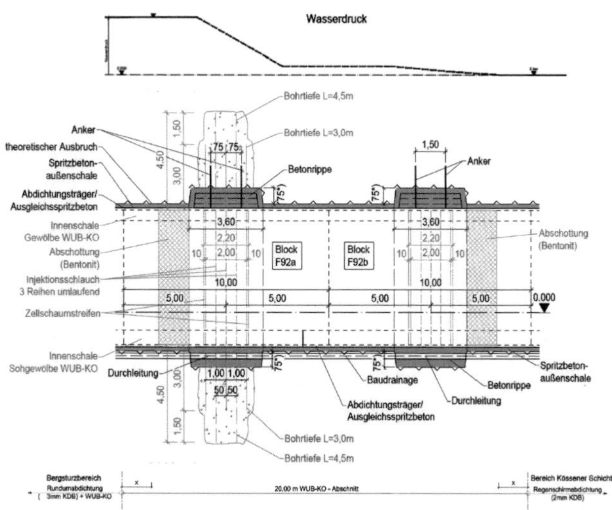

Bild 29. Elemente der Abschottung

werden konnte. Nach Auswertung der durchgeführten Lugeon-Tests wurde der Maximaldruck für die Regelinjektion auf 7 bar und die Druckhaltezeit auf 5 min festgelegt.

Die Injektionen zur Abschottung der druckdichten Abschnitte (radiale Injektionsschirme) wurden in zwei Phasen ausgeführt. In Phase 1 wurde das Gebirge, in Phase 2 die Kontaktzone zwischen Spritzbeton und Gebirge vergütet.

Damit im Bereich der Betonrippen keine Wasserwegigkeit durch das Schwinden des Betons entstehen kann, wird auf einer Länge von rd. 2,0 m der Ringraum zwischen der wasserundurchlässigen Innenschale und der Außenschale bzw. dem Abdichtungsträger mittels umlaufend eingebauter Verpressschläuche (3 Stück) mit einem langsam reagierenden Kunstharz dauerhaft dicht verpresst (Ringspaltverpressung).

Im Übergang zwischen den Betonrippen und den anschließenden Abschnitten mit Abdichtung wurden zur Abschottung des Ringspalts zwischen Außenschale/Abdichtungsträger und Kunststoff-Dichtungsbahn umlaufende Bentonitmatten eingebaut.

Als Voraussetzung dafür, dass mit der Wiederaufspiegelung in der Bergsturzmulde begonnen werden kann und die Abschottungen ihre Funktion übernehmen, sind die Baudrainagen über die gesamte Länge über Brunnentöpfe vorab zu verpressen.

7.4 Unbewehrte Innenschale (ZiE) – Wirtschaftlichkeit trifft Nachhaltigkeit

Abhängig von den vorherrschenden geotechnischen Randbedingungen wurde eine bewehrte oder unbewehrte Innenschale vorgesehen. Eine unbewehrte Ausführung wurde in den kompakten und standfesten Kalkstein- und Hauptdolomitabschnitten geplant. Hierfür wurde eine Zustimmung im Einzelfall beantragt und erteilt.

Welche Abschnitte der Innenschale letztendlich unbewehrt ausgeführt werden konnten, wurde nach Abschluss der Vortriebsarbeiten festgelegt. In jeweils 123 Blöcken in jeder Röhre wurde die Innenschale unbewehrt betoniert. Dadurch konnten insgesamt etwa 2.500 t Bewehrungsstahl eingespart werden. Diese Bauweise ist damit nicht nur wirtschaftlich interessant, sondern liefert auch einen erwähnenswerten Beitrag zum ressourcenschonenden Planen und Bauen.

8 Fazit

Nach langjähriger Planungsphase und zwei zeitlich voneinander getrennten Bauphasen kann der Kramertunnel zeitnah in Betrieb genommen werden. Rückblickend auf die Bauphasen können die folgenden wesentlichen Erkenntnisse zusammengefasst werden.

Die vorgezogene Herstellung des Erkundungsstollens (des späteren Rettungsstollens) stellt einen der wesentlichen Bausteine in der Abwicklung der Gesamtmaßnahme dar. Die Prognosesicherheit hinsichtlich des aufzufahrenden Haupttunnels konnte hierdurch nennenswert gesteigert werden. Die aus dem Auffahren des Erkundungsstollens resultierende Prognosesicherheit kann alleine durch Bohrungen von Obertage nicht erreicht werden. So konnten hieraus die großen Planungsthemen Kramerüberschiebung, Durerlaine und Bergsturzbereich identifiziert werden und die folgerichtigen Schlüsse für die Ausplanung der Hauptbaumaßnahme gezogen werden.

Die im Anschluss an die Vorwegmaßnahme mit Auffahren des Erkundungsstollens geknüpfte Zwangspause bei der Realisierung war erforderlich und notwendig für die genehmigungsrechtlichen Ergänzungen. Nur auf einer gesicherten Rechtsgrundlage konnten später die Absenkmaßnahmen für die bergmännische Bewältigung des Bergsturzbereichs durchgeführt und der Bau der wichtigen Infrastrukturmaßnahme durch sinnvolle Ausgleichsmaßnahmen wie der künstlichen Bewässerung der Hangquellmoore begonnen werden.

Für die Einfahrt in den Bergsturzbereich musste dieser vorab entwässert werden. Ursprünglich war hierfür eine gravitative Wasserhaltung durch Bohrungen aus den Tunneln heraus vorgesehen. Während der Ausführung zeigte sich eine sehr anisotrope Durchlässigkeit im Bergsturzbereich, weshalb zusätzliche Wasserhaltungsmaßnahmen erforderlich wurden. Mit sechs Großbrunnen und vier bepumpbaren Grundwassermessstellen sowie verschiedenen den Vortrieb flankierenden, variabel einsetzbaren Wasserhaltungsmaßnahmen gelang es, das Grund- und Schichtwasser soweit abzusenken bzw. zu fassen, dass jederzeit ein sicherer Vortrieb im Bergsturzbereich gewährleistet war [2].

Der Schlüssel zur gelungenen Ausführung war der gemeinsame Austausch aller fachlich Beteiligten und die Fokussierung auf die technisch notwendigen Maßnahmen. Gerade für den herausfordernden Bergsturzbereich war daher die Einrichtung einer geotechnischen Fachbauleitung aus Vertretern der beiden Vertragsparteien für diesen Abschnitt ein hochwertiger Baustein. Der Fokus lag damit prioritär auf den technisch notwendigen Maßnahmen und vertragsrelevante Auswirkungen wurden zeitnah nachlaufend geklärt. Der Bereich des Bergsturzes wurde so in professioneller Art und Weise, die permanent mit den Vertretern des Auftraggebers abgestimmt war, in größerer

Geschwindigkeit aufgefahren, als dies unmittelbar vor Vortriebsbeginn in diesem Bereich prognostiziert war.

Pilothaft konnte in dieser Situation auch der BIM-Anwendungsfall Geologie hierzu wertvolle Ergebnisse und Erkenntnisse liefern. Der BIM-Masterplan für Bundesfernstraßen [6] sieht seit 2021 die stufenweise Implementierung der BIM-Methodik auch in den Auftragsverwaltungen der Länder vor. Am Kramertunnel wurde dies zum Anlass genommen, erste Erfahrungen mit der Modellierung von Ortsbrustkartierungen sowie der vor Ort gemessenen Wasserstände im Rahmen der baulichen Abwicklung eines Großprojekts zu sammeln. Erkannt wurde, dass die durchgängige 3D-Darstellung einerseits zu einem deutlich einfacheren Verständnis von komplexen Zusammenhängen beiträgt und so auch Diskussionen und Einschätzungen in größeren Gruppen erleichtert. Andererseits liefert die Ableitung von Prognosemodellen erste Ansätze für eine Vorausschau. Vor allem aber werden Daten der Geologie und Hydrogeologie einheitlich verfügbar gemacht und zeitgleich konsistent archiviert. Die Eröffnung eines BIM-Modells bietet auch die Möglichkeit, weitere Modelldaten einzuspielen und damit ganzheitlich zu betrachten.

Den Abschluss bildet der Einbau der Innenschale. Aufgrund der zum Teil sehr guten und standfesten Geologie konnten auch hier wirtschaftliche Einsparungen berücksichtigt werden. Die Herstellung einer unbewehrten Innenschale ist hierbei gleichzeitig ein wichtiger Beitrag für Nachhaltigkeit und ressourcenschonendes Planen und Bauen. Rund 2.500 t Bewehrungsstahl konnten im Einzelfall eingespart werden und somit nachweislich und vorzeigbar den Anteil des energetischen Aufwands für die Herstellung verringern.

Zuvor ist die mängelfreie Herstellung der Abdichtungsarbeiten ein Kernstück der technischen Aufgabe und insbesondere Grundlage für die künftige Wiederaufspiegelung des Bergsturzbereichs. Auf Basis der fortgeschriebenen ZTV-ING [3] konnte auch hier eine Zustimmung im Einzelfall erteilt werden, die in Deutschland bei einer bergmännischen Baumaßnahme die planmäßige Blockhinterlegung im Bergsturzbereich ermöglicht. Die Ausführung wird durch die Bundesanstalt für Straßenwesen (BASt) eng begleitet und später ausgewertet.

Bild 30. Südportal mit Wettersteinmassiv

Die Herstellung eines derartig großen und herausfordernden Bauwerks wie des Kramertunnels (Bild 30) erfordert die Mitwirkung unterschiedlichster Spezialisten, denen an dieser Stelle für die engagierte Mitwirkung seitens der Bauherrenschaft herzlichst gedankt wird. Insbesondere gilt der Dank den ausführenden Facharbeitern im Tunnel, die ihre Erfahrung und Kenntnis in dieses erfolgreiche Projekt einbringen.

Literatur

[1] Fillibeck, J.; Maier, M. (2013) *Erkenntnisse aus dem Vortrieb des Erkundungsstollens für den Kramertunnel Garmisch-Partenkirchen.* Vortrag zur Tagung der FGSV-Arbeitsgruppe Erd- und Grundbau am 5./6. März 2013 in Bamberg.

[2] Zuber R.; Zeindl M.; Schwaiger S.; Thieme A. (2021). *Kramertunnel Garmisch-Partenkirchen – konventioneller Tunnelbau in einem Bergsturzbereich mit ober- und untertägiger Bergwasserabsenkung: bis zu 5 bar Wasserdruck. Fortsetzung der Bauarbeiten nach mehrjähriger Zwangspause.* STUVA Conference 2021, Karlsruhe.

[3] ZTV-ING (2022) *Zusätzliche Technische Vertragsbedingungen und Richtlinien für Ingenieurbauten.* Bundesanstalt für Straßenwesen (BASt), Bergisch Gladbach.

[4] RIZ-ING (2022) *Richtzeichnungen für Ingenieurbauten.* Trog/Tunnel – Trog/Tunnelkonstruktionen. Bundesanstalt für Straßenwesen (BASt), Bergisch Gladbach.

[5] EAG-EDT (2018) *Empfehlungen zu Dichtungssystemen im Tunnelbau EAG-EDT.* Deutsche Gesellschaft für Geotechnik e.V. (Hrsg.), 2. Aufl., Ernst & Sohn, Berlin.

[6] BMDV (Hrsg.) (2021) *Masterplan BIM Bundesfernstraßen.* Digitalisierung des Planens, Bauens, Erhaltens und Betreibens im Bundesfernstraßenbau mit der Methode Building Information Modeling (BIM). Bundesministerium für Verkehr und digitale Infrastruktur, Berlin.

Maschineller Tunnelbau

I. Zehn Jahre Variable Density (VD) – wo sind wir heute?

Gerhard Wehrmeyer

Die Entwicklungsgeschichte der Variable-Density-Technologie (VD-Technologie) umfasst seit ihrer Einführung 2013 und dem Ersteinsatz in Kuala Lumpur mittlerweile ein Jahrzehnt. Die Folgeeinsätze in den verschiedenen Tunnelprojekten weltweit forcierten die Weiterentwicklung dieser Technologie und haben zum heutigen Stand der Technik geführt.

In diesem Beitrag wird über die Entwicklung der VD-Technologie in den letzten zehn Jahren berichtet. Die Entwicklungsschritte in den Bereichen Vortriebs- und Maschinentechnik sowie in der Suspensionstechnologie werden aufgezeigt. Auf Basis des heutigen Stands der Technologie wird abschließend ein Ausblick in die Zukunft vorgenommen.

Ten years of Variable Density (VD) - where are we today?

The development history of Variable Density (VD) Technology now spans ten years since its introduction and first use in Kuala Lumpur in 2013. The subsequent applications of this technology on various tunnel projects around the world accelerated the further development and led to the current state of the art.

This article reports on the development of the VD Technology. The development steps in the areas of tunnelling technology, machine technology and suspension technology are shown. Based on the current state of the art, the paper concludes with a future outlook.

Tunnelbau 2024, Herausgegeben von der DGGT, Deutsche Gesellschaft für Geotechnik e.V.

1 Entwicklungsgeschichte

Für den maschinellen Schildvortrieb gibt es prinzipiell drei Maschinentypen:

- offene Einfachschilde für standfesten und i. d. R. nicht wasserführenden Baugrund;
- geschlossene Erddruckschilde für feinkörnige und i. d. R. nicht standfesten wasserführenden Baugrund;
- geschlossene Flüssigkeitsschilde für grobkörnigeren, nicht standfesten und i. d. R. wasserführenden Baugrund.

Aufgrund der Projektanforderungen mit wechselnder Geologie innerhalb eines Vortriebs wurden diese drei grundsätzlichen Maschinentypen zu kombinierten Schilden oder Multi-Mode-Maschinen weiterentwickelt, die die Betriebsart während des Vortriebs wechseln können. Tabelle 1 zeigt eindrucksvoll die Projektreferenzen für diese Multi-Mode-Maschinen.

Lediglich der Wechsel der Betriebsart zwischen dem geschlossenem Flüssigkeitsschild und einem Erddruckschild wurde vereinzelt durchgeführt (Projektreferenz Socatop – Umbau im Berg bzw. Duisburg TA7/8a mit dem vorgesehenen, aber nicht ausgeführten Umbau im Schacht durch Austausch einzelner Module). Die Tatsache, dass ein

Tabelle 1. Projektreferenzen Multi-Mode-Maschinen

Zeitraum	Produkttyp	Anzahl Projekte	Durchmesserbereich [m]	Tunnellänge (in Summe) [km]	Tunnelnutzung
1988–2019	Einfachschild/ Flüssigkeitsschild	10	7,180–12,750	61,6	8 × Eisenbahn, 1 × Wasser, 1 × Hydropower
1995–2023	Erddruckschild/ Einfachschild	28	5,290–12,060	149,6	9 × Eisenbahn, 17 × Metro, 2 × Wasser
1993–2015	Erddruckschild/ Flüssigkeitsschild	3	6,570–11,565	19,9	2 × Metro, 1 × Straße

Wechsel von flüssigkeitsgestützter Betriebsart zu erddruckgestützter Betriebsart sich in der praktischen Umsetzung als aufwendige Aufgabe erweist, die insbesondere bei Umbau im Berg erhebliche Druckluftarbeiten erfordert, war der Treiber für die Entwicklung des Variable-Density-Konzepts.

2 Variable-Density-Technologie

Zielvorgabe bei der Entwicklung der Variable-Density-Tunnelbohrmaschine (VD-TBM) war, den jeweiligen Vortriebsmodus anpassen zu können, ohne dabei mechanische Modifikationen oder Umbauarbeiten in der Abbaukammer, an der Maschine selbst oder im Nachläuferbereich auszuführen.

Dieser hoch flexible Maschinentyp liegt mit der entwickelten VD-TBM vor, die sowohl in der klassischen flüssigkeitsgestützten Betriebsart unter Einsatz eines Druckluftpolsters zur Stützdrucksteuerung als auch in der klassischen erddruckgestützten Betriebsart unter Verwendung der Austragsvolumenkontrolle zur Stützdrucksteuerung betrieben werden kann (Bild 1). Der Übergang zwischen den aufgezeigten Betriebsarten kann dabei fließend, d. h. unter voller Beibehaltung einer sicheren Stützdruckkontrolle, erfolgen. Ein Kammereinstieg ist nicht notwendig. Ein längerer Betrieb in einem Zwischenstatus mit höherer Kammerdichte (High Density Mode), also einer Dichte, die zu hoch für einen reinen Flüssigbetrieb, aber unterhalb der Dichte eines Erddruckbetriebs wäre, ist ebenfalls möglich. Bei der VD-TBM erfolgt bei beiden Betriebsarten die Förderung des abgebauten Bodens an der Ortsbrust aus der Abbaukammer stets mit einer Förderschnecke. In der Grundkonfiguration sieht das Stütz- und Förderprinzip hinter dem Schneckenförderer einen geschlossenen und druckbeaufschlagten Förderkreislauf und eine Separationsanlage an der Oberfläche vor.

Je nach anstehendem Baugrund entlang der Trasse kann die VD-TBM bei einem flüssigkeitsgestützten Vortrieb entweder mit einer normalen Bentonitsuspension betrieben werden oder mit einer speziellen Suspension, z. B. einer Suspension mit hoher Dichte bei stark durchlässigem Baugrund oder Karststrukturen. Bei erddruckgestütztem

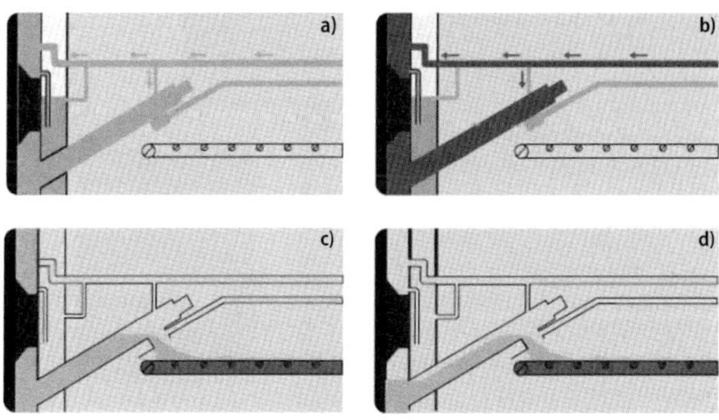

Bild 1. Stützmöglichkeiten bei der Variable-Density-TBM: a) Bentonitstützung; b) HDMS-Stützung; c) Erddruck-Stützung; d) offener Betrieb

Vortrieb, d. h. im klassischen geschlossenen EPB-Modus, kann ebenfalls der hydraulische Förderkreislauf mit und ohne Zugabe von Bentonitsuspension in der Abbaukammer genutzt werden. Werden im EPB-Modus Schäume oder Polymere zur Konditionierung des abgebauten Bodens eingesetzt, können die hydraulische Förderung und die Separationsanlage an der Oberfläche entfallen; das Austragsmaterial wird dann über eine Bandförderung aus dem Tunnel transportiert.

Das Konzept der Variable-Density-TBM sieht auch die Möglichkeit vor, eine Brechereinheit zu installieren. Diese Brechereinheit, die die noch schneckengängige Körnung für den nachgeschalteten Förderkreislauf zerkleinert, ist direkt im Anschluss an den Schneckenförderer vorgesehen. Je nach Festigkeit des zu brechenden Gesteins kann ein Walzenzerkleinerer oder ein Zangenbrecher verwendet werden. Bei geschlossenem Schneckenschieber können in dieser Konfiguration Wartungsarbeiten am Brecher unter atmosphärischen Bedingungen ausgeführt werden. Auch für den flüssigkeitsgestützten Modus entfallen so Kammereinstiege zur Brecherwartung unter Druck.

Direkt mit der Brechereinheit verbunden ist ein geschlossener Spülkasten, die sogenannte Slurryfierbox, die im hydraulischen Fördermodus Suspensionen unterschiedlicher Dichten verwenden kann. Im Fall einer für den Slurry-Kreislauf zu hohen Dichte des Fördermediums kann dieses in der Slurryfierbox auf eine für den hydraulischen Transport geeignete Dichte verdünnt werden.

In der Vergangenheit hatte sich vor dem Hintergrund der Problematik von Verklebungen im Sohlbereich bei der Mixschildtechnologie die Ausbildung einer mechanischen Abtrennung zwischen Abbau- und Arbeitskammer entwickelt, das sogenannte geschlossene Sohlsegment. Dabei waren Brecher und Rechen jeweils seitlich durch Wände vom übrigen Teil der Arbeitskammer isoliert, der Zugang zur Sohle wie zu den Steinbrecherzylindern erfolgte über geschraubte Luken und Deckel. Grundgedanke war hier, Verklebungen und daraus resultierende Materialanhäufungen durch die Öffnungsbewegung der Steinbrecherklauen zu begrenzen und aus der Arbeitskammer fernzuhalten. Durch das geschlossene Sohlsegment wurde zwar die Arbeitskammer isoliert, eine Materialanhäufung im verbliebenen Sohlraum konnte bei verklebungssensiblen Böden dennoch auftreten und stellte in dem zudem beengten Raum ein zusätzliches Hindernis bei der Wartung und Inspektion des Steinbrechers dar.

Im Vergleich zum Mixschild mit geschlossenem Sohlsegment hat die VD-TBM die Einbauten in den atmosphärisch zugänglichen Bereich verlegt und die hydraulische Materialförderung aus der Sohle der Abbaukammer durch einen hydraulisch-mechanischen Fördervorgang mit einem Schneckenförderer ersetzt. Die Vorteile des Variable-Density-Konzepts bei der Erreichbarkeit dieser Einbauten beim verklebungssensiblen Vortrieb sind deutlich.

Eine Weiterentwicklung des Variable-Density-Konzepts stellt die Installation einer kompakten Förderschnecke im Schild dar (Bild 2). Eingesetzt wird diese beim Betrieb der TBM mit erhöhter Dichte in der Abbaukammer und mit hydraulischer Materialförderung; für den Einsatz im klassischen EPB-Modus mit Schaum- oder Polymerkonditionierung eignet sich eine kompakte Förderschnecke nicht. Die Vorteile einer kompakten Förderschnecke liegen in der reduzierten

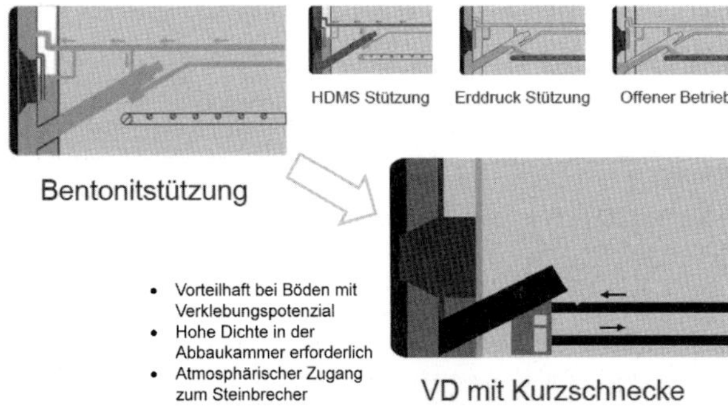

Bild 2. Weiterentwicklung der Variable-Density-TBM mit Kurzschnecke

Länge der von Verschleiß beanspruchten Wendel bzw. des Schneckenrohrs bei abrasiven Baugrundverhältnissen, dem Entfallen eines Auflagers und einer Schnittstelle im Nachläuferbereich sowie dadurch, dass die Förderschnecke nicht den Erektor-/Ringbaubereich durchdringt bzw. einengt. Die Brechereinheit ist in dem Fall im Schild direkt an die kompakte Fördereinheit gekoppelt und bei Bedarf unter atmosphärischen Bedingungen zugänglich. Das Layout der VD-TBM für das Projekt Hampton Road Tunnel in den USA sieht eine solche Konfiguration vor.

3 Projektvergleich und -erfahrungen

Der folgende Projektvergleich der eingesetzten VD-TBMs setzt bewusst nach dem Ersteinsatz in Kuala Lumpur an. Für die Projekterfahrungen aus den Vortrieben im Ersteinsatz sowie den Folgelosen wird auf die entsprechenden Veröffentlichungen [1, 2] verwiesen.

Neben den Projekten dieses Projektvergleichs sind VD-Maschinen aktuell noch in den Projekten Paris Metro Linie 18 (Kunde: Vinci; S-1284) und bei HS2 im Baulos N1 Long Itchington Wood Green – Birmingham (Tunnel Bromford, Kunde: BBV JV; S-1249 & S-1299) zu finden, deren Vortriebsarbeiten noch nicht abgeschlossen sind.

3.1 Projekte

Die Projekte nach dem Ersteinsatz der VD-TBM in Kuala Lumpur weisen eine große Bandbreite an unterschiedlichen Herausforderungen auf (Tabelle 2). Sowohl im Durchmesser als auch in der Nutzung der Tunnel variieren die Anforderungen vom Bau mehrspuriger Straßentunnel über ein- bzw. zweispurige Metrotunnel bis zu Abwassertunneln. Auch die Tunnellängen variieren von sehr kurzen bis mittleren Vortriebslängen in schwierigen Baugründen (Tabelle 3) (Projekte S-989 HK Shatin Link, S-1048-1049 Perth (FAL), S-1204 Lyon, S-1244 Hampton Road, M-2715 Grubenwasserkanal Ibbenbüren, S-973 Metro Lima, Line2/4) bis hin zu Hochleistungsvortrieben für sehr lange Tunnel (S-1205-6 Chiltern, HS2). Daneben werden VD-Maschinen auch bereits in Tunneln eingesetzt, bei denen betriebliche Anforderungen den Ausschlag für diesen Maschinentyp geben (S-1244 Hampton Road – Gewässerunterfahrung mit Werkzeugwechsel über begehbares Schneidrad oder S-1123-5 Paris Metro Linie 15 Lot7/T2A – Vertikalförderung, Abraumaufbereitung und Deponierung).

3.2 Geologie

Der Vergleich der geologischen und hydrologischen Anforderungen der aufzufahrenden Tunnelstrecken zeigt die große Bandbreite an Projekten, die durch die VD-TBMs bewältigt werden (vgl. Tabelle 3). Die geologische Bandbreite variiert dabei von Grobkiesen mit entsprechenden Anforderungen an die Stützung über eher standfestere Mergel, Kalk- und Sandsteine mit entsprechender Abrasivität bis hin zu feinkörniger Geologie (Kreide) sowie Feinsanden und marinen Sedimenten. Daneben sind auch Festgesteinsabschnitte mit Granit oder anthropogen beeinflusster Baugrund gelistet, geprägt durch Auffüllungen mit Bauschutt und prognostizierten Beton- und Stahlresten. Minimale Überdeckungen von 1 × D sind in nahezu allen Projekten zu finden. Projektanforderungen mit einem Vortrieb oberhalb des Grundwasserspiegels sind ebenso vertreten wie Wasserdrücke > 4 bar.

Tabelle 2. VD-Projekte – Projekte und Lose

VD-TBM	Projekt/Los	Objekt	Tunnel-durchmesser [m]	
S-989	Hong Kong Shatin Central link (SCL) 1128 – Eastern Down Track (EDT)	2 x Einspurtunnel (Metro), davon 1 x VD (EDT) (1 x Mix/WDT)	7,45	
S-1048 S-1049	Forrestfield-Airport Link (FAL)	2 x Einspurtunnel (Metro)	6,77	
S-1123 S-1124 S-1125	Metro Linie 15 Lot 7/Troncon 2A	Doppelspurtunnel und Service-tunnel (Metro)	9,5 bzw. 7,4	
S-1204	Metro Lyon – Prolongement Line B	Doppelspurtunnel (Metro)	9,35	
S-1205 S-1206	Chiltern Tunnel (HS2 – UK)	2 x Einspurtunnel (Eisenbahn)	9,90	
S-1244	Hamptons Roads Bridge-Tunnel (Norfolk, USA)	2 x Straßentunnel (2-spurig)	13,564	
M-2715 M-2716	Grubenwasserkanal (GWS) Ibbenbüren	(Ab-)Wassertunnel	4,5	
Multimode TBM S-973	Metro Lima Línea 2: Puerto del Callao – Municipalidad de ATE	2 x Doppelspurtunnel (Metro)	9,90	

Tunnellänge [m]	Tübbinglänge [mm]	Bauzeit (Vortrieb)	bauausführendes Joint Venture (JV)
1 x 677	1.500	08/2016–11/2016	Dragages-Bouygus JV
2 x 7.145	1.600	08/2017–04/2020	Salini-NRW JV
2.800 3.990 1.140	1.800 bzw. 1.400	03/2020–12/2021 02/2020–10/2021 03/2021–12/2021	Bouygues TP
1 x 2.424	1.800	11/2019–05/2021	Implenia-Demathieu Bard JV
2 x 16.000	2.000	05/2021– 07/2021–	Align JV (Bouygues TP/Sir Robert McAlpine/VolkerFitzpatrick)
2 x 2.440	2.032	04/2023 –	Hampton Road Connector Partners JV (Vinci/Dragados/Flatiron/Dodin Campenon Bernard)
1 x 3.230 (West) 1 x 3.870 (Ost)	1.300	01/2023 –	ARGE Tunnel Ibbenbüren (Wayss & Freytag IB/Züblin)
1 x 3.982	1.700	09/2022–	Consorcio Nuevo Metro de Lima (Dragados/FCC/Salini-Impregilio/COSAPI)

Tabelle 3. VD-Projekte – Geologie

Projekt/Los	Geologie	Anteil (in %)
(S-989) Hong Kong Shatin Central link (SCL) 1128 – Eastern Down Track (EDT)	Auffüllungen (Bauschutt, bewehrter Beton, Holz- und Stahlreste	(90 %)[1]
	massiver bis vollständig verwitterter Granit (CDG)	(10 %)[1]
	tonige Seeablagerungen, Blöcke und schluffige Grobsande	(10 %)[1]
	[1] nur als gemischte Ortsbrust, bestehend aus: 10 % vollständig verwitterter Granit (CDG), Auffüllungen, marine Ablagerungen (Schluff und Ton)| 90 % Auffüllungen, marine Ablagerungen (Schluff und Ton) und Sand	
(S-1048, S-1049) Forrestfield-Airport Link (FAL)	weicher Fels best. aus Sandstein- & Tonsteinlagen (max. 20 Mpa) (Osborne Formation)	35%
	Kies mit Feinteilen und Sand mit Bänken (13,5 Mpa) (Ascot Formation)	23%
	Zwischenlagen aus Ton und sandigem Material (Guidfort Formation)	20%
	Ton,- Schluff- und Sandlagen (Perth Formation)	12%
	Fein Sand, Schluffiger Sand (Gangara Sand GS)	10%
(S-1123) Metro Linie 15 Lot 7/Troncon 2A	Mergel (Marnes et caillasses)	82%
	Kalkstein (Calcaire grossier)	17%
	Sand (Sables de Beauchamp)	1%
(S-1124) Metro Linie 15 Lot 7/Troncon 2A	Gips (Masses et Marnes du Gypse)	29%
	Kalkstein (Calcaire de Saint Ouen, SO)	27%
	Mergel (Marnes et caillasses)	27%
	Sand (Sables de Beauchamp)	13%
(S-1125) Metro Linie 15 Lot 7/Troncon 2A	Kalkstein (Calcaire de Saint Ouen, SO)	62%
	Sand (Sables de Beauchamp)	33%
	Mergel (Marnes et caillasses)	5%
(S-1204) Metro Lyon – - Prolongement Line B	Blöcke in toniger, sandiger matrix; Sand und sandiger Kies (Fv)	59%
	Kies, toniger Sand und Feinsand (Fx(b))	24%
	Granit (165 MPa)	12%
	Ton, sandiger Lehm (Fx(a))	3%
	Loam lenses	1%

minimale Überdeckung	Wasserdruck	Projektrisiken/Besonderheiten	
< 1 x D	9.0 m (max)	Setzungsproblematik, Ausbläser, mögliche antropogene Hindernisse Unterfahrung von Brückenpfeilern bzw. Leitungen im Abstand < 1 m	
< 1 x D	22 m (max)	Unterfahrung Flughafen mit Start-Landebahn, Rollwegen etc.	
1,3 x D	25 m (max)	Karst aufgrund der erheblichen Präsenz von Kalkstein erwartet Unterfahrung der Seine (S-1123) Unterfahrung verschiedener bestehender Infrastrukturen: Metro Linien 7+8, RER Linie C&D; Autobahn A86	logistische Vorteile BE/Startschacht, Materialtransport sowie -aufbereitung
1,3 x D	28 m (max)		
1 x D	23 m (max)		
1–1,5 x D	11,5 m (max)	Stützung der Grobkieslagen; setzungsempfindliche Bebauung Vortrieb streckenweise oberhalb des GW-Spiegels	

Tabelle 3. (Fortsetzung)

Projekt/Los	Geologie	Anteil (in %)
(S-1205, S-1206) Chiltern Tunnel (HS2, UK)	Kreide (Chalk) in unterschiedlichen Verwitterungsgraden	100%
(S-1244) Hamptons Roads Bridge-Tunnel (Norfolk, USA)	Überwiegend grobkörnige schluffiger Feinsand mit Muschelfragmenten (Tys) (Yorktown Formation – grobkörnig)	56%
	Alluviale marine Sedimente – organischer/fetter Ton	18%
	Feiner bis grober Sand mit Anteilen von feinkörnigem Material und marinen Muschelfragmenten (Eastover Formation)	15%
	Alluviale marine Sedimente – grobkörnig	6%
	Eingelagerte Lagen feinkörniger sehr steifer bis harter sandiger Ton (Tyf) (Yorktown Formation – feinkörnig)	5%
(M-2715, M-2716) Grubenwasserkanal (GWS) Ibbenbüren	Sandstein, Konglomerat, Tonstein, Schluffstein, Steinkohle/sehr fein bis sehr grobkörnig (25–50 Mpa) (Oberkarbon, Ibbenbürener Schichten)	~70%
	Tonstein, Dolomitstein, Brekzie (20 MPa) (Zechstein, ungegliedert)	~25%
	Kalkstein, Mergelstein, Tonmergelstein, Tonstein, Ton weich bis steif (5 MPa) (Muschelkalk, Trias)	~3%
	Ton, Schluff und sandig steiniger Mergel (Quartär Grundmoräne)	~3%
(S-973) Metro Lima Línea 2: Puerto del Callao – Municipalidad de ATE	Schlecht abgestufter, grober Kies (GP-S) mit sandigem Kies und Sand, eingebettet in eine nicht-plastische, schluffig-sandige Matrix mit geringer Konsolidierung mit Cobbles (Pflastersteingröße 64–256 mm) und Boulders (Blöcke) Feinanteil 12–20 % | Grobkiese 88–80 %	85%
	Schluffiger Sand (SM)	5–10 %
	Schluff und Ton (CL/CM)	5–7 %

minimale Überdeckung	Wasserdruck	Projektrisiken/Besonderheiten
< 1 x D	24 m (max)	hohe Wahrscheinlichkeit von Karsterscheinungen Unterfahrung Autobahn M25 mit 1 x D Präsenz von Feuerstein-Bändern (flint) ~2.500 m Vortrieb oberhalb des GW-Spiegels
< 1 x D	43 m (max)	Gewässerunterquerung für den Großteil der Tunneltrasse geringe Überdeckung < 2D für den Großteil des Tunnels hohe Abrasivität des Bodens gemäß AVT Testwerten Mögliche Gasführende Geologie bekannt in Specs. und GBR Hindernisse, einschließlich Rückverankerungen und Entwässserungen (Stahl)
1 x D (6 m) zu Beginn	44 m (max)	Grubenwasserkanal zur streckenweisen Entwässerung des Bergwerks durch Tübbingauskleidung in Sohlgerinne (mit Perlkies als Ringspaltverfüllung)
1 x D	Grundwasser an Ortsbrust schwankend bis zu 9 m (max) oberhalb Firste	hohes Vorkommen von Eruptivgestein mit UCS zwischen 110–216 MPa mittlere bis extreme Abrasivität des Bodens erwartet geringe Überdeckung entlang der Gradiente (12–13 m) hohe Durchlässigkeiten zwischen 10^{-3} – 10^{-4} m/s möglich sehr grobe Gesteinskörnungen zu bewältigen

3.3 Maschinenvergleich

Tabelle 4 zeigt die technischen Daten der eingesetzten VD-TBMs. Der Maschinenvergleich zeigt die den jeweiligen Durchmessern und Drücken angepassten Leistungswerte für die verschiedenen Subsysteme Bodenabbau, Antrieb, Vorschub, Fördern usw.

Bei allen Schneidradkonzepten der eingesetzten VD-TBMs finden sich Schneidrollen, je nach erforderlichem Öffnungsverhältnis des Schneidrads und dem Stein- bzw. Felsaufkommen als Einfach- oder Zweifach-Schneidrolle. Es kommen sowohl Walzenzerkleinerer als Zangenbrecher zur Anwendung.

Der Durchmesser der beim Grubenwasserkanal Ibbenbüren eingesetzten TBM stellt zum gegenwärtigen Zeitpunkt den Minimumdurchmesser einer VD-TBM, die der beim Projekt Hampton Road betriebene VD-TBM mit Kurzschnecke den größten realisierten Durchmesser dar.

Tabelle 5 zeigt die realisierten Vortriebsleistungen der VD-TBM in den verschiedenen Projekten auf.

Tabelle 4. VD-Projekte – Technische Daten (erster Teil)

Projekt/Los	Schilddurchmesser [m]	Betriebsdruck Schild (Auslegung) [bar]	Theor. VT-Geschwindigkeit [mm/min]	Tübbinglänge [mm]	Ausbruchs-durchmesser [m]	Werkzeugbesatz Schneidrad
(S-989) Hong Kong Shatin Central link (SCL) 1128 – Eastern Down Track (EDT)	7,410	4,5	60	1.500	7,450	44 × 19″ Einringschneidrollen
(S-1048, S-1049) Forrestfield-Airport Link (FAL)	7,050	4	80	1.600	7,100	18 × 17″ Zweiringschneidrollen
(S-1123) Metro Linie 15 Lot 7/Troncon 2A	9,830	5	80	1.800	9,870	49 × 19″ Einringschneidrollen
(S-1124) Metro Linie 15 Lot 7/Troncon 2A	9,830	5	80	1.800	9,870	50 x 19″ Einringschneidrollen
(S-1125) Metro Linie 15 Lot 7/Troncon 2A	7,710	5	80	1.400	7,750	38 × 19″ Einfachschneidrollen
(S-1204) Metro Lyon – Prolongement Line B	9,680	4	60	1.800	9,750	49 × 19″ Einfachschneidrollen
(S-1205, S-1206) Chiltern Tunnel (HS2, UK)	10,240	5	60	2.000	10,265	8 x Zentrumsripper + 24 × 19″ Zweiringschneidrollen
(S-1244) Hampton Roads Bridge-Tunnel (Norfolk, USA)	13,990	6	80/67	2.032	14,040 (Begehb. SR)	37 × 19″ Zweiringschneidrollen
(M-2715, M-2716) Grubenwasserkanal (GWK) Ibbenbüren	4,740	4,5	80	1.300	4,800	24 × 18″ (4 × Einfach- + 20 × Zweiring-schneidrollen
(S-973) Multimode mit Band + Slurry-Betrieb Metro Lima Línea 2: Puerto del Callao – Municipalidad de ATE	10,210	3	80	1.700	10,270	51 x 19″ Einring-schneidrollen

Tabelle 4. VD-Projekte – Technische Daten (Zweiter Teil)

Projekt/Los	Leistung SR-Antrieb [kW]	Drehmoment SR-Antrieb [kNm]	Installierte VT-Kraft [kN]	Schneckenförderer DN [mm]	Zerkleinerer/ Brecher	Förderkreislauf [m³/h]
(S-989) Hong Kong Shatin Central link (SCL) 1128 – Eastern Down Track (EDT)	1.920	7.020	48.315 kN @ 350 bar	900	Zangen-brecher (DN 600)	1.700
(S-1048, S-1049) Forrestfield-Airport Link (FAL)	1.503	5.336	50.668 kN @ 350 bar	900	Walzen-zerkleinerer (140 kW)	1.150
(S-1123) Metro Linie 15 Lot 7/Troncon 2A	3.500	16.352	60.344 kN @ 350 bar	1.000	Walzen-zerkleinerer (180 kW)	2.200
(S-1124) Metro Linie 15 Lot 7/Troncon 2A	3.500	16.352	60.344 kN @ 350 bar	1.000	Walzen-zerkleinerer (180 kW)	2.200
(S-1125) Metro Linie 15 Lot 7/Troncon 2A	1.920	7.020	44.598 kN @ 350 bar	900	Walzen-zerkleinerer (180 kW)	1.700
(S-1204) Metro Lyon – Prolongement Line B	3.500	14.965	67.240 kN @ 420 bar	1.000	Zangen-brecher (DN 700)	1.600
(S-1205, S-1206) Chiltern Tunnel (HS2, UK)	3.500	16.352	83.124 kN @ 420 bar	1.000	Walzen-zerkleinerer (180 kW)	1.250
(S-1244) Hampton Roads Bridge-Tunnel (Norfolk, USA)	5.600	36.947	171.510 kN @ 350 bar	1.600 (Kurz-schne-cke)	Zangen-brecher (DN 1200)	3.200
(M-2715, M-2716) Grubenwasserkanal (GWK) Ibbenbüren	hydrau-lisch	2.400	25.485 kN @ 400 bar	610	Walzen-zerkleinerer (132 kW)	700
(S-973) Multimode mit Band + Slurry-Betrieb Metro Lima Línea 2: Puerto del Callao – Municipalidad de ATE	4.550	22.826	106.965 kN @ 350 bar	1.150	Zangen-brecher (DN1.200)	1.400

	Durchmesser Förderleitung [mm]	Länge Vortriebsanlage [m]	**Bemerkungen (Ausrüstung/Motivation)**
	350/400	95	hohe Dichte für OB-Stützung erforderlich und realisiert: – sep. Leitung zur TBM – HD-Slurry aus Mischanlage Oberfläche
	350	130	High Density (HD)-Kammerfüllung über Feinanteile aus Boden
	450	120	logistische Entscheidung JV: – Vertikaltransport Startschacht – aufgeständerte Separation an Seine – Abtransport Aushub mit Schiffen – Annahme separiertes Material durch Deponien speziell S-1125: Wiedereinsatz von reman-Komponenten S-989; BY-Equipment wie Mobydic etc.
	450	120	
	400	105	
	400	125	spez. Suspension mit Stopfanteilen über sep. Leitung von Oberfläche, Emergency Zugabe über Vorhaltetanks, NL vorgehalten
	350	170	langer (Hochleistungs)Vortrieb in Kreide: Verdünnen Austrag in Slurryfierbox und Optimieren Slurry Circuit – Ausrüstung TBMs mit Innovationen: (teil-)autom. Ringbau (ATLAS - BY), (semi-)kontinuierlicher Vortrieb …
	550	130	Konzept VD-TBM mit Kurzschnecke für – begehbares Schneidrad mit Shuttle-Logistik über Schildzentrum – atmosphärischer Zugang Brecher
	250	200	VD-TBM-Konzept gemäß Ausschreibung zur Erfüllung der Projektanforderungen: – Vollfüllung Abbaukammer in stark wasser-führender Geologie und nicht standfestem Gebirge mit Mörtelverpressung (Passage Dickenberger Stollen, alte Männer, gas- und kohlenstaubführendes Gebirge) – offener Vortrieb mit Perlkiesverblasung in standfestem Gebirge, trockene und sicher beherrschbare Wasserzutritte
	350	150	Parallelinstallation Materialförderung: Bandbetrieb und Slurry Circuit; Slurry-Betrieb in Vorbereitung

Tabelle 5. VD-Projekte – Vortriebsleistungen

Projekt/Los	Vortriebsstart	Durchstich
(S-989) Hong Kong Shatin Central Link (SCL) 1128 – Eastern Down Track (EDT)	8/27/2016	11/28/2016
(S-1048) Forrestfield-Airport Link (FAL)	8/22/2017	2/18/2020
(S-1049) Forrestfield-Airport Link (FAL)	10/24/2017	4/20/2020
(S-1123) Metro Paris Linie 15 Lot 7/Troncon 2A	12/9/2020	12/3/2021
(S-1124) Metro Paris Linie 15 Lot 7/Troncon 2A	5/20/2019	10/13/2021
(S-1125) Metro Paris Linie 15 Lot 7/Troncon 2A	3/13/2021	12/10/2021
(S-1204) Metro Lyon – Prolongement Line B	11/29/2019	5/17/2021
(S-1205) Chiltern Tunnel (HS2, UK)	5/17/2021	im Vortrieb (72 % abgeschlossen)
(S-1206) Chiltern Tunnel (HS2, UK)	7/8/2021	im Vortrieb (70 % abgeschlossen)
(S-1244) Hampton Roads Bridge-Tunnel (Norfolk, USA)	4/24/2023	Im Vortrieb; bis Anfang Juni 30 Ringe aufgefahren
(M-2715, M-2716) Grubenwasserkanal (GWK) Ibbenbüren	1/19/2023	M-2715 im Vortrieb; bis zum 11.06.2023 370 Ringe aufgefahren (inkl. Anfahrphase mit Nachsetzen NL)
(S-973) Metro Lima Línea 2: Puerto del Callao – Municipalidad de ATE	9/27/2022	im Vortrieb (82 % abgeschlossen)

Mittlere Wochenleistung, netto (reine Vortriebswochen) [m/w]	Beste Tagesleistung [m/d]	Beste Wochenleistung [m/w]
55,9	22,5	106,5
76	30,4	164,8
71	33,6	150,4
43,5	21,6	100
52,7	30,5	124,2
50,3	n. b.	88
40,9	23,4	90
105,8	40 (01.05.2023)	212 (KW 03/2023)
111,5	40 (31.01.23)	216 (KW 11/2023)
122,3 (bislang reiner EPB-Betrieb mit Bandförderung; Slurry in Vorbereitung)	39,1 (11.02.23) (bislang reiner EPB-Betrieb; Slurry in Vorbereitung)	178,5 (KW 5/2023) (bislang reiner EPB-Betrieb; Slurry in Vorbereitung)

3.4 Projekte

3.4.1 Hong Kong Shatin Central Link (SCL) 11287 – Eastern Down Track (EDT) (S-989)

Bei diesem Projekt [3, 4] kam für den Vortrieb der östlichen Röhre des Bauloses eine VD-TBM zur Anwendung. In der Weströhre wurde ein Mixschild eingesetzt. Aufgrund der Anforderungen aus der Geologie infolge der Auffüllungen (reclaimed land area) und den Herausforderungen der geringen Überdeckung mit entsprechender Ausbläsergefahr entschied sich das Joint Venture (JV) eine VD-TBM einzusetzen, um die Vorteile der höheren Dichte in der Abbaukammer mit der Ortsbruststützung analog einem Mixschild zu koppeln.

Im Vergleich zum Mixschild ist die Komplexität beim Betrieb einer VD-TBM durch die zusätzliche Anzahl von Betriebsparametern höher. Verschiedene Automatik- und Semiautomatikfunktionen unterstützen den Schildfahrer deshalb bei der Bedienung des Förderkreislaufs. Die Einspeisung der regulären Bentonitsuspension erfolgte im Verhältnis 50 %/50 % über Arbeits- und Abbaukammer bzw. direkt in die Slurryfierbox hinter der Förderschnecke. Für das Fahren im High-Density-Mode mit Dichten bis 1,5 t/m^3 installierte das JV eine Mischanlage an der Oberfläche und führte die HD-Slurry mit einer zusätzlichen Leitung zur Abbaukammer. Der Schneckenaustrag aus und die Einspeisung in die Abbaukammer wurden dabei je nach gewünschter Dichte entsprechend angepasst. Im Vergleich zum Mixschildvortrieb im gleichen Baulos konnten mit der VD-TBM um 5 bis 11 % höhere Vortriebsleistungen erzielt werden. Allerdings sind die Geologien durch die unterschiedlichen Tiefenlage der Tunnelröhren nicht direkt vergleichbar und die Tunnelstrecken vergleichsweise kurz.

Bezüglich der weiteren Vortriebserfahrungen mit dem vorgängigen Erkunden und Entfernen von Hindernissen, der Unterfangung bestehender Strukturen, dem Unterfahren von Sammlern im geringen Abstand, Setzungen usw. wird auf die Projektveröffentlichungen [1, 2] verwiesen.

3.4.2 Perth Forrestfield Airport Link (FAL) (S-1048, S-1049)

Zur Anbindung des Flughafens Perth an das bestehende Metrosystem war die Unterfahrung des Flughafens mit Gebäuden, Start- und Landebahnen sowie Rollwegen erforderlich. Das Projekt [5, 6, 7] mit den 2 × 7,1 km langen gebohrten Einspurröhren durchquert dabei unterschiedliche geologische Bereiche, die je nach anstehender Geologie zwischen verwittertem Fels, Kies mit Feinteilen und Sand in Bänken sowie Ton-, Schluff- und Sandlagen variierten. Für das Projekt schrieb der Bauherr deshalb einen Vortrieb mit VD-TBMs aus.

Die Vortriebe zu Beginn in der Guildford-Formation (Mittel- bis Grobsand bis schluffig-toniger Sand) konnten mit hohen Vortriebsleistungen und Nutzung der Feinanteile aus dem Boden zur Stützung aufgefahren werden. Mit dem Übergang auf die Ascot-Formation (stellenweise zementierter Sand mit z. T. sehr großen Durchlässigkeiten, die entsprechend der d_{10} = 2 mm Betrachtung gemäß DIN/DAUB-Empfehlung sehr hohe Fließgrenzen erfordern würde) wurde die Suspension mit Polymer verstärkt.

Mit der Einfahrt in den Ton der Osborne-Formation wurde die Zentrumsspülung aktiviert und die Suspensionsanteile, die über die Abbaukammer eingespeist werden, auf 70 bis 80 % erhöht. Dazu wurde die Spülung des Walzenbrechers mit einer eigenen Pumpe versehen und die Einspeisung nach vorn um Düsen oberhalb des Schneckeneinlasses ergänzt. Auch wenn die Schneidradanpresskraft aufgrund der Verklebungen in dieser geologischen Formation der begrenzende Faktor war, konnte die Vortriebsgeschwindigkeit auf kon stante 30 mm/min gesteigert werden.

Von dem durch umfangreiche EPB-Erfahrungen geprägten Joint Venture wurde ein Konzept entwickelt, das unter Verwendung von Polymeren mit 2 l/m^3 die Suspensionstechnologie in Richtung einer High-Viscosity-Slurry favorisierte und auf die sekundäre Zugabe einer High-Density-Slurry über eine separate Leitung verzichtete.

3.4.3 Paris Metro Linie 15, Los 7/Abschnitt 2A (S-1123 bis S-1125)

Die Entscheidung für das VD-Konzept erfolgt aus logistischen Überlegungen bezüglich Materialtransport, -aufbereitung und -deponierung. So konnten der Vertikaltransport mittels Pumpförderung und die Materialaufbereitung über eine am Ufer der Seine aufgeständerte Separieranlage erfolgen. Der weitere Materialtransport erfolgte über Schiffe.

Die Vorteile dieses Konzepts liegen in den Bereichen Transport und Deponierbarkeit des Materials. Im Vergleich zum nassen EPB-Austrag mit Schaum, der von den Deponien in Frankreich immer weniger angenommen wird, konnte durch die Separation die zu transportierende und deponierende Tonnage verringert werden – mit entsprechenden finanziellen Vorteilen bei der Entsorgung.

Die bereits in den Jahren 2020 und 2021 abgeschlossenen Vortriebe waren zudem geprägt durch die Covid-Situation mit mehrwöchigen Stillständen der Baustelle sowie die Häufung von Vortrieben infolge der Realisierung der Grand-Paris-Projekte mit entsprechenden Personalengpässen. S-1124 hatte weiter mit Verklebungsproblemen an Schneidrad und Abbaukammer zu kämpfen und wurde deshalb phasenweise mit Halbabsenkung betrieben.

3.4.4 Lyon Metro, Verlängerung der Linie B (S-1204)

Zur Erweiterung der U-Bahn-Linie B [8, 9] verbindet das Teilstück zwei neue Stationen mit dem bestehenden Netz. Die prognostizierten Bodenverhältnisse umfassen eine Variation von überwiegend heterogenen Kiesschichten und einen Abschnitt aus standfestem Granit. Der Tunnel verläuft dabei überwiegend oberhalb des Grundwasserspiegels.

Aufgrund der äußerst heterogenen Bodenverhältnisse gab es im Vorfeld und während der Ausschreibungs- und Vergabephase erhebliche Diskussionen. Das beauftragte Joint Venture entschied sich für den Einsatz einer Variable-Density-TBM und rüstete die Vortriebsmaschine mit Vorauserkundung, Schneidrollenlastmessung und separater Versorgungsleitung DN150 sowie Speicher- und Zugabetanks auf dem Nachläufer (2 × 5 m^3) aus. Während der Fertigung der Maschine wurden auf der Baustelle parallel umfangreiche Versuche zur Ermittlung einer angepassten Suspension für die Anforderungen der grobkörnigen Bodenabschnitte durchgeführt. Die für das Projekt gefundene Lösung war eine Suspension mit organischen Bestandteilen, bestehend aus Tonkügelchen und Stängeln der Lavendelpflanze. Die Einspeisung in die Abbaukammer als „Stopfkorn" erfolgte jeweils während des Ringbaus bzw. vor Drucklufteinstiegen in die Abbaukammer. Das zudem entwickelte Emergency-Kit mit separater HDSM-Zufuhrleitung, Tanks und Polymerzugabe auf dem Nachläufer wurde vorgehalten, aber nicht eingesetzt.

3.4.5 Chiltern Tunnel (HS2, UK) (S-1205, S-1206)

Bau und Vortrieb des mit 16 km Strecke längsten Eisenbahntunnels der neuen Hochgeschwindigkeitslinie zwischen London und Birmingham wurde an das Align JV vergeben. Dieses sieht für den Vortrieb der beiden Einspurtunnel zwei VD-TBMs mit einem der Tunnellänge entsprechend umfangreichen Slurry-Circuit-Set mit Relay-Pumpen bis zum Ende des Tunnelvortriebs vor. Der Vortrieb unter den Chiltern, einem Naturschutzgebiet im Westen von London, erfolgt in der Kreideschicht mit Auflösung der Kreide während der Pumpförderung im Förderkreislauf. Die Optimierung des Förderkreislaufkonzepts für den Hochleistungsvortrieb erfolgte durch das JV unter der Verwendung der zusätzlichen Zufuhrleitung. Dieses für den Materialtransport gewählte Konzept wird für höhere Vortriebsleistungen maßgeblich, um einen sicheren Materialaustrag zu gewährleisten.

Als weitere technische Features sind neben den Bouygues-eigenen Systemen für Ringbau und Schneidrollenmonitoring die Ausrüstung der TBMs für den semikontinuierlichen Vortrieb zu erwähnen. Diese fand in diesem Projekt ihre erfolgreiche Erstanwendung.

Der Vortrieb der Chiltern-Tunnelröhren war zum Zeitpunkt der Abfassung dieses Beitrags noch nicht abgeschlossen. Beide Vortriebe hatten bis Anfang Juni 2023 72 bzw. 70 % der Vortriebsstrecke aufgefahren.

3.4.6 Hampton Road Tunnel (USA) (S-1244)

Der Hampton Roads Bridge-Tunnel (HRBT) ist eine 5,6 km lange vierspurige Straßenverbindung mit Brücken, künstlichen Inseln und einem Tunnelabschnitt unter den Hauptschifffahrtskanälen des Hafens von Hampton im südöstlichen Teil von Virginia in den USA. Die bestehende Verbindung wird dabei um zwei weitere Tunnelröhren mit jeweils zwei Fahrspuren erweitert. Der Vortrieb erfolgt überwiegend durch die marin geprägte Geologie als Gewässerunterquerung mit Überdeckungen < 2 D.

Für die auf 6 bar ausgelegte Schildmaschine wurde ein VD-Konzept favorisiert und ausgeführt, das mit dem Konzept der Kurzschnecke und dem damit verbundenen atmosphärischen Zugang zum Brecher auch die Integration eines begehbaren Schneidrads und eine Shuttle-Logistik über das Schildzentrum ermöglicht. Anfang Juni 2023 war die Maschine mit dem Vortrieb angefahren und der letzte Nachläufer im Schacht komplettiert. Weitere Vortriebserfahrungen lagen zum Zeitpunkt der Abfassung des Beitrags noch nicht vor.

3.4.7 Metro Lima 2/4 (S-973)

Das Projekt ist geologisch durch den schlecht abgestuften groben Kies mit sandigem Kies und Sand, eingebettet in eine nicht plastische, schluffig-sandige Matrix geprägt. Hervorzuheben sind die bis zu Handballgröße möglichen Cobbles and Boulders.

Neben dem Lieferumfang eines weiteren EPB-Schilds wurde für die besonders durchlässigen Tunnelabschnitte ein spezielles Maschinenkonzept entwickelt, das zwischen einer Multi-Mode- und einer VD-Maschine einzuordnen ist. Es sieht eine zweiteilige Förderschnecke mit einer Möglichkeit für den EPB-Abwurf bereits am Ende der ersten Schnecke auf ein Förderband vor. Wird dieser Abwurf verschlossen, wird das Aushubmaterial entsprechend weiter zur zweiten Schnecke transportiert und dort an eine Slurryfierbox mit Förderkreislauf übergeben (Bild 3). Ferner ist die Maschine nachläuferseitig mit der Möglichkeit einer zusätzlichen Bentonitzugabe über 2 × 17 m^3 Tanks

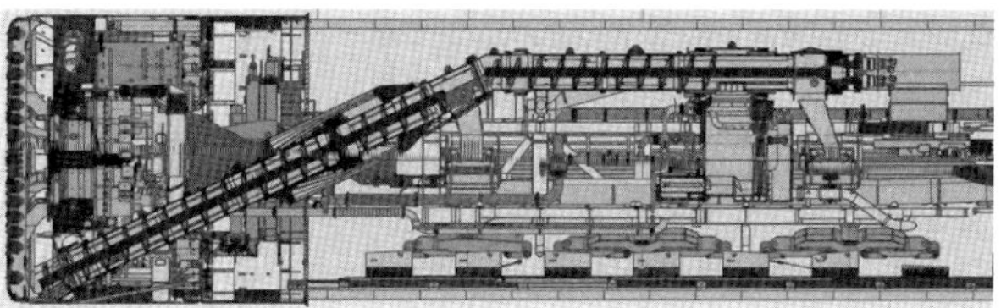

Bild 3. Maschinenlängsschnitt mit zweiteiliger Förderschnecke und Slurryfierbox

ausgerüstet, mit dem eventuelle Bentonitverluste während Wochenendstillständen kompensiert werden könnten.

Die Maschine verfügt somit über eine Doppelinstallation von Band und Slurry-Kreislauf. Für den Slurry-Betrieb ist primär der Vortrieb mit einer vordefinierten Dichte vorgesehen, bei der die Dichte entsprechend der Aufladung mit Feinanteilen bzw. dem Austrag durch die Separieranlage und die Feinsttrennung schwanken wird.

Die Maschine wurde auf der Baustelle im Februar 2022 montiert und mit dem „Ready To Bore" (RTB) am 18. September 2022 angefahren. Der Vortrieb erfolgte bislang rein im EPB-Modus mit der entsprechenden EPB-Ausrüstung über Schnecke und Band. Die hochdurchlässigen Schichten und anstehendes Grundwasser werden erst auf den Tunnelmetern gegen Ende 2023 angefahren werden, womit die Umstellung auf Slurry erforderlich wird. Gegenwärtig ist der Einbau der Slurry-Leitungen aber bereits vorgesehen, um für den Sommer einen ersten geplanten Probebetrieb im Slurry-Mode zu testen.

Die Vortriebserfahrungen sind von einer Ortsbrust geprägt, bei der die geologisch beschriebenen Cobbles in einer sandig-kiesigen Matrix eingebunden sind. Die Maschine wird im EPB-Mode betrieben und die Geologie mit einem Mix aus Schaum und Bentonit konditioniert.

3.4.8 Grubenwasserkanal (GWK) Ibbenbüren (M-2715, M-2716)

Zur Vermeidung einer dauerhaften Pumpförderung der Grubenwässer aus dem ehemaligen Bergwerk der RAG Anthrazit Ibbenbüren wurde das Konzept einer Freispiegelleitung mit Ableitung der Grubenwässer aus den Einzugsbereichen West- und Ostfeld bis zum Auslauf in die Kläranlage Gravenhorst und weiter über die Aa zur Ems entwickelt. Dazu ist vorgesehen, entlang des Grubenwasserkanals bestimmte wasserabführende Tunnelabschnitte mit einer wasserdurchlässigen Tunnelauskleidung und einer Hinterfüllung der Tübbinge mit einer Perlkiesverblasung auszurüsten. Die übrigen Tunnelabschnitte sollen im geschlossenen Betrieb mit Stützung und einer Tübbingauskleidung mit Zweikomponentenverfüllung als Ringspaltverpressung aufgefahren werden.

Zum Zeitpunkt der Beitragserstellung war die erste Maschine für den Westvortrieb vom Startschacht West im geschlossenen Betrieb gestartet. Diese Maschine ist mittlerweile mit allen Nachläufern vollständig aufgebaut im Tunnel. Die Umstellung auf offenen Betrieb und Perlkies-Ringspaltverblasung ist für den Sommer 2023 vorgesehen. Die zweite Maschine für den östlichen Vortrieb wurde zum Zeitpunkt der Abfassung des Beitrags im Werk demontiert und für den Transport zur Baustelle vorbereitet.

4 Bestandsaufnahme und Ausblick

Die Variable-Density-Technologie erweitert den Einsatzbereich maschineller Tunnelvortriebstechnologie auf äußerst anspruchsvolle, stark wechselhafte Baugrundbedingungen. Die erfolgreichen Projektreferenzen seit dem Ersteinsatz in Kuala Lumpur belegen den Verfahrensvorteil der VD-TBMs. Stand beim ersten Einsatz noch die Kontrolle von Suspensionsverlusten beim Durchörtern von verkarstetem Kalksteingebirge im Vordergrund, wurde bei den Folgeeinsätzen insbesondere die Möglichkeit weiterentwickelt, die Konsistenz bzw. die Dichte der Kammerfüllung projektspezifisch zu variieren und im Vortrieb flexibel anzupassen. Ebenso erwies sich die mechanisch-hydraulische Abförderung des Materials aus der Abbaukammer bei überwiegend bindigen Böden als wesentlicher Fortschritt im Vergleich zum Mixschildbetrieb und den dort aufgetretenen Verklebungs- und Absetzerscheinungen im Sohlbereich der Abbaukammer an Tauchwand und Rechenraum.

Die flexible Anpassbarkeit der VD-TBM an sich ändernde Baugrundbedingungen wird ohne Umbauarbeiten in der Abbaukammer oder am Schneidrad erreicht. Somit ergibt sich eine wesentliche Verbesserung der Arbeitssicherheit für das Personal, da Kammereinstiege zur Anpassung der Betriebsart entfallen.

Neben der voll ausgerüsteten Ausführung der Variable-Density-TBM mit zwei Materialfördersystemen – hydraulischer Förderkreis und Trockenförderung über Band oder Schutterwagen im Tunnel –, die damit die volle Einsatzbandbreite aus Erddruckstützung, Flüssigstützung und offenem Vortrieb abdeckt, wurde eine „slurry only"-Variante weiterentwickelt. Sie verfügt innerhalb der TBM über alle wesentlichen Merkmale einer VD-Maschine, greift zur Materialförderung im Tunnel aber nur auf den hydraulischen Förderkreis zurück.

Mit dieser Konzeption entfällt die für die als Primärförderorgan eingesetzte Förderschnecke die Notwendigkeit der Stützdruckkontrolle bzw. des Druckabbaus im Erddruckbetrieb. Da der Stützdruckabbau nun nicht mehr das wesentliche Auslegungskriterium für die Schneckenlänge darstellt, konnte auch eine Maschinenkonfiguration mit sehr kompakter Förderschnecke und gegebenenfalls integriertem Walzen- oder Zangenbrecher entwickelt werden. Diese neue „Compact-Screw"-Ausführung der Variable-Density-Maschine erlaubt es, die Primärfördereinrichtung, bestehend aus kurzer Abzugsschnecke und Spülkasten mit Brechereinbau, vollumfänglich im vorderem Schildbereich zu integrieren. Hierdurch reduzieren sich geometrische Zwänge im Erektor-Ringbaubereich, die sich sonst bei langen Förderschnecken ergeben. Geringere geometrische Einschränkungen im Übergangsbereich Schild – Nachläufer ermöglichen den Schritt hin zu Hochdruckeinsätzen, für die Sättigungstauscher bzw. Transportshuttle vorzusehen sind.

Das „slurry only"-Konzept bietet weiterhin alle Verfahrensvorteile der VD-TBMs: die flexible Anpassung der Dichte der Kammerfül-

Bild 4. Erste VD-TBM mit begehbarem Schneidrad, Ø 13,99 m; Projekt Hampton Roads Bridge-Tunnel

lung, den hydraulisch-mechanischen Kammeraustrag sowie den verbesserten Zugang zur Brechereinheit unter atmosphärischen Bedingungen.

Ein weiterer Evolutionsschritt der Variable-Density-Technologie wird die Kombination mit einem für atmosphärischen Werkzeugwechsel begehbaren Schneidrad für große Maschinendurchmesser (Bild 4). Bislang galt für einen klassischen Erddruckbetrieb ein Einsatz der großvolumigen begehbaren Schneidräder als kritisch hinsichtlich der Unwägbarkeiten bei Mischverhalten, Materialfluss und Verklebungen in der Abbaukammer. Die vergrößerte Flexibilität bezüglich der Konsistenz der Kammerfüllung als Merkmal der Variable-Density-Maschinen ermöglicht nun aber eine solche Kombination. Für Einsätze mit höheren Stützdrücken ergibt sich so ein signifikanter Schritt für mehr Personalsicherheit, da weniger Einstiege bzw. Arbeiten unter Überdruckbedingungen notwendig sind.

Technologische Fortschritte im maschinellen Tunnelbau vollziehen sich in einzelnen, aufeinander aufbauenden Schritten. Hierbei sind Erprobungen von Prototypen in der Regel nicht in Testtunneln oder ähnlichen Kontexten möglich. Daher sollte jede Weiterentwicklung im Realprojekt der Maxime des kontrollierten und kontrollierbaren Risikos zugunsten des Projekterfolgs folgen. Hierfür bieten eine intensive und vertrauensvolle Zusammenarbeit zwischen Betreiber, Maschinenhersteller und idealerweise der Bauherrschaft und den Planern die besten Voraussetzungen. Sie ermöglicht die entscheidenden Fortschritte bei Sicherheit, Einsatzbandbreite und nicht zuletzt Wirtschaftlichkeit im maschinellen Tunnelbau. Die Entwicklung der Variable-Density-Technologie durch die Herrenknecht AG fand unter eben genau diesen Rahmenbedingungen statt.

Literatur

[1] Burger, W.; Strässer, M.; Schösser, B. (2013) *Variable-Density-Maschine: Eine hybride Schildmaschine aus Erddruck- und Flüssigkeitsschild* in Taschenbuch für den Tunnelbau 2013. Berlin: Ernst & Sohn, S. 181–229.

[2] Strässer, M.; Klados, G.; Thewes, M.; Schösser, B. (2016) *Entwicklung des LDSM- und HDSM-Konzepts für Variable-Density-TBM*. Tunnel 7/2016, S. 1–37.

[3] Barrett, T. (2017) The Shatin to Central Link success so far. Tunnelling Journal 6-7/2017, S. 14–21.

[4] Ng, N.; Jacques, D.; Reilly, J.; Cheung, M. (2018) *The Variable Density first for Hong Kong*. Tunnelling Journal 12/2018–1/2019, pp. 31–37.

[5] Bäppler, K.; Strässer, M. (2019) *Forrestfield Airport Link Project – Challenges and TBM solution*. Rapid Excavation & Tunneling Conference RETC 2019, Society for Mining, Metallurgy & Exploration – SME, Chicago, Illinois, June 16-19.

[6] Di Nauta, M.; Anders, A.; Suarez Zapico, C. (2019) *Forrestfield Airport Link project – Variable density TBMs to deal with unexpected ground conditions.* Peila; Viggiani; Celestino [eds] *Tunnels and Underground Cities: Engineering and Innovation meet Archaeology, Architecture and Art.* Proceedings of the WTC 2019 ITA-AITES World Tunnel Congress (WTC 2019), May 3-9, 2019, Naples, Italy. London: Taylor & Francis, S. 2051–2060.

[7] Facibeni, L.; Frontini, D.; Hillman, M.; Quaglio, G. (2021) *Tunnelling in Perth – the experience of the Forrestfield–Airport Link project.* Australasian

Tunnelling Conference ATS 2020+1, Melbourne, Victoria, 10–13 May 2021, pp. 345–367.

[8] Hochart, A.; Vialle, D. (2021) *Innovative slurry solutions for demanding TBM drives through soil with high permeability in a dense urban area*. Geomechanics and Tunnelling 14(5), S. 489–500. https://doi.org/10.1002/geot.202100041 (Zugriff am: 19.06.2023)

[9] Steiner, W. (2023) *Lessons from tunnelling through glacial open gravel deposits*. Geomechanics and Tunnelling 16(1), S. 68–80. https://doi.org/10.1002/geot.202200072 (Zugriff am: 19.06.2023)

II. Maschineller Tunnelvortrieb in gashaltigem Baugrund

Ulrich Maidl, Janosch Stascheit, Richard A. McLane, Josh Jonasen

Gashaltiger Baugrund stellt den Tunnelvortrieb vor sicherheitstechnische und verfahrenstechnische Herausforderungen, denen bereits in der Vortriebsplanung begegnet werden sollte. Dabei ist deutlich zwischen freiem Gas (z.B. in geklüftetem Gestein oder im Porenraum) und in der Matrix gebundenem Gas (z.B. gelöst im Grundwasser oder in Asphalteinlagerungen, aber auch fein verteilt in geschlossenen Poren) zu unterscheiden.

Ist der Baugrund grundsätzlich durchlässig für das angetroffene Gas, so besteht die Möglichkeit, dieses durch Überdruck in der Abbaukammer in die umgebenden Klüfte zu verdrängen und damit im Baugrund zu belassen. Ist das Gas jedoch in der Matrix gebunden, so muss es im Zuge der Vortriebsarbeiten zwangsläufig abgebaut und an die Oberfläche transportiert werden.

Der Beitrag befasst sich mit dem Ausgasverhalten des Baugrunds unter verschiedenen Voraussetzungen und diskutiert technische Möglichkeiten, die ausgasende Menge zu kontrollieren und so eine sichere Arbeitsumgebung während des Vortriebs und bei der Behandlung des Abraums zu gewährleisten.

Dazu werden die geotechnischen, verfahrenstechnischen und maschinentechnischen Fragestellungen des Tunnelvortriebs in gashaltigem Baugrund erläutert und auf die für die Vortriebsplanung relevanten Aspekte hin untersucht.

Mechanized tunnelling in gassy ground

Gassy ground poses challenges for safety and process engineering for tunnelling works that need already be addressed in the design phase. A clear distinction must be made between free gas (e.g. in fractured rock or in the pore space) and gas bound in the matrix (e.g. dissolved in groundwater or in asphalt deposits, but also finely distributed in closed pores).

If the ground is basically permeable to the gas encountered, it is possible to displace it into the surrounding fractures by overpressure in the excavation chamber and thus leave it in the ground. However, if the gas is bound in the matrix, it must inevitably be removed and transported to the surface in the course of the excavation works.

Tunnelbau 2024, Herausgegeben von der DGGT, Deutsche Gesellschaft für Geotechnik e.V.

The paper deals with the off-gassing behaviour of the ground under different conditions and discusses technical possibilities to control the off-gassing quantity and thus to ensure a safe working environment during excavation and during the treatment of the overburden.

To this end, the geotechnical, process engineering and mechanical engineering issues of tunnel driving in gassy ground are explained and examined in terms of the aspects relevant to process design.

1 Einleitung

Gashaltiger Baugrund stellt besondere Herausforderungen an die Planung und Durchführung von Tunnelbauprojekten. Um unkontrolliertes Austreten von brennbaren und/oder giftigen Gasen zu vermeiden, müssen verschiedene planerische und technische Maßnahmen ergriffen werden. Diese reichen von der Baugrunderkundung über die Vortriebsplanung und die Maschinenauswahl inklusive organisatorischer Schritte bis hin zur Ausführung und zu den damit verbundenen Sicherheitsmaßnahmen.

Der maschinelle Tunnelvortrieb bietet bei der Auswahl und dem Entwurf einer geeigneten Tunnelbohrmaschine (TBM) eine sichere und effiziente Möglichkeit, Tunnel in gashaltigem Baugrund aufzufahren. Die dabei zu berücksichtigenden Aspekte im Entwurf, in der Planung und in der Ausführung sind im Folgenden zusammengestellt. Zunächst werden die Grundlagen des Tunnelbaus im gashaltigen Baugrund erläutert, bevor im Detail auf die Auswahl geeigneter Vortriebstechnik und den sicheren Betrieb der entsprechenden TBM eingegangen wird. Der Beitrag schließt mit Überlegungen zum Risikomanagement.

2 Grundlagen

2.1 Gase im Baugrund

Der gewachsene Baugrund kann verschiedene geogene Gase enthalten, die sich in der Erdgeschichte im Prozess der Diagenese von organischen Materialien bei der Entstehung von Erdöl und Erdgas bilden und oft in Form größerer Reservoirs (Öl- und Gasfelder) im Untergrund anstehen. Dabei handelt es sich vor allem um Methan (CH_4) und – in kleineren Mengen – Schwefelwasserstoff (H_2S), der bei der anaeroben Zersetzung organischer Materie entsteht.

Schwefelwasserstoff ist stark toxisch, weshalb die Konzentration in der Atemluft 10 ppm auch kurzzeitig nicht überschreiten soll. Die maximale Arbeitsplatz-Konzentration (MAK) [1] beträgt 5 ppm. Die Wahrnehmungsschwelle schwankt individuell und kann teilweise bereits bei 0,0005 ppm liegen. Konzentrationen > 100 – 200 ppm verhindern die Geruchswahrnehmung, solche > 1000 ppm können zu Atemstillständen führen. Darüber hinaus bildet Schwefelwasserstoff in Konzentrationen über 4,3 Vol.-% ($4{,}3 \cdot 10^4$ ppm) und unter 45,5 Vol.-% ($4{,}55 \cdot 10^5$ ppm) explosive Gemische mit Luft [1, 2].

Erdgas besteht meist zum überwiegenden Teil aus Methan, mit kleineren Beimischungen anderer Kohlenwasserstoffe wie Ethan, Propan und Butan. Während das im Erdgasnetz verteilte, zum Heizen und Kochen verwendete Gas mit Odorierungsmitteln versetzt wird, ist das natürlich im Baugrund vorkommende Erdgas meist geruchlos.

Der für den Tunnelvortrieb relevante Stoff ist hier das Methan. Es ist ein farb- und geruchloses brennbares Gas, das in Konzentrationen zwischen 4,4 Vol.-% und 16,5 Vol.-% mit Luft ein explosives Gemisch bildet. Bild 1 illustriert die Grenzwerte der Gaskonzentration. Die Konzentration, bis zu der ein zu mageres Gemisch vorliegt, um eine Explosion zu ermöglichen, wird untere Explosionsgrenze (UEG) genannt. Die Konzentration oberhalb derer das Gemisch zu fett für eine Explosion ist, wird obere Explosionsgrenze (OEG) genannt.

Methan und Schwefelwasserstoff sind schwach in Wasser löslich und können daher im Baugrund sowohl in Form freien Gases als auch im Grundwasser gelöst vorkommen. Freies Gas muss verdünnt oder gesammelt abgeführt werden. Bei der Verdünnung reinen Gases, das oberhalb der OEG nicht entzündlich ist, wird dabei zwingend der Bereich des explosionsfähigen Gemischs mit Luft durchschritten, bis die Konzentration unterhalb der UEG liegt. Entscheidend ist dabei die Sauerstoffkonzentration im Gasgemisch. Eine theoretisch mögliche Verdünnung mit Stickstoff würde das Problem umgehen, ist aber

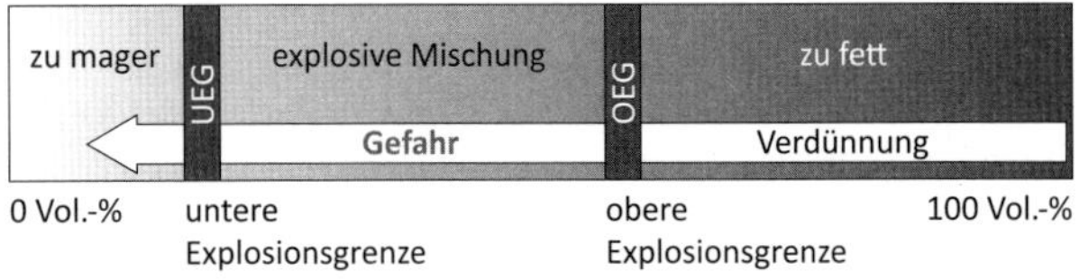

Bild 1. Gaskonzentrationen und Explosionsgrenzwerte

ebenfalls mit Sicherheitsrisiken verbunden, da Stickstoff geruchlos ist und sich unbemerkt in Arbeitsbereichen anreichern könnte.

Im Baugrund unter höherem Druck gelöstes Gas entweicht unter atmosphärischen Bedingungen verzögert aus dem Abraum und muss während des Ausgasungsprozesses verdünnt oder gesammelt werden.

2.2 Ausgasung

Das Ausgasen aus einem Feststoff erfolgt normalerweise langsamer als aus einer Flüssigkeit, da die Moleküle oder Ionen im Feststoff enger gepackt und somit weniger beweglich sind als in der Flüssigkeit. Dies bedeutet, dass es für die Moleküle im Feststoff schwieriger ist, an die Oberfläche zu gelangen und zu entweichen, während Moleküle in der Flüssigkeit mehr Bewegungsfreiheit haben und daher schneller an die Oberfläche gelangen können.

Eine Ausnahme sind stark poröse oder geklüftete Feststoffe, die nur mit einer Gasphase gesättigt sind, jedoch keine oder nur wenig Flüssigkeit enthalten. Diese können eine höhere Permeabilität für Gas aufweisen und dieses leicht an die Umgebung abgeben.

Das Ausgasungsverhalten von im Grund- oder Porenwasserwasser gelösten Gasen folgt dem Henryschen Gesetz. Dieses besagt, dass die Menge eines Gases, die sich bei einer bestimmten Temperatur in einer Flüssigkeit löst, direkt proportional zum Partialdruck des Gases über der Flüssigkeit ist. Mit anderen Worten: Je höher der Partialdruck des Gases über der Flüssigkeit ist, desto mehr Gasmoleküle lösen sich in der Flüssigkeit. Mathematisch lässt sich das Henrysche Gesetz als

$$c = k \cdot p$$

ausdrücken, wobei c die Konzentration des gelösten Gases in der Flüssigkeit, p der Partialdruck des Gases über der Flüssigkeit und k eine Konstante ist, die von dem spezifischen Gas und dem Lösungsmittel abhängt. Die Konstante k ist als Konstante des Henryschen Gesetzes bekannt und hat die Einheit Konzentration pro Druckeinheit.

Das Henrysche Gesetz gilt nur für ideale Lösungen bei niedrigen Konzentrationen und berücksichtigt nicht die Auswirkungen von Temperatur, Druck oder chemischen Wechselwirkungen zwischen dem Gas und der Flüssigkeit. Dennoch bleibt es ein wichtiges Instrument zur Vorhersage des Verhaltens von Gasen in Flüssigkeiten unter bestimmten Bedingungen.

2.3 Arbeitssicherheitsvorschriften

Die Sicherheit des Personals im Tunnel und auf der Baustelle samt der Personen in ihrer Umgebung hat oberste Priorität und muss grundsätzlich in allen planerischen Schritten sowie während der Ausführung berücksichtigt werden [3]. Für Tunnelbauprojekte müssen die jeweils lokal geltenden Arbeitsschutz- und Unfallverhütungsvorschriften eingehalten werden. Dazu gehören in Deutschland die MAK [1] sowie die Grenzwerteliste der Deutschen Gesetzlichen Unfallversicherung (DGUV) [2]. In Kalifornien beispielsweise gelten dagegen die Tunnel Safety Orders [4].

Maßnahmen zum Explosionsschutz müssen ergriffen werden, sobald eine Gefährdung vorliegt. Dazu ist ein Explosionsschutzdokument zu erstellen, das folgende Ziele in absteigender Priorität beinhaltet [5, 6]:

a) Vermeidung einer explosionsfähigen Atmosphäre,
b) Vermeidung wirksamer Zündquellen,
c) Beherrschung der Auswirkungen möglicher Explosionen,
d) organisatorische Maßnahmen.

Die Vermeidung einer explosionsfähigen Atmosphäre als oberstes Ziel ist nur dann zu erreichen, wenn kein freies Gas im Baugrund vorkommt. Dazu müsste durch aufwendige Baugrunderkundung das

Vorkommen freien Gases in der Vorplanung ausgeschlossen werden; ggf. wäre sogar die Trasse anzupassen. Liegt freies Gas im Baugrund vor, gibt es immer einen Zeitpunkt und einen Ort im Tunnel oder in der Separieranlage, an dem durch den Verdünnungsprozess bei der Vermischung mit der Umgebungsluft ein zündfähiges Gemisch vorliegt. In Bereichen, in denen dies auftreten kann, sind daher Zündquellen zu vermeiden. Die Anlagen in einer TBM müssen daher explosionsgeschützt ausgeführt werden. Es ist sicherzustellen, dass Bereiche, in denen brennbares Gas durch die Belüftung verdünnt wird, außerhalb des Bereichs möglicher Zündquellen liegen. Darüber hinaus sind Arbeiten während des Vortriebs zu unterlassen, in denen Hitze entstehen kann. Sobald die Gaskonzentration einen Schwellenwert von 20 % der UEG überschreitet, müssen alle elektrischen Anlagen abgeschaltet werden.

2.4 Eigenschaften des Baugrunds als poröses Mehrphasengemisch

Gashaltiger Boden ist grundsätzlich ein mehrphasiges Material, das aus einem Korngerüst als elastischem Feststoff und dem Porenraum besteht, der die Zwischenräume des Korngerüsts umfasst. Dieser Porenraum ist durch flüssige und gasförmige Fluide, in diesem Fall Grundwasser, Asphalt und Erdgas, gefüllt.

Kontinuumsmechanisch kann der poröse Baugrund durch die Theorie poröser Medien [7] beschrieben werden. Deren grundlegende Annahme ist, dass die porösen Medien aus einem schwammartigen Netzwerk von Poren und Kanälen bestehen, die miteinander verbunden sind. Die Struktur des porösen Materials – also die Größe, Form und Verteilung der Poren und Kanäle – beeinflusst den Transport von Flüssigkeiten und Gasen durch das Material. Die entsprechenden Eigenschaften werden durch kontinuierliche Kenngrößen wie z. B. die Porenzahl, die Permeabilität und die Sättigung des Porenraums mit den jeweiligen Fluidphasen (Wasser, Asphalt und Gas) beschrieben.

Durch die kontinuierliche Beschreibung des porösen Bodens lassen sich die Spannungen in einem repräsentativen Volumenelement in effektive Spannungen im Korngerüst und Porendrücke im Porenraum aufteilen. Dies ist bei der mechanischen Modellierung beispielsweise der Stützdruckübertragung an der Ortsbrust oder bei Transportprozessen von Fluiden im porösen Material entscheidend.

Ein durch Wasser vollständig gesättigter Boden lasst sich anhand seiner Permeabilität und der Dauer der zu modellierenden Belastungssituationen drainiert oder undrainiert modellieren. Im Tunnelvortrieb ist dies vor allem die mechanische Wirkung des Stützdrucks an der Ortsbrust, der bei einer undrainierten Modellierung in Form von totalen Spannungen aufgebracht wird. Der Stützdruck wird zunächst vollständig über einen Porenwasserüberdruck auf den Baugrund übertragen, dann durch Konsolidierung allmählich dissipiert und in effektive Spannungen umgesetzt. Bei durchlässigerem Boden oder langsameren Prozessen kann eine drainierte Betrachtung gewählt werden, bei der direkt effektive Spannungen auf das Korngerüst betrachtet werden.

Liegt eine zusätzliche Gasphase im Boden vor, ist diese kompressibel und in der mechanischen Betrachtung über das Boyle-Mariotte-Gesetz zu berücksichtigen. Wichtig ist ebenfalls, dass Poren, die durch ein Fluid gesättigt sind, für ein anderes Fluid impermeabel werden.

Gashaltiger Fels lässt sich grundsätzlich ebenfalls mithilfe der Theorie poröser Medien beschreiben. Hier sind jedoch ggf. Diskontinuitäten in Form von Rissen, Scherflächen und Störzonen zu beachten, in denen die lokale Permeabilität deutlich erhöht ist oder freies Gas vorkommt.

2.5 Gasvolumen

Das Volumen des im Grundwasser gelösten Gases nimmt mit dem Druck bzw. der Tiefe zu. Daher werden beim Aushub des Bodens die gelösten Gase freigesetzt, wenn der Druck auf das Grundwasser abnimmt. Die Menge des im Grundwasser unter Druck gelösten Gases muss bei der Bewertung der Gasmengen, die während des Aushubs aus dem Boden und dem Grundwasser freigesetzt werden, berücksichtigt werden. Wenn kein freies Gas in Spalten, Rissen oder Störzonen vorhanden ist, muss nur dieses gelöste Gas gehandhabt werden, sodass die erforderliche Bewetterung auf der Grundlage des Ausgasvolumens berechnet werden kann, das dem Henryschen Gesetz folgt.

Die Menge des Ausgasvolumens kann auf der Grundlage des hydrostatischen Drucks in der jeweiligen Tiefe für jeden Punkt entlang der Trasse berechnet werden (Bild 2). Diese Berechnung ergibt ein zu erwartendes Volumen von Normlitern pro Kubikmeter (nl/m^3) ausgehobenen Bodens. Mit Normliter wird dabei das jeweilige Volumen des unter Druck stehenden Gases angegeben, das es unter Standardbedingungen füllt.

Unter Berücksichtigung der Vortriebsgeschwindigkeit und des Ausbruchsdurchmessers der TBM lässt sich der maximale Anteil von Erdgas und Schwefelwasserstoff in der Tunnelatmosphäre berechnen. Daraus lässt sich die erforderliche Lüftungsleistung ableiten, um die Methankonzentration unter der Explosionsgrenze und die Schwefelwasserstoffkonzentration unter dem Schwellenwert zu halten.

Methan und Schwefelwasserstoff, die sich in einer tiefen Gaslagerstätte während der Diagenese bilden und dort unter dem in der entsprechenden Tiefe herrschenden Druck stehen, wandern infolge des Auftriebs durch die überlagernden Bodenschichten, soweit die Durchlässigkeit des Bodens und das Vorkommen von Fugen dies zulassen. Je nach Vorhandensein von undurchlässigen Schichten über dem Tunnelhorizont kann das Gas bei einem Druck oberhalb des hydrostatischen Drucks und in Mengen eingeschlossen werden, die die Löslichkeit dieser Gase in Wasser übersteigen. In diesem Fall kann freies Gas vorkommen, das bei der Planung der TBM und der Lüftung berücksichtigt werden muss.

Die Möglichkeit, dass Gas über geologische Zeiträume im Porenraum eingeschlossen wird, ist ein Mechanismus, der in Betracht gezogen werden muss. Dieses Gas kann, wenn es im Tunnelhorizont vorhanden ist, nicht durch das Stützmedium verdrängt werden und gelangt somit unweigerlich in die Abbaukammer. Je höher die Durchlässigkeit von Klüften und Verwerfungen in den Formationen unterhalb des Tunnels ist, desto mehr Gas kann in Richtung Tunnelhorizont wandern. Dies ist wichtig im Hinblick auf die Möglichkeit, den Gasdruck

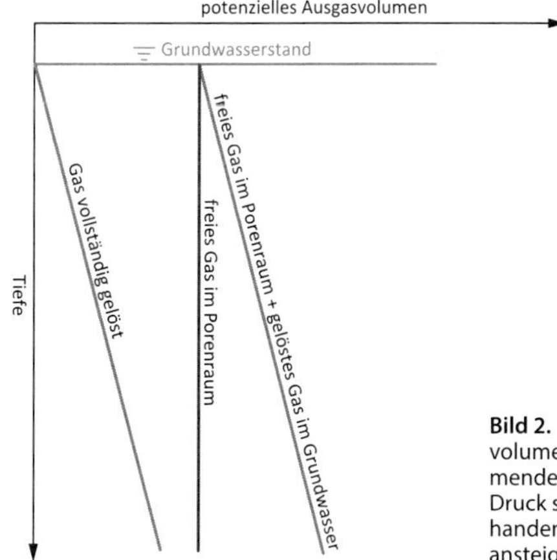

Bild 2. Potenzielles Ausgasvolumen, das mit zunehmendem hydrostatischem Druck sowie mit dem Vorhandensein von freiem Gas ansteigt

an bekannten Orten vor dem Vortrieb vorübergehend abzubauen, ohne dass er sich während der Vortriebsarbeiten wieder auflädt.

Wenn sich die TBM horizontal durch ein Störungssystem bohrt, können sich die angetroffenen Bedingungen erheblich von vertikalen Erkundungsbohrungen unterscheiden. Außerdem sind Skalierungseffekte zu berücksichtigen, da die TBM einen wesentlich größeren Durchmesser als die Erkundungsbohrungen hat. Diese Faktoren müssen bei der Bodenerkundung berücksichtigt werden.

2.6 Gasdrücke

In Bild 3 ist im linken Teil die mögliche Migration von Erdgas durch die über der Lagerstätte [1] liegenden Boden- und Felsschichten skizziert. Die Porendrücke der Gasphase hängen vom hydrostatischen Druck sowie vom Vorhandensein freien Gases und der Durchlässigkeit des Gebirges ab. Das Gas kann zunächst durch im Fels befindliche Klüfte und Risse strömen [2]. Dabei durchströmt es auch den Tunnel-

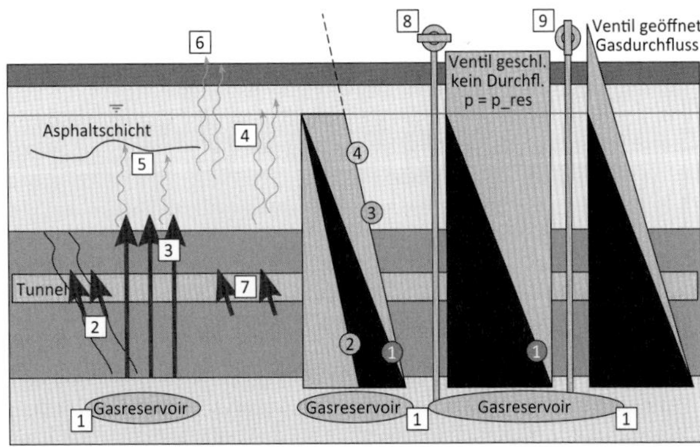

Bild 3. Druckbedingungen in gashaltigem Baugrund

horizont und führt dort zu freiem Gas während des Vortriebs [7]. Wenn die Matrix des Baugrunds durchlässig ist, kann Gas den Baugrund auch außerhalb von Klüften und Rissen durchströmen [3]. Vom Gas mitgezogener Asphalt kann sich in den oberen Schichten ablagern und dort eine impermeable Abdichtung [5] bilden, unter der sich freies Gas anstauen kann. Dort, wo der Boden permeabel bleibt, kann das Gas entsprechend alle Schichten durchströmen [4] und schließlich an der Geländeoberfläche austreten [6].

In der rechten Hälfte von Bild 3 sind die verschiedenen Szenarien für die Druckverteilung dargestellt:

① Die Linie beschreibt den hydrostatischen Grundwasserdruck, der mit 10 kPa/m linear mit der Tiefe zunimmt. Die Linie ① ist der Gasdruck, der ohne das Vorhandensein von freiem Gas zu beobachten ist.

② Die Linie stellt das Gefälle eines Gas-Wasser-Gemischs idealisiert dar. Bei einem Gas-Wasser-Verhältnis von 1:1 beträgt dieses Druckgefälle z. B. etwa die Hälfte des hydrostatischen Gefälles, da der Porenraum zu 50 % mit Wasser und zu 50 % mit Gas gefüllt wäre. Der Druckanstieg mit der Tiefe würde in diesem Beispiel nur 5 kPa/m betragen.

③ Der Druck in tiefen Gaslagerstätten ist gleich dem gesamten hydrostatischen Druck in der jeweiligen Tiefe. Da dieser Druck einen festen Punkt des Druckgradienten bestimmt, kann die imaginäre Drucklinie verschoben werden. Solange die tatsächliche Sättigung des Porenraums mit Wasser weniger als 100 % beträgt, kann ein reduzierter Gradient angenommen werden, der von dem permeabilitätsbedingten Druckverlust abhängt. Im Tunnelhorizont führt dieses reduzierte Gefälle mit einem Fixpunkt auf dem Niveau der Gaslagerstätten zu einem Überdruck.

④ Im theoretischen Fall einer gleichmäßigen Verteilung von Gas und Wasser im Porenraum und unter der Annahme einer gleichmäßigen Durchlässigkeit des Porenraums wäre der reduzierte Gradient linear, jedoch mit einer im Vergleich zum hydrostatischen Druck geringeren Steigung. Dies wiederum würde zu einem piezometrischen Druck in Bodennähe führen, wie er am oberen Ende der Linie ④ im mittleren Teil von Bild 3 angegeben ist.

Nach diesen Szenarien kann der Gasdruck auch im Tunnelhorizont über dem Grundwasserdruck liegen. Aufgrund der geringeren Dichte eines Gas-Wasser-Gemischs folgt der resultierende Porendruck bei einer teilweisen Sättigung der Poren mit Wasser und Gas der Kurve ③. Als Analogie kann eine Standrohrmessung modelliert werden. Bei geschlossenem Ventil wird die Situation [8] beobachtet, die dem vollen, über lange Zeit akkumulierten Gasdruck entspricht. Bei geöffnetem Ventil wandert das Gas mit einem linearen Druckgefälle durch das Wasser (Situation [9]). Die Permeabilität und die Diffusionsgeschwindigkeit bestimmen den tatsächlichen Druck, der zwischen den beiden Fällen liegt.

3 Auswahl einer geeigneten Tunnelbohrmaschine (TBM)

Grundsätzlich lässt sich nach der Analyse der Baugrundeigenschaften und dem daraus abgeleiteten Systemverhalten eine Auswahl unter den Tunnelbohrmaschinen (TBM) gemäß den DAUB-Empfehlungen [8] treffen. Diese gehen allerdings nur bedingt auf die Besonderheiten gashaltigen Baugrunds ein, der spezielle Anforderungen an die Sicherheitsausrüstung und die Berücksichtigung des Ausgasverhaltens stellt. Im Folgenden wird auf die Vor- und Nachteile sowie die für den Tunnelvortrieb in gashaltigem Baugrund zu berücksichtigenden Aspekte der drei üblichsten TBM-Typen eingegangen.

3.1 Einfachschild (OPS)

Offene Tunnelbohrmaschinen (OPS gem. DAUB [8]) werden für Tunnelvortriebe verwendet, in denen keine aktive Ortsbruststützung erforderlich ist. Sie haben keine druckdichte Abbaukammer und verwenden üblicherweise Schurren und Förderbänder zum Abtransport des abgebauten Materials. Die fehlende Möglichkeit, die Ortsbrust gegen den Innenraum der TBM hermetisch zu trennen, schränkt den möglichen Einsatz in gashaltigem Fels deutlich ein. Dieser ist nur dann möglich, wenn das Auftreten freien Gases ausgeschlossen werden kann oder wenn der maximale Zutritt so gering ist, dass eine sofortige Verdünnung durch zugeführte Luft möglich ist und ein Funkenschlag an den Werkzeugen ausgeschlossen werden kann.

3.2 Flüssigkeitsschild (SLS)

Bei Flüssigkeitsschilden (SLS gem. DAUB [8]) wird der Stützdruck mittels einer Suspension in der Abbaukammer aufgebracht, die auch als Transportmedium für das Ausbruchmaterial dient. Zur Steuerung des Drucks trennt bei Flüssigkeitsschilden mit Druckluftregelung eine Tauchwand die Abbaukammer von einer zweiten Druckkammer, der Arbeitskammer. Die Stützdruckregelung erfolgt mittels einer Druckluftblase in der Arbeitskammer. Der Transport des Aushubmaterials erfolgt hydraulisch.

Beim Vortrieb in gashaltigen Böden oder beim Auftreffen auf gashaltiges Wasser wird das Gemisch aus Boden, Wasser und Gas mit dem Transportmedium (Wasser oder Bentonitsuspension) vermischt. Dabei ist das Ausgasen von Methan in die Druckluftblase unvermeidlich, was in Bild 4 erläutert wird: Nach dem Henryschen Gesetz ist die

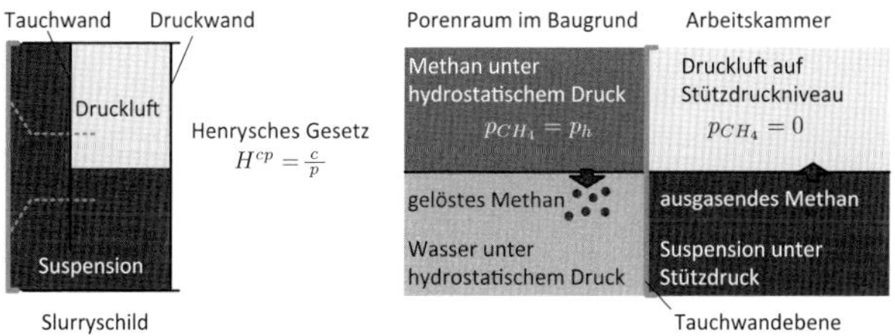

Bild 4. Lösen und Ausgasen von Methan bei einem Flüssigkeitsschild mit Druckluftpolster

Konzentration eines Gases in einer angrenzenden Flüssigkeit linear mit dem Partialdruck des Gases an der Grenzfläche zwischen gasförmiger und flüssiger Phase verbunden. Der entsprechende Löslichkeitskoeffizient ist für ein gegebenes Paar aus Gas und Flüssigkeit bei einer gegebenen Temperatur konstant. Die Konzentration des im Grundwasser gelösten Methans wird daher durch den Henry-Koeffizienten für Wasser und Methan und den Partialdruck von CH_4 bestimmt, der gleich dem hydrostatischen Druck ist, wenn Methan das einzige im Boden vorhandene Gas ist.

In der Arbeitskammer der TBM ist die Gasphase jedoch nicht reines Methan, sondern komprimierte Luft. Darin ist der Methanpartialdruck zunächst gleich Null, weil in der zugeführten Druckluft kein Methan vorhanden ist. An der Grenzfläche zwischen der Suspension (die im Grundwasser gelöstes Methan enthält) und der Druckluft (die kein Methan enthält) entweicht das Methan unabhängig vom Luftdruck, bis das Gleichgewicht nach dem Henryschen Gesetz eingetreten ist. In diesem Fall kann sich im Arbeitsraum ein explosives Gas-Luft-Gemisch bilden. Dies kann durch die Verwendung von Stickstoff anstelle von Druckluft umgangen werden. Stickstoff führt jedoch zu einem weiteren Sicherheitsproblem bei der Entlüftung der Arbeitskammer in die TBM.

Das Gleiche kann passieren, wenn freies Gas im Boden vorhanden ist. Kleine Methanblasen können sich nicht nur in der Abbaukammer an-

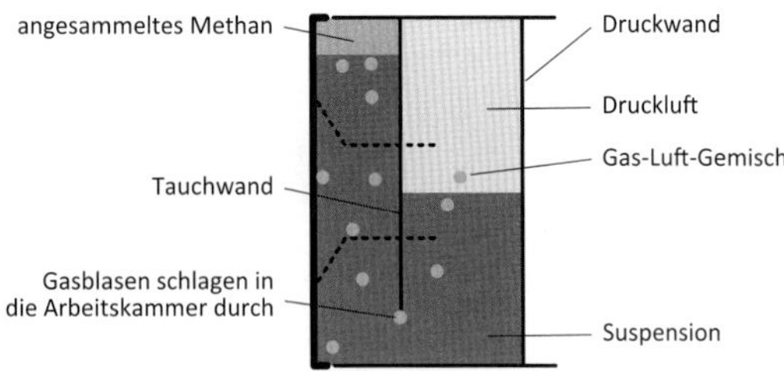

Bild 5. Anreicherung von Methan in der Arbeitskammer

sammeln, sondern auch unter der Tauchwand durchschlagen und in die Druckluftblase wandern (Bild 5).

Ein weiterer Nachteil des Flüssigkeitsschilds besteht darin, dass es in geklüftetem Gestein zu Fracking durch die unter Druck stehende Stützflüssigkeit kommen kann. Es ist möglich, dass bei einem Stützdruck, der viel höher ist als der hydrostatische Grundwasserdruck, Fugen geöffnet werden, die eine Verbindung zu Gaslagerstätten unterhalb des Tunnelhorizonts ermöglichen. Dies könnte wiederum zu einem unkontrollierten Einströmen von Gas in die Abbaukammer führen.

Darüber hinaus könnte freies Methan aus dem Porenraum des ausgehobenen Bodens extrahiert werden oder es könnten sich Blasen durch Ausgasung in der mit viskoser Flüssigkeit gefüllten Abbaukammer bilden. Freies Methan würde in der Stützflüssigkeit sofort Blasen bilden und könnte ungehindert durch die Suspension wandern.

Methanblasen, die in der Suspension verbleiben, können im Förderkreislauf zu Kavitationsschäden an den Pumpen führen. Spätestens dann, wenn die gashaltige Suspension die Separieranlage erreicht, muss das Gas sicher abgeschieden und verdünnt werden.

3.3 Erddruckschild (EPB)

Im Gegensatz zu Flüssigkeitsschilden haben EPB-Schilde eine geschlossene Abbaukammer ohne zusätzliche Arbeitskammer und ohne Tauchwand.

Die Dichte des Aushubs kann aktiv durch Bodenkonditionierung gesteuert werden. Dies ermöglicht es, einen undurchlässigen Pfropfen in der Förderschnecke zu bilden und so unkontrollierbare Ausgasungen zu verhindern. Das Vorhandensein von freiem Gas unter Überdruck kann jedoch zu lokalen Ausbläsern in der Förderschnecke führen, ähnlich wie dies manchmal bei der Schaumkonditionierung beobachtet wird, wenn die Schaumblasen nicht vollständig mit dem Erdbrei vermischt sind.

Bei ordnungsgemäßer Konditionierung hängt die druckabhängige Ausgasung des im Grundwasser gelösten Gases nur von der Menge des aus der Abbaukammer entfernten Bodens ab. Wenn also die Menge des im Grundwasser gelösten Gases bekannt ist, kann die Menge der Ausgasung durch Steuerung der Fördermenge der Förderschnecke kontrolliert werden. Die Gasmenge in der Atmosphäre des Tunnels kann somit an die verfügbare Bewetterungskapazität angepasst werden.

Eine EPB-TBM mit einem Erdbrei von hoher Dichte ist gut geeignet, um die Gasmigration durch die Abbaukammer zu kontrollieren. Die Gasdurchlässigkeit des Erdbreis nimmt mit zunehmender Dichte des Stützmediums ab. Außerdem können durchlässige Klüfte und Risse im Boden teilweise durch den Erdbrei abgedichtet werden.

4 Verfahrenstechnik

Im Folgenden werden allgemeine Anforderungen an die Prozesse im Zusammenhang mit dem Bodenabbau und dem Abraumtransport sowie verfahrenstechnische Möglichkeiten und Anforderungen an den Umgang mit gashaltigem Baugrund beschrieben.

4.1 Bodenabbau

Während des Bodenabbaus ist es unerlässlich, die Methankonzentration in der Abbaukammer zu jedem Zeitpunkt außerhalb des kritischen Konzentrationsbereichs zu halten (Bild 1). Insbesondere besteht die Gefahr von Funkenbildung durch den Kontakt der Werkzeuge mit Findlingen oder Steinen, die bei einem explosionsfähigen Gemisch in der Abbaukammer Explosionen verursachen könnten. Wenn sich an der Ortsbrust ein zündfähiges Gemisch bilden kann, müssen die eingesetzten Werkzeuge also funkenfrei sein.

Eine lokale Anreicherung von Methan in Bereichen, in denen Sauerstoff vorhanden ist, muss unbedingt vermieden werden, da dies zu einer lokalen Bildung eines zündfähigen Gemischs führen kann. Alle Prozesse sind daher so zu gestalten, dass eine ausreichende Bewetterung auch in Nischen gewährleistet ist.

4.2 Vorauseilende Gasextraktion

Wenn Vorkommen freien Gases in hohen Konzentrationen im Baugrund bekannt sind, können Ventilationsbrunnen im Vorfeld des Tunnelvortriebs gebohrt werden, durch die Luft in den Baugrund eingebracht und Gas aus dem Baugrund abgelassen werden kann. Dies wurde beispielsweise erfolgreich beim Projekt „Metro Purple Line Westside Extension“ in Los Angeles durchgeführt [9]. Auf diese Weise wird Schwefelwasserstoff oxidiert und damit unschädlich gemacht. Erdgas kann an der Geländeoberfläche gefasst und verbrannt werden.

4.3 Stützdruck

Bei begrenzter Gaszufuhr würde Gas, das sich im Tunnelhorizont angesammelt hat, aufgrund der geringen Permeabilität bei Ankunft der TBM entweichen. Bei einem Druck, der über dem Stützdruck der TBM liegt, tritt das Gas in die Abbaukammer ein und wird über die Förderschnecke oder den Förderkreislauf abgeleitet. Der Druck fällt schnell auf den hydrostatischen Druck ab und das Gasvolumen kann in der kurzen Zeit, in der sich die TBM an der jeweiligen Stelle befindet, nicht ersetzt werden. In der TBM macht sich dieses Ereignis durch einen plötzlichen Anstieg der Methankonzentration bemerkbar. Da der Gasvorrat begrenzt ist, ist die Dauer dieser Ereignisse kurz und die Druckspitze noch kürzer.

Mithilfe der TBM-Datenüberwachung kann der In-situ-Druck während der Stillstandszeiten gemessen werden. Sinkt der gemessene Druck in der Abbaukammer bei geschlossenen Schiebern oder Ventilen, ist der Umgebungsdruck niedriger als der anfängliche Stützdruck. Der Druck in der Aushubkammer entweicht in den umgebenden Boden (Bild 6a). Steigt der Druck bei geschlossenen Schiebern oder

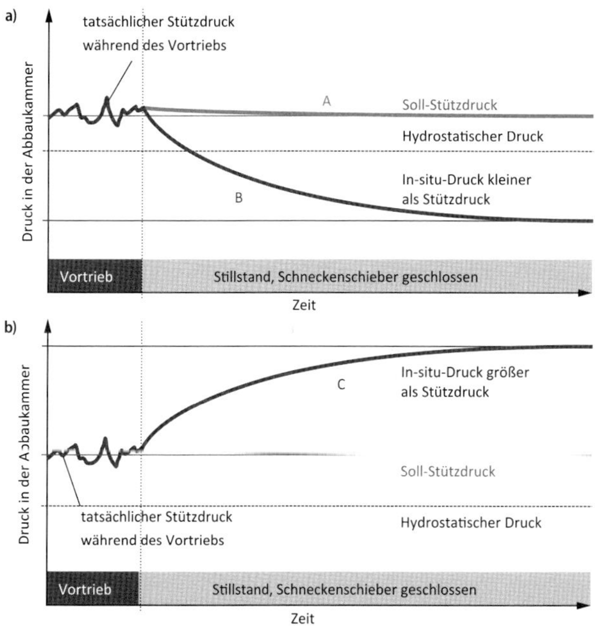

Bild 6. a) Stützdruck und b) In-situ-Druck

Ventilen an, ist der In-situ-Druck im umgebenden Boden höher als der Stützdruck, sodass sich in der Abbaukammer ein Druck aufbaut (Bild 6b). In gashaltigen Böden ist dies ein Indikator für Gas unter höherem als dem hydrostatischen Druck.

Das Entweichen von komprimierten Gasblasen kann nicht durch einen höheren Stützdruck verhindert werden. Um das Einströmen von Gas in die Abbaukammer zu unterbinden, müsste nicht nur der Stützdruck höher sein als der Gasdruck; auch die Durchlässigkeit des umgebenden Bodens müsste so hoch sein, dass das Gas in den Boden verdrängt werden kann. Angesichts des Vorhandenseins von unter Druck stehendem Gas im Boden ist es unwahrscheinlich, dass der Boden durchlässig genug ist, um das Gas schnell durch ein unter Druck stehendes Stützmedium zu verdrängen. Es ist viel wahrscheinlicher, dass das angetroffene Gas nur komprimiert wird, um dem Stützdruck zu entsprechen, und in die Abbaukammer eintritt, während der Boden ausgehoben wird. Nach der Druckentlastung in der Förderschnecke steigt das Gasvolumen auf sein atmosphärisches Volumen an. Die tatsächliche Gasmenge, die dem Boden entnommen wird, ist also unabhängig vom Stützdruck, solange kein Gas in den umgebenden Boden verdrängt werden kann.

4.4 Bodenkonditionierung

Ziel der Konditionierung des Bodens an der Ortsbrust und in der Abbaukammer ist, die Konsistenz des abgebauten Materials so anzupassen, dass Verklebungen vermieden werden und der Verschleiß an Komponenten der TBM minimiert wird. Darüber hinaus bietet plastisch konditionierter Erdbrei die erforderlichen Eigenschaften, um den Stützdruck in der Abbaukammer gemäß den statischen Anforderungen einzustellen. Durch eine geeignete Konsistenz stellt sich der Druckgradient in der Förderschnecke so ein, dass die Materialextraktion kontrolliert und der Stützdruck mit geringen Toleranzen gehalten werden kann [10, 11].

Anders als bei der Verwendung einer Druckluftblase in Flüssigkeitsschilden kann bei EPB-Maschinen die Bildung eines explosiven Gemischs aus Methan und Luft in der Aushubkammer verhindert werden, solange die Bodenaufbereitung ausschließlich mit Flüssigkeiten erfolgt.

Die Methankonzentration in der Gasphase des Aushubs in der Abbaukammer und den Förderschnecken liegt immer über der oberen Explosionsgrenze (OEG) von 16,5 Vol.-%, wenn keine Luft eingeblasen wird. Sie muss am Schneckenabwurf auf einen Wert unterhalb der unteren Explosionsgrenze (UEG) verdünnt werden. Wenn die einzige Methanquelle die Ausgasung aus dem Grundwasser ist, kann die Methanmenge am Schneckenabwurf kontrolliert und an die verfügbare Belüftung angepasst werden. Wenn die Methansensoren einen Anstieg der Methankonzentration in der Nähe des Schneckenabwurfs registrieren, kann die Vorschubgeschwindigkeit reduziert werden.

Wenn Wasser über die Fließgrenze hinaus zugegeben wird, wird die Bodenmatrix entfestigt und das Risiko der Sedimentation steigt (Körner mit höherer Dichte sinken auf den Boden der Abbaukammer, was zu einer Entmischung des Erdbreis führt). Dies wiederum begünstigt die Bildung größerer Gasblasen. Bild 7 veranschaulicht die Veränderung des Erdbreiverhaltens an verschiedenen Stellen entlang der TBM von Erdbrei, der auf eine plastische Konsistenz konditioniert wird (ein stabiles mehrphasiges Material), bis hin zu Erdbrei, der sich verflüs-

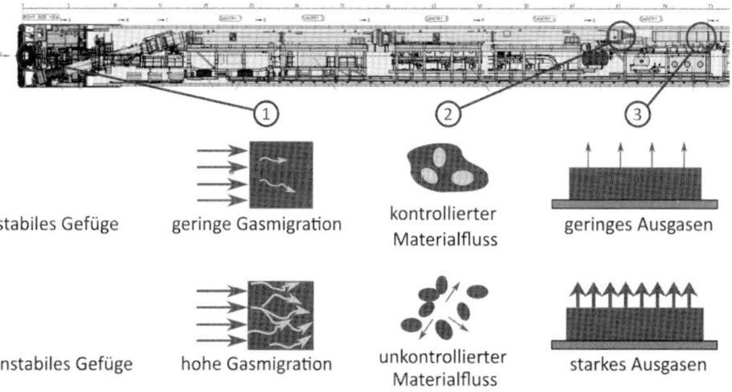

Bild 7. Ausgasung in Abhängigkeit von der Erdbreikonsistenz

sigt und zu einem instabilen mehrphasigen Material wird, das zum Zerfall neigt.

Plastischer Erdbrei eignet sich besser, das Gas länger in Lösung zu halten, wodurch sich die Ausgasrate verringert und die Verdünnung des Gases vereinfacht wird. Flüssiger Erdbrei ermöglicht ein spontanes Ausgasen, sodass die Gaskonzentration am Schneckenauslass erhöht wird. Aus diesem Grund ist die Bodenkonditionierung mit viel Flüssigkeit im gashaltigen Untergrund möglicherweise ungeeignet und kann den Ausgasungsprozess sogar fördern. Ziel sollte es sein, eine hohe Dichte des Bodens zu erhalten, um ein Entweichen des Gases zu verhindern. Wird mit Schaum konditioniert, kann bereits in den Schaumblasen ein zündfähiges Gas-Luft-Gemisch entstehen. Von Schaumkonditionierung ist bei gashaltigem Baugrund daher generell abzuraten.

4.5 Bewetterung

Im Allgemeinen kann die Bewetterung eines Tunnels entweder blasend oder saugend erfolgen. Normalerweise wird Frischluft durch eine Lutte in der Tunnelfirste in den Tunnel geblasen und an einem Auslass oder an mehreren Auslässen auf der TBM abgegeben. Die Abluft strömt – zusammen mit verdünnten Schadstoffen – den Tunnel entlang in Richtung Eingang. In Situationen, in denen die Schadstoffe in der Tunnelatmosphäre nicht nur verdünnt, sondern gänzlich vermieden werden sollen, muss jedoch eine Sauglüftung eingesetzt werden. Dabei wird ein starrer Kanal installiert, der die Luft aus dem Tunnel absaugt, während Frischluft durch den Tunnel in Richtung TBM strömt.

Einige Gesetze, z. B. in Kalifornien [4], schreiben die saugende Bewetterung vor, um das Vorhandensein von brennbaren Gasen oder giftigen Schadstoffen in der Atemluft zu verhindern. Andererseits ist die Verdünnung und turbulente Vermischung von Frischluft mit Schadstoffen bei der blasenden Bewetterung einfacher.

Frischluftverdünnungsdüsen können sogar direkt am Schneckenabwurf angebracht werden, um abgesaugte Gase sofort zu verdünnen.

Wenn also die Gesetzgebung und die garantierte Abwesenheit von toxischen Schadstoffen eine blasende Bewetterung zulassen, ist dies eine technisch einfachere Lösung.

In jedem Fall muss der Durchsatz des Bewetterungssystems so ausgelegt sein, dass sowohl die Versorgung mit Frischluft als auch die Verdünnung aller während des Vortriebs zu erwartenden Schadstoffe auf ein sicheres Niveau gewährleistet ist. Daher müssen die zu erwartenden Gasmengen richtig abgeschätzt und insbesondere das Vorhandensein von freiem Gas im Boden berücksichtigt werden.

4.6 Materialtransport

Auch beim Transport des Bodens innerhalb der Förderschnecke oder in hydraulischen Systemen muss sichergestellt werden, dass die kritische Konzentration nicht erreicht wird. In geschlossenen Systemen muss zu jedem Zeitpunkt und an jedem Ort ausgeschlossen sein, dass sich die kritische Konzentration einstellt.

Im Tunnel gibt es zwei Möglichkeiten, dies zu gewährleisten: geschlossene Systeme und offene Systeme. In geschlossenen Systemen wird das Eindringen von Sauerstoff in das Methan durch Abkapselung verhindert. Dies ist etwa in einem hydraulischen Förderkreislauf oder bei einem abgedeckten Förderband der Fall. Letzteres wurde z. B. bei den Sparvo-Tunneln in Italien eingesetzt [12]; es benötigt jedoch viel Platz und ist nur bei großen Tunneldurchmessern praktikabel. Offene Systeme benötigen eine unmittelbare, starke Verdünnung des austretenden Gases, sodass der Durchgang durch den explosiven Bereich lokal eng begrenzt und sehr schnell vonstattengeht.

Bei einem hydraulischen Förderkreislauf ist der Abraum im gesamten Tunnel gekapselt. Ausgasungen treten daher erst außerhalb des Förderkreislaufs, etwa in der Separieranlage, aus. Dies führt jedoch dazu, dass anstatt im Tunnel dann in der Separieranlage mit entsprechenden Maßnahmen eventuelle Explosions- und Gesundheitsgefahren verhindert werden müssen. Darüber hinaus können durch Druckunterschiede im Vergleich zu den In-situ-Bedingungen auch Gasblasen im Förderkreislauf entstehen.

Das Auftreten gasförmiger Phasen in der Suspension kann zu Kavitationseffekten führen, die Probleme bei der hydraulischen Förderung und Verschleiß der Pumpen verursachen können. Aufgrund von Druckschwankungen in den Pumpen (Saugdruck) und dem Druckabfall entlang der Förderleitung kann sich freies Gas im Förderkreislauf bilden, selbst dann, wenn das Gas ursprünglich vollständig im Wasser gelöst war. Dieser Kavitationseffekt würde auch bei Schildmaschinen japanischer Bauart ohne Tauchwand und Druckluftblase auftreten.

Bei EPB-TBMs wird das abgebaute Material am Ende der Förderschnecke auf ein Förderband übergeben. An dieser Stelle ist der Erdbrei atmosphärischen Bedingungen ausgesetzt, was zum Beginn des Ausgasens führt. Je nach Vorschriftenlage kann das Förderband zunächst eingehaust werden, um das austretende Gas zu fassen und durch Luftdüsen an Ort und Stelle direkt zu verdünnen. Alternativ kann eine turbulente Luftströmung zur raschen Verdünnung im Bereich des Schneckenabwurfs erzeugt werden. Bei saugender Bewetterung ist auch eine Absaugung des Gases direkt am Abwurf möglich. Mit diesen Maßnahmen kann auch freies Gas sicher verdünnt werden, sofern die austretende Menge kontrolliert werden kann und die Luftmengen zur Verdünnung ausreichen.

Sowohl beim Transport mit einem Förderband im gesamten Tunnel als auch bei Transport über Loren ist zu beachten, dass auch auf dem Transportweg bis zum Tunnelportal weiterhin Ausgasungen stattfinden und durch geeignete Ventilation behandelt werden müssen.

5 Gefahren- und Risikomanagement

Um das mit dem Tunnelvortrieb in gashaltigem Baugrund verbundene Risiko zu beherrschen und Zwischenfälle zu vermeiden, ist es wichtig, die Luftqualität und die Gaskonzentrationen zu überwachen. Dazu werden automatische Alarmsysteme eingesetzt, die bei Überschreitung zulässiger Konzentrationen einen Evakuierungsalarm auslösen. Um sicherzustellen, dass alle potenziellen Gefahrenquellen abgedeckt sind, gibt es Messpunkte an verschiedenen Stellen, bei EPB-Maschinen insbesondere in der Nähe des Schneckenabwurfs, an

Ventilationseinrichtungen, in allen Arbeitsbereichen und möglichen Toträumen der Bewetterung.

Ein weiterer wichtiger Aspekt ist das geologische Erkundungskonzept, das eine Untersuchung des Ausgasungsverhaltens beinhalten sollte. Zusätzlich sind auch die in Abschnitt 4 geschilderten Anforderungen an das Vortriebskonzept zu berücksichtigen, einschließlich der Vortriebssteuerung.

Werden Gaskonzentrationen detektiert, die jenseits eines sicheren Schwellenwerts (üblicherweise 20 % der UEG) liegen, müssen die gesamte TBM und der Tunnel evakuiert werden. Sämtliche elektrischen Anlagen werden abgeschaltet, um Zündquellen zu vermeiden, und das Personal muss den unterirdischen Arbeitsbereich verlassen. Erst nach erfolgreicher Verdünnung und Sicherstellung einer sicheren Atmosphäre können die Arbeiten fortgesetzt werden. Dazu sind ggf. Freigaben der zuständigen Behörden notwendig.

Bereits im Planungsstadium ist die Erstellung eines Gefahren- und Risikomanagementplans erforderlich, in dem eine Risikoanalyse sowie klare Handlungsanweisungen zur Vermeidung von Explosions- und Vergiftungsgefahren enthalten sind.

6 Abschließende Bemerkungen

Ein sicherer maschineller Tunnelvortrieb in gashaltigem Baugrund ist möglich, wenn die Ausrüstung, die Vortriebstechnik und die organisatorischen Maßnahmen auf eine sichere Beherrschung des Gaszutritts ausgelegt sind und geeignete Gefahrenvermeidungsstrategien bereits in der Planungsphase berücksichtigt werden.

Der zunächst naheliegende abkapselnde Vortrieb mit einem hydraulischen Förderkreislauf ist dabei nicht immer zielführend, weil sich zum einen auch in einem geschlossenen Förderkreislauf Gasblasen bilden können und sich das Problem der erforderlichen Verdünnung von Gasansammlungen lediglich von der TBM in die Separieranlage verlagert. EPB-Schildmaschinen mit Schneckenförderung sind bei geeigneter Vortriebssteuerung und Konditionierung gut geeignet, um im Grundwasser gelöstes Gas sicher zu beherrschen. Zur Beherrschung freien Gases müssen ggf. Zusatzmaßnahmen wie Einhausungen von Förderbändern und des Schneckenabwurfs getroffen werden. In jedem Fall ist eine ausreichende und geeignete Bewetterung zu installieren, die eine sofortige Verdünnung austretenden Gases an jedem Ort innerhalb des Tunnels und der TBM sicherstellt.

Die jeweiligen lokalen Vorschriften zum Umgang mit gashaltigem Baugrund sind teilweise stark unterschiedlich und sind in jedem Fall zu berücksichtigen. Sie können daher auch spezielle Lösungen, wie z. B. eine saugende Bewetterung, erfordern.

Literatur

[1] SCOEL (2013) *European Commission Employment.* Social Affairs & Inclusion Health and Saftety at work – The Scientific Committee on Occupational Exposure Limits (Hrsg.).

[2] DGUV (2022) *Grenzwerteliste 2022 – Sicherheit und Gesundheitsschutz am Arbeitsplatz.* IFA-Report 1/2022, Deutsche Gesetzliche Unfallversicherung e. V. (Hrsg.), Berlin.

[3] ISSA (2022) *Vision Zero – 7 Golden Rules to Implement the Vision Zero Strategy* in: Guide for the Construction Industry, International Social Security Association.

[4] California Department of Industrial Relations: Cal/OSHA, Title 8, Subchapter 20: *Tunnel Safety Orders.* https://www.dir.ca.gov/title8/sub20.html [Zugriff am 31.05.2023]

[5] BAuA (2021) *TRGS 722 Vermeidung oder Einschränkung gefährlicher explosionsfähiger Gemische, Technische Regel für Gefahrstoffe.* Februar 2021, Bundesanstalt für Arbeitsschutz und Arbeitsmedizin (Hrsg.), Dortmund.

[6] BAuA (2019) *TRGS 723 Gefährliche explosionsfähige Gemische – Vermeidung der Entzündung gefährlicher explosionsfähiger Gemische, Technische Regel für Gefahrstoffe.* Juli 2019, Bundesanstalt für Arbeitsschutz und Arbeitsmedizin (Hrsg.), Dortmund.

[7] De Boer, R. (2000) *Theory of Porous Media, Highlights in the Historical Development and Current State.* Volume 2, Springer, Berlin/Heidelberg.

[8] DAUB (2021) *Empfehlungen zur Auswahl von Tunnelbohrmaschinen.* Deutscher Ausschuss für unterirdisches Bauen e. V. (Hrsg.), Köln.

[9] McLane, R. et al. (2023) *Gas Extraction and In-Situ Oxidation for TBM Tunneling of the Purple Line Extension.* Section 1, Los Angeles, RETC.

[10] Maidl, B. et al. (2011) *Maschineller Tunnelbau im Schildvortrieb.* Ernst & Sohn, Berlin.

[11] Maidl, U. (1995) *Erweiterung der Einsatzbereiche der Erddruckschilde durch Bodenkonditionierung mit Schaum.* Dissertation, Ruhr-Universität Bochum.

[12] Bandini, A. et al. (2017) *Safe excavation of large section tunnels with Earth Pressure Balance Tunnel Boring Machine in gassy rock masses: The Sparvo tunnel case study.* Tunnelling and Underground Space Technology 67, pp. 85–97.

III. High Speed 2: Innovative dauerhafte Querschlagabfangung mit Tübbingen

Dominik Hörrle, Fernando Acosta Urrea, Heiko Neher, Xavier Torelló Ciriano

Im Rahmen des Projekts „High Speed 2" wurden für eine Vielzahl von Querschlägen zwischen den Röhren der eingleisigen Tunnelbauwerke sowie für die Lüftungsöffnungen dauerhafte, feuerfeste Sondersegmente geplant, geprüft, hergestellt und erfolgreich eingebaut. Die Sondersegmente aus hochfestem Beton und ihre speziellen vorgespannten Verbindungen übertragen hohe Scher- und Zugkräfte und versteifen die Ringfugen, sodass das Schalenverhalten an den Verbindungsstellen dem einer fugenlosen Schale mit gleicher Aussparung entspricht oder besser ist. Die Verbindungselemente sind integriert; damit benötigen die Sondersegmente keine zusätzliche Aussteifung/Abfangung. Das Lichtraumprofil des Tunnels wird nicht eingeschränkt.

Die Tunnelröhren liegen im Nordwesten Londons in wechselhafter Geologie. Es waren unterschiedlichste Anforderungen an die Abfangkonstruktionen zu erfüllen. Grundlage für die endgültige Entwurfsentscheidung waren auch die im Beitrag zusammengestellten Vor- und Nachteile herkömmlicher Abfangkonstruktionen für Querschläge in Tübbingtunneln.

Die Verbindungen wurden einem umfangreichen Großversuchsprogramm unterzogen, bei dem sie auch unter der EBA-Brandkurve erfolgreich getestet wurden. Im Vorfeld und begleitend wurden 3D FE-Berechnungen mit einem Betonschädigungsmodell in ABAQUS durchgeführt sowie die versuchstechnisch ermittelten Last-Verformungs-Kurven verglichen und verifiziert.

High Speed 2: Innovative durable cross passage support system with segments

As part of the High Speed 2 project, permanent, fire-resistant special segment opening sets were designed, tested, manufactured, and successfully installed for a large number of cross passages and ventilation openings between the tubes of the single-track bored tunnels. The special segments made of high-strength concrete and their special pre-stressed connections transmit high shear and tensile forces and stiffen the ring joints so that the lining behaviour with the connected joints is equal to or better than that of a jointless lining with the same opening.

Tunnelbau 2024, Herausgegeben von der DGGT, Deutsche Gesellschaft für Geotechnik e.V.

The connection elements are integrated and thus the special segments are without the need for additional temporary support. The tunnel clearance is not restricted.

The tunnels are located in the north-west of London in variable geology. The support structures had to meet a variety of requirements. The article summarises the advantages and disadvantages of conventional opening supports for cross passages in segmental lined tunnels, on which the final design decision was also based on.

The connections were subjected to an extensive large-scale testing program, including successful testing under the Eureka (also known as EBA) fire curve. 3D FE calculations with a concrete damage model in ABAQUS were carried out before and during the tests. The tested load-deformation curves were compared and verified.

1 Projektüberblick: High Speed 2

Das Projekt „High Speed 2" (HS2) umfasst die neue zweigleisige Hochgeschwindigkeitsstrecke zwischen London und Birmingham. Der Bauherr HS2 Ltd hat das Projekt in sieben Lose unterteilt. TBM-Tunnel gibt es in den Losen N1 (bei Birmingham) und C1 (westlich von London) sowie in den Losen S1 und S2, für deren Planung die Autoren des Artikels verantwortlich sind (Tabelle 1).

Tabelle 1. TBM-Tunnelbaulose HS2 (ID: Innendurchmesser, h: Schalenstärke)

Los	Konsortium/ Joint Venture	TBM-Tunnel	ID/h in m/m	Geologie
N1	BBV (Balfour Beatty, Vinci)	Long Itchington Bromford	8,80/0,40 7,55/0,35	Tonstein
C1	Align (Bouygues, Sir Robert McAlpine, Volker Fitzpatrick)	Chiltern	9,10/0,40	Kalkstein
S1 & S2	SCS (Skanska, Costain, Strabag)	Northolt Tunnel West (NTW) Northolt Tunnel East (NTE) Euston Tunnel (ET)	8,80/0,35 8,10/0,34 7,55/0,325	London Clay, Schluffe und Sande, etwas Kalkstein

1.1 Lose S1 und S2 in London

Die Lose S1 und S2 werden vom Konsortium SCS, bestehend aus Skanska, Costain und Strabag, gebaut. Sie verlaufen vom Bahnhof Euston Station im Zentrum Londons für etwa 22 km durch den Londoner Untergrund in einem engen Korridor, oft zwischen der bestehenden, an der Geländeoberkante verlaufenden Gleistrasse der Chiltern Line und städtischer Bebauung, bis sie an der Stadtgrenze am West-Ruislip-Portal an die Oberfläche kommen. Dabei werden sechs große Lüftungs- und Zugangsschächte, der etwa 1 km lange neue Bahnhof Old Oak Common Station (OOC) und die Victoria Box, ein ca. 300 m langes Lüftungs- und Kreuzungsbauwerk, passiert. Die beiden Baulose beinhalten drei Doppelröhrentunnel, deren Innendurchmesser mit abnehmender Zuggeschwindigkeit von West nach Ost kleiner wird. Sie werden mit sechs TBMs aufgefahren (Tabelle 2).

Tabelle 2. Übersicht: HS2-Tunnel der Lose S1 und S2

HS2 TBM-Tunnel Lose S1 und S2	**NTW**	**NTE**	**ET**
Innendurchmesser ID in mm	8800	8100	7550
Außendurchmesser in mm	9500	8780	8200
Schalenstärke h in mm	350	340	325
Segmentbreite in mm (Teilung)	1900 (7+0)	1900 (6+0)	1800 (6+0)
Länge in km, ca.	8,0	5,6	8,0
Querschläge 1 Ring* (6 m^2)	20	14	18
Schachtverbindungen 1 Ring* (9,5 m^2)	2	2+2	3
Lüftungsöffnung 1,5 Ringe* (13 m^2)	0	4***	8***
Lüftungsöffnung 3 Ringe* (28 m^2)	2**	0	0
Überlagerung Ton/Sand in m, ca.	15 bis 35	25 bis 35	15 bis 55
Boden Es, undrainiert in MPa, ca. (drainierte Werte und Sande ca. 50 %)	90 bis 150	45 bis 75	65 bis 100

* permanente Öffnungsbreite Schale (permanente Öffnung in m^2)
** South-Ruislip- und Mandeville-Schacht
*** Westgate-, Adelaide- und Canterbury-Schacht

Eine weitere, kleinere TBM fährt den knapp 1 km langen Logistiktunnel Atlas Road auf.

- Der Vortrieb NTW wurde im Oktober 2022 von West nach Ost gestartet. Die nördliche Upline durchfährt die Hauptschächte von South Ruislip und Mandeville. Die südliche Downline wird zu Lüftungszwecken in der Firste an die kleineren Satellitenschächte angeschlossen.
- Der NTE-Start ist für Herbst 2023 geplant. Der Vortrieb erfolgt in umgekehrter Richtung von Ost nach West und hat sechs Verbindungsbauwerke zum Westgate Schacht.
- Die vier Northolt-TBMs werden nacheinander im Greenpark Schacht enden.
- Die ET werden voraussichtlich erst 2025 aus der OOC Box von West nach Ost starten und jeweils sechs Verbindungen zu den Schächten Canterbury und Adelaide haben. Sie enden unterirdisch in Spritzbetonkavernen.

In Summe werden unter London fast 2 × 22 km TBM-Tunnel aufgefahren (Bild 1).

Weitere Spritzbetontunnel sind für die aufgefächerten Weichenbereiche notwendig, für die die TBM-Tunnel nicht genügend Platz bieten.

Die NTW sind nach dem Silvertown Tunnel, der allerdings wesentlich kürzer ist und keine Bebauung, sondern die Themse unterquert, die

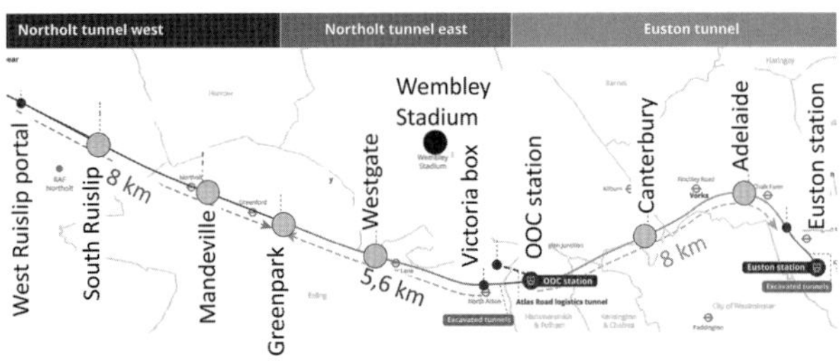

Bild 1. Übersicht: Lose S1 und S2 mit TBM-Tunnelverlauf

größten bisher im Londoner Stadtgebiet aufgefahrenen Maschinentunnel. Lediglich die östlichen Bereiche des zweischaligen Abwassertunnels Thames Tideway sind so groß wie die kleineren NTE.

Im Londoner Untergrund wurden in den letzten etwa 25 Jahren ausschließlich Stahlfasertunnel gebaut (HS1 (Channel Tunnel Rail Link), Crossrail (Elizabeth Line), Northern Line Extension, Thames Tideway). Auch die nördlichen Lose C1 und N1 verwenden dickere Stahlfasersegmente. Bei den TBM-Tunneln der Lose S1 und S2 wurde bewusst von diesem Konzept abgewichen. Bei definierter Schalenstärke, oft in Kombination mit kleinen Tunneldurchmessern in gutem Baugrund, sind Stahlfasersegmente häufig die wirtschaftlichste Lösung. Dies gilt jedoch nicht, wenn Schalenstärke, Bewehrungsgrad und Bewehrungskorbherstellung optimiert werden, wie es bei NTW, NTE und ET der Fall ist.

1.2 Geologie

Der Londoner Baugrund ist bekannt für den kurzzeitig sehr standfesten und stark überkonsolidierten London Clay (LC). Dieser ist jedoch nicht überall anzutreffen. Die abwechslungsreichste und für die Anschlussbauwerke anspruchsvollste Geologie findet sich im Westen. Dort läuft der London Clay aus und die Lambeth Group (UMCL, LMCL und UPR), die normalerweise unter dem London Clay liegt, erreicht die Oberfläche. Die Schichten der Lambeth Group sind dort von durchgehenden wasserführenden Sand- und Schlufflagen durchörtert. Darunter steht der Kalksteinhorizont an, der streckenweise bis zu einem Drittel in die Ortsbrust hineinragt (Bild 2). Die Überkonsolidierung der tonigen Lambeth Group ist sehr hoch. Die Horizontalspannung ist mindestens um den Faktor 2 bis 3 größer als die Vertikalspannung und liegt im Mittel etwa 50 % über den üblichen Werten des London Clay.

Es gibt zwei Grundwasserleiter: einen im tiefliegenden, von wasserführenden Klüften durchzogenen Kalkstein (CHK) und einen in den darüber liegenden, meist sehr undurchlässigen Deckschichten des London Clay oder der Lambeth Group, der dann bis unmittelbar an die Geländeoberkante reicht.

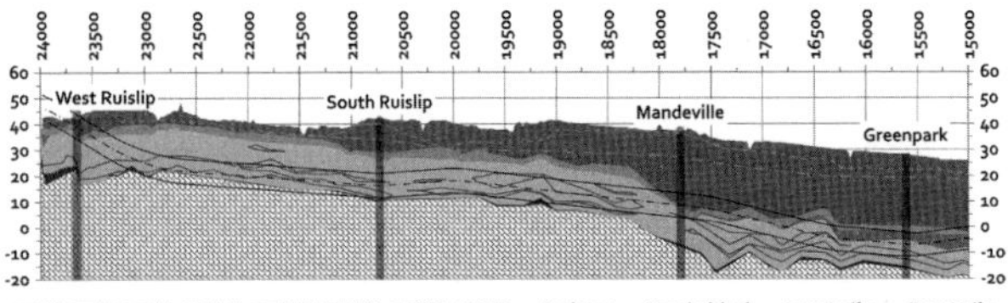

Bild 2. Geologie Northolt West. Unten der schraffierte Kalk (CHK); die Sandbänder in der Lambeth Group folgen dem Tunnel in hellgrau; oben der dunkle London Clay (LC). Der Wasserstand im unteren Aquifer ist nur unwesentlich niedriger als der im oberen Aquifer.

Während im London Clay im zentralen Londoner Becken bereits zahlreiche Tunnel aufgefahren wurden, ist die Geologie im Westen bisher noch nicht mit großen Tunneln durchörtert worden.

Beim größten Tunnel, dem NTW, besteht die Herausforderung darin, mit einer Erddruckschildmaschine über mehrere Kilometer mit dem unteren Teil des Schneidrads im weichen Kalkstein zu fahren, während im oberen Teil der Ortsbrust bis über das Schneidrad der wechselhafte Bereich der Lambeth Group mit steifen Tonen und sehr mächtigen, schwer zu stabilisierenden sandigen und schluffigen Lagen ansteht. Der Wasserdruck ist relativ hoch, da die feinkörnigen Böden auch hydraulisch mit dem Kalkstein in Verbindung stehen.

Die Sandlagen sind instabil, weshalb einige der Querschläge nicht ohne weitere Sicherungsmaßnahmen konventionell aufgefahren werden können (s. [1]). Da die Zugänglichkeit an der Geländeoberfläche für Düsenstrahlarbeiten (Jet-Grouting) in der Regel nicht gegeben ist und viele Querschläge auch in Tiefen von 30 m und mehr liegen, sind für solche Situationen Vereisungsmaßnahmen vorgesehen. Vereisungen zur Vortriebssicherung waren in der Vergangenheit in Großbritannien nicht üblich. Etwa zeitgleich mit HS2 kommen sie auch beim Silvertowntunnel erstmals in größerem Umfang zur Anwendung. Die Anordnung der Vereisungsbohrungen um die Querschlagöffnungen erfordert Bohrungen durch die dauerhaften Sondersegmente mit einem Durchmesser von etwa 200 mm. Die

Segmente müssen in der Lage sein, das Durchtrennen der Bewehrungslagen zu kompensieren.

1.3 Querschläge und Anbindungen

1.3.1 Vorgaben

In den Losen S1 und S2 sind ca. 80 Querschläge und andere Verbindungsbauwerke herzustellen. Für jeden Tunneldurchmesser (NTW, NTE und ET) sind drei unterschiedliche Öffnungsgrößen für die Verbindungen erforderlich. Es gibt Standardquerschläge zwischen den Haupttunneln, größere Querschläge zu den Schächten und noch größere Lüftungsöffnungen zu den Schächten in der Firste (Bild 3).

Die Art der Querschlagherstellung ist in der Regel eine der zentralen Entscheidungen bei großen TBM-Projekten. Zu umständliche, langwierige, platzraubende oder schlecht dimensionierte Lösungen sind ein Kosten- und Zeitfaktor und daher mitentscheidend für den Projekterfolg. Machbarkeit und Präferenzen des Baukonsortiums, des Bauherren und der Designer sind aufeinander abzustimmen. (Temporäre) Abfangkonstruktionen können die Querschlaggröße und den Bewehrungsgehalt der Innenschale am Übergang zu den Tunnelsegmenten beeinflussen.

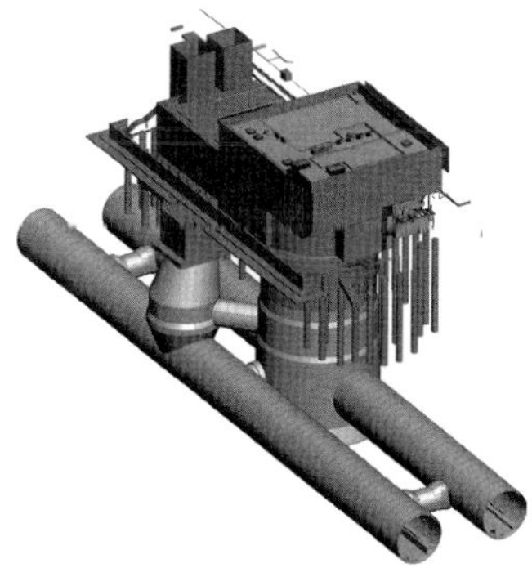

Bild 3. Mandeville-Haupt- und Satellitenschacht mit zwei Querschlägen im Vorder- und Hintergrund, Verbindung zum Hauptschacht und dem großen Lüftungsanschluss in der Firste. Alle Verbindungen werden mit Sondersegmenten ohne weitere innere Abstützkonstruktionen realisiert.

Der HS2 Entwurf sah gusseiserne Segmente (SGI) vor, die bereits bei mehreren Tunneln mit kleinerem Durchmesser im südenglischen Raum verwendet wurden (Channel Tunnel Rail Link, Crossrail).

1.3.2 Entscheidung

Bei den Losen S1 und S2 wurde ein neuartiges Design von sehr steifen, dauerhaften und feuerfesten Sondersegmenten zur Abfangung der Öffnungen entwickelt, geplant und ausgeführt. Von Vorteil ist, dass dem Design & Build-Vertrag eine mehr als einjährige scheme design phase vorangeschaltet war, in der Bauherr, Konsortium und Designer gemeinschaftlich das Design entwarfen und weiterentwickelten. Darauf folgte als detailed design phase die Ausführungsplanung. Bei der Vordimensionierung stellte sich heraus, dass die meisten bekannten Lösungen (s. Abschnitt 2 sowie z.B. [2–4]) – sieben große Schächte müssen mehrfach angeschlossen werden – nicht durchgängig funktioniert hätten. Für die anspruchsvollen Öffnungen der tiefen Querschläge sowie für die großen Lüftungsöffnungen wären Sonderlösungen notwendig gewesen und/oder die Schalenstärke hätte nicht ausgereicht. Insbesondere die Schalenstärke war von großer wirtschaftlicher Bedeutung, da nur wenige Zentimeter Schalenmehrbeton über 22 km Doppeltunnellänge enorme Folgekosten verursachen. Diese schlank und damit wirtschaftlich zu halten sowie den CO_2-Ausstoß zu minimieren, war eines der Hauptziele.

Die Projektbeteiligten haben sich daher entschieden, die Entwurfsphase zu nutzen, um eine neue Lösung für die Projektanforderungen zu entwickeln. Solche Entscheidungen bergen bei einem Großprojekt mit einer Vielzahl von Verbindungsbauwerken das Restrisiko, dass Neuentwicklungen nicht ausreichend durchdacht sind und bei der Produktion oder der Ausführung Probleme auftreten, die erhebliche Folgekosten verursachen können. Dafür hat man die Chance, Verbesserungspotenziale auszuloten, die mit konservativen, bekannten Lösungen nicht ausgeschöpft werden können. HS2 Ltd hat sich die Förderung von Innovationen auf die Fahnen geschrieben, daher unterstützen Bauherr und Bauleitung die Entscheidung für etwas Neues. Beide Partner begleiteten das Design in vielen fruchtbaren

Diskussionen und gaben Anregungen aus unterschiedlichen Blickwinkeln. Es wurde auch entschieden, die Lösung einem umfangreichen Großversuchsprogramm zu unterziehen, um belastbare Daten für Tragfähigkeit und Feuerwiderstand zu erhalten. Vorbereitung, Koordination, Durchführung und Auswertung der Versuche nahmen mehrere Monate in Anspruch. Die Versuche wurden kurz vor Produktionsbeginn der Segmente erfolgreich abgeschlossen, sodass keine kurzfristige Anpassung des Designs erforderlich war.

2 Herkömmliche Querschlagsysteme

Abfangkonstruktionen für Querschläge können aufgrund ihrer geometrischen Anordnung grundsätzlich in zwei Kategorien eingeteilt werden:

- innenliegende Abfangkonstruktionen, d.h. Systeme, die im Lichtraum der Haupttunnelröhre liegen,
- integrierte Abfangkonstruktionen, d.h. Systeme, die sich innerhalb der Tübbingschale selbst befinden.

Die Auswahl des am besten geeigneten Systems hängt neben den Anforderungen an die Tragfähigkeit und die Gebrauchstauglichkeit maßgeblich von den baubetrieblichen Randbedingungen sowie den Herstellkosten ab.

2.1 Innenliegende Abfangkonstruktionen

Innenliegende Abfangkonstruktionen schränken zwangsläufig den Lichtraum der Haupttunnelröhre in irgendeiner Form ein und stören bei gleichzeitig weiterlaufendem Tunnelvortrieb die Logistik. Die generell temporären Konstruktionen werden häufig aus Stahl hergestellt. Es gibt allerdings auch Varianten aus (Spritz-)Beton. Beide Arten dienen während der Bauphase als Hilfskonstruktionen und werden nach Fertigstellung der Öffnung und der endgültigen Tragkonstruktion (z.B. Ortbetonrahmen) rückgebaut.

2.1.1 Stahlkonstruktionen

Innerhalb der Haupttunnelröhren werden Abfangkonstruktionen aus Stahl entweder über den gesamten Umfang (komplette Stahlringe; Bild 4 links) oder nur um die Öffnung herum (lokale Stahlrahmen, siehe Bild 4 rechts) eingebaut. Sobald einzelne Tübbingsteine zur Herstellung der Öffnung herausgenommen werden und dadurch der Kraftfluss in den betroffenen Ringen unterbrochen wird, übernehmen die Stahlkonstruktionen die Abfanglasten.

Bild 4. Stahlring- (links) und Stahlrahmenkonstruktion (rechts)

Allen diesen Konstruktionen ist gemeinsam, dass die Installation und die Deinstallation aufwendig sind. Der Einfluss auf die Bauzeit ist nicht zu unterschätzen. In der Regel sind Stahlkonstruktionen aufgrund der benötigten Materialmenge sehr kostenintensiv. Die Konstruktionen schränken die Möglichkeiten für eventuell notwendige Injektions- und Vereisungsbohrungen ein. Lastumlagerungen und damit Verformungen können nur vermieden werden, wenn die Konstruktionen vorgespannt sind. Sie können mehrfach verwendet und an verschiedenen Öffnungen nacheinander eingesetzt werden.

Die Querschlagöffnungen müssen so groß gewählt werden, dass anschließend die permanenten Tragelemente Platz finden. Beim Rückbau der temporären Abfangkonstruktionen kommt es dann definitiv zu Lastumlagerungen und Verformungen.

2.1.2 (Spritz-)Betonschalen

Anstelle einer ringförmigen Stahlabfangkonstruktion kann alternativ ein temporärer (Spritz-)Betonring eingebaut werden. Nachteilig sind das eingeschränkte Lichtraumprofil und die Behinderung der Logistik sowie die aufwendige Installation und Deinstallation (Abbruch mittels Seilsäge). Da eine Wiederverwendung nicht möglich ist, eignet sich so ein System nur für Sonderfälle und nicht als systematische Lösung für viele Querschläge.

Mit der Öffnung der Tübbingringe kommt es zu Lastumlagerungen und Verformungen. Weitere folgen, wenn die (Spritz-)Betonschale wieder ausgebaut wird. Auch hier müssen die Querschlagöffnungen so groß gewählt werden, dass darin die permanenten Tragelemente Platz finden.

2.2 Integrierte Abfangkonstruktionen

In die Tübbingschale integrierte Abfangkonstruktionen können sowohl als temporäre Hilfskonstruktion als auch als permanente Tragkonstruktion für den Endzustand zum Einsatz kommen. Auch die temporären Konstruktionen bleiben permanent in das Bauwerk integriert.

Ein entscheidender Vorteil gegenüber innenliegenden Abfangkonstruktionen ist, dass der Lichtraum der Haupttunnelröhre nicht eingeengt wird und somit keine Störung der Logistik erfolgt. Des Weiteren findet die Installation der integrierten Abfangkonstruktionen parallel zum Tunnelvortrieb und nicht zeitversetzt danach statt. Aufwendige Verbindungen können jedoch den Ringbau verlängern und damit den Vortrieb verlangsamen.

2.2.1 Direkte Fugenverbindung (temporär oder permanent)

Bei einer Verdübelung in den Ringfugen können die Stahlbetontübbinge direkt zur Lastabtragung herangezogen werden. Die Lasten werden dabei über die Ringfugen hinweg um die Öffnung herum innerhalb der Tübbingschale selbst abgeleitet. Die Tübbinge mit Verdübelung werden durch die Lastumlagerungen und die konzentrierten Lasteinleitungen an den Verdübelungsstellen deutlich höher beansprucht als die Regeltübbinge. Spezielle Tübbinge mit erhöhter Bewehrung sind erforderlich.

Werden die Konstruktionen nur temporär für den Bauzustand ausgelegt, müssen die Lasten im Endzustand durch ein zweites permanentes System aufgenommen werden.

Stecksysteme

Bei Stecksystemen werden beim Ringbau Dübel oder Bolzen in entsprechende Aussparungen in der Ringfuge der Tübbinge gesteckt. Je nach Dimension und Ausbildung der Dübelverbindung können unterschiedlich hohe Kräfte übertragen werden. Im eingebauten Zustand verbinden die Dübel die benachbarten Tübbingsteine kraftschlüssig miteinander. Spezielle Dübel können zusätzlich zu den Scherkräften auch Zugkräfte in Richtung der Dübelachse über die Ringfugen aufnehmen. Die maximal aufnehmbaren Kräfte sind von der Tragfähigkeit des Dübels und von der möglichen Lasteinleitung in

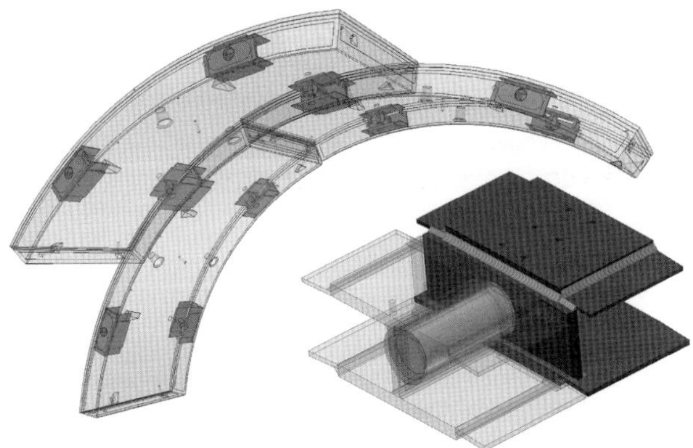

Bild 5. Modell des BOLT-Systems

den Tübbingbeton abhängig. Der Beton kann nur begrenzt konzentrierte Scher-Zugkräfte aufnehmen.

Für hohe Beanspruchungen gibt es daher Systeme mit speziellen Stahleinbauteilen, die die Lasteinleitung in den Beton über eine größere Fläche vergleichmäßigen. Das Stecksystem BOLT (Bild 5) weist verschweißte Stahlbleche mit Anschlussbewehrung auf. Es wird ein massiver Stahlbolzen verwendet, der in eine Stahlhülse innerhalb des Einbauteils gesteckt wird. Zwischen der Stahlhülse und dem Bolzen besteht ein Spalt, um die Einbautoleranzen für den Ringbau zu berücksichtigen. Der kraftschlüssige Verbund wird erst nachträglich durch das Verfüllen des Spalts hergestellt und muss rechtzeitig vor der Herstellung der Querschlagöffnung erfolgen.

Verschraubte Systeme

Vergleichbar zum BOLT-System wird auch bei verschraubten Systemen ein spezielles Einbauteil aus verschweißten Stahlblechen zur Vergrößerung der Lasteinleitungsfläche in den Beton verwendet. Die Ringfugen werden mit hochfesten (H) vorgespannten (V) HV-Schrauben passgenau verbunden. Nachteilig an den verschraubten Stahlkästen sind die hohen Anforderungen an die Genauigkeit sowohl bei der Herstellung der Segmente als auch bei der Tübbingmontage während des Tunnelvortriebs, bei der die Stahlkästen jeweils mit mehreren Schrauben verbunden werden. Dazu kommt der erforderliche Korrosions- und Brandschutz an den exponierten Seiten der Stahlkästen.

2.2.2 Stahltübbing/-segmente (temporär oder permanent)

Verschraubte Systeme kommen auch in Verbindung mit Stahl- oder Gusseisensegmenten zum Einsatz. Die Stahltübbinge werden so um die Öffnung herum angeordnet, dass sie einen lastabtragenden Rahmen bilden. Hierzu werden die Segmente in den Längs- und Ringfugen mit HV-Verbindungen kraftschlüssig verschraubt. Bild 6 zeigt ein Beispiel für die Anordnung von Stahltübbingen um eine Querschlagöffnung herum.

Die Konstruktionen können temporär oder permanent ausgelegt werden, wobei in jedem Fall besondere Maßnahmen für den Brand- und

Bild 6. Stahltübbinge um Querschlagöffnung

Korrosionsschutz erforderlich sind. Darüber hinaus sind aufgrund der Schraubverbindungen höchste Anforderungen an die Genauigkeit bei der Herstellung und Montage zu stellen. Ring- und Längsfugen werden am einfachsten mit vergleichbaren Tübbingdichtungen wie bei den angrenzenden Stahlbetonsegmente versehen. Die Montage der Segmente sowie deren Handhabung erfordern besondere Maßnahmen und sind daher zeitaufwendig.

3 Anforderungen an die Querschlagabfangung

Die Herstellung der Sondersegmente für die Querschlagabfangung und der Zusammenbau der zugehörigen Einbauteile sollten möglichst einfach sein. Die Toleranzanforderungen für die Stahleinbauten, die Verbindungselemente, den Bewehrungskorb und den späteren Zusammenbau im Tunnel waren daher großzügig zu wählen. Da in Großbritannien die Arbeitssicherheit einen besonderen Stellenwert hat, sollte die Lösung einfach und ohne Spezialkenntnisse vor Ort montiert werden können und kein größeres Gefährdungspotenzial bergen. Langwierige Montagearbeiten, Schweißen oder Bohren im Tunnel und das Aufrichten schwerer Elemente waren nicht erwünscht.

Bild 7. Aufgeschnittenes Segment

Die Logistik durfte auf keinen Fall beeinträchtigt werden. Während der Querschlagherstellung, die bei laufendem Vortrieb erfolgte, musste der Tunnel für die Andienung mit Segmenten und weiteren Verbrauchsmaterialien weiterhin durchgängig befahrbar sein. Eine Querschnittsverengung war daher unbedingt zu vermeiden.

Im Sinne der Wiederverwendbarkeit und der Reduzierung des Designaufwands war es nicht erstrebenswert, mehrere singuläre Lösungen für verschiedene Öffnungen zu entwickeln. Das Ziel war daher ein adaptierbares, nicht zu unterschiedliches Design.

Der Bauherr HS2 Ltd wollte möglichst große Öffnungen, um Platz für die Leitungsführung über den Türen zu haben. Außerdem war es wichtig, dass die Lösung kein zusätzliches Risiko für Korrosionsschäden darstellt und dass der Feuerwiderstand ausreichend für die EBA/Eureka Brandkurve ist.

HS2 Ltd bestand auch auf Probesegmenten, die zu Kontrollzwecken mit einer Diamantkreissäge in Scheiben geschnitten wurden (Bild 7). Kiesnester oder Lunker im Inneren der Segmente konnten so ausgeschlossen werden.

3.1 Statik

Der große statische Unterschied zwischen einem Tübbingtunnel und einer konventionellen Schale sind die Fugen und die unveränderliche Schalenstärke. Während bei der Spritzbetonbauweise die Schalen lokal nahezu beliebig verdickt und spätere Öffnungen lagegerecht mit Bewehrungsstahl ummantelt werden können, sind die Fugen beim Tübbingtunnel standardmäßig reine Kontaktfugen, die nur Druckkräfte übertragen. Die Längsfugen werden durch die Baugrundlasten und die Ringfugen durch die Vortriebspressenlasten vorgespannt. Insbesondere Letztere sind schwer zu verifizieren und können daher statisch nicht zuverlässig angesetzt werden. Die Kontaktspannungen in den Längsfugen werden durch die Öffnungsabgrabung und die Lastumlagerungen stark beeinflusst.

Die theoretisch bestmögliche Verbindung ist eine, die die Fugen um die Öffnung „vergisst" und somit einer monolithischen Schale entspricht. In diesem Fall wird die Statik nur durch das globale Verhalten der geöffneten, hintergrabenen Tunnelröhre beeinflusst, aber das lokale Problem der Umleitung der Lasten um die Öffnung und der Fugennachgiebigkeit ist gelöst. Innenliegende Abfangkonstruktionen, die auf dem Prinzip der passiven Abfangung beruhen – d. h. aufgrund ihrer oft zu geringen Steifigkeit nur dann Lasten aufnehmen, wenn das Hauptsystem entlastet wird –, erfüllen diese Aufgabe nicht. Statisch wesentlich günstiger ist es, die Abfangung direkt in das steifste Element, also die Schale, zu integrieren. Dazu sind Bauteile erforderlich, die die auftretenden Scher- und Zugkräfte direkt in den Fugen übertragen und nicht aufwendig mehrfach umleiten.

3.2 Toleranzen und Produktion

Die Toleranzen sollten so groß wie möglich und so klein wie nötig sein, um die Montage der Einzelteile und den Einbau im Tunnel zu erleichtern. Die Schalungen werden ohnehin mit höchster Präzision im Zehntelmillimeterbereich gefertigt, sodass Toleranzen hier keine Rolle spielen.

Schraubentaschen, Erektorkonen, Verpressstutzen und einbetonierte Befestigungselemente sowie Bewehrungsgassen für spätere Bohrungen sind geometrische Zwangspunkte, die auch bei hoher Bewehrungsdichte zu berücksichtigen sind. Ein im Endzustand einbetoniertes Dichtprofil, das vorher in die Schalung eingeklipst wird, lässt beim Einheben des Bewehrungskorbs keine bis zur Schalhaut vorstehenden Teile zu.

Die Stahleinbauteile müssen exakt an die Stahlschalhaut anschließen. Innerhalb des Bewehrungskorbs müssen aber durchaus Lagetoleranzen wie bei der Normalbewehrung zulässig sein. Bewehrungskörbe mit hohen Bewehrungsdichten von ca. 1 t Gewicht mit Konstruktions- und Einbautoleranzen unter 5 mm zu planen, wäre für die Produktion eine zu große Herausforderung und qualitativ kaum umsetzbar. Statische Schweißarbeiten in der Fertigteilproduktion, z. B. zwischen Bewehrung und Stahleinbauteilen, erfordern Fachpersonal mit Schweißkompetenz und sind ein Zeitfaktor. Durch den Wärmeeintrag verformen sich die Bleche. Um dies zu verhindern, müssen sie zwischenzeitlich abkühlen. Lange belegte Schablonen und ineffizientes Arbeiten verzögern die Produktion. Müsste gar in der Schalung geschweißt werden, wäre dies ein Engpass in der Produktionskette. Die Verankerung der Verbindungselemente muss serientauglich sein; schwierig zu fertigende Details oder zu enge Toleranzen sind nicht förderlich. All das ist unerwünscht.

Da Bauzeit bares Geld ist, bestand die Bauleitung auf möglichst großen Einbautoleranzen vor Ort im Tunnel, um schnell und problemlos arbeiten zu können.

3.3 Dauerhaftigkeit und Feuerwiderstand

Eine in der Herstellung aufwendige Lösung ist nur dann sinnvoll, wenn sie im Baubetrieb mehr Zeit und Aufwand einspart, als sie in der Herstellung kostet. Die Dauerhaftigkeit ist also ein wichtiger Punkt. Aufwendige temporäre Lösungen, deren Tragwirkung nicht langfristig angerechnet werden kann, erfüllen diese Anforderung nicht unbedingt. Die Anforderungen an die Dauerhaftigkeit im Projekt HS2 sind streng. 120 Jahre müssen nachgewiesen werden; verzinkte Elemente, die einer Reparatur nicht zugänglich sind, also z. B. auf der Oberfläche der Ringfuge liegen, sind nicht zulässig.

Einbetonierter Edelstahl ist wirtschaftlich uninteressant und führt wieder zu Zwangspunkten, da er nicht mit der Schwarzstahlbewehrung in Berührung kommen darf, um Kontaktkorrosion auszuschließen.

4 Innovative Sondersegmente HS2

Um alle zuvor genannten Anforderungen/Randbedingungen zu erfüllen, wurde eine neue Verbundlösung für den Bereich der Querschlagöffnung entwickelt.

4.1 Stahleinbauteile und Bewehrungskorb

Um die Kraftübertragung in den Ringfugen zu gewährleisten, wurden in den Sondersegmenten je Verbindungsstelle zwei Stahldübel und ein Spannstab eingesetzt. Die Spannstäbe reichen bis zur Segmentmitte, damit ihr Druckausbreitungskegel möglichst groß ist und nicht nur das Dichtprofil, sondern das gesamte Segment und die Ringfuge großflächig vorgespannt werden. Die Stahldübel verhindern Verschiebungen in alle Richtungen (Bild 8).

Die konstruktive Herausforderung bestand darin, diese Elemente im dünnen Fertigteil so zu verankern, dass der gesamte Stahlquerschnitt gut ausgenutzt werden kann und die Systemtragfähigkeit nicht durch lokales Herausstanzen aus dem Beton beschränkt wird. Die Lösung erfordert zwei Hauptelemente im Segment:

- einen sogenannten Tripod mit Aufnehmerhülsen für die Stahldübel und den Spannstab orthogonal zur Ringfuge,
- einen Lastverteilerbalken aus einem flachliegenden I-Träger parallel zur Ringfuge.

Der Tripod wird in den Lastverteilerbalken eingesteckt (Bild 9). Der Lastverteilerbalken wird mit Bewehrung ummantelt und rückverankert, um lokale Überbeanspruchungen an den Verbindungsstellen zu vermeiden und die Kräfte großflächig im Tübbing zu verteilen. Im

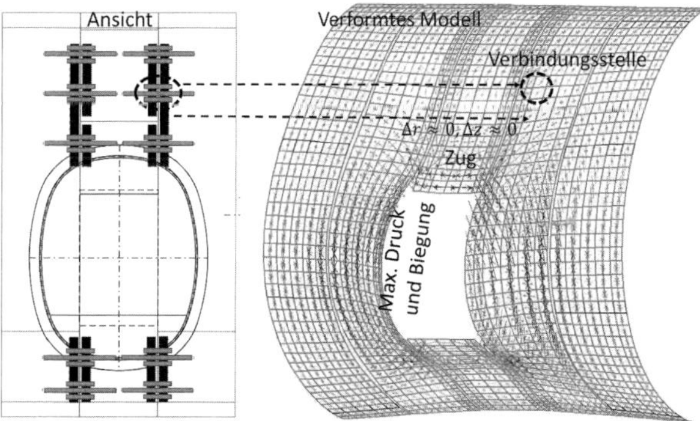

Bild 8. Ansicht Querschlagsabfangung links und Schalenmodell mit Hauptspannungsverlauf rechts. Hervorgehoben sind die Lastverteilerbalken parallel zu den verbundenen Ringfugen und die Stahldübel sowie die Spannstäbe orthogonal zu diesen. Es treten weder radiale noch axiale Differenzverformungen Δr und Δz auf.

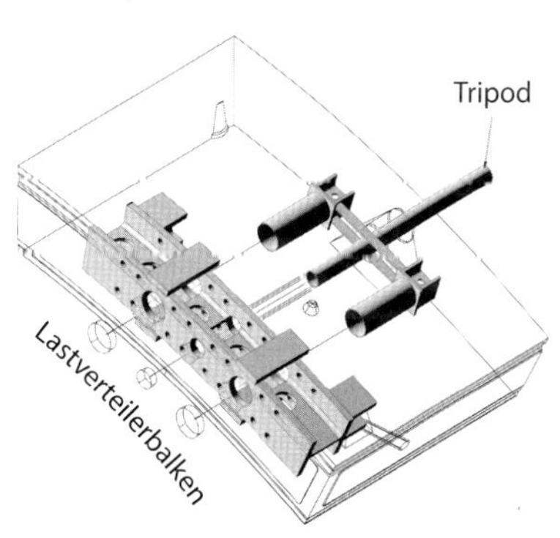

Bild 9. Isometrische Ansicht des Lastverteilerbalkens und des Tripods an der Ringfuge. Betonierlöcher und Aussteifungsbleche sind ebenfalls sichtbar.

Tunnel werden die Stahldübel und Spannstäbe in den Tripod gesteckt und anschließend verpresst. Bei Lasteintrag (Scherung) stützt sich der Stahldübel an den Flanschen ab, die ihrerseits durch die Bewehrung und die Knaggen gegen Torsion gesichert sind und so die Lasten in den gesamten Tübbing einleiten. Die schwache Tragrichtung ist die radiale Richtung, die später auch ausschließlich getestet wurde. Ein Versagen in tangentialer Richtung ist nur möglich, wenn der gesamte Tübbing in Längsrichtung durchreißt, wofür enorme Kräfte erforderlich sind.

Die Vorspannung ist hauptsächlich im Bauzustand sinnvoll, im Endzustand ist sie nicht erforderlich. Aus Gründen der Dauerhaftigkeit wurden alle Stahleinbauteile mit ausreichender Betondeckung geplant. Die Fugenverbindungsteile sind, wenn es sich um Stahldübel handelt, mit Epoxidharz vergossen und mit einer dünnen Kunststoffbeschichtung als doppeltem Korrosionsschutz versehen, oder, im Fall der Spannstäbe, aus Edelstahl, da eine Vermörtelung der Spanntaschen zur Vermeidung von Korrosionsabplatzungen nicht erwünscht war und somit nur dort Stahlteile wie Spannmuttern, Unterlegscheiben und Stabenden freiliegen.

4.2 Arbeitssicherheit

Die Sondersegmente verbessern die Arbeitssicherheit, da die aufwendige Montage von Hilfskonstruktionen im Tunnel entfällt. Die Montage der Verbindungen im Tunnel mittels Stahldübeln, Spannstäben und Epoxidharzverpressung erwies sich als einfach und unproblematisch. Die komplexeren Arbeitsschritte wurden somit von der Baustelle in das Fertigteilwerk und zum Stahlbauer verlagert.

4.3 Nachhaltigkeit

Die Sondersegmente führen zu einer erheblichen Materialeinsparung. Da die Lösung sehr tragfähig ist, konnte die Tunnelschale so dünn ausgeführt werden, wie es statisch und herstelltechnisch auf der gesamten Strecke außerhalb der Öffnungsbereiche sicher und notwendig war. Die Querschlagdurchmesser wurden reduziert, da auf einen Betonkragen zur dauerhaften Abfangung der offenen Ringe verzichtet

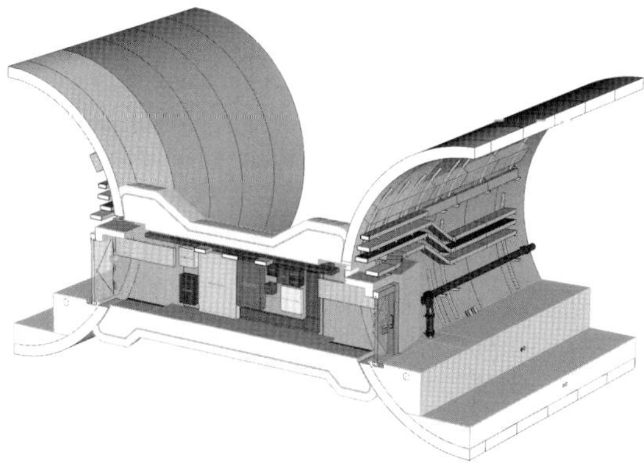

Bild 10. Typischer Querschlag mit Kabelschränken und Leitungen. (Mit freundlicher Genehmigung von WSP London. Image courtesy of WSP London)

werden konnte (Bild 10). Durch die minimalistische Geometrie kann die Querschlagvereisung aus nur einer Röhre und mit weniger Vereisungslanzen erfolgen. Es werden deutlich weniger Sondersegmente benötigt als bei bekannten Lösungen.

Außerdem wurde für die Innen- und Außenschalen aller Querschläge nur mit Stahlfasern geplant, sodass an der Schnittstelle zum TBM-Tunnel keine zeitaufwendigen Bewehrungsarbeiten erforderlich sind. Der verkleinerte Querschnitt trägt unproblematisch über Ringdruckkräfte. An mindestens zwei Lüftungsschächten, South Ruislip und Mandeville, die für den Betrieb enorme lichte Lüftungsöffnungen von 28 m^2 in der Tunnelfirste benötigen, wären signifikante und den Bau verzögernde Sondermaßnahmen für eine temporäre Abfangung erforderlich geworden. Möglicherweise hätten sogar zusätzliche Schächte gebaut werden müssen. Mit den gleichen steifen und dauerhaften Sondersegmenten wie bei den Querschlägen konnte hier eine bauablauftechnisch günstige Lösung realisiert werden, bei der die Ringe erst nach dem rückwärtigen Anschluss der Innenschale geöffnet werden.

5 FEM-basiertes Design und Validierung

Um alle in Abschnitt 4 beschriebenen Anforderungen zu erfüllen, wurde durch analytische und computergestützte Simulationen ein endgültiges Design entwickelt und in mehreren Iterationen verfeinert. Das Finite-Elemente-Modell (FEM) half, das komplexe mechanische Verhalten des Kopplungssystems zu simulieren sowie ein besseres Verständnis für den Versagensmechanismus zu erlangen und diesen konstruktiv zu adressieren.

In diesem Abschnitt werden die Modellierung und Diskretisierung des Finite-Elemente-Netzes, die Randbedingungen sowie die zur Simulation der verschiedenen Materialien verwendeten konstitutiven Gesetze und deren Parameter beschrieben. Außerdem werden die numerischen Ergebnisse und deren Analyse vorgestellt.

5.1 Geometrie

Die Geometrie des Modells wurde mit der Software Altair Hypermesh generiert. Die Ergebnisdarstellung erfolgte mit Altair Hyperview. Berechnungen wurden mit der Finite-Elemente-Software Simulia ABAQUS durchgeführt.

Das auf einem Losipescu-Testsystem basierende Modell in Bild 11 besteht aus zwei Stahlbetonplatten (Platte 1 und Platte 2), die durch ein integriertes Kopplungssystem (Tripod) verbunden sind. Die Symmetrierandbedingung entlang der Längsachse wurde ausgenutzt, wodurch das Finite-Elemente-Netz die Hälfte der Geometrie des Kopplungssystems abdeckt. Die Krümmung der Segmente wurde nicht berücksichtigt, da sie für die Ermittlung der Traglast und Steifigkeit nicht erforderlich ist. Beide Platten 1 und 2 haben einen rechteckigen Querschnitt.

Für die Betonvolumina, die Stahldübel und die Spannstäbe wurden hexaedrische Elemente (C3D8) mit acht Knoten verwendet. Die übrigen Elemente der Stahlkonstruktionen (Lastverteilerbalken und Tripod) wurden mit dreidimensionalen Schalenelementen modelliert. Alle Kontaktflächen zwischen Beton und Stahlkonstruktionen erhalten eine auf Reibung basierende Kontaktformulierung.

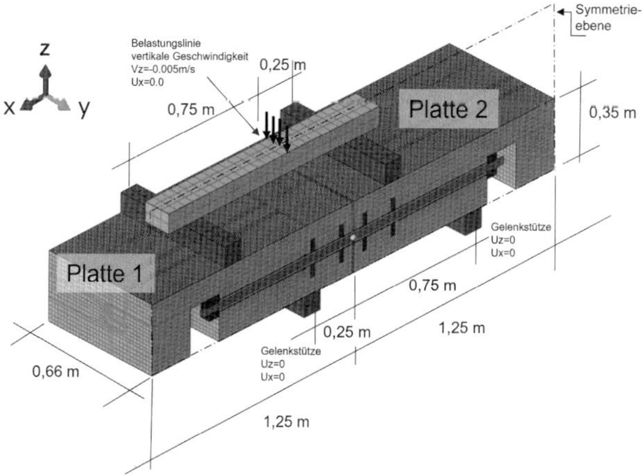

Bild 11. Modellgeometrie, Belastung und Randbedingungen

Für die Bewehrung wurden dreidimensionale Truss-Elemente (T3D2) verwendet. Die Truss-Elemente überlagern die volumetrischen Elemente. Ihre Interaktion wird durch eine Randbedingung definiert, die besagt, dass eine Gruppe von Elementen in eine Host-Elementgruppe eingebettet ist. Auf diese Weise sind die translatorischen Freiheitsgrade der eingebetteten Knoten (Bewehrung) auf die interpolierten Werte der entsprechenden Freiheitsgrade aus dem Host-Element (Beton) begrenzt.

5.2 Randbedingungen

Die beiden Platten werden unten von zwei Gelenkstützen gehalten, die eine vertikale Verschiebung verhindern. Die Knoten auf der Mittellinie über den Gelenkstützen haben feste Freiheitsgrade in longitudinaler und vertikaler Richtung, Ux = 0, Uz = 0, wie in Bild 11 dargestellt. Zusätzlich wurden zwei Querbalken oberhalb der Platten platziert, um das Belastungsprofil zu tragen.

Da aufgrund der Modelsymmetrie nur eine Hälfte diskretisiert wurde, sind alle Knoten in der Symmetrieebene in Richtung der Normalen fixiert, d. h. Uy = 0. Die Belastung wurde verformungsgesteuert bis zu einer maximalen vertikalen Verschiebung von Uz = 30 mm für alle Knoten in der Belastungslinie des Belastungsprofils aufgebracht.

5.3 Materialien

Wie in Abschnitt 4 erwähnt, besteht die Kopplung aus Beton, Bewehrung, geschweißten Stahlplatten für die Verteilerbalken, Stahldübeln und Spannstäben sowie Epoxidharz. Die Bewehrungsstäbe sowie alle Stahlelemente werden als elastisches, perfekt plastisches Material modelliert. Das unnachgiebige Epoxidharz, das den Spalt zwischen den Stahldübeln und Stahlrohren ausfüllt, wird als elastisches Material modelliert.

Der Beton wird mit dem Betonschädigungsplastizitätsmodell (concrete damage plasticity) von ABAQUS modelliert. Zusätzlich wird die Yield-Surface des Modells durch Beton-Spannungsversteifung und Kompressionsverfestigung sowie Schädigung unter Zugbelastung beschrieben, um den Abfall der Zugsteifigkeit durch Schädigung zu modellieren.

5.4 Ergebnisse

Das Verhalten des Kopplungssystems wird hinsichtlich der Lastübertragungskapazität und der Duktilität bewertet. Dies wird in einem Last-Verschiebungs-Diagramm dargestellt. Wie Bild 12 zeigt, beträgt die maximal übertragbare Scherkraft orthogonal zur Fuge ca. 2800 kN und wird nach einer differentiellen Verschiebung zwischen den Platten von etwa 10 bis 15 mm erreicht. Danach plastifiziert das System.

Das Verhalten des Betons und der Stahlelemente kann anhand der Darstellungen in Bild 13 beurteilt werden. Das Rissverhalten des Betons wird durch die Schädigung beschrieben, wobei 1,0 einem Riss mit einer Breite von ≥ 1 mm entspricht.

Diese Ergebnisse bildeten die Grundlage für das Design des Kopplungssystems. Um die Vorhersagen des FE-Modells zu verifizieren

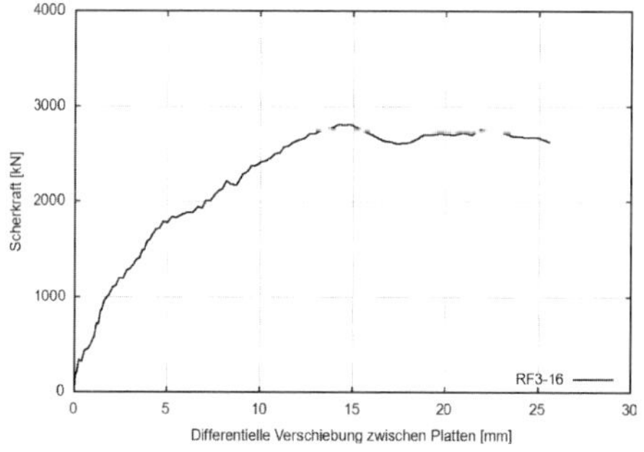

Bild 12. Übertragbare Scherkraft des Kopplungssystems in Abhängigkeit von der differentiellen Verschiebung der Platten

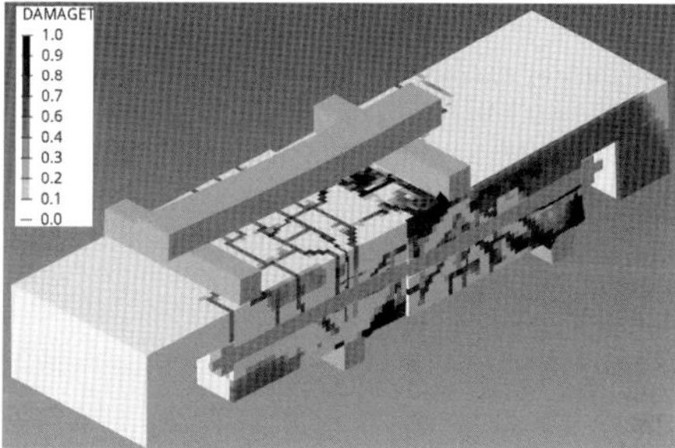

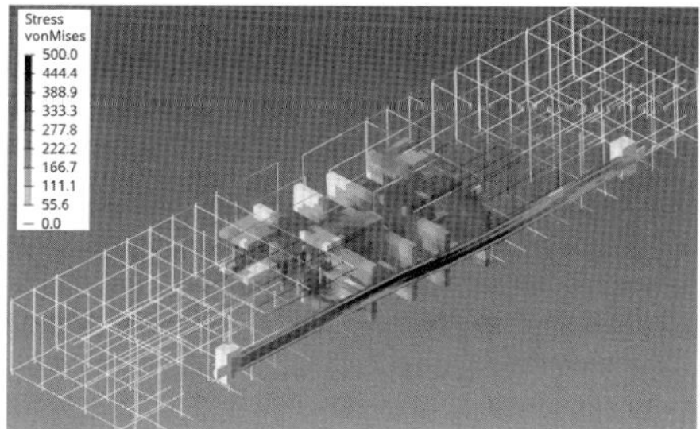

Bild 13. Verhalten von Beton und Stahl nach einer Verschiebung auf der Belastungslinie von 22,5 mm

und die Zuverlässigkeit und Wirksamkeit des Systems zu bestätigen, wurden auch reale Versuche durchgeführt. Diese werden im nächsten Abschnitt vorgestellt.

6 Versuchsprogramm

6.1 Intention

Die vorhandenen detaillierten Berechnungen wurden vom Bauherrn nicht als alleiniger Nachweis akzeptiert, da es sich um eine neuartige Konstruktion von Sondersegmenten und deren Verbindung für Querschläge handelt. Daher forderte HS2 Ltd ein detailliertes großmaßstäbliches Versuchsprogramm zur Klärung folgender Fragen:

- Gibt es Einschränkungen hinsichtlich der Betonierbarkeit bei der Verwendung von Stahleinbauteilen in Kombination mit dichter/enger Bewehrungsführung und höherfestem Beton?
- Wie ist das Brandverhalten und wie hoch ist die Resttragfähigkeit nach einem Brandereignis?
- Wie verformungsarm und tragfähig ist die Verbindung und ab welchem Lastniveau treten Risse und weitere Schäden auf?
- Funktioniert die Epoxidharzverpressung einwandfrei oder können sich Luftblasen bilden, die die Dauerhaftigkeit beeinträchtigen?
- Verliert die Verbindung im Brandfall an Steifigkeit, da das Epoxidharz nicht feuerfest ist?

Insbesondere der Feuerwiderstand der Sondersegmente und ihrer Verbindung waren ein großes Anliegen von HS2 Ltd. Großbrandversuche an Segmenten waren in der Vergangenheit bei britischen Projekten üblich, da Feuerwiderstandsberechnungen nach allgemeinen Verfahren (EN 1991-1-2 und EN 1992-1-2) dort noch wenig verbreitet sind. Solche Brandversuche können nur von wenigen Prüfinstituten in Europa durchgeführt werden, da sowohl ein großer Ofen als auch geeignete Pressen und Widerlager vorhanden sein müssen. Gewünscht war ein Scherversuch, der das Ausstanzen des Tripods in die schwache Richtung simulierte. Die Versuche wurden schließlich am CERIB (Centre d'Études & de Recherches de l'Industrie du Béton) in Épernon in der Nähe von Paris durchgeführt.

Die Suche nach einem Labor, die Abstimmung des Versuchsaufbaus und der Prüfkriterien, die Planung der Versuchskörper, die Festlegung der Betonrezeptur, die Beschaffung der Einbauteile (Lastverteilbalken, Tripod etc.), die Herstellung der Versuchskörper, das Aushärten des Betons, der Transport und schließlich die Durchführung der Versuche und deren Auswertung nahmen insgesamt mehr als ein Jahr in Anspruch. Die Versuchskörper wurden bei einem Fertigteilhersteller im Südosten Englands gefertigt und nach Frankreich transportiert. CERIB errichtete in einem ca. 4 × 6 m großen Ofen hitzeisolierte Stützkonstruktionen, auf denen hitzeisolierte Stahlrollenlager als konzentrierte Auflager unter den Versuchssegmenten dienten (Bilder 14 und 15). Auf der feuerabgewandten Seite wurden zwei verschiebbare Pressenreihen angeordnet. Um die durch die großen Auflagerabstände im Ofen entstehenden hohen Momentenbelastungen quer zur Fuge zu reduzieren, wurden die Versuchskörper (C2, H1, H2) hinter der Verbindung/Kopplung verdickt (Bild 15), ohne jedoch die Tiefenlage der Verbindung/Kopplung zu verändern. Die Auflagerabstände waren für einen Scherversuch unerwünscht groß, aber notwendig, um die Fuge gezielt den hohen Temperaturen auszusetzen und um die kleinen Stahlrollenlager vom Brand zu isolieren. Um Nebeneffekte durch die Verdickung

Bild 14. Ausgekleideter Ofen mit Stützkonstruktion

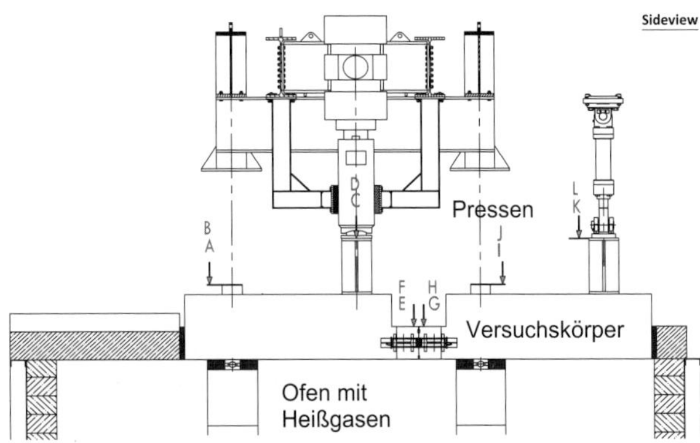

Bild 15. Schnitt durch den Ofen und Lastaufbringung Scherversuch unter EBA-Brandlast, A–L sind Deformationsmesser. Neben dem Versuchskörper wurde die Ofenoberseite nur abgedeckt und gegen den Versuchskörper mit Mineralwolle isoliert. Die hier isolierten Stahlrollenauflager sind in Bild 17 vergrößert dargestellt.

auszuschließen und die Vergleichbarkeit der Ergebnisse mit der realen Schale zu gewährleisten, wurden Kaltkalibrierversuche durchgeführt: C1 mit der durchgehenden realen Schalenstärke und C2 mit der Geometrie der Brandversuchskörper H1 und H2.

Insgesamt wurden bei CERIB sechs Versuche mit großformatigen Versuchskörpern durchgeführt (Tabelle 3). Alle Versuchskörper hatten identische Rezepturen mit einer Mindestfestigkeit von C70/85 und Polypropylen-(PP-)Fasern. Sie waren über 90 d ausgehärtet.

Durchgeführt wurden:
- zwei Traglastversuche an kalten Versuchskörpern (C1 und C2);
- zwei Versuche mit konstanten Scherkräften im Ofen (H1 und H2), die aus Sicherheitsgründen nicht bis zum Versagen gefahren werden konnten und bei denen die konstanten Scherkräfte zuvor – auf Basis sehr konservativer Annahmen hergeleitet – auf die höchsten im Projekt vorkommenden Werte festgelegt wurden;

- zwei Traglastversuche, bei denen die beiden Versuchskörper zuvor im Ofen waren und einige Tage später unter kalten Randbedingungen nochmal getestet wurden (HC1 und HC2).

Tabelle 3. Komplettes Versuchsprogramm

Versuch	Versuchskörper	Vorbereitung
Tripod-verbindung	6 Versuchskörper zu je 2 Segmenten gefertigt bei Pacadar auf der Isle of Grain (UK), Brand- und Scherversuche durchgeführt bei CERIB in Épernon (F)	Planung seit 2019 Abstimmung Versuchsserie seit Sommer 2020 Planung Versuchskörper Aug 2021 Betonage Okt/Nov 2021 Versuchsdurchführung Jan/Feb 2022
Segmente	2 × 2 × 4 Versuchskörper (2 Betonsorten C55 und C70, 2 PP-Fasermengen) in den Segmentschalungen Brandversuche unter Last bei MFPA Leipzig	Planung Versuchskörper Aug 2021 Betonage Okt/Nov 2021 Versuchsdurchführung Jan/Feb 2022
Epoxidharz-injektion	Hilti UK Versuchsprogramm	Die Epoxidharzverpressung der Verbindungen wurde an maßstäblichen, durchsichtigen Plexiglasmodellen erfolgreich simuliert.

Bei allen Versuchen wurden die Verformungen kontinuierlich an mehreren Punkten gemessen, sodass Last-Verformungs-Kurven aufgezeichnet werden konnten. Aus der Versuchsanordnung (Bilder 15 und 17) ergab sich, dass die Scherkraft V in der Fuge der Hälfte der Gesamtpressenlast P entsprach, d. h. V = P/2.

6.2 Heißversuche

Die Versuchskörper wurden zunächst bei Raumtemperatur bis V (Tabelle 4) belastet, dann wurde der Ofen mit dem Versuchskörper aufgeheizt und die Last konstant gehalten (siehe Bilder 14 und 15). Während des Versuchs wurden die Verformungen auf der kalten Seite neben der Fuge gemessen. Bei beiden Versuchen waren die Verformungen sehr gering (Tabelle 4).

Der Versuch H1 war bis auf einige Verfärbungen, die auf den Stirnseiten bis in ca. 2 cm Tiefe sichtbar waren, visuell unbeschädigt und

Tabelle 4. Heiße Scherversuche, Grenzwerte der relativen Differenzverformungen Δu(t) an der Fuge bei Versuch H1 und H2 während des 170 min EBA-Brands

Versuch	V in kN	Δu(t) in mm
H1	600	0,1 bis 1,6
H2	1000	–0,3 bis 0,3

Bild 16. H1 (oben) und H2 (unten) nach dem Brandversuch. Identische Betonmischung, vermutlich hatten sich die PP-Fasern bei H2 entmischt. Die Tragfähigkeit wurde durch die Abplatzungen nicht beeinträchtigt.

zeigte keine Abplatzungen oder Risse (Bild 16). Das Epoxidharz erzeugte bei beiden Versuchen sichtbare Rauchfahnen im Fugenspalt und war nach Versuchsende an den offenen Enden der Injektionsschläuche teilweise sichtbar verkohlt. Die Steifigkeit der Verbindung änderte sich jedoch nicht.

Beim Versuch H2 (Bild 16) kam es trotz einer mit H1 identischen Betonmischung bereits innerhalb der ersten 20 bis 30 min zu großflächigen Abplatzungen bis zu einer Tiefe von ca. 60 mm, lokal auch 100 mm. Vermutlich kam es zu einer Entmischung der PP-Fasern, da ein ähnliches Verhalten bei vielen weiteren Versuchen mit diesem Beton nicht mehr festgestellt wurde. Durch die Abplatzungen war ein Teil der Stahleinbauteile direkt an der Fuge dem Feuer ausgesetzt. Die Tragfähigkeit war jedoch nicht beeinträchtigt. Die Verformungen nahmen während der Branddauer nicht zu und waren sogar geringer als bei Versuch H1. Die Abplatzungen waren zwar unerwünscht groß, aber der Versuchsverlauf bestätigte, dass große Abplatzungen keinen nennenswerten Einfluss auf die Tragfähigkeit haben.

6.3 Kaltversuche

Es wurden vier Versuche durchgeführt: C1 mit der durchgehenden realen Schalenstärke von 350 mm und C2, HC1 und HC2 mit den verdickten Elementen, von denen zwei zuvor als H1 und H2 im Ofen waren und deren Resttragfähigkeit abschließend geprüft wurde.

- Generell ergaben sich sehr hohe Tragfähigkeiten und Steifigkeiten, insbesondere im Bereich bis V = P/2 = 1000 kN (> GZG als Grenzzustand der Gebrauchstauglichkeit nach DIN EN 1990 bzw. DIN EN 1992-1-1) – trotz der bewusst konservativ auf nur 30 bis 50 % vorgespannten Verbindung.
- Nach nur max. 2 mm Verformung, also einem in der Praxis für Gebrauchstauglichkeitsanforderungen vernachlässigbaren Wert, der üblicherweise innerhalb der Ringbautoleranzen liegt, wird V > 1200 kN immer erreicht, unabhängig davon, ob die Versuchskörper geschädigt waren oder nicht und trotz der sehr ungünstigen großen Auflagerabstände (außer bei C1).

- Bei den Versuchen C1/C2 traten keine Risse bis V = 1600 kN (> GZT als Grenzzustand der Tragfähigkeit) auf.
- Alle Versuchskörper verhielten sich duktil und hielten die Last, auch wenn am Ende des Versuchs große Risse auftraten. Die Risse wurden immer von Stahl überbrückt. Es gab nie Abplatzungen.
- Die Versuche wurden aus Sicherheitsgründen manuell abgebrochen (Versuchskörperpaare wogen bis zu 10 t), wenn eine Laststeigerung nicht mehr sinnvoll möglich war und/oder der Versuchsaufbau kinematisch wurde, da die Versuchskörper weit über die Auflager hinausragten und geringe Ausmitten eine Schiefstellung verursachten (Bild 17).
- Erreicht wurden:
  - V = 2131 kN; Maximalwert Versuch C1 (reale Schalenstärke 350 mm);
  - V = 1832 kN; Mittelwert Versuche C2/HC1/HC2 (Schalenstärke 350 mm mit 700 mm Verdickung und großem Auflagerabstand);
  - 8–14 mm Verformung.
- Der Versuch C1 erreichte die höchste Last; die versuchstechnisch nötige Verdickung bei C2 verfälschte die Ergebnisse also nicht zum Besseren.
- Der Versuch HC1, der den Brand ohne Abplatzungen überstanden hatte, erreichte die höchste Traglast der identischen Versuche C2, HC1 und HC2 (Bild 18).
- Der Versuch HC2, der durch Abplatzungen stark geschädigt war, hatte eine mit den anderen Versuchen vergleichbare Traglast und war zu Beginn des Versuchs steifer als HC1 und C2 (Bild 19).
- Die Versuche HC1 und HC2 unterscheiden sich hinsichtlich Traglast kaum von Versuch C2. Die Anfangssteifigkeit war zwar etwas geringer als bei C1 und C2, später jedoch vergleichbar mit C1 und sogar steifer als C2.

Bild 17. 4-Punkt-Scherversuch C1, Versuchsende. Aufgrund der kurzen Auflagerabstände und der weit auskragenden Elemente ist eine leichte Verkippung eingetreten.

Bild 18. HC1 (ehemals H1) nach Versuchsende im Kaltversuchsstand. Rissbildung vergleichbar dem FE-Modell, keine Schollenabplatzungen. Deutlich erkennbar der Kontrast zwischen heller, ehemals heißer Unterseite und dem dunkleren, kaltgebliebenen Beton.

Bild 19. HC2 (ehemals H2) nach dem Traglastversuchsende im Kaltversuchsstand. Sichtbar sind tiefe Abplatzungen an der Fuge und neben dem Auflager aus dem früheren Brand. Abbruch des Versuchs, nachdem keine Scherkraftlaststeigerung über 1800 kN möglich war (Rissbildung). Der optisch schlechteste ist nicht der statisch schlechteste Versuch.

Zusammenfassend (Bild 20, Tabelle 5) waren die Versuchsergebnisse auf dem Kaltversuchsstand sehr gut. Trotz der geringen Schalenstärke von nur 350 mm und einer Betondeckung von nur etwa 100 mm unterhalb der Verbindung wurden Scherkräfte und Steifigkeiten ohne Rissbildung erreicht, die mit konventionellen Systemen nicht erreichbar sind. Besonders positiv waren die hohe Duktilität und die geringe Varianz der Traglasten. Es bestehen beruhigende Sicherheitsreserven; die aufbringbaren Lasten waren deutlich größer als die ungünstigsten Beanspruchungen aus den Bemessungsmodellen.

Weitere Versuche zur Tragfähigkeit von gekrümmten Segmenten unter hohen Momentenbelastungen in Umfangsrichtung mit dem vorgesehenen Bewehrungskorb, jedoch ohne die Stahleinbauteile, wurden an der MFPA Leipzig durchgeführt, sodass am Ende alle Lastabtragungsrichtungen unter der EBA-Brandkurve (~60 min bei 1200 °C, dann linearer Temperaturabfall bis zum Versuchsende bei 170 min) geprüft wurden.

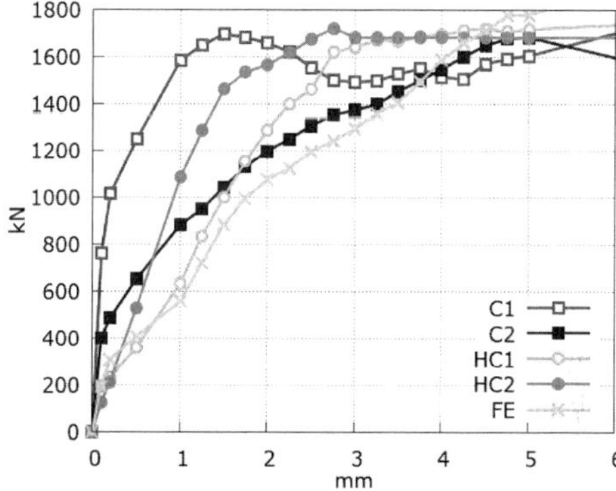

Bild 20. Traglastversuche. Scherkraft-Verformungskurven im Kaltversuchsstand. Datenpunkte an Stellen gleicher Verformung. HC1 und HC2 waren Tage zuvor als H1 und H2 der EBA-Brandkurve ausgesetzt. Die Lasten wurden über einen Zeitraum von 1 bis 2 h in kleinen Schritten von anfangs 100 kN und später 50 kN oder 20 kN aufgebracht und für 30 s gehalten. Die Grafik zeigt das interessantere Anfangsverhalten und die hohe Steifigkeit, die Maximallasten wurden bei größeren Verformungen auf dem plastischen Ast erreicht. Zum Vergleich die FE-Kurve aus der Validierungsberechnung. Die Anfangssteifigkeit ist geringer, das FE-Modell hatte keine Vorspannkraft.

Tabelle 5. Ausgesuchte Werte der Scherkraft-Verformungskurve (V Δu). Die letzte Zeile beinhaltet die Maximalwerte, die nicht in Bild 20 gezeigt sind.

Δu in mm	**C1 in kN**	**C2 in kN**	**HC1 in kN**	**HC2 in kN**
0,5	1248	652	358	528
1	1587	883	634	1086
2	1659	1198	1288	1567
3	1494	1376	1642	1684
Maximalwert im Bereich 8 bis 14	2131	1803	1891	1802

6.4 Vergleich mit dem FEM-basierten Design

Die FEM-Ergebnisse zeigen eine geringere Steifigkeit als die Versuche. Dies ist darauf zurückzuführen, dass in der FEM-Berechnung keine Vorspannung des Spannstabs modelliert wurde. Daher ist die Anfangssteifigkeit geringer als im realen Versuch. Die Versuchsergebnisse stimmen dennoch gut mit den vorhergesagten FEM-Ergebnissen überein und bestätigen die hohe Lastübertragungskapazität und Duktilität des Systems. Das Rissverhalten des Betons stimmte ebenfalls mit den vorhergesagten Ergebnissen überein. Die Ergebnisse bilden eine solide Grundlage für den Einsatz des Systems in der Praxis.

7 Umsetzung

7.1 Planung

Die Schal- und Bewehrungsplanung der Sondersegmente wurde unter Verwendung eines dreidimensionalen Digitalen Zwillings umgesetzt. Geometrische Randbedingungen lassen sich damit wesentlich besser erkennen als im Rahmen einer 2D Planung und auch Kollisionsprüfungen sind einfacher durchzuführen. Darüber hinaus ermöglicht der Austausch der entsprechenden CAD-Modelle eine durchgängige Produktionskette von der Ausführungsplanung über die Werkplanung bis hin zur Programmierung und Steuerung der CNC-Maschinen zur Herstellung der Schalung sowie der Schweißroboter zur Herstellung der Bewehrungskörbe.

Das Größtkorn des Betonzuschlags wurde auf 10 mm begrenzt. Die dichte Bewehrungsführung und die Lage der Einbauteile wurden im 3D-Modell mit den Betontechnologen abgestimmt und für richtig befunden.

7.2 Schalung und Produktion der Segmente

Grundlage für die Herstellung der Sondersegmente sind die Schalungen für die Normalsegmente. Zusätzlich wurden Vorspanntaschen für die Spannstäbe und Befestigungshalterungen für die Tripods integriert. Die Segmente für NTW sowie die Segmente für NTE und ET kommen von unterschiedlichen Nachunternehmen.

Den beiden Nachunternehmern für die Fertigteile ist es mit leicht unterschiedlichen Umsetzungsansätzen gelungen, den Stahlbau, die Montage der Bewehrungskörbe und die Betonage der Segmente ohne größere Probleme in die Serienfertigung zu überführen.

Auch die beiden Stahlbauer hatten keine Fertigungsprobleme mit den Toleranzen der Stahleinbauteile. Die Stahleinbauteile ließen sich nach kurzer Einarbeitungszeit zusammen mit dem Bewehrungskorb gut montieren, schnell einlagern und später problemlos einbetonieren.

7.3 Einbau im Tunnel

Die im Vorfeld besprochenen Arbeitsschritte zum Einbau der Ringe im Tunnel verliefen alle problemlos (Bilder 21 und 22), obwohl pro Segment bis zu neun Verbindungen eingebaut werden mussten.

Bild 21. Sondersegment NTW mit Stahldübeln und Spannstäben wird vom Erektor in Einbauposition gebracht.

Bild 22. Einsetzen der Stahldübel und Spannstäbe in die Verbindungsstellen der NTW Sondersegmente

8 Fazit

Sondersegmente bedeuten immer einen Mehraufwand in der Planung und erfordern eine gute Abstimmung mit Schalungsherstellern, Fertigteilherstellern und eventuellen Nachunternehmern, wenn Bohrungen in den Segmenten z. B. für Injektionen, Wasserhaltung oder Vereisung erforderlich sind.

Der Aufwand für Sondersegmente lohnt sich jedoch bei einer großen Anzahl von Querschlägen, denn Platz für uneingeschränkte Logistik und Bauzeit unter Tage sind kostbar. Bauabläufe werden vereinfacht, Hilfskonstruktionen werden vermieden.

Die Ringbauzeit ist mit der von Standardringen vergleichbar. Hinzu kommt das Vorspannen der Spannstäbe, was pro Satz etwa 2 h in Anspruch nimmt. Aufgrund der ansonsten einfachen Bauweise wird dies von der Baustelle nicht als Nachteil empfunden.

Die vorgestellte Lösung ist auch bei 325 bis 350 mm dünnen Tübbingen sehr tragfähig und spart durch ihre Dauerhaftigkeit die Notwendigkeit von zusätzlichen Permanentkonstruktionen ein. Öffnungen können kleiner dimensioniert werden mit günstigen Folgeeffekten für Statik und Verformungsverhalten. Querschlagquerschnitte können verkleinert werden.

Literatur

[1] Castellvi, H. et al. (2023). *An Approach for Geotechnical Numerical Modelling of Tunnels Lining Longitudinal Behaviour.* Proceedings of the 10th European Conference on Numerical Methods in Geotechnical Engineering, London, 26-06-2023 to 28-06-2023, ISSMGE – International Society for Soil Mechanics and Geotechnical Engineering [eds.].

[2] Harding, A.; Treweek, D. (2016) *Effective Opening Support for Cross Passages.* WTC 2016, Proceedings of the ITA-AITES World Tunnelling Congress 2016, San Francisco, 22–28 April 2016, Society for Mining, Metallurgy and Exploration [eds.], pp. 72–83.

[3] Lee, T.-H.; Choi, T.-C. (2017) *Numerical Analysis of Cross Passage Opening for TBM Tunnels.* Proceedings of the 19th International Conference on Soil Mechanics and Geotechnical Engineering, Seoul, 17–22 September 2017, ISSMGE – International Society for Soil Mechanics and Geotechnical Engineering [eds.], pp. 1713–1720.

[4] Frodl, S.; Neher, H. (2019) *Anfahren von Querschlägen aus Tunneln mit Tübbingausbau – Verschiedene Ausführungsvarianten.* Tagungsband Fachsektionstage Geotechnik der DGGT 2019, Würzburg, 28.–30. Oktober 2019, Deutsche Gesellschaft für Geotechnik e. V. (Hrsg.), S. 238–243.

Digitalisierung im Tunnelbau

I. Nutzung digitaler Methoden für das ganzheitliche Datenmonitoring während der Ausführung der Vortriebsarbeiten der zweiten S-Bahn-Stammstrecke in der Münchener Innenstadt

Kai Kruschinski-Wüst, Markus Springer, Maximilian Weiß

Zur Entlastung der 1. S-Bahn-Stammstrecke (SBSS) in München wird auf einer Länge von 10 km zwischen den Haltepunkten Laim im Westen und Leuchtenbergring im Osten von München eine 2. SBSS mit ca. 7 km Tunnelstrecke sowie drei neuen unterirdischen Stationen gebaut. Die beiden eingleisigen Verkehrstunnelröhren und der dazwischen liegende Erkundungs- und Rettungsstollen werden mit Tunnelbohrmaschinen (Schild-TBMs mit aktiver Ortsbruststützung) aufgefahren. Die Bahnsteigröhren der Stationen Hauptbahnhof und Marienhof werden in Spritzbetonbauweise unter Druckluft aufgefahren.

Bei der Planung der Tunnelgradienten waren zahlreiche Zwangspunkte zu berücksichtigen. Diese bestanden u. a. aus zahlreichen Versorgungsleitungen für Fernwärme und -kälte, Strom und der Kanalisation. Des Weiteren ergaben sich Querungen der U-Bahnlinien U1/U2 und U4/U5 an der Station Hauptbahnhof, der Linien U3/U6 an der Station Marienhof und eine erneute Querung der U4/U5 sowie der 1. SBSS im Bauabschnitt Ost. Dies bedeutet für den Bau der 2. SBSS, dass deren Tunnelbauwerke in sicherem Abstand zu den vorhandenen Bestandstunneln eine Ebene tiefer geführt werden müssen, zum Teil in einer Tiefe von circa 35–40 m.

Daher ist für die risikoarme Abwicklung der Baumaßnahme das Zusammenspiel und die Auswertung der verschiedensten Messeinrichtungen entscheidend. Der Auftraggeber (AG) sichert diese Interaktion mit einem eigenen übergreifenden Datenmonitoring ab, um die verschiedenen Fachbereiche – wie Geodäsie, Geotechnik, TBM-Vortrieb, Spritzbetonbauweise und Grundwasser – gesamthaft als

Tunnelbau 2024, Herausgegeben von der DGGT, Deutsche Gesellschaft für Geotechnik e.V.

„digitale Beobachtungsmethode" echtzeitnah und vorlaufend betrachten und bewerten zu können.

Auf Basis der aktuellen Datengrundlage aller Systeme versetzt sich der AG somit frühzeitig in die Lage, den aktuellen Baufortschritt und das Lagegeschehen anhand der Sensorik und ihrer Ergebnisse zu monitoren, um über technische Echtzeitparameter eine fortlaufende Risikobewertung vornehmen zu können. Nicht nur eine rückwirkende Auswertung findet statt, sondern auch eine Fortschreibung im Kontext Hydrogeologie und Geotechnik, um fortlaufend Modellanpassungen vorzunehmen. Auf Grundlage dieser können im besten Fall Annahmen getroffen werden, die von den rechnerisch nötigen „Worst-case"-Szenarien abweichen und sich somit ggf. zu einem positiven Einfluss auf das Baugeschehen entwickeln. Die übergreifende Zielstellung ist dabei die datenbasierte Systemüberprüfung und Dokumentation der Interaktion Bauwerk – Bauverfahren – Boden zur vorauseilenden Risikobewertung und eine daraus resultierende AG-seitige Positionierung.

Use of digital methods for holistic data monitoring during the tunnel construction for the second commuter rail in the Munich city centre

To relieve the 1st S-Bahn main line in Munich, a second main line is being built over a length of 10 km between Laim station (in the west) and Leuchtenbergring station (in the east of Munich) with approx. 7 km of tunnel section and three new underground stations. The two single-track traffic tunnel tubes and the exploratory and rescue tunnel in between will be driven with tunnel boring machines (shield TBMs with active face support). The platform tubes of the stations Hauptbahnhof and Marienhof will be built using the New Austrian Tunnel method (NATM) with compressed air supply.

Numerous constraints had to be considered when planning the tunnel gradients. These included numerous supply lines for district heating and cooling, electricity and the sewage system. Furthermore, crossings of the underground lines U1/U2 and U4/U5 at the main station, the lines U3/U6 at the Marienhof station and a new crossing of the U4/U5 and the 1st main line in the east construction section are planned. For the construction of the 2nd S-Bahn main line, this means that the tunnels have to be built at a safe distance from the existing tunnels one level deeper, in some cases at a depth of around 35 – 40 m.

The interaction of the various measuring devices is crucial for the low-risk execution of the construction project. The client secures this interaction with its own comprehensive data monitoring in order to be able to observe and evaluate the various technical areas such as geodesy, geotechnics, TBM tunnelling, shotcrete method and groundwater as a "digital observation method" in real time and in advance.

Based on the current data basis of all systems, the client is thus able to monitor the current construction progress and the situation based on sensors and their results at an early stage, so that a continuous risk assessment taking into account technical real-time parameters can be carried out. Not only a retrospective evaluation takes place, but also continuous model adjustments and updates regarding the hydrogeology and geotechnics. Based on these, assumptions can be made in the best case that may deviate from the assessed "worst-case" scenarios and thus possibly develop into a positive influence on the construction process. The general objective is the review of data-based systems as well as the documentation of the interaction between structure/construction method/soil to allow a risk assessment in advance and a resulting positioning on the part of the client.

1 Einleitung

Die Zunahme der Komplexität innerstädtischer Infrastrukturprojekte erfordert eine Intensivierung der Nutzung digitaler Methoden. Ohne eine hohe Systemintegration und gleichzeitig eine bessere Visualisierung der sehr großen Datenmengen wird sich eine weitere Steigerung der Komplexität bei Großprojekten wie der 2. S-Bahn-Stammstrecke (SBSS) in München nur noch schwerlich realisieren lassen. Diesen digitalen Werkzeugen und Arbeitsabläufen kommt damit sowohl technisch und konzeptionell als auch vertraglich eine zentrale Rolle und Bedeutung im Projekt zu.

Wie hoch diese Systemintegration aktuell in einem dem größten innerstädtischen Infrastrukturprojekte der Deutschen Bahn ist und welche Möglichkeiten sich daraus am Beispiel des Risikomanagements ableiten lassen, zeigen wir in den nachfolgenden Abschnitten.

2 Projekthistorie und Streckenverlauf

Die S-Bahn München befördert täglich bis zu 840.000 Fahrgäste. Durch den Zuwachs der Bevölkerung in München gerät die im Jahr 1972 zu den Olympischen Spielen eröffnete Stammstrecke, die für 250.000 Fahrgäste am Tag ausgelegt wurde, an ihre Kapazitätsgrenzen, insbesondere, weil alle S-Bahnen durch einen Tunnel, die sogenannte „Stammstrecke", die Münchner Innenstadt unterqueren müssen. Um dieses Nadelöhr zu entlasten, wird auf rund 10 km zwischen den Bahnhöfen Laim im Westen und Leuchtenbergring im Osten eine neue 2. Stammstrecke (2. SBSS) gebaut (Bild 1). Diese soll die bestehende Stammstrecke entlasten, im Störfall eine Ausweichmöglichkeit bieten und gleichzeitig die Einführung eines neuen Express-S-Bahn-Systems ermöglichen.

Kernstück sind drei 7 km lange Tunnel, die den Hauptbahnhof und den Ostbahnhof miteinander verbinden (Bild 2). Die Strecke taucht von Laim kommend kurz vor der Donnersbergerbrücke ab und zwischen Ostbahnhof und Leuchtenbergring wieder an der Oberfläche auf. Neben den beiden Umsteigestationen Laim und Leuchtenbergring, die unter fortlaufendem Betrieb umgebaut werden, entstehen drei komplett neue unterirdische Stationen: Hauptbahnhof, Marien-

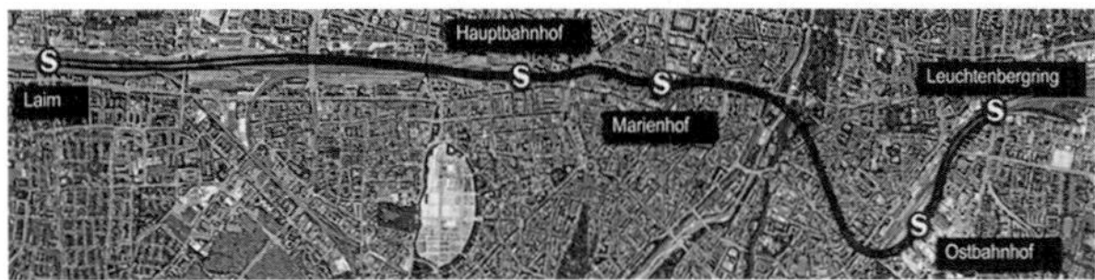

Bild 1. Streckenverlauf der 2. Stammstrecke

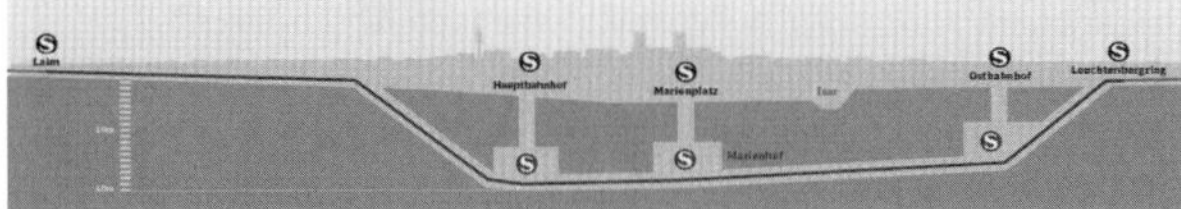

Bild 2. Längsschnitt der 2. Stammstrecke (RS = Rettungsschacht)

hof und Ostbahnhof. Die 40 m tiefe Station am Hauptbahnhof wird unter fortlaufendem Bahnhofsbetrieb erbaut. Die Tiefenlage der Bauwerke mit ca. 40 m unter Geländeoberkante (GOK) erfordert einen intensiven Blick auf Geologie und vor allem Hydrologie, da diese Tiefen bisher beim Münchner Tunnelbau nicht durchörtert wurden.

3 Risiko „Geologie/Hydrogeologie"

Eiszeitliche und nacheiszeitliche Ablagerungen bilden die bautechnisch bedeutsamen Bodenschichten des Münchner Untergrunds. Gemäß [1] stehen unter Auffüllungen die Sedimente des Quartärs an, die durch einen mehrmaligen Wechsel von Aufschotterung und Erosion entstanden sind. Meist ist in den quartären Kiesen eine unregelmäßige fluviatile Wechsellagerung von sand- und schlämmkornreichen und nahezu sandfreien Lagen anzutreffen. Zusätzlich kommen gegensätzlich auch bankartige Festgesteinslagen aus verkitteten Kiesen vor, der sogenannte Nagelfluh.

Unter den quartären Schichten liegen in unregelmäßiger Wechsellagerung die tertiären Sande und Mergel vor. Bei den tertiären Sanden handelt es sich meist um dicht bis sehr dicht gelagerte, glimmerhaltige, feldspatführende Quarzsande. Die Mergel sind überwiegend als halbfeste bis feste Schluffe und Tone ausgebildet, bereichsweise sind diese auch zu Mergelstein mit Kalkkonkretionen verfestigt. Daneben kommen aber auch Bruchflächen vor, die als Harnischflächen oder Bröckelstruktur ausgebildet sind und sich bei Entspannung und Wasserzutritt schnell entfestigen bzw. Gleitflächen darstellen können.

Die Schotterebene wird in München, beschrieben u.a. in [2], von mehreren, unterschiedlich alten Schotterterrassen gebildet. Diese werden durch Bild 3 [3] anschaulich dargestellt.

Der Untergrund Münchens weist zudem mehrere Großgrundwasserstockwerke (Quartär und Tertiär) auf, die wegen der großen Tiefenlage der Baugruben und Bauwerke der 2. SBSS eine maßgebliche Projektrandbedingung darstellen. Ein oberes, freies Stockwerk liegt in quartären Fein- bis Grobkieslagen. Weitere gespannte Grundwasser-

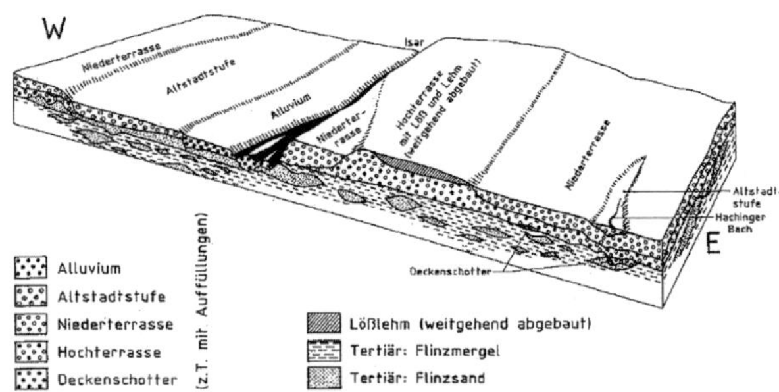

Bild 3. Geologisches Blockbild nach Münichsdorfer (1922) [3]

horizonte werden in den Sanden des Tertiärs angetroffen. Das quartäre und die tertiären Grundwasserstockwerke sind durch grundwasserstauende Schichten der tertiären Tone und Schluffe (Flinz) meistens voneinander getrennt. Vereinzelt wird ein zusammenhängendes quartäres und tertiäres Grundwasserstockwerk mit einem freien Grundwasserspiegel angetroffen. In den tiefer liegenden tertiären Sandlinsen/-lagen steht zwischen den stauenden Tonen und Schluffen gespanntes Grundwasser an. Die Druckspiegel liegen in etwa auf Höhe des freien quartären Grundwasserspiegels bzw. bei den tiefer liegenden, von Oberflächeneinflüssen nicht tangierten Aquiferen leicht darunter.

Zur Herstellung der einzelnen tiefen Baugruben, Schachtbauwerke sowie der Vortriebe unter Druckluft sind weitreichende Grundwasserabsenkungen und -druckentspannungen erforderlich. Diese werden in der Regel über geschlossene Wasserhaltungen realisiert. In Anbetracht der ungünstigen räumlichen und geometrischen Gegebenheiten für die Herstellung und den Betrieb der Wasserhaltungsmaßnahmen, der zu erwartenden unregelmäßigen Baugrundverhältnisse mit einer Wechselfolge mehrerer gespannter Aquifere und Aquitarde unter gegenseitiger Beeinflussung sowie der erforderlichen Brunnen- und Absenktiefen handelt es sich um herausfordernde Wasserhaltungen.

Zur Ermöglichung der Planungsarbeiten zur Bauwasserhaltung wurde ein mathematisch-numerisches Grundwasserströmungsmodell (FEFLOW 7.5, DHI-WASY GmbH, 2022; 3D, instationär) über das ganze Projektgebiet erstellt (Bild 4). Das Modell ist dreidimensional realisiert und repräsentiert insgesamt sechs Aquifere und fünf Geringleiter in unterschiedlicher Ausdehnung mit einer Diskretisierung in 37 Modellschichten. Damit werden die im Rahmen der Entwurfsplanung erstellten Wasserhaltungskonzepte dahingehend bewertet, ob sie weiterhin geeignet sind, die erforderlichen Grundwasserabsenkungen und -entspannungen des Bauvorhabens 2. SBSS zu realisieren.

Im Fall notwendiger Anpassungen der Steuerung und Optimierung der Bauwasserhaltung, z. B. bei Umplanungen, geänderten Bauverfahren oder abweichender Leistung der Bauwasserhaltung, dient das fortgeschriebene Modell weiterhin als Planungs- und Analyseinstrument. Zur Realisierung innerstädtischer Großprojekte stellen mittlerweile solche digitalen Modelle unabdingbare Werkzeuge dar.

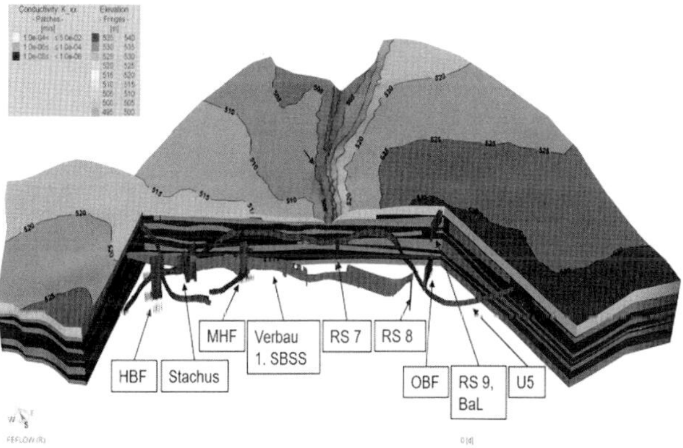

Bild 4. Auszug aus dem FEFLOW-Modell. Das Modell zeigt die Geomorphologie und Stratigrafie zehnfach überhöht. Aquiferbereiche sind im Schnitt in hellerem grau dargestellt, Stauer in schwarz. HBF = Hauptbahnhof; MHF = Marienhof; OBF = Ostbahnhof; RS = Rettungsschacht.

4 Risiko „innerstädtische Lage"

Großprojekte sind hochkomplex und müssen unterschiedliche Anforderungen erfüllen. Aufgrund ihrer Lage in meist dicht besiedelten und urbanen Gebieten wird eine ganzheitliche Risikobetrachtung erforderlich, da sich vor allem dort Risiken aus Planung und Ausführung untrennbar vermischen. Insbesondere bei der gegebenen Engräumigkeit kommt es mit traditionellen Methoden immer wieder zu unzureichender zweidimensionaler Betrachtung von dreidimensionalen Problemstellungen (z. B. bei Schrägbrunnen im Bereich von Hebungsinjektionsfächern). Gleichzeitig lässt eine klassische Arbeitsweise nur eingeschränkt zu, dass die vielen Beteiligten an einem gemeinsamen Modell in einer gemeinsamen Datenumgebung und umfassenden Risikolandschaft arbeiten. Digitale Möglichkeiten werden auch in diesem Kontext immer mehr eine Projekterfordernis.

Im Verlauf der Vortriebsstrecken der 2. SBSS werden u. a. zahlreiche Gebäude und Anlagen unterfahren. Dies erfolgt mit einem ausreichend großen Abstand zu deren Gründungen, sodass grundsätzlich trotz des geplanten und angestrebten setzungsarmen Vortriebs ein minimiertes Gefährdungspotenzial für unverträgliche Setzungen und Winkelverdrehungen der Bauwerke gegeben ist. Beim TBM-Vortrieb mit flüssigkeitsgestützter Ortsbrust und kontrolliertem Stützdruck mit gleichzeitiger Ringspaltverpressung des am Schildmantel umlaufend angrenzenden Bereichs handelt es sich um ein erprobtes, sicheres und sehr setzungsarmes Vortriebsverfahren. Gemäß den mit numerischen Verformungsberechnungen und empirischen Verfahren abgeschätzten Setzungsmulden für die geplanten Tunnelvortriebe ist bei deren planmäßiger und sorgfältiger Ausführung von verträglichen Größenordnungen der Setzungen und Verdrehungen für die im Einflussbereich liegenden Gebäude und Anlagen auszugehen.

4.1 Beispiel Vortriebsabschnitt Hauptbahnhof bis Marienhof

Als Beispiel zur Darstellung der komplexen Innenstadtlage dient in Bild 5 die komplexe Unterfahrungssituation im Vortriebsabschnitt Hauptbahnhof bis Marienhof.

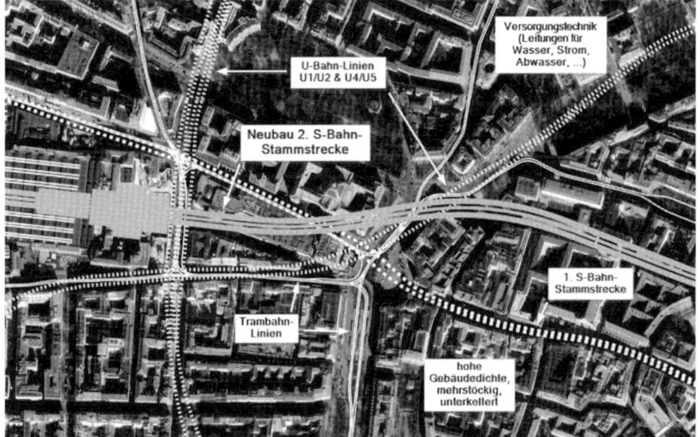

Bild 5. Auszug von der Station Hauptbahnhof und der Unterfahrung des Karlsplatzes (Stachus) aus dem Geoinformationssystem (GIS). Projektion der aktuellen Verkehrsinfrastruktur auf GOK mit einem Satellitenbild als Hintergrundkarte.

Im Projekt werden mehrere U-Bahn-Linien (U1/U2 und U4/U5) und auch die 1. SBSS mit geringem Abstand unterfahren – an einer Stelle auch überfahren. Des Weiteren liegt der Tunnelvortrieb direkt unterhalb des Justizpalasts mit seiner beeindruckenden Glaskuppel und direkt neben dem Hauptverkehrsknotenpunkt der Münchner Innenstadt, der Kreuzung von Sonnenstraße und Kaufingerstraße am Karlsplatz (Stachus). Dieser Platz wird auch noch mit verschiedenen Trambahnlinien angefahren, die in der Setzungsprognose und den daraus resultierenden Maßnahmen jedoch eine untergeordnete Rolle spielen. Die Vorgehensweise bei der Setzungsberechnung, der Schadensklassifizierung und der Einstufung wurde in unserem Beitrag im Tunnelbautaschenbuch 2022 bereits erläutert. Die Ergebnisse der Einstufung müssen aber im Kontext der einzelnen Messsysteme bewertet werden, um eine qualifizierte Bewertung der Messwerte treffen zu können. Bild 6 zeigt hier den Ausschnitt der aktuellen Flurkarte – mit dahinterliegenden ALKIS-Daten für die Zuordnung der einzelnen Liegenschaften – und den kartierten Risikobereichen.

4.2 Kartierung der Risikobereiche

Die kartierten Bereiche aus der Planfeststellung sind als eigene Layer dargestellt und werden aktuell als Auflagen aus der Planfeststellung den Konzepten der Planung zugrunde gelegt. Diese werden im fortlaufenden Planungsprozess mit den Risikobewertungen der Konzepte kontinuierlich fortgeschrieben und bieten somit die digitale Basis, die den aktuellen Datenstand der freigegebenen und gezeichneten Vortriebskonzepte der PDF-Form darstellen. Durch die – im Gegensatz zur Darstellung auf einer Karte – klare Kenntlichmachung der Risikobereiche und die Kombination mit den ALKIS-Daten ist eine einfache Zuordnung und Kommunikation mit den Stakeholdern sofort möglich.

Ein Auszug der resultierenden Maßnahmen für besondere Unterfahrungsbereiche findet sich in Tabelle 1.

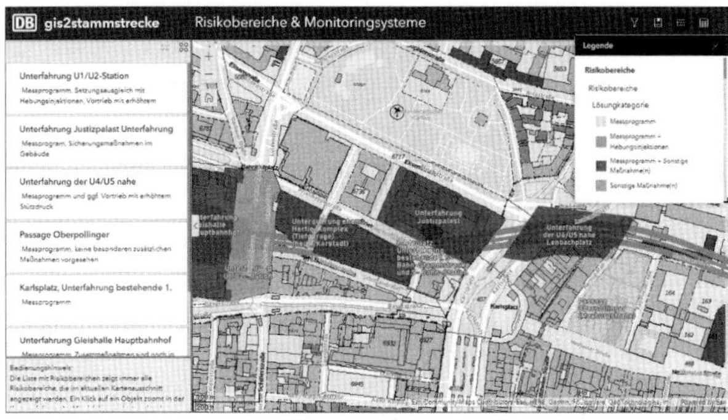

Bild 6. Auszug aus dem eigenen GIS der 2. SBSS, mit dem dargestellten Layer der Risikobereiche aus der Planfeststellung

Tabelle 1. Auszug aus der Planfeststellung. Besondere Unterfahrungsbereiche und Maßnahmen

Unterfahrungsbereich	Abstände	Maßnahme
Unterfahrung U1/U2-Station	Unterfahrung mit Abstand von ca. 4 m	Messprogramm, Setzungsausgleich mit Hebungsinjektionen, Vortrieb mit erhöhtem Stützdruck
Unterquerung ehem. Hertie- Komplex (Tiefgarage) (heute Karstadt)	Unterquerung der „Brunnengründungen" mit ca. 11 m Abstand	Messprogramm und ggf. Vortrieb mit erhöhtem Stützdruck
Karlsplatz, Unterfahrung bestehende 1. SBSS und S-Bahn-Station		Messprogramm
Unterfahrung Justizpalast	Unterfahrung mit > 12 m Überdeckung	Messprogram, Sicherungsmaßnahmen im Gebäude
Unterfahrung der U4/U5 nahe Lenbachplatz	Unterfahrung des U-Bahnhofs Karlsplatz mit ca. 5 m Abstand	Messprogramm und ggf. Vortrieb mit erhöhtem Stützdruck
Passage Oberpollinger (Maxburgstraße)	Passage mit > 14 m Abstand zur Gründung	Messprogramm, keine besonderen zusätzlichen Maßnahmen vorgesehen

4.3 Beispiel Sparten

Die Lage und Tiefe bereits bestehender Infrastruktureinrichtungen, z. B. von Spartenleitungen wie Telekommunikation, Sanitär, Gas usw., stellt bekanntermaßen ebenfalls ein Ausführungsrisiko dar, da auch aktuelle Bestandspläne aus diesem Bereich eine gewisse Ungenauigkeit aufweisen. Bei einem weniger komplexen Bauvorhaben kann diese Thematik über eine einfache Vorschachtung per Hand oder Minibagger problemlos gelöst werden. Im innerstädtischen Kontext ist man allerdings auf die exakte Lageangabe der Spartenleitungen angewiesen, was bei Erkundungsbohrungen, Brunnenbohrungen sowie Hebungsinjektionsbohrung ebenfalls als Risiko zu beachten ist. Besonderes Augenmerk haben hierbei schräge Brunnenbohrungen bzw.

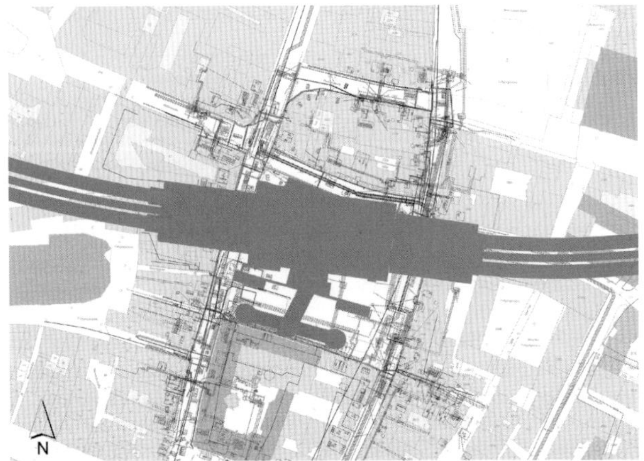

Bild 7. Umriss der Station Marienhof, eingebettet in die Flurkarte mit aktivem Spartenlayer

horizontale Injektionsbohrungen, die ohne eine 3D-Betrachtung schwer planbar wären.

Ungenaue Spartenlagen und -tiefen werden mit entsprechenden Toleranzwerten im digitalen Modell geführt und in der Planung berücksichtigt (Bild 7). Gleiches gilt mit zunehmender Tiefe für geplante Bohrungen, die mit entsprechenden Abweichungen berücksichtigt werden.

4.4 Einsatz BIM

Das Building Information Modeling (BIM) kommt im Projekt „2. SBSS" für alle unterirdischen Bauwerke zum Einsatz. In der Planung von öffentlichen Infrastrukturprojekten ist es bereits in naher Zukunft vorgeschrieben, mit dem BIM-Prozess zu planen [6]. Abweichend von dem klassischen Planungsprozess wird anhand eines 3D-(4D-/5D-/xD-)Modells über unterschiedliche Gewerke hinweg an einem ge-

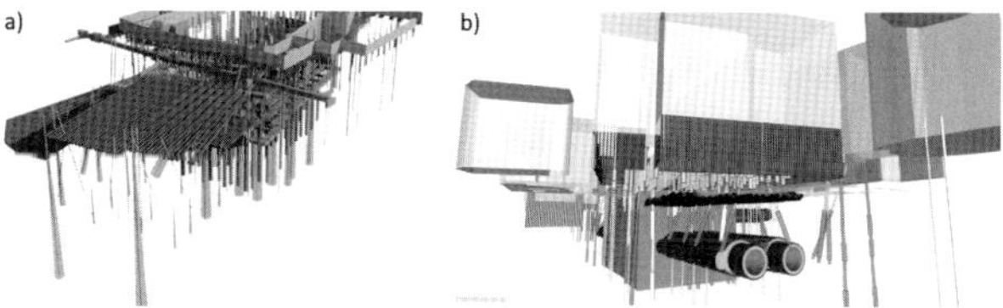

Bild 8 a) Geplante temporäre Bauteile der Station Marienhof mit vertraglich gefordertem Toleranzkörper; Brunnen haben einen Kegelumriss
b) As-built-Brunnen, modelliert entlang der Bohrlochsverlaufsmessung mit hervorgehobenen Filterstrecken in drei Aquiferen

meinsamen digitalen Modell geplant. Unterschiedliche Sichten auf das Modell ermöglichen den jeweiligen Gewerken, ihre spezifischen Informationen in das Modell einzupflegen (Bild 8). So entsteht auch über die Bauzeit hinaus die Grundlage für einen sogenannten „digitalen Zwilling". Dieser entspricht einer digitalen Kopie des Bauwerks mit allen Details und verknüpften Informationen (Bild 9).

Aus vormals 2D-Zeichnungen ohne Semantik werden so virtuelle Objekte, die mit spezifischen Eigenschaften versehen und parametrisiert werden können.

In dem semantischen Datenmodell können beliebige Sichten für die unterschiedlichen Beteiligten einer Planung oder den Betrieb eines

Bild 9. Schnitt durch das BIM-Modell der beiden Fahrtunnelröhren samt Erkundungs- und Rettungsstollen. Das Modell setzt sich aus verschiedenen Fachmodellen zusammen: Anforderungsmodell (Lichtraumprofil), Fachmodell Außenschale, Fachmodell Innenschale mit Ausbau

Bauwerks definiert werden. Damit schafft BIM eine gemeinsame Informationshaltung, die zu jedem Zeitpunkt für alle Beteiligten auf einem aktuellen und konsistenten Stand ist. Diese gemeinsame Informationshaltung erleichtert nicht nur die Zusammenarbeit während der Planung, sondern auch die Instandhaltung im späteren Betrieb, da der Medienbruch bei der Übergabe zum Betrieb zukünftig wegfallen soll. BIM ermöglicht als Datenquelle den Einsatz vielseitiger und verschiedenster Analysetools. Aufgrund der objektbasierten Datenhaltung und damit vorhandene Semantik können ingenieurtechnische Verfahren und andere digitale Werkzeuge kontinuierlich integriert werden. Damit können sie die Planung und den Betrieb von Gebäuden oder Bauwerken als fester Bestandteil nachhaltig unterstützen.

Ein wichtiger Erfolgsfaktor ist die Simulation des gesamten Bauablaufs in der Planungsphase mittels digitaler Modelle, um die Komplexität eines Großprojekts für alle Beteiligten herunterzubrechen

Im Projekt „2. SBSS" wurde ein besonderer Fokus auf den Anwendungsfall der Planableitung der Entwurfsplanung und Ausführungsplanung aus den Modelldaten gelegt. Besonders in den beiden aktuellen Baulosen rund um die Stationen Hauptbahnhof und Marienhof ist die BIM-basierte Planung aufgrund der hohen Komplexität ein entscheidender Faktor (Bild 10). In dem noch in der Genehmigung be-

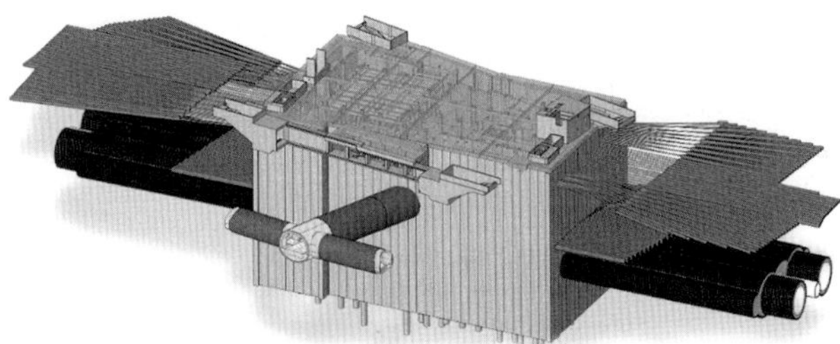

Bild 10. Auszug aus dem Ausführungsplanungsmodell der Station Marienhof aus der Modellierungssoftware Autodesk Revit

findlichen Ostabschnitt findet eine umfangreiche 5D-Planung bereits in der Leistungsphase 3–4 statt. Dies führt dazu, dass schon zu einem sehr frühen Zeitpunkt ein „digitaler Zwilling" der Planung existiert, der alle Informationen zu Bauwerk, Bauzeit und Baukosten bündelt.

Die BIM Vorgaben der DAUB [4] sind als Datengrundlage mit eingeflossen und werden als „Best Practice"-Anwendung dort wo nötig umgesetzt. Sie erweitern hier ganz klar die aktuelle Strategie und die Vorgaben der DB Netz AG [5], die im Tunnelbau durch die Vorgaben der DAUB ergänzt werden.

5 Erfordernis eines Risikodatenmanagements

Die bisherige Risikobetrachtung von Baugrund, Hydrologie und Planungsungenauigkeiten überschneidet sich mit Blick auf ein Risikodatenmanagement – das ja auch über Prognosen die Umsetzung der Planung in die Realität abgleicht – mit dem Ausführungsgeschehen und der Möglichkeit bzw. dem Erfordernis, reale Messwerte zu integrieren.

Die digitalen Methoden ermöglichen nun eine sehr hohe Systemintegrität. Im Projekt „2. SBSS" ist die Etablierung einer für alle Projektbeteiligten gemeinsamen digitalen Datenbasis (Single Source of Truth) hierfür vorgesehen. In heutiger Literatur wird beim Thema Risikomanagement bereits von einem eigenen BIM-Anwendungsfall gesprochen [6]. Mit Ausblick auf neue Vertragsmodelle wie die Partnerschaftliche Projektabwicklung (PPA) wird dies bereits integraler Handlungs- und Vertragsbestandteil.

Die Datenbasis, die der 2. SBSS zugrunde liegt, stützt sich planungsseitig auf ein projektweites BIM-Modell mit 3D-Inhalt, teilweise bereits ergänzt um 4D (Termine) und 5D (Kosten) als Umsetzung der BIM-Strategie der DB. Weiterhin wird diese Datenbasis vor Aufnahme der Bautätigkeiten durch Realmessungen vervollständigt. Diese werden nachfolgend erläutert.

5.1 Beweissicherung

Die Maßnahmen zur Beweissicherung erfolgen zum einen aufgrund der Festlegungen in den Planfeststellungen sowie ihres technischen Erfordernisses und zum anderen auf Basis der örtlichen Bebauung und Infrastruktur in Relation zu den Baumaßnahmen. Vor Beginn der Bauarbeiten wird eine bautechnische Beweissicherung der im Einflussbereich liegenden Bestandsbauwerke und Infrastruktur durchgeführt. Diese Bestandsbauwerke werden nach Erfordernis teilweise auch während der Bauphase messtechnisch überwacht. Bei Bauwerken mit „historischer Bausubstanz" wird auf eine kontinuierliche Messwerterfassung geachtet.

5.2 Geo-Monitoring

Für den Bereich Tunnel in geschlossener und offener Bauweise, die Rettungsschächte und die unterirdischen Stationen sind umfangreich Geo-Monitoringmaßnahmen notwendig. Im Bereich der geplanten Baumaßnahmen können Veränderungen vor, während und nach Baumaßnahmen eintreten (Bild 11). Durch ein Geo-Monitoring werden diese Veränderungen erfasst und in den Überwachungsprozess integriert. Damit wird sichergestellt, dass etwaige unerwartete Situationen frühzeitig erkannt und rechtzeitig Maßnahmen zur Gewährleistung gleicher Sicherheit ergriffen werden können. Die Festlegung der konkreten Monitoringmaßnahmen richtet sich nach den

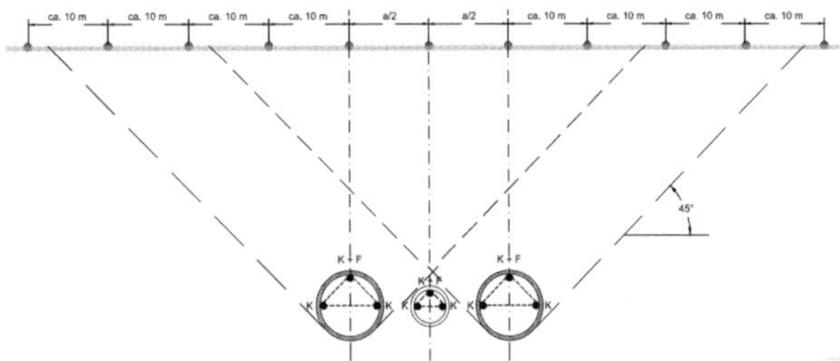

Bild 11. Schemadarstellung des Auswirkungsbereichs des Tunnelvortriebs

sich aus den Setzungsberechnungen ergebenden Setzungen, nach dem Zustand und der Nutzung der Gebäude, Ingenieurbauwerke bzw. der zu überwachenden Infrastruktur sowie der jeweiligen Lage der Gebäude in Relation zur Setzungsmulde der jeweiligen Baumaßnahme der 2. SBSS.

Je nach Nutzung des Gebäudes, der Ingenieurbauwerke oder der zu überwachenden Infrastruktur ist das Monitoring auch redundant auszuführen. So ist z. B. für die bestehende 1. SBSS mit einem Zugabstand von 2,5 min eine zeitlich an die Nutzung angepasste und mehrfach redundante Überwachung notwendig. Weitere geotechnische Messungen oder Beobachtungen an fertiggestellten Bauwerken (wie Konvergenzmessungen im Tunnel oder die Erfassung von Messgrößen im Bereich der Gründungen und an den Gründungselementen) werden erforderlich. Als mögliche Monitoringmaßnahmen kommen neben tachymetrischen Überwachungen beispielsweise auch Schlauchwaagenmesssysteme, Ketteninklinometer oder Extensometer in Betracht. Zusätzlich ist die Anwendung eines satellitengestützten Monitorings von Oberflächen- und Bodenbewegungen vorgesehen.

Speziell zu überwachende Bauwerke sind u. a. das Gleishallendach, die U1/U2 am Hauptbahnhof, die Frauenkirche, die Objekte im nahen Umfeld des Marienhofs, das Praterkraftwerk, das Museum 5 Kontinente, die U5 am Ostbahnhof, die bestehende 1. SBSS und die zu unterfahrenden Gleisfelder im Tunnelverlauf, siehe beispielhaft Tabelle 1.

5.3 Satellitenbild Monitoring

Ziel des Satellitenbild-Monitorings ist die satellitengestützte messtechnische Überwachung potenzieller Setzungen, die im Zuge des Baus der 2. SBSS und infolge von durchgeführten Grundwasserabsenkungen erwartet werden. Bei dem in Bild 12 beispielhaft gezeigtem Untersuchungsbereich handelt es sich um das Areal um den Münchner Hauptbahnhof; untersucht wurde ein kreisförmiger Bereich mit einer Ausdehnung von ca. 600 m, inkl. 100 m Pufferzone.

Die Verwendung von hochauflösenden Daten der Radarsatelliten TerraSAR-X, TanDEM-X und ggf. PAZ (TSX/TDX/PAZ), die eine ra-

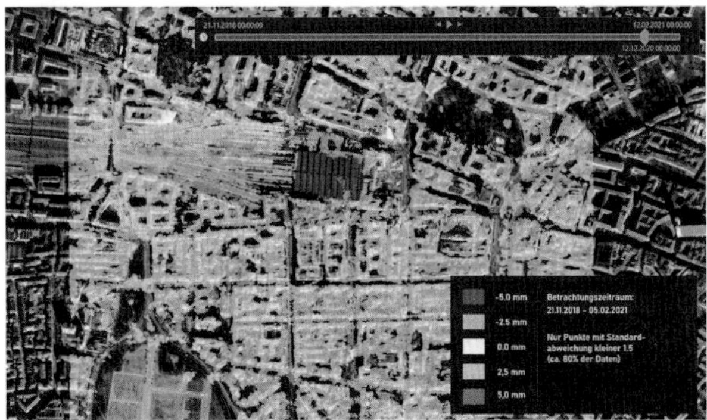

Bild 12. Satellitendaten im Umriss Hauptbahnhof

darinterferometrische Analyse (InSAR) ermöglichen, wird über einen Dienstleister der Luft- und Raumfahrt möglich. In unserem Projektbeispiel überfliegt der Satellit München täglich und kann somit in diesem Rhythmus einen neuen Datensatz erzeugen. Dazu werden Daten im hochauflösenden Aufnahmemodus High-Resolution Spotlight (HS) mit einer Bodenauflösung von ca. 1 m kontinuierlich erfasst. Das Messprinzip ist das Interferometric Synthetic Aperture Radar (InSAR). Dabei werden aus Phasenunterschieden zweier komplexer Radaraufnahmen über Interferogramme Höheninformationen abgeleitet.

Diese Methode der Satellitenbild-Überwachung eignet sich besonders, um die Ausmaße der Absenktrichter aus der Grundwasserabsenkung zu verifizieren. Da die Satellitendaten Radardaten sind, müssen diese gemeinsam mit einem Festpunktfeld betrachtet werden.

5.4 Wasserhaltung

Zur Herstellung der Schlitzwandbaugrube Marienhof (Aushub) und der bergmännischen Vortriebe sind umfangreiche Bauwasserhaltungsmaßnahmen erforderlich. Dabei werden die Grundwasserleiter

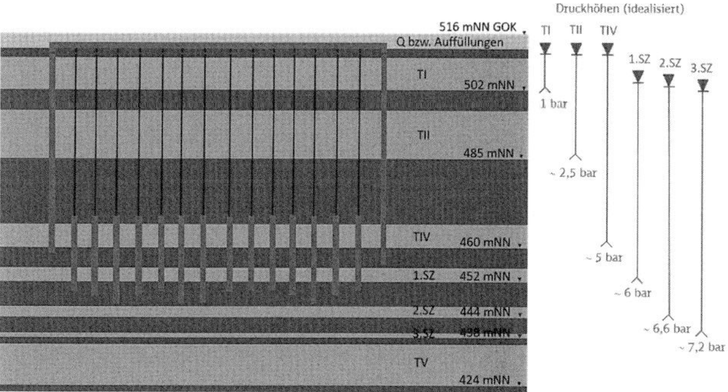

Bild 13. Idealisierter Zustand der Baugrube Marienhof vor der Grundwasserabsenkung

in den Tertiär-Aquiferen T I, T II und T IV sowie Sandzwischenlagen zwischen T IV und T V abgesenkt bzw. entspannt (Bild 13). Hierfür werden ca. 115 Brunnen eingesetzt, die primär gravitativ fördern, aber auch mit Vakuum beaufschlagt werden können. Die Lage der Filterstrecke ist pro Brunnen jeweils nur einem Aquifer zugeordnet. Die Aquifere sind sandige Schichten, die durch stauende tonig-schluffige Schichten voneinander abgetrennt vorliegen. Die Druckpotenziale all dieser Aquifere liegen nur knapp unterhalb der Geländeoberkante (GOK). Die Brunnen werden perlenschnurartig bzw. ringförmig um die Baugrube hergestellt und sorgen vorerst für die Bauwasserhaltung der Schlitzwandbaugrube. Später wird dieser Ring um die bergmännischen Vortriebe erweitert, an deren Enden die TBMs einfahren.

In gewissen Bereichen können aufgrund der bestehenden Bebauung keine Brunnen angelegt werden. Deshalb wurden zahlreiche Schrägbrunnen installiert, um die benötigten Filterstrecken in den entsprechenden Bereichen herzustellen und zu gewährleisten.

Die Bauwasserhaltung und die entsprechenden Absenkziele resultieren aus folgenden Gesichtspunkten:

a) statische Berechnungen der Schlitzwand (Wasserdruckansatz);

b) Nachweis des Aufschwimmens der Baugrubensohle;
c) Reduktion der Restwasserdrücke für die Tunnelvortriebe der Bahnsteigröhren in Spritzbetonbauweise unter Druckluft auf ein Mindestmaß.

Bild 14 sind die Absenkungs- und Entspannungsziele zu entnehmen, die für den vollständigen Aushub der Baugrube erforderlich werden. Der größte Anspruch an die Bauwasserhaltung ist hierbei die Absenkung des T II auf 4 m über Unterkante des Aquifers sowie die erforderliche T IV-Entspannung um ca. 4 bar. Mit einem so tief liegenden Aquifer wie dem Letzteren hat man in München noch keine Erfahrungen mit einer Bauwasserhaltung machen können. Die aus dem Nachweis des Aufschwimmens der Baugrubensohle resultierenden Entspannungen der Sandzwischenlage sind im Vergleich dazu einfacher zu ermitteln. Das Ausmaß der Absenkung bzw. Entspannung der Aquifere resultiert in einem weitreichenden Absenktrichter mit einem Radius annähernd im Kilometerbereich. Deshalb wird ein Streckennivellement von der Universität bis zum Südfriedhof durchgeführt. Die maximalen Verformungen aus der Wasserhaltung im Bereich der Baugrube Marienhof entsprechen ca. 4 mm, in einem Abstand von ca. 700 m noch ca. 1 mm.

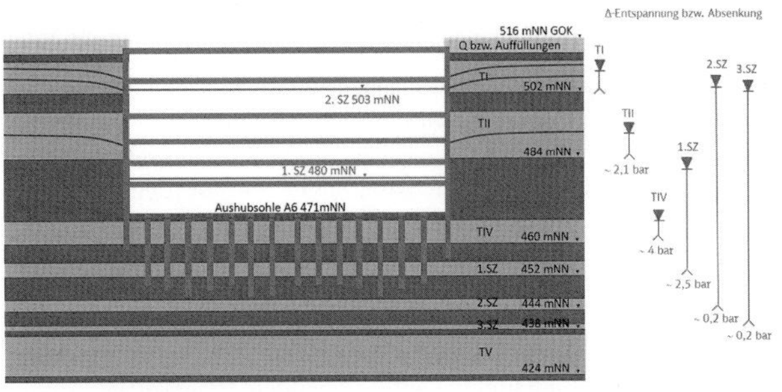

Bild 14. Idealisierter Endzustand der Grundwasserabsenkung der Station Marienhof während des Aushubs der Ebene –6

Neben Brunnen zur Grundwasserentspannung sowie Absenkung gibt es auch nur Grundwassermessstellen (GWM). Zur Überwachung der Eingriffe sowie als weiteres Steuerungswerkzeug werden existierende GWM aus dem Bestand der DB Netz AG ebenfalls gemessen. Die Wasserstände werden in den GWM, den Entspannungsbrunnen (EB) sowie den Schluckbrunnen (SB) (SB nur im Bauabschnitt West) mittels hydrostatischer Füllstandmessung erfasst. Die entnommenen Wassermengen aus den EB sowie die versickerten Wassermengen in den SB werden mittels magnetisch-induktiver Durchflussmessung bestimmt. Die mit Vakuum beaufschlagten Brunnen werden zusätzlich mit einer Prozessdrucküberwachung ausgestattet. Die Fernwirkstationen (Fernwirkköpfe, Knoten, Datenlogger) archivieren die auflaufenden Daten aus den GWM, EB und SB, bis sie eine Verbindung zum zentralen AQASYS-System aufbauen, um die Daten zu übermitteln. Die Verbindung zur Zentrale erfolgt via DSL, LAN oder GPRS/LTE. In der Software werden die Rohdaten weiterverarbeitet und in die konzeptionellen abgestimmten Intervalle geglättet, z. B. 1 Wert/min oder 1 Wert/15 min. Diese werden im Anschluss über dynamische Ganglinien der einzelnen Aquifere mit dem dahinterliegendem Betriebsmonitoring der Durchflussraten und Fördermengen dargestellt (Bild 15).

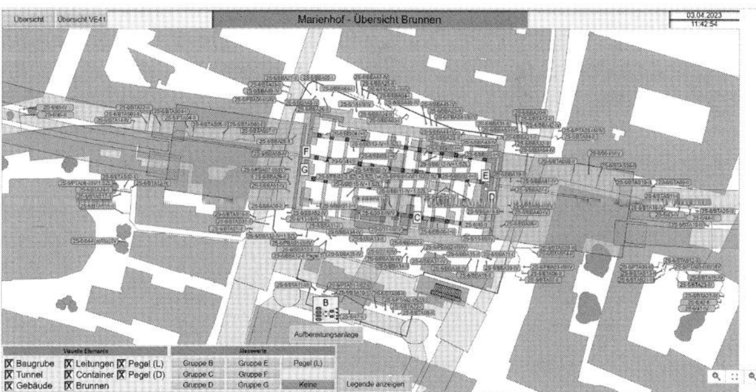

Bild 15. Betriebsmonitoring aus dem System AQASYS10 der Station Marienhof

Der Nachweis der Erreichbarkeit der Absenkziele wurde mittels Pumpversuchen am oben beschriebenen hydraulischen Modell geführt. Der Nachweis der tatsächlichen Funktionalität erfolgt durch die Zusammenführung aller berechneten, prognostizierten Modelldaten, aller Betriebsdaten der Wasserhaltung sowie den Messpegeln in einem übersichtlichen Dashboard mit Echtzeitdatendarstellung.

Das implementierte Risikodatenmanagement verfolgt somit das Ziel, alle Messgrößen logisch mit Ort und Zeit zu verknüpfen, um eine holistische Interpretierbarkeit zu ermöglichen. Umgesetzt wird dies in einem projektweiten GIS.

6 Konzeptionierung vortriebsbegleitender Datenerhebung und -beurteilung

Das Zusammenführen der beschriebenen Risikodaten (als korrelierte Messwerte) aus Planen und Bauen in einer einzigen Datenbasis erfordert zeitlich die frühe Konzeptionierung des Umfangs, der Ziele, der Schnittstellen und damit der zahlreichen Vertragsinhalte. Nachfolgend wird der aktuelle Status quo (Stand Mai 2023) in Bezug auf die Konzeptionierung und Umsetzung im Großprojekt 2. SBSS beschrieben.

Ziel der vortriebsbegleitenden Datenerhebung und -beurteilung ist der Einsatz einer IT-Datenplattform als AG-seitiges Dokumentations- und Steuerungssystem. Eingepflegt werden die Daten aus der Sensorik aller Monitoringsysteme und der Tunnelvortriebe (maschinell und bergmännische aufgefahrene Tunnel bzw. Tunnelabschnitte). Dies lässt somit eine vom Auftragnehmer unabhängige Interpretation zu.

Der Grund für die AG-seitige Implementierung einer solchen neuen Datenplattform (Bild 16) zeigt sich in der bisherigen Baupraxis:

- Verschiedene Disziplinen werden durch verschiedene Monitoringsysteme beurteilt und werden meist von verschiedenen Nachunternehmern eingesetzt.
- Die Einsicht in die verschiedenen Systeme ist durch den AG und die Bauüberwachung möglich, aber die Daten sind oft nur bedingt

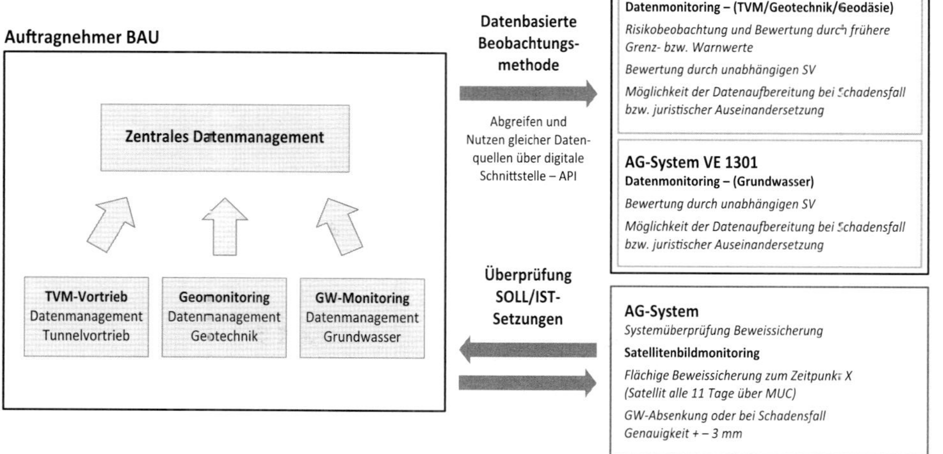

Bild 16. Prozessbild Datenmonitoring auf Auftraggeberseite; TVM = Tunnelvortriebsmaschine; GW = Grundwasser; SV = Sachverständiger; MUC = München; API = Application Programming Interface

auswertbar, da Rohdaten, frei wählbare Ansichten oder Analysewerkzeuge fehlen.
- Durch die intensive Nutzung der ausführenden Seite und deren Interpretation der Daten aus den Monitoringsystemen wird in der Regel eine teilweise einseitige Perspektive der Auswertung herangezogen.

Die neuen Systeme sollen eine unabhängige Interpretation der Daten aufseiten sowohl des AG als auch des AN ermöglichen. Wichtig ist hierbei, dass diese die gleiche Datenbasis nutzen. Das System Datenmonitoring des AG beinhaltet eine kombinierte Betrachtung der Daten aus den stationären Monitoring Devices der Grundwasserhaltung, Vermessung, Geotechnik, Vereisung und Druckluft in deren jeweiligem Einflussbereich beim Großprojekt 2. SBSS München. Die Dokumentation erfolgt somit nachhaltig und wird risikobezogen gezielt gestaltet. Dies hat den großen Vorteil, AG-seitig unabhängig von Auftragnehmern die Baumaßnahme analysieren und auswerten zu können. Der Geltungsbereich der vortriebsbegleitenden Datenerhebung und -beurteilung umfasst alle drei Planfeststellungsabschnitte der 2. SBSS, mit besonderem Fokus auf den unterirdischen Gewerken des Tunnelbaus. Die übergreifende technische Zielstellung ist die datenbasierte Systemüberprüfung und Dokumentation der Interaktion Bauwerk – Bauverfahren – Boden zur vorauseilenden Risikobewertung und eine AG-seitige Positionierung im Fall aufkommender Ergebnisse und Nachträge.

Die Daten der stationären Systeme werden aus bestehenden Monitoringsystemen der ausführenden Firmen über offene APIs (Application Programming Interfaces, Programmierschnittstellen) abgegriffen bzw. über FTP-Server bereitgestellt. Die über die Monitoring Devices erfassten Daten aus der Geotechnik, Vereisung, Druckluft, Wasserhaltung, Vermessung und Tunnelvortrieb laufen in der Datenplattform zusammen und sind gesamthaft auswertbar.

Der besondere Fokus liegt auf den Tunnelvortrieben (maschinell und konventionell) mit dem Ziel, eine risikoarme Abwicklung der Baumaßnahme zu gewährleisten. Zusätzlich zu den maschinell herzustellenden Tunnelröhren werden die Interaktionen zwischen Spezial-

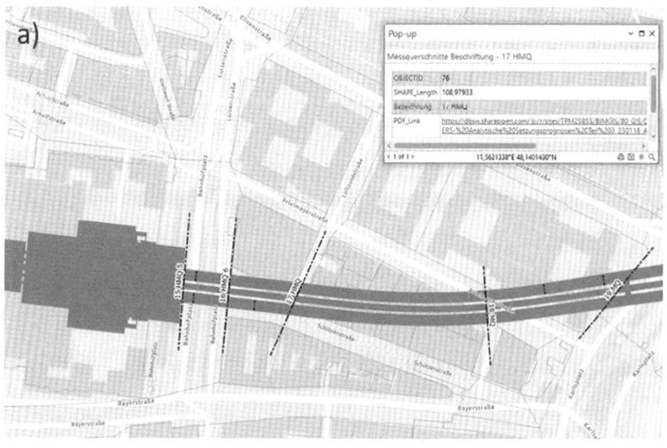

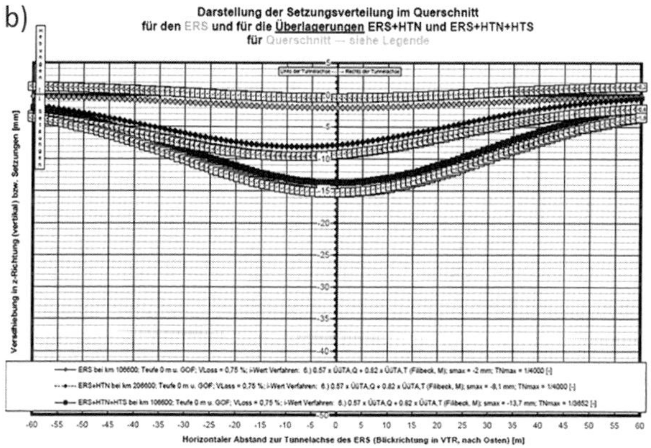

Bild 17. Messquerschnitte und Berechnungsquerschnitte; a) Auszug aus dem eigenen GIS-System; b) beispielhaft Berechnungsquerschnitt

tiefbau, Baugrubenaushub und dem Auffahren der bergmännisch zu erstellenden Bahnsteigtunnelröhren und Rettungsschächte bzw. Stollen und Querschläge detailliert mit den echtzeitnahen Daten dokumentiert (Bild 17).

7 GIS-Anwendung zur Visualisierung, Verknüpfung und Interpretierbarkeit des Datenmonitorings

Ein großer Mehrwert der Überführung der BIM-Datenmodelle in ein GIS besteht darin, dass der Kontext zur großräumigeren Umgebung aufgezeigt und analysiert werden kann. Hierfür werden neben aktuellen Erhebungen und Planungen auch bereits vorhandene Datensätze genutzt. Diese stehen z. B. als Web Map Service (WMS) oder sonstige GIS-Datensätze zur Verfügung und können in der Kartenansicht als – je nach Quellformat auch analysierbare – Zusatzinformation in 2D- oder 3D-Ausprägung verwendet werden.

BIM-Daten werden direkt im Format RVT (2016+) sowie IFC (2x3 und 4) von der Desktop-Komponente des GIS schreibgeschützt gelesen. Zur Positionierung wird eine zusätzliche Koordinatensystemdefinition (PRJ) sowie eine optionale Koordinatentransformation (WLD3) verwendet. Die Daten werden als Workspace mit mehreren Datasets interpretiert und als GIS-Features (2D/3D) repräsentiert. Diese Features sind als Input für Prozessierung verwendbar. Ergebnisse der Prozessierung werden im GIS-Format gespeichert.

Der Anwender kann die Modelle mit wechselnden Umgebungsdaten mit unterschiedlichen thematischen Inhalten betrachten (Bild 18). Zudem kann die Digitalisierung insoweit unterstützt werden, als Auswertungen neben der räumlichen auch auf Attributebene durchgeführt werden. Zudem sind über Attribute Verlinkungen auf komplexere Inhalte (z. B. Dokumente in Ablagesystemen) sowie auf andere Systeme möglich.

Die Bereitstellung der GIS-Inhalte erfolgt nach Qualitätsprüfung und ggf. Aufbereitung mittels Desktop-GIS als Web-Service. Inhalte werden auf einem Enterprise-GIS zugriffsgeschützt gehostet. Dadurch können sie von unterschiedlichen Anwendungen konsumiert werden.

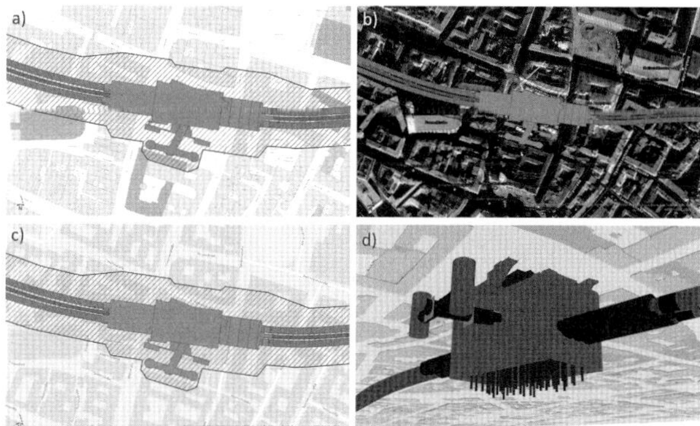

Bild 18. Ansicht der Station Marienhof mit verschiedenen Informationslayern. a) Station Marienhof und Auswirkungsbereich in einer Stadtkarte; b) Station Marienhof im Satellitenbild mit Stadtkarte; c) Station Marienhof und Auswirkungsbereich in der ALKIS-Karte (Daten zum Grundbesitz); d) 3D-Modell der Station Marienhof im GIS mit einer Stadtkarte

So können die GIS-Daten beispielsweise von einer thematisch fokussierten Browser-Anwendung, auf die Nutzer installationsfrei über die Web-Oberfläche des Enterprise-GIS zugreifen können, genutzt oder in frei zusammenstellbare Webkarten und Szenen eingebunden werden. Auch ist es möglich, sie als Datenquellen in Drittsystemen, wie anderen Web-Plattformen oder lokal installierter CAD-Software, einzusetzen.

Sollte ein Zielsystem die bereitgestellten Inhalte nicht in dieser Form verwenden können, ist es zudem möglich, GIS-Daten standardkonform per ETL-Prozess in das IFC-Format zu überführen, das von gängiger BIM-Software einlesbar ist.

Das GIS-System ist damit der Schlüssel, alle Monitoringdaten mit der in der 3D-Welt dargestellten Messposition zu visualisieren und Korrelationen unterschiedlicher Messsysteme herzustellen. Dies ermög-

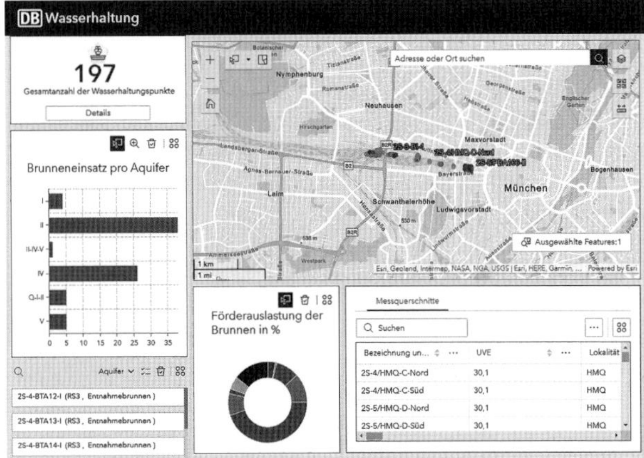

Bild 19. Dashboard der Wasserhaltungsdaten Daten des Projekts „2. SBSS"

licht die Interpretierbarkeit im Gesamtkontext und macht die Risikobeurteilung umfassender.

Als Beispiel zeigt Bild 19 für einen Fokusbereich die Auslastung aller ausgewählten Pumpen der Grundwasserabsenkung. Diese Auslastung wird aus den Eingangsdaten der Messpegel mit hinterlegtem Absenkziel sowie der Förderleistung der Pumpen ermittelt. Im Überblick entsteht ein interpretierbares Bild, ob die Wasserhaltung gesamthaft im Umgriff der Baugrube gemäß Vorgabe ihr Ziel erreicht.

8 Fazit und Ausblick

Die Stärkung der Schiene ist eines der wichtigsten Projekte für die Mobilitätswende in Deutschland. Deutlich wird dies bei näherer Betrachtung der geplanten Investitionen in die zukünftige Infrastruktur [7].

Ebenso wird die Digitalisierung einen gravierenden Einfluss auf die Arbeitsweise haben. Wir sehen unser ganzheitliches Datenmonitoring als Basis für alle weiteren möglichen Anwendungen wie eine KI-Nutzung bzw. einen Big-Data-Ansatz der digitalen Neuzeit. Die zukünftige Arbeitsweise aus Sicht eines Tunnelbaumaschinenhersteller wurde bereits im Tunnelbautaschenbuch 2023 durch die Firma Herrenknecht beschrieben [8].

Wir setzen im Projekt „2. SBSS" einen Ansatz aus der Zielrichtung des Auftraggebers um, denn nur mit einer einheitlichen digitalen Basis lässt sich der Bauprozess in Zukunft mit einem höheren Automatisierungsgrad kontrolliert steuern. Somit wird in absehbarer Zeit ein „digitaler Zwilling" des Tunnelbaus entstehen, ebenso wie der „digitale Zwilling" in allen Phasen des Baus und Betriebs des abzuwickelnden Projekts. BIM ist hierbei die visuelle Komponente und stellt die neu zu bauenden Bauwerke mit einem gewissen Informationsgehalt dar. Das GIS bespielt den weiteren Umriss des Baugeschehens mit allen Informationsgehalten, die kartenbasierte Anwendungen bieten, und schafft die Verknüpfung von Informationen mit einem Ort und über Informationsveränderung auch mit der Zeit.

Diese Informationsflut zu visualisieren, zu automatisieren und interpretierbar zu machen, sind die Kernelemente des Datenmonitorings. Die Interpretation selbst kann aber weiterhin nur durch erfahrene Experten erfolgen. Die kontinuierliche Betreuung und die Bewertung erfolgen in unserem Ansatz allein aufseiten des Auftraggebers, um ein gesamthaftes, unabhängiges zu erhalten. Bei schwierigen Sachverhalten oder besonderen Herausforderungen wird die Gesamtdatenlage zusätzlich seitens eines „Leitstands von Experten" interpretiert. Durch diese zusätzliche unabhängige Interpretation erhalten wir ein wesentlich detailliertes Bild der Vortriebsarbeiten, das auch für weitere Prognosen herangezogen wird und die bisherige Ausführungsqualität beurteilt.

Die AG-seitige Auswertung wird selbstverständlich der ausführenden Firma und der Bauüberwachung zur Verfügung gestellt.

In unserem Ansatz ist die Datenplattform aller Monitoringdaten der Sensorik die Basis, um die Prozesskette bis zur Fertigstellung datenbasiert gesamthaft darzustellen und das Projektgeschehen danach zu steuern.

Literatur

[1] Krischke, A., Weber. J. (1990) *Konstruieren und Bauen, 25 Jahre U-Bahn-Bau.* Hrsg. Krischke, A., Schottenheim & Giess Offsetdruck, München, S. 76–79.

[2] Gebhardt, P. (1968) *Die geologischen und hydrologischen Verhältnisse beim Münchner U-Bahn-Bau.* Dissertation, Ludwig-Maximilians-Universität München, S. 4–6.

[3] Fillibeck, J. (2013) *Erfahrungen bei Tunnelvortrieben im Lockergestein im Münchner Raum.* 19. Tagung für Ingenieurgeologie mit Forum für junge Ingenieurgeologen, Tagungsband, München, S. 10.

[4] DAUB-Arbeitskreis (2020) *Digitales Planen, Bauen und Betreiben von Untertagebauten – Modellanforderungen – Teil 1 - Objektdefinition, Codierung und Merkmale.* Deutscher Ausschuss für unterirdisches Bauen e. V. (DAUB), Köln, Teil 1–11/2020.

[5] BIM Strategie Vorstandsressort DB Netz (o. J.) *Building Information Modeling (BIM).* https://www.deutschebahn.com/de/konzern/bahnwelt/bauen_bahn/Building-Information-Modeling-BIM--6876240 [Zugriff am 16.05.2023]

[6] Helmus, M. et al. (2022) *BIM-basiertes Risikomanagement, Maßnahmen zur Umsetzung eines effizienten Risikomanagements bei Bauprojekten.* Bundesinstitut für Bau-, Stadt- und Raumforschung, BBSR Online-Publikation 08/2022, https://biminstitut.uni-wuppertal.de/fileadmin/biminstitut/Download-Bereich/BIM-basiertes_Risikomanagement/Endbericht_BIM_Risikomanagement.pdf [Zugriff am 16.05.2023]

[7] Bundesregierung (2021) *Situation der Infrastrukturplanung in Deutschland.* Antwort der Bundesregierung auf die Kleine Anfrage der Abgeordneten Dr. Ingrid Nestle, Matthias Gastel, Stefan Gelbhaar, weiterer Abgeordneter und der Fraktion BÜNDNIS 90/DIE GRÜNEN, Drucksache 19/27459 vom 10.03.2021, https://dserver.bundestag.de/btd/19/274/1927459.pdf [Zugriff 16.05.2023]

[8] Glab, K. et al. (2022) *BIM aus Sicht des Lösungsanbieters für den maschinellen Tunnelbau.* Taschenbuch für den Tunnelbau 2023, Deutsche Gesellschaft für Geotechnik (Hrsg.), Ernst & Sohn, Berlin, S. 233–258.

Baustoffe und Bauteile

I. Verbundkonstruktionen mit permanenten Spritzmembranabdichtungen im Tunnelbau – eine nachhaltige Bauweise

Gereon Behnen, Wolfgang Aldrian, Oliver Fischer, Götz Tintelnot

Je nach vorliegenden Randbedingungen kommen im Tunnelbau ein- und zweischalige Tunnelauskleidungen zur Anwendung.

Bei den zweischaligen Tunnelauskleidungen wird die Außenschale meist als temporäre Sicherung angesehen und bleibt im Endzustand im Regelfall als „nichttragend" statisch unberücksichtigt. Die Funktionalität der Wasserundurchlässigkeit wird entweder der Innenschale (WUBK-Bauweise) oder gesonderten Abdichtkonstruktionen (KDB-Abdichtungen) zugewiesen.

Im vorliegenden Beitrag wird eine einschalige Verbundbauweise aus permanenten Spritzbetonschalen betrachtet, bei denen die innenliegende Spritzmembranabdichtung keine Trennschicht darstellt, sondern im Verbund mit den Spritzbetonschalen die Tragwirkung als Gesamtquerschnitt sicherstellt. Während diese Bauweise international bei geeigneten Randbedingungen, insbesondere als rein faserbewehrte Konstruktion, weit verbreitet ist, finden sich im nationalen Raum praktisch keine Anwendungen und Erfahrungen.

Nachfolgend wird zuerst der Stand der Technik zu dieser Verbundbauweise dargestellt. Dann werden die Technologie der Spritzmembranabdichtung beschrieben und die Randbedingungen, Grenzen und Kriterien für die Anwendung erläutert. Zusätzlich werden Hinweise zur konstruktiven Durchbildung anhand von Ausführungsbeispielen und Praxisanwendungen gegeben. Einen Schwerpunkt des Beitrags bildet die besondere Betrachtung der Bauweise unter dem Aspekt der Nachhaltigkeit und Ressourcenschonung.

Tunnelbau 2024, Herausgegeben von der DGGT, Deutsche Gesellschaft für Geotechnik e.V.

Composite shotcrete linings with sprayed waterproofing membranes – a sustainable construction method

In conventional tunnelling, single or double shell linings are usual support methods, depending on the particular project conditions. For the latter, the primary lining is commonly regarded as temporarily and is not considered to be a part of the permanent structural lining. The waterproofing functionality is allocated either to the "water tight" concrete of the secondary lining (WUBK) or to a waterproofing sheet membrane (KDB).

The present publication deals with composite lining structures, consisting of several permanent shotcrete lining layers in combination with a centrally located sprayed waterproofing membrane. The sprayed membrane provides both the watertightness of the structure as well as the bond in the joint between the primary and the secondary shotcrete lining. The exclusive use of permanent shotcrete, in combination with a sprayed waterproofing membrane, and preferably reinforced only by structural fibres, leads to the construction methods of Composite Shell Linings (CSL) or Single Shell Linings (SSL), respectively.

The report at hand describes the state of the art of sprayed membrane and permanent shotcrete technologies, focusing on the design strategies, a discussion of the bond requirements between the primary and secondary lining, the application limits, practical experiences, lessons learned and a catalogue of standard detail solutions. In addition, special emphasis is also being placed on analyzing the construction method in terms of sustainability and resource preservation.

1 Einleitung

1.1 Einführung

Als Standardbauweise kommen in Deutschland bei konventionellen Vortrieben zweischalige Tunnelauskleidungen zur Anwendung. Sie bestehen aus einer Spritzbetonaußenschale, einer permanenten, ggf. als wasserundurchlässige Betonkonstruktion (WUBK bzw. WUBKO) ausgebildeten Ortbeton-Innenschale und bei Bedarf – insbesondere bei höheren Wasserdruckbelastungen oder hohen Dichtigkeitsanforderungen – einer zwischen den Schalen angeordneten Abdichtungskonstruktion aus Kunststoffdichtungsbahnen (KDB). Hierbei wird die Spritzbeton-Außenschale im Regelfall als temporäre Sicherung angesehen und bleibt im Endzustand als „nichttragend" rechnerisch unberücksichtigt.

Für diese Standardbauweise liegen in Deutschland langjährige Erfahrungen vor. Diese Erfahrungen sind in den einschlägigen Regelwerken als normativer Stand der Technik in Form „geregelter Bauweisen" bauaufsichtlich eingeführt. Beispielhaft werden hier die DB-Ril 853 [1] und die ZTV-ING „Tunnelbau" [2] genannt.

In Deutschland gab es in den 1990er-Jahren Bestrebungen, sowohl die Tunnelaußen- als auch die Tunnelinnenschale aus permanentem Spritzbeton auszuführen. Hieraus hat sich die sogenannte *„einschalige Spritzbetonbauweise"* entwickelt – eine Verbundkonstruktion aus zwei Spritzbetonschichten, bei der die äußere Schicht unmittelbar nach dem Vortrieb als Sofortsicherung eingebaut und mit möglichst kurzem Nachlauf durch die innere Schicht zu einem statisch wirksamen, schubfest verbundenen Gesamtquerschnitt ergänzt wird. Die Vorteile dieser Bauweise ergeben sich insbesondere aus dem Baubetrieb – u. a. Verzicht auf Schalwagen und Nutzung der bereits aus dem Vortrieb vorhandenen Spritzbetongeräte – und kamen daher vor allem bei veränderlichen Querschnitten oder kurzen Tunnelstrecken zur Anwendung. Ein weiterer Vorteil liegt darin, dass der ohnehin erforderliche Spritzbeton zur Gebirgssicherung als permanent tragend – im Allgemeinen zur Abtragung der Gebirgsdrücke – angesetzt und die Gesamtschalenstärke entsprechend reduziert werden kann.

Als nachteilig stellten sich die – vornehmlich in der damaligen Spritzbetontechnologie begründeten – Dauerhaftigkeitsdefizite bei aggressiven Grundwasserverhältnissen, das Stellen und Einspritzen der Bewehrungselemente (Tunnelbögen, Gitterträger, Bewehrungsmatten) sowie die nicht zufriedenstellende Wasserdichtigkeit dar. Dies führte dazu, dass die einschalige Spritzbetonbauweise in Deutschland auf nur wenige Probe- und Sonderanwendungen begrenzt blieb und etwa seit der Jahrtausendwende praktisch nicht mehr eingesetzt wurde. Einzelheiten zur Historie, zu konstruktiven und statischen Details und zu Erfahrungen zu dieser Bauweise können den AFTES-Empfehlungen [3], Behnen [4] und dem ITA-Report [5] entnommen werden.

International wurde die Bauweise dagegen kontinuierlich weiterentwickelt und bei einer Vielzahl von Projekten, insbesondere in Verbindung mit Stahlfaserspritzbetonen und unter Verzicht auf Tunnelbögen und Mattenbewehrungen, eingesetzt (vgl. hierzu auch den ITA-Erfahrungsbericht [6]).

Etwa Ende der 1990er-Jahre wurden seitens der bauchemischen Industrie erstmals Spritzmembranabdichtungen (engl.: *„sprayed waterproofing membranes"*) zur Verfügung gestellt. Die Ausgangsprodukte in flüssiger oder Pulverform werden mit handelsüblichen Spritzbetongeräten oder mit adaptierten Spritzmaschinen im Trocken- oder Nassspritzverfahren auf den Untergrund appliziert. Dort reagiert das Spritzgut zu einem dauerelastischen und dichten Abdichtungsfilm mit typischen Stärken von etwa 3–4 mm. Das anschließende Auftragen von Spritzbetonschichten auf eine solche Spritzmembran ist ohne weitere Spritzhilfen problemlos möglich. Viele Spritzabdichtungen zeigen sowohl auf erhärtetem Betonuntergrund als auch gegenüber nachträglich aufgespritzten Spritzbetonen eine gute Haftung.

Diese Eigenschaften macht man sich bei Spritzbetonverbundbauweisen zunutze, indem die oben beschriebene einschalige Spritzbetonbauweise mit einer zwischen den beiden Spritzbetonschalen angeordneten Spritzmembranabdichtung erweitert und optimiert wird. Hierbei wird im Wesentlichen eine Verbesserung der Wasserdichtigkeit, aber auch der Dauerhaftigkeit und des Schubverbunds in der Verbundfuge erzielt. Je nach statisch-konstruktiver Ausbildung und statischer Berücksichtigung der Verbundfuge sind für derartige Bauweisen verschiedene Bezeichnungen gebräuchlich (vgl. Abschnitt 1.2).

Im internationalen Tunnelbau – aber auch ganz allgemein im konstruktiven Ingenieurbau – zeigt sich meist generell eine große Aufgeschlossenheit gegenüber Innovationen und den damit verbundenen Vorteilen. Insbesondere lassen sich neue technische Lösungen und alternative Ansätze häufig deutlich schneller von der konzeptionellen Idee in die praktische Anwendung überführen, als dies aufgrund der vorliegenden Randbedingungen und rechtlichen Zwänge in Deutschland möglich wäre. So wurde die beschriebene Spritzbeton-Verbundbauweise mit Spritzmembranabdichtung – im Folgenden als *SB-SM-*

VBW bezeichnet – weltweit in verschiedenen statischen Bauweisen (siehe Abschnitt 1.2) und unter unterschiedlichsten Randbedingungen, zum Teil als Teststrecke oder Pilotprojekt, in weit über 100 Tunnelprojekten – z. B. in UK, der Schweiz, in Tschechien, Italien, Kanada und Singapur – ausgeführt. Beispielhaft sind in Tabelle 1 einige Projekte genannt, für die Literaturangaben mit den wesentlichen Randbedingungen vorliegen.

Die Einführung innovativer Neuentwicklungen im Tunnelbau scheitert in Deutschland häufig an den Regularien: Solange keine Erfahrungen und somit auch keine entsprechenden Regelwerke vorliegen, erfordert der Einsatz neuer Bauprodukte und -arten für die spezifische Anwendung eine *Zustimmung im Einzelfall (ZiE)*, bei Bahnanwendungen zusätzliche unternehmensinterne Genehmigungen oder Betriebserprobungen. Dieses Verfahren ist aufgrund der damit verbundenen Prozeduren auf Projektebene vor allem mit bauzeitlichen Risiken verbunden; daher wird dieser Weg in der Praxis häufig nicht weiterverfolgt.

Dies hat zur Folge, dass Neuentwicklungen nur begrenzt zum Einsatz gelangen und somit auch wenige oder keine Erfahrungen gewonnen werden können. Ausführungsbeispiele für die SB-SM-VBW sind demzufolge für Deutschland nicht bekannt. Zielstellung des vorliegenden Beitrags ist, die international gewonnenen Erfahrungen mit Spritzmembranabdichtungen und permanenten Spritzbetonverbundbauweisen zusammenzustellen und eine sachliche Übersicht über die Vorteile, aber auch über die einzuhaltenden Anwendungsgrenzen und Randbedingungen zu geben.

Nach einer Übersicht über die aktuelle Regelwerkssituation (Abschnitt 1.3) und einer Darstellung der Materialtechnologie von Spritzmembransystemen (Abschnitt 2) werden in Abschnitt 3 die unterschiedlichen Systembauweisen der SB-SM-VBW mit ihrem konstruktiven Aufbau, den Randbedingungen sowie den spezifischen Vor- und Nachteilen beschrieben und darauf aufbauend Anwendungsbereiche und -grenzen abgeleitet. Die statisch relevanten mechanischen Kennwerte, ihre Ermittlung und die statischen Zusammenhänge der Verbundbauweise werden in den Abschnitten 4 und 5

Tabelle 1. Projektbeispiele für dokumentierte Anwendungen

Projekt	Zeitraum	Abschnitte, Gesamtlänge bzw. Umfang	Geologie, maximaler Wasserdruck	Spritzmembran, Produkt	Bauweise	Lit.	Bemerkungen
CLEM 7, Brisbane, AU	2005–2010	Aufweitungen, Zufahrten, Querschläge; gesamt ca. 5 km	Fels, GW max. 6 bar	Masterseal 345, Polyureo 5502	SCL	[7]	Stahlfaserspritzbeton mit Gitterträgern
Metro Prague, Nadrazi Veleslavin Station	2012–2013	Dreizelliger Bahnhofstunnel; gesamt ca. 7.100 m^2	Tonstein, Sandstein, max. 3 bar Wasserdruck	Masterseal 345	SCL	[8]	
Shaft, London, UK	2011	Test-Schacht	London Clay	Masterseal 345, Meyco TSL 865	SSL (Test)	[9]	Tests zum Aufspritzen auf das Gebirge
Cross Rail/ Elizabeth Line, London, UK	2012–2017	Bahnhofstunnel Bond Street, Tottenham Court Road, Liverpool Street, Whitechapel, Querschläge	London Clay		CSL, SSL	[10] [11]	Stahlfaserspritzbetone, Deckschicht mit PP-Faser-Spritzmörtel (Brandschutz)
Giswil, CH	2003–2004	Fluchtstollen, Spritzabdichtung auf 200 m Länge (Portalbereich)	Lockerboden, Fels	Masterseal	SCL (?)	[10] [12]	Nachinspektion und Begutachtung 2020

Projekt	Zeitraum	Abschnitte, Gesamtlänge bzw. Umfang	Geologie, maximaler Wasserdruck	Spritzmembran, Produkt	Bauweise	Lit.	Bemerkungen
Hirtenberg Speicherkaverne, Österreich	2008	Erneuerung von zwei Speicherkavernen, ca. 6.000 m²	Fels	Master Roc MSL345	Abdichtung	[13]	Erneuerung zur Verbesserung der Abdichtung, keine statische Funktion, Nachinspektion 2020
Gevingas Eisenbahntunnel, bei Trondheim, Norwegen	2009–2011	Wasserdichte Innenauskleidung mit Spritzmembranabdichtung auf ca. 2 km Länge	Fels	Master Roc MSL345	Abdichtung	[13] [12]	Spritzmembran im Mittelteil des Tunnels (> 1.000 m Entfernung von den Portalen)
Tunnel de Viret, Metro M2, Lausanne, CH	2005–2008	Spritzmembranabdichtung auf ca. 275 m Länge	Molasse mit wassergesätt. Sand, Moräne, max. 4 bar	Master Roc MSL345	CSL	[12]	
Hindhead A3 Road Tunnel, UK	2008–2011	Spritzmembran ca. 70.000 m²	Sandsteine mit geringer Festigkeit, kein Wasserdruck	Master Rok MSL345	SCL/CSL	[12]	Dräniert, kein Wasserdruck – geringe statische Beanspruchung

beschrieben. Ein Katalog typischer baupraktischer Konstruktionsdetails mit Projekterfahrungen und Anwendungshinweisen ist in Abschnitt 6 zusammengestellt. In Abschnitt 7 werden die Vorteile und Besonderheiten der SB-SM-VBW unter Nachhaltigkeitsaspekten und in Hinblick auf die Reduzierung des CO_2-Austrags behandelt.

1.2 Begriffe

Im internationalen Sprachgebrauch werden manche Begriffe nicht klar getrennt, was leicht zu Missverständnissen – auch im deutschen Sprachraum – führen kann. Im Rahmen des vorliegenden Beitrags werden deshalb einheitlich die folgenden Begrifflichkeiten, in Anlehnung an die englischen Bezeichnungen gemäß Pickett/Thomas [9], verwendet:

a) Bauteile:

- Äußere Schale (engl.: Primary Lining):
  Sofortsicherung des Hohlraums mit Spritzbeton. Die äußere Schale kann sowohl temporär als auch permanent wirken (siehe Bauweisen). Der Begriff „Außenschale" kennzeichnet im deutschen Sprachgebrauch dagegen eine temporäre Schale und wird deshalb hier nicht verwendet.

- Innere Schale (engl.: Secondary Lining):
  Eine im zeitlichen Nachgang zur äußeren Schale aufgebrachte innere Schale, entweder aus geschaltem Ortbeton oder als Spritzbeton. Die innere Schale kann rechnerisch ohne oder mit Verbund zur äußeren Schale wirken (siehe Bauweisen). Der Begriff „Innenschale" wird im deutschen Sprachgebrauch bei zweischaligen Bauweisen verwendet und wird deshalb hier nicht weiter benutzt.

- Verbundfuge (engl.: Membrane-Concrete Interface):
  Die mit einer rechnerischen Verbundtragwirkung (Schubübertragung) wirkende Fuge zwischen der äußeren und der inneren Schale bei Verbundbauweisen. Fugen, die mit KDB-Abdichtungen oder Gleitschichten (Folien) ausgestattet sind, können planmäßig keine Schubkräfte übertragen und stellen somit keine Verbundfuge dar.

b) Bauweisen:

- Zweischalige Auskleidung (engl.: Double Shell Lining – DSL):
  Die äußere Schale wirkt als temporäre Schale und übernimmt sämtliche Lasten im Bauzustand („Außenschale"). Sie wird im Endzustand als „verrottet" angenommen und rechnerisch nicht berücksichtigt. Die innere Schale wirkt als permanente Schale und übernimmt im Endzustand sämtliche Lasten („Innenschale"). Ein Verbund in der Verbundfuge wird rechnerisch nicht angesetzt und häufig konstruktiv ausgeschlossen (z. B. durch Einlegen einer Gleitschicht oder einer KDB-Abdichtung).

- Zweischalige Spritzbetonbauweise (engl.: Sprayed Concrete Lining – SCL):
  Eine zweischalige Auskleidung, bei der die Außen- und die Innenschale in Spritzbeton hergestellt werden.

- Zweischalige Verbundbauweise (engl. Composite Shell Lining – CSL):
  Die äußere und die innere Schale werden (in der Regel mit zeitlichem Verzug) aus permanentem Spritzbeton hergestellt. Bei Wasserandrang oder höheren Dichtigkeitsanforderungen wird in der Fuge eine Spritzmembran angeordnet. Die äußere Schale übernimmt die Einwirkungen im Bauzustand; im Endzustand werden statisch der äußeren Schale die Gebirgsdrücke, der inneren (abgedichteten) Schale die Wasserdrücke und beiden Schalen anteilig entsprechend den Steifigkeitsverhältnissen nachträgliche Änderungen der Gebirgslasten (z. B. aus Kriechen, aus zukünftiger Bebauung usw.) zugewiesen. Ein eventuell vorhandener Verbund zwischen der äußeren und der inneren Schale wird rechnerisch nicht berücksichtigt.

- Einschalige Spritzbetonbauweise (engl.: Single Shell Lining – SSL):
  Die äußere und die innere Schale werden (in der Regel zeitlich kurz aufeinanderfolgend) aus permanentem Spritzbeton hergestellt. Bei Wasserandrang oder höheren Dichtigkeitsanforderungen wird in der Fuge eine Spritzmembran angeordnet. Statisch wirken die äußere und innere Schale gemeinsam als Verbundquerschnitt, d. h. die Verbundtragwirkung in der Verbundfuge wird rechnerisch be-

rücksichtigt und muss in der Ausführung nachgewiesen und überwacht werden.

Im Rahmen dieses Beitrags wird die einschalige Spritzbetonbauweise mit einer Spritzmembranabdichtung als Spritzbeton-Spritzmembran-Verbundbauweise (SB-SM-VBW) bezeichnet. Als einschalige Spritzbetonbauweise werden auch Konstruktionen bezeichnet, bei denen nur *eine* permanent wirkende Spritzbetonschale erstellt wird (etwa bei Tunneln in standfestem Fels).

1.3 Normenlage

In Deutschland sind weder der „Baustoff" Spritzmembranabdichtung noch die „Bauweise" der SB-SM-VBW für die Anwendung im Tunnelbau als permanente Tunnelauskleidung geregelt. Insofern liegen derzeit weder Regelungen zu Produktanforderungen und -nachweisen von Spritzabdichtungen noch entsprechende Ausführungsbestimmungen zur Systembauweise SB-SM-VBW vor.

Nach derzeitigem Stand der Normung sind permanente Spritzbetonschalen nur in Ausnahmefällen sowie nur bei Einhaltung vorgegebener Randbedingungen möglich:

- Gemäß RiL853.4003 [1], Abs. 1(1) ist bei Eisenbahntunneln Spritzbeton für den permanenten Ausbau nur bei Nebenanlagen, mit Einholung einer unternehmensinternen Genehmigung (UiG), sowie gemäß Abs. 3 für Instandsetzungen zulässig.
- Gemäß ZTV-ING 2022/01, Teil 7 [2], Abs. 1.7 sind bei Straßentunneln grundsätzlich Ortbeton-Innenschalen mit Stabstahl- oder Mattenbewehrung vorzusehen. Entsprechend Abs. 1.12 dürfen Rettungsstollen und Querschläge bei geeigneten Randbedingungen (kein drückendes Wasser, maximal mäßige Grundwasseraggressivität) in einschaliger stahlfaserbewehrter Spritzbetonbauweise (ohne zusätzliche Abdichtung) hergestellt werden.
- Gemäß ZTV-ING 2022/01, Teil 7 [2], Abs. 5.3 sind als Abdichtungssysteme für Straßentunnel ausschließlich KDB-Abdichtungen oder WUBKO-Bauweisen vorgesehen. Spritzmembranabdichtungen sind in den ZTV-ING nicht geregelt.

In Deutschland wird seitens der Baustoffindustrie eine Spritzmembranabdichtung als „Beschichtung" (engl. *„coating"*) im Sinne der DAfStb-Instandsetzungsrichtlinie [14] bzw. der TR-Instandhaltung [15] angesehen, allgemeine bauaufsichtliche Prüfzeugnisse (abPZ) werden auf Grundlage der zugehörigen Prüfgrundsätze des DIBt [16] erteilt. Grundsätzlich sind zwei Arten von abPZ erforderlich, eines für „Spritzbare Flüssigkunststoffabdichtungen als Bauwerksabdichtung" sowie eines für die „Abdichtung von Arbeitsfugen und Sollrissquerschnitten". Auf die hieraus entstehende Problematik in Bezug auf die Anwendbarkeit im Tunnelbau wird in Abschnitt 5.1 näher eingegangen.

Für die internationale Anwendung im Tunnelbau sind Spritzmembranabdichtungen in englischsprachigen Regelwerken behandelt. Einen generellen Leitfaden zum Einsatz von Spritzmembranabdichtungen stellt der ITAtech-Report [17] dar. Dieser behandelt sowohl Spritzmembranabdichtungen selbst als auch die Systembauweise SB-SM-VBW, stellt typische Materialeigenschaften, Kennwerte und die zugehörigen Testverfahren zusammen, erläutert die statisch-konstruktiven Planungsaspekte (*„design aspects"*) und gibt Hinweise zu den Nachweisen der Qualitätssicherung.

International ist es üblich, die Ausführungsspezifikationen und die Qualitätsanforderungen für die einzusetzenden Bausysteme in Form projektbezogener Spezifikationen (engl. *„specifications"*) durch die ausschreibenden Stellen und/oder deren Planer zu erstellen. Diese Spezifikationen basieren im Allgemeinen auf „Muster-Empfehlungen", doch fließen auch die Erfahrungen der Beteiligten aus früheren Projekten mit ein, wodurch eine kontinuierliche Weiterentwicklung neuer Produkte erfolgt. Beispiele für „Muster-Empfehlungen" sind die *„example specifications"* im ITAtech-Report [17], Anhang A, oder die BTS-Specifications (BTS-specs) [18], die in den Abschnitten 211 und 313 Spritzmembranabdichtungen behandeln.

Die nachfolgenden funktionalen Anforderungen an Spritzmembransysteme gemäß Tabelle 2 sind zusammenfassend aus den BTS-specs [18] und dem ITA-tech-Report [17] entnommen; weitere Anforderungen an die Brennbarkeit und chemische Widerstandsfähigkeit sind hier nicht dargestellt.

Tabelle 2. Funktionale Anforderungen an das Abdichtsystem gemäß BTS-Specs [18] und ITAtech-Report [17] (Auszüge, z.T. zusammengefasst, übersetzt)

Eigenschaft	Testverfahren	Anforderung	Bemerkungen
Haftzugfestigkeit zum Untergrund („bond to substrate")	ASTM 1583/C, 1583M *oder* BS EN ISO 4624 *oder* EN 1542	Versagen des Untergrunds (Beton) oder Haftzug > 0,5 MPa (28 d)	Auch für Prüfungen der Spritzmembran zur inneren Schale („double bond")
Wasserundurchlässigkeit („permeability")	EN 12390-8 *oder* Taywood Tests (bei Drücken ab 10 bar)	keine Wasserdurchtritte	Prüfkörper mit Spritzmembran beidseitig in Spritzbeton; Test im Alter von 28 d
Rissüberbrückungsfähigkeit („crack bridging")	EN 1062-7	2 (2,5) mm Rissüberbrückung ohne Reduzierung der Wasserundurchlässigkeit (Klasse A5)	Prüfmethode A: C1 Statischer Test bei 20 °C

Als Mindeststärke einer Spritzmembran wird in den BTS-specs [18], Abs. 313.1 3 mm gefordert. Für das Weiterspritzen auf eine Spritzmembran wird in Abschnitt 313.6 eine ausreichende Abbindung bzw. Erhärtung in Form einer nachzuweisenden Shore-Härte A ≥ 50 gefordert. Die innere Schale soll zum Schutz der Spritzmembran so schnell wie baupraktisch möglich aufgebracht werden.

2 Materialtechnologie von Spritzmembranen

2.1 Übersicht der Produktgruppen

Am Markt verfügbare Spritzmembranabdichtungen lassen sich grob vereinfacht nach der Art der Aufbringung unterscheiden; diese erfolgt entweder im Trockenspritz- oder im Nassspritzverfahren. Dies erlaubt bereits eine Vorkategorisierung der verwendeten Materialien in verfilmende und chemisch reaktive Polymere, da die reaktiven Polymere ausschließlich im Nassspritzverfahren aufgebracht werden. Verfilmende Polymere erlauben hingegen den Einsatz beider Spritzverfahren.

Die derzeit zur Anwendung kommenden Spritzabdichtungen für den Tunnelbau sind größtenteils den verfilmenden Polymeren zuzuordnen, während Betonbeschichtungen des Hoch-, Industrie- und Ingenieurbaus (z. B. Parkdeckbeschichtungen) überwiegend mit reaktiven Polymeren ausgeführt werden.

2.2 Zusammensetzung, Ausgangsprodukte

Entsprechend der Differenzierung von Spritzmembranabdichtungen in die beiden Gruppen der verfilmenden und reaktiven Polymere lassen sich diese hinsichtlich der Wirkungsweise wie folgt charakterisieren:

- Verfilmende Polymere:
  Zur Filmbildung verschlingen sich Polymerketten, die durch „attraktive Wechselwirkungen" zwischen ihnen stabilisiert werden. Dieses Verhalten kann anschaulich mit einem Haufen klebriger Spaghetti verglichen werden. Es bilden sich keine zusätzlichen kovalenten Bindungen zwischen den Kohlenstoffketten aus. Gemeinsam ist den verfilmenden Polymeren, dass sie während der Verarbeitung in wässriger Phase vorliegen (Nassspritzen) bzw. in diese gebracht werden (Trockenspritzen). Die Verfilmung wird wesentlich durch das Trocknen der Membrane oberhalb der Mindestfilmbildetemperatur (MFBT) ausgelöst. Typische Vertreter von verfilmenden Polymeren sind z. B. Acrylate, Ethylen-Vinylacetat (EVA-Copolymere, z. B. Masterseal) sowie Styrol-Butadien.
  Die Materialeigenschaften der erhaltenen Polymermatrix hängen u. a. von der Zusammensetzung der Polymerketten und deren Länge, der Art der chemischen Monomere und deren Mischung ab. Ein Acrylatpolymer ist häufig recht wasseraffin, d. h. es quillt bei Kontakt mit Wasser, während ein Styrol-Butadien-Polymer durch seinen hydrophoben Charakter dieses Verhalten nicht zeigt. Die Materialeigenschaften können auch durch zusätzliche anorganische Hilfsstoffe, wie z. B. Füllstoffe, hydraulisch abbindende Komponenten oder Farbpigmente, beeinflusst werden.

Aufgrund der vielfältigen Zusammensetzung der Polymere, vergütet mit zusätzlichen Komponenten, können Spritzmembrane mit verfilmenden Polymeren in den Materialeigenschaften stark variiert werden und sich in ihren Eigenschaften deutlich unterscheiden.

- Reaktive Polymere:
  Diese werden durch eine chemische Reaktion, den Aufbau von kovalenten Bindungen, vernetzt, benötigen aber eine passende Aktivierung, z. B. durch Temperatur und/oder Zugabe eines Aktivators. Ein typisches Material dieser Klasse sind Polyurethanbeschichtungen. Ein grundsätzlicher Vorteil reaktiver Polymere ist, dass sie, bei geeigneten Bedingungen, sehr schnell reagieren. Die Zeitspanne reicht von Sekunden bis zu mehreren Stunden, je nach Anwendungsfall. So können in kurzer Zeit Beschichtungen mit sehr guter Langlebigkeit und hervorragenden Materialeigenschaften erhalten werden.
  Ein Nachteil der reaktiven Polymere ist, dass die Rohstoffe naturgemäß schon vor und während der Verarbeitung ein hohes chemisches Reaktionspotenzial haben, was in die Sicherheitsbetrachtung einfließt und einen sorgsamen Umgang mit diesen Stoffen erfordert. Die isocyanathaltige Komponente eines Polyurethan (PU)-Systems ist z. B. schon gegenüber Wasserdampf äußerst empfindlich (d. h. reaktiv) und muss daher in dicht schließenden Gebinden vorgehalten werden.
  Ähnlich wie bei den verfilmenden Polymeren können die Materialeigenschaften der Endprodukte durch Variation der chemischen Ausgangsstoffe – Isocyanate, Acrylate etc. – und weitere Modifikation mit Hilfsstoffen stark variiert werden.

Ausgangsprodukte

Verfilmende Polymere:

- Flüssige, wässrige Polymer-Latices. Sie werden im allgemeinen Sprachgebrauch häufig als Polymerdispersionen oder Flüssigdispersionen bezeichnet. Diese enthalten vorpolymerisierte, mikroskopisch kleine Polymerpartikel.

- Redispergierbare Polymer-Latex-Pulver. Hierbei handelt es sich um sprühgetrocknete Varianten von Polymerdispersionen. Damit die Polymerpartikel nicht verkleben (was ihr grundsätzliches Bestreben ist), werden vor dem Sprühtrocknen weitere Zusatzstoffe wie Dispergierhilfen oder Antibackmittel hinzugefügt.
- Verfilmende Polymere können in einer ein- oder auch zweikomponentigen Formulierung, je nach Anwendungsanforderung, vorliegen.

Reaktive Polymere:
- Polyurethan-Polymere (PU) sind zweikomponentig. Eine Komponente enthält Isocyanat, die andere einen Aktivator (Wasser, Glykole, Amine, Wasserglas etc.). Typische Eigenschaft von Produkten auf Isocyanatbasis ist die Unverträglichkeit auf feuchten/nassen Untergründen. Es tritt in der Regel eine Verseifung ein, zum Teil in Verbindung mit leichter Blasenbildung. Die Produkte sind in Ihrer Reaktionszeit einstellbar und werden mittels einer beheizbaren Zweikomponentenpumpe verarbeitet.
- Acrylat-Polymere sind ebenfalls zweikomponentig. Eine Komponente besteht aus einem reaktiven Acrylat, die andere aus einem separat zuzugebenden Aktivator. Typische Eigenschaft dieser Variante ist die Verträglichkeit gegenüber oberflächiger Feuchtigkeit und eine dauerhafte, hohe Flexibilität. Zudem können Acrylpolymere nach der Reaktion, in Verbindung mit anstehendem Wasser, quellen und damit eine zusätzliche Abdichtungswirkung generieren. Die Produkte sind in Ihrer Reaktionszeit einstellbar und werden mittels einer beheizbaren Zweikomponentenpumpe verarbeitet.

2.3 Qualitätssicherung (Rohprodukte)

Die Qualitätssicherung seitens des Herstellers basiert im ersten Schritt auf der Charakterisierung der zu verarbeitenden Grundstoffe und Komponenten. So werden bei Flüssigkeiten z. B. Angaben zur Dichte, Viskosität etc. gemacht und wie diese bestimmt werden – mit welchem Versuchsaufbau und unter welchen Randbedingungen. Ergänzt wird dies meist durch Angaben zu den Eigenschaften einer zu verarbeitenden Mischung.

Finale Materialeigenschaften sind in der Regel in den technischen Datenblättern der jeweiligen Hersteller aufgeführt oder werden durch externe Zertifizierungen, z. B. durch bauaufsichtliche Prüfzeugnisse, ergänzt. Hier ist zu beachten, dass diese Kennwerte meist unter standardisierten Laborbedingungen bestimmt werden.

Für die Baustellen sind dagegen die baubetrieblichen Eigenschaften (z. B. Pumpbarkeit, Spritzbarkeit) und für das fertige Tunnelbauwerk die Eigenschaften der fertig applizierten Spritzmembranabdichtung (z. B. Dichtigkeit, Haftzugfestigkeit) von entscheidender Bedeutung (vgl. auch Abschnitt 5). Da die Randbedingungen im Baustelleneinsatz von den Laborbedingungen der Herstellerprüfungen meist mehr oder weniger stark abweichen und sich hierdurch die Produkteigenschaften wesentlich ändern können, sind vor einem Baustelleneinsatz Grundsatz- und Eignungsprüfungen, möglichst für mehrere unterschiedliche Produkte, zu empfehlen. In diesen Eignungsprüfungen sollten die auf der Baustelle erwarteten, auch ungünstigsten Randbedingungen (z. B. Temperatur, Feuchtigkeit, Spritzbedingungen und Geräte), getestet werden, um auf dieser Basis das geeignetste Produkt auswählen zu können und die projektbezogenen Ausführungsspezifikationen auszuarbeiten.

3 Systembauweisen, Anwendungsbereiche und -grenzen, Anforderungen

3.1 Bauweisen

Neben der in Abschnitt 1 genannten SB-SM-VBW sind modifizierte Systembauweisen für spezielle Anwendungsbereiche möglich. Typische Bauweisen werden nachfolgend mit ihren Hauptmerkmalen beschrieben.

a) Spritzbeton-Verbundbauweise mit Spritzmembranabdichtung (SB-SM-VBW)

Aufbau und Funktionalität (Bild 1):

- äußere Spritzbetonschale: Sofortsicherung zum Abtrag bauzeitlicher Einwirkungen, Teil der Verbundschale im Endzustand;

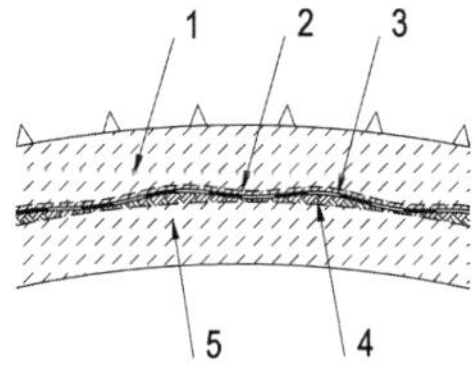

Bild 1. Typischer Aufbau einer Spritzbeton-Verbundbauweise mit Spritzmembranabdichtung (SB-SM-VBW); 1 = Spritzbeton (äußere Schale); 2 = Ausgleichsschicht (nur bei Erfordernis); 3 = Spritzmembranabdichtung; 4 = Schutzschicht (Spritzbeton oder -mörtel, nur bei Erfordernis); 5 = Spritzbeton (innere Schale)

- Spritzmembranabdichtung: Abdichtungsfunktion im Endzustand, Sicherung des Schubverbunds in der Verbundfuge;
- innere Spritzbetonschale: Ergänzung der äußeren Schale zu einem im Endzustand statisch im Verbund wirkenden Gesamtquerschnitt; Aufbringung mit (möglichst geringem) zeitlichem Nachlauf zur äußeren Schale.

Charakteristika:
Die Anwendbarkeit der SB-SM-VBW ist sowohl im Felstunnelbau als auch in Lockerböden gegeben. Durch die Mitwirkung der permanenten äußeren Schale im Gesamtverbundquerschnitt kann die Gesamtstärke der Auskleidung (und damit auch das Ausbruchsvolumen) gegenüber einer konventionellen zweischaligen Bauweise reduziert werden. In der Tunnelstatik werden im Allgemeinen der äußeren Schale die Einwirkungen im Bauzustand und dem Gesamtquerschnitt (Verbundquerschnitt) die Einwirkungen des Endzustands zugewiesen. In vielen Fällen, insbesondere im Felstunnelbau und/oder wenn sich die Einwirkungen im Bau- und im Endzustand nicht wesentlich voneinander unterscheiden (z. B. keine Wasserdrücke), ist die Verbundtragwirkung statisch für die ausreichende Tragfähigkeit im Endzustand nicht erforderlich und wird dann auch nicht angesetzt; sie wirkt als statische Reserve und muss auch nicht auf der Baustelle durch gesonderte Prüfungen nachgewiesen werden. In diesen Fällen kann die innere Schale oft auf geringe Stärken von etwa 10–15 cm reduziert werden. Die innere Schale bewirkt einen konstruktiven Schutz sowie eine Stützung gegen Ablösungen der Spritzmembran und verbessert somit die Dauerhaftigkeit (siehe Abschnitt 4). Die innere Schale kann mit einer integrierten Brandschutzschicht ausge-

stattet werden (Beispiel: Crossrail London, UK: Es wurde luftseitig eine 50–70 mm starke, ohne Stahlfasern, aber mit Polypropylen-(PP)-Mikrofasern versehene Spritzbetonlage als konstruktive „fireproofing layer“ aufgebracht). Besonders vorteilhaft sollten sowohl die äußere als auch die innere Schale ausschließlich mit Stahl- oder Kunststofffasern bewehrt werden; eine die Fuge kreuzende Verbundbewehrung sollte in jedem Fall vermieden werden.

Alternativen:
Die innere Schale kann grundsätzlich auch mit geschaltem Ortbeton erstellt werden; diese Lösung ist aber im Allgemeinen unwirtschaftlich. Es ist dann darauf zu achten, dass die Schale vollflächig und kraftschlüssig an der Spritzmembran anliegt (Hohlstellen, Sackungen, Wassersäcke, z. B. infolge von Überschusswasser, vermeiden). Für die Firstspaltverpressung sind besondere Überlegungen hinsichtlich des dauerhaften formschlüssigen Verbunds sowie wegen des Risikos von Beschädigungen bei hohen Verpressdrücken erforderlich.

b) Zweischalige Tübbingbauweisen

Aufbau und Funktionalität:
- Tübbingfertigteile ohne Abdichtsystem (sogenannte „Spartübbinge“) als Sofortsicherung bei Tunnelbohrmaschinen (TBM) -Vortrieben, im Endzustand Zuweisung von Gebirgsdruckeinwirkungen;
- Spritzmembranabdichtung, aufgebracht auf die Innenseite der Tübbingaußenschale: Abdichtungsfunktion im Endzustand;
- Ortbeton(innen)schale: in der Regel unbewehrte oder faserbewehrte Ausführung, dient konstruktiv zur Stützung der Abdichtung und als konstruktiver Brandschutz, statisch werden der Ortbetonschale die Wasserdrücke im Endzustand zugewiesen.

Charakteristika:
Die Bauweise entspricht der in Österreich und der Schweiz häufig zum Einsatz kommenden zweischaligen Tübbingbauweise, mit Ersatz der konventionellen KDB-Abdichtung durch eine Spritzabdichtung. Ein Haftverbund der Spritzabdichtung ist statisch nicht erforderlich. Die Tübbingfugen sind vor dem Aufbringen der Spritzmembran zu schließen, die Aufnahme möglicher Verformungsdifferenzen in den

Tübbingfugen durch die Dichtmembran ist konstruktiv sicherzustellen. Voraussetzung für die dauerhafte Funktionalität ist die Sicherstellung eines permanenten vollflächigen und kraftschlüssigen Kontakts zwischen der Spritzmembran und der Ortbetoninnenschale.

Alternativen:
Die innere Schale kann grundsätzlich auch mit Spritzbeton erstellt werden. Diese Lösung bietet sich insbesondere dann an, wenn die Schalendicke aus statischen Gründen auf eine konstruktive Mindestdicke von 5–10 cm reduziert werden kann.

c) Offene Bauweisen (OBW)

Aufbau und Funktionalität:
- Baugrubensicherung, insbesondere in Form einer Schlitzwand oder Bohrpfahlwand. Der Baugrubenwand werden statisch im Bauzustand die Erd- und Wasserdrücke, im Endzustand die Erddruckbelastungen zugewiesen;
- Spritzmembranabdichtung, direkt auf der gereinigten und von Auswüchsen befreiten Baugrubenwand aufgebracht, Abdichtungsfunktion im Endzustand;
- nachträglich vorgesetzte Ortbetoninnenschale (Wandkonstruktion) in Stahlbetonbauweise; statisch zur Aufnahme der Wasserdruckbelastung im Endzustand.

Charakteristika:
Anwendung bei Rahmenbauwerken der OBW, bei denen die Ortbetoninnenschale (Außenwand) nicht in WUBK-Bauweise ausgebildet werden kann oder soll. Abweichend von der konventionellen Bauweise mit KDB-Abdichtung wird hier eine Spritzabdichtung vorgesehen. Der Haftverbund der Spritzabdichtung ist statisch nicht erforderlich, aber konstruktiv vorteilhaft, weil infolge des Verbunds Wasserumläufigkeiten sowohl auf der Außen- als auch auf der Innenseite der Abdichtung verhindert werden. Eine Ausbreitung von Leckagewasser (z. B. aus den Fugen der Schlitzwandlamellen) an der Außenseite der Abdichtungsebene sowie Durchtritte an lokalen Fehlstellen können somit vermieden werden. Dem Schutz der Spritzabdichtung gegen Beschädigungen bei der Herstellung der Innenschalen, insbesondere bei den Bewehrungsarbeiten, ist besonderes

Augenmerk zu widmen. Planerisch sind sämtliche Anschlüsse sorgfältig durchzukonstruieren.

Alternativen: (entfällt)

d) Sanierung von Bestandstunneln

Aufbau und Funktionalität (Bild 2):

- die vorhandene Tunnelsicherung, z. B. das Mauerwerksgewölbe, kann erhalten bleiben: (breitere) Mauerwerksfugen sind vorab zu schließen, z. B. mit einer Spritzmörtelausgleichsschicht;
- Spritzmembranabdichtung, aufgebracht auf die bestehende Tunnelsicherung (nach Untergrundaufbereitung), Abdichtungsfunktion im Endzustand;
- vorgesetzte dünne Spritzbetonschale, d = 5–10 cm, stahl- oder kunststofffaserbewehrt, als konstruktive Stützung und Schutzschicht der Spritzmembranabdichtung und ggf. statisch zur Lastabtragung von Wasserdrücken.

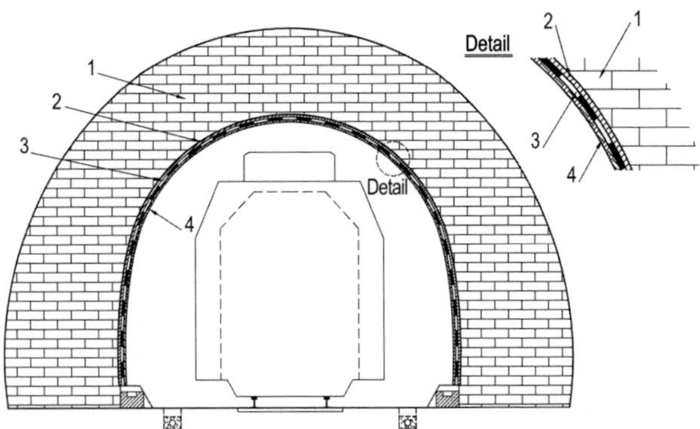

Bild 2. Tunnelsanierung mittels Spritzmembranabdichtung mit Spritzbetonschutzschicht; 1 = bestehendes Mauerwerks-Gewölbe; 2 = Ausgleichsschicht (Fugenschließung); 3 = Spritzmembranabdichtung; 4 = Schutzschicht (Spritzbeton oder Spritzmörtel)

Charakteristika:
Anwendung bei Tunnelsanierungen, wenn das vorhandene Lichtraumprofil noch den Einbau einer dünnen zusätzlichen Sicherungsschicht von wenigen Zentimetern erlaubt. Eine Reprofilierung oder ein Abtrag der vorhandenen Gewölbesicherung und die temporäre Stützung im Bauzustand sind dann nicht erforderlich. Alte Bestandstunnel mit Mauerwerksgewölben oder Ähnlichem weisen im Allgemeinen dränierte Verhältnisse auf; die Spritzmembranabdichtung ist dann lediglich auf geringe Wasserdrücke (Sickerwasser oder Restwasserdruck) auszulegen.

Alternativen: (entfällt)

3.2 Untergrundanforderungen

Die Anforderungen an den Untergrund und dessen Vorbereitung zur Aufbringung einer Spritzmembran sind entsprechend den Herstellerangaben zu spezifizieren. Die nachfolgend genannten allgemeinen Anforderungen können deshalb produkt- oder projektspezifisch abweichen.

- Anzustreben ist eine möglichst geringe Rauigkeit der Oberfläche des Untergrunds, da sie für den Haftverbund primär nicht erforderlich ist. Vielmehr kann eine zu hohe Rauigkeit aufgrund von Dickenschwächungen und Kerbwirkungen beim Austrocknen zu Schwindrissen in der Spritzmembran führen. Die vom Systemhersteller vorgegebene Untergrundrauigkeit kann mit einer „Rauigkeitsharfe“ überprüft werden. Ideal für die Untergrundvorbereitung ist das Aufbringen eines Feinmörtels (4 mm GK); ein Spritzbeton mit 8 mm Größtkorn (GK) kann ggf. schon zu rau sein. Erhöhte Rauigkeiten führen zu deutlichem Mehrverbrauch und erschweren den Nachweis der einzuhaltenden Schichtstärke. Eine größermaßstäbliche Welligkeit des Untergrunds (Unebenheit) ist dagegen aus statischen Gründen vorteilhaft und erwünscht (vgl. hierzu auch Erläuterungen in Abschnitt 4).
- Die Oberfläche des Untergrunds sollte sauber, frei von losen Bestandteilen (Vermeidung von Schlempe, schlecht haftenden Beton-

deckungen etc.) und mit einer ausreichenden, nachzuweisenden Oberflächenhaftzugfestigkeit von mindestens 0,5 MPa gemäß EN ISO 4624 sein. Nach unseren Erfahrungen ist eine besonders sorgfältige Reinigung der Oberfläche, z. B. mit Hochdruck-Wasserstrahl, erforderlich, wenn die Spritzbetonoberfläche über einen längeren Zeitraum als nur wenige Tage Verschmutzungen aus dem Baubetrieb (Fahrbetrieb, Sprengungen etc.) ausgesetzt war; es kann sich dann eine fest anhaftende Staubschicht bilden, die mit einfachen Maßnahmen (z. B.druckloses Abspritzen mit Wasserschlauch, Abblasen, Bürsten) nicht mehr sicher entfernt werden kann. Das Erfordernis der ausreichenden – und mit Haftzugversuchen nachzuweisenden – Oberflächenreinigung gilt sinngemäß auch für alle weiteren Spritzuntergründe, etwa bei Unterbrechungen der Spritzbetonarbeiten bei der Herstellung der inneren Schale.

- Nach der Reinigung sind klaffende Risse, geöffnete Fugen, Kiesnester, Lunker etc. zu schließen.
- Bezüglich der Feuchtigkeit ist ein „trockener“ Untergrund anzustreben. Je nach Produktsystem und Anforderungen kann ggf. ein „feuchter“ Untergrund (oder einzelne Feuchtstellen) akzeptiert werden. „Nasse“ Oberflächen und Tropfwasser sind nicht zulässig und müssen in jedem Fall temporär so lange abgeführt werden, bis die Spritzmembran ausreichend abgebunden hat und ggf. die innere Schicht aufgebracht ist, z. B. mittels Abschlauchungen oder Dränagestreifen. Besondere Aufmerksamkeit ist geringen Wasserzutritten zu widmen, die vor Aufbringen der Membran zu unbedenklichen, aufgrund der Tunnelventilation meist schnell abtrocknenden Feuchtstellen auf der Spritzbetonoberfläche führen. Dagegen kann dieses Abtrocknen nach Aufbringen der Membranabdichtung nicht mehr stattfinden; vielmehr „staut“ sich das Wasser auf der Rückseite und kann, wenn die Membran noch nicht voll ausgehärtet ist, zu einem mangelnden Haftverbund (Membran „schwimmt“ auf der Flüssigkeit), Blasenbildung oder Fehlstellen/ Löchern in der Membran führen. Detaillierte Angaben zu den Möglichkeiten, gezielt anfallendes Wasser abzuführen, können dem ITAtech-Report [17], Kap. 4.1.2 und Kap. 6.1, entnommen werden. Da eine ausreichende Wasserableitung essenziell für eine

gute Qualität der Spritzabdichtung ist, sollten auch die vertraglichen Regelungen diesen Aspekt berücksichtigen.

- Als Untergrundtemperatur wird vom Hersteller (abhängig von der Materialzusammensetzung) ca. 10–30 °C, als Temperatur des Spritzguts (Membran) ≥ 20 °C empfohlen. Eigene Spritzversuche bei Umgebungstemperaturen von etwa 5 °C, durchgängig auch während des mehrwöchigen Abbindeprozesses, haben für zwei EVA-Produkte gezeigt, dass der Abbindevorgang bei geringen Temperaturen deutlich verlangsamt wird und eine vollständige Verfilmung erst nach ca. zwei Wochen auftritt. Die im Alter von 28 Tagen durchgeführten Haftzugprüfungen lieferten allerdings übliche Werte von etwa 1,0–1,7 MPa und weisen darauf hin, dass sich bei geringen Temperaturen offensichtlich keine dauerhaften Funktionalitätseinschränkungen ergeben. In jedem Fall ist allerdings eine Frosteinwirkung während des Spritzens und bis zur vollständigen Aushärtung zwingend auszuschließen.

3.3 Angaben zu Einbau, Arbeitssicherheit und Qualitätssicherung des eingebauten Produkts

Arbeitssicherheit und Gesundheitsrisiken sind beim Umgang mit jeglicher Art von chemischen Produkten, somit auch von Spritzabdichtungssystemen, ein wichtiger Aspekt.

Die mit dem Produkt hantierenden Personen müssen für den Umgang geschult sein. Die Arbeitsumgebung muss den allgemeinen Anforderungen zur Arbeitssicherheit, insbesondere bezüglich Belüftung, Beleuchtung, Abstand zu Hindernissen, Rutschsicherheit etc., entsprechen. Je nach Anwendungsort und -art kann eine genaue Ablaufbeschreibung der Arbeit (Arbeitsanweisung) mit entsprechenden Sicherheitshinweisen zweckdienlich sein. Dies ist ein in englischsprachigen Ländern üblicher Vorgang (*„method statement"*).

Zusätzlich wird meist das Tragen einer persönlichen Schutzausrüstung (PSA, z. B. Schutzbrille, Staub- bzw. Atemmaske, geeignete Schutzkleidung wie Handschuhe, Overall) vorgeschrieben. Diesbezügliche Mindestanforderungen sind den jeweiligen Sicherheitsdatenblättern zu entnehmen, wobei im Zweifel immer die strengere Schutzmaßnahme anzuwenden ist.

Spritzen von PU-Materialien unterliegt besonderen Sicherheitsanforderungen, insbesondere bei geschlossen Umgebungsbedingungen wie in Tunneln. Eine gängige Formulierung zur erweiterten PSA lautet: „Der Bediener des Spritzgeräts hat während der Verarbeitung ein batteriebetriebenes Luftreinigungsgerät PAPR (Powered Air Purifying Respirators) zu tragen."

Beim Hantieren mit den Materialien ist mit besonderer Sorgfalt vorzugehen. Bei Pulverprodukten ist auf eine möglichst geringe Staubentwicklung zu achten. Verstreutes oder – bei flüssigen Komponenten – verschüttetes Material ist entsprechend den Anweisungen auf dem Sicherheitsdatenblatt / Technischen Datenblatt zu binden und fachgerecht zu entsorgen.

Die Einzelkomponenten der Spritzmembransysteme enthalten keine relevanten Anteile volatiler organischer Komponenten und sind daher bei normalen Anwendungsbedingungen nicht entzündlich/entflammbar. Da sie organischer Natur sind, ist allerdings eine gewisse Brandlast vorhanden, die bei höheren Temperaturen ab etwa 300 °C aktiviert werden kann.

In der Luft fein verstäubtes organisches Pulver jeder Art, z. B. auch Mehl, kann bei entsprechend extremen Bedingungen eine explosive Mischung ergeben und zu einer Verpuffung führen. Dazu notwendig sind allerdings ein sehr trockenes fein in Luft verstäubtes Pulver und eine entsprechende Zündquelle. Pulver mit einer höheren Restfeuchte sind im Normalfall nicht explosionsgefährdet, was auch von Herstellern von Spritzabdichtungen in Pulverform überprüft wurde.

Als Qualitätssicherung für die aufgebrachte Spritzmembranabdichtung sollten folgende Nachweise auf der Baustelle als Mindestanforderung vorgesehen werden:

- Sichtprüfung: keine Fehlstellen, vollständige/vollflächige Überdeckung, keine Wasserzutritte. In der Ausführungspraxis ist es möglich, beim Spritzen mehrerer Lagen unterschiedliche Einfärbungen vorzunehmen, um die optische Kontrolle der vollständigen Überdeckung zu erleichtern.

- Dicke der aufgebrachten Membran: Schichtdickenmessung im gerade aufgetragenen, nassen Zustand, mit Stechtiefenmesser; abgebundene Membran mit Flächenproben (50 × 50 mm). Messungen mit dem Stechtiefenmesser sind sofort nach dem Aufbringen durchzuführen, damit sich die Löcher wieder schließen.
- Messung der Shore-Härte A zur Bestätigung einer ausreichenden Abbindung; Voraussetzung zum Aufspritzen der weiteren Spritzbetonschichten.
- Haftzugprüfung der Membran auf dem Untergrund (vgl. Abschnitt 4) sowie des weiter aufgetragenen Spritzbetons auf der Membran mittels Haftzugprüfungen im Sandwich (sogenannte „double bond"-Prüfungen), in der Regel an aus Bohrkernen gewonnenen Probekörpern.

3.4 Anwendungsgrenzen

Konstruktive Anwendungsgrenzen können aus den in Abschnitt 3.2 genannten Anforderungen und den in Abschnitt 4 erläuterten statischen Randbedingungen abgeleitet werden und werden nachfolgend diskutiert.

Spritzabdichtungen werden vor Ort von Menschen hergestellt und als Endprodukt nicht vorab in einer Fabrik geprüft. Die Anwendungsgrenzen ergeben sich deshalb aus Planungs- und Materialüberlegungen einerseits und der Qualität der Umsetzung andererseits. Bei der Aufbringung von Spritzabdichtungen handelt es sich um eine handwerkliche Tätigkeit, zu der nicht für sämtliche Arbeitsschritte klare Regelungen vorliegen und für die seitens der ausführenden Personen das Verständnis für die Wichtigkeit der richtigen Ausführung essenziell ist. Deshalb wird nachfolgend zwischen den Planungs- und Materialgrenzen einerseits sowie der Qualifikation der Anwender (der „menschlichen" Grenze) andererseits unterschieden.

3.4.1 Planungs- und Materialgrenzen

Eine ausreichende Oberflächenbeschaffenheit, -sauberkeit und -haftzugfestigkeit kann in der Regel durch eine geeignete und sorgfältige

Untergrundvorbereitung sowie eine gut auf die Bauweise abgestimmte Bauablaufplanung erzielt werden. Hieraus ergeben sich im Regelfall keine grundsätzlichen Einschränkungen der Anwendbarkeit.

Dagegen ist die Forderung nach einem mindestens temporär trockenen Untergrund stark von der anstehenden Geologie und den Grundwasserverhältnissen, aber auch von der Wasserundurchlässigkeit der äußeren Schale abhängig. Gelegentlich wird von Bauherren/Planern die Einschränkung durch zulässige Feuchtigkeitsverhältnisse des Untergrunds als Ausschlusskriterium zur Anwendung von Spritzmembranabdichtungen angesehen. Hierzu ist anzumerken, dass es mit einer sorgfältigen Ausführung der temporären Wasserabführung in der Regel durchaus gelingt, geeignete Voraussetzungen zur Anwendung von Spritzmembranabdichtungen zu schaffen (siehe auch ITA-tech-Report [17]). Auch sollten Betonrezeptur und Herstellung der äußeren Spritzbetonschicht sowie die Bauabläufe (z. B. Zeitpunkt der Verpressung der temporären Dränagen) sorgfältig auf die Feuchteanforderungen der Spritzabdichtung ausgelegt werden.

Bei der SB-SM-VBW ist die äußere Spritzbetonschale als permanent (dauerhaft) wirkende Schale auszulegen. Hieraus folgen ohnehin hohe Anforderungen an die Materialrezeptur und an die Ausführungsqualität, was sich auch auf die Wasserundurchlässigkeit positiv auswirkt. Konstruktiv wird man auf Tunnelbögen oder Gitterträger und auch Bewehrungsmatten möglichst verzichten, um Spritzschatten und daraus resultierende erhöhte Wasserwegigkeiten zu vermeiden (und auch sicherheitstechnisch zur Vermeidung von Arbeiten im „ungesicherten Bereich“). Die Bauweise kann ihre Vorteile also insbesondere dann gut ausspielen, wenn als Sicherung ausschließlich Felsnägel oder Anker in Verbindung mit rein faserbewehrten Spritzbetonschalen möglich sind. Bei stärkeren oder flächigen Wasserzutritten ist allerdings eine ausreichende Abführung des Wassers in der Regel nicht mehr möglich; in diesem Fall sind aber ohnehin Spritzbetonvortriebe meist nicht oder nur mit einem erheblichen Zusatzaufwand möglich.

Oben wurde bereits die Bedeutung der Sicherstellung einer dauerhaften, vollflächigen und kraftschlüssigen „Stützung“ der Spritzmembran durch die innere Schale angesprochen. Durch die bei Ortbeton-

Innenschalen üblichen Sackungen und Stellen mit mangelnder Verdichtung, insbesondere im Firstbereich, kann dies zu Problemen führen. In der Ortbetonbauweise werden hierzu regelmäßig Firstspaltverpressungen durchgeführt. Bei Anwendung einer Spritzmembranabdichtung ist hierbei sicherzustellen, dass während der Verpressung die Spritzmembran nicht beschädigt wird. Da eine Sichtbarkeit in diesem Bauzustand nicht mehr gegeben ist, zeigen sich eventuelle Beschädigungen der Membran dann durch Leckagen, die nachträglich zu injizieren sind.

Aus baubetrieblicher Sicht sollte durch einen geeigneten Bauablauf gewährleistet werden, dass die innere Spritzbetonschicht möglichst zeitnah nach ausreichender Verfestigung der Spritzabdichtung und möglichst ohne längere Unterbrechungen bis zur vollen Stärke aufgebracht wird. Dies dient zum einen dem Schutz der Spritzmembran, aber auch der Vermeidung einer Verschmutzung durch den Baubetrieb (z. B. Absetzen von Staub), die zu einer verminderten Haftfestigkeit des nachfolgenden Spritzbetons führen kann. Durch die zeitlich kurz aufeinanderfolgende Herstellung sämtlicher Spritzbetonschichten werden zudem Schwindunterschiede, die zu einer Reduzierung der statischen Verbundtragwirkung führen können, minimiert (vgl. Abschnitt 4).

Aus statischer Sicht ergeben sich weitere Anwendungsgrenzen: Aus dem Verzicht auf eine die Spritzmembran bzw. die Verbundfuge durchörternde Verbund-/Schubbewehrung und wegen des konstruktiv bei Spritzbeton nur geringen zulässigen Bewehrungsgehalts ergibt sich die Forderung, dass die Tragfähigkeit überwiegend aus einer Abtragung der Ringdruckkräfte und nur untergeordnet über Biegetragwirkungen erfolgen soll. Diese statischen Randbedingungen erfordern eine geeignete, an die Stützlinie angepasste „runde" Formgebung der Tunnelkontur und eine zugehörige Belastungssituation. Tunnel mit statisch ungünstigen Randbedingungen, etwa ungünstiger Formgebung (stark von der Stützlinie abweichend), in „schlechter" Geologie mit ungünstigen Bettungsverhältnissen oder mit ungünstigen Belastungsverhältnissen (z. B. hohe unsymmetrische oder punktuelle Belastungen) sind in der Regel für die SB-SM-VBW nicht empfehlenswert.

Bei der SB-SM-VBW ist zudem die mögliche Reduzierung der Verbundwirkung in der Fuge infolge von Kriecherscheinungen zu beachten. Sofern die Verbundwirkung im Grenzzustand der Tragfähigkeit (GZT) zwingend erforderlich ist, sollten hohe Ausnutzungsgrade vermieden werden. Rechnerisch kann dies durch ausreichend hohe Sicherheitsbeiwerte in den statischen Berechnungen berücksichtigt werden (vgl. Abschnitt 4.1).

3.4.2 Qualifikation der Anwender

Die finale Abdichtungsmembran entsteht durch „handwerkliche" Arbeiten vor Ort. Sie hängt damit direkt ab von einer korrekten Anwendung und Umsetzung der Herstellerempfehlungen. Es hat sich bei bisherigen Anwendungen mehrfach gezeigt, dass die ausführenden Firmen zwar von der Möglichkeit des deutlich einfacheren Einbaus der Abdichtung angetan waren, jedoch bei der Personalplanung keine besonderen Voraussetzungen bzw. keine spezifischen Trainings- oder Schulungsmaßnahmen vorgesehen haben. Einige der im Handel erhältlichen Materialien werden mit weit verbreiteten, nur adaptierten Trockenspritzgeräten aufgebracht. Die Arbeiten erfolgen also mit Geräten, die den Ausführenden im Tunnelbau gut bekannt sind; sie sehen sich daher unmittelbar als geeignet für das Aufbringen der Spritzabdichtung. Der Unterschied liegt jedoch im Detail: So sollen die Spritzabdichtungen typischerweise 3 mm dick aufgebracht werden und nicht mit Schichtstärken von mehreren Zentimetern, wie im Fall des Spritzbetons. Auch der Umgang mit Wasser auf dem Untergrund ist unterschiedlich. Während man bei der Aufbringung von Spritzbeton Feuchtstellen häufig einfach überspritzen kann, sollte eine solche Vorgehensweise bei einer Spritzmembranabdichtung vermieden werden; dort sind ggf. vorab Sondermaßnahmen notwendig.

Es bleibt festzustellen, dass bei der Anwendung von Spritzabdichtungen zwingend auf den Einsatz von qualifiziertem Personal zu achten ist, um die Wirksamkeit der Bauweise zu gewährleisten. Die Hersteller bieten Schulungen und Zertifizierungen an, die sich erfahrungsgemäß sofort positiv auf die Ausführungsqualität auswirken. Es ist anzunehmen, dass sich bei breiterer Akzeptanz von Spritzabdichtungen schrittweise spezialisierte Anwenderbetriebe herausbilden, sodass sich die Thematik der Mindestqualifikation der ausführenden Personen auf der Baustelle mittelfristig entschärfen sollte.

4 Statik der Verbundbauweise

Zum Verständnis der Wirkungsweise einer Spritzmembran unter statischen Aspekten ist ein „Ausflug" in die Statik der Verbundbauweise erforderlich.

4.1 Statisches Nachweiskonzept der Verbundfuge, Bedeutung der Haftzugfestigkeit

Die nachgewiesen dauerhafte Wirkung der Verbundfuge – d.h. die Übertragung von Schubkräften bei Einhaltung ausreichend geringer zugehöriger Verformungen – ist die Voraussetzung für die statische Wirkung des Verbundquerschnitts als monolithischer Gesamtquerschnitt. Bei der SB-SM-VBW sind Schubbewehrungen oder sonstige Verbindungsmittel (z.B. Schubdübel) in der Verbundfuge typischerweise nicht vorgesehen, sodass die Schubkraftübertragung ausschließlich durch die „Verbundfestigkeit" der Spritzmembran mit dem Spritzbeton gewährleistet werden muss.

In der Baustatik sind Schubspannungen eine Hilfsgröße, die auf reine Zug- und Druckspannungen zurückgeführt werden können (vgl. z.B. Fachwerkmodelle im Stahlbetonbau). Insofern ist die „Verbundfestigkeit" immer eng mit einer „Zugfestigkeit" verbunden. Nachfolgend werden die auftretenden „Schubspannungen" als Spannungen parallel zur Verbundfuge und die „Zug- (bzw. Druck-)Spannungen" als Spannungen senkrecht zur Verbundfuge bezeichnet.

In der Verbundfuge werden durch Zwangseinwirkungen (Temperatur und Schwinden) Zugspannungen und durch äußere Belastungen zusätzlich Schubspannungen und ggf. weitere Zugspannungen erzeugt. Eine kombinierte Zug-Schub-Beanspruchung ist versuchstechnisch kaum umsetzbar und die Nachweise der Qualität der Verbundfuge für derartige Beanspruchungen praktisch nicht möglich. Im statischen Nachweis wird deshalb die Zug-Schub-Beanspruchung vereinfacht in eine reine Zugbeanspruchung umgerechnet, indem die Zug- und die Schubbelastungen der Verbundfuge betragsmäßig aufaddiert werden. Unter der Annahme, dass die charakteristische Schubfestigkeit V_k (auch mit τ bezeichnet) mindestens so groß ist wie die charakteristische Zugfestigkeit, kann der Nachweis der Tragfähigkeit der Verbundfuge vereinfacht über Haftzugversuche erfolgen. Einzelheiten zur statischen Wirkungsweise und zum Nachweiskonzept einer Verbundfuge können Schwarz [19] und Kupfer/Kupfer [20] entnommen werden.

Hinweis: Das Nachweiskonzept einer Verbundfuge wurde in [19] und [20] für das – inzwischen nicht mehr aktuelle – Sicherheitskonzept mit globalen Sicherheitsbeiwerten aufgestellt. Dies wird zur Verdeutlichung des Bezugs in diesem Beitrag bewusst beibehalten.

Das statische Nachweiskonzept der Verbundfuge lautet demzufolge:

$$\left[\sum \sigma_{z,k} + \sum \tau_k\right] \cdot \eta_G \leq \beta_{zc}$$

mit:

$\sigma_{z,k}$ = charakteristische radiale Zugspannungen in der Verbundfuge

τ_k = charakteristische Schubspannungen in der Verbundfuge

η_G = globaler Sicherheitsbeiwert

β_{zc} = 5 % Fraktilwert der in Prüfungen ermittelten Haftzugfestigkeit

Der globale Sicherheitsbeiwert η_G kann gemäß Vorschlag von Schwarz [19] für Nachweise im GZT mit 2,0 und für Nachweise im Grenzzustand der Gebrauchstauglichkeit (GZG) mit 1,25 angenommen werden. Diese Werte beziehen sich allerdings auf Verbundfugen in reiner Spritzbetonbauweise. Bei Anwendung von Spritzmembranabdichtungen in einer permanenten Verbundfuge sollte zur Berücksichtigung von Kriecheinflüssen nach Meinung der Autoren der Sicherheitsbeiwert für statische Nachweise im GZT auf $\eta_G \approx 2{,}5$ erhöht werden.

Die charakteristischen Zugspannungen in der Verbundfuge aus Zwang (Temperatur und Schwinden) können gemäß Schwarz [19] näherungsweise mit $\sigma_{z,k} \approx 0{,}25\ \mathrm{MN/m^2}$ angenommen werden. Die aus den statischen Belastungen resultierenden charakteristischen Beanspruchungen sind sowohl von der Formgebung des Tunnels (Annäherung an die ideale Stützlinie) als auch von dem in der Fuge wirkenden Wasserdruck abhängig und liegen üblicherweise zwischen etwa 0,1 MN/m^2 und 0,6 MN/m^2.

Demzufolge ergeben sich nachzuweisende Haftzugfestigkeiten β_{zc} in der Größenordnung von üblicherweise $\beta_{zc} \approx 0{,}7-2{,}1$ MPa. Bei gut ausgerundeten Tunneln liegen die nachzuweisenden Werte meist bei etwa 1,0 MPa und sind somit höher als die Mindestanforderung von 0,5 MPa gemäß Abschnitt 1.3.

Daraus ergibt sich, dass die Haftzugfestigkeit in der Verbundfuge schon aus Zwangsbeanspruchungen des Spritzbetons, insbesondere aus Schwinden, zu einem beträchtlichen Teil aufgezehrt sein kann. Wichtig ist deshalb, den äußeren und inneren Teil der Spritzbetonschalen innerhalb möglichst kurzer Zeitabstände (wenige Wochen) – und bei nicht zu hohen Temperaturen – herzustellen, um die Schwind- und Temperaturdifferenzen möglichst gering zu halten. Insbesondere sollten, speziell beim inneren Spritzbeton, möglichst schwindarme Mischungen mit Schwindmaßen $\varepsilon_{s,120d} \leq \approx 500\ \mu$ und mit geringer Wärmeentwicklung entwickelt und angewendet werden; dies wirkt sich zusätzlich auch positiv auf die Rissvermeidung und die Dauerhaftigkeit der Tunnelschale aus (vgl. hierzu auch Holter [13]). Im Rahmen der statischen Berechnungen einer Verbundschale sollten deshalb in jedem Fall die Zwangseinwirkungen berücksichtigt und ggf. planerisch Obergrenzen für das Schwindvermögen festgelegt werden.

Bei Verbundsystemen bilden die Haftzugfestigkeiten (Verbundfestigkeiten) den wichtigsten relevanten Eingangsparameter für die Tunnelstatik. Generell ist anzustreben, dass die Haftzugfestigkeit im „double bond"-Versuch mindestens der Zugfestigkeit des unbewehrten Betons entspricht (größenordnungsmäßig ca. 2,2–2,6 MPa); das bedeutet, dass in der Haftzugprüfung nach EN 1542 möglichst ein Kohäsionsversagen des Spritzbetons – also ein Versagen im Beton selbst, nicht in der Klebefuge – auftritt.

Bei einer gut gekrümmten Tunnelschale mit einer geometrisch „großwellig" (Makrobereich) ausgebildeten Verbundfuge liegt der oben ge-

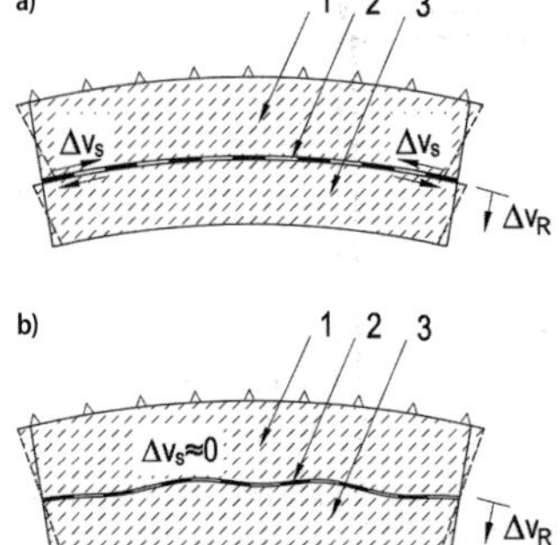

Bild 3. Verhalten einer Schubfuge ohne Schubtragfähigkeit bei gekrümmten Tunnelschalen; a) Prinzip der zweischaligen Verbundbauweise (CSL): glatte Fuge, Schalenteile verhalten sich statisch wie Einzelschalen; b) Prinzip der einschaligen Verbundbauweise (SSL): wellige Fuge mit geringen Radialverformungen, Schalenteile verhalten sich statisch als Verbundkonstruktion; 1 = äußere Schale, 2 = Verbundfuge, 3 = innere Schale

nannte Schubnachweis auf der sicheren Seite. Das soll anhand von Bild 3 erläutert werden: Bei einer gekrümmten, aber glatten Fuge ohne Verbund können Schubverformungen Δv_s ungehindert auftreten; die äußere und die innere Schale verhalten sich unter Lastbeanspruchung wie zwei Einzelquerschnitte (Bild 3a). Bei einer wellig ausgebildeten Fuge werden dagegen die Schubverformungen von den Betonunebenheiten behindert, solange es nicht zu radialen Differenzverformungen Δv_R kommt, die größer als die Unebenheiten sind (Bild 3b). Derartige Differenzverformungen Δv_R, die sich als „Ablösung" der inneren von der äußeren Schale zeigen, können grundsätzlich nicht ausgeschlossen werden (z. B. aus Schwinden oder Temperaturdifferenzen), sie sind aber aufgrund der Schalenkrümmung und der hohen Normalkraftsteifigkeit in der Regel so klein, dass die Schubtragfähigkeit der Betonunebenheiten nicht wesentlich eingeschränkt wird. Das Schubversagen der Verbundfuge tritt somit erst bei einem Schubversagen des Betons auf; ein Schubversagen oder Kriechen der Spritzmembran selbst ist für die Tragfähigkeit somit nicht relevant.

4.2 Berücksichtigung des Kriechens in der Verbundfuge

Die Spritzmembranmaterialien zeigen unter Dauerbelastung eine ausgeprägte Kriechneigung (vgl. Abschnitt 5.1.1 f). Dieses ungünstige

Verhalten sollte in rechnerischen Nachweisen der Verbundfuge gemäß Abschnitt 4.1 durch einen ausreichend großen Sicherheitsabstand im Grenzzustand der Tragfähigkeit (GZT) berücksichtigt werden. Die im Allgemeinen vorhandenen, oben erläuterten Tragfähigkeitsreserven durch die großwellig ausgebildete Verbundfuge sind in der Regel nicht quantifizierbar und sollten deshalb in statischen Nachweisen unberücksichtigt bleiben.

5 Mechanische Eigenschaften und deren Prüfung

Grundlage der Anwendung „neuer“ Werkstoffe sind standardisierte Prüfmethoden, mit denen die Eignung der Materialien für den jeweiligen Anwendungszweck unter gleichen Randbedingungen verglichen und beurteilt werden kann. Hierbei ist von entscheidender Bedeutung, dass die Prüfverfahren:

- standardisiert sind, sodass die Ergebnisse mehrerer Prüfungen (z. B. für unterschiedliche Produkte) wiederholbar und aufgrund der jeweils gleichen Randbedingungen miteinander vergleichbar sind;
- für die realen Baustellenbedingungen aussagekräftige Ergebnisse liefern. Die Laborbedingungen sollten die relevanten tunnelbauspezifischen Randbedingungen möglichst realitätsnah abbilden, damit die erzielten Laborergebnisse auf die Anwendung im realen Tunnel übertragbar sind.

Derzeit erfolgt in Deutschland die Prüfung von Spritzabdichtungen im Rahmen der Erteilung bauaufsichtlicher Prüfzeugnisse meist auf Basis von Prüfverfahren, die in den Regelwerken der Betoninstandsetzung für Beschichtungsstoffe entwickelt worden sind. Diesen Prüfverfahren liegen aber Randbedingungen zugrunde, die für die Verhältnisse im Tunnelbau allgemein und für die statischen Anforderungen an die Verbundbauweise im Speziellen nicht zutreffen. Dies führt dazu, dass Produkteigenschaften getestet und festgelegt werden, die aus bautechnischer Sicht im Tunnelbau entweder von vergleichsweise geringer Relevanz sind (wie Viskosität, Wichte usw.), oder aber dass andere, für die Bauweise relevante Parameter, nicht geprüft werden und/oder hierfür keine geeigneten standardisierten Prüfverfahren vorliegen (z. B. Querdruck, Kriechverhalten des Schubverbunds, Haftzug auf verschiedenen Materialien, Dauerhaftigkeit).

Die Ergebnisse der Prüfungen, ebenso wie die Angaben der Hersteller, sind somit für die vergleichende Bewertung der Eignung von Spritzmembranabdichtungen – auch als statisch wirksamer Verbundschicht – im Tunnelbau in vielen Fällen wenig aussagekräftig. Beispielsweise hängen die Ergebnisse von Haftzugfestigkeitsprüfungen stark vom Alter, von der Membranstärke und dem Feuchtegehalt des Prüfkörpers ab. Zusätzlich zu den genormten Standardprüfungen sollten deshalb auch stets ergänzende projektbezogene Prüfungen unter den projektspezifisch festgelegten Randbedingungen und den Parametern der jeweils gewählten Spritzabdichtung durchgeführt werden.

Die oben genannten Fragestellungen und einzelne Aspekte hierzu werden nachfolgend eingehender diskutiert. Eine umfangreiche weiterführende Zusammenstellung von Prüfverfahren und die Diskussion der Prüfergebnisse für Spritzabdichtungen im Felstunnelbau kann z. B. Holter [13] entnommen werden.

5.1 Diskussion von Prüfverfahren

5.1.1 Versuche zur Ermittlung von Festigkeiten

a) Verbundfestigkeit auf Beton / Spritzbeton, Haftzugfestigkeit

Die nachzuweisende Verbundfestigkeit – als der kleinere Wert der Haftzugfestigkeit a) zwischen der äußeren Spritzbetonschale und der Spritzmembran und b) zwischen der Spritzmembran und der inneren Spritzbetonschale – kann in sogenannten „double bond"-Versuchen geprüft werden. Der Nachweis einer ausreichenden Verbundfestigkeit über Haftzugversuche ist sowohl Voraussetzung für die statische Berücksichtigung der Verbundwirkung (vgl. Abschnitt 4) als auch ein Kriterium für eine ausreichende Ausführungsqualität.

Der Nachweis der Verbundfestigkeit erfolgt durch Haftzugversuche (sogenannte „pull-off adhesion tests" oder „bond tests"), wie sie üblicherweise bei Beschichtungssystemen in der Betoninstandsetzung verwendet werden. Haftzugversuche für Beschichtungssysteme sind in Deutschland über die europäische Norm EN 1542 [21] geregelt, international sind weitere Regelwerke gebräuchlich (vgl. Tabelle 2).

Die Haftzugprüfungen nach DIN EN 1542 [21] erfolgen unter definierten Lager- und Laborbedingungen (Normallaborklima) an Beschichtungssystemen, die auf definierte Betonprüfkörper gemäß prEN1766 (300 × 300 × 100 mm; GK 8 oder 10 mm, sandgestrahlte und gereinigte Oberfläche) aufgebracht werden. Abhängig vom Produkt und von der gewählten Prüfart beträgt die Lagerung bei 21 °C, in der Regel gesamt 7 Tage oder 28 Tage bei relativer Luftfeuchte von 60 % („trockene“ Versuche) oder nach Wasserlagerung („nasse“ Versuche). Einzelheiten sind DIN EN 1542 [21] zu entnehmen.

Die im Laborversuch durchgeführten Haftzugprüfungen erfüllen somit grundsätzlich die Bedingung der Standardisierung (gleiche Randbedingungen, Vergleichbarkeit). Werden die Haftzugprüfungen dagegen, wie in der Praxis üblich und erforderlich, in situ am Tunnelbauwerk durchgeführt, sind die Prüfbedingungen abhängig von den jeweiligen Gegebenheiten (z. B. Untergrundeigenschaften, Temperatur, Luftfeuchtigkeit). Aufgrund der unterschiedlichen Randbedingungen können die Ergebnisse der Laborprüfungen nicht ohne Weiteres auf das jeweilige Tunnelbauwerk übertragen werden.

Wesentliche Einflussparameter auf die Ergebnisse der Haftzugversuche sind die Luftfeuchtigkeit und die Lagerungsart (trocken/nass). Je nach Art des Spritzmembranmaterials kann sich bei Wasserlagerung eine teilweise deutliche Abminderung der Haftzugfestigkeit bis auf etwa 50 % gegenüber einer trockenen Lagerung ergeben. In der Praxis sind „nasse“ Randbedingungen dann gegeben, wenn anstehendes Gebirgswasser nicht vollständig drainiert wird und während des Abbindeprozesses in Kontakt mit der Membran kommt. Bei Membrantypen, deren Verfestigungsvorgang auf einer Verdunstung des in der Membran enthaltenen Wassers basiert (z. B. EVA-basierte Membransysteme), sollte zudem die Luftfeuchtigkeit nicht zu hoch sein, da hierdurch der Aushärtungsvorgang verlängert wird bzw. nicht mehr stattfindet. Eine Luftfeuchte bis maximal etwa 80 % rH ist anzustreben; Feuchtigkeitswerte von über 90 % rH sind in jedem Fall zu vermeiden. Die in den „trockenen“ Prüfungen unter Laborbedingungen wirkenden 60 % rH stellen im Vergleich zur üblichen Tunnelatmosphäre (oft bis 80 % rH) eher zu günstige und ggf. unrealistische Randbedingungen dar.

Als weitere Einflussparameter sind das Probenalter bzw. der Zustand des Abbindevorgangs während der Prüfung zu nennen. Das zeitliche Abbindeverhalten ist gemäß Bild 4, neben den zuvor genannten Feuchtigkeitseinflüssen, im Wesentlichen abhängig von der Temperatur und der Schichtdicke der Spritzmembran. Haftzugfestigkeiten werden üblicherweise im Alter von 7 Tagen oder 28 Tagen nach dem Aufbringen geprüft.

Geringe Temperaturen verringern die Ausreaktionsgeschwindigkeit und die Verfilmung (nicht allerdings bei PU-Materialien) und führen demzufolge zu niedrigeren 7-d- oder 28-d-Haftzugfestigkeiten.

Auch größere Spritzdicken verzögern die Abbindeprozesse deutlich (vgl. Bild 4). Bei Schichtdicken von mehr als etwa 4 mm sollte die Membran in mehreren Arbeitsgängen mit Dicken von jeweils 2–3 mm sowie in einem Zeitabstand von einigen Tagen (ca. 3 d) hergestellt

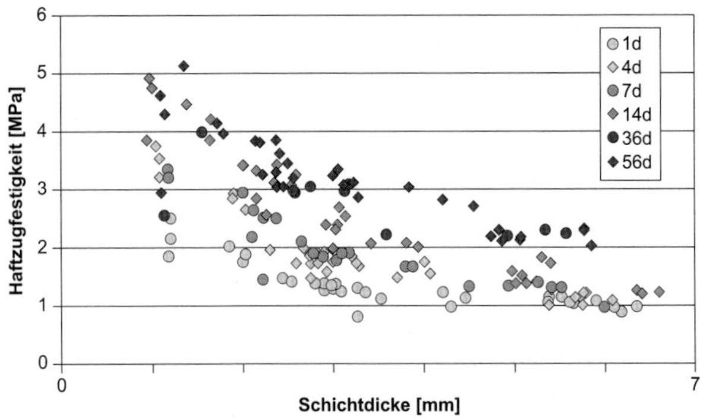

Bild 4. Festigkeitsentwicklung in Abhängigkeit von der Schichtdicke und des Probenalters, beispielhaft für MS 345

werden. Hierdurch ergibt sich eine signifikante Erhöhung der Festigkeitskennwerte, insbesondere zu den Zeitpunkten 7 d und 14 d.

Bei der Bewertung der Versuchsergebnisse von In-situ-Haftzugprüfungen sollten deshalb die genannten Randbedingungen berücksichtigt werden:

- Wasserkontakt bzw. Lagerung trocken/nass;
- relative Luftfeuchtigkeit rH;
- Umgebungstemperatur während der Aushärtungsphase;
- Spritzdicke bzw. Einzelschichtdicke der Spritzmembran.

Weitere Einflüsse resultieren aus der Untergrundbeschaffenheit und der Ausführungsqualität:

- Oberflächenbeschaffenheit des Untergrunds:
  Der Untergrund sollte sauber, leicht rau und großwellig sowie frei von Schlempe sein (vgl. Abschnitt 3.2). Insbesondere bei geschalten Oberflächen und bei Stahlfaser-Ortbetonen können sich Feinteile an der Oberfläche absetzen, die zu einem Ablösen der obersten Schichten führen (siehe Abschnitt 5.1.3). Eine systematische, gezielte Aufrauung des Untergrunds, z. B. mit Sandstrahlen, ist auf der Baustelle mit hohem Aufwand verbunden und sollte deshalb auf unbedingt notwendige Fälle beschränkt werden.

- Spritzparameter:
  Systematische Versuche, die den Einfluss der Spritzparameter (Abstand, Druck, Neigungswinkel usw.) auf die Qualität der fertigen Spritzmembran zeigen, liegen nicht vor. Die vom Hersteller empfohlenen Parameter sind allerdings bewährte Einstellungen und sollten eingehalten werden.

Die bond-tests sind Kurzzeitversuche. Daher lassen sich daraus keine Aussagen zum Kriechverhalten, zur Dauerhaftigkeit und zur Langzeitbeständigkeit ableiten.

Wenn Haftzugprüfungen als Zugversuche an nachträglich gezogenen Kernen aus dem Bauwerk durchgeführt werden, ist zu beachten, dass das Ziehen der Kerne in der Regel durch Nassbohren erfolgt, wodurch die an solchen Proben bestimmten Festigkeitswerte infolge der höheren Feuchtigkeit geringer ausfallen können.

Für die vom Hersteller empfohlenen Randbedingungen kann davon ausgegangen werden, dass der Abbindeprozess nach einigen Tagen (ca. 3–7 d) so weit fortgeschritten ist, dass ein Aufspritzen der weiteren, inneren Spritzbetonschichten erfolgen kann. In-situ-Prüfungen der mechanischen Eigenschaften, die im Alter von mindestens 14 d (oder besser 28 d) erfolgen, liefern somit ausreichend „robuste" Werte. Diese Werte sind allerdings nur sehr bedingt vergleichbar mit Prüfergebnissen, die unter definierten Randbedingungen im Labor ermittelt wurden.

Als Mindestanforderung wird in den Richtlinien im Allgemeinen eine 28-d-Haftzugfestigkeit von 0,5 MPa empfohlen (vgl. Abschnitt 1.3), sofern sich aus statischen Anforderungen keine höheren Werte ergeben. Eine ausreichende Untergrundqualität und -vorbereitung sowie die sorgfältige Ausführung und die Einhaltung der Randbedingungen vorausgesetzt, können die Mindestanforderungen in der Praxis ohne Weiteres erreicht werden (vgl. Abschnitt 5.2).

b) Verbundfestigkeit auf anderen Materialien

Für die Konstruktion von Anschlussdetails und Übergängen ist die Verbundfestigkeit von Spritzabdichtungen zu anderen Materialien, wie z. B. Stahl, anderen Metallen oder im Tunnelbau verwendeten Kunststoffen (z. B. Kunststoffdichtungsbahnen (KDB), PVC, HDPE-Rohre usw.) von Interesse.

Für die Ermittlung der Verbundfestigkeit zu anderen Materialien gelten die Ausführungen unter a) grundsätzlich sinngemäß. Eine Haftzugprüfung nach DIN EN 1542 [21] ist allerdings ggf. nicht möglich, da das erforderliche Einschneiden in die Materialien (z. B. bei Stahl) nicht praktikabel ist. Die Prüfungen werden deshalb in der Regel als Zugprüfungen unter Laborbedingungen durchgeführt.

Für mehrere Spritzabdichtungssysteme liegen Ergebnisse für unterschiedliche Materialpaarungen vor. Demnach ergeben sich in vielen Fällen moderate bis gute Verbundfestigkeiten in der Größenordnung von etwa 0,5–1,5 MPa. Neuerdings werden in WUBKO sogenannte

Frischbeton-Verbund-Systeme (FBVS) verbaut, hierfür wurden in Versuchen gute Verbundfestigkeiten beim Anspritzen bzw. in Kombination mit Spritzabdichtungen auf Basis von reaktiven Acrylatpolymeren ermittelt. Einige Werte sind in Abschnitt 5.2 zusammengestellt.

Letztendlich sind die Verbundfestigkeit, Verträglichkeit und Dauerhaftigkeit immer von den jeweiligen Materialpaarungen abhängig. Sofern keine konkreten Prüfergebnisse vorliegen, sollten deshalb stets entsprechende spezifische Untersuchungen durchgeführt werden. In Zweifelsfällen sollten zusätzliche mechanische Verbindungen an Übergängen, z. B. Festflanschkonstruktionen, vorgespannte Schellenverbindungen oder Flansche, oder Injektionsmöglichkeiten als Rückfallebene an Übergängen vorgesehen werden (vgl. Abschnitt 6.1).

c) Schubfestigkeit

Versuche zur Ermittlung einer reinen Schubfestigkeit, d. h. ohne gleichzeitige Wirkung von Zug- oder Druckkräften in der Fuge, sind versuchstechnisch aufwendig. Eine Möglichkeit, die Scherparameter (Kohäsion und Reibung) der Verbundfuge in vereinfachten Scherversuchen zu ermitteln, besteht in den – in der Bodenmechanik üblichen – direkten Scherversuchen, etwa im Kastenschergerät (mit unterschiedlichen Normalspannungen). In der Praxis sind derartige Versuche nicht üblich, wurden aber schon in Einzelfällen durchgeführt.

d) Zugfestigkeit

Die Zugfestigkeit des Spritzmembranmaterials wird in Zugprüfungen ermittelt. Es handelt sich hierbei um die Zugfestigkeit des Materials selbst, also um eine reine Materialeigenschaft. Eine ausreichende Zugfestigkeit in Verbindung mit einem hohen Dehnungsvermögen (Bruchdehnung) ist erforderlich, um schadlos hohe Dehnungen (z. B. bei Rissöffnungen) oder lokale Verformungen (z. B. Fugenbewegungen) aufnehmen zu können.

Die Zugfestigkeit und das Dehnungsvermögen sind als eine qualitative Komponente anzusehen, um die konstruktiven Anforderungen (Dichtigkeit) an die Membran erfüllen zu können. Die Prüfung erfolgt in realitätsnahen Tests (siehe Abschnitt 5.1.3). Mindestanforderungen an die Zugfestigkeit des Materials über die ohnehin vorhandene und getestete Haftzugfestigkeit (die indirekt auch als Mindestzugfestigkeit des Materials interpretiert werden kann) hinaus sind aus statischer Sicht nicht relevant, unter konstruktiven Gesichtspunkten nicht erforderlich und werden demzufolge auch nicht in gesonderten Prüfungen untersucht.

e) Druckfestigkeit

In Ausnahmefällen werden Spritzmembranabdichtungen lokal durch hohe Druckspannungen beansprucht, etwa wenn sie aussteifende Druckglieder, Stützen, Steifen oder Ähnliches umfassen. In solchen Fällen können in der Praxis Druckspannungen bis etwa 5 MPa auftreten, also ein Vielfaches der üblicherweise auftretenden Wasserdruckbeanspruchungen (z. B. 1 bar = 0,1 MPa).

Denkbar ist, dass es bei unzulässigen Druckbeanspruchungen zu lokalen Schädigungen der Membranstruktur kommt, d. h. zu „Durchdrückungen" oder Ausquetschungen auf den „Bergen" der Betonkörnung, und in der Folge zu Undichtigkeiten. Seitens der Hersteller wurden für EVA-basierte Abdichtungen Wasserdruckprüfungen bis 20 bar (2,0 MPa) über 1 Jahr durchgeführt, ohne dass Schädigungen der Membran sichtbar wurden.

Inwieweit darüber hinaus Druckspannungen aufgenommen werden können, ist bisher nicht getestet worden und nicht bekannt. Auch stehen hierfür keine standardisierten Prüf- und Beurteilungsverfahren zur Verfügung.

f) Kriechverhalten

Spritzmembranmaterialien zeigen, wie die meisten Kunststoffe, ein ausgeprägtes Kriechverhalten. Hohe statische Beanspruchungen bzw. Ausnutzungsgrade sollten deshalb nach Möglichkeit vermieden werden.

In einem Dauertest-Großversuch wurde das Langzeitverhalten einer Spritzmembran-Verbundfuge unter zyklischer Belastung untersucht. Hierzu wurde das Spritzmembransystem mit einer 10 cm starken, mit Messinstrumentierung ausgestatteten Spritzbetonschicht auf einen als Widerlager dienenden, L-förmigen Ortbetonbalken aufgebracht. Die Verbundfugen wurde anschließend über einen mehrmonatigen Zeitraum einer zyklischen Scherbeanspruchung ausgesetzt, die durch Temperaturzyklen (50 Wechsel von 5–20 °C bzw. von –5–30 °C) erzeugt wurden. Eine Änderung des Verbund- bzw. Verformungsverhaltens, das auf Kriecheffekte oder auf eine reduzierte Dauerhaftigkeit hinweisen könnte, wurden im Versuch nicht beobachtet. Einzelheiten zu diesen Untersuchungen können Seidl et al. [22] entnommen werden.

g) Shore-Härte, Abbindeverhalten

Die Shore-Härte kann am aufgebrachten Material gut ermittelt werden. Sie kann als Indikatorkennwert für den Aushärtungszustand angesehen werden. Gemäß Abschnitt 1.3 verlangen die Richtlinien eine Shore-Härte A ≥ 50, um die nächste (innere) Lage Spritzbeton auf die Membran zu spritzen. Eine vermutete Korrelation zwischen der Shore-Härte und der Haftzugfestigkeit konnte in Versuchen nicht nachgewiesen werden. Bei vergleichsweise großen Streuungen zeigen vorhandene Untersuchungsergebnisse, dass die zum weiteren Aufspritzen nötige Haftzugfestigkeit von etwa 0,5 MPa erst bei einer Shore-Härte A > 80 sicher erreicht ist. Die Entwicklung der Shore-Härte zeigt grundsätzlich die gleichen Abhängigkeiten von den Randbedingungen, wie sie oben für die Entwicklung der Haftzugfestigkeit genannt wurden.

Darüber hinaus hat die Shore-Härte keine statische oder baupraktische Bedeutung.

5.1.2 Versuche zur Ermittlung der Steifigkeit (E-Modul)

Aufgrund der geringen Stärke ist die Steifigkeit (E-Modul) der Spritzmembranschicht für die Verformungsermittlung in radialer Richtung (senkrecht zur Verbundfuge) ohne Bedeutung.

Die Schubsteifigkeit in tangentialer Richtung soll jedoch so hoch sein, dass unter den üblichen Schubspannungen in der Verbundfuge ausreichend kleine Verschiebungen auftreten. Die geringe Stärke der

Spritzmembran ist allerdings auch für die Schubverformungen von Vorteil.

Ein ausreichendes Dehnungsvermögen ist für die schadlose Überbrückung von Verformungen und Diskontinuitäten (z. B. Risse, Kanten) erforderlich. Hierfür gelten die Ausführungen aus Abschnitt 5.1.1 d) sinngemäß.

5.1.3 Versuche zur Prüfung der Dichtigkeit

Der Prüfaufbau zum Nachweis der Dichtigkeit unter vorgegebenen Randbedingungen ist für Spritzmembranabdichtungen nicht geregelt. Nachfolgend werden mehrere in der Praxis angewendete Prüfverfahren diskutiert. Die Dichtigkeitsversuche werden in der Regel beendet, wenn die nachzuweisende Druckstufe aufgebracht worden ist. Aussagen zu Grenzdrücken, bei denen es zu einem Versagen der Abdichtungsebene kommt, oder zu Streuungen sind demnach nicht möglich.

Zur Bestimmung der Wasserdichtigkeit des Materials (z. B. einer 3 mm starken Membran) werden freie Filme hergestellt. Hierfür wird die Spritzmembran bei minimal und maximal zulässiger Verarbeitungstemperatur auf eine nicht haftende Unterlage aufgebracht. Die Prüfung der Wasserdichtigkeit erfolgt dann gemäß DIN EN 1928, Verfahren B. Mit diesem Nachweis konnte für mehrere Spritzmembranmaterialien die Wasserdichtigkeit bis 250 kPa (25 mWS = 2,5 bar) nachgewiesen werden.

Der Nachweis der Wasserdichtigkeit für den SB-SM-VBW-Verbundkörper kann an aus dem Bauwerk entnommenen Proben (Bohrkerne) durchgeführt werden. Das Prüfverfahren gemäß DIN EN 12390-8 [23] wurde für Wasserundurchlässigkeitsprüfungen von Betonkörpern (WUBKO) entwickelt und liefert hier den Nachweis einer ausreichenden Wasserundurchlässigkeit des Gesamtsystems aus äußerer und innerer Betonschale sowie der dazwischen befindlichen Spritzmembran.

Zur Überprüfung der Rissüberbrückung unter Wasserdruckbeanspruchung wurde von der MFPA Leipzig (Gesellschaft für Materialforschung und Prüfungsanstalt für das Bauwesen Leipzig mbH) in

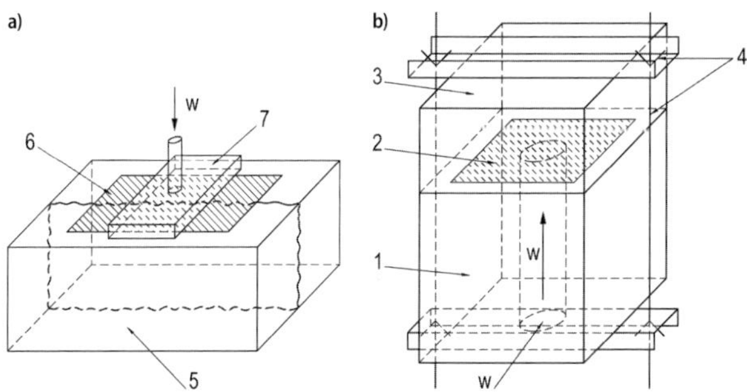

Bild 5. Prinzipskizze für Wasserdruck-Dichtigkeitsprüfungen; a) Nachweis der Rissüberbrückung; b) Nachweis Abschälen; 1 = Prüfkörper mit Röhrchen zur Druckaufbringung; 2 = Spritzmembran (über Rohrende ohne Verbund); 3 = Widerlagerkörper; 4 = Traverse mit Zugstangen; 5 = Prüfkörper mit einstellbarer Rissöffnungsweite; 6 = Spritzmembran; 7 = aufgesetzte Druckkammer aus Stahl

Anlehnung an die Prüfgrundsätze des DIBt (baPZ für Fugenabdichtungen) der in Bild 5a dargestellte Prüfaufbau entwickelt. Hierbei wird ein unbewehrter Betonprüfkörper in zwei Betonierabschnitten hergestellt. Nach Applikation der Spritzabdichtung auf der Oberseite (über die Betonierfuge hinweg) wird mittels spezieller Keile die Fuge gleichmäßig geöffnet und die so erzeugte Rissweite über Traversen arretiert. Anschließend wird an der Oberseite eine umlaufend abgedichtete und mit einem Entlüftungsventil und Manometer ausgestattete Druckkammer aus Stahl auf den Prüfkörper aufgesetzt und von oben mit Wasserdruck beaufschlagt. Die Druckkammer steht am Rand über die Abdichtung über, sodass sowohl der Überdeckungsstoß als auch die seitlichen Ränder der Wasserdruckbeanspruchung ausgesetzt sind. Die Verbundfuge der Abdichtung wird dabei auf Druck beansprucht. Für die vorgegebene Fugenbreite wird der Druck stufenweise erhöht und der erreichte maximale Druck über 28 Tage konstant gehalten. Der Versuch gilt als bestanden, wenn keine Wasserdurchtritte festgestellt und nach dem Ausbau keine Ablösungen oder Blasenbildungen beobachtet werden. Im Allgemeinen zeigen Spritzmembranabdichtungen bei der Überbrückung von Rissen im Bereich um etwa 0,5 mm Rissweite ein gutmütiges, robustes Verhalten.

An verschiedenen Abdichtungssystemen konnten für den Zeitpunkt 28 Tage nach Aufbringen Rissüberbrückungen von 2,0 mm mit bis zu 8 bar Wasserdruck erfolgreich getestet werden.

Ein alternativer Versuch zur Ermittlung der Rissüberbrückungsfähigkeit ist in EN 1062-7 geregelt. Dabei wird die Schadensfreiheit der Membran über einer definierten Rissbildung – aber ohne Wasserdruckbeanspruchung – geprüft. Einzelheiten zu diesem Versuch können z. B. Holter [13] entnommen werden.

In projektbezogenen Eignungsprüfungen haben die Autoren des vorliegenden Beitrags Spritzmembranabdichtungen auf „Abschälen“ getestet. Hierzu wurde zusammen mit dem Hersteller ein Prüfsystem gemäß Bild 5b entwickelt. Als Prüfkörper dient ein Betonwürfel der Kantenlänge 30 cm, in den ein Injektionsrohr eingebaut ist. An der Oberseite des Prüfwürfels wird vollflächig die Spritzmembran appliziert, wobei über die Austrittsstelle des Röhrchens ein dünnes Plättchen gelegt wird, sodass hier kein Verbund entsteht. Um bei kleinen Drücken ein vorzeitiges „Aufblasen“ der Membran an der Austrittsstelle und vorzeitiges Versagen zu verhindern, wird ein zweiter Betonwürfel als Gegenkörper an der Oberseite aufgelegt und mit Traversen und Spannstangen lagegesichert. Die Aufbringung des Wasserdrucks (W) erfolgt durch das Injektionsrohr von unten und wirkt im Mittelbereich (ohne Verbund) direkt auf die Spritzmembran; am Rand dieses Mittelbereichs wird die Spritzmembran demnach auf „Abschälen“ beansprucht. Der Versuch gilt als bestanden, wenn über einen Zeitraum von mindestens 72 Stunden unter Maximaldruck kein Wasseraustritt festgestellt wird und nach dem Ausbau keine Ablösungen festgestellt werden.

Die Versuche wurden mit mehreren Spritzmembranabdichtungen auf PU-Basis im Alter von jeweils 14 Tagen auf einer aufgerauten Oberfläche durchgeführt. Hierbei zeigte sich der große Einfluss des Betonwiderlagers: In den ersten Versuchen waren die Spannstangen lediglich handfest angezogen: Undichtigkeiten traten dabei bei etwa 7 bar (0,7 MPa) auf, bei Prüfkörpern mit Stahlfaserbewehrung auch bereits bei geringeren Werten. Nach dem Ausbau zeigten sich Ablösungen an der Betonoberfläche, beim Prüfkörper mit Stahlfasern hatte sich die oberste Betonschicht von wenigen mm Stärke vom Betonkörper gelöst (Kohäsionsversagen); vermutlich bildeten die Stahlfasern eine oberflächige „Schwächezone". Sofern die Spannstangen dagegen leicht vorgespannt wurden (4 × 1,5 kN), waren deutlich höhere Drücke von bis etwa 13 bar (1,3 MPa) nachweisbar.

Es kann festgehalten werden, dass das „Abschälen" eine sehr ungünstige Beanspruchung darstellt, bei der ein Versagen unterhalb der aufgrund der Haftzugfestigkeit zu erwartenden Wasserdrücke erfolgt. Derartige Beanspruchungen sollten konstruktiv vermieden werden. Dabei ist insbesondere darauf zu achten, dass die stützende innere Schicht (z. B. Betoninnenschale) keine Hohl- oder Fehlstellen aufweist und die Spritzmembranabdichtung dauerhaft kraft- und formschlüssig anliegt.

Die Dichtigkeitsversuche sind Kurzzeitversuche; zur näherungsweisen Berücksichtigung von Langzeiteffekten sollten daher ausreichende Vorhaltemaße auf die planmäßigen Wasserdrücke vorgesehen werden.

5.1.4 Versuche zur Prüfung des Langzeitverhaltens und der Umweltverträglichkeit

Hinsichtlich des Langzeitverhaltens ist insbesondere die Stabilität der Spritzmembranabdichtung gegen (aggressive) Bestandteile des Grundwassers oder des Betons von Bedeutung. Materialverträglichkeit, ganz allgemein betrachtet, stellt ein materialimmanentes, spezifisches Kriterium dar und kann sehr unterschiedlich ausfallen. Das allgemeingültige Grundsatzprinzip ist, dass immer dann mit relevanten Veränderungen in Kontakt zu anderen Medien zu rechnen ist, wenn es dem zu prüfenden Material chemisch ähnlich ist. Hydrophobie ist kombiniert mit Lipophilie und Hydrophilie mit Lipophobie.

Beispielsweise wird eine hydrophobe Beschichtung sehr wahrscheinlich von hydrophoben Medien wie z. B. Benzin, Diesel, Öl angegriffen, sie bleibt jedoch von Wasser und von in Wasser gelösten Stoffen (z. B.

Salzen) im Regelfall nahezu unbeeinflusst. Im Gegensatz dazu ist ein eher wasseraffines Material gegenüber organischen Medien meist recht stabil, da es diese nicht aufnehmen will. Bei Materialunverträglichkeit kommt es zum Quellen oder Erweichen des Materials, was im schlimmsten Fall zum Versagen führt.

Darüber hinaus ist die Stabilität gegen andere Medien auch von der inneren Struktur des Abdichtmaterials abhängig: Eine nur verfilmte Beschichtung ist grundsätzlich schneller und stärker angreifbar als z. B. 3-dimensional hoch vernetzte Beschichtungen. Letztere sind oft gegen ein sehr breites Spektrum an Medien auf Dauer äußerst stabil, was bei aggressiven Umgebungsbedingungen ein entscheidendes Auswahlkriterium darstellen kann.

Durch die Hersteller werden im Allgemeinen die entsprechenden Materialverträglichkeiten aufgrund der Bestandteile der Rezepturen in Datenblättern umfassend angegeben. Jedoch wird dabei nur gegen bestimmte – aber in einem breiten Spektrum – häufig auftretende Medien geprüft und dann per Analogieschluss beurteilt. Für besondere Risiken ist es deshalb ratsam, gesonderte Prüfungen für die spezifische Anwendung durchzuführen.

Generell ist für die im Tunnelbau üblicherweise eingesetzten Stoffe von keinen wesentlichen Einschränkungen auszugehen.

5.2 Zusammenstellung der mechanischen Kennwerte

Nachfolgend wird der Versuch unternommen, baupraktisch relevante Kennwerte zusammenfassend darzustellen (Tabelle 3). Die entsprechenden Angaben stammen aus eigenen Versuchen, aus Literatur- und aus Herstellerangaben. Die Randbedingungen zur Ermittlung der Kennwerte sind in vielen Fällen nicht bekannt oder nicht vergleichbar; insofern sind die genannten Kennwerte mit entsprechenden Bandbreiten angegeben. Die Zahlenwerte sind somit als erreichbare Größenordnung der jeweiligen Parameter zu verstehen. In jedem Fall sind projektspezifische Prüfungen festzulegen und durchzuführen.

Tabelle 3. Funktionale bautechnisch relevante mechanische Kennwerte; erreichbare Größenordnungen aus eigenen Versuchen, Literatur- und Herstellerangaben

		EVA-basierte Produkte	PU-Abdichtmaterialien	Acrylat-basierte Produkte	Bemerkung
Haftzug auf Beton	trocken	0,7–> 2,2 MPa	> 10 MPa	1,4–2,0 MPa	
	nass	50 % der Trockenwerte		0,75–0,95 MPa	
Haftzug auf PVC		0,5–>1,5 MPa		1,7–1,9 MPa	Tests im Alter 28 d
Haftzug auf FBVS*	trocken			> 1,5 MPa	
	nass			> 1,0 MPa	Nach 56 d Wasserlagerung
Haftzug auf Stahl		0,5–1,2 MPa			Tests im Alter 56 d
Zugfestigkeit		4 MPa	15 MPa	2,6–2,7 MPa	
Bruchdehnung		80 %–140 %	375 %	ca. 140 %	
Rissüberbrückung		20 bar		> 8,5 bar	Für Rissbreite w = 2 mm

* FBVS-Systeme mit chemischem Haftverbund auf Acrylatbasis

6 Konstruktionen, Praxisanwendungen

6.1 Typische Konstruktionsdetails

In den Bildern 6, 7 und 8 werden typische Konstruktionsdetails dargestellt. Die Details entstammen dem ITAtech-Report [17], Handbüchern bzw. Empfehlungen der Hersteller [24] sowie eigenen Projektplanungen der Autoren.

a) Übergänge zu KDB-Dichtsystemen

Die Festflansch-Übergangskonstruktion stellt den üblichen Anschluss einer KDB-Abdichtung dar, z. B. am Übergang zu Ortbeton-Bauweisen. Sie sollte unabhängig von der Verbundfestigkeit zwischen der KDB- und der Spritzmembranabdichtung in jedem Fall angeordnet werden. Im Regelfall weist die Spritzmembran sowohl zu den KDB-Materialien als auch zum Stahl der Flanschkonstruktion moderate bis gute Haftfestigkeiten auf (siehe Abschnitt 5.2), insofern dient die Festflanschkonstruktion als eine zusätzliche Sicherungsebene. Im ITA-tech-Report [17] wird empfohlen, die Überlappungslänge mit mindestens 40 cm Länge auszubilden.

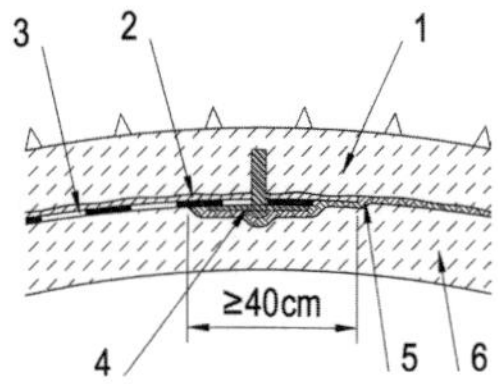

Bild 6. Überlappung zwischen einer KDB-Abdichtung aus PVC und einer Spritzmembran, nach [24]; 1 = äußere Spritzbetonschale; 2 = Ausgleichsschicht; 3 = KDB-Abdichtung; 4 = Festflansch-Abdichtanschluss (Stahlplatte mit Ankern); 5 = Spritzmembranabdichtung; 6 = innere Spritzbetonschale

b) Übergänge zu WUBK-Dichtsystemen

Dieses Detail kommt typischerweise bei Dichtanschlüssen von Querschlägen an die Tübbingauskleidung von maschinell aufgefahrenen Tunnelröhren zur Anwendung. Die Oberfläche bzw. die Schnittkante der Tübbinge bietet – nach entsprechender Oberflächenbehandlung und Reinigung – einen geeigneten Untergrund für das Aufbringen der Spritzmembranabdichtung. Dabei sind sämtliche Tübbingfugen vorab zu schließen. Hinterläufigkeiten in den Tübbingfugen, zwischen

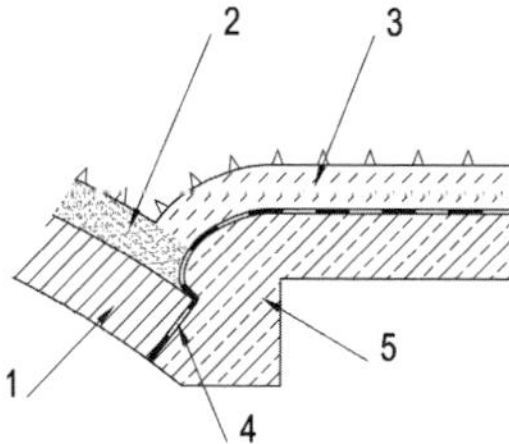

Bild 7. Anschlussdetail der Spritzmembranabdichtung eines Querschlags an den Tübbingausbau in WUBK-Bauweise, nach [17]; 1 = Tübbingfertigteil; 2 = Ringspaltverfüllung; 3 = äußere Spritzbetonschale; 4 = Spritzmembran; 5 = Ortbetoninnenschale (Querschlag)

Dichtebene der Tübbingdichtungen und der mit der Spritzmembran abgedichteten Außenoberfläche, sind mit speziellen Fugendichtungen – analog zu konventionellen KDB- oder Klebeanschlüssen – vorab abzudichten. Der zusätzliche Einbau von Verpresseinrichtungen zur Ertüchtigung der Dichtung hat sich nur bedingt bewährt, kann aber sinnvoll sein, um den notwendigen dauerhaften Kraftschluss zwischen der Spritzabdichtung und dem Ortbeton der Innenschale zu gewährleisten (insbesondere im Firstbereich).

c) Dränagen

Eine wesentliche Grundvoraussetzung zur Erreichung guter Haftzugfestigkeitswerte der Spritzmembran ist die Vermeidung von Feucht- und Nassstellen hinter der Membran während des Aushärtungsvorgangs. Hierzu sollte im Zweifelsfall die durch die äußere Spritzbetonschale zutretende Feuchtigkeit (auch Tropfwasser oder Vernässungssaum) konsequent gefasst und abgeführt werden.

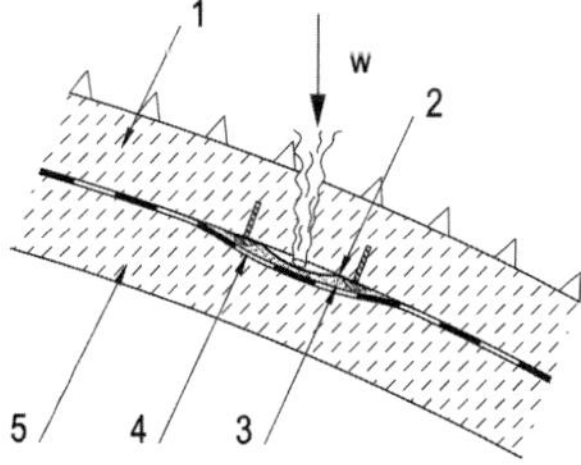

Bild 8. Einspritzen einer Dränage, nach [24]; 1 = äußere Spritzbetonschale; 2 = Halbschale zur Wasserableitung; 3 = Ausgleichsmörtel (Abdeckung Halbschale); 4 = Spritzmembran; 5 = innere Spritzbetonschale

d) Durchdringungen

Durchdringungen können sowohl als Bewehrungsdurchdringung als auch als Rohrdurchörterung, z. B. mittels Metall- oder Kunststoffrohren, vorkommen. Selbstverständlich sollten Durchdringungen so weit wie möglich reduziert werden, da jede Durchdringung eine Störung der Abdichtungsebene darstellt und zudem mit bauseitigem Aufwand verbunden ist. Standardmäßig kann an Durchdringungen die Spritzmembranabdichtung, so weit wie konstruktiv möglich, hochgeführt werden (Bild 9).

Bei Bewehrungsdurchführungen ist im Bereich der Spritzmembranhochführung der Verbund zwischen dem Bewehrungsstab und dem umgebenden Beton nicht anzusetzen. Dies ist bei statisch erforderlicher Bewehrung (z. B. die Verbundfuge kreuzende Schubbewehrung) zu beachten. Derartig eingespritzte Bewehrungsstäbe sollten deshalb möglichst nur konstruktive Zwecke (z. B. Befestigungsbolzen, Abstandhalter) erfüllen.

Sofern ein ausreichender Haftverbund zwischen den Paarungsmaterialien (z. B. dem Kunststoff des Rohrs und der Spritzmembran) nicht sicher nachzuweisen ist, sollten zusätzliche konstruktive Verbesserungen der Dichtigkeit vorgesehen werden. Dies können, wie in Bild 9b dargestellt, beispielsweise vorgespannte Sicherungsschellen und/oder Flansche sein.

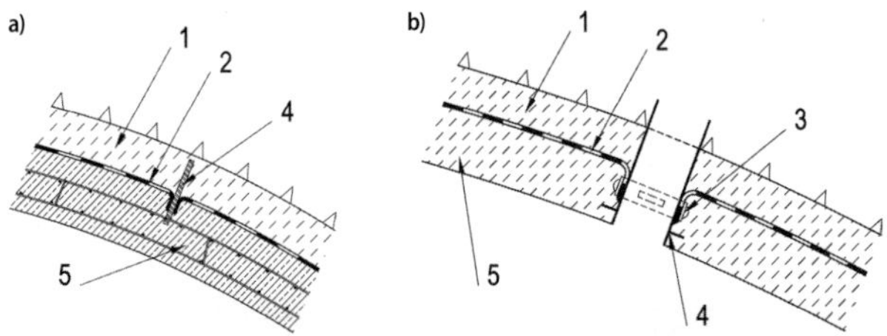

Bild 9. Beispiele für a) eine Bewehrungsdurchdringung und b) eine Rohrdurchdringung; 1 = äußere Spritzbetonschale; 2 = Spritzmembranabdichtung; 3 = Sicherungsschelle, vorgespannt; 4 = Bewehrungsstab (a) bzw. Dichtflansch (b); 5 = innere Spritzbetonschicht

6.2 Lessons Learned

6.2.1 Projekterfahrungen

Der Erfolg von Abdichtmaßnahmen am fertigen Bauwerk wird festgestellt durch eine Beurteilung, ob die angestrebte Dichtigkeitsklasse tatsächlich erreicht worden ist. Bei auftretenden, nicht zu akzeptierenden Undichtigkeiten sind in der Regel Nachdichtungen erforderlich.

Bei statischen Verbundbauweisen stellt das sichere Erreichen der geforderten Verbundfestigkeiten ein weiteres Kriterium für die erfolgreiche Anwendung einer Spritzmembranabdichtung dar.

Nachfolgend werden Projekterfahrungen der Autoren sowie Literaturangaben zusammengestellt.

- Bei Hasik et al. [8] erfolgt eine Kostengegenüberstellung des mit einer mehrlagigen, unterschiedlich eingefärbten und mit Einzeldicken von 2–3 mm ausgeführten Spritzmembran abgedichteten Bahnhof Nadraži Veleslavin der Metro Prag im Vergleich zu den mit KDB-Abdichtungen versehenen Bahnhöfen Bořislavka und Petřiny, unter Berücksichtigung von Nachdichtungs- und Reparaturkosten der Abdichtungen. Während die reinen Herstellkosten der unterschiedlichen Abdichtungen in ähnlicher Größenordnung lagen, erforderten die KDB-Abdichtungen einen zum Teil wesentlich höheren Reparatur- und Nachdichtungsaufwand als die Spritzmembranabdichtung.
- Wu et al. [11] fassen die Projekterfahrungen mit – in der Regel mehrlagig aufgebrachten – Spritzmembranabdichtungen bei verschiedenen Bahnhöfen und Schächten des Projekts „Crossrail" in London zusammen. In diesem Projekt wurde ein hoher Aufwand bei vorbereitenden Maßnahmen betrieben, wie der Fortbildung des Personals, dem Aufbringen von Ausgleichsschichten zur Schaffung eines geeigneten Untergrunds, Dränagemaßnahmen sowie sehr detaillierten Arbeitsanweisungen, Ausführungsplanungen und der Qualitätssicherung. Letztlich konnte eine sehr gute Abdichtwirkung ohne Fehlstellen erreicht und auch bei Untersuchungen etwa ein Jahr nach Fertigstellung bestätigt werden.

- Bei dem Projekt „Clem7" in Brisbane [7] wurden sowohl sämtliche konventionell aufgefahrenen Tunnelabschnitte als auch mehr als 50 Querschläge mit Spritzmembransystemen unterschiedlicher Hersteller abgedichtet. Während die konventionell aufgefahrenen Tunnelabschnitte, die überwiegend in Portalnähe mit geringem Kluftwasserandrang von maximal etwa 1–2 bar liegen, eine sehr gute Dichtigkeit aufwiesen, mussten bei den Querschlägen, die zum Teil durch Wasserdrücke bis max. 6 bar belastet sind und über eine Vielzahl von Leerrohrdurchdringungen und Tübbinganschlüssen verfügen, durch vorsorglich eingebaute Nachverpresseinrichtungen umfangreiche Nachdichtungen erfolgen.
- Aldrian et al. [10] berichten über die mit Spritzmembranabdichtungen abgedichteten, im Fels liegenden Tunnel Hirtenberg (Österreich), Giswil (Schweiz) und Gevingas (Norwegen), bei denen mehr als zehn Jahre nach Herstellung umfangreiche Nachuntersuchungen der Spritzbetonschalen auf Rissbildung und Dichtigkeit erfolgten. Sämtliche untersuchten Tunnel zeigten einen guten Zustand mit lediglich lokalen, geringfügigen Rissbildungen und vereinzelten Feuchtstellen.

Natürlich ist es im Nachhinein problematisch oder sogar unmöglich, im Einzelfall die Ursache für aufgetretene Undichtigkeiten nachzuvollziehen. In Abschnitt 6.2.2 werden deshalb grundsätzliche Hinweise gegeben, wie Schäden vermieden werden können.

6.2.2 Vermeidung von Schäden

Bei Einhaltung weniger Grundsätze können erfahrungsgemäß Schäden weitgehend vermieden werden; für Einzelheiten wird auch auf die Erfahrungsberichte [25] und [11] verwiesen:

- Spritzabdichtungen und Spritzbetonverbundsysteme sind nur bei geeigneten Randbedingungen einsetzbar. Bei ungünstigen Verhältnissen – wie hohem Wasserandrang in der Bauphase, ungünstiger Geologie (durchlässige Böden mit Grundwasser) oder statisch hohen Beanspruchungen – erreicht die Bauweise ihre Grenzen und sollte dann planerisch nicht vorgesehen werden.

- Die vorliegenden Erfahrungen für Lockergesteinsverhältnisse beziehen sich überwiegend auf gering durchlässige Böden mit Wasserdrücken bis etwa 3 bar im Endzustand. Bis ausreichende Erfahrungen mit dieser Bauweise vorliegen, sollte deshalb aus unserer Sicht vorläufig bei Lockerböden der Einsatz bei höheren Wasserdrücken als etwa 3 bar nur in Ausnahmefällen erfolgen.
- Die vertraglichen Regelungen müssen die Spezifika der Bauweise in geeigneter Weise berücksichtigen. In diesem Zusammenhang erscheint den Autoren wichtig, dass die notwendigen Maßnahmen zur Abführung von zutretenden Wässern bis zur vollständigen Aushärtung der Spritzmembranabdichtung sorgfältig durchgeführt und überwacht werden.
- Die Qualität des ausführenden Personals sowie die Qualitätssicherung und die Bauüberwachung sind von ausschlaggebender Bedeutung. Hierzu gehören auch gute Arbeitsbedingungen, z. B. eine vernünftige Beleuchtung beim Spritzmembranauftrag, sowie die richtige Festlegung des Zeitpunkts einer ausreichenden Erhärtung zum weiteren Aufspritzen.
- Der Untergrund ist richtig und entsprechend den Spezifikationen der Hersteller vorzubereiten. Hierzu gehören insbesondere der Nachweis einer ausreichenden Reinigung und Oberflächenfestigkeit, eine geringe Rauigkeit zur exakten und sicheren Einhaltung der geforderten Schichtdicke, ggf. das Aufbringen von Ausgleichsschichten (z. B. bei herausstehenden Stahlfasern) sowie eine ausreichend geringe Feuchtigkeit des Spritzuntergrunds und der Umgebungsbedingungen im Tunnel.

  In der Ausführungsplanung sind sämtliche Details, insbesondere Durchdringungen und Anschlüsse, sorgfältig und praxisgerecht durchzukonstruieren.

Grundsätzlich sollte eine Bauweise ausreichend robust sein, um kleinere, nicht auszuschließende Fehler in der Handhabung sowie Ausführung oder auch Abweichungen in den angetroffenen Baugrundverhältnissen zu „verzeihen“. Gerade bei neuen Bauweisen sollten deshalb umfangreiche Erfahrungen erst in unkritischeren Standardanwendungen gewonnen werden, bevor eine Erweiterung auf Grenzbereiche erfolgt.

6.3 Vergleich mit KDB-Abdichtungen

Die SB-SM-VBW stellt eine Alternative zu den konventionellen zweischaligen Bauweisen mit KDB-Abdichtungen dar. Nachfolgend sollen die wesentlichen Vor- und Nachteile im Vergleich gegenübergestellt werden:

Vorteile SB-SM-VBW:

- keine Wasserwegigkeiten an den äußeren und inneren Kontaktfugen der Abdichtungsebene mit den Betonschalen, keine Hinterläufigkeiten, geringeres Risiko von Undichtigkeiten durch „Mehrschichtsysteme" (vgl. auch Wu et al. [11]), evtl. Undichtigkeiten bleiben auf die unmittelbare Umgebung der schadhaften Stelle begrenzt, somit ist eine gezielte Sanierung möglich;
- Verbundbauweise mit statischer Berücksichtigung der äußeren Schale im Endzustand, geringere Gesamtschalenstärke aus äußerer und innerer Schale, Reduzierung der Material- und Ausbruchvolumina, Nachhaltigkeit und CO_2-Einsparungpotenzial;
- Aufbringen von Spritzbeton direkt auf die (ausreichend erhärtete) Abdichtung ohne Spritzhilfen möglich, alle bekannten baubetrieblichen Vorteile der Spritzbetonbauweisen (vgl. Abschnitt 1.1), äußere und innere Schale können mit kurzem Nachlauf erstellt werden, hoher Baufortschritt.

Vorteile zweischalige Bauweisen mit KDB-Abdichtung:

- langjährig bewährte, erprobte Bauweise, für die ein weiter Erfahrungshorizont, spezialisierte Fachbetriebe und Regelwerke vorliegen;
- geringere (materialtechnologische) Anforderungen an den Spritzbeton der Außenschale als temporäres Bauteil, z. B. hinsichtlich Dauerhaftigkeit, Wasserundurchlässigkeit und Rissbildung;

- Einsatz bei hohen Wasserdrücken (von mehr als 3 bar) im Endzustand möglich und zugelassen;
- Einsatz bei anspruchsvollen statischen Verhältnissen möglich, hohe Bewehrungsgrade bei Ortbetonschalen möglich.

Der häufig genannte Vorteil der vereinfachten Herstellung einer Spritzmembranabdichtung gegenüber einer KDB-Abdichtung relativiert sich bei Berücksichtigung des zur fachgerechten Herstellung erforderlichen, hier beschriebenen Aufwands zur Untergrundvorbereitung (z. B. Wasserabführung).

6.4 Probleme und deren Überwindung, Ausblick auf zukünftige Weiterentwicklungen

Ohne Anwendungsbeispiele lassen sich keine Erfahrungen gewinnen, ohne entsprechende Erkenntnisse aus der Anwendung entstehen keine Regelwerke, die den „Stand der Technik" und geeignete Regelbauweisen wiedergeben. Andererseits werden „neue" Bausysteme und Innovationen ohne entsprechende Regelwerke weder von den Bauherren ausgeschrieben noch von ausführenden Firmen angeboten. Damit ergeben sich keine Anwendungsbeispiele und es fehlen entsprechende Erfahrungen. Aus diesem Grund kann ein „Fortschritt" nur über geeignete Pilotprojekte erfolgen, in denen mit wissenschaftlicher Begleitung und durch Fachveröffentlichungen über die gemachten Erfahrungen umfassend berichtet wird. Hierbei bieten sich insbesondere im Hinblick auf die Dichtigkeitsanforderungen eher untergeordnete Bauwerke an, wie Erkundungs-, Rettungs- und Zufahrtsstollen oder auch temporäre Tunnel, bei denen ggf. nachträglich erforderliche Beprobungen oder Sanierungen ohne größere Einschränkungen des Tunnelbetriebs möglich sind.

In Deutschland existieren derzeit mehrere allgemeine bauaufsichtliche Prüfverfahren (abP) für die Abdichtung von Fugen und Flächen für Spritzfolien. Für eine bauaufsichtliche Zulassung zur Anwendung im Tunnelbau fehlen allerdings die normativen Voraussetzungen: Der Weg wäre, z. B. im Bereich der Deutschen Bahn über eine UiG und ggf. eine ZiE, die Verwendbarkeit im Tunnelbau nachzuweisen.

Technisch noch ungeklärt ist derzeit die Frage der optimalen Lage der Spritzmembranabdichtung im Querschnitt der Tunnelschale. Da die äußere – außerhalb der Dichtmembran liegende – Spritzbetonschale mit einer Vielzahl von Fugen (Abschlagslänge) versehen ist und dauerhaft von einer Grundwassereindringung (insbesondere bei Gitterträgern oder Bewehrungselementen) bis zur Abdichtungsebene auszugehen ist, kann – abhängig von den Expositionsbedingungen – eine Dauerhaftigkeitseinschränkung durch Bewehrungskorrosion nicht gänzlich ausgeschlossen werden. Aus diesen Gründen wäre anzustreben, die Spritzabdichtung möglichst weit außen anzuordnen. Dem stehen allerdings die Erfordernisse einer sofortigen Primärsicherung der Ausbruchslaibung bei ungenügender Standfestigkeit des Gebirges entgegen. Zu dieser Diskussion wird auch auf den Beitrag von Pickett/Thomas [9] verwiesen. Allgemeine Empfehlungen für die optimale Lage der Spritzabdichtung im Querschnitt und das zu wählende statische System können somit nicht gemacht werden; die Festlegungen sind jeweils projektspezifisch von den beteiligten Planern zu treffen.

Die für die Verbundschale der SB-SM-VBW in der Tunnelstatik anzunehmenden Wasserdruckansätze sind für Felsverhältnisse mit wassergefüllten Trennflächen (Kluftwasser) nicht immer sofort ersichtlich. Wittke et al. zeigen in [26] überzeugend, dass sich – infolge des im Nahfeld des Tunnels auf die einzelnen Kluftkörper wirkenden Wasserdrucks in den Trennflächen – für die Tunnelschale der klassische hydrostatisch und flächig wirkende Wasserdruckansatz ergibt. Hierbei wird ein kleiner Trennflächenabstand im Vergleich zum Tunneldurchmesser vorausgesetzt. Dagegen zeigt Holter [12], auch zusammen mit Geving [27], auf Basis von Messungen in Felstunneln in Norwegen, dass bei der SB-SM-VBW eine flächige Ausbreitung von lokal in den Klüften einwirkendem Bergwasser auf die gesamte Tunnelschale bzw. Spritzmembran nicht anzunehmen sei. Hierzu ist anzumerken, dass die auf den ersten Blick widersprüchlich erscheinenden Aussagen nicht in Gegensatz zueinander stehen, zumal die jeweiligen Untersuchungen für unterschiedliche Zielstellungen und bei unterschiedlichen Randbedingungen durchgeführt worden sind. Letztendlich verbleibt es im Verantwortungsbereich des planenden

Tunnelingenieurs, im Einzelfall zutreffende und auf sicherer Seite liegende Lastansätze festzulegen.

Einer Klärung bedarf die Festlegung des optimalen Zeitpunkts des Aufspritzens (bzw. der Herstellung) der inneren Schale nach dem Aufbringen der Spritzabdichtung. Im vorliegenden Beitrag wurde dargestellt, dass ein möglichst frühzeitiges Aufspritzen eine Vielzahl von Vorteilen aufweist; andererseits ist eine von den jeweiligen Randbedingungen abhängige ausreichende Mindestdauer einzuhalten. Der in der Praxis übliche Wert von „einigen Tagen" sollte noch durch wissenschaftliche Untersuchungen in Praxisprojekten näher untersucht und dann entsprechend spezifiziert werden.

7 Nachhaltigkeit

Innovative Lösungskonzepte im Bauwesen sind neben technischen, anwendungsbezogenen und wirtschaftlichen Gesichtspunkten auch unter Nachhaltigkeitsaspekten zu beurteilen. Eine neue Bauweise, die technische Probleme löst oder Kosteneinsparungen erzielt, wird sich dennoch nicht durchsetzen, wenn nicht gleichzeitig auch ein sorgsamer Umgang mit den Rohstoffressourcen und die Unschädlichkeit bezüglich der Klimabilanz sichergestellt sind.

Der gesamte Bereich der Nachhaltigkeit wird in einer Ökobilanz (Life Cycle Assessment, LCA) gemäß dem INEC-Handbuch [28] ermittelt. Betrachtet man einen Teil davon, den CO_2-Fußabdruck (Carbon Footprint) eines Produkts oder einer Lösung, dann beschäftigt man sich sofort mit dem Hauptverursacher des Klimawandels (eigentlich handelt es sich um CO_2-Äquivalente, CO_2e, da auch andere Treibhausgase darin enthalten und auf CO_2 umgerechnet sind). Da die Zementproduktion für ungefähr 8 % der globalen CO_2-Emissionen verantwortlich ist (siehe Aldrian et al. [29]), ist eine nähere Betrachtung des Zementeinsatzes auf Baustellen die logische erste Wahl.

Analysen der Umweltbilanz eines Tunnelneubaus zeigen, dass der CO_2-Fußabdruck des gesamten Neubaus maßgeblich vom Zement- bzw. Betonverbrauch abhängt (Aldrian et al. [29, 30]). Es sind deshalb Bauweisen zu bevorzugen, die mit geringeren Betonmengen auskommen und bei denen idealerweise auch noch die Betonrezepturen im Hinblick auf eine CO_2-Reduktion optimiert werden können.

Den Tunnelbau nur als Verursacher zusätzlicher Mengen an CO_2 anzusehen, deckt allerdings nicht eine gesamtheitliche Betrachtung ab. Tunnel können Transportstrecken signifikant verkürzen, einen hocheffektiven öffentlichen Verkehr in Großstädten durch Metrotunnels erlauben oder auch Gebiete von direkten Verkehrsbelastungen befreien. All das dient auch der CO_2-Reduktion und liefert bei einer ganzheitlichen Betrachtung, wie bei Sauer [31] dargestellt, einen positiven Beitrag zur Nachhaltigkeit. Dies darf uns aber nicht der Pflicht entbinden, den zu bauenden Tunnel möglichst ressourcenschonend und CO_2-optimiert zu planen und auch umzusetzen.

7.1 Ressourcenschonung

Im Tunnelbau werden große Materialmengen bewegt, muss doch die gesamte Röhre freigelegt, das Ausbruchsmaterial abtransportiert und ein entsprechender, stabilisierender Ausbau eingebracht werden. Als ressourcenschonend kann die Wiederverwendung von geeignetem Tunnelausbruchsmaterial zur Betonproduktion angesehen werden, aber auch, wenn insgesamt weniger Material ausgebrochen, transportiert und deponiert werden muss. Dieser Ansatz lässt sich bei der SB-SM-VBW infolge der dünneren Tunnelschalen bei gleichem Lichtraumprofil verfolgen.

Spritzabdichtungen ermöglichen eine Verzahnung der ersten, gespritzten Schale mit der zweiten, konventionell betonierten oder gespritzten inneren Schale. Erlauben die geotechnischen und hydrogeologischen Randbedingungen den Bau einer qualitativ hochwertigen und dauerhaften ersten äußeren Schale und ist diese über ihre Welligkeit und Beschichtung mit der Spritzmembran und mit der anschließend herzustellenden inneren Schale dauerhaft verbunden, kann durch die so ermöglichten „koordinierte Lastabtragungsmöglichkeiten" (Verbundwirkung) die Gesamtschalenstärke reduziert werden.

Ressourcenschonung, die über die Wiederverwendung von Ausbruchsmaterial zur Betonproduktion hinausgeht, spielt oft in die Details der Betonmischungszusammenstellung hinein. Genauere Überlegungen hierzu finden sich z. B. in Aldrian et al. [29, 30].

7.1.1 Materialeinsparungen

Materialeinsparungen haben meist auch mit Ressourcenschonung zu tun. Wenn die äußere Spritzbetonschale nicht nur eine temporäre Funktion hat, sondern die Dauerhaftigkeit und permanente Wirkung nachgewiesen und statisch-konstruktiv angesetzt werden kann, ergibt sich eine gewaltige Einsparung der Betonmenge, die in vielen Fällen bis etwa 30 % des gesamten Betonausbaus der Tunnelbaumaßnahme betragen kann (vgl. hierzu auch die Überlegungen oben sowie die Beiträge der ITAtech [5] und von Aldrian [29]).

Ein weiterer Gedanke zur Einsparung von Ressourcen betrifft die ausgeschriebene Spritzbetonfestigkeit, die in Deutschland meist relativ gering angesetzt wird, oft nur als C20/25. Dagegen erreichen die auf Baustellen erzielten Festigkeiten der heutigen Nassspritzbetone mit alkalifreien Beschleunigern im Regelfall nach 28 Tagen zielsicher Werte von etwa 45–50 MPa, zum Teil auch darüber.

Viele der aktuellen Tunnelbauvorhaben sind durch eine eher geringe Überlagerung sowie vergleichsweise günstige geologische Verhältnisse gekennzeichnet. Eine Schale mit höherer Druckfestigkeit und damit auch meist höherer Steifigkeit stellt geotechnisch keinen Nachteil dar und erlaubt die Reduktion der Schalenstärke. Da höhere Betonfestigkeiten eine größere Klinkereffizienz aufweisen – Betone höherer Festigkeitsklassen kommen gemäß Damineli et al. [32] mit weniger Zementklinker pro MPa Druckfestigkeit aus –, erlauben entsprechende Einsparungen in der Betonmenge noch zusätzliche Einsparungen an CO_2.

7.1.2 CO_2-Einsparung

Der einfachste und in einem frühen Projektstadium auch fairste und schnellste Vergleich findet auf der Basis der Lebenszyklusphasen A1 – A3 statt (d. h. Produkt bis zum Werkstor des Lieferanten, kein Transport zur Baustelle und kein Einbau). Zwei Gründe sprechen für diesen vereinfachten Ansatz: Erstens sind in einem frühen Projektstadium keine speziellen Lieferantendaten vorhanden, man nimmt deshalb generische für die Region der Baustelle. Zweitens ist beim Baustoff Beton der CO_2-Anteil des normalen Transports und Einbaus relativ klein im Vergleich zu den reinen Materialkennwerten. Zusätzlich würden bei Variantenvergleichen auch diese beiden Anteile vergleichbar groß sein.

Es gibt noch einen weiteren zu beachtenden Ansatz: CO_2-Einsparungen sollen auf Lösungsebene verglichen werden und nicht bereits auf Produktebene. So kann ein Produkt mit einem größeren individuellen Fußabdruck pro Kilogramm aufgrund der größeren Effizienz in der Anwendung eine technisch vergleichbare Lösung mit einem insgesamt geringeren CO_2-Fußabdruck ermöglichen.

Schließlich sollten CO_2-Überlegungen vor allem in einem sehr frühen Projektstadium pragmatisch angegangen werden, idealerweise, um Variantenvergleiche anstellen zu können. Wenn man zwei alternative Tunnelquerschnitte vergleicht, kann man sich aus diesem Grund auch auf den Vergleich des Tunnelausbaus beschränken, und dabei auf die CO_2-Hauptbeitragsgeber, Beton und Stahl. Der nachträgliche Einbau von Verkehrstechnik wird vergleichbar ausfallen und deshalb die Variantenentscheidung nicht beeinflussen.

7.2 Vergleichsrechnung (Beispiel)

Die nachfolgende Vergleichsrechnung folgt der diskutierten Pragmatik: Sie berücksichtigt nur den Ausbau und die Lebenszyklusphase A1, also nur das Material. Der Transport wird ausgeklammert, ebenso wie der Einbau des Materials. Nicht berücksichtigt sind deshalb z. B. der Transport des Zements zur Mischanlage, das Mischen des Betons, der Transport zur Baustelle sowie der Einbau des Betons/Spritzbetons.

Die Logik hinter dieser vergleichenden Annahme ist:

a) Bei einem Variantenvergleich fallen diese Werte „ohnehin heraus“, sie sind auch in einem frühen Projektstadium nicht wirklich bekannt.

b) Der CO_2-Beitrag aus dem Mischprozess und dem Einbau ist klein gegenüber den CO_2-Werten des Betons und der Bewehrung (im Normalfall < 5 %).
c) Es wird eine CO_2-Transportabschätzung angegeben, um diese im Fall extremer Transportdistanzen gegebenenfalls zu addieren.

Die Berechnung fußt demnach auf den bezogenen CO_2-Werten je m^3 Beton, m^2 Abdichtung, m^2 Mattenbewehrung sowie m^3 Faserbewehrung. Diese Werte werden gesondert ausgewiesen und in die folgende vergleichende Berechnung eines Laufmeters Tunnel einbezogen. Da der Einbau und der Transport für den Vergleich nicht berücksichtigt werden, erfolgt eine Abschätzung der Relevanz mit angenommenen Transportentfernungen.

Es stellt sich noch die Frage der pro Laufmeter anzusetzenden Betonvolumina. Es ist bekannt, dass die tatsächlich verbrauchten Spritzbetonmengen meist signifikant über den theoretisch ermittelten Werten liegen. Eine Grobabschätzung könnte mit dem Faktor 2 vorgenommen werden. Es wird aber hier darauf verzichtet, da bei allen nachfolgend verglichenen Varianten die Erstsicherung mit Spritzbeton identisch ist. Der Vergleich bei den Betonvolumina der Innenschale hinkt etwas, da die Dicke der vor Ort betonierten Schalen durch die Spritzbetonkontur und den Schalwagen vorgegeben ist. Gespritzte Innenschalen können dagegen jeweils die genaue Sollstärke aufweisen, wenn eine gewisse Welligkeit akzeptiert werden kann. Der Mehrverbrauch ergibt sich dann aus dem Spritzbetonrückprall; ein Wert, der im Regelfall unter 10 % liegen sollte. Eine weitere Volumenüberlegung ergibt sich aus der erlaubten Spritzbetonwelligkeit vor der Montage der Abdichtungsfolie, wo ggf. ein Ausgleichsspritzmörtel (Abdichtungsträger) aufzutragen ist. Dieser könnte im Fall der gespritzten Abdichtung entfallen.

Das Rechenbeispiel bezieht sich auf einen U-Bahn-Tunnelquerschnitt im Lockerboden. Der Vortrieb wird dabei mit Spritzbeton, Tunnelbögen und Betonstahlmatten gesichert (weitere Ausbruchsicherungen wie z. B. Spieße bleiben hier unberücksichtigt). Die Gitterlage ergibt zusammen mit der Ausbruchskontur ein vergrößertes Spritzbetonvolumen, da die Gitter zugespritzt werden müssen. Jeder Tunnel in guter, felsiger Geologie, gesichert idealerweise mit Faserspritzbeton, würde das Betonvolumen erheblich reduzieren, da der Ausbau der Ausbruchskontur folgen kann. Die verbleibende Welligkeit wäre in diesem Fall zu akzeptieren.

Für das Berechnungsbeispiel werden nur die theoretischen Betonvolumina herangezogen. Es steht dem Leser frei, Mehrvolumina anzunehmen und mit den angegebenen Einheitswerten zu multiplizieren. Grundsätzlich Überlegungen dazu sind auch in Aldrian et al. [30] zu finden.

Gemäß Bild 10 werden drei Varianten für den Schalenaufbau des Vergleichsbeispiels eines konventionell aufgefahrenen U-Bahn-Tunnels im Lockerboden in seichter Lage (mäßiger Wasserdruck im Endzustand von ca. 1 bar) untersucht:

- *Variante 1 (konventionelle Bauweise mit WUBK-Innenschale):* Spritzbeton-Außenschale (d = 30 cm) – WUBK-Innenschale (d = 50 cm)
- *Variante 2 (konventionelle Bauweise mit KDB-Abdichtung):* Spritzbeton-Außenschale (d = 30 cm) – KDB-Abdichtung – Ortbeton-Innenschale (d = 50 cm)
- *Variante 3 (SB-SM-VBW):* äußere Spitzbeton-Schale (d = 30 cm) – Spritzmembran – innere Spritzbeton-Schale (d = 30 cm)

Die auf den Laufmeter Tunnel bezogenen zugehörigen Massen sind in Tabelle 4 zusammengestellt.

Zur Berechnung wurden übliche, nicht optimierte Betonrezepturen herangezogen. Die Eingangsdaten basieren auf zertifizierten EPDs (Environmental Product Declarations), die wiederum auf Ökobilanzen basieren. Die Berechnung selbst erfolgte mit einer ebenfalls zertifizierten Software, die Umrechnung auf einen Tunnellaufmeter sowie die grafische Darstellung mit EXCEL. Die Ermittlung der Bewehrung erfolgt vereinfacht, ohne Zuschläge für Stöße und Fugeneinfassungen und ohne Berücksichtigung lokal erhöhter Mindestbewehrungsanforderungen.

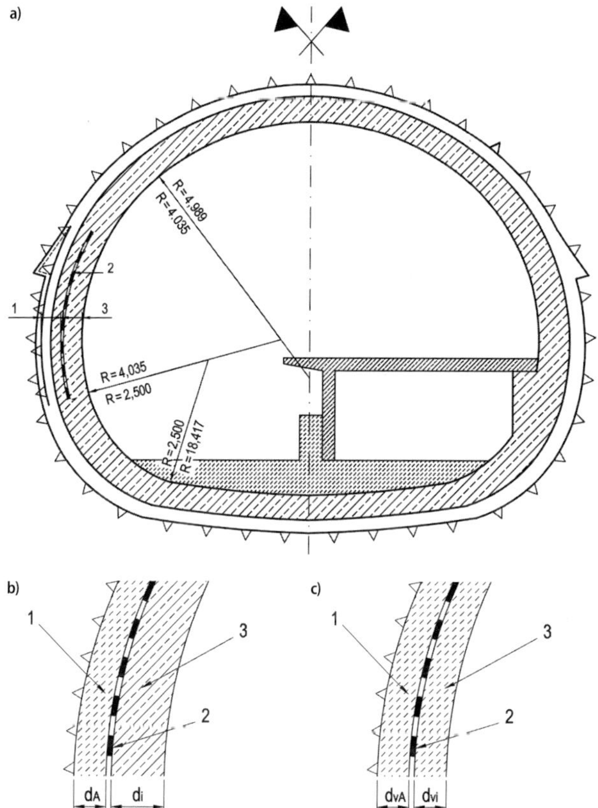

Bild 10. Vergleichsbeispiel für eine Nachhaltigkeitsberechnung; a) Tunnelschale einer Bahnsteigröhre im U-Bahnbau; b) Detail der Varianten V1 und V2; c) Detail der Variante 3; 1 = äußere Spritzbetonschale (temporär bzw. permanent); 2 = Abdichtung (als KDB bzw. Spritzmembran); 3 = Innenschale (Ortbeton) bzw. Spritzbeton

Tabelle 4. Bezogene Massen für das Vergleichsbeispiel gemäß Bild 10, ohne Berücksichtigung von Überprofilen

	Einheit	Variante 1 (WUBK)	Variante 2 (KDB)	Variante 3 (SB-SM-VBW)
Ausbruch ohne Überprofil	[m^3/m]	75,61	75,61	69,54
Kubatur äußere Schale	[m^3/m]	9,26	9,26	9,26
Kubatur innere Schale	[m^3/m]	14,17	14,17	7,93
Kubatur Beton gesamt	[m^3/m]	23,43	23,43	17,19
Umfang Abdichtung	[m^2/m]	entfällt	29,28	28,65
Bewehrung äußere Schale		Q221 (innen/außen)	Q221 (innen/außen)	Q221 (innen/außen)
Bewehrung innere Schale		Ø12/15 # (innen/außen)	Ø10/12,5 # (innen/außen)	SFB 35 kg/m^3
Bewehrung gesamt	[kg/m^2]	30,0	26,0	21,0 (SFB)

Nimmt man übliche Betonrezepturen und wertet diese hinsichtlich CO_2e aus – es wurden CEM-I-Zemente mit 420 kg/m^3 für den Spritzbeton und 300 kg/m^3 für den Ortbeton angesetzt –, so ergibt sich das in Bild 11a dargestellte Bild für jeweils einen Kubikmeter Beton.

Das CO_2e wird gemäß Bild 11a durch den Zement dominiert. Beim Spritzbeton spielt zusätzlich der Beschleuniger eine gewisse Rolle, während der Rest nahezu vernachlässigbar klein ist. Anzumerken ist auch, dass der Einfluss der Bewehrung in dieser Betrachtung marginal ist und deshalb hier nicht berücksichtigt wird. Eine eventuell zu berücksichtigende Mischenergie läge unter 10 kg CO_2e/m^3.

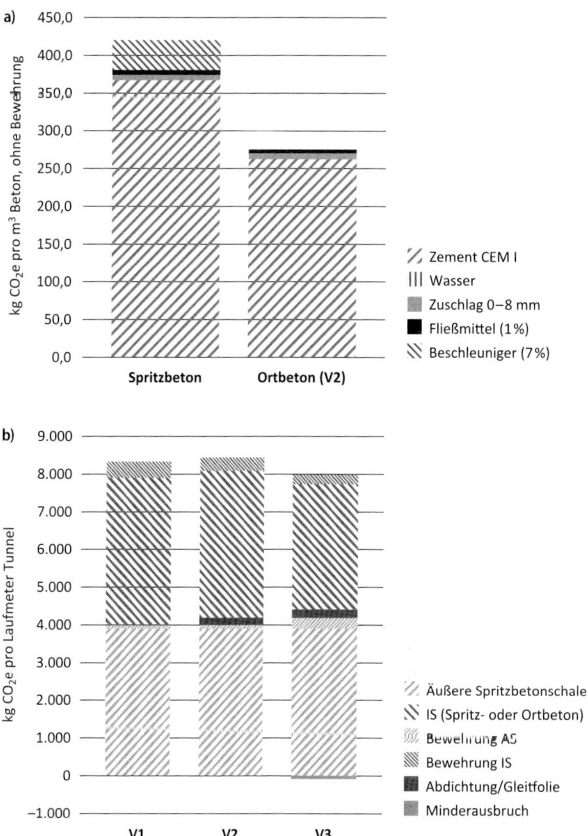

Bild 11. Vergleich der CO_2-Bilanz a) CO_2e/m^3 des modellierten Spritz- und Ortbetons pro m³ Beton; b) bezogene CO_2e-Werte der untersuchten Varianten V1–V3 pro Laufmeter Tunnel

Erfolgt nun die Umrechnung der CO_2e-Werte auf den Tunnellaufmeter, werden die in Tabelle 4 angegebenen Massen herangezogen. Zusätzlich berücksichtigt werden nun auch die Bewehrung, die Abdichtung bzw. die Gleitfolie bei Variante V1, ebenso wie der Minderausbruch bei Variante V3.

Betrachtet man die Bilanzen der drei Varianten gemäß Bild 11b, so kann man nur relativ geringe Unterschiede feststellen. Die etwa 8 t CO_2e pro Tunnellaufmeter werden vom Beton-CO_2 dominiert; noch erkennbar sind die Einflüsse der Bewehrung und der Abdichtung. Ein relativ geringer positiver Beitrag zur CO_2-Verminderung lässt sich in diesem Beispiel aus dem Minderausbruch der Variante V3 ermitteln, wobei das Lösen des Gesteins mittels Bagger, das Aufladen und ein 50 km langer Transportweg mit einem modernen Lkw angesetzt wurden. Die Variante V3 mit der Spritzabdichtung ist aus Sicht des CO_2-Verbrauchs um 5 % bzw. 6 % günstiger als die beiden anderen Varianten. Die Ersparnis resultiert im Wesentlichen aus dem Beton-Minderverbrauch des gespritzten Innenschalenbetons.

Die daraus zu ziehende Schlussfolgerung ist damit klar: Signifikante CO_2-Einsparungen ergeben sich nahezu ausschließlich aus der eingesparten Betonkubatur. Durch die mögliche Reduktion der Schalenstärke ergeben sich zudem Einsparungen in Ausbruchquerschnitt/-volumen. Zusätzliches Einsparpotenzial liegt noch in der CO_2-technischen Optimierung der jeweiligen Betonmischungen. Diesbezüglich wird auf Aldrian [29] verwiesen. Für einen aussagekräftigeren Vergleich sollten zudem zusätzlich der tatsächliche und nicht nur der theoretisch ermittelte Betonverbrauch herangezogen werden.

Tunnel in guter Geologie im Fels, die einen reduzierten Bedarf an Stützmitteln haben, sollten in jedem Fall mit gespritzten Innenschalen angedacht werden – mit Spritzabdichtungen je nach Bedarf, z. B. nur im Firstbereich. Lastabtragungen über die Spritzabdichtung sind hierbei im Normalfall nicht relevant, daher kann die gespritzte Innenschale vergleichsweise sehr dünn ausgeführt werden und hilft damit, signifikant CO_2 einzusparen (vgl. den Beitrag der ITAtech [5]).

8 Zusammenfassung

8.1 Diskussion zum Einsatz von innovativen Technologien im Tunnelbau

Die Anwendung neuer Bauprodukte und Bauweisen wird in der Regel nur dann zugelassen, wenn hierfür umfangreiche, langjährige Erfahrungen vorliegen, die in Regelwerken Eingang gefunden haben, und eine Beurteilung der Planung, Ausführung und Überwachung auch durch weniger mit dem Produkt bzw. der Bauweise vertraute Fachleute möglich ist, die sich somit auf die eingeführten Regelwerke verlassen können.

Ohne langjährige Erfahrungen werden allerdings neue Bauprodukte oder Bauweisen im Allgemeinen nicht angewendet. Somit können die erforderlichen Erfahrungen – zumindest im nationalen Rahmen – nicht gewonnen werden. Vertreter der Bauherren wie auch der Baufirmen scheuen verständlicherweise die Risiken, die mit der Anwendung neuer, innovativer Bauweisen verbunden sind. Letztendlich handelt es sich um einen Mechanismus, der Innovationen und den Fortschritt im Bauwesen grundsätzlich behindert.

International stehen die Baubeteiligten häufig Innovationen wesentlich offener gegenüber als in Deutschland. Dies sollten wir nutzen, um von diesen Erfahrungen zu profitieren. Wichtig ist hierfür vor allem das richtige Verständnis von der Bauweise bei allen Beteiligten, insbesondere auch bei den Ausführenden auf den Baustellen. Hierzu möchte die vorliegende Zusammenstellung des Erfahrungsstands einen Beitrag leisten.

8.2 Zusammenfassung, Fazit

Die Spritzbeton-Spritzmembran-Verbundbauweise (SB-SM-VBW) ist eine für Deutschland neuartige Bauweise, die bei Beachtung der Anwendungsgrenzen, der Einhaltung der Randbedingungen und Qualitätsanforderungen sowie unter Berücksichtigung der international bereits gewonnenen Erkenntnisse und Erfahrungen die Qualität von Tunnelausbauten verbessern kann und wirtschaftliche Lösungen ermöglicht.

Gegenüber den konventionellen zweischaligen Bauweisen mit KDB-Abdichtungen sind als spezifische Vorteile die geringere Gesamtschalenstärke, Einsparungen im Ausbruchvolumen, baubetriebliche Vorteile und höherer Baufortschritt sowie die Vermeidung von Wasserwegigkeiten zu nennen. Dem gegenüber stehen insbesondere die Anwendungsbegrenzungen bezüglich der Wasserdrücke (bei Lockerbodenverhältnissen), bei statisch ungünstigen Verhältnissen und bei hohen Bewehrungsgraden sowie der erhöhte Qualitätssicherungsaufwand zum Nachweis der Verbundwirkung.

Selbstverständlich erfordert die Anwendung der SB-SM-VBW eine hohe fachliche Kompetenz der Anwender, der Planer, der Arbeitsvorbereitung und der Materialtechnologen. Auf den hohen Aufwand bei der fachgerechten Untergrundaufbereitung und Grundwasserabführung wird hingewiesen.

Neben der Auskleidung von Tunnelneubauten bietet die SB-SM-VBW insbesondere Anwendungsvorteile bei der Renovierung und der Ertüchtigung von bestehenden Tunnelbauwerken.

Insbesondere durch die effizientere Materialausnutzung (statisch wirksamer Verbundquerschnitt, reduzierte Gesamtschalenstärke) und den dadurch auch möglichen geringeren Ausbruchsquerschnitt ergeben sich zudem weitere Vorteile unter dem Gesichtspunkt der Nachhaltigkeit, der Ressourcenschonung und des CO_2-Verbrauchs.

Literatur

[1] Deutsche Bahn AG (2018) *Richtlinie Eisenbahntunnel planen, bauen und in Stand halten.* Ril 853, 9. Aktualisierung, gültig ab 01.09.2018.

[2] ZTV-ING (2022) *Zusätzliche Technische Vertragsbedingungen und Richtlinien für Ingenieurbauten.* Teil 7, Tunnelbau, Ausgabe 2022/01, Bundesministerium für Digitales und Verkehr (BMDV), Berlin.

[3] AFTES (2000) *Recommendations for the Design of Sprayed Concrete for Underground Support.* AFTES WG20, 09.11.2000, L'Association Française des Tunnels et de l'Espace Souterrain, Paris.

[4] Behnen, G. (2014) *Entwicklung der einschaligen Tunnelbauweise.* in Nachhaltigkeit und Innovation in Baubetrieb und Tunnelbau (Hrsg. Schwarz, J.),

Festschrift zum 60. Geburtstag von Univ.-Prof. Dr.-Ing. Jürgen Schwarz, Universität der Bundeswehr München, S. 233–250.

[5] ITA Report No 24 (2020) *Permanent Sprayed Concrete Linings.* ITA Working Group No. 12 and ITAtech, International Tunneling and Underground Space Association ITA-AITES, Lausanne, Oktober 2020.

[6] Franzen, T. et al. (2001) *Sprayed concrete for final linings: ITA working group report.* ITA/AITES accredited material; Tunnelling and Underground Space Technology 16, International Tunneling and Underground Space Association ITA-AITES, Lausanne, pp. 295–309.

[7] Fischer, O. et al. (2009) *Innovative Lösungen im internationalen Tunnelbau am Beispiel des Infrastrukturprojekts NSBT in Brisbane.* Australien, Jahresausgabe 2009/2010 der VDI-Bautechnik, Düsseldorf, S. 76–83.

[8] Hasik, O. et al. (2015) *Metro Prague – use of sprayed waterproofing membrane in deep level station.* in Vortragsband des ITA-AITES World Tunnel Congress WTC 2015, Dubrovnik, Kroatien.

[9] Pickett, A., Thomas, A. (2013) *Where are we now with Sprayed Concrete Linings in Tunnels?* Shotcrete Fall 2013 (Abdruck aus Tunnelling Journal), pp. 44–53.

[10] Aldrian, W. et al. (2021) *Permanent Sprayed Concrete Linings – an international Update / Dauerhafte Spitzbeton Innenschalen – eine Betrachtung der internationalen Lage.* in Tagungsband der Spritzbeton-Tagung 2021, Alpbach, öbv Österreichische Bautechnik Vereinigung (Hrsg.), Wien, pp. 280–293.

[11] Wu, A. et al. (2017) *Sprayed Waterproofing Membrane on recent SCL Tunnelling Projects in London.* in Proc. ITA-AITES World Tunnel Congress WTC 2017, Bergen, Norwegen.

[12] Holter, K. G. (2013) *Loads on Sprayed Waterproof Tunnel Linings in Jointed Hard Rock: A Study based on Norwegian Cases.* Rock Mech Rock Eng 47, pp. 1003–1020.

[13] Holter, K. G. (2016) *Performance of EVA-Based Membranes for SCL in Hard Rock.* Rock Mech Rock Eng 49, pp. 1329–1358.

[14] DafStb (2001) *Richtlinie Schutz und Instandsetzung von Betonbauteilen (Instandsetzungsrichtlinie).* Teil 1: Allgemeine Regelungen und Planungsgrundsätze; Teil 2: Bauprodukte und Anwendung; Teil 3: Anforderungen an die Betriebe und Überwachung der Ausführung, Teil 4: Prüfverfahren, Deutscher Ausschuss für Stahlbeton (DafStb), Berlin, Oktober 2001.

[15] DIBt (2020) *Technische Regel Instandhaltung von Betonbauwerken (TR Instandhaltung).* Teil 1: Anwendungsbereich und Planung der Instandhaltung, Teil 2: Merkmale von Produkten oder Systemen für die Instandsetzung und Regelungen für deren Verwendung, Deutsches Institut für Bautechnik (DIBt), Berlin, Mai 2020.

[16] VVTB (2016) *Verwaltungsvorschrift technische Baubestimmungen, Teil C.3, lfd. Nr. C.3.30*. Deutsches Institut für Bautechnik (DIBt), Berlin.

[17] ITAtech (2013) *Design Guidance for Spray applied Waterproofing Membranes*. ITAtech Report No. 2: ITAtech Activity Group, Lining and Waterproofing, April 2013.

[18] BTS/ice (2010) *Specification for tunnelling (BTS-specs)*. The British Tunnelling Society (BTS) and The Institution of Civil Engineers (ice), 3rd ed.

[19] Schwarz, J. (1999) *Statische Berechnung und Qualitätssicherung der Verbundfuge bei der Einschaligen Spritzbetonbauweise*. in Tagungsband 6, Internationale Fachtagung Spritzbeton-Technologie, Kusterle, W. (Hrsg.); Innsbruck-Igls, S. 237–240.

[20] Kupfer, H., Kupfer, H. (1990) *Statische Wirkungsweise und Verbundverhalten der Spritzbetonschichten des einschaligen Tunnelbaus*. in: Tagungsband 3, Internationale Konferenz Spritzbeton-Technologie, Kusterle, W. (Hrsg.); Innsbruck-Igls, S. 11–18.

[21] DIN EN 1542 (1999) *Produkte und Systeme für den Schutz und die Instandsetzung von Betontragwerken; Prüfverfahren – Messung der Haftfestigkeit im Abreißversuch*. Beuth, Berlin, Juli 1999.

[22] Seidl, W. et al. (2020) *Impact of cyclic shear stress on the durability of a composite shell lining*. in Proc. ITA-AITES World Tunnel Congress WTC 2020, Kuala Lumpur, Malaysia, 2020.

[23] DIN EN 12390-8 (2019) *Prüfung von Festbeton – Teil 8: Wassereindringtiefe unter Druck*. Deutsche Fassung EN 12390-8:2019, Beuth, Berlin. Oktober 2019.

[24] Master Builders Solutions (2020) *Handbook for Composite Shell Lining design with MasterSeal 345*. MBCC Group, Mannheim [Zugriff am 18.11.2021].

[25] Smith, K. (2023) *Waterproofing lessons: could do better*. Tunnelling Journal, Feb. 2023, pp. 10–17.

[26] Wittke, W. et al. (2005) *Ansatz von Gebirgs- und Wasserdruck bei der Bemessung der Auskleidung von Tunneln in klüftigem Fels*. in Taschenbuch für den Tunnelbau 2005, Deutsche Gesellschaft für Geotechnik DGGT (Hrsg.), Ernst & Sohn, Berlin, S. 67–88.

[27] Holter, K. G., Geving, S. (2016) *Moisture Transport Through Sprayed Concrete Tunnel Linings*. Rock Mech Rock Eng, 49 (1), pp. 243–272.

[28] Hottenroth, H. et al. (20213) *Carbon Footprints für Produkte, Handbuch für die betriebliche Praxis kleiner und mittlerer Unternehmen*. Institut für Industrial Ecology (INEC), Hochschule Pforzheim.

[29] Aldrian, W. et al. (2022) *CO_2 reduction in tunnel construction from a material technology point of view / CO_2-Reduktion im Tunnelbau aus material-*

technologischer Sicht. Österreichischer Tunneltag 2022, ITA Austria, ÖGG, öbv, Salzburg, Geomechanics and Tunnelling 15 (6), pp. 798–810.

[30] Aldrian, W. et al. (2022) *Greenhouse gas reduction in tunnel construction: Chances and Possibilities.* Proc. ITA-AITES World Tunnel Congress WTC 2022, Copenhagen.

[31] Sauer, J. (2016) *Ökologische Betrachtungen zur Nachhaltigkeit von Tunnelbauwerken der Verkehrsinfrastruktur.* Dissertation an der Ingenieurfakultät Bau Geo Umwelt der Technischen Universität München, Lehrstuhl für Massivbau.

[32] Damineli et al. (2010) *Measuring the eco-efficiency of cement use.* Cement and Concrete Composites 32 (8), pp. 555–562.

Tunnelbetrieb und Sicherheit

I. Neuerungen in der risikoanalytischen Betrachtungsweise von Straßentunneln

Christof Sistenich, Anne Lehan, Harald Kammerer, Georg Mayer, Christoph Zulauf, Regina Schmidt, Patrik Fößleitner

Mit der Umsetzung von Vorgaben der EG-Richtlinie 2004/54/EG [1] wurde die risikoorientierte Bewertung der Sicherheit von Straßentunneln Bestandteil des nationalen Regelwerks. Danach werden Risikoanalysen erforderlich, wenn ein Straßentunnel entweder besondere Charakteristika aufweist oder in seiner geometrischen Ausbildung bzw. sicherheitstechnischen Ausstattung von den Vorgaben im Regelwerk abweicht.

Seit der Veröffentlichung der hierzu in Deutschland im Bundesfernstraßenbereich zur Anwendung kommenden Methodik im Jahr 2009 liegen nunmehr umfangreiche Erkenntnisse zu der Umsetzung des Verfahrens und der praktischen Anwendung in risikoanalytischen Untersuchungen vor. Des Weiteren wurden in dem Fachbereich zahlreiche Forschungsprojekte zu speziellen Fragestellungen durchgeführt. Dabei wurden neue Erkenntnisse zur Anpassung bestehender Eingangsparameter sowie zu bisher unberücksichtigten Parametern gewonnen.

Im ersten Schritt wird der Einfluss der gewonnenen Erkenntnisse aus der Anwendung bisheriger und neuer Parameter auf die Methodik verdeutlicht. Im zweiten Schritt wird die Anwendung der Methodik samt ihrer Erweiterungsmöglichkeiten anhand der risikoanalytischen Bearbeitung spezieller Fragestellungen – wie die Einbeziehung alternativer Fahrzeugantriebe oder der Abstände von Pannenbuchten – dargestellt und ihr Einfluss auf das Sicherheitsniveau von Straßentunneln aufgezeigt. Die Fortschreibung der Methodik durch die Überprüfung bisheriger und die Integration neuer Parameter soll den Weg hin zu einer verstärkten Ausstattung der Straßentunnel unter risikoorientierten bzw. performancebasierten Gesichtspunkten fortsetzen.

Tunnelbau 2024, Herausgegeben von der DGGT, Deutsche Gesellschaft für Geotechnik e.V.

Innovations in the risk-analytical assessment of road tunnels

With the implementation of the requirements of the EU Directive 2004/54/EC, the risk-oriented assessment of the safety of road tunnels was adopted in the national regulations. According to this, risk analyses are required if a road tunnel either has special characteristics or deviates in its geometric design or safety equipment from the specifications in the regulations.

Since the publication of the methodology in 2009, extensive knowledge has been gained in the implementation of the procedure and its practical application in risk analysis studies. Furthermore, numerous research projects on specific issues have been carried out in the department and new findings have been gained on the adaptation of existing input parameters as well as on previously unconsidered parameters.

In a first step, the influence of the knowledge gained from the application of previous and consideration of new parameters in the methodology is clarified. In the second step, the integration of current research results – such as the consideration of alternative drives as well as the influence of the distances of breakdown bays – in the methodology is described and their influence on the safety level of road tunnels is presented. The update of the methodology should continue the path towards an increased equipment of road tunnels under risk-oriented or performance-based aspects.

1 Einleitung und Zielsetzungen der Untersuchungen

Die Anforderungen der EG-Richtlinie 2004/54/EG [1], nachfolgend EU-Tunnelrichtlinie genannt, zur Verwendung von Risikoanalysen für die Bewertung der Sicherheit von Straßentunneln wurden mit der Einführung der RABT 2006 [2] und der Veröffentlichung der EABT-80/100 (2019) [3] in das deutsche Regelwerk übernommen. Risikoanalysen sind demnach erforderlich, wenn ein Straßentunnel entweder besondere Charakteristika aufweist oder hinsichtlich seiner geometrischen Gestaltung oder sicherheitstechnischen Ausstattung von den Vorgaben des Regelwerks abweicht. Risikoanalysen werden ebenso notwendig, um zu prüfen, ob eine Längslüftung bei Gegenverkehrstunneln und Tunneln mit täglichem Stau zulässig ist.

Die erforderliche Tiefe der Risikoanalysen (qualitativ/quantitativ) sowie der Nachweis, ob eine Besonderheit und/oder eine signifikante

Abweichung von den Richtlinienvorgaben vorliegt, wird nach dem im Leitfaden für Sicherheitsbewertungen von Straßentunneln [4] beschriebenen Verfahren ermittelt. Die Methodik zur Durchführung von quantitativen Risikoanalysen ist im BASt-Heft B66, „Bewertung der Sicherheit von Straßentunneln" [5], dargestellt.

Seit der Veröffentlichung der Methodik im Jahr 2009 wurden umfangreiche Erkenntnisse zur Umsetzung des Verfahrens und seiner praktischen Anwendung gewonnen. Darüber hinaus wurden und werden auch weiterhin zahlreiche Forschungsprojekte zu speziellen Fragestellungen durchgeführt [6–10] sowie Einflüsse von Parametern auf das Sicherheitsniveau ermittelt. Weiterhin erfolgte im Betrachtungszeitraum die Fortschreibung einschlägiger Regelwerke. Die aus der mehrjährigen Anwendung vorliegenden wissenschaftlichen und praktischen Erkenntnisse ließen eine Überprüfung der Annahmen und Parameter der Methodik angezeigt erscheinen. Hierzu sollte die derzeit angewendete Methodik für die Sicherheitsbewertung von Straßentunneln im Hinblick auf die Notwendigkeit, den methodischen Ansatz sowie die grundlegenden Parameter und Annahmen dem aktuellen Stand der Technik angepasst, analysiert und um Vorschläge für ihre Fortschreibung ergänzt werden. Den zur Bearbeitung des Projekts erforderlichen breiten und möglichst umfassenden Überblick über die Erfahrungen bei der Umsetzung und Anwendung des Verfahrens sollte der Einbezug eines breiten Spektrums von Beteiligten aus Praxis und Wissenschaft liefern. Ziele entsprechender Untersuchungen sind die Aktualisierung statistischer Grundlagen, die Überprüfung und ggf. Ergänzung verwendeter Parameter und die Standardisierung von Vorgehensweisen, um die Ergebnisse spezifischer risikoorientierter Untersuchungen mit den Eigenschaften sicherheitsrelevanter Einrichtungen in Straßentunneln besser vergleichen zu können.

Neben der Fortschreibung der Methodik und der Ermittlung der Einflüsse zusätzlicher Parameter auf das Risiko werden weitergehende Fragestellungen ergänzend in eigenen Forschungsvorhaben bearbeitet. Die in diesem Kontext durchgeführten und im Beitrag ebenfalls vorgestellten aktuellen Untersuchungen – einerseits zur zukünftigen Durchdringung der Fahrzeugflotten mit alternativen Antriebsformen, andererseits die Überprüfung der Annahmen zur Festlegung von Pannenbuchtabständen in Straßentunneln – dienen zur weiteren Verbreiterung der risikoanalytischen Untersuchungs- und Bewertungsgrundlage.

2 Fortschreibung der risikoanalytischen Methodik

2.1 Allgemeines

Mit der Ermittlung des möglichen Fortschreibungsbedarfs und eines hieraus resultierenden Umfangs der bestehenden risikoanalytischen Untersuchungsmethodik wurde im Auftrag des Bundesministeriums für Digitales und Verkehr (BMDV) und der Bundesanstalt für Straßenwesen (BASt) eine Arbeitsgemeinschaft aus ILF Consulting Engineers Austria GmbH, Innsbruck, Ernst Basler + Partner (EPB), Zürich, und BUNG Beratende Ingenieure AG, Stuttgart, im Rahmen eines Forschungsprojekt betraut [11]. Im Rahmen des Projekts wurde die derzeit angewendete Methodik für die Sicherheitsbewertung von Straßentunneln im Hinblick auf den methodischen Ansatz sowie die grundlegenden Parameter und Annahmen aktuellen Erkenntnissen sowie dem Stand der Technik angepasst. Zudem wurden Vorschläge für ihre Fortschreibung vorgelegt.

2.2 Vorgehen

Die Bewertung der Sicherheit von Tunnelnutzern erfordert Verfahren und Methoden, die eine Quantifizierung des Sicherheitsniveaus ermöglichen. Als Maß für die Sicherheit dient hierbei das Risiko, das sowohl die Eintrittshäufigkeit von Ereignissen als auch die korrespondierenden Schadensausmaße berücksichtigt. Je geringer die Risiken, umso geringer ist die Gefahr, Schaden zu erleiden, bzw. umso höher ist die Sicherheit. Die Verfahren zur Bewertung der Sicherheit von Straßentunneln wurden erstmals in [5] festgeschrieben. Den grundsätzlichen Ablauf zur Durchführung einer quantitativen Risikoanalyse und Risikobewertung zeigt Bild 1.

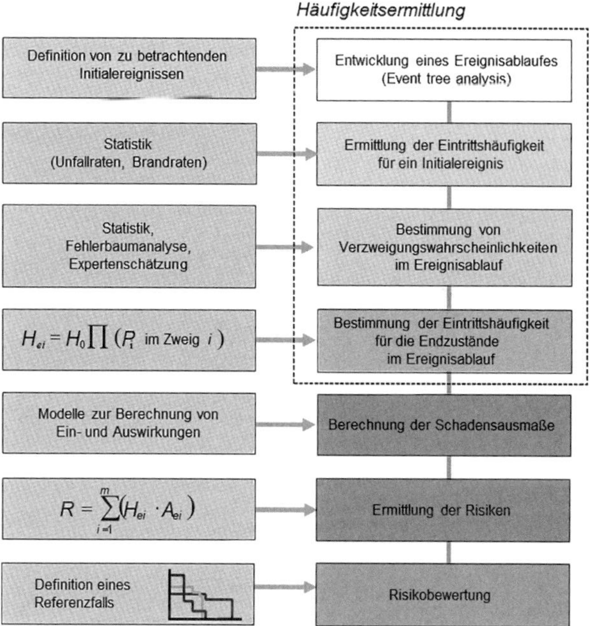

Bild 1. Ablauf einer quantitativen Risikoanalyse und Risikobewertung

Zur Fortschreibung der Methodik wurden in einem ersten Schritt neue statistische Grundlagen erhoben, Unfallraten aktualisiert und Einflussfaktoren ermittelt. Unter anderem wurde durch die mit den Meldungen der Straßenverwaltungen bzw. Tunnelbetreiber im Rahmen des Ereignismeldewesens gespeiste Datenbank die Unfallstatistik aktualisiert und um zusätzliche Informationen über die Häufigkeit von Kollisionen und Bränden in Straßentunneln erweitert. Darüber hinaus wurden bisher verwendete Eingangsparameter und Annahmen der Methodik, die das Sicherheitsniveau des Tunnels insgesamt sowie einzelne Ausstattungsmerkmale beeinflussen, weiter vervollständigt. Ihr Einfluss auf das Risiko wurde überprüft und angepasst.

2.3 Auswertung bisheriger Erfahrungen

Die Analyse der bestehenden Methodik zeigt, dass diese grundsätzlich für die Sicherheitsbewertung von Straßentunneln weiterhin geeignet und dank ihres modularen Aufbaus ausbaufähig ist. Die Tatsache, dass sie nicht auf die Verwendung proprietärer Modelle setzt, garantiert eine hohe Zukunftsfähigkeit.

In den letzten zehn Jahren wurden zahlreiche unterschiedliche Regelwerke entwickelt oder angepasst, um die Anforderungen der europäischen Richtlinie umzusetzen. Für das vorliegende Forschungsprojekt wurden vor allem die Regelwerke derjenigen Länder eingehend analysiert, in denen das Thema Tunnelsicherheit besonders wichtig ist. Die Ergebnisse werden im Folgenden zusammengefasst.

2.3.1 Grad der Standardisierung

Die aktuellen regulatorischen Anforderungen bzw. die etablierten Verfahren zur Risikobewertung gemäß den Anforderungen der EG-Richtlinie 2004/54/EG sind (erwartungsgemäß) sehr unterschiedlich. Gleichwohl gibt es eine Reihe von Methoden, die in ihren Grundprinzipien vergleichbar sind. Im Vergleich zu den eingehend evaluierten Verfahren anderer Länder hat sich gezeigt, dass das Verfahren nach [5] einen größeren Freiheitsgrad in der Umsetzung erlaubt. Andere Verfahren haben detailliertere Vorgaben für einzelne Elemente oder deren modellhafte Betrachtung. Hier zeigen die Auswertungen ein generelles Spannungsfeld, inwieweit welche Vorgaben für risikobasierte Bewertungen gemacht werden sollten bzw. welcher Freiheitsgrad in der Umsetzung erlaubt ist. Im ersten Fall werden die Vergleichbarkeit zwischen verschiedenen praktischen Anwendungen sowie die Nachvollziehbarkeit erhöht, im zweiten Fall gibt es mehr Möglichkeiten, spezifische Tunneleigenschaften abzubilden, die in stark formalisierten Verfahren weniger oder gar nicht abgebildet werden können.

2.3.2 Risikoanalyse / Modellparameter

Im Vergleich zur Methode nach [5] berücksichtigen einige der anderen etablierten Methoden, z. B. die Modelle in der Schweiz [12] und in den Niederlanden [13], mehr bzw. zusätzliche Tunneleigenschaften (Konstruktionsmerkmale und Maßnahmen) als die direkten Einflussgrößen und Parameterwerte. Dazu gehören z. B. eine erhöhte Anzahl von Fahrspuren oder Kurvenradien. Auch gibt es zum Teil ausgeprägtere Vorgaben und Hinweise zu den zu verwendenden Parameterwerten. Darüber hinaus werden spezifischere Anweisungen und Vorgaben zur Modellierung von Ereignisabläufen und Modellen berücksichtigt (z. B. Verhalten von Tunnelnutzern).

Zu vielen Einflussfaktoren gibt es mehrere Untersuchungen und Studien, die bei der Weiterentwicklung des in Deutschland angewendeten Verfahrens nach [5] zur Umsetzung genutzt werden können.

2.3.3 Risikobewertung

Auch bei den Kriterien zur Risikobewertung gibt es eine große Heterogenität. Während einige Verfahren auf vergleichenden Verfahren mit einem Referenztunnel beruhen (wie es heute in Deutschland häufig der Fall ist), verwenden andere absolute Grenzkriterien für das Sicherheitsniveau oder Verhältnismäßigkeitserwägungen für etwaige zusätzliche Maßnahmen. Es gibt zudem Verfahren, die nicht nur kollektive Risiken, sondern auch individuelle Risiken für die Tunnelnutzer als Bewertungsmaßstab verwenden.

2.3.4 Komplexität und Aufwand

Die meisten der heute etablierten Verfahren sind eher komplex. Für die praktische Anwendung sind vertiefte Fachkenntnisse auf dem Gebiet der Straßentunnel und der risikobasierten Verfahren erforderlich. Zu einigen etablierten Verfahren gibt es heute Softwareprogramme, die die Umsetzung unterstützen und damit den Aufwand reduzieren. Allerdings müssen auch hier die Anwender mit den methodischen Grundlagen gut vertraut sein und Systemwissen über Tunnel einbringen, um die jeweiligen Tunneleigenschaften und möglichen Ereignisabläufe realitätsnah zu modellieren.

2.4 Übersicht über die vorgeschlagenen Neuerungen

Die vorgeschlagenen Anpassungen für die Bewertungsmethodik gliedern sich in vier Punkte:

1. Risikobewertung
2. Häufigkeitsanalyse
3. Analyse der Folgen von Tunnelkollisionen
4. Analyse der Folgen von Tunnelbränden

Bei der Festlegung der Anpassungen wurde auf verfahrenstechnischer Ebene besonders auf die folgenden allgemeinen Eigenschaften bei der Anwendung der Methodik geachtet:

- Flexibilität in der Anwendung,
- akzeptabler Aufwand und überschaubare Komplexität,
- Transparenz, Nachvollziehbarkeit und Vergleichbarkeit der (Zwischen-)Ergebnisse,
- prozessbezogene Vergleichbarkeit der risikoreduzierenden Maßnahmen.

Darüber hinaus wurden die Auswirkungen der vorgeschlagenen Anpassungen intensiv untersucht. Das bisherige Sicherheitsniveau eines Tunnels nach [5] wurde mit den Berechnungen für einen Modelltunnel unter Berücksichtigung der neuen Modellparameter und Bewertungsansätze verglichen. Der Schwerpunkt lag dabei auf dem vergleichenden Ansatz zur Bewertung von Risikounterschieden. Die umfangreichen Ergebnisse sind im Abschlussbericht [11] detailliert dargestellt.

2.5 Vorgehen bei der Fortschreibung

2.5.1 Risikobewertung

In Anlehnung an das seinerzeit zur Überprüfung der Zulässigkeit des Transports von Gefahrgut durch Straßentunnel entwickelte eigenständige Verfahren [6] wurde vorgeschlagen, die im Rahmen der Risikobewertung ermittelten (kollektiven) Risiken in Form von Summenkurven in einem Häufigkeits-Ausmaß-Diagramm darzustellen und dabei ein absolutes Bewertungskriterium zur Beurteilung der Akzeptanz zu verwenden. Zum Zeitpunkt der Entwicklung der risikoanalytischen Methodik [5] war jedoch absehbar, dass ein absolutes Akzeptabilitätskriterium noch nicht festgelegt werden kann. Aus diesem Grund wurde empfohlen, die Risikobewertung auf der Grundlage eines relativen Vergleichs zwischen dem Planfall und dem entsprechenden Wert für den theoretischen Fall einer richtlinienkonformen Auslegung durchzuführen. Wie die Erfahrung gezeigt hat, hat sich diese vergleichende Bewertung der Risiken in der Praxis weitgehend durchgesetzt. Die Praxis hat aber auch gezeigt, dass eine Schärfung der Definitionen in Bezug auf den Referenztunnel erforderlich ist.

Grundsätzlich ist der Referenztunnel ein theoretischer Tunnel, der dem zu untersuchenden realen Tunnel ähnlich ist, aber alle Anforderungen und Bedingungen der im konkreten Fall anzuwendenden Richtlinien und Vorschriften erfüllt. Es wird ein relativer Bewertungsansatz gewählt, bei dem die Einhaltung des geforderten Sicherheitsniveaus durch einen relativen Vergleich mit diesem Referenztunnel bestimmt wird. Mithilfe eines relativen Bewertungsansatzes kann der Einfluss von Unsicherheiten auf das Bewertungsergebnis minimiert werden.

Im vorliegenden Forschungsprojekt wurden für alle nach RABT [2] / EABT-80/100 [3] relevanten Sicherheitsparameter Vorgaben für den Referenztunnel definiert und mit dem zu untersuchenden Tunnel verglichen. Der Fokus lag dabei auf der Festlegung von Parametern für den Großteil der Tunnel in Deutschland. Für Tunnel, die Sonderfälle darstellen, wird empfohlen, den Referenztunnel je nach Zielsetzung der Untersuchung individuell in Abstimmung mit den zuständigen Entscheidungsträgern festzulegen.

2.5.2 Häufigkeitsanalyse

Der Anpassungsvorschlag zur Häufigkeitsanalyse enthält die Erkenntnisse aus den Auswertungen der bundesweiten Ereignisdatenbank, die Definition von Einflussfaktoren auf die Unfallhäufigkeit sowie einen Vorschlag zur Aktualisierung der Struktur des Ereignisbaums.

Die Häufigkeit von Fahrzeugunfällen und Bränden kann aus langfristigen Ereignisstatistiken abgeleitet werden. Im Gegensatz zu analytischen Methoden stehen hier statistische Methoden deutlich im Vordergrund. Die Analyse basiert auf der bundesweiten Ereignisdatenbank, die aus den Basisdaten für jeden Tunnel und dem Ereignisbericht für jedes meldepflichtige Ereignis besteht. Die Datenbank umfasst 168 Tunnel und ca. 49.000 Ereignisse (Jahre 2006 bis 2020).

Nach einer umfangreichen Datenaufbereitung konnten zahlreiche Parameter direkt aus der Datenbank abgeleitet werden. Das Hauptaugenmerk lag dabei auf der Überprüfung der aktuellen Ereignisraten und ggf. deren Aktualisierung auf Basis neuer statistischer Daten. Die Analyse im Forschungsprojekt hat ergeben, dass die Werte nach [5] für die (Basis-)Unfallrate, die Verteilung der verschiedenen Unfallarten und die Brandrate aktualisiert werden müssen. Der Bericht enthält neben den neuen, aktualisierten Werten auch einen Vergleich mit den Werten aus [5] und einen Vergleich mit Ereignisraten aus anderen Ländern.

Das Unfallgeschehen in Straßentunneln wird jedoch durch zahlreiche geometrische und verkehrsbedingte Faktoren beeinflusst. Daher ist es notwendig, diese Einflussfaktoren bei der Ermittlung der Unfallhäufigkeit zu berücksichtigen. Zu diesem Zweck wurden entsprechende Korrekturfaktoren für ein- und zweirichtungsfähige Straßentunnel ermittelt, mit denen die jeweilige Basisunfallrate multipliziert wird.

Grundlage für dieses Faktorenmodell sind aus der Ereignisdatenbank abgeleitete Unfallraten sowie Expertenschätzungen und der Vergleich mit Ansätzen aus anderen Risikomodellen. Für folgende Einflüsse konnten Korrekturfaktoren ermittelt werden:

- Vorhandensein von Ein- und Ausfahrten (f_{ZA}),
- Tunnellänge (f_L),
- Anzahl der Fahrspuren (f_{FS}),
- Breite der Fahrspur (f_{FSB}),
- Vorhandensein eines Pannenstreifens (f_{SS}),

- Verkehrsaufkommen pro Fahrstreifen (f_{DTV}/F_S),
- zulässige Geschwindigkeit (f_V),
- unterschiedliche Geschwindigkeit ($f_{\Delta V}$).

Zur Bestimmung der Häufigkeit werden alle möglichen Zwischenzustände zwischen den Ausgangsereignissen bis hin zu den endgültigen Systemzuständen ermittelt und hinsichtlich ihrer erwarteten Häufigkeit quantifiziert. Die Zwischenzustände werden in gleicher Weise auf Systemreaktionen untersucht wie die des auslösenden Ereignisses. Auf diese Weise werden bis zum Erreichen eines Endzustands verschiedene Zweige der Ereignisfolge gebildet, die mit unterschiedlichen Zweigwahrscheinlichkeiten versehen werden.

Für die Abbildung von Brandereignissen werden die folgenden Zweige innerhalb der Ereignisfolge berücksichtigt:

- Ereignisort (z. B. Eingangsbereich/innerer Tunnelabschnitt/ Tunnelmitte ...),
- Verkehrsaufkommen (Tag/Nacht/...),
- Verkehrszustand (fließender Verkehr / stockender Verkehr),
- Brandlast (5/30/100 MW),
- Brandentwicklung (schnell/verzögert),
- Detektion erfolgreich (ja/nein),
- Tunnelnutzeralarmierung erfolgreich (ja/nein),
- Tunnelschließsysteme aktiviert (ja/nein),
- Lüftungsanlage aktiviert (ja/nein),
- weitere Sicherheitssysteme vorhanden und aktiviert (ja/nein),
- erhöhtes Schadensausmaß (ja/nein),
- Beginn der Rettungsmaßnahmen Dritter.

Der Bericht gibt Standardwerte für die relativen Häufigkeiten der einzelnen Zweige an und erläutert spezifische Unterschiede zu [5].

2.5.3 Ausmaßanalyse

a) Tunnelkollisionen

Neben der Unfallhäufigkeit haben auch die im Tunnel gefahrenen Geschwindigkeiten einen Einfluss auf das resultierende Schadensausmaß bei einer Kollision. Da aus der Ereignisdatenbank keine belastbaren Zusammenhänge abgeleitet werden konnten, wurde der Einfluss mithilfe des Nilsson-Power-Modells [14] begründet. Es basiert auf dem direkten Zusammenhang zwischen der Änderung der mittleren Geschwindigkeit und der daraus resultierenden Änderung der Unfallschwere.

Der unterschiedliche Einfluss der Geschwindigkeit auf diese beiden Teilbereiche und ebenso auf die Häufigkeit von Unfällen mit unterschiedlichen Schweregraden wird durch den Zahlenwert des Exponenten dargestellt. Es wird daher empfohlen, das Schadensausmaß für Kollisionen mit dem Exponenten 1 zu modellieren, auch aufgrund der guten Übereinstimmung mit den statistisch nachgewiesenen Abhängigkeiten.

b) Tunnelbrände

Im Falle eines Brands in einem Straßentunnel können Rauchpartikel, Hitze und giftige Gase die Verkehrsteilnehmer gefährden. Hohe Konzentrationen von Rauchpartikeln führen zu einer eingeschränkten Sicht, zu Reizungen der Atemwege und der Augen und behindern damit die Orientierung und Bewegung der Betroffenen. Um diese Effekte bei der Ermittlung des Schadensausmaßes berücksichtigen zu können, wird ein Simulationsmodell benötigt, das die zeit- und raumdiskrete Berechnung von Hitze, Rauch und toxischen Stoffen in Abhängigkeit von der Brandentwicklung und strömungsmechanischen Randbedingungen ermöglicht.

Für die hierfür geeigneten Computerprogramme (CFD-Modelle; CFD: Computational Fluid Dynamics) wurden in den vorgeschlagenen Anpassungen wesentliche Parameter und Randbedingungen festgelegt, um die Wirkungsmodelle zur Abschätzung der Brandfolgen zu ermitteln. Es wurden Ansätze zur Simulation der Raucheinwirkung, der Wirkung von toxischen Gasen und der Hitzeeinwirkung definiert.

Ein wesentlicher Teil der Überarbeitung des Schadensskalenmodells betrifft die Diskussion und ggf. die Festlegung eines detaillierten Zeitrahmens, auf dem das Modell basiert. Der Schwerpunkt lag dabei vor allem auf der Definition von Brandkurven und den damit verbundenen Energie- und Schadstofffreisetzungsraten. Eine wesentliche Neuerung ist die Implementierung einer schnellen und einer verzögerten Brandkurve. Sie ermöglichen die Bewertung zusätzlicher Maßnahmen, die einen wesentlichen Einfluss auf die einzelnen Zeitschritte haben. Zu diesen Maßnahmen gehören beispielsweise das unterschiedliche Verhalten von Detektionsgeräten, die Reaktion des Bedienpersonals, die Aktivierung von Sicherheitseinrichtungen sowie der Grad der Einhaltung von aktivierten Tunnelschließsystemen und die Reaktion der Tunnelnutzer.

Eine der wichtigsten Neuerungen in der überarbeiteten und aktualisierten Methodik ist die Einführung eines akkumulationsbasierten Fluchtmodus. Er zielt darauf ab, die Auswirkungen eines Tunnelbrands auf die flüchtenden Personen so realistisch wie möglich abzubilden. Das derzeitige Risikomodell sieht eine Bewertung der erfolgreichen oder erfolglosen Flucht durch die getrennte Betrachtung von Wärme-, Schadgas- und Raucheinwirkungen vor. Durch die Implementierung von Vergiftungsmodellen (basierend auf einer „fraktionierten effektiven Dosis“ (FED) oder einer „fraktionierten effektiven Konzentration“ (FIC)) ist es möglich, die Wirkung auf den Fluchtvorgang aufgrund des Zusammenwirkens der verschiedenen Einwirkgrößen aus Wärme, Gaskonzentrationen und Sichtverhältnisse zu bestimmen.

Ein weiterer Schwerpunkt bei der Überarbeitung des Folgenmodells war die Definition von Modellansätzen und die Anforderungen an Modelle zur Analyse von Selbstrettungsprozessen. Es wurden Möglichkeiten geschaffen, unterschiedliche Fluchtgeschwindigkeiten, die Wahrnehmung von Sicherheitseinrichtungen oder Gefahren im Tunnel, inadäquates Verhalten bei der Selbstrettung und den Einfluss von Personen mit eingeschränkter Mobilität zu bewerten. Auch Ansätze zur Bewertung von Fremdrettungsmaßnahmen, sowohl bei der Brandbekämpfung als auch bei der Personenrettung, wurden umgesetzt.

2.6 Schlussfolgerungen

Im Rahmen des Forschungsvorhabens wurden verschiedene Empfehlungen für die weitere Entwicklung gegeben. Sie beruhen auf den Erfahrungen aus der praktischen Anwendung der in [5] beschriebenen Methodik und auf den Ergebnissen der allgemeinen Entwicklung im Bereich der Risikoanalysen für Straßentunnel. Die Analyse der derzeit verwendeten Bewertungsmethode hat gezeigt, dass sie für die Sicherheitsbewertung von Straßentunneln grundsätzlich noch geeignet und aufgrund ihres modularen Aufbaus offen für Erweiterungen ist. Da die Methode nicht auf die Verwendung spezieller Modelle angewiesen ist, zeichnet sie sich durch eine hohe Nachhaltigkeit aus. Die Methode wurde um ein Faktorenmodell erweitert, das eine weitere Berücksichtigung von verkehrlichen und baulichen Einflüssen auf die Unfallhäufigkeit ermöglicht. Um realistischere Brandverläufe abzubilden, wurden zudem Brandentwicklungen mit schnellem und verzögertem Fortschreiten in das Verfahren integriert. Zusätzlich wurde ein akkumulationsbasiertes Fluchtmodell implementiert, um die Auswirkungen des Brands auf die Tunnelnutzer zu ermitteln. Als Ergebnis wird das Schadensausmaß nun auf Basis einer „fraktionierten effektiven Dosis" (FED) oder einer „fraktionierten effektiven Konzentration" (FIC) ermittelt. Außerdem sind nun auch Brandbekämpfungsmaßnahmen Teil des Verfahrens.

Darüber hinaus wurde die Methodik um Parameter erweitert, die bisher nicht berücksichtigt wurden. Dazu gehören z. B. der Einfluss der Geschwindigkeit auf die Unfallrate und -schwere, Brandentwicklungsraten – differenziert nach schnellerem oder verzögertem Verlauf –, eine genauere Betrachtung der Reaktionszeiten und des menschlichen Verhaltens bei Evakuierungsvorgängen, die positiven Effekte der Fremdrettung etc. Aus der Untersuchung der genannten Parameter hinsichtlich ihres Einflusses auf das Risiko wurden Aussagen über die Notwendigkeit abgeleitet, diese Parameter in Zukunft in risikoorientierten Studien zu berücksichtigen.

3 Anwendung der fortgeschriebenen Methodik auf aktuelle sicherheitstechnische Fragestellungen

Die aktualisierte Methodik wurde zwischenzeitlich im Rahmen von risikoanalytischen Untersuchungen bereits mehrfach angewendet. Zwei Anwendungsfälle werden im Folgenden dargestellt und ihre Wechselwirkung mit dem fortgeschriebenen Risikomodell wird beschrieben.

3.1 Einfluss alternativer Antriebstechnologien auf die Tunnelsicherheit

3.1.1 Allgemeines

Die bestehenden Regularien/Vorgaben und Empfehlungen zu der Auslegung, der Ausstattung und dem Betrieb von Tunnelbauwerken berücksichtigen derzeit lediglich Ereignisse für Fahrzeuge mit konventionellen Antriebsformen. Vor dem Hintergrund der Energiewende auch im Verkehrssektor ist die Kenntnis technischer und organisatorischer Auswirkungen, die sich infolge der verstärkten Durchdringung des Fahrzeugkollektivs mit alternativen Antrieben in Straßentunneln zukünftig ergeben, anzustreben.

Mit der Untersuchung der Fragestellung wurde im Auftrag des BMDV und der BASt eine Arbeitsgemeinschaft aus der ILF Consulting Engineers Austria GmbH, Innsbruck, und dem Institut für Thermodynamik und nachhaltige Antriebssysteme (ITnA) der Universität Graz betraut. Die im Rahmen des Projekts [15] entwickelte Methodik zur Bewertung von alternativen Antriebstechnologien auf die Tunnelsicherheit wurde in das neue Risikomodell integriert.

3.1.2 Hintergrund und Grundannahmen

Obwohl sich die aktuell auf den Straßen befindliche Fahrzeugflotte bislang noch zu großen Teilen aus mit Benzin und Diesel betriebenen Fahrzeugen zusammensetzt, ist der Anteil der alternativ angetriebenen Fahrzeuge nicht mehr zu vernachlässigen. Aufgrund der spürbaren Klimaveränderungen und dem damit verbundenen Ziel der

Dekarbonisierung des Straßenverkehrs kann von einem weiteren Anstieg von z. B. batteriebetriebenen oder wasserstoffbetriebenen Fahrzeugen ausgegangen werden. Zusätzlich bedingt die ständig zunehmende Urbanisierung die Verlagerung des städtischen Verkehrs in den Untergrund, wo eine Veränderung der Fahrzeugflotte möglicherweise differenzierte Unfallhergänge mit schwerwiegenden Folgen haben kann.

Basierend auf Daten über die bestehende Fahrzeugflotte bzw. neugemeldete Fahrzeuge aus den Jahren 2016–2020 konnten die angeführten Annahmen bezüglich der aktuellen Fahrzeugflottenzusammensetzung ausführlich analysiert und einzelne Antriebsarten ihrer Relevanz entsprechend bewertet werden. Auf dieser Basis wurde im Rahmen einer Studie zur Fahrzeugmarktentwicklung eine Vorhersage bzw. ein Trend hinsichtlich der zukünftigen Zusammensetzung der Fahrzeugflotte in Bezug auf die relevanten Antriebsarten erarbeitet. Beide Untersuchungen wurden für die Fahrzeugtypen Pkw, leichte Lkw (≤ 7,5 t höchstzulässiges Gesamtgewicht (hzG)), schwere Lkw (> 7,5 t hzG) und Busse unter Berücksichtigung aller derzeit am Markt verfügbaren alternativen Antriebsarten durchgeführt (Tabelle 1). Der größte Wandel ist dementsprechend für Pkw und Busse zu erwarten.

3.1.3 Ansätze zur Adaptierung der Bewertungsmethodik

Bislang werden ausschließlich Risiken konventionell betriebener Fahrzeuge in der aktuellen Bewertungsmethodik berücksichtigt. Basierend auf der obigen Diskussion konnten relevante alternative Antriebsarten identifiziert werden, deren potenzielle Gefährdungen zusätzlich zu jenen der konventionellen Antriebe in die Bewertungsmethodik aufgenommen und entsprechend bewertet werden sollten. Dabei handelt es sich um folgende zusätzliche Antriebsarten und deren potenzielle Gefährdungen:

- Lithium-Ionen Batterie – Pkw, leichte Lkw und Busse
  - Ist ein batteriebetriebenes Fahrzeug an einem Unfall beteiligt und beginnt es zu brennen (Bild 2), müssen analog zu Bränden konventioneller Fahrzeuge die Gefahren von Hitze, eingeschränkter Sicht sowie des Einatmens freigesetzter giftiger Stoffe

Tabelle 1. Relevanz alternativer Antriebsarten in Bezug auf die Fahrzeugtypen Pkw, Lkw leicht/schwer und Bus – Stand 2020 und Prognosen 2030/2040

	PKW			Leichte LKW			Schwere LKW			Busse		
	2020	2030	2040	2020	2030	2040	2020	2030	2040	2020	2030	2040
Konventionell	hoch	hoch	mittel	hoch	hoch	hoch	hoch	hoch	hoch	hoch	hoch	hoch
Hybrid	hoch	mittel	mittel	gering	mittel	mittel	gering	mittel	gering	hoch	mittel	hoch
Batterie	mittel	hoch	hoch	gering	mittel	mittel	gering	gering	gering	mittel	hoch	hoch
CNG	gering	gering	gering	gering	gering	gering	gering	gering	gering	gering	gering	mittel
LNG	gering	gering	gering	gering	gering	gering	gering	gering	mittel	gering	gering	mittel
LPG	gering	gering	gering	gering	gering	gering	gering	gering	gering	gering	gering	gering
FCEV	gering	gering	mittel	gering	gering	mittel	gering	gering	mittel	gering	gering	mittel
H2	gering	gering	gering	gering	gering	gering	gering	gering	mittel	gering	gering	mittel

„Hybrid" beinhaltet sämtliche hybriden Antriebsarten. CNG: Compressed Natural Gas; LNG: Liquefied Natural Gas; LPG: Liquefied Petroleum Gas; FCEV: Brennstoffzellen-Elektrofahrzeuge; H_2: Wasserstoff

Bild 2. Brand eines Batterie-Elektrofahrzeugs (BEV) [17]

berücksichtigt werden. Diesbezüglich werden experimentell verifizierte Daten entsprechend Li-Ionen-Batteriebränden aus dem Forschungsprojekt BRAFA [16] zur Bewertung herangezogen.

- Brennstoffzelle bzw. Wasserstoff-Verbrennungskraftmaschine – Pkw, leichte und schwere Lkw sowie Busse
  - Ist ein mit Wasserstoff betriebenes Fahrzeug in einen Unfall verwickelt, bei dem es zu einem Brand innerhalb der Fahrzeugkarosserie kommt und infolgedessen die Sicherheitseinrichtung am Tank (Temperatur Pressure Relief Device) beim Erreichen einer Temperatur von 110 °C auslöst, ist das Schadensszenario Wasserstoff-Freistrahlflamme zu berücksichtigen (Bild 3).

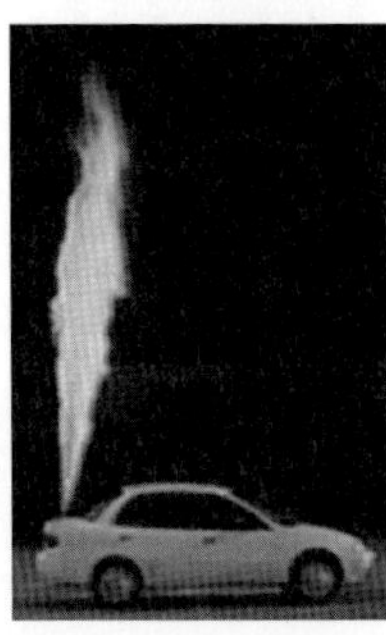

Bild 3. Brandversuch mit Wasserstofffahrzeug [18]

   - Sollte das Sicherheitsventil am Tank nicht auslösen und der brandbedingte Druckanstieg im Tank dementsprechend nicht unterbunden werden, kommt es zum Schadensszenario Wasserstoff-Tankexplosion. Dabei hängt der Zeitpunkt des Szenarios vom verunfallten Fahrzeug, insbesondere vom verbauten Tank und der Größe des zugrunde liegenden Karosseriebrands, ab.
   - Das Schadensszenario Wasserstoff-Tankexplosion kann auch bedingt durch einen schweren Unfall mit starker mechanischer Einwirkung auf den Tank erfolgen. Dabei wäre der Szenarienzeitpunkt bei 0 s anzusetzen.

- Liquefied Natural Gas (LNG) – schwere Lkw, Busse
   - Die Schadensszenarien LNG-betriebener Fahrzeuge lassen sich analog zu den oben diskutierten Szenarien wasserstoffbetriebener Fahrzeuge diskutieren. Aufgrund der unterschiedlichen physikalischen Eigenschaften sind allerdings differenzierte Methoden zur Schadensausmaßmodellierung heranzuziehen.

3.1.4 Risikoanalytische Betrachtung

Die risikoanalytische Betrachtung setzt sich aus zwei Bereichen zusammen – der Häufigkeitsanalyse bzw. der Ereignisbaumanalyse und der Schadensaumaßanalyse. Bislang stehen noch kaum Daten bezüglich Häufigkeiten bzw. Wahrscheinlichkeiten von Unfällen in Zusammenhang mit alternativ angetriebenen Fahrzeugen zur Verfügung. Um die Verzweigungswahrscheinlichkeiten im Ereignisbaum angeben zu können, wurde zu großen Teilen auf entsprechende Werte konventioneller Fahrzeuge zurückgegriffen. Alternativ wurden sie unter Berücksichtigung ähnlicher Mechanismen – z. B. Auslösezeitpunkt Sicherheitsventil und Auslösezeitpunkt Sprinkleranlage – abgeschätzt.

Die Fahrzeugflottenzusammensetzung aus konventionell und alternativ betriebenen Fahrzeugen bedingt eine Aufsplittung des Gesamtrisikos in die bisherigen Risikoanteile *mechanisches Risiko* und *Brandrisiko*. Aufgrund des Anteils an gasbetriebenen Fahrzeugen muss zusätzlich auch der Risikoanteil *Explosion* mitberücksichtigt werden. Die Veränderung der Fahrzeugflottenzusammensetzung macht in Bezug auf den mechanischen Risikoanteil und die zugrunde liegenden

Annahmen und Zahlenwerte keine Adaptierung notwendig. Analog zur Schadensausmaßanalyse konventioneller Fahrzeugbrände werden die Gefährdungen durch Brände batteriebetriebener Fahrzeuge mithilfe von dreidimensionalen CFD-Simulationen ermittelt. Gefährdungsbereiche der restlichen (oben erläuterten) Schadensszenarien bzw. Explosionsszenarien können mithilfe analytischer Modelle und experimentell verifizierter Zusammenhänge abgeschätzt werden.

Um die Effekte der entstehenden Temperaturen, der freigesetzten Schadstoffe und der übrigen Gefährdungen in Bezug auf ihre Wirkung auf Tunnelnutzer bewerten zu können, wird ein mikroskopischer Ansatz für das Evakuierungsmodell gewählt. Dabei werden die Tunnelnutzer den genannten Gefährdungen im Tunnel ausgesetzt. Sollte es ihnen nicht gelingen, die gefährlichen Bereiche zu verlassen und sich zu retten, werden diese Akteure als getötet gezählt und tragen zum prognostizierten Schadensausmaß des Tunnels bei.

Durch Kombination der erhaltenen Häufigkeiten der einzelnen Schadensszenarien mit den entsprechenden Schadensausmaßen lässt sich das Risiko bestimmen. Wird die beschriebene Prozedur einmal für eine rein konventionelle Fahrzeugflotte und einmal für die prognostizierte Fahrzeugflotte durchgeführt, kann so die relative Risikoänderung ermittelt werden.

3.1.5 Ergebnisse und Schlussfolgerungen aus dem Projekt

Die diskutierten Methoden und Modelle wurden bereits im Rahmen der risikoanalytischen Untersuchung zweier Tunnelbauwerke des Albaufstiegs der Bundesautobahn A 8 angewendet. Dabei konnte gezeigt werden, dass die in der fortgeschriebenen risikoanalytischen Methodik definierten Brandkurven für schnelle und langsame Brandentwicklung großen Einfluss auf die entsprechenden Zeitpunkte haben, bei welchen es zu Explosionen bzw. anderen zu berücksichtigenden Gefährdungen kommt. So treten z. B. Gefahrenszenarien bzw. Explosionsszenarien bei langsamer Brandentwicklung erst verzögert auf. Ein weiterer Punkt bei der analytischen Untersuchung war der Einfluss einer automatischen Brandbekämpfungsanlage (Typ: Wassernebelanlage gemäß [19]) auf das Brandrisiko und auf das Explosionsrisiko gasbetriebener Fahrzeuge. Ohne die Aufteilung in schnelle bzw. langsame Brandentwicklung wäre ein Abbilden eben dieser Sicherheitseinrichtung nur schwer möglich gewesen. So konnte aber geschlussfolgert werden, dass sich langsam entwickelnde Brände durch die Aktivierung der Wassernebelanlage entsprechend klein gehalten werden und daher davon ausgegangen werden kann, dass es zu keinen zusätzlich zu berücksichtigenden Explosionsszenarien bzw. anderen Gefahrenszenarien kommen wird.

3.2 Einfluss der Abstände von Pannenbuchten auf die Tunnelsicherheit

3.2.1 Allgemeines

Die in den Regelwerken vorgenommenen Festlegungen, wann Pannen- und Nothaltebuchten, im Folgenden „Pannenbuchten" genannt, in Straßentunneln vorzusehen sind, fußen sowohl hinsichtlich einer hierfür angenommenen Mindesttunnellänge als auch in Bezug auf ihre gegenseitigen Abstände bislang auf Expertenschätzungen oder Best-Practice-Erfahrungen. Die Umsetzung der Regelwerksanforderungen führt jedoch zu einem teils erheblichen Investitionsmehraufwand, ohne dass der Nutzen der Pannenbuchten eindeutig belegt wäre. Auf der Grundlage der fortgeschriebenen risikoanalytischen Methodik soll eine bessere Einschätzung der Wirksamkeit von Pannenbuchten auf die Tunnelsicherheit ggf. durch Berücksichtigung weiterer Ereignisse abgeleitet werden. Mit der Untersuchung der Fragestellung wurde im Auftrag des BMDV und der BASt die BUNG beratende Ingenieure AG, Stuttgart im Rahmen eines Forschungsprojekt betraut [20]. Aus der Ableitung von Kriterien für die Anlage von Pannenbuchten unter Einbeziehung alternativer bzw. kompensatorischer Maßnahmen wird eine weitere Optimierung baulicher und betrieblicher Aufwendungen angestrebt.

3.2.2 Hintergrund und Grundannahmen

Als Grundlage für die Bearbeitung wurden in einem ersten Schritt nationale und internationale Veröffentlichungen und Vorträge zur

Nutzung von Pannenbuchten sowie deren Anordnung analysiert und systematisch aufbereitet. Des Weiteren wurden Betreiberbefragungen durchgeführt und es wurde eine Datenbank zu den Ereignismeldebögen im Hinblick auf die Nutzung von Pannenbuchten ausgewertet. Darauf aufbauend konnten die wesentlichen Faktoren identifiziert werden, die die Nutzung von Pannenbuchten beeinflussen.

3.2.3 Ansätze zur Erweiterung der Bewertungsmethodik

Zur Ableitung der Erreichbarkeit von Pannenbuchten wurden umfangreiche fahrdynamische Betrachtungen vorgenommen. Dadurch konnten sowohl fahrzeugspezifische Merkmale als auch Einflüsse aus der Längsneigung sowie der zulässigen Geschwindigkeit auf das Erreichen einer Pannenbucht Berücksichtigung finden. Auf Basis dieser Analysen wurden Faktoren für Personenwagen und Nutzfahrzeuge abgeleitet, die es ermöglichen, den Einfluss auf das Unfallgeschehen in Abhängigkeit von der zulässigen Geschwindigkeit, der Längsneigung sowie des Pannenbuchtabstands zu quantifizieren. Diese Faktoren wurden genutzt, um die bestehende Methodik zur Bewertung der Sicherheit von Straßentunneln um das Ereignis Panne zu erweitern.

3.2.4 Risikoanalytische Betrachtung

Im Rahmen einer quantitativen Risikoanalyse wurde der Einfluss unterschiedlicher Pannenbuchtabstände untersucht. Betrachtet wurde hierbei die Anordnung von Pannenbuchten im Abstand von 300 m, 600 m und 900 m. Im relativen Vergleich konnte gezeigt werden, dass gegenüber einem richtlinienkonformen Abstand von 600 m der verkürzte Pannenbuchtabstand zu einer leichten Erhöhung im Sicherheitsniveau führt. Demgegenüber zeigt ein vergrößerter Pannenbuchtabstand von 900 m erhöhte Risikowerte.

Die Bewertung der unterschiedlichen Anordnungen der Pannenbuchten erfolgte anschließend mit einer Kostenwirksamkeitsanalyse. Neben den monetarisierten Nutzerrisiken wurden hierbei Investitions- und Erhaltungskosten sowie Nutzerkosten und Umweltkosten berücksichtigt. Zur Erfassung der Investitions- und Erhaltungskosten wurden die Baukosten aus verschiedenen Tunnelbauprojekten erfasst. Grundlage bildeten hierbei aktuelle Projekte des Auftragnehmers. Insgesamt wurden die Kosten aus drei Tunnelprojekten detailliert analysiert. Die Bauwerke unterschieden sich dabei im Wesentlichen in ihrer Tunnellänge, Bauweise, Geologie und dem Abstand der Pannenbuchten.

Die Ermittlung der Nutzer- und Umweltkosten erfolgte mittels einer mikroskopischen Verkehrsflusssimulation. Dadurch konnten detaillierte Aussagen zu Reisezeitverlusten, Kraftstoffverbrauch und Schadstoffemissionen erzielt werden. Ein Modellierungsbeispiel zeigt Bild 4.

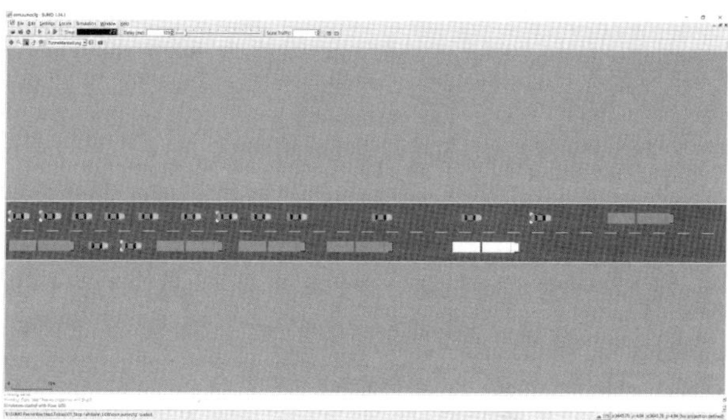

Bild 4. Modellierungsbeispiel zum Halt eines Lkw infolge einer Panne auf dem 1. Fahrstreifen eines Tunnels

3.2.5 Ergebnisse und Schlussfolgerungen aus dem Projekt

Hinsichtlich der Anordnung von Pannenbuchten wird empfohlen, das Verkehrsaufkommen, die zulässigen Geschwindigkeiten sowie die Steigung als maßgebende Parameter in die Planung von Tunneln mit einzubeziehen. Die mittels mikroskopischer Verkehrsflusssimulation vorgenommenen Analysen zum Verkehrsablauf haben ergeben, dass

Pannenereignisse mit Dauern ≤ 30 min mit geringen volkswirtschaftlichen Kosten verbunden sind, wohingegen mit zunehmenden Störungsdauern die Kosten überproportional ansteigen. Daher sind möglichst kurze Störungsdauern anzustreben.

Aufgrund der Forschungsergebnisse werden derzeit keine unmittelbaren Auswirkungen auf das normative Regelwerk gesehen; Handlungsbedarf zu dessen Anpassung besteht nicht. Zur Berücksichtigung der Einflüsse aus der Pannenbuchtanordnung auf das Sicherheitsniveau eines Tunnels wird jedoch empfohlen, die für Pannenbuchten abgeleiteten Anpassungsfaktoren im Zuge von quantitativen Risikoanalysen für die Ermittlung der Unfallhäufigkeit zu verwenden. Abweichungen in der Anordnung von Pannenbuchten in Bezug auf die Vorgaben im normativen Regelwerk sollten unter Berücksichtigung der Erreichbarkeit mittels einer Kostenwirksamkeitsanalyse überprüft werden.

4 Erkenntnisse und Schlussfolgerungen

Im Rahmen des Forschungsvorhabens „Überprüfung der Annahmen und Parameter für Risikoanalysen für Straßentunnel“ [11] wurden verschiedene Empfehlungen für die weitere Entwicklung gegeben. Sie beruhen auf den Erfahrungen aus der praktischen Anwendung der in [5] beschriebenen Methodik und auf den Ergebnissen der allgemeinen Entwicklung im Bereich der Risikoanalysen für Straßentunnel. Die Analyse der im Jahr 2009 entwickelten und auch derzeit noch angewendeten Bewertungsmethode hat gezeigt, dass sie für die Sicherheitsbewertung von Straßentunneln grundsätzlich noch geeignet und aufgrund ihres modularen Aufbaus offen für Erweiterungen ist. Mit einer Umsetzung der vorgeschlagenen Anpassungen wird es nun möglich, die Risiken in Tunneln noch realistischer zu analysieren und eine Vielzahl von Sicherheitsmaßnahmen besser zu bewerten.

Die bei der Ermittlung des Einflusses alternativer Antriebstechnologien auf die Tunnelsicherheit diskutierten Methoden und Modelle wurden im Rahmen der risikoanalytischen Untersuchung zweier Tunnel angewendet. Hierbei ermöglichten die in der fortgeschriebenen Methodik neu definierten Brandkurven einer schnellen bzw.

langsamen Brandentwicklung, den vom Eintrittszeitpunkt abhängigen großen Einfluss einer Explosion bzw. anderer Gefährdungen auf die Tunnelsicherheit auch von alternativen Antriebstechnologien aufzuzeigen. Weiterhin konnte durch diesen Ansatz auch der ausmaßmindernde Einfluss kompensatorischer Maßnahmen am Beispiel einer automatischen Brandbekämpfungsanlage nachgewiesen werden.

Das zur Abstandsfindung von Pannenbuchten angewendete Verfahren wird im Hinblick sowohl auf die erfolgte Risikobetrachtung als auch die Kostenermittlung als anwendbar und praktikabel eingeschätzt. Dies betrifft sowohl die Beurteilungsmöglichkeit bautechnischer als auch betriebs-/verkehrstechnischer Aspekte. Die Situation, in der eine Pannenbucht z. B. aus bautechnischen Gründen nicht an der nach dem Regelwerk vorzusehenden Stelle gebaut werden kann, war bisher häufig Auslöser für den Bau einer zusätzlichen Pannenbucht. Das vorgestellte Verfahren bietet demgegenüber die Möglichkeit, die Konsequenzen der Verlegung einer Pannenbucht quantitativ zu hinterlegen, Abweichungen vom Standardfall nachvollziehbarer zu begründen und somit als Entscheidungsgrundlage heranziehen zu können. Die Erkenntnis, dass die volkswirtschaftlichen Kosten von Pannenereignissen mit zunehmenden Störungsdauern überproportional ansteigen, lässt darüber hinaus einen objektspezifischen Einfluss, insbesondere bei hochbelasteten Tunneln, auf die Anordnung von Pannenbuchten durch das Verfahren erwarten.

5 Ausblick

Mit der Fortschreibung der risikoanalytischen Methodik für Straßentunnel wird eine weiter differenzierbare Betrachtung und Bewertung möglich. Herausforderungen bestehen jedoch auch weiterhin beim Ermitteln der Risiken zukünftiger Einflussfaktoren und Entwicklungen. Hierzu zählen die Einflüsse von technischen Innovationen und schnell fortschreitender Digitalisierung ebenso wie die weitere Entwicklung alternativer Antriebstechnologien oder der Datenaustausch zwischen Fahrzeugen und der Tunnelinfrastruktur. Die BASt prüft daher auch in Zukunft die Methodik und ihre Eingangsparameter auf ihre Aktualität und passt diese ggf. an. Dazu gehört auch eine zeitnahe Implementierung der jeweiligen Forschungsergebnisse in das entsprechende Regelwerk.

Literatur

[1] Europäische Union (2004) *Mindestanforderungen an die Sicherheit von Tunneln im transeuropäischen Straßennetz.* Richtlinie 2004/54/EG des Europäischen Parlaments und des Rates vom 29.04.2004 (EU-Tunnelrichtlinie).

[2] FGSV (2006) *Richtlinien für die Ausstattung und den Betrieb von Straßentunneln (RABT),* Ausgabe 2006. Köln: Forschungsgesellschaft für Straßen- und Verkehrswesen e. V. (FGSV).

[3] FGSV (2019) *Empfehlungen für die Ausstattung und den Betrieb von Straßentunneln mit einer Planungsgeschwindigkeit von 80 km/h oder 100 km/h (EABT-80/100),* Ausgabe 2019. Köln: Forschungsgesellschaft für Straßen- und Verkehrswesen e. V. (FGSV).

[4] BMDV (2023) *Leitfaden zur Sicherheitsbewertung von Straßentunneln.* Anhang E der Richtlinien für den Entwurf, die konstruktive Ausbildung und Ausstattung von Ingenieurbauwerken (RE-ING) Teil 3 Tunnel Abschnitt 1 Planungsgrundsätze)

[5] Zulauf, C. et al. (2009) *Bewertung der Sicherheit von Straßentunneln.* Berichte der Bundesanstalt für Straßenwesen, Heft B 66. Bergisch Gladbach: Bundesanstalt für Straßenwesen (BASt).

[6] Baltzer, W. et al. (2009) *Verfahren zur Kategorisierung von Straßentunneln gemäß ADR 2007,* Schlussbericht zum FE 03.437/86.0050, Bundesministerium für Verkehr, Bau und Stadtentwicklung (BMVBS) und die Länder / Bundesanstalt für Straßenwesen (BASt) (Hrsg.). https://bast.opus.hbz-nrw.de/files/253/B3_Gefahrguttransporte_Schlussbericht.pdf [Zugriff am: 28.06.2023]

[7] Kohl, B. et al. (2010) *Sicherheitsbewertung von Straßentunneln auf Basis richtliniengerecht ausgestatteter Tunnel.* Schlussbericht zum FE 03.433/29235. Bundesministerium für Verkehr, Bau und Stadtentwicklung (BMVBS) / Bundesanstalt für Straßenwesen (BASt) (Hrsg.) (unveröffentlicht).

[8] Sistenich, C. et al. (2012) *Sicherheitsniveau und Lebenszykluskosten von Einhausungen bei Bundesfernstraßen.* Taschenbuch für den Tunnelbau 2012. VGE Verlag, Essen, S. 185–202.

[9] Neumann, C.; Forster, C.; Kohl, B. (2012) Verfahren zur Bestimmung der Lüftungsart von *Straßentunneln.* Bericht zum FE15.0503. Bundesministe-

rium für Verkehr, Bau und Stadtentwicklung (BMVBS) / Bundesanstalt für Straßenwesen (BASt) (Hrsg.) (unveröffentlicht).

[10] Baltzer, W. et al. (2016) *Einsatz von offenporigen Belägen in Einhausungs- und Tunnelbauwerken.* Berichte der Bundesanstalt für Straßenwesen, Heft B 142. Bergisch Gladbach: Bundesanstalt für Straßenwesen (BASt).

[11] Kohl, B. et al. (2022) *Bewertung der Sicherheit von Straßentunneln – Überprüfung der Annahmen und Parameter für Risikoanalysen.* Berichte der Bundesanstalt für Straßenwesen, Heft B 183. Bergisch Gladbach: Bundesanstalt für Straßenwesen (BASt).

[12] ASTRA (2014) *Risikoanalyse für die Tunnel der Nationalstrassen.* Richtlinie 19004, Ausgabe 2014 V1.10. Bern: Bundesamt für Strassen ASTRA.

[13] Rijkswaterstaat (Hrsg.) *Achtergronddocument QRA-tunnels 2.0.* Den Haag: Ministerie van Infrastructuur en Milieu.

[14] Nilsson, G. (2004) *Traffic Safety Dimensions and the Effect of Speed on Safety.* Bulletin 221. Lund Institute of Technology, Department of Technology and Society, Traffic Engineering. Lund University, Schweden.

[15] Kohl, B. et al. (2022): *Einfluss von Fahrzeugen mit neuen Antriebstechnologien auf die Tunnelsicherheit.* Schlussbericht zum FE 15.0675. Bundesministerium für Verkehr, Bau und Stadtentwicklung (BMVBS) / Bundesanstalt für Straßenwesen (BASt) (Hrsg.) (Veröffentlichung in Vorbereitung).

[16] (N. N.) (2021) *Brandauswirkungen von Fahrzeugen mit alternativen Antriebssystemen.* Forschungsprojekt BRAFA. Graz: Technische Universität Graz (Koordination). https://projekte.ffg.at/projekt/3290205_[Zugriff am: 21.06.2023]

[17] Freiwillige Feuerwehr Kössen (2019) *Brandeinsatz – Verkehrsunfall / Brand Elektroauto.* Einsatzbericht 04.10.2019. https://www.feuerwehr-koessen.at/eins%C3%A4tze/einsatzberichte-2019/einsatzbericht-04-10-2019/ [Zugriff am: 21.06.2023]

[18] Swain, M.R. (2001) *Fuel Leak Simulation.* Proceedings of the 2001 DOE Hydrogen Program Review, NREL/CP-570-30535, USA. https://www1.eere.energy.gov/hydrogenandfuelcells/pdfs/30535be.pdf [Zugriff am: 21.06.2023]

[19] Kohl, B. et al. (2017) *Wirksamkeit automatischer Brandbekämpfungsanlagen in Straßentunneln.* Berichte der Bundesanstalt für Straßenwesen, Heft B 135. Bergisch Gladbach: Bundesanstalt für Straßenwesen (BASt).

[20] Mayer, G.; Brennberger, S. (2023) *Einfluss des Pannenbuchtenabstands auf die Tunnelsicherheit.* Schlussbericht zum FE 15.0691; Bundesministerium für Verkehr, Bau und Stadtentwicklung (BMVBS) / Bundesanstalt für Straßenwesen (BASt) (Hrsg.) (unveröffentlicht).

Forschung und Entwicklung

I. Hydrogeothermische Anlagen an Tunneln – Potenzial, Nutzungskonzepte und Anwendungserfahrungen am Beispiel des Grenztunnels Füssen

Christian Moormann, Till Kugler, Ingo Kaundinya, Tim Hochstein

Bei in Spritzbetonbauweise erstellten Straßentunneln fällt im Regelfall Drainagewasser an, das an den Portalen gesammelt und dann ungenutzt in ein Fließgewässer eingeleitet wird. Aktuelle Forschungsprojekte weisen jedoch das geothermische Potenzial einer bisher nur aus dem alpinen Raum bekannten hydrogeothermischen Nutzung dieser Drainagewasser auch für deutsche Straßentunnel nach. In Abhängigkeit von Wassertemperatur und Schüttung reichen die Nutzungen von der Klimatisierung der Betriebsgebäude über die Temperierung von Verkehrsflächen an den Tunnelportalen bis zu Drittnutzungen.

Ausgehend von diesen Untersuchungen wurde am Grenztunnel Füssen erstmalig das Konzept einer direkten, passiven Freiflächentemperierung in Kombination mit einer hydrogeothermischen Nutzung realisiert. Die Temperierung der Verkehrsflächen erfolgt durch Rohrregister, die in dem Fahrbahnaufbau der Freiflächen verlegt sind und direkt von dem am Tunnelportal anfallenden Drainagewasser durchströmt werden. Die in einem Forschungsprojekt gewonnenen Erfahrungen belegen, dass die passive Aktivierung der Freiflächen ohne einen Temperaturhub die Eis- und Schneefreihaltung im Winter und die Verlängerung der Lebensdauer der Fahrbahnbeläge im Sommer ermöglicht.

Hydrogeothermal use of drainage water at tunnels – potential, concepts and application by the example of the tunnel 'Füssen'

In road tunnels constructed by shotcrete method often drainage water accumulates, which is usually collected at the portals and then discharged unused into a run-off capability or a natural water-course. Current research projects, however, demonstrate the geothermal potential of a hydrothermal use, previously only known from the alpine region, also for German road tunnels. There are

Tunnelbau 2024, Herausgegeben von der DGGT, Deutsche Gesellschaft für Geotechnik e.V.

various potential uses, ranging from the climate control of service buildings to the tempering of traffic areas at the tunnel portals to third-party uses.

Based on these investigations, a pilot project was set up at the border tunnel Füssen, Germany, for the innovative concept of direct, passive open-air temperature control in combination with hydro-geothermal use. It was realized for the first time at the Füssen tunnel. The tempering of the traffic areas is carried out by pipe registers that are integrated in the road pavement. The drainage water from the tunnel portals flows directly through those registers. The experience gained by research operation proves that the passive tempering of the traffic areas without a heat pump allows to keep those areas free of ice and snow in winter and to increase life cycle in summer.

1 Einleitung

Hydrogeothermische Verfahren ermöglichen es, die Wärmeenergie des aus der Bergwasserdrainage eines Tunnels austretenden Wassers zu nutzen, um Verkehrs- und Betriebsflächen im Tunnelportalbereich schnee- und eisfrei zu halten, Betriebsräume zu klimatisieren oder bauliche Anlagen im Umfeld zu temperieren. Die extrahierte Energie ist dabei ein Nebenprodukt der aus tunnelstatischer Sicht erforderlichen Drainage zum Abbau des auf die Tunnelschale wirkenden Wasserdrucks. Ein großer Vorteil der hydrogeothermischen Tunnelanlagen im Vergleich zu den absorbertechnologischen Anwendungen ist die Möglichkeit der nachträglichen Ausrüstung eines Bestandtunnels.

Bei dem hydrogeothermischen Verfahren ist die mögliche Energieextraktion eine Funktion der Drainagewassertemperatur, der Schüttung sowie der realisierbaren Wiedereinleittemperatur. Ausgehend von einer Vorstudie zur Untersuchung der Drainagewasserschüttungen an deutschen Straßentunneln wurde das Nordportal des Grenztunnels Füssen als besonders geeignet zur Erprobung der Temperierung von Freiflächen mittels eines direkten, passiven hydrogeothermischen Verfahrens identifiziert. In der Folge wurde als Pilotanwendung ein TECHNIKUM im Realmaßstab realisiert, das zwei Jahre lang beprobt wurde.

In dem vorliegenden Beitrag wird über die konzeptionellen Ansätze und die Bemessung von hydrogeothermischen Anlagen insbesondere im Kontext der Temperierung von Frei- und Verkehrsflächen berichtet. Am Beispiel des Grenztunnels Füssen werden das Potenzial sowie die bauliche Umsetzung in Form einer *„direkten, passiven geothermischen Freiflächentemperierung"* vorgestellt und die aus der Pilotanwendung gewonnenen Erfahrungen präsentiert und reflektiert.

2 Tunnelgeothermie: geschlossene und offene Systeme

2.1 Überblick

Die Nutzung der Geothermie in Verbindung mit dem Bau und Unterhalt von Tunnelbauwerken erlaubt einen regenerativen und damit nachhaltigen Ansatz zur Temperierung bzw. Klimatisierung von Tunnelbetriebsräumen, zur Eis- und Schneefreihaltung von Verkehrsflächen in den Portalbereichen sowie, in Abhängigkeit vom thermischen Potenzial, darüber hinausgehende Anwendungen [1].

Die in Gebirge und Tunnelluft vorhandene thermische Energie kann durch die großen erd- und tunnelluftberührenden Flächen der Tunnelbauwerke entnommen und zur grundlastfähigen thermischen Versorgung unterschiedlichster Nutzungen verwendet werden [2]. Die Tunnelluft emittiert aufgrund der durch die Verkehrsmittel eingetragene Abwärme und Bremsenergie Wärme an die Tunnelschale, die zusätzlich durch Wärmeströme aus dem umgebenden Gebirge und – bei geringer Überdeckung – aus den klimatischen Randbedingungen an der Geländeoberfläche beeinflusst wird. Der geothermische Tiefenstrom, der in Deutschland meist einen Gradienten von 3 K je 100 m Tiefe [3] aufweist, und die thermische Energie der Tunnelluft, die zusätzlich im konvektiven Wärmeübergang an die Tunnelschale übergeben wird [4], ergeben das thermische Potenzial von Tunnelbauwerken.

Grundsätzlich werden zwei geothermische Verfahren unterschieden: Das hydrogeothermische (offenes System) und das absorbertechnologische Verfahren (geschlossenes System).

2.2 Absorbertechnologische Verfahren

Bei absorbertechnologischen Anwendungen wird der Primärkreislauf durch Wärmeübertrager (z. B. registerförmig oder mäandrierend angeordnete Absorberrohre) in Bauteilen des Tunnelbauwerks, bevorzugt in der Tunnelschale, gebildet. Die Rohrleitungen werden von einem Absorberfluid durchströmt, das die Wärme der Tunnelluft und des Baugrunds aufnimmt und dem Wärmepumpenkreislauf zuführt.

Messtechnisch begleitete Pilotanwendungen sowie auf umfangreichen numerischen Studien basierende Forschungsarbeiten [u. a. 4–6] haben diese Form der Tunnelgeothermie intensiv untersucht und dabei u. a. den erheblichen Einfluss der Tunnelluft auf die potenzielle Energieextraktion verdeutlicht.

Als Ergebnis dieser Forschungen stehen für die Praxis heute vereinfachte Bemessungsansätze und webbasierte Simulationen zur Verfügung [7], die projektspezifische technische Vorstudien und Wirtschaftlichkeitsuntersuchungen ermöglichen.

2.3 Hydrogeothermische Verfahren

Hydrogeothermische Verfahren (Bild 1a) nutzen direkt die thermische Energie des aus der Bergwasserdrainage austretenden Wassers. Während das absorbertechnologische Verfahren als geschlossenes System arbeitet, ist das hydrogeothermische Verfahren ein offenes System, da das Drainagewasser nach der Energieextraktion in eine Vorflut übergeben wird.

Die durch hydrogeothermische Verfahren extrahierte Energie ist ein Nebenprodukt der aus tunnelstatischer Sicht erforderlichen Drainage zum Abbau des auf die Tunnelschale wirkenden Wasserdrucks. Dieser Umstand ist mit einem großen Vorteil verbunden, den hydrogeothermischen Tunnelanlagen im Vergleich zu den absorbertechnologischen Anwendungen besitzen: die Möglichkeit der nachträglichen Installation bei Bestandtunneln.

Das geothermische Potenzial ist der extrahierbare Wärmestrom des Drainagewassers $\dot{Q}_{Heiz/Kühl}$, der im thermischen Gleichgewicht mit dem geothermischem Wärmestrom $\dot{Q}_{\mathrm{Geo}}$ und dem Wärmeeintrag aus dem Tunnelinneren $\dot{Q}_{\mathrm{TL}}$ steht (Bild 1b). Der sich ergebende Wärmestrom $\dot{Q}_{\mathrm{Heiz/Kühl}}$ ist dann das Produkt aus der Drainagewasser-Abstrommenge $\dot{V}$, der Dichte ρ_{w} und der spezifischen Wärmekapazität $c_{\mathrm{p,w}}$ sowie der realisierbaren Temperaturspreizung $\Delta\vartheta$ des Wassers:

$$\dot{Q}_{\mathrm{Heiz/Kühl}} = \dot{V} \cdot \rho_{\mathrm{w}} \cdot c_{\mathrm{p,w}} \cdot \Delta\vartheta \tag{1}$$

Die Temperatur des Drainagewassers ist dabei u. a. von den hydrogeologischen Randbedingungen und der Gesteinstemperatur abhängig, wobei Letztere wiederum von der Tunnelüberdeckung, der Topografie und weiteren Faktoren abhängt. Die realisierbare Temperaturspreizung wird allerdings durch die minimal zulässige Einleittemperatur in die Vorflut begrenzt.

In Abhängigkeit von der Überdeckung eines Tunnels liefert eine Bergwasserdrainage oft eine über das Jahr hin weitgehend konstant hohe Temperatur, die für alpine Basistunnel in der Größenordnung von 24 °C [8] oder auch noch deutlich darüber [9] liegen kann. Die Temperaturen einzelner Bergwasserzutritte entlang eines Tunnelbau-

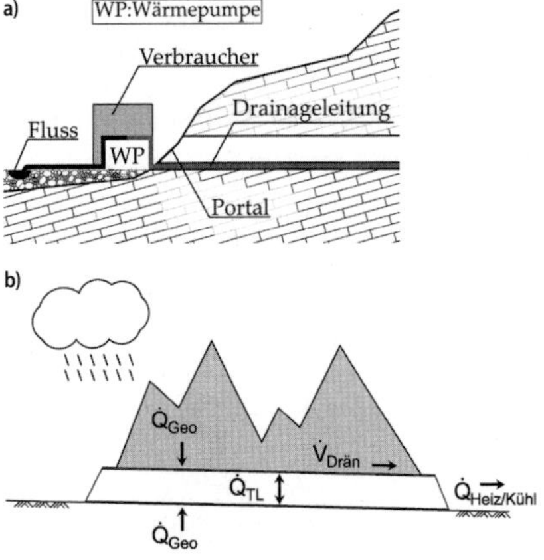

Bild 1. Tunnelgeothermie: hydrogeothermische Verfahren (offenes System) a) Prinzip; b) Wärmestrom

werks können stark variieren. Durch abgesonderte Drainageleitungen einzelner Tunnelabschnitte kann eine Durchmischung unterschiedlicher Temperaturniveaus entlang des Tunnelbauwerks verhindert werden, wodurch höhere Quelltemperaturen am Tunnelportal nutzbar werden [10].

Die Verwendung der thermischen Energie variiert je nach lokal vorhandenen Verwertungsmöglichkeiten, sodass, abgesehen von der Fahrbahntemperierung, die thermische Energie des Bergwassers u. a. auch zur Beheizung von Wohnhäusern und Aquakulturen verwendet werden kann.

Das bisherige Einsatzgebiet hydrogeothermischer Nutzungen in der Tunnelgeothermie wurde bisher meist im alpinen Raum mit seinen typischen hydrogeologischen und morphologischen Verhältnissen gesehen. Tunnelhydrogeothermische Anlagen existierten vornehmlich in der Schweiz [11]. Aktuell sind in der Schweiz sieben geothermische Anlagen mit einer jährlichen Gesamtwärmeleistung von ca. 5300 MWh/Jahr in Betrieb. Ein Beispiel: Das Bergwasser des Gotthard-Basistunnels tritt am Nordportal mit einer Schüttung von 150–400 l/s und einer Temperatur von bis zu 27 °C aus dem Tunnel [12]. Seit einigen Jahren wird das anfallende Bergwasser genutzt, um die größte schweizerische Fischzucht, „Basis 57", mit Frischwasser zu versorgen und zu beheizen [13].

3 Potenzial für den Einsatz hydrogeothermischer Verfahren an deutschen Straßentunneln

Eine Vorstudie der Bundesanstalt für Straßenwesen (BASt) [14] zeigt, dass nicht nur alpine Straßen- und Eisenbahntunnel für den Einsatz hydrogeothermischer Verfahren bei Tunneln infrage kommen, sondern auch deutsche Mittelgebirgskämme durchquerende Tunnelbauwerke erhebliches Potenzial besitzen. In dieser Vorstudie wurden die Drainagewasserschüttungen an 15 Portalen deutscher Straßentunnel hinsichtlich ihres hydrogeothermischen Potenzials untersucht und bewertet. Ferner wurden für die genannten Tunnel die chemisch-physikalischen Parameter des Drainagewassers, die für den dauerhaften Betrieb einer Grundwasserwärmepumpe relevant sind, analysiert.

Dabei wurden bereits während der Entnahmen häufig organoleptische Auffälligkeiten der Wasserproben, wie z.B. ein Bodensatz, eine Trübung/Färbung bzw. Auffälligkeiten im Bergwasserdrainagesystem wie Sandablagerungen oder Versinterungen, beobachtet.

Unter der Annahme einer für Wärmepumpen üblichen bzw. im Hinblick auf die Grenzwerte der Einleittemperaturen realisierbaren Temperaturspreizung auf der Seite des Primärkreislaufs von 4 K ergaben sich für die fünf ergiebigsten Tunnelportale die in Bild 2 dargestellten Wärmeleistungen. Diese fünf Portale hoben sich auch im Hinblick auf die bei der Probennahme festgestellten Auffälligkeiten und die chemisch-physikalischen Parameter positiv von der Mehrzahl der anderen Portale ab.

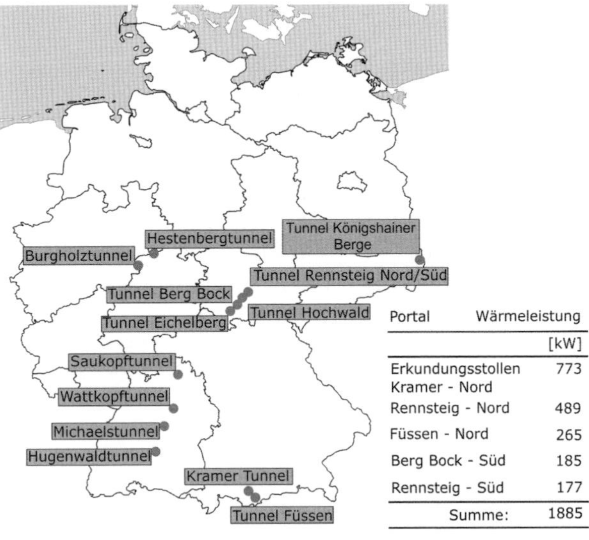

Portal	Wärmeleistung [kW]
Erkundungsstollen Kramer - Nord	773
Rennsteig - Nord	489
Füssen - Nord	265
Berg Bock - Süd	185
Rennsteig - Süd	177
Summe:	1885

Bild 2. Wärmeleistungen der Tunneldrainagewasserschüttungen an ausgesuchten deutschen Straßentunneln [14]

Hierauf aufbauend wurden vom Institut für Geotechnik der Universität Stuttgart (IGS) im Auftrag der BASt Detailuntersuchungen an drei Portalen deutscher Straßentunnel, dem Nord- und Südportal des Tunnels Rennsteig (Thüringen) sowie dem Nordportal des Grenztunnels Füssen (Bayern), durchgeführt [15]. Ziel der Studie waren detaillierte Untersuchungen zum thermischen Potenzial, die Ausarbeitung von möglichen Nutzungskonzepten sowie die planerische Vorbereitung der technischen Umsetzung einer Pilotanlage an einem der drei Tunnelportale. In diesem Kontext wurden Messeinrichtungen zur Erfassung der Drainagewassertemperatur und der Durchflussmenge an den Tunnelportalen installiert und Langzeitmessungen durchgeführt (Bild 3).

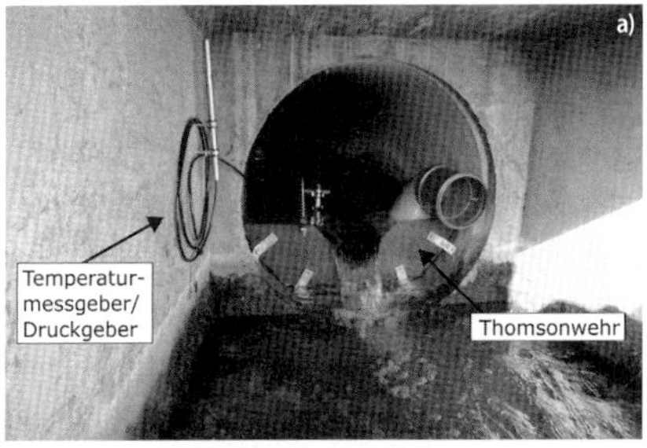

Bild 3. Installation von Messeinrichtungen zur Erfassung von Drainagewassertemperatur und Durchflussmenge, a) am Tunnel Rennsteig, b) am Grenztunnel Füssen

Neben unterschiedlichen Anwendungen wie der Klimatisierung der Tunnelbetriebsräume, der Klimatisierung externer Gebäude mittels erdverlegter Fernwärmeleitung oder der Beheizung von Aquakulturen wurde das energetische Potenzial einer hydrogeothermischen Tunnelanlage zum Betrieb von Flächentemperierungen zur Eis- und Schneefreihaltung von Fahrbahnoberflächen an den einzelnen Tunnelportalen untersucht.

Im Ergebnis dieser Untersuchungen wurden seit 2019 zwei Pilotanlagen realisiert: Am Portal Nord des Rennsteigtunnels wurde seitens des Thüringer Landesamts für Bau und Verkehr eine Anlage zur Klimatisierung der Betriebsräume eingerichtet, während am Portal Nord des Grenztunnels Füssen durch die Autobahndirektion Südbayern zwei Anwendungen realisiert wurden: die Klimatisierung der Betriebsgebäude und – mit Unterstützung des Bundesministeriums für Verkehr und digitale Infrastruktur (BMVI) und der Bundesanstalt für Straßenwesen (BASt) – ein TECHNIKUM, also eine realmaßstäbliche Pilotanlage für die Temperierung von Verkehrsflächen mittels des Konzepts der direkten passiven Freiflächenheizung. Letztere wird nachfolgend aufgrund ihres Innovationscharakters detaillierter vorgestellt.

4 Konzept der direkten passiven geothermischen Freiflächenheizung

4.1 Grundkonzept

Das von Moormann und Buhmann entwickelte innovative Konzept einer *„direkten, passiven geothermischen Freiflächentemperierung“* [15] sieht vor, das bisher ungenutzte Tunneldrainage- bzw. Bergwasser ohne einen wärmepumpeninduzierten Temperaturhub direkt als Wärmeträgermedium zu verwenden, womit auf Wärmepumpen sowie zusätzliche Wärmetauscher verzichtet werden kann. Das Bergwasser zirkuliert also ohne den Einsatz eines Wärmepumpenkreislaufs und ohne Zusatz von Frostschutzmitteln durch in Freiflächen bifilar angeordnete Rohrregister, die unterhalb der Fahrbahnoberfläche verbaut werden und so – als primäres Ziel – die Fahrbahnoberfläche erwärmen können, um die im Portalbereich eines

Tunnels liegenden Verkehrs- und Betriebsflächen im Winter eis- und schneefrei zu halten.

Auf den Einsatz von potenziell umweltgefährdenden Kühlmitteln kann so verzichtet werden, wodurch sich die Erteilung einer wasserrechtlichen Genehmigung der Anlage vereinfacht. Zudem kann nach erfolgter Energieextraktion das Drainagewasser bedenkenlos der Vorflut übergeben werden.

Der Einsatz solcher Anlagen ermöglicht es damit, ausgewählte Bereiche vor Tunnelportalen und auf Betriebsflächen im Winter energieeffizient zu beheizen und somit den aufwendigen Winterdienst und Taumitteleinsatz vor Tunnelportalen und damit auch den bauwerksschädigenden Eintrag von Chloriden in den Tunnel zu verringern. Zugleich können in den Sommermonaten die Temperaturen in der Fahrbahn reduziert werden. Einer Spurrillenbildung in Asphaltflächen wird so vorgebeugt, woraus sich eine Verlängerung der Lebensdauer der Fahrbahnbeläge ergibt.

4.2 Funktionsweise und Bemessung

Entscheidend für eine zutreffende Planung und Bemessung von Freiflächentemperierungen zur Schnee- und Eisfreihaltung von Fahrbahnoberflächen ist eine vollständige energetische Bilanzierung der Wärmeströme („Energiebilanz") an der Fahrflächenoberkante. Die Oberflächentemperatur der Erde wird durch ein Gleichgewicht zwischen den Wärmetransportmechanismen an der Geländeoberfläche und dem geothermischen Wärmefluss bestimmt.

Die Basis zur Ermittlung der erforderlichen Wärmestromdichte $\dot{q}_{zu}$ bildet die sogenannte Energiebilanz, die im Bereich des einzubauenden Wärmeübertragers (Rohrleitungen im Freiflächenaufbau) wie folgt aufzustellen ist (Bild 4):

$$\dot{q}_{zu} = \pm \dot{q}_{KW} \pm \dot{q}_{LW} + \dot{q}_{konv} + \dot{q}_{lat} - \dot{q}_{regen} + \dot{q}_{s} - \dot{q}_{GEO} \qquad (2)$$

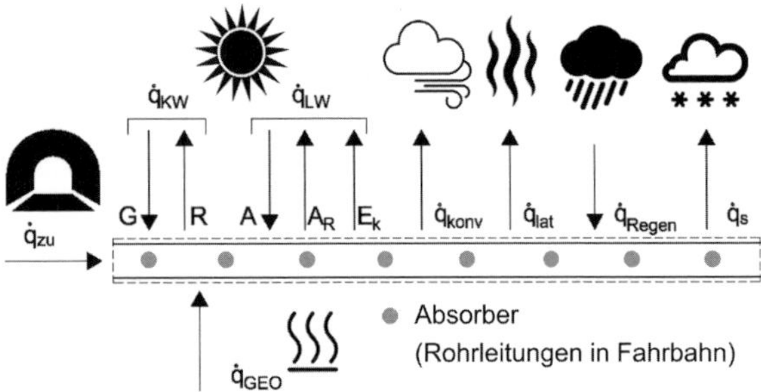

Bild 4. Energiebilanz einer Freiflächentemperierung [15]

Dabei sind folgende Wärmeströme zu berücksichtigen:

- geothermischer Tiefenstrom $\dot{q}_{\mathrm{GEO}}$, wobei der Einfluss der Erdwärme bei einer Freiflächenheizung gegenüber den anderen an der Energiebilanz beteiligten Wärmeströmen verhältnismäßig gering ist, da die Wärmetauscher sehr oberflächennah liegen.
- Wärmestrom aus Drainagewasser $\dot{q}_{\mathrm{zu}}$; im vorliegenden Fall wird das Drainagewasser ohne Temperaturhub direkt thermisch genutzt.
- kurzwelliger Wärmestrom $\dot{q}_{\mathrm{KW}}$, wobei die auf der Erde auftretende Globalstrahlung sich aus der direkten und der diffusen Strahlung zusammensetzt.
- langwelliger Wärmestrom $\dot{q}_{\mathrm{LW}}$, der abhängig ist von den Bauteileigenschaften, der Bauteiloberflächentemperatur und den geometrischen Sichtverhältnissen der im Strahlungsaustausch stehenden Bauteile.
- konvektiver Wärmestrom $\dot{q}_{\mathrm{konv}}$ am Übergang der Geländeoberfläche zur Atmosphäre.
- latenter Wärmestrom $\dot{q}_{\mathrm{lat}}$ infolge Verdunstung oder Kondensation an einer mit der Umgebungsluft in Kontakt stehenden schneebedeckten Fläche.
- Wärmestrom durch Regenereignis $\dot{q}_{\mathrm{regen}}$; der Einfluss eines Regenereignisses auf das Abschmelzen einer Schneedecke wird häufig

überschätzt, da durch den Niederschlag eine Verdichtung der Schneedecke, nicht jedoch eine Reduzierung der Schneemenge erfolgt.
- Schmelzenergie $\dot{q}_s$, die für den Fall, dass sich auf den Verkehrsflächen im Bereich der Tunnelportale bereits eine Schneedecke gebildet hat, zum Abschmelzen der Schneedecke aufzubringen ist.

Für die Bemessung von Anlagen zur Flächentemperierung ist es relevant, ob die zur Eis- und Schneefreihaltung erforderliche Wärmeenergie für die Dimensionierung von Freiflächenheizungen für den Spitzenlastfall, d.h. die im jährlichen Verlauf maximal auftretende Energieabgabe, ausgelegt werden soll, oder ob an den wenigen Tagen im Jahr mit Spitzenlastfall auch ein ergänzender Winterdienst vorgesehen werden kann.

Der einzige Wärmestrom, der vom Betreiber reguliert werden kann, ist die Durchströmung des Drainagewassers. Abhängig von der Durchflussrate kann sich in dem Rohrregister eine laminare oder eine turbulente Strömung ausbilden, wobei der Wärmeübergangskoeffizient des strömenden Wassers zur Umgebung im laminaren Bereich mit Zunahme der Strömungsgeschwindigkeit leicht ansteigt, während beim Übergang von laminarer zu turbulenter Strömung der Wärmeübergangskoeffizient stark anwächst [16].

5 Pilotanlage am Grenztunnel Füssen

5.1 Einführung

Der Grenztunnel Füssen (Bundesautobahn BAB A 7 / Fernpassstraße) in Südbayern besitzt eine Röhre mit Gegenverkehr und einer Länge von 1284 m bei einer maximalen Überdeckung von 210 m. Von Moormann und Buhmann wurde festgestellt, dass sich das Nordportal des Grenztunnels Füssen für eine Erprobung der Temperierung von Freiflächen mittels des direkten, passiven hydrogeothermischen Verfahrens besonders eignet [15]. Hierfür wurden die Temperatur und Schüttung des Drainagewassers über ein Jahr in den Ulmen gemessen. Die am Nordportal auftretende Drainageschüttung ist demnach relativ geringen Schwankungen unterworfen und liegt bei 11 – 23 l/s bei einer Drainagewassertemperatur von 8,3–12,1 °C. Nach VDI 4640 [17] müssen die Grenztemperaturen zur Übergabe von Wasser in die Vorflut zwischen 5 °C und 20 °C liegen. Bei Ausschöpfung dieser Grenzwerte beläuft sich das rechnerische geothermische Potenzial für den Heizfall als minimal zuführbarer Wärmestrom zu 152 kW und für einen Kühlfall als minimal abführbare Wärmestrom zu 438 kW.

Neben thermischen Untersuchungen wurden auch hydrochemische und hydraulische Untersuchungen durchgeführt, die ebenfalls die Eignung des Nordportals des Grenztunnels Füssen für eine hydrogeothermische Nutzung bestätigten.

Am Nordportal wurde 2019 die Klimatisierung eines bestehenden Gebäudes zur Nutzung des Drainagewassers umgerüstet und ein Neubau für die Tunnelbetriebstechnik direkt mit der Nutzung des Drainagewassers zur Kühlung und Beheizung realisiert (Bild 5).

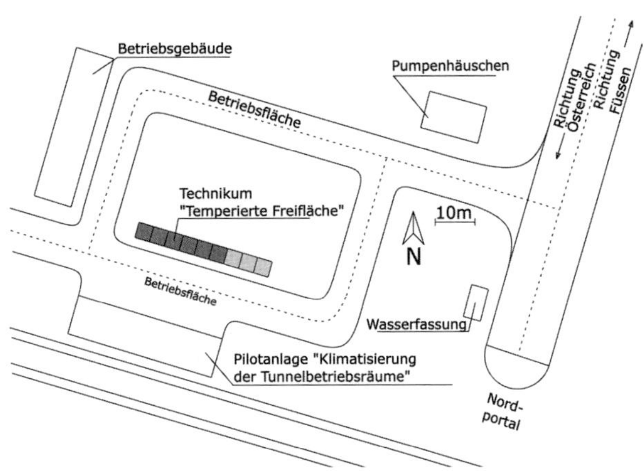

Bild 5. Nördliches Portal des Grenztunnels Füssen mit Lage der Pilotanlagen „Klimatisierung der Tunnelbetriebsräume" und des Technikums „Temperierte Freifläche" mit Fahrbahnaufbau aus Asphalt (dunkle Flächen) und aus Beton (helle Flächen)

Ferner wird an diesem Tunnelportal die Nutzung des Tunneldrainagewassers zur Temperierung von Verkehrs- und Betriebsflächen in einem TECHNIKUM untersucht. Es handelt sich um eine Pilotanwendung für das Konzept einer *„direkten, passiven geothermischen Freiflächentemperierung"*.

Die hohe thermische Leistung des Drainagewassers an dem Standort Nordportal Füssen lässt beide Anwendungen, die Klimatisierung der Tunnelbetriebsgebäude und die Temperierung der Freifläche, zu. Die Pilotanwendung am Grenztunnel Füssen belegt damit, dass die direkte Nutzung des bei drainierten Straßentunneln anfallenden Bergwassers eine besonders nachhaltige und energieeffiziente Nutzung von natürlichen Ressourcen darstellt.

Nachfolgend wird die Realisierung der *„direkten, passiven geothermischen Freiflächentemperierung"*, das mit dem TECHNIKUM „Temperierte Freifläche" erstmalig angewendet und wissenschaftlich untersucht wird, näher betrachtet.

5.2 TECHNIKUM „Temperierte Freifläche"

Das TECHNIKUM „Temperierte Freifläche" wurde auf der Grundlage der Entwurfsplanung von Moormann und Buhmann [15] auf dem Betriebsgelände des Nordportals des Grenztunnels Füssen durch die Autobahndirektion Südbayern in den Jahren 2019/20 errichtet. An neun Testflächen mit unterschiedlichen Fahrbahnaufbauten (s. Bild 5 bzw. Bild 7) werden der effizienteste Aufbau und ein optimaler Betrieb solcher Anlagen untersucht. Die Temperierung der Verkehrsflächen erfolgt durch Rohrregister, die in dem Fahrbahnaufbau der Freiflächen verlegt sind und direkt von dem an dem Tunnelportal anfallenden Drainagewasser durchströmt werden. Durch die konstant hohe Schüttung und Temperatur des Drainagewassers ist eine passive Aktivierung der Freiflächen ohne einen Temperaturhub möglich.

Die Reduktion von Streusalz sowie maschineller und manueller Schneeräumung durch den Einsatz von Wärmeübertragern in Verkehrswegen und Infrastrukturflächen unter Nutzung von Geothermie wurde bereits in Kleinanwendungen [18], aber auch im Zusammenhang mit Infrastrukturprojekten [19, 20] erprobt. Der Betrieb der Wärmeübertrager in einem direkten, passiven Betrieb unter Nutzung von Tunneldrainagewasser stellt eine konsequente Fortentwicklung dieser Technologie dar, um hierdurch die Effizienz des Anlagenbetriebs zu steigern und Amortisationszeiträume zu verringern.

Mit dem TECHNIKUM soll zusätzlich die Möglichkeit einer Erhöhung der Dauerhaftigkeit der Fahrbahnen durch eine Kühlung der Verkehrsflächen an heißen Sommertagen untersucht werden.

5.3 Entwurfsplanung

Die Dimensionierung des TECHNIKUMS wurde unter Berücksichtigung der in Abschnitt 5.1 beschriebenen Erkenntnisse auf die minimale Schüttung von 11,0 l/s sowie zugleich auf die minimale Temperatur des Drainagewassers von 8,3 °C ausgelegt, was einen sehr konservativen Ansatz darstellt. Zudem erfolgte die Dimensionierung für die Anforderung, eine weitgehende Eis- und Schneefreihaltung auch bei tiefen Temperaturen und starkem Schneefall zu realisieren.

Die Dimensionierung erfolgte auf der Basis zeitvarianter Simulationen mit einem dreidimensionalen, gekoppelten hydraulisch-thermischen Modell, hier unter Einsatz der Multi-Physics-Software COMSOL.

Richter [21] gibt die zur Eis- und Schneefreihaltung von Fahrbahnoberflächen erforderliche Wärmestromdichte mit 400 W/m^2 an. Dieser Wert wurde bei einer numerischen Simulation der Wärmetransportvorgänge innerhalb der Freiflächen unter Berücksichtigung der lokalen klimatischen Verhältnisse bestätigt (Bild 6).

Bei der installierten Pumpenleistung könnte die erforderliche Wärmestromdichte von 400 W/m^2 somit in rechnerisch mindestens 40 Feldern mit einer Fläche von jeweils 9 m^2 bereitgestellt werden.

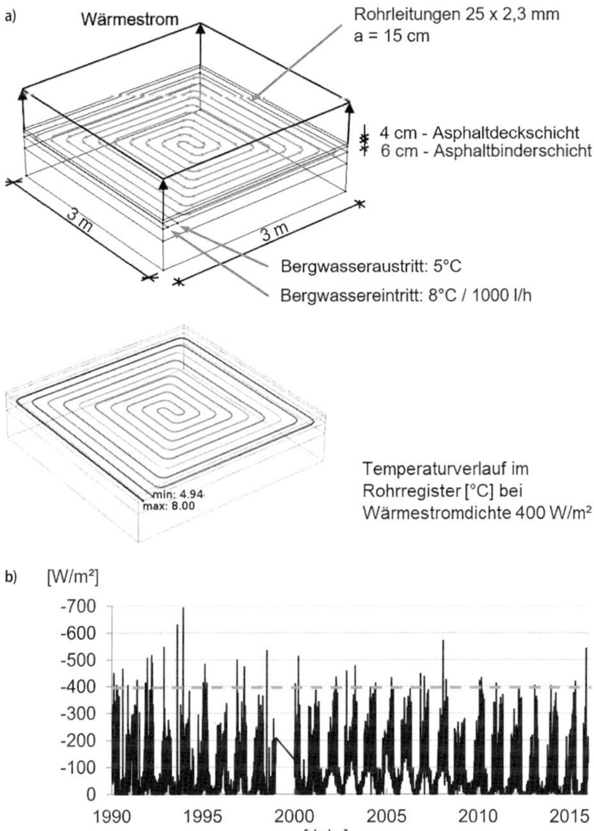

Bild 6. a) Numerisches Berechnungsmodell und Temperaturverlauf in den Rohrleitungen bei einer Wärmestromdichte von 400 W/m^2; b) Energiebedarf Freiflächenheizung Tunnel Füssen zur Eis- und Schneefreihaltung [15]

5.4 Detailbeschreibung TECHNIKUM Füssen

Das TECHNIKUM am nördlichen Portal des Grenztunnels Füssen wurde auf den Betriebsflächen der Autobahnmeisterei mit neun Feldern von jeweils 9 m^2 Grundrissfläche ausgestattet. Der Fahrbahnaufbau der neun Testflächen besteht bei sechs Freiflächen aus Asphalt (A) und bei den weiteren drei Testflächen aus Beton (B). Jeweils eine Beton- und eine Asphaltfläche wurde nicht mit Rohrregistern (F) versehen. Die bifilar verlegten Rohrkonfigurationen bestehen entweder aus Kupfer oder Kunststoff.

Bild 7 zeigt die Detailausbildung der unterschiedlichen Testflächen, die sich nicht nur bezüglich des Fahrbahn- bzw. Deckschichtaufbaus und der hierfür eingesetzten Materialien, sondern auch bezüglich der Anordnung der Rohrleitungen in ihrer Tiefenlage, im Rohrachsabstand (drei unterschiedliche Rohrkonfigurationen mit 10, 15 und 20 cm Schenkelabstand) sowie hinsichtlich des Rohrmaterials unterscheiden. Eine Referenzfläche je Beton- und Asphaltaufbau wurde – wie erläutert – jeweils ohne Rohrleitungen ausgebildet.

In jedem aktivierten Feld wurden innerhalb der Rohrregister in den Zulauf- und Rücklaufleitungen Temperatursensoren eingebaut. In der Zulaufleitung wurde zusätzlich noch ein Durchflussmesser installiert, sodass der Durchfluss sowie die Vor- und Rücklauftemperatur gemessen werden können. Durch Anwendung der Gleichung (1) kann hieraus für jedes einzelne Feld die aus dem Berg- bzw. Drainagewasser entzogene bzw. zugeführte thermische Energie ermittelt werden.

Ferner wird innerhalb des Fahrbahnaufbaus in Feldmitte und am Rand des Felds die Temperatur in jeweils zwei Sensorebenen unterhalb und oberhalb der Rohrleitungen gemessen. Hierdurch soll ein direkter Rückschluss auf die aufwärts und abwärts gerichteten Wärmeströme möglich werden. Die Sensorebenen bestehen aus zwei Sensoren, die mit einem vertikalen Abstand von 4 cm übereinander angeordnet sind (Bild 8). Insgesamt sind pro Feld acht Temperatursensoren verbaut.

Der Einbau der unteren Sensoren erfolgte, nachdem die untere Trägerschicht ausgehärtet war. Mittels eines Betonschneiders wurden

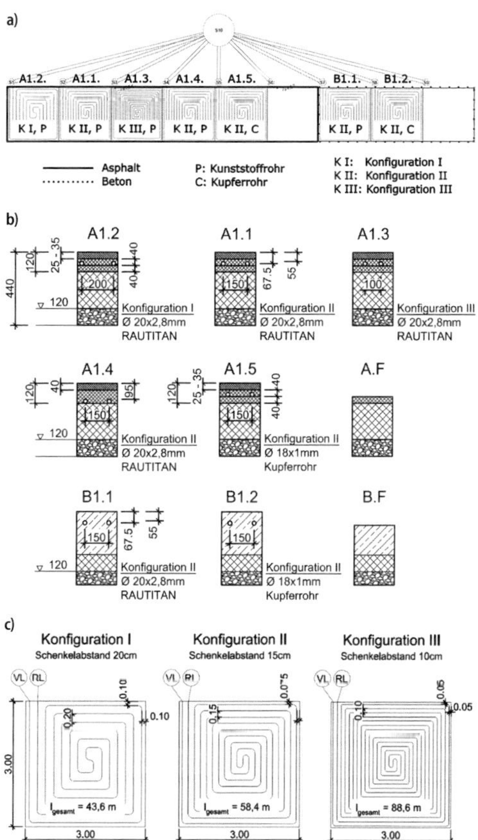

Bild 7. Technikum Füssen: Aufbau der temperierten Testflächen; a) Grundriss Anordnung Testflächen, b) Fahrbahnaufbauten mit integrierten Absorber-Rohrleitungen, c) Rohrleitungskonfigurationen im Grundriss

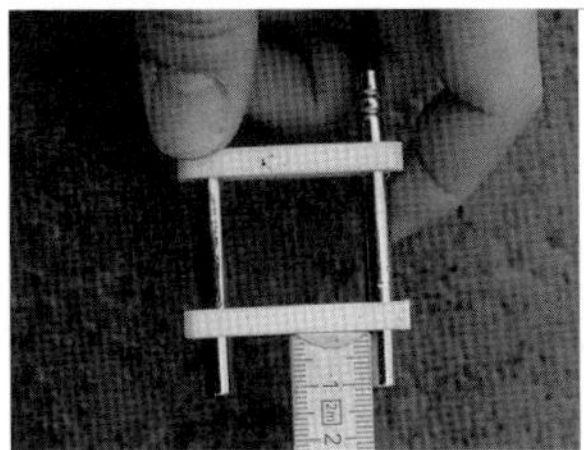

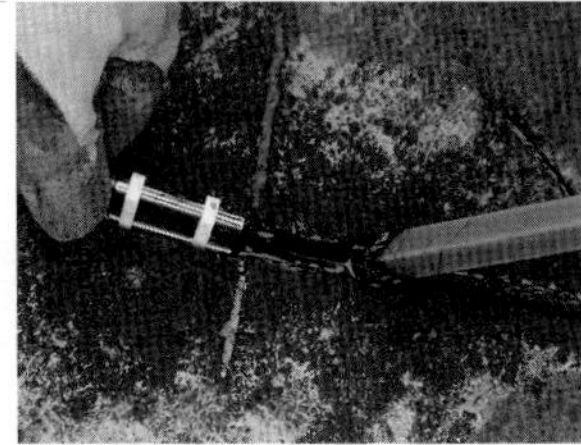

Bild 8. TECHNIKUM Füssen: Einbau und Verguss der Temperatursensoren

Schlitze in die Trägerschicht geschnitten. Anschließend wurden die Sensoren, die in eine Fixierung integriert wurden, in den Schlitz gedrückt und mit einem temperaturbeständigen Bitumen vergossen (Bild 8). Der Einbau der oberen Sensorlagen erfolgte analog.

Das aus der Tunneldrainage strömende Bergwasser wird in einem Tank unterhalb eines Pumpenhäuschens gesammelt und mittels einer Kreiselpumpe über eine Zulaufleitung zu den einzelnen Freiflächen geführt. Jedes Rohrregister ist einzeln mit einer Vorlaufleitung an der Versorgungsleitung angeschlossen. Nachdem die Freiflächen durchströmt wurden, fließt das Bergwasser über einen Rücklauf in eine nachgeordnete Vorflut, ein Flora-Fauna-Habitat (FFH-Gebiet). Die Übergabe zwischen der Versorgungsleitung und der Vorlaufleitung der Rohrkonfigurationen ist mit Absperrhähnen ausgerüstet, um den Durchfluss zu einzelnen Feldern zu regulieren.

Es wurde vorgesehen, im Testbetrieb die Durchströmung der Testfelder stark zu variieren. Eine Umwälzpumpe allein könnte nur mit einem reduzierten Wirkungsgrad alle geplanten Durchflussraten bewältigen, weshalb zusätzlich eine zweite Umwälzpumpe im Pumpenhäuschen installiert wurde.

Ein vor Ort eingerichteter Computer, auf den per Fernsteuerung zugegriffen werden kann, steuert die Pumpenleistung und liest die Messdaten aus. Die Fernsteuerung erfolgt über eine SIM-Karte, sodass von außen mittels eines VPN-Zugangs auf den Computer zugegriffen werden kann (Bild 9).

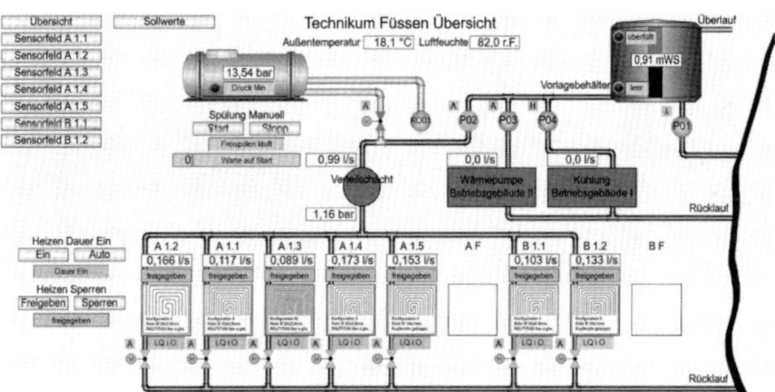

Bild 9. TECHNIKUM Füssen: Screenshot der Systemsteuerung zur Fernwartung der Pilotanlage „Temperierte Freifläche"

5.5 Havariekonzept für die direkte passive Flächenheizung

Mit dem direkten, passiven Betrieb der Flächentemperierung unter Verzicht auf zusätzliche Wärmeübertrager und auf den Einsatz von Frostschutzmitteln werden die Herstellungs- und Betriebskosten der Anlage reduziert und dadurch ihre Effizienz gesteigert. Allerdings besteht bei dieser Betriebsart die Gefahr des Auffrierens und damit der Zerstörung der Rohrleitungen sowie, im ungünstigsten Fall, auch der Schädigung des Fahrflächenaufbaus, wenn – z.B. bei einem Stromausfall – die Rohre mit Wasser gefüllt verbleiben und die Temperaturen unter den Gefrierpunkt fallen. Eigens für dieses mögliche Havarieszenario wurden Regelkreise entwickelt, die bei Frostgefahr die Anlage gezielt außer Betrieb nehmen und ein Auffrieren verhindern, indem die Rohrregister stufenweise mit Druckluft ausgeblasen werden (siehe Druckbehälter in Bild 9).

5.6 Bauausführung

Im Rahmen der Ausführung des TECHNIKUMS Füssen wurden die entwickelten Konzepte für die Ausstattung der unterschiedlichen Fahrbahnaufbauten mit Rohrregistern hinsichtlich ihrer Realisierbarkeit unter Baustellenbedingungen überprüft (Bild 10a). In diesem

Abb. 10 Technikum Füssen: Bauausführung, a) Einbau eines Kupferrohrregisters auf einer Asphalttragschicht, b) Überfahrt von mit Innendruck beaufschlagten Kunststoff-Rohrregistern mit Asphaltfertiger

Kontext wurden auch Überfahrversuche mit Asphaltfertigern ohne und mit Innendruckbeaufschlagung der Rohrregister ausgeführt (Bild 10b). Die Temperaturbeanspruchung während des Asphalteinbaus war ohne schädigenden Einfluss auf die Integrität und Funktionalität der Rohrregister, wie nach der Asphaltierung durchgeführte Dichtigkeitsprüfungen belegen.

5.7 Erfahrungen aus dem Betrieb des Technikums

5.7.1 Zielsetzung und konzeptioneller Ansatz

Die gesamte Anlage des Technikums wurde im Sommer 2020 erfolgreich getestet und in Betrieb genommen. Im Rahmen des von der Bundesanstalt für Straßenbau (BASt) geförderten Forschungsvorhabens „Erprobung einer geothermischen Bergwassernutzung am Grenztunnel Füssen" wurde das Technikum durch das Institut für Geotechnik der Universität Stuttgart über zwei Jahre in Winter- und Sommerperioden im Einsatz getestet [22, 23].

In diesem Kontext wurde ferner eine automatisierte Anlagensteuerung entwickelt, in die auch Wetterprognosen integriert wurden. Sie ermöglicht es, die Anlage autark zu betreiben.

Exemplarisch für die während des ersten Winterbetriebs 2020/21 gewonnenen Erfahrungen zeigt Bild 11 für das mit einer Betonfahrbahn ausgebildete Testfeld B1.2 (s. Bild 7) die Situation in den späten

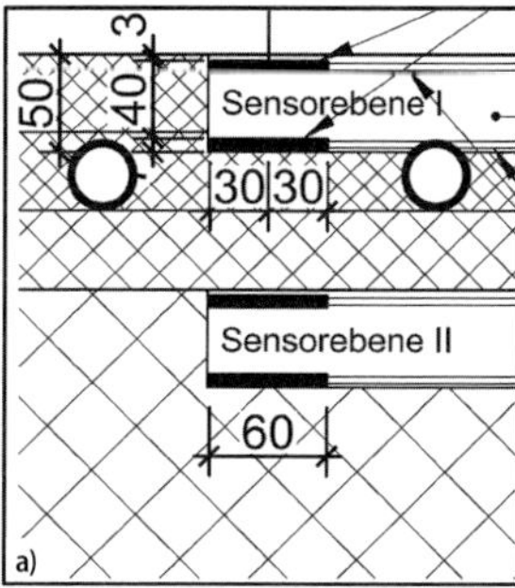

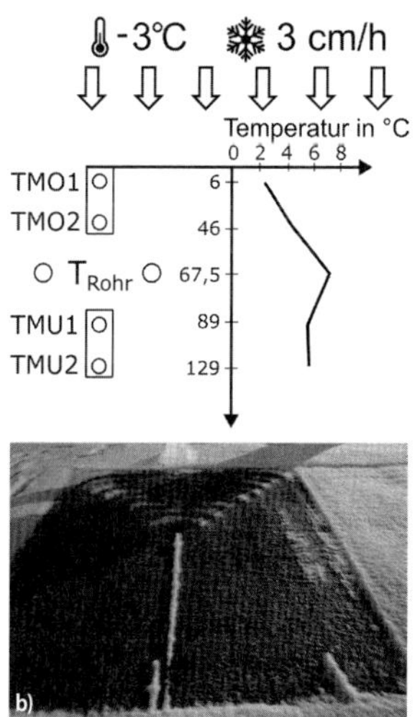

Bild 11. TECHNIKUM Füssen: Ergebnisse der Temperaturmessungen im Testfeld B1.2 (Betonfahrbahn) während der erfolgreichen Schneefreihaltung bei starkem Schneefall und –3 °C Außentemperatur in Bodennähe

Abendstunden des 18.03.2021 (23:00 Uhr). Trotz des starken Schneefalls bei Minustemperaturen (–3 °C Lufttemperatur in Bodennähe) wird die Testfläche infolge der Durchströmung des Rohrregisters mit Tunneldrainagewasser erfolgreich schnee- und eisfrei gehalten.

Im Fokus der Forschungsaktivitäten stand die vollständige Erfassung und Analyse der Wärmeströme temperierter Verkehrsflächen entsprechend Gleichung (2) bzw. Bild 4. Auf dieser Basis sollte anwendungsorientiert die Entwicklung eines möglichst effizienten und störungsfreien Betriebskonzepts solcher Anlagen erfolgen. Das Forschungskonzept für das TECHNIKUM Füssen sah vor, wesentliche Parameter der atmosphärischen Wärmeströme messtechnisch zu erfassen, daneben aber die Analyse der Messergebnisse durch numerische Simulationen zu ergänzen. Diese sind notwendig, um die für die Energiebilanz zur Freiflächentemperierung erforderlichen Wärmeströme, die messtechnisch nicht vollständig erfasst werden können, ergänzend abzubilden. Das so validierte Simulationsmodell wurde als Übertragungsmodell genutzt, um auf der Basis von Parameterstudien Empfehlungen für die Planung und den Betrieb von direkten, passiven geothermischen Flächentemperierungen auch für von dem Standort Füssen abweichende Randbedingungen abzuleiten.

Als Ergebnis wurde eine Implementierungshilfe zum Einsatz von direkten, passiven Freiflächenheizungen zur Schnee- und Eisfreihaltung von Verkehrsflächen an Tunnelportalen formuliert, die einen wesentlichen Beitrag dazu leisten soll, solche nachhaltigen Konzepte zu einer Regelanwendung an Tunnelportalen zu machen.

Nachfolgend werden einige Ergebnisse aus der Erprobung der hydrogeothermischen Bergwassernutzung am Grenztunnel Füssen dokumentiert.

5.7.2 Anlagenbetrieb

Die Klimarandbedingungen wurden über eine vor Ort installierte Wetterstation erfasst, die in unmittelbarer Nähe zu den Testfeldern aufgestellt wurde. Mit ihr wurden Luftdruck, Windgeschwindigkeit, Lufttemperatur, Niederschlagsmenge und -intensität gemessen. Ferner wurde zur visuellen Überwachung der Testfelder eine Kamera installiert. Datenerfassung und -übertragung erfolgen über einen Fernzugriff.

Ziel der Anlagensteuerung war es, die Freiflächen eis- und schneefrei zu halten. Da beim direkten, passiven Betrieb der Anlage auf eine Wärmepumpe verzichtet wird, kann die Temperatur des Bergwassers nicht angepasst werden. Einzig der Volumenstrom kann über die Pumpensteuerung reguliert werden, wobei zwei thermodynamische Effekte zu berücksichtigen sind:

Abhängig vom Volumenstrom stellt sich in den Rohrregistern eine laminare oder turbulente Durchströmung ein. Der dimensionslose Wärmeübergangskoeffizient (Nußeltzahl) des strömenden Wassers zur Umgebung nimmt im laminaren Bereich mit Anstieg der Durchströmung leicht zu, beim Übergang zur turbulenten Durchströmung steigt dieser jedoch sprunghaft an [16], sodass in diesem Fall der

Wärmeübergang vom Bergwasser zum umgebenen Fahrbahnaufbau höher ist.

Die Erhöhung des Volumenstroms führt zu einem Anstieg der Strömungsgeschwindigkeit innerhalb der Rohrregister mit der Konsequenz, dass die Verweildauer eines Wasserteilchens innerhalb der Rohrregister abnimmt. Wärmetransmission ist ein instationärer Prozess, d. h., je kürzer die Verweildauer der Wasserteilchen in den Rohrregistern ist, desto geringer ist die Temperaturabnahme im Trägerfluid. Folglich erhöht ein Anstieg des Volumenstroms die Rücklauftemperatur und reduziert demnach die Temperaturdifferenz zwischen Vor- und Rücklauf. Dies bewirkt eine höhere mittlere Wassertemperatur innerhalb der Rohrregister und somit einen höheren wirkenden Wärmestrom in den Fahrbahnaufbau.

Im Rahmen der Testszenarien wurde u. a. die Art der Durchströmung der Absorber variiert und es wurden sowohl laminare als auch turbulente Strömungszustände untersucht. Maßgebendes Kriterium hierbei ist die dimensionslose Reynoldszahl [3]:

$$Re = {}^{v \cdot d}\!/_{\nu} \tag{3}$$

v Fließgeschwindigkeit des Bergwassers [m/s]
d Rohrdurchmesser [m]
ν Kinematische Viskosität [m^2/s]

Die Strömungsgeschwindigkeit des Bergwassers kann über die Leistungsregelung der Umwälzpumpe eingestellt werden. Die Werte des Rohrdurchmessers bzw. der kinematischen Viskosität sind konstant. Bei einer Reynoldszahl von $Re \leq 2300$ ist von einer laminaren, bei $Re \geq 3000$ von einer rein turbulenten Strömung auszugehen. Im Testszenario der laminaren Durchströmung wurde eine deutliche Abhängigkeit der im Fahrbahnaufbau gemessenen Temperaturen von der Außentemperatur ersichtlich. Bei der Einstellung einer turbulenten Durchströmung wurde festgestellt, dass die Temperaturen des Fahrbahnaufbaus nicht unmittelbar von der Temperatur der Außentemperatur, sondern eher von der Temperatur des Bergwassers beeinflusst werden.

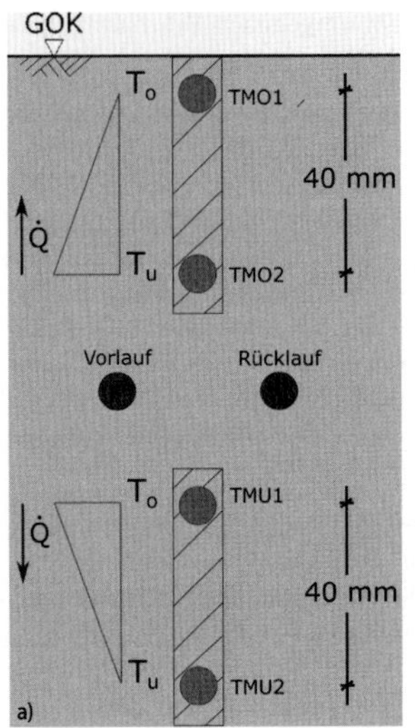

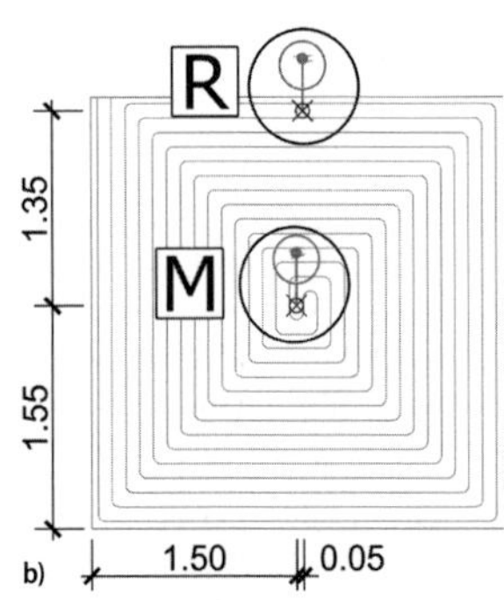

Bild 12 TECHNIKUM Füssen: Lage der Sensoren a) innerhalb des Fahrbahnaufbaus und b) im Grundriss

Dieser Effekt lässt sich mit dem bereits beschriebenen deutlichen Anstieg des Wärmeübergangskoeffizienten zwischen Bergwasser und Rohr beim Übergang in eine turbulente Durchströmung und der Zunahme der mittleren Wassertemperatur innerhalb der Rohrregister erklären. Um eine möglichst effektive Flächenheizung zu realisieren, wurden daher bei der Auslegung der Anlagensteuerung ausschließlich turbulente Durchströmungsraten berücksichtigt.

Bild 12 zeigt die Lage und Bezeichnung der Temperatursensoren für die nachfolgenden Auswertungen.

Die im Fahrbahnaufbau wirksamen Wärmeströme können über die Messung der Vor- und Rücklauftemperaturen sowie des Volumenstroms gemäß Gleichung (1) ermittelt werden, aber auch über die gemessenen Temperaturdifferenzen der im Fahrbahnaufbau installierten Temperatursensoren gemäß Gleichung (4):

$$\dot{Q}_{\text{Sensoren}} = A \cdot \lambda \cdot \frac{(T_o - T_u)}{d} \tag{4}$$

A Fläche des Testfelds [9 m²]
λ Wärmeleitfähigkeit des Fahrbahnaufbaus [W/mK]
d Abstand zwischen den Sensoren [m]
$T_o - T_u$ Temperaturdifferenz zwischen zwei Sensoren [K]

Die Temperatursensoren liegen in Zweierpaaren oberhalb (TMO1 und TMO2) und unterhalb (TMU1 und TMU2) der Rohrregister. Der aus dem Drainagewasser resultierende Wärmestrom beeinflusst das Temperaturfeld des umgebenden Fahrbahnaufbaus. Der Wärmestrom ist sowohl oberhalb als auch unterhalb der Rohrregister positiv definiert, wenn dieser in Richtung der Geländeoberkante (GOK) fließt.

Die Werte der aus Vor- und Rücklauf ermittelten Wärmestromdichten sind betragsmäßig größer als die über die Temperatursensoren gemessenen. Der Wärmestrom verteilt sich rotationssymmetrisch um das Rohr; die direkt oberhalb und unterhalb der Rohrkonfigurationen angebrachten Sensoren messen aber nur den vertikal auf die Sensorbreite wirkenden Wärmestrom. Der aus der Differenz von Vor- und Rücklauftemperatur ermittelte Wärmestrom unterscheidet sich dementsprechend von dem konduktiven Wärmestrom, der mittels der Temperatursensoren im Fahrbahnaufbau erfasst wird.

5.7.3 Testszenarien

Um die klimatischen Randbedingungen weitgehend einzugrenzen und die für die Ermittlung der Energiebilanz zur Freiflächentemperierung wesentlichen Parameter der atmosphärischen Wärmeströme unter definierten Randbedingungen vollständig messtechnisch erfassen zu können, wurden mit dem TECHNIKUM zunächst spezifische Testszenarien untersucht.

Schneefallszenario

Zur Auslegung der Anlagensteuerung ist die Kenntnis der Geschwindigkeit des Abschmelzens von gefallenem Schnee auf den jeweiligen Feldern elementar. Deshalb wurde ein Szenario konzipiert, mit dem die Schmelzrate für jede der Freiflächen untersucht werden konnte.

In der Nacht vom 10. auf den 11.02.2021 wurde vom Deutschen Wetterdienst (DWD) starker Schneefall vorhergesagt. Zusätzlich zu den ohnehin gemessenen Klimadaten wurden in diesem Zeitraum die Intensität des Schneefalls sowie die Dichte und Temperatur der sich bildenden Schneedecke gemessen. Die Anlage war zu Beginn des Testszenarios bereits mit einem Durchfluss von 1,5 l/s in Betrieb. Der Temperaturverlauf in den unterschiedlichen Fahrbahnaufbauten zu Beginn des Szenarios ist in Bild 13 dargestellt; dabei ist der bergwas-

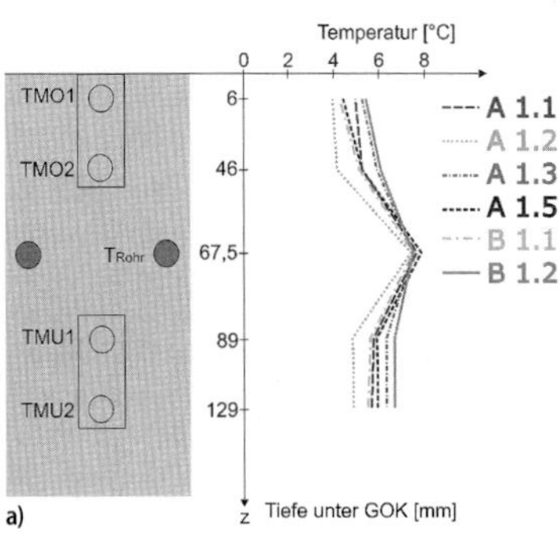

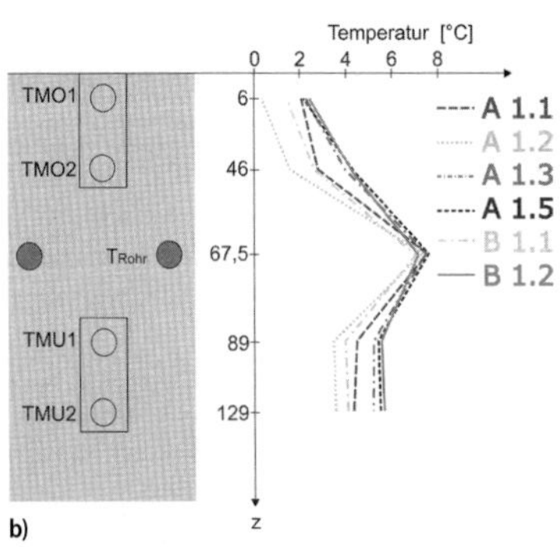

Abb. 13 TECHNIKUM Füssen: Testszenarien; Temperaturverlauf in den verschiedenen Fahrbahnaufbauten a) am 10.02.2021 um 12:00 Uhr während starken Schneefalls bei 2 °C Außentemperatur (Schneefallszenario); b) nach Durchführung eines „Kaltstarts" am 18.03.2021 um 23:00 Uhr (Eis- und Glätteszenario)

serinduzierte Wärmeeintrag auf Höhe der Rohrregister deutlich erkennbar. An der Fahrbahnoberfläche herrschten demnach je nach Fahrbahnaufbau und Rohrregister Temperaturen zwischen +4 °C und knapp +6 °C. Der fallende Schnee konnte unter diesen Randbedingungen in allen Feldern geschmolzen und die Felder so schneefrei gehalten werden.

In einem zweiten Schritt wurde die Anlage am 10.02.2021 gegen 20:00 Uhr während des Schneefalls gezielt außer Betrieb genommen. Am 11.02.2021 wurde die Anlage gegen 9:00 Uhr wieder in Betrieb genommen, wobei sich auf den Freiflächen über Nacht eine ca. 10 cm hohe Schneedecke gebildet hatte.

Nach Wiederinbetriebnahme der Flächentemperierung war nach ca. zwei Stunden bereits das erste Feld B1.2 (Betonaufbau mit Kupferleitungen) gänzlich schnee- und eisfrei (Bild 14d), es folgten A1.5 (Asphaltaufbau mit Kupferleitungen; Bild 14b) und danach B1.1 (Betonaufbau und Kunststoffleitungen, Bild 14c); auf Flächen mit Asphaltaufbau und Kunststoffleitungen, z. B. Feld A1.1 (Bild 14a) dauerte die Schneeschmelze am längsten. Die Beobachtungen zeigen, dass eine Kombination von Betonoberflächen mit einem Rohrregister aus Kupferrohren mit einem mittleren Schenkelabstand von 15 cm (Konfiguration II gemäß Bild 7) eine besonders wirksame Schnee- und Eisfreihaltung mittels eines hydrogeothermischen Verfahrens ermöglicht.

Parallel wurde die Schneedichte in Abhängigkeit von der Temperatur gemessen (Bild 15). Diese Messergebnisse zeigen, dass mit abnehmender Außentemperatur auch die Schneedichte abnimmt. Eine zusätzlich durchgeführte Temperaturmessung an einer Referenzfläche ergab bei einer 10 cm hohen Schneedecke eine Bodentemperatur von –0,3 °C, während die Temperatur an der Schneeoberfläche –8,5 °C betrug, sodass sich ein Temperaturgradient von 8,2 K über eine Schneehöhe von 10 cm ergab. Die Messergebnisse weisen damit nach, dass mit abnehmender Außentemperatur die Dichte des Schnees abnimmt, wodurch die wärmedämmende Wirkung steigt; in der Folge ist umso mehr thermische Energie notwendig, um diesen „leichteren" Schnee abzuschmelzen. Für die Steuerung der Anlage bedeutet dies,

Bild 14. TECHNIKUM Füssen: Testszenarien, Abschmelzen einer 10 cm mächtigen Schneedecke durch die direkte, passive geothermische Freiflächentemperierung; Fotos der Testfelder 2 h nach Inbetriebnahme (Aufbau der Felder gemäß Bild 7); a) Testfeld A1.1; b) Testfeld A1.5; c) Testfeld B1.1; d) Testfeld B1.2

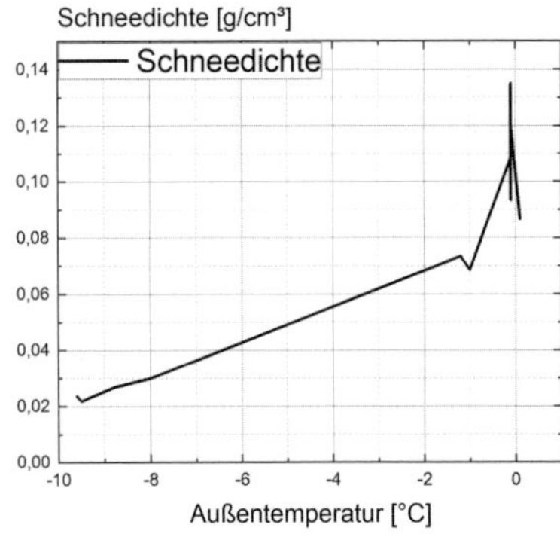

Bild 15. TECHNIKUM Füssen: gemessene Schneedichte in Abhängigkeit von der Außentemperatur.

dass die von den Sensoren im Fahrbahnaufbau gemessenen Temperaturen trotz geschlossener Schneedecke an der Geländeoberkante positiv sein können. Die Steuerung der Anlage kann folglich nicht allein mit gemessenen „Ist-Daten" erfolgen; vielmehr ist die Berücksichtigung von Wetterprognosen zwingend nötig sowie eine entsprechende situative Anpassung der Durchströmungsrate als maßgebende Steuerungsgröße.

Eis- und Glätteszenario

Um die Trägheit bzw. Reaktionszeit der Anlage zu erproben, wurde ein Szenario untersucht, bei dem die Anlage über längere Zeit außer Betrieb war, bevor sie dann bei der Ankündigung eines Glätteereignisses mit adäquater Vorlaufzeit aktiviert wurde. Für den 17.03.2021 um 20:00 Uhr meldete die Straßenwettervorhersage SWIS des DWD Glätte. Entgegen der Wetterprognose setzte zusätzlich noch Schneefall ein. Um 17:30 Uhr, d. h. 2,5 Stunden vor der gemeldeten Glättebildung, wurde die Anlage mit einer Gesamtdurchströmung von 1,5 l/s in Betrieb genommen. Bild 16 zeigt am Beispiel des Testfelds A1.3, wie die gemessenen Temperaturen im Fahrbahnaufbau mit Inbetriebnahme der Anlage steigen und sich von der Außentemperatur (AT) entkoppeln. Die Temperatur des Fahrbahnaufbaus nimmt mit

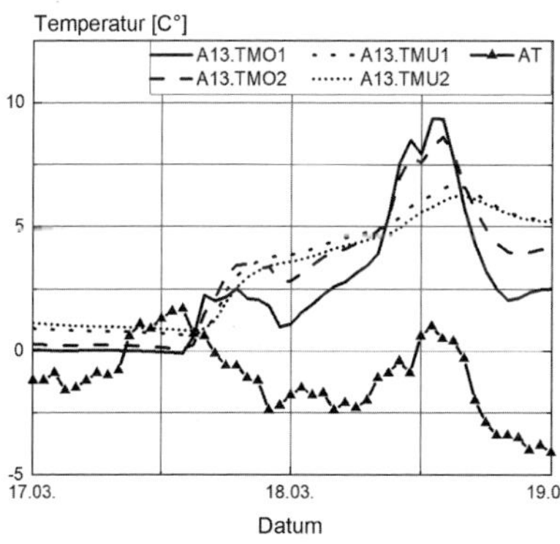

Bild 16. Technikum Füssen: Temperatur des Fahrbahnaufbaus A1.3 bei Durchführung eines „Kaltstarts" im Eis- und Glätteszenario

Sonnenaufgang deutlich zu und erreicht in der oberen Lage fast 10 °C, während die Außentemperatur nur knapp über 0 °C liegt. Die Ursache liegt im merklichen Einfluss der langwelligen Sonnenstrahlung auf den Fahrbahnaufbau.

In Bild 13b ist im Vergleich zum Schneefallszenario in Bild 13a für das hier betrachtete Eis- bzw. Glätteszenario ein größerer Temperaturgradient zwischen Rohrleitungen und Fahrbahnoberfläche zu erkennen. Dieser ist darauf zurückzuführen, dass bei dem Glätteszenario in Bild 13b die Anlage zuvor nicht in Betrieb war, wodurch die Ausgangstemperatur des Fahrbahnaufbaus niedriger war als in Bild 13a. Ferner ist ebenfalls zu erkennen, dass in den Testfeldern B1.2 und A1.5 (beide Kupferleitungen) die höchsten Oberflächentemperaturen erreicht werden.

Hitzeszenario

Der Sommer 2021 wurde genutzt, um den Einfluss einer direkten, passiven geothermischen Freiflächentemperierung zur Kühlung des Fahrbahnaufbaus zu untersuchen. In Bild 17a ist der Temperaturverlauf eines Testfelds mit Asphaltaufbau ohne Durchströmung dargestellt. Die Temperatur im Fahrbahnaufbau ist in diesem Feld stets signifikant höher als die Außentemperatur. Die Ursache liegt in dem radiativen, langwelligen Wärmestrom, der aufgrund des hohen Emissionsgrad des Asphalts ($\varepsilon_A = 0{,}97$) sehr groß ist [16].

In Bild 17b ist dasselbe Asphaltfeld bei von Bergdrainagewasser durchströmten Rohrregistern dargestellt; die gemessene Außentemperatur ist hierbei sogar höher als in Bild 17a. Die im Fahrbahnaufbau gemessenen Temperaturen sind in diesem Fall bei durchströmten Rohren um 10 K geringer als bei nicht durchströmten Rohren. Dieser Zusammenhang zeigt, dass durch eine direkte, passive Kühlung von Asphaltflächen in den Tunnelportalbereichen bei sommerlichen Temperaturen das Risiko von Spurrillenbildung deutlich reduziert werden kann.

a)

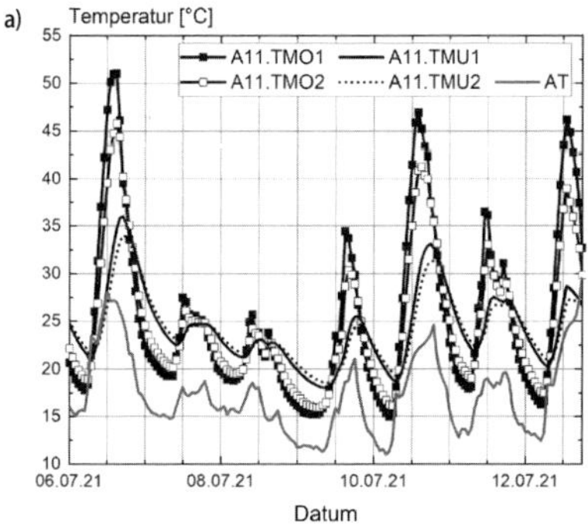

b)

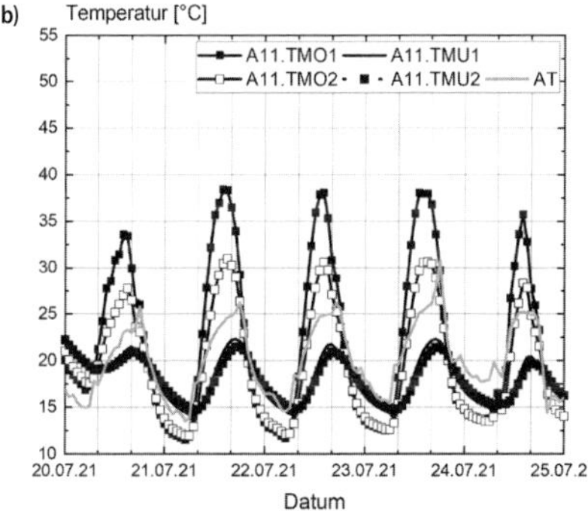

Bild 17. TECHNIKUM Füssen: Hitzeszenario; Temperaturverlauf eines aus Asphalt bestehenden Fahrbahnaufbaus a) ohne Durchströmung und b) bei aktiver Durchströmung.

5.7.4 Winterlicher und sommerlicher Betrieb

Über die vorgestellten Testszenarien hinaus wurde das TECHNIKUM Füssen während einer zweijährigen Erprobungsphase im winterlichen wie im sommerlichen Betrieb kontinuierlich messtechnisch überwacht.

Dabei konnte nachgewiesen werden, dass sich das neue Konzept der direkten, passiven Freiflächentemperierung zur Schnee- und Eisfrei-

a)
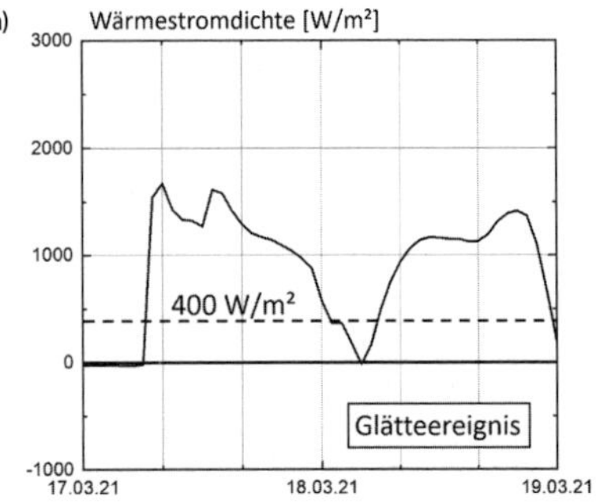

b)
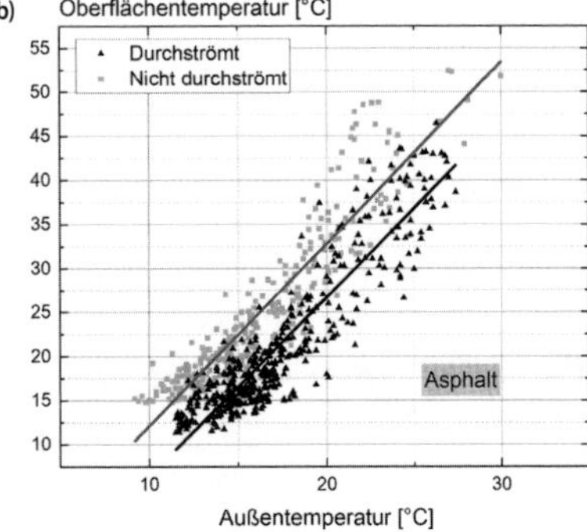

Bild 18. TECHNIKUM Füssen: Erfahrungen aus der zweijährigen Erprobung im a) Winterbetrieb, hier Wärmestromdichte bei einem Glätteereignis, und b) im Sommerbetrieb, hier Reduktion der Oberflächentemperatur eines Asphaltaufbaus durch Kühlung

haltung von Verkehrsflächen an Tunnelportalen eignet. In diesem Kontext zeigt Bild 18a für den Winterbetrieb, hier für ein Glätteereignis, dass Wärmeströme realisiert werden konnten, die zeitweise deutlich über dem vorab ermittelten erforderlichen Wert von 400 W/m² liegen. Die Eis- und Schneefreihaltung war während zweier Winterperioden durchweg realisierbar, wobei sich Betonfahrbahnen mit Registern aus Kupferrohr erwartungsgemäß als besonders effektiv erwiesen.

Neben einer Eis- und Schneefreihaltung im Winter kann mit einer Kühlung im Sommer die Lebensdauer der Verkehrsflächen positiv beeinflusst werden. Die in Bild 18b für den Sommerbetrieb zusammenfassend ausgewerteten Messergebnisse belegen, dass durch diese Kühlung die Oberflächentemperatur um 5–10 K reduziert werden konnte, was insbesondere bei Asphaltbauweisen zu einer Reduktion der Spurrillenbildung und damit zur Verlängerung der Lebensdauer beiträgt.

5.7.5 Numerische Simulationen

Um die Parameter analysieren und einordnen zu können, die das Verhalten einer Freiflachenheizung maßgebend beeinflussen, wurden ergänzend numerische Simulationen mit einem gekoppelten hydraulisch-thermischen Modell durchgeführt. Das Modell simuliert das Verhalten der Freiflächen während der Testszenarien und soll einen Beitrag dazu leisten, die in der Wärmebilanz gemäß Gleichung (2) nicht oder nur schwer durch Messungen ermittelbaren Wärmeströme (z. B. kurzwellige Strahlung) zu identifizieren.

Das Modell, das mit der Simulationssoftware Comsol erstellt wurde (Bild 19), besitzt eine Grundfläche von 3 m × 3 m und eine Tiefe von 1 m. Die Materialeigenschaften des Aufbaus und der Rohre entsprechen den in Bild 7 dargestellten Fahrbahnkonfigurationen. Die Validierung der Simulation erfolgte für Perioden, in denen die äußeren atmosphärischen Randbedingungen möglichst präzise bestimmbar sind. In dem folgenden Fall wurde eine turbulente Durchströmung im November 2020 gewählt. Die simulierte Durchströmungsrate entspricht der in diesem Zeitraum gemessenen Durchströmung.

Aufgrund der Lage des TECHNIKUMS hinter einem Bergrücken ist ab Ende Oktober keine direkte Sonneneinstrahlung auf die Freiflächen mehr vorhanden, sodass der Wärmestrom aus kurzwelliger Strahlung ignoriert werden kann. Ferner wurde darauf geachtet, dass in der gewählten Zeitperiode kein Niederschlag (Regen, Schnee) auftrat. Die weiteren in Gleichung (2) aufgeführten Wärmeströme wurden mittels analytischer Formeln, die detailliert in [15] aufgeführt sind, ermittelt und als thermische Randbedingung in das Modell eingefügt.

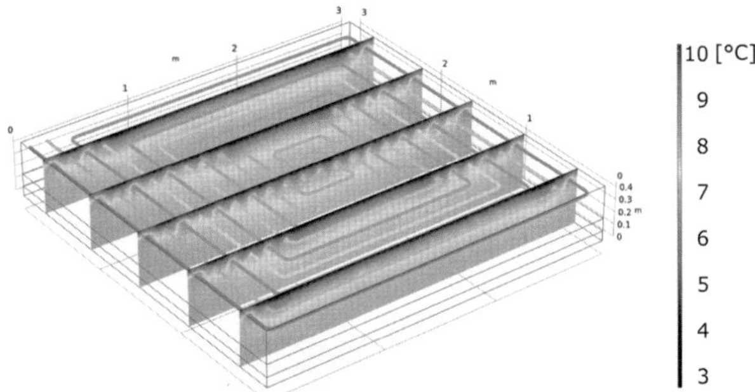

Bild 19. Numerisches Simulationsmodell der direkten, passiven geothermischen Freiflächentemperierung, hier: Temperaturverteilung während eines Glätteszenarios

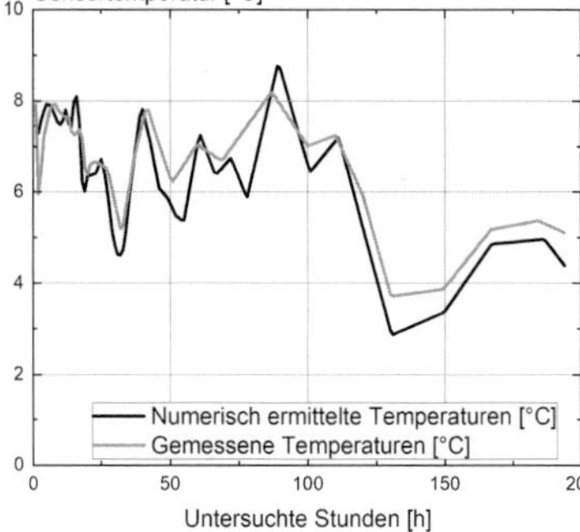

Bild 20. Numerisches Simulationsmodell der direkten, passiven geothermischen Freiflächentemperierung, hier: Vergleich numerisch ermittelte versus gemessene Temperaturen in der obersten Sensorlage (TMO1) des Testfelds B1.2

Um die numerisch ermittelten Temperaturwerte anhand der gemessenen Temperaturdaten zu überprüfen, wurden die Temperaturen, die in dem Fahrbahnaufbau mit den in Bild 12 dargestellten Temperatursensoren gemessen wurden, mit den numerisch ermittelten Daten verglichen. Der in Bild 20 für den obersten Temperatursensor des

Testfelds B1.2 dargestellte Abgleich zeigt eine gute Übereinstimmung der numerisch ermittelten und der gemessenen Daten. Dasselbe gilt für die weiteren Felder, die in vergleichbarer Form simuliert wurden.

Das so validierte Simulationsmodell wurde in einem weiteren Schritt für Parameterstudien eingesetzt, um im Sinne einer Sensitiviätsanlayse den Einfluss verschiedener Einflussfaktoren zu identifizieren und Ansätze für ein optimiertes Layout zur Freiflächentemperierung zu entwickeln (Bild 21). In diesem Kontext wurde u. a. untersucht, inwiefern sich das Rohrmaterial, die Verlegetiefe der Rohrregister, der Schenkelabstand und die Feldgröße auf die Leistungsfähigkeit von Freiflächentemperierungen auswirkt. Diese Untersuchungen bestätigen u. a., dass Kupfer – bedingt durch dessen verglichen mit Kunststoff niedrigere Wärmekapazität und höhere Wärmeleitfähigkeit – einen deutlich höheren Wärmestrom induziert als Kunststoffleitungen.

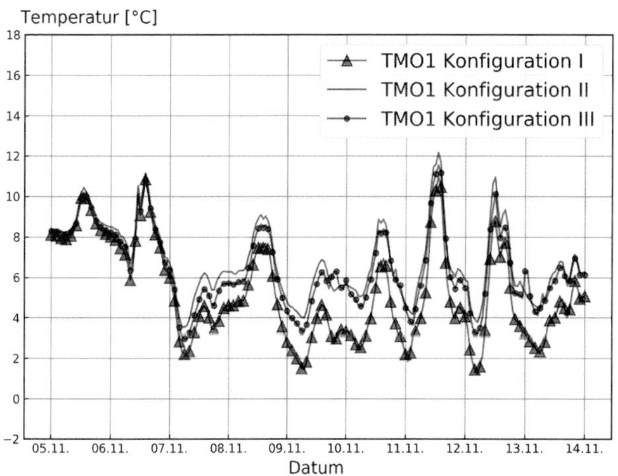

Bild 21. Numerisches Simulationsmodell der direkten, passiven geothermischen Freiflächentemperierung, hier: Parameterstudie zum Einfluss unterschiedlicher Rohrkonfigurationen gemäß Bild 7

Ferner zeigte sich erwartungsgemäß, dass die Temperaturen an der Fahrbahnoberfläche umso wirkungsvoller beeinflusst werden können, je geringer der Abstand zwischen Fahrbahnoberfläche und Rohrregister ist. Hinsichtlich der Rohrleitungskonfiguration zeigen Vergleichsberechnungen, dass die Konfiguration II mit einem Schenkelabstand von 15 cm (s. Abb. 7c) ein Optimum darstellt, da mit dieser Rohrleitungskonfiguration gegenüber der Konfiguration I deutlich höhere Oberflächentemperaturen erreicht werden können. Zugleich liefert eine weitere Reduktion des Schenkelabstands auf 10 cm (Konfiguration III) und die damit verbundene signifikante Vergrößerung der Gesamtrohrlänge von 58,4 m auf 88,6 m je Feld keinen Vorteil, was sich durch die längere Verweildauer des Bergwassers in den Rohrregistern der Konfiguration III erklären lässt.

5.7.6 Automatische Anlagenregelung

Da die temperierten Fahrbahnflächen eine gewisse Trägheit besitzen, ist es sinnvoll, die Temperierung der Freiflächen mit einem zeitlichen Vorlauf zu einem erwarteten Glatteis- bzw. Schneeereignis zu aktivieren, sofern die Rohrregister nicht kontinuierlich durchströmt werden sollen. Die während der Erprobungsphase gewonnenen Erfahrungen zeigen, dass es nach der Aktivierung ca. 5–6 h dauert, bis die Fahrbahnoberfläche warm genug ist, um die Flächen bei einem Schneefall höherer Intensität eis- und schneefrei zu halten, d. h. um den fallenden Schnee kontinuierlich abzuschmelzen.

Die Straßenwettervorhersage SWIS des DWD veröffentlicht stündlich neue Wetterwarnungen, die darüber informieren, zu welcher Stunde innerhalb der nächsten 24 h mit Glatteis, Schnee, Reif oder überfrierender Nässe zu rechnen ist. Diese Daten können für die Aktivierung der Freiflächentemperierung genutzt werden. Im Rahmen des TECHNIKUMS Füssen wurde festgelegt, dass, sobald die Vorhersage angibt, dass in 9 h mit Schnee oder Glatteis zu rechnen ist, die Anlage mit einer Durchströmung von 1,5 l/s beaufschlagt wird. Diese Festsetzung basiert aus der Analyse von Schnee- und Glätteszenarien, bei denen 10 cm Schnee innerhalb von ca. 2 h bei einer Außentemperatur von durchschnittlich –8 °C – –9 °C abgeschmolzen werden konnten.

Da die lokal gemessenen Wetterverhältnisse nicht immer mit der Wetterprognose übereinstimmen, wurden bei der Entwicklung einer automatischen Anlagensteuerung mittels eines mit der Programmiersprache Python erstellten Scripts sowohl die Wetterprognosen als auch die lokal gemessenen Wetterdaten integriert. Die Fernsteuerung wurde ab der Winterperiode 2021/22 für den Betrieb der Anlage eingesetzt. Dabei konnte gezeigt werden, dass die Flächen durch die Integration der Wetterprognosen in die Steuerung durchgehend bei Wetterereignissen mittlerer Intensität eis- und schneefrei gehalten werden konnten, ohne dass eine händische Steuerung o. Ä. erforderlich wird.

6 Implementierungshilfe

Um das Konzept der direkten, passiven, geothermischen Freiflächenheizung auch auf weitere geeignete Standorte übertragen zu können, wurde im Rahmen des Vorhabens eine Implementierungshilfe erstellt, die es erlaubt, die Voraussetzungen für eine Anwendung zu prüfen und eine erste Potenzialabschätzung vorzunehmen [22].

In diesem Kontext wird u. a. empfohlen, in einem ersten Schritt den Wasserchemismus hinsichtlich Korrosion, Ausfällungen o. Ä. zu untersuchen, da diese Randbedingungen ein Ausschlusskriterium bedeuten können. In einem weiteren Schritt erfolgt die Bestimmung des energetischen Potenzials. Als Grundlage hierfür sollten mindestens ein Jahr die Schüttung sowie die Temperatur des Bergwassers kontinuierlich gemessen und dokumentiert werden. Für die Bestimmung der Schüttung empfiehlt sich die Verwendung von Messwehren (Thomsonwehr o. Ä.). Unter Berücksichtigung der in VDI 4640 [17] beschriebenen Kriterien kann dann auf die thermisch verwertbare Leistung des Bergwassers geschlossen werden. Bei der Auslegung der Freiflächen kann von einer für die zur Eis- und Schneefreihaltung von Fahrbahnoberflächen erforderlichen Wärmestromdichte von 400 W/m^2 ausgegangen werden. Temperierte Freiflächen sind in ihrer Funktionsweise besonders effektiv, wenn sie als Betonfahrbahn in Kombination mit Rohrregistern aus Kupferleitungen geplant und ausgeführt werden. Die Rohrregister sollten möglichst oberflächennah installiert werden, dabei sollte jedoch die Option einer Erneuerung der obersten, von Verschleiß betroffenen Deckschicht unter Erhalt der Rohrregister vorgesehen werden. Ferner sollten vorgeschaltete Absetzbecken und Filter vorgesehen werden, um Schwebstoffeinträge bzw. Ablagerungen in den Rohrregistern zu vermeiden.

7 Resümee

Die vorliegenden Forschungsvorhaben belegen, dass die an deutschen Straßentunneln anfallende Drainage- bzw. Bergwässer als nachhaltige Energiequelle u.a. für die Temperierung von Betriebsgebäuden und zur Temperierung von Verkehrs- und Betriebsflächen an den Tunnelportalen genutzt werden können. Das Konzept kann bei allen Bestandstunneln, bei denen Tunneldrainagewässer anfallen, grundsätzlich eingesetzt und die Verfahrenstechnik dabei auch nachträglich installiert werden.

Die Nutzung von Drainagewässern ist grundsätzlich grundlastfähig und kann damit sowohl zur Kühlung als auch zum Heizen von Serverräumen und Betriebsgebäuden eingesetzt werden. Neben dieser Anwendung für die Temperierung von Betriebsräumen, die an den Nordportalen des Tunnels Rennsteig und des Grenztunnels Füssen seit mehr als zwei Jahren sehr erfolgreich im Einsatz ist, ist die Temperierung von Verkehrsflächen zur Eis- und Schneefreihaltung eine zweite besonders effiziente Nutzung. Sie erlaubt es, ausgewählte Verkehrsflächen und Betriebsflächen vor Tunnelportalen im Winter energieeffizient zu beheizen (Bild 22) und somit den hier oft besonders aufwendigen Winterdienst (Freihaltung Fluchtwege etc.) und den Taumitteleinsatz vor Tunnelportalen zu reduzieren [24]. Zugleich kann der bauwerksschädigende Eintrag von Streusalz und Chloriden in den Tunnel verringert und hierdurch die Lebensdauer von Tunnelschale und -ausbau verlängert werden.

Neben einer Eis- und Schneefreihaltung im Winter kann mit einer Kühlung im Sommer die Lebensdauer der Verkehrsflächen positiv beeinflusst werden. Als günstiger Nebeneffekt können durch die Reduktion der Temperatur des Bergwassers die vorgeschriebenen Grenztemperaturen bei der Einleitung in die Vorflut eingehalten werden.

Bild 22. Technikum Füssen: Erfolgreiche Schnee- und Eisfreihaltung der Testflächen mittels Tunneldrainagewasser nach dem Konzept der „direkten, passiven geothermischen Freiflächentemperierung"

Die Freiflächentemperierung wurde in den Untersuchungen ausschließlich als thermischer Endverbraucher betrachtet. Allerdings gibt es bereits Untersuchungen [25] und Umsetzungen [26], bei denen Freiflächentemperierungen auch als Wärmequelle, z. B. als Asphaltabsorber, betrachtet werden. In Verbindung mit Speicheroptionen kann so die Leistungsfähigkeit von tunnelgeothermischen Anlagen deutlich gesteigert werden [27].

In Hinsicht auf die Nutzung erneuerbarer Energien im Betrieb von Straßentunneln bieten sich hier innovative Konzepte für die Zukunft, die auch bei Bestandstunneln nachträglich realisiert werden können und mit denen ein Beitrag zu nachhaltigen intelligenten Lösungen im Tunnelbau geleistet werden kann [28].

Danksagung

Das Forschungsprojekt „Erprobung einer geothermischen Bergwassernutzung am Grenztunnel Füssen" [22] wurde vom Bundesministerium für Digitales und Verkehr (BMDV), vertreten durch die Bundesanstalt für Straßenwesen (BASt), beauftragt; für die Förderung wird gedankt.

Literatur

[1] Moormann, Ch. et al. (2021) *Nachhaltiger Tunnelbetrieb durch geothermische Bergwassernutzung – Erfahrungen bei Pilotprojekten an den Tunneln Rennsteig und Füssen: Temperierung von Betriebsgebäuden und Portal-Verkehrsflächen.* STUVA-Tagung 2021, Karlsruhe, Forschung+Praxis 56, S. 342–354.

[2] Moormann, Ch. (2014) *Tunnelgeothermie: Technische und ökonomische Perspektiven für regenerative Energiekonzepte im Tunnelbau/Tunnel-Geothermics: Technical and economical perspectives for renewable energy strategies using tunnels.* Vorträge der 33. Baugrundtagung, Berlin. Deutsche Gesellschaft für Geotechnik (DGGT), Essen, S. 235–243.

[3] Bauer, M. et al. (2018): *Handbuch Oberflächennahe Geothermie.* Berlin, Springer Spektrum.

[4] Buhmann, P. (2019) *Energetisches Potential geschlossener Tunnelgeothermiesysteme.* Mitteilungen des Institutes für Geotechnik, Universität Stuttgart, Heft 74.

[5] Adam, D.; Markiewicz, R. (2009) *Energy from earth-coupled structures, foundations, tunnels and sewers.* Géotechnique 59 (3), 2009, pp. 229–236.

[6] Schneider, M. (2013) *Zur energetischen Nutzung von Tunnelbauwerken – Messungen und numerische Berechnungen am Beispiel Fasanenhoftunnel.* Mitteilungen des Institutes für Geotechnik, Universität Stuttgart, Heft 68.

[7] Buhmann, P.; Moormann, Ch. (2017) *Webbasierte Simulationsanwendungen zur Wirtschaftlichkeitsuntersuchung von thermisch aktivierten Tunneln: Berechnungsrandbedingungen, Sensitivitätsanalyse, Ergebnisse von Parameterstudien, Empfehlungen.* STUVA-Tagung 2017 – Internationales Forum für Tunnel und Infrastruktur in Stuttgart, 6. bis 8. Dezember 2017, Forschung + Praxis 49. Berlin: Ernst & Sohn, S. 427–432.

[8] Rybach, L. (2015) *Innovative energy-related use of shallow and deep groundwaters – Examples from China and Switzerland.* Central European Geology 58 (1-2), pp. 100–113.

[9] Busslinger, A. (1998) *Geothermische Prognosen für tieferliegende Tunnel.* Dissertation. Eidgenössische Technische Hochschule Zürich.

[10] Geisler, T. et al. (2022) *Geothermal Potential of the Brenner Base Tunnel—Initial Evaluations.* Processes 10 (5), pp. 972–987.

[11] SVG (2008) *Tunnelgeothermie – Eine nutzenswerte Energiequelle im Land der Tunnels.* Neuchatel: Schweizerischen Vereinigung für Geothermie.

[12] Simoni, R. (2013) *Gotthard-Basistunnel – Der längste Tunnel der Welt.* Beton- und Stahlbetonbau Spezial 2013 – Europas längster Tunnel. DOI: 10.1002/best.201380002

[13] Basis57 (o. J.) *Aquakultur.* Erstfeld: Basis 57 nachhaltige Wassernutzung AG. https://www.basis57.ch [Zugriff am: 01.02.2021]

[14] Blosfeld, J.; Rönnau, I. (2014) *Wärmeenergie aus dränierten Bergwässern von Straßentunneln.* Bundesanstalt für Straßenwesen (unveröffentlicht).

[15] Moormann, Ch., Buhmann, P. (2017) *Entwurf von hydrogeothermischen Anlagen an deutschen Straßentunneln.* Berichte der Bundesanstalt für Straßenwesen, Brücken- und Ingenieurbau, Heft B 141.

[16] von Böckh, P.; Wetzel, T. (2014) *Wärmeübertragung.* Berlin/Heidelberg: Springer Vieweg.

[17] VDI (2010): *Thermische Nutzung des Untergrunds, Grundlagen, Genehmigungen, Umweltaspekte ICS 27.010.* Verein Deutscher Ingenieure [Hrsg.]: Berlin: Beuth, ICS 27.010, VDI 4640 Blatt 1.

[18] Herrmann, V.; Koch, S. (2017) *Schnee- und Eisfreihaltung einer Grundstückszufahrt: Geothermie in Kombination mit Walzasphaltschichten.* bbr – Fachmagazin für Brunnen- und Leitungsbau 09, S. 54–57.

[19] Feldmann, M. et al. (2012) *Vermeidung von Glatteisbildung auf Brücken durch die Nutzung von Geothermie.* Berichte der Bundesanstalt für Straßenwesen B, Brücken- und Ingenieurbau B 87. Bremerhaven: Wirtschaftsverlag NW.

[20] Hanschke, T. et al. (2009) *Die Geothermische Brücke Berkenthin.* Bautechnik 86 (11), S. 729–732.

[21] Richter, T. (2009) *Verwendung von Erdwärme zur Schnee- und Eisfreihaltung von Freiflächen.* Berichte des Institutes für Bauphysik der Leibniz Universität Hannover. Stuttgart: Fraunhofer IRB.

[22] Moormann, Ch., Kugler, T. (2022) *Erprobung einer geothermischen Bergwassernutzung am Grenztunnel Füssen.* Abschlussbericht vom 30.06.2022 zum Forschungsprogramm Straßenwesen, FE 15.0656/2018/ERB (unveröffentlicht).

[23] Kugler, T., Hochstein, T. (2022) *Geothermische Bergwassernutzung zur Eis- und Schneefreihaltung von Verkehrsflächen an Tunnelportalen.* Spezialsitzung „Forum für junge Geotechnik-Ingenieure und -Ingenieurinnen", Baugrundtagung 2022 in Wiesbaden. Deutsche Gesellschaft für Geotechnik (DGGT), Essen.

[24] Kugler, T. et al. (2021) *Eisfreie Straßen durch Hydrogeothermie.* bbr – Fachmagazin für Brunnen- und Leitungsbau 72 (3), S. 54–60.

[25] Songok, J. et al. (2023) *Numerical simulation of heat recovery from asphalt pavement in Finnish climate conditions.* International Journal of Thermal Science 187.

[26] Kriesi, R. et al. (2019) *Potentialabschätzung von Asphaltkollektoren Maßnahme VR4 des Maßnahmenplans Verminderung der Treibhausgase der*

Baudirektion. Amt für Abfall, Wasser, Energie und Luft, Abteilung Energie [Hrsg.]. Zürich, AWEL.

[27] Moormann, Ch. et al. (2022): *Nachhaltigkeit im Tief- und Tunnelbau durch innovative geothermische Konzepte*. Vorträge der 37. Baugrundtagung 2022 in Wiesbaden, 05.–07.10.2022, Deutsche Gesellschaft für Geotechnik (DGGT), Essen (DGGT), S. 55–67.

[28] Moormann, Ch. (2021) *Geotechnik im Zeichen des Klimawandels.* Editorial, Geotechnik 44 (3), S. 149–150.

II. Zeitabhängige Stützdruckübertragung an der flüssigkeitsgestützten Ortsbrust unter zyklischem Bodenabbau

Britta Schößer, Zdeněk Žižka, Markus Thewes

Beim Vortrieb mit Flüssigkeitsstützung ist die Ortsbruststabilität durch zwei grundlegende Anforderungen während des Bodenabbaus zu sichern: 1) der Stützdruck in der Abbaukammer ist ausreichend groß und wirkt dem anstehenden Erddruck und Grundwasserdruck entgegen; 2) der Anteil des Stützdrucks, der den Betrag des Grundwasserdrucks übersteigt (Suspensionsüberdruck), wird in Form von effektiven Spannungen auf das Korngerüst übertragen. Letzteres setzt die Bildung eines Übertragungsmechanismus in einer definierten Bodenzone an der Ortsbrust voraus, innerhalb derer der Stützdruck zuverlässig übertragen wird.

Der Beitrag untersucht die erforderliche Zeitspanne zum Aufbau eines Übertragungsmechanismus und überlagert diese mit der Frequenz des zyklischen Bodenabbaus durch das rotierende Schneidrad an einem lokalen Punkt an der Ortsbrust. Im ersten Fall (A) ist die Tiefe des Mechanismus zur Stützdruckübertragung geringer als die Schneidtiefe der Abbauwerkzeuge, sodass der Bereich des Übertragungsmechanismus mit jedem Werkzeugdurchgang vollständig entfernt wird und anschließend neu aufgebaut werden muss. Die Stützdruckübertragung ist dann für eine definierte Dauer lokal stark eingeschränkt. Im zweiten Fall (B) übersteigt die Tiefe des Übertragungsmechanismus die Schneidtiefe, sodass der Stützdruck in reduzierter Form weiterhin übertragen wird, während sich der Übertragungsmechanismus erneut formiert.

Im Beitrag werden die aktuellen Theorien zur Stützdruckübertragung erfasst und die Auswirkungen der unterschiedlichen Zeitskalen der Fälle (A) und (B) analytisch, experimentell und numerisch untersucht. Die Analyse der Ergebnisse erlaubt eine Bewertung der globalen Stützdruckübertragung an der Ortsbrust zu jedem Zeitpunkt, sodass abschließend Empfehlungen für die Baupraxis zusammengefasst werden.

Tunnelbau 2024, Herausgegeben von der DGGT, Deutsche Gesellschaft für Geotechnik e.V.

Time-dependent support pressure transfer at the fluid-supported tunnel face under cyclic soil excavation

In fluid-supported tunnelling, face stability must be ensured by two basic requirements during soil excavation: 1) the support pressure in the excavation chamber is sufficiently large and counteracts the acting earth pressure and groundwater pressure; 2) the portion of the support pressure that exceeds the amount of groundwater pressure (suspension excess pressure) is transferred onto the grain structure in form of effective stresses. The latter requires the formation of a transfer mechanism in a defined soil zone at the tunnel face within which the supporting pressure is reliably transferred.

The paper examines the time period required to establish a transfer mechanism and superimposes it on the frequency of cyclic soil excavation by the rotating cutting wheel at a local point on the tunnel face. In the first Case (A), the depth of the support pressure transfer mechanism is less than the cutting depth of the excavation tools, so that the area of the transfer mechanism is completely removed with each tool passing and must then be rebuilt. Support pressure transfer is severely restricted locally for a defined duration. In the second Case (B), the depth of the transfer mechanism exceeds the cutting depth, so that the support pressure continues to be transferred in a reduced form while the transfer mechanism re-builds.

In the paper, the current theories of the support pressure transfer are surveyed and the effects of the different time scales of Cases (A) and (B) are investigated analytically, experimentally and numerically. The analysis of the results allows an evaluation of the global support pressure transfer at the tunnel face at each time point, so that recommendations for construction practice are summarized in conclusion.

1 Einführung

Flüssigkeitsschilde (Hydroschilde, Slurry Shields) sind eine bewährte Technologie für Vortriebe im nichtstandfesten, nichtbindigen Lockergestein im Grundwasser, da sie die Ortsbrust aktiv mit einer Bentonitsuspension stabilisieren. Um eine Ortsbruststützung sicher zu erreichen, müssen wesentliche Bedingungen erfüllt sein:

1. Es herrscht ein ausreichender Suspensionsdruck in der Abbaukammer, der dem anstehenden Grundwasserdruck und dem Erddruck entgegenwirkt.
2. Der Betrag des Suspensionsdrucks, der den anstehenden Grundwasserdruck übersteigt (Suspensionsüberdruck), wird auf das Korngerüst des Bodens übertragen und wirkt so dem Erddruck entgegen. Dies gelingt, wenn der Fluidüberdruck der Suspension in eine effektive Spannung im Boden überführt wird.
3. Die Stützdruckübertragung ist nur dann effizient, wenn diese innerhalb des potenziellen aktiven Versagensmechanismus vor der Ortsbrust (Gleitkeil) erfolgt (Bild 1).

Die Bedeutung der Stützdruckübertragung im Schildvortrieb wurde bereits 1991 von Babendererde [1] hervorgehoben.

Im Rahmen der Stützdruckberechnung werden zunächst mögliche aktive Versagensmechanismen der Ortsbrust bestimmt. Die unterschiedlichen Versagensarten werden anhand ihrer anfänglichen Ausdehnung unterschieden: Der lokale Versagensmodus kann mit der Destabilisierung einzelner Bodenkörner beginnen, während der globale Versagensmodus in der Regel einen Bodenkörper umfasst, dessen Abmessungen mit dem Tunneldurchmesser vergleichbar sind. Dieser Beitrag konzentriert sich auf die effiziente Übertragung des Suspensionsdrucks, die erforderlich ist, um ein globales Versagen der Ortsbrust zu vermeiden.

Hierzu werden in der Praxis in der Regel analytische Methoden wie Grenzgleichgewichts- und Grenzzustandsmethoden zur Bewertung der globalen Standfestigkeit der Ortsbrust verwendet. Für die Berechnungen im nichtbindigen Lockergestein überwiegen die Grenzgleichgewichtsmethoden [2]. Der erste Grenzgleichgewichtsversagensmechanismus wurde 1961 von Horn [3] vorgeschlagen und geht von einem Gleitkeil aus, der durch ein rechteckiges Prisma belastet wird, das sich bei geringer Überdeckung bis zum Niveau der Geländeoberfläche erstreckt (s. Bild 1). Dieser Gleitkeilmechanismus zur Untersuchung der Ortsbruststabilität wurde 1994 von Anagnostou und Kovari [4] sowie Jancsecz und Steiner [5] in den maschinellen Tunnelbau überführt.

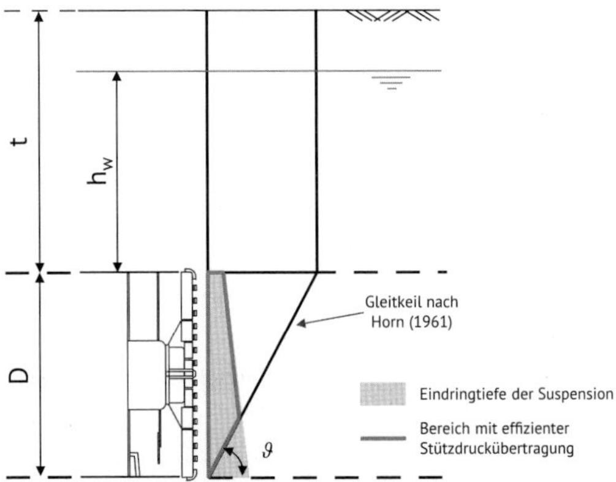

Bild 1. Theorie des Grenzgleichgewichtsversagens nach Horn (1961) [3] zur Ausbildung des aktiven Versagensmechanismus (Gleitkeil) an der Ortsbrust

Für den theoretischen Gleitkeil werden Gleichgewichtsbedingungen der stabilisierenden und destabilisierenden Kräfte formuliert. Anschließend muss der kritische Gleitwinkel ϑ_{krit} des Versagensmechanismus gefunden werden, der die höchste Stützkraft (E_{re}) erfordert. Die Stützkraft wird also durch Variation des Gleitwinkels maximiert. Durch die Bestimmung des kritischen Gleitwinkels ϑ_{krit} werden die Abmessungen des maßgebenden Gleitkeils festgelegt. Die Übertragung des Stützdrucks muss innerhalb dieses aktiven Versagensmechanismus (Gleitkeil) erfolgen, um die Ortsbrust zu stabilisieren. Dieser Ansatz wurde 1994 von Anagnostou und Kovari [4] sowie 2001 von Bezuijen et al. [6] und Broere [7] verwendet.

Mit der Einführung der Hydroschildtechnologie wurden – in Ermangelung anderer Alternativen – die theoretischen Grundlagen zur Beschreibung der Stützdruckübertragung bei Flüssigkeitsstützung aus der Schlitzwandtechnik übernommen. Diese Theorien wurden in DIN 4126 (1984, heutiger Stand 2013 [8]) und Kilchert und Karstedt (1984) [9] zusammengefasst. Jacob (1975) [10] äußerte in seinem Bericht über die Entwicklung des ersten Hydroschilds Bedenken hinsichtlich der Anwendung der Schlitzwandstütztechnik auf Schildvortriebe. Seine Bedenken konzentrierten sich auf die Wechselwirkung der flüssigkeitsgestützten Ortsbrust mit den zyklisch rotierenden Schneidwerkzeugen. Im Gegensatz dazu ging Anheuser (1989) [11] davon aus, dass sich die wirkende Dicke des Druckübertragungsmechanismus innerhalb weniger Sekunden ausbildet und der Abstand zwischen den Schneidwerkzeugen im Vergleich dazu groß genug ist, um lokale Störungen des Druckübertragungsmechanismus auszuschließen.

Zur Charakterisierung der Stützdruckübertragung wurden zahlreiche Forschungsprojekte durchgeführt. Die Vertreter der ältesten Gruppe stammen aus der Schlitzwandtechnik, deren Methoden verfahrensbedingt zeitabhängige Vorgänge sowie eine Wechselwirkung zwischen Stützdruckübertragungsmechanismus und rotierenden Schneidwerkzeugen einer Schildmaschine unberücksichtigt lassen [12–14]. Kilchert und Karstedt [9] unterscheiden 1984 drei grundlegende Mechanismen zur Stützdruckübertragung:

- vollständig ausgebildetes Filterkuchen-Membran-Modell (Typ I),
- reines Penetrationsmodel (Typ II) und
- unvollständig ausgebildeter Filterkuchen mit reduzierter Suspensionspenetration (Typ III).

Bei Typ I verstopfen Bentonitpartikel die Poreneingänge im Korngerüst und bilden durch sukzessive Anlagerung eine dünne Membran mit reduzierter Durchlässigkeit aus. Über diese flächenhafte Membran wird der Fluiddruck der Suspension direkt auf das Korngerüst in Form effektiver Spannungen übertragen. Typ II basiert auf dem Prinzip der Schubspannungsübertragung von der in den Porenraum eindringenden Suspension auf die Kornoberflächen. Bei ausreichend großer Penetrationstiefe stagniert der Eindringvorgang und das System Suspension-Lockergestein befindet sich im Gleichgewicht [15] (Bild 2). Hierbei wird der gesamte Suspensionsüberdruck Δs über die von der Suspension durchdrungene Bodenzone (l_{max}) übertragen und der Stagnationsgradient der Suspension f_{s0} ist gleich dem Porenwasserdruckgradienten [s. Gleichung (1)]. Typ III ist ein hybrider

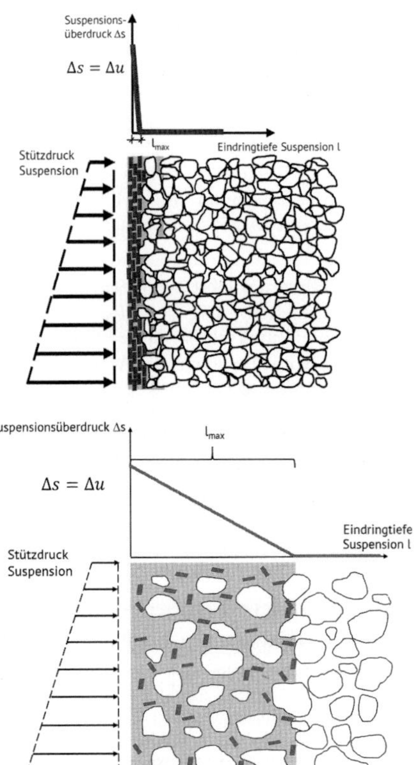

Bild 2. Mechanismen der Stützdrückübertragung nach [9]: Typ I Membran-Modell (äußerer Filterkuchen) (oben), Typ II Penetrationszone (unten)

Mechanismus, der teilweise aus der Filterkuchenbildung und der Penetrationszone mit ihrem jeweiligen Übertragungsmechanismus besteht. Die grundlegenden Interaktionsmechanismen wurden 2013 von Min et al. [16] bestätigt.

Gleichung (1) beschreibt den Zusammenhang zwischen der Fließgrenze der Suspension, der maßgebenden Korngröße des Lockergesteins und dem resultierenden Stagnationsgradienten f_{s0} gemäß DIN 4126:2013 [8]

$$f_{s0} = \frac{a \cdot \tau_{f,s}}{d_{10}} \rightarrow l_{max} = \frac{\Delta s}{f_{s0}} \tag{1}$$

mit

f_{s0} = Stagnationsgradient der Suspension in [kN/m²/m],

empirischer Beiwert a = 2 oder 3,5 [-],

d_{10} = maßgebende Korngröße in [mm],

$\tau_{f,s}$ = (statische) Fließgrenze der Suspension in [Pa],

Δs = Suspensionsüberdruck in [kPa] und

l_{max} = Eindringtiefe der Suspension in [m].

Erste experimentelle Untersuchungen der zeitabhängigen Suspensionspenetration führten Krause (1987) [17] und später Talmon et al. (2013) [18] durch. Krause [17] schlug vor, das zeitabhängige Verhalten durch zwei Grenzwerte für die „vergleichende Eindringtiefe" zu approximieren, die aus der Eindringtiefe der Suspension 60 min nach Beginn der Penetration berechnet wurden. Er definierte diese Grenzen empirisch auf der Grundlage zahlreicher Experimente. Darüber hinaus entwickelten Anagnostou und Kovári 1994 [4] theoretische Formeln für die Beschreibung des zeitabhängigen Stagnationsgradienten (f_{s0}) und der Suspensionseindringtiefe (l_{max}), die im Rahmen dieses Beitrags ausführlicher diskutiert werden. Talmon et al. [18] unterscheiden zwei Phasen des Eindringens von Suspension. Sie bezeichnen die erste Phase als „viskosen Mudspurt", da die Suspension in dieser Phase sehr schnell in den Boden eindringt. In der darauffolgenden zweiten Phase findet eine Konsolidierung der Suspension statt und es bildet sich ein Filterkuchen aus.

Um das Jahr 2000 traten erneut Bedenken hinsichtlich der Druckübertragung von Suspensionen während Hydroschildvortrieben in den Niederlanden auf. Auslöser waren In-situ-Messungen von erhöhten Porenwasserdrücken oberhalb des hydrostatischen Niveaus vor der Ortsbrust und außerhalb der möglichen Suspensionseindringtiefe. Bezuijen et al. (2001) [6] berichteten von Messungen am 2. Heinenoord-Tunnel (Tunneldurchmesser 8,6 m). Die maßgebende Korngröße des Bodens im Messfeld betrug d_{10} = 0,14 bis 0,2 mm [7]. Die Messungen ergaben, dass während des Vortriebs in einem Abstand von mehr als 30 m vor der Ortsbrust Porenwasserüberdrücke Δu gemessen wurden, die während der Vortriebsunterbrechung für den Ringbau wieder auf hydrostatisches Niveau absanken. Diese Porenwasserüberdrücke Δu traten in einer Entfernung zur Ortsbrust auf, die deutlich über die mögliche Eindringtiefe der Suspension im anstehenden Boden hinaus geht. Dies führte zu der Schlussfolgerung, dass innerhalb des theoretischen Gleitkeils vor der Ortsbrust eine in ihrer Effizienz deutlich verringerte Stützdruckübertragung vorhanden sei als in der Berechnung unter Berücksichtigung der Sicherheitsfaktoren angenommen.

Ähnliche Messungen von Porenwasserüberdrücken außerhalb der möglichen Suspensionseindringzone wurden von Aime et al. (2004) [19] am Tunnel Groene Hart mit Korngröße d_{10} = 0,23 mm, von Wendl und Thuro (2011) [20] sowie Klitzen und Herdina (2016) [21] bei den Projekten H3-4 und H8 in Österreich mit Korngrößen d_{10} = 0,3 – 0,7 mm [22] und von Bezuijen et al. (2016) [23] an der N-S-Linie in Amsterdam in den Niederlanden durchgeführt. Die Ergebnisse der In-situ-Messungen widersprechen damit den in der Schlitzwandtechnik gemäß DIN 4126:2013 [8] zugrunde gelegten „klassischen Modellen" der Stützdruckübertragung.

Auf der Grundlage der In-situ-Messungen formulierten Bezuijen et al. (2001) [6] eine Theorie, die den Anstieg des Porenwasserüberdrucks durch den angrenzenden Bodenabbau des Flüssigkeitsschilds erklärt und die Menge des effizient auf das Bodenskelett übertragenen Suspensionsdrucks bestimmt. Die Theorie besagt, dass rotierende Schneidwerkzeuge den Übertragungsmechanismus so häufig beschädigen, dass sich während des Vortriebs kein vollständiger Mechanismus zur Stützdruckübertragung bildet. Bezujien et al. (2016) [23] aktualisierten das ursprüngliche Modell durch Einführung eines empirischen Parameters α, um den Druckabfall über die Tiefe des aufgebauten Übertragungsmechanismus zu berücksichtigen. Broere und van Tol (2000) [24] entwickelten eine andere Theorie, um die erhöhten Porenwasserdrücke während des Vortriebs mit Bodenabbau bei Flüssigkeitsschilden zu erklären. Diese berücksichtigt eine unvollständige Bildung des Übertragungsmechanismus aufgrund von zyklischen Störungen durch die rotierenden Abbauwerkzeuge. Über eine „Homogenisierung" des aktuellen, lokalen Ausbildungsstatus des Übertragungsmechanismus über die gesamte Ortsbrust entsteht die Formulierung eines „mittleren" Filterkuchens. Broere (2001) [7] schlug eine andere Formulierung seiner früheren Theorie vor, um instationäre Prozesse, wie die Entwicklung von Porenwasserüberdruck nach dem Bodenabbaustopp, zu berücksichtigen. Es ist anzumerken, dass diese Theorien nicht den erhöhten Porenwasserüberdruck als Ergebnis der Änderung der mechanischen Belastung des Bodenkörpers erwarten, sondern davon ausgehen, dass die Suspension in den Boden penetriert und zu einer Fließbewegung des Grundwassers führt, der die erhöhten Porenwasserüberdrücke hervorruft.

Die Theorien von Bezuijen et al. (2001) [6] und Broere und van Tol (2000) [24] wurden von Xu und Bezuijen (2018) [25] miteinander verglichen. Die Autoren zeigten, dass die Ansätze trotz des unterschiedlichen Hintergrunds der Strömungsberechnung ähnliche Ergebnisse liefern. Die numerische Strömungsanalyse der Grundwasserströmung vor dem Hydroschild wurde von Bezuijen et al. (2001) [6] und von Yin et al. (2021) [26] durchgeführt, allerdings mit vereinfachter Berücksichtigung des Schneidprozesses, was zu ähnlichen Ergebnissen wie bei den zuvor genannten analytischen Theorien führte. Die Messungen des erhöhten Porenwasserdrucks außerhalb der von der Suspension durchdrungenen Zone können aktuell nicht mit einer anderen verfügbaren Theorie für einen transienten Stützdrucktransfer während des Bodenabbaus erklärt werden. Die Messungen des erhöhten Porenwasserdrucks außerhalb der von der Suspension durchdrungenen Zone lassen sich nicht mit der von Anagnostou und

Kovári (1994) [4] entwickelten Theorie zur instationären Suspensionsdruckübertragung während des Bodenabbaus im Zuge des Vortriebs erklären, da die Theorie einen höheren Suspensionsstagnationsgradienten (f_{s0}) während des Aushubs erwartet. Anagnostou und Kovári gehen von einer tiefen Suspensionspenetration aus.

Da die beschriebenen Phänomene auf Basis der bestehenden Theorien und Modellvorstellungen nicht vollständig verstanden sind, wurden vertiefte analytische, experimentelle und numerische Untersuchungen durchgeführt, über die nachfolgend berichtet wird.

2 Methodik

Während des Vortriebs finden an der flüssigkeitsgestützten Ortsbrust parallel zwei Vorgänge statt, deren Intervalle stark voneinander abweichen können: der zyklische Bodenabbau an einem lokalen Punkt sowie der Aufbau des Stützdruckübertragungsmechanismus infolge des Eindringens der Suspension in den anstehenden Boden. Beide Prozesse folgen individuellen zeitlichen Abfolgen, die sich zum einen aus der Anordnung der Abbauwerkzeuge in Kombination mit den Vortriebsparametern und zum anderen aus den Eigenschaften des Lockergesteins im Verhältnis zu den Suspensionseigenschaften ergeben. Dabei bestehen Unterschiede hinsichtlich Anzahl der aktiven Abbauwerkzeuge auf einer Schneidspur, Umdrehungszahl (RPM), Penetrationsrate (PR) und Vortriebsrate (AR) des Schneidrads sowie der Korngrößen und -verteilung mit Lagerungsdichte im Boden im Verhältnis zu den rheologischen Eigenschaften der Suspension.

Eine grundsätzliche Unterscheidung ergibt sich aus dem Verhältnis der Schneidtiefe eines einzelnen Abbauwerkzeugs zur Eindringtiefe der Suspension in den Boden, innerhalb derer der Stützdruck übertragen wird. Hier sind an einem lokalen Punkt an der Ortsbrust zwei Fälle möglich (Bild 3): Im Fall (A) ist die Schneidtiefe des Abbauwerkzeugs größer als die Tiefe des Mechanismus zur Stützdruckübertragung. Dies hat zur Folge, dass mit jedem Werkzeugdurchgang der Stützdruckübertragungsmechanismus vollständig abgetragen wird und mit dem Eindringen der Suspension in den Boden neu aufgebaut werden muss (Primär-Penetration). Im Fall (B) ist die Schneidtiefe

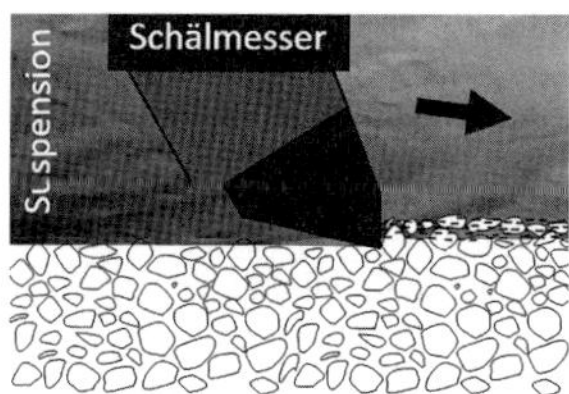

Bild 3. Unterscheidung Fall (A) (links) und Fall (B) (rechts) in Bezug zum Verhältnis der Schneidtiefe des Abbauwerkzeugs und der Tiefe des Mechanismus zur Stützdruckübertragung während des Bodenabbaus [27]

des Abbauwerkzeugs geringer als die Tiefe des Mechanismus zur Stützdruckübertragung, sodass nur ein Teil abgetragen und durch das erneute Eindringen der Suspension wieder ergänzt wird (Re-Penetration).

Generell bewirkt das Aufbringen des Stützdrucks in der Abbaukammer verschiedene Reaktionskräfte im Boden: Beim Eindringen der Suspension in den frisch abgetragenen Boden an der Ortsbrust wird eine Strömungskraft in den Porenraum verursacht. Dadurch bildet sich in definierter Tiefe der jeweilige Mechanismus der Stützdruckübertragung aus – flächige Kraftübertragung bei der Filterkuchenbildung oder Schubspannungsübertragung an den Kornoberflächen bei der reinen Penetration. Die Summe der Anteile dieser Reaktionskräfte entspricht dem aufgebrachten Suspensionsstützdruck in der Abbaukammer. Im Lauf der Zeit ändern sich die Anteile der Reaktionskräfte mit dem Vortriebsfortschritt, da der Boden an der Ortsbrust kontinuierlich abgetragen wird: Die Suspension dringt in einem bestimmten Zeitintervall in den Boden ein. Parallel dazu rotieren die Abbauwerkzeuge zyklisch mit dem Schneidrad und tragen den Bereich des Übertragungsmechanismus zu einer bestimmten Schneidtiefe an der Ortsbrust ab. Die Intervalle aus Bodenabbau und Aufbau des Mechanismus zur Stützdruckübertragung beginnen dann wieder von vorn. Durch die Überlagerung der unterschiedlichen Zeitintervalle variieren auch die Anteile der Reaktionskräfte in der Gesamtsumme bezogen auf den anstehenden Stützdruck.

Aufgrund der unterschiedlichen Randbedingungen der Fälle (A) und (B) wurden diese mit jeweils anderer Methodik untersucht. Tabelle 1 fasst die methodischen Ansätze zusammen. Dabei zeigt Spalte 1 die grundsätzlichen Analyseschritte: Zunächst wurden reale Schneidräder P1 und P2 hinsichtlich der Anordnung und Anzahl der Abbauwerkzeuge betrachtet und es wurde die jeweilige Zeitspanne zwischen den aufeinanderfolgenden Durchgängen des Abbauwerkzeugs an einem lokalen Punkt der Ortsbrust aus den Vortriebsdaten bestimmt. Hierzu wurden Daten verschiedener Hydroschildvortriebe ausgewertet und in Bezug auf ein einzelnes Werkzeug und damit auf einen lokalen Punkt an der Ortsbrust zurückgerechnet [28].

Die Schritte 2 und 3 konzentrierten sich auf die Bewertung der Interaktion zwischen Suspension und Boden unter Berücksichtigung der bauverfahrenstechnischen Randbedingungen aus Schritt 1. Die zeitabhängige Eindringtiefe für verschiedene Kombinationen aus Suspensionen und Boden wurde experimentell in speziell entwickelten Säulenversuchen bestimmt [28]. Für die Generierung der entsprechenden Parameter für Fall (A) und Fall (B) wurden bei den experimentellen Untersuchungen unterschiedliche Schwerpunkte gesetzt. Hierbei zeigte sich, dass im Fall (B) nochmals zu differenzieren ist. In Schritt 4 wurden die lokalen Ereignisse auf die gesamte Ortsbrust skaliert, um die globale Standsicherheit bewerten zu können. Hier sind Unterschiede bei der Überführung der Versuchsergebnisse aus dem Labor auf die „Ortsbrustebene“ zu beobachten. Abschließend wurde überprüft, ob der Bereich der Stützdruckübertragung innerhalb des theoretischen aktiven Versagensmechanismus liegt und der Stützdruck ausreichend groß ist, um ein Versagen zu verhindern (Effizienzbewertung).

Die Parameter der verwendeten Materialien – Lockergestein und Bentonitsuspension – sind in Tabelle 2 aufgelistet.

Tabelle 1. Methodische Ansätze zur Charakterisierung der Effizienz der Übertragung des Suspensionsüberdrucks für Fall (A) und (B)

<table>
<tr><th colspan="2" rowspan="2">Analyseschritt</th><th rowspan="2">Fall (A)</th><th colspan="2">Fall (B)</th></tr>
<tr><th>B-1</th><th>B-2</th></tr>
<tr><td>1</td><td>Untersuchung der zeitlichen Abbauprozesse an der Ortsbrust in Abhängigkeit von der Schneidradkonstruktion</td><td colspan="3">Evaluierung von Vortriebsdaten, insbesondere Umdrehungszahl Schneidrad (RPM) und Penetrationsrate (PR). Definition von homogenen Schneidzonen an der Ortsbrust in Abhängigkeit von der Anzahl an Abbauwerkzeugen auf einer Schneidspur (es werden nur Schälmesser und Räumer berücksichtigt, nicht die Disken)</td></tr>
<tr><td rowspan="2">2</td><td rowspan="2">Bewertung der Interaktion zwischen Suspension und Lockergestein</td><td rowspan="2">Bestimmung des Zeitintervalls der Eindringtiefe der Suspension im Lockergestein im Säulenversuch (Primär-Penetration)</td><td colspan="2">Untersuchungen zum Einfluss des Suspensionsüberdrucks auf die Eindringtiefe der Suspension während der Primär-Penetration im erweiterten Säulenversuch</td></tr>
<tr><td>für lineare Beziehung zwischen Suspensionsüberdruck und Penetrationstiefe: Säulenversuche zur Abbildung der Re-Penetration</td><td>für nicht-lineare Beziehung zwischen Suspensionsüberdruck und Penetrationstiefe: Physikalische Vortriebssimulation im RUB-Tunnelling Device</td></tr>
<tr><td>3</td><td>Analyse der experimentellen Ergebnisse</td><td>Ermittlung des zeitabhängigen Durchlässigkeitskoeffizienten für die Suspension im Lockergestein im Säulenversuch</td><td>Änderungen der Verteilung des Porenwasserdrucks und der effektiven Spannungen im Lockergestein während der Re-Penetration</td><td>Änderungen der Verteilung des Porenwasserdrucks im Lockergestein während der Re-Penetration</td></tr>
<tr><td>4</td><td>Adaption der experimentellen Ergebnisse auf die globale Standsicherheit der Ortsbrust</td><td>Numerische Strömungsanalyse unter transienten Bedingungen zur Identifizierung des Einflusses benachbarter Schneidspuren auf die Suspensions- und Grundwasserströmung vor der Ortsbrust</td><td>Bestimmung des Stagnationsgradienten f_{SU} der Suspension aus dem Re-Penetrationsexperiment</td><td>Berechnung der Verteilung des Porenwasserüberdrucks vor der Ortsbrust während der physikalischen Vortriebssimulation im RUB-Tunnelling Device</td></tr>
<tr><td>5</td><td>Berechnung der Effizienz der Stützdruckübertragung</td><td colspan="3">Bewertung der Übertragung des Suspensionsüberdrucks innerhalb des theoretischen Versagensmechanismus (Gleitkeil) nach Horn (1961) [3]</td></tr>
</table>

Tabelle 2. Übersicht über die Eigenschaften der in den Experimenten verwendeten Materialien

Lockergestein			
Korngrößenbereich [mm]	**0,25–0,5**	**1,0–2,0**	**0,063–4,0**
Lagerungsdichte [g/cm³]	1,57	1,58	1,63
d_{10} [mm]	0,27	1,15	0,07
Porosität [-]	0,41	0,40	0,39
Durchlässigkeitskoeffizient k_f nach Darcy [m/s]	$4 \cdot 10^{-4}$	$(5-11) \cdot 10^{-3}$	$6 \cdot 10^{-4}$

Bentonitsuspension	
Typ, Feststoffgehalt	**B1, 60 kg/m³**
Dichte [g/cm³]	1,037
Fließgrenze (Kugelharfe) [Pa]	58
pH-Wert [-]	9,4
Marsh-Zeit [s]	55

3 Fall (A): Schneidtiefe Bodenabbau größer als Tiefe Stützdruckübertragung

Das Auftreten erhöhter Porenwasserdrücke wird auf lokaler Ebene durch die transiente Interaktion zwischen dem Übertragungsmechanismus und den rotierenden Schneidwerkzeugen verursacht. Diese Situation tritt ein, wenn das vorbeifahrende Abbauwerkzeug an einem lokalen Punkt an der Ortsbrust die gesamte mit Suspension penetrierte Bodenzone abträgt, innerhalb derer der Stützdruck übertragen wird. Dabei übersteigt die Schneidtiefe des Werkzeugs die Eindringtiefe der Suspension in den Boden (= Bereich des Stützdruckübertragungsmechanismus). Der sich ausbildende Mechanismus hängt dabei direkt von der Interaktion zwischen Lockergestein und Suspension ab, d. h., es kann sich ein Filterkuchen ebenso ausbilden wie eine Penetrationszone oder ein hybrider Mechanismus. Sobald die Schneidtiefe des Bodenabbaus größer ist als die Tiefe des Übertragungsmechanismus entstehen Situationen wie im Fall (A) (Bild 4).

Um die experimentellen Ergebnisse auf die Ortsbrustebene zu übertragen, wurden numerische Simulationen auf Basis einer Strömungsanalyse durchgeführt. Zu diesem Zweck wurde ein heterogenes Druckübertragungsmodell (Heterogene Pressure Transfer – HPT) entwickelt, welches das experimentell ermittelte Eindringverhalten der Suspension, die Geometrie realer Schneidräder und den zeitabhängigen Schneidprozess kombiniert und die Effizienz der Stützdruckübertragung bewertet. Ziel war es, dass Auftreten von erhöhten Porenwasserüberdrücken vor der Ortsbrust außerhalb der suspensionspenetrierten Bodenzone während des Abbaus mithilfe der Ergebnisauswertung des lokalen Schneidprozesses an der Ortsbrust zu verstehen.

Mit der Entnahme des gesamten Übertragungsmechanismus bei jedem Durchgang des Schneidwerkzeugs kommt es zu einer abrupten Änderung der hydraulischen Bedingungen im Boden. Diese führt dazu, dass die lokalen Druckgradienten an einem bestimmten Punkt an der Ortsbrust kurz vor dem Durchfahren des Abbauwerkzeugs den höchsten Wert erreichen. Die maximalen lokalen Druckgradienten finden sich daher in Bereichen innerhalb einer Schneidspur, in denen der Übertragungsmechanismus seinen höchsten Ausbildungszustand

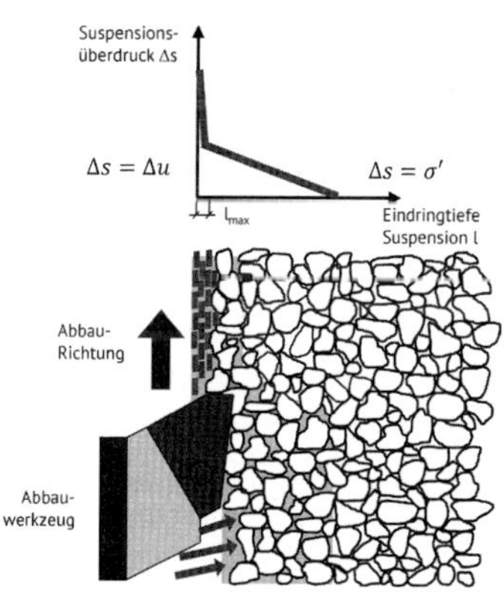

Bild 4. Wechselwirkung zwischen Suspension und Boden bei der Bildung eines Stützdruckübertragungsmechanismus, beispielhaft als Filterkuchen (Typ I) an der Ortsbrust: Schneidvorgang mit vollständigem Abtrag des Übertragungsmechanismus an der Ortsbrust und Wiederaufnahme der Suspensionspenetration zum Aufbau eines Übertragungsmechanismus (Primär-Penetration)

erreicht. Mit Entfernen des Übertragungsmechanismus wird durch den Druckgradienten ein Fließen der Suspension von der Abbaukammer in den Boden induziert.

Diese abrupte Änderung innerhalb einer Schneidspur führt zu einer vergleichsweise heterogenen Übertragung des Stützdrucks an der Ortsbrust. Dies bedeutet, dass der Suspensionsüberdruck während des Vortriebs innerhalb einer Schneidspur zeitlich versetzt nach einem der drei nachfolgend beschriebenen Modi übertragen wird [29]:

- Strömungsdruck in Bereichen, in denen der Boden einschließlich des Stützdruckübertragungsmechanismus frisch angeschnitten ist (Bild 5a) (vergleichbar mit Ansatz nach Bezuijen et al. (2001)[6])
- Druckgradient über den teilweise ausgebildeten Druckübertragungsmechanismus und Strömungsdruck in Bereichen, in denen sich der Stützdruckübertragungsmechanismus aktuell noch formiert und noch nicht vollständig aufgebaut ist (Bild 5b) (vergleichbar mit Ansatz nach Broere und van Tol (2000)[24])
- Druckgradient über den voll ausgebildeten Druckübertragungsmechanismus in Bereichen, in denen der Mechanismus fast vollständig ausgebildet ist (Bild 5c) (entspricht Ansatz nach Kilchert und Karstedt (1984)[9])

Während des Vortriebs können alle drei Modi gleichzeitig an der Ortsbrust auftreten, jedoch an unterschiedlichen Stellen – bezogen

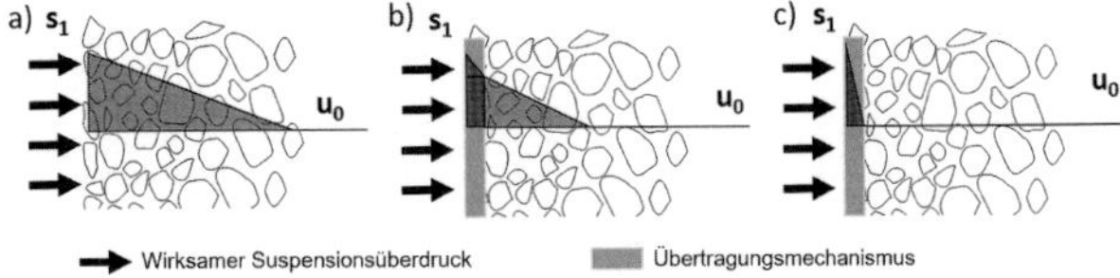

Bild 5. Unterschiedliche Modi der Übertragung des Suspensionsüberdrucks Δs in Abhängigkeit vom tatsächlichen lokalen Ausbildungszustand des Druckübertragungsmechanismus innerhalb einer Schneidspur im Zeitverlauf: a) Strömungsdruck, b) Druckabfall über den teilweise gebildeten Druckübertragungsmechanismus und Strömungsdruck, c) Druckabfall über den vollständig gebildeten Druckübertragungsmechanismus

auf die jeweilige momentane Position der Abbauwerkzeuge. Bei allen drei Modi wird der gesamte Suspensionsüberdruck vollständig auf das Bodenskelett übertragen, aber mit unterschiedlichem Wirkungsgrad hinsichtlich der Stabilisierung der Ortsbrust. Der Wirkungsgrad beschreibt in diesem Zusammenhang den Druckabfall bezogen auf die Tiefe des Übertragungsmechanismus. Die Übertragung des Suspensionsüberdrucks in Form effektiver Spannungen ist nur dann effizient, wenn sie innerhalb des zu stabilisierenden Gleitkeils (aktiver Versagensmechanismus) erfolgt.

Basierend auf den Daten der experimentell ermittelten Eindringtiefe bestimmten Zizka et al. (2018) [28] den Durchlässigkeitskoeffizienten (k_f) zeitabhängig als momentanen Zusammenhang zwischen Druckgradient und Strömung innerhalb sehr kleiner Zeitschritte (Bild 6). Somit kann die aktuelle Ausbildung des Übertragungsmechanismus mit einem zeitabhängigen Durchlässigkeitskoeffizienten beschrieben werden.

Darüber hinaus wurde erwartet, dass die Wechselwirkungen zwischen den konzentrischen Schneidspuren an der Ortsbrust einen wesentlichen Einfluss auf die effiziente Stützdruckübertragung im Fall (A) ausüben und im numerischen Modell nicht vernachlässigt werden dürfen. Die Heterogenität der Stützdruckübertragung ergibt sich aus lokalen Bereichen an der Ortsbrust mit Strömungsübertragung und den angrenzenden Bereichen mit bereits ausgebildeten Übertragungsmechanismen (Bild 7). Infolge der Strömung wird der Porenwasserüberdruck vor dem Übertragungsmechanismus erhöht und die Effizienz der Stützdruckübertragung auch für Bereiche mit bereits ausgebildeten Übertragungsmechanismen verringert. Zur Beurteilung der gegenseitigen Beeinflussung wurde die gesamte Ortsbrust in eine transiente numerische Strömungsanalyse einbezogen. Dabei wurde der Aufbau des Übertragungsmechanismus über die experimentell gewonnenen transienten Durchlässigkeitskoeffizienten (k_f) abgebildet [29].

Mithilfe der transienten Strömungsanalyse für die gesamte Ortsbrust und die Umgebung im Boden kann eine räumliche Verteilung der hydraulischen Druckhöhen unter Berücksichtigung der gegenseitigen

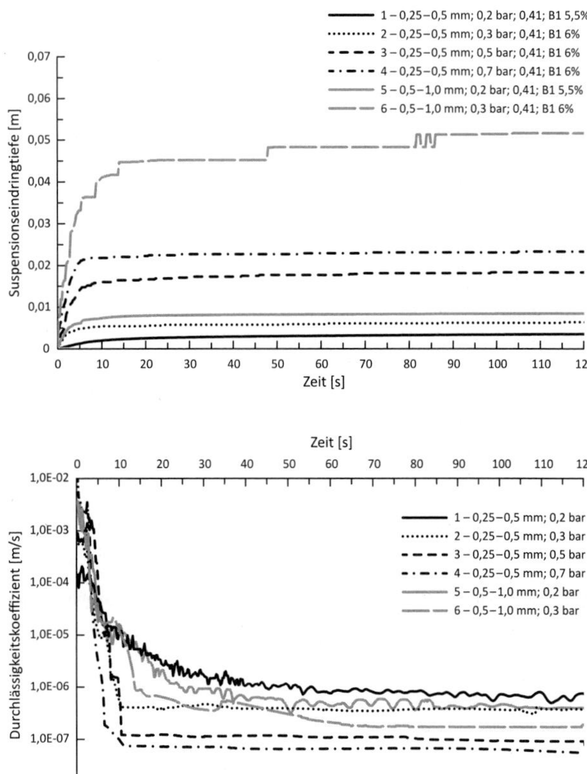

Bild 6. Beispiel für die experimentell ermittelten transienten Eindringtiefen (oben) und Durchlässigkeitskoeffizienten (k_f) (unten) für verschiedene Kombinationen von Boden, Injektionsdruck, Lagerungsdichte des Bodens über die Zeit zur Implementierung in das numerische Modell [30]

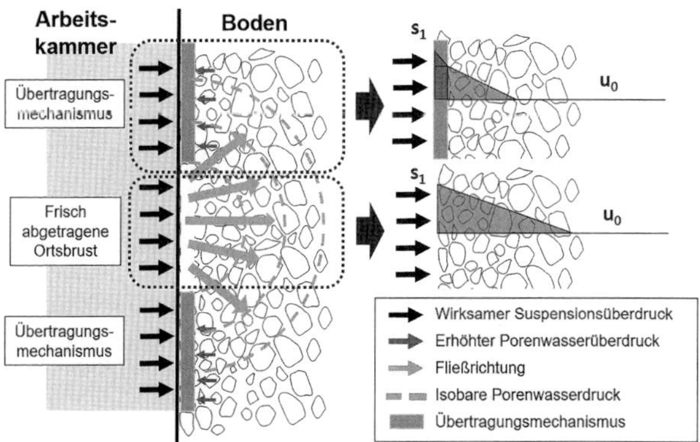

Bild 7. Gegenseitige Beeinflussung benachbarter Schneidspuren und daraus resultierende Verringerung der Effizienz des Übertragungsmechanismus. s_1 = Suspensionsüberdruck in der Abbaukammer und u_0 = hydrostatischer Porenwasserdruck [29]

Beeinflussung benachbarter Schneidspuren berechnet werden (Bild 8). Der effizient übertragene Stützdruck errechnet sich nach Gl. (2) als Differenz zwischen der Druckhöhe in der Abbaukammer (th_1) und der Druckhöhe an der schiefen Ebene des Gleitkeils (th_2). Die erhöhten Porenwasserdrücke außerhalb des Gleitkeils werden nicht als effiziente Stützdruckübertragung berücksichtigt (s. Bild 8).

$$\Delta s_{\text{av}} = \left(\frac{1}{A_{\text{abcd}}} \cdot \int_{\text{abcd}} th_1 dA - \frac{1}{A_{\text{bcef}}} \cdot \int_{\text{bcef}} th_2 dA \right) \cdot \gamma_{\text{w}} \tag{2}$$

mit

Δs_{av} = durchschnittlichem Stützüberdruck [kPa],

th_1 = Druckhöhe an der Ortsbrust [m],

$th_{(2,\text{i})}$ = Druckhöhe am Gleitkeil [m],

A_{i} = Fläche [m^2] (i läuft von 1 – 160 Elemente [-]) und

γ_{w} = Wichte des Wassers [kN/m^3].

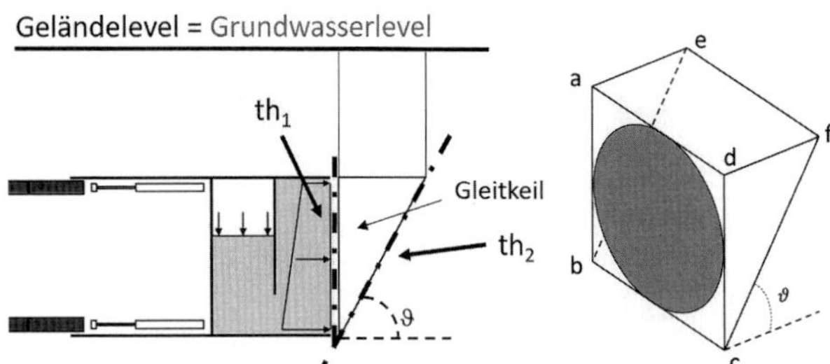

Bild 8. Auswertung der übertragenen Suspensionsüberdrücke; ausgewertet werden die hydraulischen Druckhöhen entlang der Ortsbrust (th_1) Fläche abcd und am Gleitkeil (th_2) Fläche bcef [30]

Die Modellformulierung geht davon aus, dass die Höhe des effizient übertragenen Stützdrucks keinen Einfluss auf die Abmessungen des Gleitkeils hat. Das Modell liefert den effizient übertragenen Suspensionsüberdruck, der zur Beurteilung der Ortsbruststabilität mit dem nach dem Gleitkeilmodell berechneten erforderlichen Stützdruck verglichen werden sollte.

Numerisches Modell

Für die Implementierung des heterogenen Druckübertragungsmodells (HPT) in die Strömungsanalyse wurde der Übertragungsmechanismus an der Ortsbrust radial und in Umfangsrichtung segmentiert. Die radialen Segmente stellen die konzentrischen Schneidspuren dar, um die Rotation des Schneidrads zu erfassen. Jedem einzelnen Segment wurde aufgrund seiner Lage in Bezug auf die Ausgangsposition der Schneidwerkzeuge innerhalb der Schneidspur der entsprechende Verlauf des transienten Durchlässigkeitskoeffizienten (k_f) des sich aufbauenden Übertragungsmechanismus zugeordnet (ausführliche Beschreibung in [29]).

Für die numerische Simulation wurden folgende Annahmen getroffen [29]:

- Überlagerung: 10 m, Tunneldurchmesser: 10 m;

- Bodenparameter (s. Tabelle 2) mit Reibungswinkel: $\phi' = 30°$ und 35°, Kohäsion $c' = 0$ kPa zur Bestimmung der Gleitkeilabmessungen und Suspensionsparameter (s. Tabelle 2);
- Durchlässigkeitskoeffizient (k_f) des Übertragungsmechanismus im frisch abgetragenen Boden entspricht dem Durchlässigkeitskoeffizienten des Bodens (s. Bild 6 rechts: Zeitpunkt nahe 0);
- Durchlässigkeitskoeffizient des Segments vor dem Durchgang des Schneidwerkzeugs entspricht dem Durchlässigkeitskoeffizienten des Übertragungsmechanismus am Ende des Experiments (s. Bild 6 rechts: Zeitpunkt entsprechend Werkzeugzyklus, z.B. alle 20 s, 40 s, 60 s);
- Ortsbrustsegmente k_1 bis k_{16} stellen die in den Versuchen ermittelten instationären Durchlässigkeitskoeffizienten (k_f) dar. Diese unterscheiden sich nur durch die Lage des Ortsbrustsegments vor und hinter dem Schneidwerkzeug in der Schneidspur. k_{16} wird unmittelbar nach Beginn der Schneidradumdrehung abgetragen, während k_1 als letztes Segment am Ende der Schneidradumdrehung abgetragen wird.

Die numerische Strömungsanalyse wurde mit der kommerziell erhältlichen Software DIANA 9.6 [31] als nichtlineare instationäre Strömungsanalyse unter Verwendung der regelmäßigen Newton-Iterationsmethode mit variierender Durchlässigkeit der Materialien durchgeführt. Als konstitutives Modell wird das Gesetz nach Darcy verwendet. Das Speichervermögen (storativity) des Bodens wurde mit $1{,}9 \cdot 10^{-5}$ 1/m nach Batu (1998) [32] für die untersuchte Bodenart angenommen. Der zeitliche Berechnungsschritt betrug 0,5 s. Die Gesamtabmessungen des Strömungsmodells betrugen 300 × 300 × 70 m, um sicherzustellen, dass die Strömung nicht durch die Randbedingungen beeinflusst wird. Die Tunnellange betrug 150 m. Die hydraulische Gesamthöhe von 70 m wurde den Grenzen des Modells als wesentliche Randbedingung zugewiesen, wobei der Nullpunkt des Koordinatensystems in der linken unteren Ecke des Modells angesetzt wurde. Die Tunnelauskleidung wurde als undurchlässig angenommen.

Im numerischen Modell wurde der mittlere übertragene Suspensionsüberdruck Δs für die gesamte Ortsbrust mit Gl. (3) als Summe der

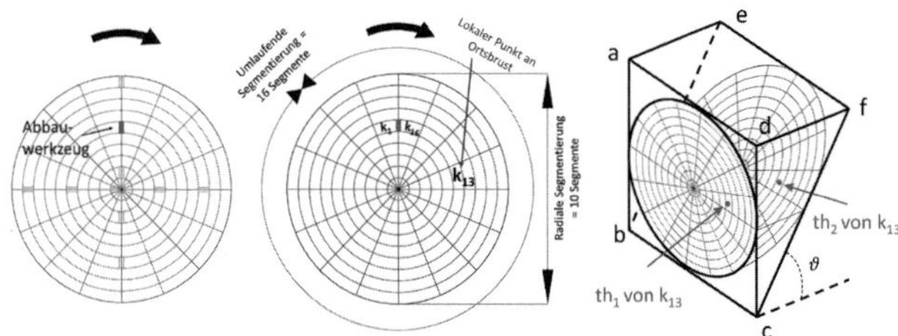

Bild 9. Beispiel eines Schneidrads (links), Segmentierung der Ortsbrust einschließlich der Lage der Segmente $k_1 - k_{16}$ des Übertragungsmechanismus (Mitte), Ablesungen der Druckhöhe an der Ortsbrust th_1 und der entsprechenden Druckhöhe am Gleitkeil th_2 für das Ortsbrustsegment k_{13} als Eingabe für Gleichung 2 (rechts) [29]

Beiträge der einzelnen Ortsbrustsegmente berechnet. Die Druckhöhe $th_{2,\mathrm{i}}$ wurde für jedes der 160 Tunnelausbausegmente auf der geneigten Fläche des theoretischen Versagensmechanismus (Gleitkeil) nach Horn (1961) [3] bestimmt. Der Mittelpunkt jedes Ortsbruststirnsegmentes wurde dabei horizontal auf die schräge Gleitfläche projiziert, wo die jeweilige $\mathrm{th}_{2,\mathrm{i}}$ ermittelt wurde (Bild 9).

$$\Delta s_{\mathrm{av}} = \frac{\sum\left(th_1 - th_{2,\mathrm{i}}\right) \cdot \gamma_{\mathrm{w}} \cdot a_{\mathrm{i}}}{a_{\mathrm{i}}} \tag{3}$$

mit

Δs_{av} = durchschnittlichem übertragenen Stützüberdruck [kPa],

th_1 = Druckhöhe an der Ortsbrust [m],

$th_{(2,\mathrm{i})}$ = Druckhöhe am Gleitkeil [m],

$\mathrm{A_i}$ = Fläche des einzelnen Ortsbrustsegments [m^2] (i läuft von 1 – 160 Elemente [-]) und

γ_{w} = Wichte des Wassers [$\mathrm{kN/m^3}$].

Für die numerischen Berechnungen wurden zu Modellierungszwecken realistische Schneidräder P1 und P2 adaptiert (Bild 10 links). Die detaillierte Analyse bezüglich der Anordnung der Schneidwerkzeuge und der homogenen Zonen wurde von Zizka et al. (2018) [28] durchgeführt. Dazu wurden die Schneidräder in verschiedene Zonen unterteilt, in denen die Anzahl der Schneidwerkzeuge auf einer Schneidspur identisch ist (1-2-3-4). Je höher die Nummer der Schneidzone, desto kürzer ist das Zeitintervall zwischen zwei Bodenabbauvorgängen (= Abtrag des Übertragungsmechanismus) an einem lokalen Punkt an der Ortsbrust für eine Schneidradumdrehung.

Bild 10 (rechts) zeigt den in der numerischen Simulation angepassten Verlauf des transienten Durchlässigkeitskoeffizienten (k_f) für die Schneidräder P1 und P2 für jede Schneidzone über die Zeit an einem lokalen Punkt an der Ortsbrust. Ziel war, die Ausdehnung der homogenen Schneidzonen, die Anzahl der Schneidwerkzeuge innerhalb der Schneidspur der jeweiligen Zone und den Winkelversatz zwischen den Schneidwerkzeugen in benachbarten Schneidspuren gleich zu halten.

Die Ergebnisse der numerischen Berechnungen sind in Tabelle 3 zusammengefasst. Für die Berechnung wurde eine realistische Drehzahl

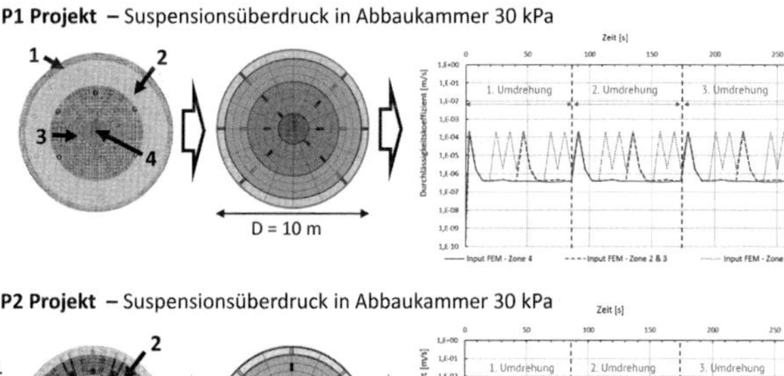

Bild 10. Einteilung der Schneidräder P1 und P2 in Schneidzonen und numerische Adaption (links), Beispiel für die transiente Durchlässigkeit des Übertragungsmechanismus in Abhängigkeit der Abbauwerkzeuganordnung für P1 und P2 (rechts) [30]

des Schneidrads (RPM) aus den Vortriebsdaten der Referenzprojekte gewählt. Basierend auf der gewählten Drehzahl konnte mithilfe der von Zizka et al. (2018) [28] ermittelten Kopplung die entsprechende Schneidtiefe des Werkzeugs in besonders homogenen Schneidzonen ermittelt werden. So konnten die Penetrationsrate (PR) der Maschinen und die daraus resultierende Vorschubrate (AR) berechnet werden. Die Drehzahl wurde so auf die PR abgestimmt, dass der Übertragungsmechanismus von jedem Werkzeug in jeder homogenen Schneidzone (Fall (A) an der gesamten Ortsbrust) abgetragen wird. Es wurden zwei Suspensionsüberdrücke von 15 kPa und 30 kPa angesetzt. Die experimentell ermittelten transienten Durchlässigkeitskoeffizienten (k_f) werden hier verwendet. Es ist zu erwähnen, dass der Neigungswinkel des Gleitkeils (ϑ_{crit}) $\vartheta = 66{,}3°$ für $\phi' = 30°$ und $\vartheta = 68{,}3°$ für $\phi' = 35°$ beträgt. In beiden Fällen wurde angenommen, dass die Kohäsion $c' = 0$ kPa ist.

Die Auswertung der Druckübertragung erfolgte zum Zeitpunkt 123,75 s nach Beginn des Vortriebs (nach 1,5 Umdrehungen). Es wurden zunächst die Porenwasserüberdrücke vor der Ortsbrust in Höhe der Tunnelachse ausgewertet (Bild 11). Für das Modell mit verschie-

Tabelle 3. Berechnungsfälle der Schneidräder P1 und P2 unter Berücksichtigung realistischer Vortriebsparameter; Umdrehung des Schneidrads RPM, Penetrationsrate PR und Vorschubrate AR

Berechnungsfall	RPM [U/min]	PR [mm/U]	AR [mm/min]	Druckgradient Übertragungs-mechanismus [kPa]	Suspensionsüber-druck Δs in Abbau-kammern [kPa]	Hydraulische Höhe an Ortsbrust [m]
R1a–Projekt P1	0,682	62	42,3	15	15	71,5
R1b–Projekt P1					30	73
R1a–Projekt P2	0,682	59,8	40,8		15	71,5
R1b–Projekt P2					30	73

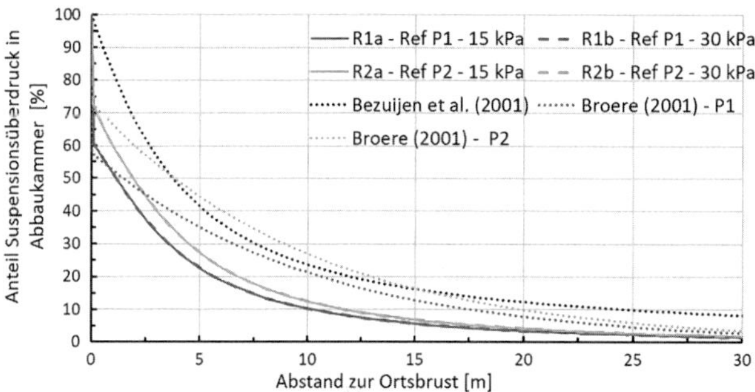

Bild 11. Skalierte Verteilung des Porenwasserüberdrucks vor der Ortsbrust während des Ausbruchs für zwei Referenzprojekte P1 und P2 im Vergleich zu Bezuijen et al. (2001) [6] und Broere und van Tol (2001) [24] unter Verwendung des Leckagefaktors λ = 10 m [30]

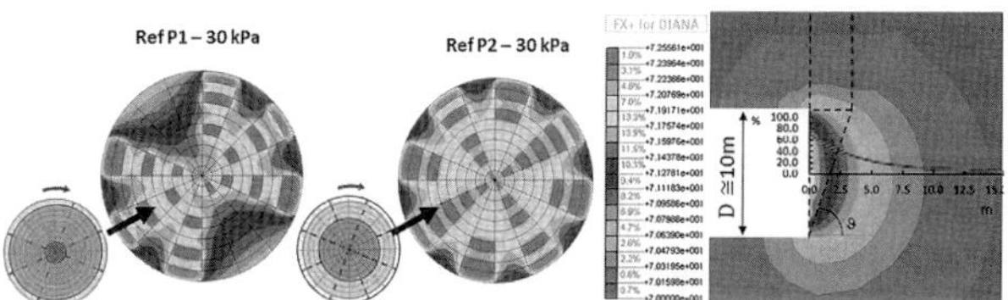

Bild 12. Verteilung des Grundwasserdrucks im Baugrund: im Querschnitt für die Schneidräder P1 und P2 (links und Mitte), im Längsschnitt mit Darstellung des theoretischen Versagensmechanismus (Gleitkeil) nach Horn (1961) [3] (rechts) [30]

denen homogenen Schneidzonen konnte bestätigt werden, dass die skalierte Verteilung der Porendrücke nicht von der absoluten Höhe des Suspensionsüberdrucks in der Abbaukammer abhängt.

Darüber hinaus wurde der Einfluss des Vortriebs auf die hydraulische Höhe im Boden untersucht (Bild 12). Dargestellt sind die Verteilung der hydraulischen Druckhöhe an der Schnittstelle zwischen Druckübertragungsmechanismus und Boden (Bild 12 links) und der Längsschnitt durch das Modell an der Tunnelachse (Bild 12 rechts). Es ist zu erkennen, dass der Flüssigkeitsschild vor der Ortsbrust eine „Blasenform“ mit erhöhtem Porenwasserüberdruck erzeugt und sich die höchsten hydraulischen Druckhöhen in der Nähe der gerade passierten Abbauwerkzeuge befinden. Die Druckhöhen nehmen mit zunehmender Entfernung vom gerade durchfahrenen Abbauwerkzeug ab. Dabei fällt auf, dass nicht nur der Abstand zum vorbeifahrenden Abbauwerkzeug entscheidend ist, sondern dass sich benachbarte Schneidspuren gegenseitig beeinflussen.

Die Untersuchungen konzentrierten sich auf die Auswertung des effizient übertragenen Stützdrucks innerhalb des Gleitkeils. Tabelle 4 zeigt die Ergebnisse für die Schneidräder P1 und P2. Trotz gleicher Drehzahl wird eine bessere Stützdruckübertragung bei Referenzprojekt P1 erreicht. Der Unterschied beträgt ca. 8 % und kann auf die Anzahl und Anordnung der Schneidwerkzeuge zurückgeführt werden.

Zusätzlich kann die Höhe des effizient übertragenen Suspensionsüberdrucks gemäß HPT-Modell und DIN 4126:2013 [8] verglichen werden (s. Tabelle 4). Der Vergleich zeigt, dass der höchste Druck

Tabelle 4. Ergebnisse der Berechnung der effizienten Stützdruckübertragung im Gleitkeil mit realistischen Schneidrädern P1 und P2 unter Berücksichtigung von $\varphi' = 35°$ und $c' = 0$ kPa im Vergleich zum Ansatz der aktuellen DIN 4126:2013 [8]

		Projekt	
		P1	**P2**
Suspensionsüberdruck in Abbaukammer [kPa]		30	30
HPT-Modell	**Ø übertragener Stützdruck an Ortsbrust [kPa]**	20	18
	Anteil tatsächlich übertragener Suspensionsüberdruck [%]	68	60
DIN 4126:2013 übertragener Suspensionsüberdruck [%]		100	100

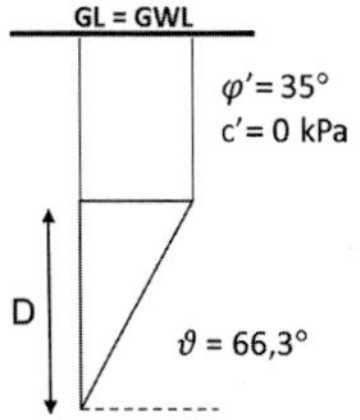

GL = GWL

$\varphi' = 35°$

$c' = 0$ kPa

D

$\vartheta = 66{,}3°$

nach [8] für die angenommenen Bedingungen übertragen wird. Diese Theorie liefert den vollen Betrag der effizienten Übertragung des Suspensionsüberdrucks aufgrund der geometrischen Bedingung der Suspensionsstagnation innerhalb des Gleitkeils. Der von [8] (mit a = 2) für die angenommenen Bedingungen vorhergesagte Stagnationsgradient betrug 430 kN/m^3, was weit über den 200 kN/m^3 liegt, die von der DIN für die Annahme der vollen Druckübertragung gefordert werden.

4 Fall (B): Schneidtiefe Bodenabbau kleiner als Tiefe Stützdruckübertragung

Der Fall (B) führt zu einer teilweisen Abtragung der Bodenzone an der Ortsbrust, innerhalb derer der Mechanismus zur Stützdruckübertragung wirkt. Nach dem Aushub des Bodens findet bei jedem Durchgang des Schneidwerkzeugs ein sofortiges Wiedereindringen von Suspension in die Bodenzone statt, in der sich bereits Suspensionspartikel aus dem vorangegangenen Eindringvorgang befinden (Re-Penetration) (Bild 13). Aufgrund der nur teilweisen Entfernung des Übertragungsmechanismus sind die auftretenden Änderungen des Porenwasserdrucks und der effektiven Spannung im Korngerüst während des Durchgangs eines Abbauwerkzeugs vergleichsweise weniger abrupt als im Fall (A). Somit erfolgt die Stützdruckübertragung gleichförmiger innerhalb einer lokalen Schneidspur und folglich an der gesamten Ortsbrust. Daraus lässt sich ableiten, dass die Stützdruckübertragung über den Druckgradienten innerhalb des teilweise oder vollständig ausgebildeten Übertragungsmechanismus erfolgt und nicht durch einen alleinigen Strömungsdruck. Es wird davon ausgegangen, dass auch hier der gesamte Suspensionsüberdruck entsprechend den Gleichgewichtsbedingungen übertragen wird.

Im Hinblick auf eine effiziente Stützdruckübertragung ist es hier ebenso von Bedeutung, dass die Übertragung innerhalb des relevanten Gleitkeils im Boden erfolgt. Aufgrund der für den Fall (B) erforderlichen größeren Suspensionspenetration ist zu erwarten, dass die Ausbildung von Fall (B) bei groben, nichtbindigen Böden wahrscheinlicher ist. Der effizient übertragene Suspensionsüberdruck wurde

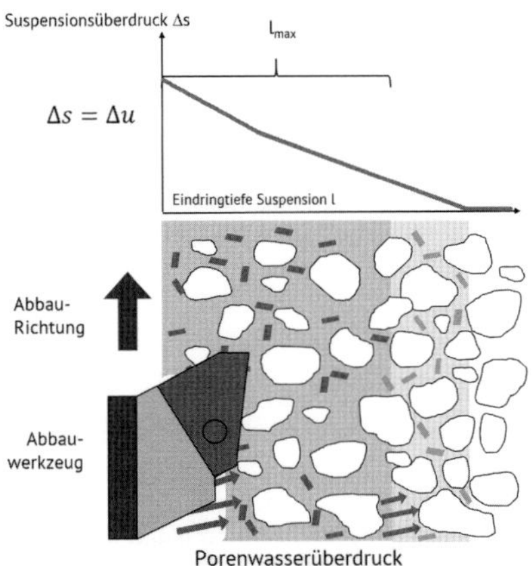

Bild 13. Wechselwirkung zwischen Suspension und Boden bei der Bildung eines Stützdruckübertragungsmechanismus, beispielhaft als hybrider Mechanismus (Typ III) an der Ortsbrust: Schneidvorgang mit teilweisem Abtrag des Übertragungsmechanismus an der Ortsbrust und Wiederaufnahme der Suspensionspenetration zur Vervollständigung des Übertragungsmechanismus (Re-Penetration)

auch hier abschließend mit dem für die Ortsbruststabilisierung erforderlichen effektiven Stützdruck verglichen.

Generell war zu erwarten, dass die spezifische Wechselwirkung zwischen rotierenden Abbauwerkzeugen und dem Übertragungsmechanismus auf lokaler Ebene prägend ist. Zur besseren Beschreibung wurden zwei Grenzfälle der Interaktion von Suspension und Abbauwerkzeugen definiert, welche die Heterogenität des Entstehungszustands des jeweiligen Übertragungsmechanismus an der Ortsbrust und dessen Einfluss auf die eigentliche Stützdruckübertragung im Zeitverlauf vorgeben.

4.1 Re-Penetration im Säulenversuch

Für die Untersuchung in Schritt 2 (s. Tabelle 1) im Fall (B) wurde ein Säulentest entwickelt, der die Untersuchung der Re-Penetration im Fall (B) ermöglicht (Bild 14). Für die Re-Penetration wird in der Säule ein druckgesteuerter Modellierungsansatz nach Zizka (2019) [30] verwendet.

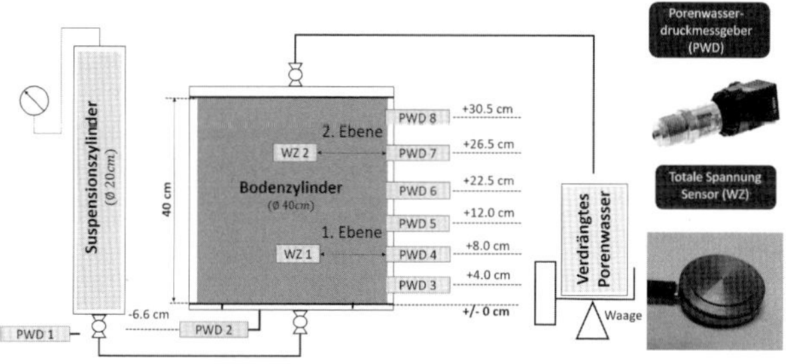

Bild 14. Säulenversuch für Re-Penetration im Fall (B): Messung der Porenwasserdrücke und der totalen Spannungen im Bodenkörper (nach Zizka et al., 2018) [28]

Die experimentelle Parameterstudie konzentrierte sich auf die Untersuchung des Suspensionsdrucks auf die Veränderungen des Spannungszustands innerhalb der Säule und des Porenwasserdrucks im Bodenzylinder im Zuge der Primär-Penetration und Re-Penetration.

Die Kombination aus Boden (Korngröße 1,0–2,0 mm) und Suspension (Feststoffgehalt 60 kg/m^3) wurde unter verschiedenen Suspensionsdrücken während der Penetration untersucht. Die Ergebnisse zeigt Bild 15. Das Diagramm links stellt den Zusammenhang zwischen der maximalen Suspensionseindringtiefe und dem Druckgradienten innerhalb der Bodenprobe dar. Dabei werden die experimentellen Ergebnisse mit den Berechnungsergebnissen unter Verwendung von Gl. (1) nach DIN 4126:2013 [8] verglichen. Es zeigt sich, dass die Eindringtiefe der Suspension annähernd linear vom Druckabfall abhängt. Dieser lineare Zusammenhang bestätigt, dass die Methode zur druckgesteuerten Wiedereindringung (Re-Penetration) für die experimentelle Untersuchung dieser Suspension-Boden-Kombination unter realistischen Randbedingungen geeignet ist.

Darauf aufbauend wurden die Versuche zur Re-Penetration durchgeführt: Hier begann die Re-Penetration im Anschluss an eine primäre Penetrationsdauer von 10 s, 15 s und 20 s. Die Re-Penetration wurde mit einer Dauer von 15 s + 60 s bzw. 30 s + 100 s durchgeführt, ab-

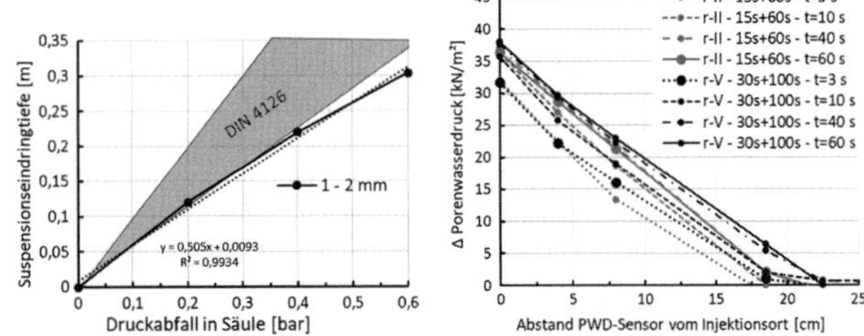

Bild 15. Zusammenhang zwischen Penetrationstiefe der Suspension und Druckabfall (Druckgradient) im Säulenversuch für Boden mit einer Korngröße von 1,0–2,0 mm im Vergleich zum theoretischen Ansatz nach DIN 4126:2013 [8] (links) und Verteilung des Porenwasserüberdrucks in Relation zur Distanz des Messpunkts vom Injektionseintrittspunkt im Säulenversuch (rechts) [30]

hängig von der simulierten Häufigkeit des Werkzeugdurchlaufs. Die Auswertung der Porenwasserdruckverteilung in Relation zur Entfernung vom Injektionspunkt der Suspension erfolgte für die Zeitintervalle 3 s, 10 s, 40 s und 60 s nach Beginn der Re-Penetration (s. Bild 15 rechts). Die Porenwasserdrücke zeigen in der frühen Phase t = 3 s noch keine lineare Verteilung, während 10 s nach Beginn der Re-Penetration die Verteilung bereits linear wird. Die Verteilung bleibt bis 60 s linear, was das Ende des kürzeren Aushubzyklus bedeutet. Im Gegensatz zur Primär-Penetration wurde zu Beginn der Re-Penetration kein Anstieg des Porenwasserdrucks außerhalb der von der Suspension durchdrungenen Bodenzone beobachtet. Der lineare Zusammenhang wurde als Fall (B-1) bezeichnet.

Die Ergebnisse der Kombination aus Boden (Korngröße 0,063–4,0 mm) und Suspension (Feststoffgehalt 60 kg/m³) unter verschiedenen Suspensionsdrücken während der Penetration zeigt Bild 16. Links sind die endgültigen Eindringtiefen der Suspension in Abhängigkeit vom Druckabfall und von der Porenwasserdruckverteilung in der Bodenprobe zu sehen. Die Zeitskala bis 120 s wurde aufgrund des längeren Eindringungsprozesses der Suspension in diesem Boden gewählt. Infolge der gut gestuften Kornverteilung ist es sehr wahrscheinlich, dass die im Porenraum zurückgehaltenen Suspensionspar-

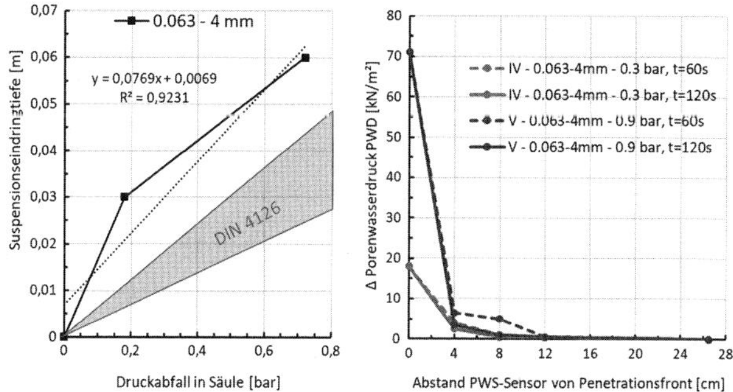

Bild 16. Zusammenhang zwischen Penetrationstiefe der Suspension und Druckabfall (Druckgradient) im Säulenversuch für Boden mit einer Korngöße von 0,063–4,0 mm im Vergleich zum theoretischen Ansatz nach DIN 4126:2013 [8] (links) und Verteilung des Porenwasserüberdrucks in Relation zur Distanz des Messpunkts vom Injektionseintrittspunkt im Säulenversuch (rechts) [30]

tikel eine Veränderung der Geometrie des Porenraums verursacht haben. Als Folge davon ergab sich eine nichtlineare Abhängigkeit von Druckabfall und Eindringtiefe im Experiment (s. Bild 16, rechts), was den Schluss nahelegte, dass diese Kombination aus Suspension und Boden nicht für eine druckgesteuerte Re-Penetration im Säulenversuch geeignet ist. Daher wurde ein weiterer Versuchsaufbau entwickelt. Der nichtlineare Zusammenhang wurde als Fall (B-2) bezeichnet.

4.2 Re-Penetration unter zyklischem Bodenabbau

Die zielgerichtete Charakterisierung der Re-Penetration unter zyklischem Bodenabbau für die Wechselwirkungen in den Fällen (B-1) und (B-2) wurde mit dem RUB-Tunneling Device durchgeführt (Bild 17). Das Gerät wurde ursprünglich für die Untersuchung von Werkzeugverschleiß entwickelt und für die Untersuchungen der Re-Penetration mit Bodenabbau adaptiert. Aufbau und Funktionsweise sind in [32] und [30] detailliert beschrieben. Im RUB-Tunneling Device ist die physikalische Simulation des Schneidprozesses bei aktiver Ortsbruststützung durch eine Suspension bei definierten Parametern für Stützdruck und Vortrieb möglich. Die Auswirkungen des zyklischen Abbauprozesses des Bodens und die transiente Primär- und Re-Penetration der Suspension auf die Porenwasserüberdrücke werden über Sensoren erfasst und aufgezeichnet.

Die Randbedingungen für den Bodenabbau wurden realitätsnah gewählt. Ein vereinfachtes Schneidrad ist am Ende einer Welle (s. Bild 17, b und c) im Inneren des Bodenzylinders befestigt und wird unter festgelegten Randbedingungen angetrieben. Die Anordnung der Abbauwerkzeuge auf dem sternförmigen Schneidrad wurde dahingehend vereinfacht, dass sich nur ein einziges Abbauwerkzeug auf einer Schneidspur befindet. Dadurch wird ein homogener Schnittbereich definiert. Aufgrund einer Schnittlänge von 10 mm wird erwartet, dass das Schneidwerkzeug im Mesomaßstab den Übertragungsmechanismus innerhalb der von der Suspension durchdrungenen Bodenzone als Schälmesser im Makromaßstab stört. Der Boden im Prüfzylinder wurde in definierter Lagerungsdichte und Porosität eingebaut (s. Tabelle 2).

Die Suspensionskammer zwischen der Tunnelwand und dem rückwärtigen Dichtungsdeckel wird vollständig gefüllt (s. Bild 17d). Die Suspensionskammer und die Mitte des Schneidrads werden über zwei getrennte Leitungen mit einer Suspension versorgt. Nach dem Verschließen, Abdichten und Fixieren des Bodenzylinders wird über die Suspensionsleitungen ein definierter Suspensionsdruck auf den gesamten Zylinder aufgebracht. Porenwasserdruckmessgeber (PWD) überwachen den Suspensionsdruck im RUB-Tunneling Device (PWD 2) sowie im Suspensionszylinder (PWD 1) und messen die Entwicklung der Porenwasserdrücke im Bodenzylinder (PWD 3, 4, 5). Mit dem Öffnen der Drainageöffnung (PWD 6) beginnt das Eindringen der Suspension in den Boden und damit der Aufbau des Übertragungsmechanismus (entspricht der Primär-Penetration). Die Bildung des Übertragungsmechanismus wird durch den abnehmenden Porenwasserdruck im Bodenkörper außerhalb der von der Suspension durchdrungenen Bodenzone messtechnisch erfasst. Nach erstmaligem Aufbau des Übertragungsmechanismus nach Abschluss

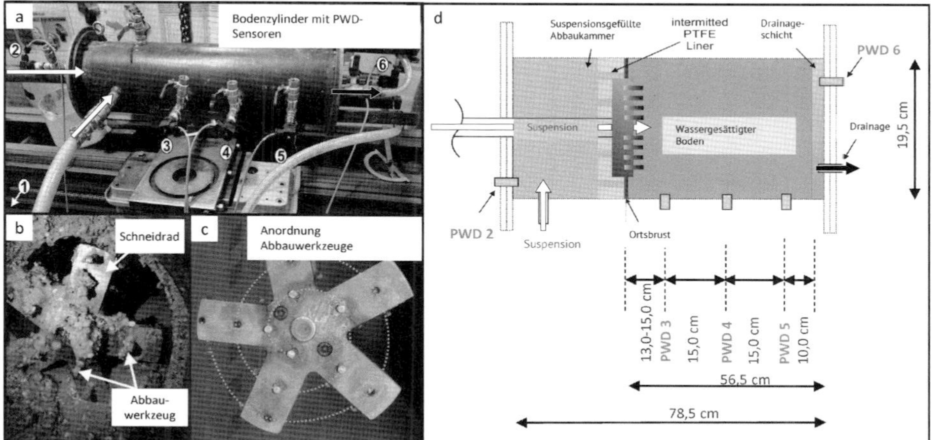

Bild 17. RUB-Tunneling Device: a) Bodenzylinder mit Suspensionszufluss in Abbaukammer (weißer Pfeil bei ① und Schneidrad (weißer Pfeil bei ② sowie Abfluss von verdrängtem Porenwasser (schwarzer Pfeil), b) Ansicht des Schneidrads nach dem Bodenaushub, c) Schneidprofil der einzelnen Schneidwerkzeuge, d) Draufsicht auf den Bodenzylinder mit seitlichen Positionen der Porenwasserdrucksensoren PWD 1–6 [33]

der Primär-Penetration wird der Vortrieb gestartet und der Abbauvorgang beginnt. Während des Aushubs werden die verdrängte Wassermenge (Porenwasser) aus dem Bodenzylinder und die Porenwasserüberdrücke innerhalb des Bodenzylinders gemessen und protokolliert.

Für beide Bodenfraktionen (1,0–2,0 mm und 0,063–4,0 mm) war sicherzustellen, dass die Tiefe der Primär-Penetration deutlich größer ist als die Länge der Schneidwerkzeuge (10 mm) auf dem Schneidrad. Da eine visuelle Überprüfung der Eindringtiefe der Suspension vor Beginn des Aushubs nicht möglich war, wurde die Verteilung des Porenwasserdrucks im RUB-Tunneling Device nach Abschluss der Primär-Penetration bewertet. Unter der Annahme einer linearen Verteilung des Porenwasserdrucks in der suspensionsdurchdrungenen Bodenzone zeigten die Messungen, dass die Eindringtiefe der Suspension in die Bodenfraktion 1,0–2,0 mm ca. 14 cm bei einem Stützdruck in der Abbaukammer von 20 kPa beträgt bzw. 25 cm bei einem Druck von 40 kPa. Die Ergebnisse bestätigten die Messwerte der Primär-Penetration aus dem Säulenversuch, die für die entsprechenden Druckgradienten ermittelt wurde (s. Bild 15). Außerhalb der Abbaukammer konnte kein Porendruck innerhalb der Bodenfraktion 0,063–4,0 mm gemessen werden. Daher wurden für die Interpretation der Versuche mit dem RUB-Tunneling Device die im Säulenversuch ermittelten Eindringtiefen von 3 cm und 6 cm herangezogen. Dabei ergaben alle Kombinationen eine größere primäre Suspensionseindringtiefe als die Länge der Schneidwerkzeuge (10 mm).

Bild 18 zeigt die Ergebnisse der gemessenen Porenwasserdruckverteilungen während des Aushubs im Boden der Korngröße 1,0–2,0 mm (links) und der Korngröße 0,063–4,0 mm (rechts) in Bezug auf den Abstand des rotierenden Schneidrads zu den Porenwasserdrucksensoren PWD 3, 4 und 5 im Bodenzylinder. Aufgrund der Lage der Sensoren ist die Aushublänge vor Erreichen des jeweiligen Sensors unterschiedlich (Bild 17d).

Die Ergebnisse im Diagramm für die *Bodenfraktion 1,0–2,0 mm* in Bild 18 (links) zeigen eine nahezu lineare Verteilung der Porenwasserdrücke in Relation zur Entfernung des Drucksensors von den rotie-

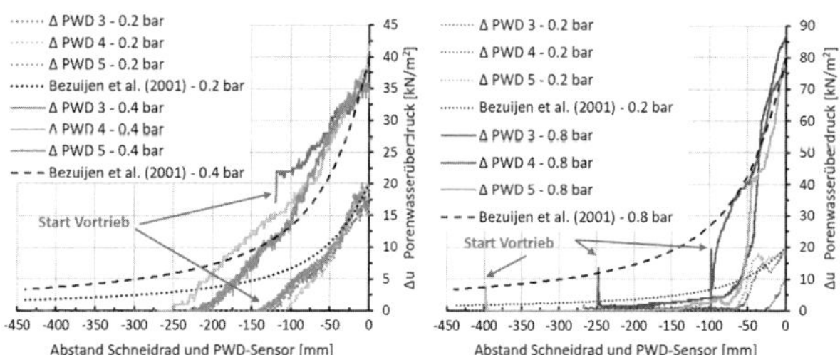

Bild 18. Messwerte der Änderungen der Porenwasserdrücke im RUB-Tunneling Device unter Bodenabbau bezogen auf den Abstand des sich den Sensoren PWD 3, 4, 5 nähernden Schneidrads für die Kornfraktionen 1,0–2,0 mm (links) und 0,063–4,0 mm (rechts) – Mittelwert von 3 experimentellen Wiederholungen [30]

renden Schneidwerkzeugen. Diese Messergebnisse werden durch den Vergleich mit den analytisch ermittelten Porenwasserdruckverteilungskurven nach Bezuijen et al. (2001) [6] unterstützt. Es wurde beobachtet, dass der Porenwasserdruck in etwa dann ansteigt, wenn sich die Abbauwerkzeuge ca. 12 cm bzw. ca. 23 cm vor den einzelnen PWD-Sensoren befinden, bei einem Suspensionsdruck von 20 kPa bzw. 40 kPa (s. Bild 18 links). Diese Abstände validieren die zuvor ermittelten Suspensionseindringtiefen für die Primär-Penetration im Säulenversuch. Daraus kann für die Bodenfraktion 1,0–2,0 mm die Schlussfolgerung abgeleitet werden, dass Porenwasserüberdrücke während des Vortriebs bzw. des Bodenabbaus nur innerhalb der von der Suspension durchdrungenen Bodenzone auftreten. Dieses Ergebnis entspricht den Erfahrungen aus dem Re-Penetrationsversuch in der Säule (s. Bild 15). Am Ende des Aushubs, beim Abbau des Aufbaus, konnte für beide Kombinationen in allen Versuchen visuell bestätigt werden, dass sich vor dem Schneidrad Suspension befand. Das schließt einen Übergang zu Fall (A) der Wechselwirkung aus.

Die Porendruckverteilungen während des Aushubs für die *Bodenfraktion 0,063–4,0 mm* mit Kammerdrücken von 20 kPa und 80 kPa sind in Bild 18 rechts dargestellt. Bei Böden mit einer gut gestuften

Korngrößenverteilung wird direkt zu Beginn des Aushubs eine plötzliche Porenwasserdruckspitze beobachtet. Die Beobachtung bestätigt, dass die erhöhten Porenwasserdrücke auch für diese Bodenfraktion außerhalb der mit Suspension durchdrungenen Bodenzone möglich sind. Die Spitzen bauen sich innerhalb weniger Sekunden wieder ab. Interessanterweise erreichen die Spitzen einen Porenwasserdruckbetrag, der ungefähr der analytisch ermittelten Verteilung nach Bezuijen et al. (2001) [6] bei den jeweiligen Abständen entspricht. Die Übereinstimmung ist besonders bei einem Stützdruck von 80 kPa sichtbar. Der plötzliche Anstieg des Porendrucks zu Beginn des Aushubs verweist auf die signifikante Störung des Übertragungsmechanismus, der sich während der Primär-Penetration etabliert hat. In späteren Abbauphasen beginnt der gemessene Porenwasserdruck anzusteigen, wenn das Schneidrad einen bestimmten Abstand zum Sensor erreicht hat. Erwartungsgemäß ist der Abstand bei höherem Druck in der Suspensionskammer größer.

5 Vergleich der Effizienz der Stützdruckübertragung

5.1 Fall (A)

Die numerischen Berechnungen der Grundwasserströmung wurden für zwei Schneidräder aus zwei Referenzprojekten P1 und P2 durchgeführt. Für die numerischen Simulationen wurde das neu entwickelte Modell der heterogenen Druckübertragung (HPT) verwendet. Für beide Schneidräder wurde dieselbe Drehzahl modelliert, die aus der Auswertung von Vortriebsdaten gewonnen wurde. Auf Basis einer Analyse der Schneidradkonstruktion wurden in Abhängigkeit der Anzahl der Abbauwerkzeuge pro Schneidspur verschiedene sogenannte homogene Schneidzonen definiert [28]. Der Einfluss des Vortriebs mit Flüssigkeitsstützung auf die hydraulischen Förderhöhen im Boden ist in Bild 12 dargestellt.

Den Vergleich des übertragenen Stützdrucks, der auf Basis verschiedener Modelle ermittelt wurde, zeigt Tabelle 5. Der größte Betrag, 100 %, ergibt sich aus Berechnungen gemäß DIN 4126:2013 [8] und dem Ansatz von Anagnostou und Kovari (1994) [4] aufgrund der Annahme, dass infolge der geometrischen Bedingungen die Stagnation

Tabelle 5. Vergleich des effektiv übertragenen Stützdrucks, berechnet auf Basis verschiedener theoretischer Modelle [30]

Szenario	angesetzter Stützdrucküberdruck [kPa]	effektiv übertragener Stützdruck [kPa]				
		stationäre Modelle		instationäre Modelle		
		DIN 4126:2013 [8]	Anagnostou & Kovari (1994) [4]	HPT-Modell	Broere und van Tol (2001) [34]	Bezuijen et al. (2001) [6]
P1	30	30	30	19,9	13,9	9,6
P2	30	30	30	17,6	12,0	9,6

der Suspension innerhalb des Gleitkeils stattfindet. Entsprechend der in DIN 4126:2013 [8] Gl. (1) angenommenen Bedingungen beträgt für die Kornfraktion 0,5–1,0 mm der Stagnationsgradient f_{s0} = 430 kN/m^3 und liegt somit weit über dem Wert von f_{s0} = 200 kN/m^3, der in [8] für die Annahme des vollen Stützdrucktransfers gefordert wird. Die Theorie für stationäre Bedingungen von Anagnostou und Kovári (1994) [4] ist der DIN 4126:2013 [8] entlehnt und basiert daher auf gleichen Voraussetzungen. Der geringste übertragene Stützdruck ergibt sich nach dem Ansatz von Bezuijen et al. (2001) [6]. Da diese Theorie lediglich Schildgeometrie und Suspensionsüberdruck berücksichtigt, ergibt sich für P1 und P2 derselbe Betrag. Die Theorie von Broere und van Tol (2001) [34] zeigt denselben Trend wie das hier verwendete HPT-Modell, wobei der jeweilige Stützdruckbetrag unterhalb der Werte des HPT-Models liegt.

5.2 Fall (B-1)

Der Fall (B-1) zeichnet sich durch eine lineare Porenwasserdruckverteilung innerhalb der von der Suspension durchdrungenen Bodenzone während der Primär-Penetration aus. Dieses Verhalten wurde für Boden mit einer Kornfraktion von 1,0–2,0 mm ermittelt. Die Effizienz der Stützdruckübertragung wurde hier durch die experimentelle Bestimmung des Stagnationsgradienten (f_{s0}) der Suspension für zwei Abbauintervalle bewertet. Im ersten Intervall betrug die Zeit des Werkzeugdurchgangs 60 s, im zweiten 100 s. Die Schneidtiefe des Abbauwerkzeugs betrug 40 mm der von der Suspension durchdrungenen Bodenzone.

Der Stagnationsgradient (f_{s0}) der Suspension ist gemäß Gleichung 1 definiert als Quotient aus dem Suspensionsüberdruck Δs und der Eindringtiefe l_{max} der Suspension. Um die Stagnationsgradienten während der laufenden Experimente zu bestimmen, wurden die gemessenen Porenwasserüberdrücke mithilfe der linearen Regression nach der Methode der kleinsten Quadrate approximiert, um den Gradienten zu erhalten.

In Bild 19 sind links sind die gemessenen verbleibenden Prozent des Porenwasserüberdrucks für die Primär-Penetration und für die beiden Zeitskalen 60 s und 100 s während der Re-Penetration dargestellt. Die erhaltenen durchschnittlichen Stagnationsgradienten (f_{s0}) aus der jeweiligen Versuchskombination sind als Mittelwerte rechts dargestellt. Diese sind den nach DIN 4126:2013 [8] und nach dem instatio-

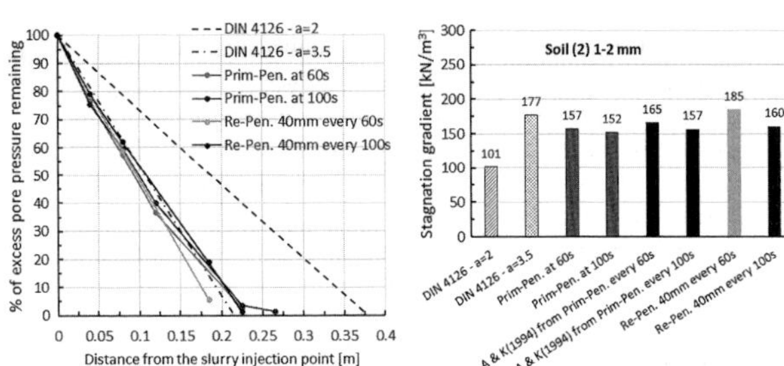

Bild 19. Verteilung des Porenüberdrucks während der Primär-Penetration und Re-Penetration im erweiterten Säulenversuch für Boden mit Kornfraktion 1,0–2,0 mm (links), Vergleich der analytisch und experimentell bestimmten Stagnationsgradienten für Boden mit Kornfraktion 1,0–2,0 mm (rechts) [30]

nären Modell von Anagnostou und Kovari (1994) [4] berechneten Stagnationsgradient (f_{s0}) für zwei Aushubskalen 60 s und 100 s gegenübergestellt.

Generell ist festzustellen, dass die bei der Re-Penetration gemessenen Stagnationsgradienten (f_{s0}) etwas höher sind als bei der Primär-Penetration. Dies war aufgrund der geringeren Eindringtiefe erwartet worden. Der Vergleich mit den gemessenen Druckgradienten zeigt, dass die Theorie von Anagnostou und Kovári (1994) [4] nur einen sehr begrenzten Anstieg des Stagnationsgradienten (f_{s0}) während des Aushubs zeigt, der im Vergleich zu den Messungen geringer ist.

5.3 Fall (B-2)

Der Fall (B-2) ist durch eine nichtlineare Porenwasserdruckverteilung innerhalb der mit Suspension durchdrungenen Bodenzone während der Primär-Penetration gekennzeichnet. Dieses Verhalten wurde für den Boden mit der Kornfraktion 0,063–4,0 mm festgestellt. Daher wurde das Re-Penetrationsverhalten der Suspension in diesem Boden experimentell im RUB-Tunneling Device untersucht. Die Porenwasserüberdruckverteilung während der Annäherung des Schneidrades an die Sensoren ist in Bild 20 links dargestellt.

Zur Charakterisierung der Porenwasserdruckverteilung wurden aus den experimentellen Untersuchungen im RUB-Tunneling Device die Kurven angenähert. Die Approximation der Porenwasserdruckverteilung wurde in zwei Abschnitte unterteilt. Eine lineare Approximation wurde für den Bereich von 6 cm vor den Abbauwerkzeugen betrachtet; dies entspricht in etwa der Ausdehnung der von Suspension durchdrungenen Bodenzone während der Primär-Penetration. Ab dem Abstand von 6 cm wurde die Verteilung des Porenwasserdrucks durch den Ansatz von Bezuijen et al. (2016) [23] angenähert.

Der Vergleich des approximierten Stagnationsgradienten (f_{s0}) aus dem RUB-Tunneling Device mit dem Druckgradienten aus der Primär-Penetration im Säulenversuch zeigt, dass während des Vortriebs ein geringerer Stagnationsgradient (f_{s0}) ermittelt wurde. Dies ist auf die Existenz eines erhöhten Porenwasserüberdrucks außerhalb der

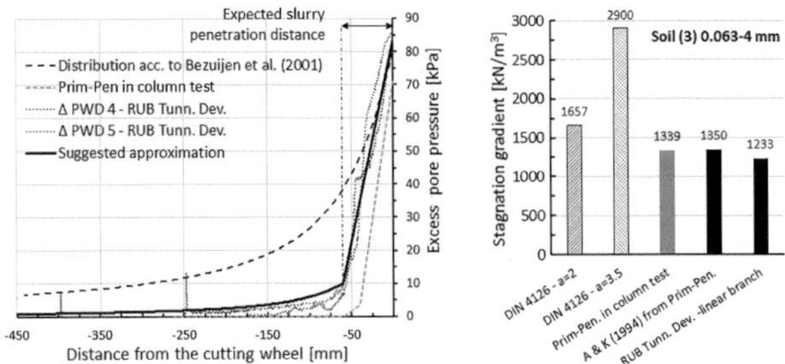

Bild 20. Verteilung des Porenwasserüberdrucks während der Primär-Penetration und der Re-Penetration im RUB-Tunneling Device sowie im erweiterten Säulenversuch für Boden mit Kornfraktion 0,063–4,0 mm unter 80 kPa Suspensionsdruck (links); Vergleich der analytisch und experimentell bestimmten Stagnationsgradienten (f_{s0}) für Boden mit Kornfraktion 0,063–4,0 mm (rechts) [30]

mit Suspension durchdrungenen Bodenzone zurückzuführen. Daher wurde hier ein grundlegend anderes Verhalten erzielt als bei der Bodenfraktion 1,0–2,0 mm. Dieses Verhalten wird vom Modell nach Anagnostou und Kovári (1994) [4] nicht abgebildet (Bild 20 rechts).

6 Zusammenfassung und Ausblick

Die Übertragung des Suspensionsüberdrucks innerhalb des Versagensmechanismus (Gleitkeil) auf das Korngerüst ist die grundlegende Voraussetzung für die Sicherung der Ortsbruststabilität. In Abhängigkeit von der Interaktion der Suspension mit dem Boden entstehen verschiedenen Mechanismen der Stützdruckübertragung innerhalb der durchdrungenen Bodenzone. Diese können sich ausbilden als Filterkuchen (Typ I), Penetration (Typ II) oder hybride Kombination aus beiden (Typ III). Bild 21 zeigt den Vergleich der Anteile an übertragenem Porenwasserdruck Δu und effektiver Spannung $\Delta\sigma'$ für die Stützdruckübertragungsmechanismen.

Im Fall (A) wird der erhöhte Porenwasserdruck Δu im Boden vor der Ortsbrust durch ein sich ständig wiederholendes primäres Eindringen

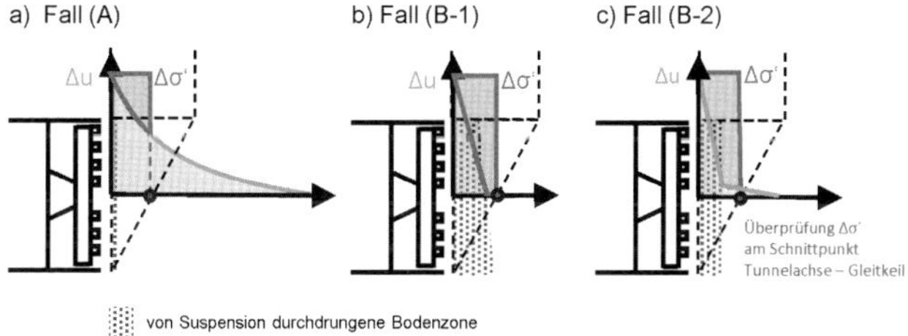

Bild 21. Vergleich der Anteile an Porenwasserdruck und effektive Spannungen im Zuge der Übertragung des Suspensionsüberdrucks für die Fälle (A), (B-1) und (B-2) während des Bodenabbaus an der Ortsbrust [30]

der Suspension verursacht, nachdem die rotierenden Abbauwerkzeuge den Übertragungsmechanismus vollständig abgetragen haben. Die Effektivität der Stützdruckübertragung, d.h. der Anteil des Suspensionsüberdrucks, der in Form effektiver Spannungen auf das Korngerüst innerhalb des Versagensmechanismus (Gleitkeil) überführt wird, ist geringer als im Fall (B). Der Stagnationsgradient (f_{s0}) der Suspension während der Primär-Penetration unter stationären Bedingungen ist sehr viel größer als der Porenwasserdruckgradient an der Ortsbrust während des Bodenabbaus. Für die genaue Bestimmung des Verhältnisses ist eine Kombination aus experimentellen und numerischen Untersuchungen erforderlich. Basierend auf den theoretischen Grundlagen ist die DIN 4126:2013 [8] streng genommen nicht anwendbar.

Im Fall (B) ist die Annahme zulässig, dass eine Beziehung zwischen der Porendruckverteilung innerhalb der mit der Suspension durchdrungenen Bodenzone während der Primär-Penetration und der Verteilung während des Aushubs besteht. Diese Beziehung kann entweder durch eine lineare Abhängigkeit (Fall B-1) oder nichtlineare Abhängigkeit (Fall B-2) der Eindringtiefe der Suspension vom Stützdruck ausgedrückt werden.

Fall (B-1) liefert die höchste Effizienz hinsichtlich der Übertragung des Stützdrucks als effektive Spannungen innerhalb des Versagensmechanismus (Gleitkeil). Der Stagnationsgradient (f_{s0}) der Suspension während des Bodenabbaus ist größer als der Stagnationsgradient unter stationären Bedingungen. Basierend auf ihren theoretischen Grundlagen ist die DIN 4126:2013 [8] anwendbar.

Fall (B-2) ergab eine leicht verringerte Effizienz bei der Stützdruckübertragung im Vergleich zu Fall (B-1). Dieser Rückgang ist auf die Neubildung des Übertragungsmechanismus während des Bodenabbaus und den anschließenden Anstieg des Porenwasserdrucks vor der mit der Suspension durchdrungenen Bodenzone zurückzuführen. Der Stagnationsgradient (f_{s0}) während des Bodenabbaus ist geringer als der Stagnationsgradient unter stationären Bedingungen. Aus dem Up-Scaling der Ergebnisse des RUB-Tunneling Device konnte gefolgert werden, dass der Bereich mit erhöhtem Porenwasserüberdruck den Bereich des Versagensmechanismus (Gleitkeil) überschritten hat. Im Vergleich zu Fall (B-1) ist die Effizienz von Fall (B-2) komplizierter vorherzusagen. Dieses Szenario ist noch nicht vollständig verstanden, sodass eine abschließende Bewertung der Anwendbarkeit der theoretischen Grundlagen der DIN 4126:2013 [8] nicht möglich ist.

Es ist anzumerken, dass die hier diskutierten Ergebnisse mit frischer Suspension erzielt wurden. Eine mit Feinanteilen aufgeladene Suspension hat in der Regel eine geringere Eindringtiefe in den Boden [35].

Für die Praxis wird empfohlen, den Fall (A) und seine Wechselwirkungen an der Ortsbrust beim Vortrieb möglichst zu vermeiden. Um dies zu erreichen, sind bestimmte Maßnahmen in Bezug auf die Vortriebssteuerung und die Suspensionsgestaltung möglich, wie die Anordnung der Werkzeuge auf dem Schneidrad sowie die Verringerung der Penetrationsrate (PR) mit gleichzeitiger Erhöhung der Drehzahl des Schneidrads (RPM), um die Vorschubrate (AR) zu halten. Hinsichtlich der Suspension ist zu berücksichtigen, dass höhere Bentonitkonzentrationen nicht unbedingt eine höhere Standsicherheit der Ortsbrust bedingen. Höhere Konzentration verringern unter Umständen die Eindringtiefe der Suspension, sodass ein Eintreten von Fall (A) an der Ortsbrust wahrscheinlicher wird. Generell sollte vom theoretischen Standpunkt aus eine Stützdruckübertragung an der

Ortsbrust während des Bodenabbaus in Form von Fall (B) angestrebt werden. Dabei sollte ein zu tiefes Eindringen der Suspension in das Korngerüst vermieden werden, um ein minimales Stagnationsgefälle zu erreichen

Danksagung

Dieser Beitrag stellt die Ergebnisse des Teilprojekts A6 „Lokale instationäre Suspensionsstützung bei Flüssigkeitsschilden" vor und ist Teil des Sonderforschungsbereichs SFB 837 an der Ruhr-Universität Bochum. Die Autoren danken der Deutschen Forschungsgemeinschaft (DFG) für die großzügige Förderung.

Literatur

[1] Babendererde, S. (1991) *Tunnelling Machines in Soft Ground: a Comparison of Slurry and EPB Shield Systems.* Tunnelling and Underground Space Technology 6 (2), pp. 169–174.

[2] Zizka, Z.; Thewes, M. (2016) *DAUB Recommendations for Face Support Pressure Calculations for Shield Tunnelling in Soft Ground.* Deutscher Ausschuss für unterirdisches Bauen e. V. (DAUB) – German Tunnelling Committee (Hrsg.). https://www.researchgate.net/publication/351838341_DAUB_Recommendations_for_Face_Support_Pressure_Calculations_for_Shield_Tunnelling_in_Soft_Ground [Zugriff am: 05.06.2012123]

[3] Horn, M. (1961) *Horizontaler Erddruck auf senkrechte Abschlussflächen von Tunnelröhren.* Referate zum Thema: „Unterirdische Bauwerke". Landeskonferenz der Ungarischen Tiefbauindustrie – Deutsche Übersetzung von STUVA e. V., S. 7–16.

[4] Anagnostou, G.; Kovári, K. (1994) *The face stability of slurry-shield-driven tunnels.* Tunnelling and Underground Space Technology 9 (2), pp. 164–174. DOI: 10.1016/0148-9062(94)90438-3

[5] Jancsecz, S.; Steiner, W. (1994) *Face support for a large Mix-Shield in heterogeneous ground conditions.* Papers presented at the seventh international symposium, 'Tunnelling 94', Springer U. S., pp. 1–19.

[6] Bezuijen, A.; Pruiksma, J. P.; van Meerten, H. H. (2001) *Pore Pressures in front of tunnel, measurements, calculations and consequences for stability of tunnel face.* Modern Tunneling Science and Technology: Proceedings of the International Symposium, Kyoto, Japan, 30 October–1 November 2001. pp. 27–33.

[7] Broere; W. (2001) *Tunnel Face Stability & New CPT Applications.* PhD thesis. TU Delft.

[8] DIN 4126:2013 (2013) *Nachweis der Standsicherheit von Schlitzwänden.* (German standard: Stability analysis of diaphragm walls). Berlin: Beuth.

[9] Kilchert, M.; Karstedt, J. (1984) *Standsicherheitsberechnung von Schlitzwänden nach DIN 4126.* Band 2. Wiesbaden/Berlin: Bauverlag GmbH (Beuth-Kommentare).

[10] Jacob, E. (1975) *Der Bentonitschild – Technologie und erste Anwendung in Deutschland.* Forschung + Praxis, STUVA Tagung 19, S. 30–38.

[11] Anheuser, L. (1989) *Beispiele zur Bewältigung schwieriger Vortriebsphasen bei Schilden mit flüssigkeitsgestützter Ortsbrust.* Forschung + Praxis, STUVA Tagung 32, S. 43–47.

[12] Morgenstern, N.; Amir-Tahmasseb, I. (1965) *The Stability of a Slurry Trench in Cohesionless Soils.* Géotechnique 15 (4), pp. 387–395. DOI: 10.1680/geot.1965.15.4.387

[13] Weiss, F. (1967) *Die Standfestigkeit flüssigkeitsgestützter Erdwände.* Bauingenieur-Praxis 70. München: Ernst & Sohn.

[14] Müller-Kirchenbauer, H. (1972) *Stability of slurry trenches.* Proceedings of 5th European Conference on Soil Mechanics and Foundation Engineering, Madrid, 10–13th April 1972, pp. 543-553.

[15] Praetorius, S.; Schößer, B. (2016) *Bentonithandbuch – Ringspaltschmierung für den Rohrvortrieb.* Bauingenieur-Praxis. Berlin: Ernst & Sohn. DOI: 10.1002/9783433606568

[16] Min, F.; Zhu, W.; Han, X. (2013) *Filter cake formation for slurry shield tunneling in highly permeable sand.* Tunnelling and Underground Space Technology 38, pp. 423–430. DOI: 10.1016/j.tust.2013.07.024

[17] Krause, T. (1987) *Schildvortrieb mit flüssigkeits- und erdgestützter Ortsbrust.* Dissertation. Technische Universität, Braunschweig.

[18] Talmon, A. M.; Mastbergen, D. R; Huisman, M. (2013) *Invasion of pressurized clay suspensions into granular soil.* Journal of Porous Media 16 (4), pp. 351–365.

[19] Aime, R.; Aristaghes, P.; Autuori, P.; Minec, S. (2004) *15 m diameter tunnelling under Netherlands Polders.* Underground Space for Sustainable Urban Development. Proceedings of the 30th ITA-AITES World Tunnel Congress, Singapore, 22–27 May 2004, pp. 1–8.

[20] Wendl, K.; Thuro, K. (2011) *Auswirkung von Hydroschildvortrieben auf den Grundwasserkörper am Beispiel von zwei Vortrieben in Tirol.* 18. Tagung für Ingenieurgeologie und Forum „Junge Ingenieurgeologen“. Berlin, 16.–19. März 2011, S. 1–7.

[21] Klitzen, J.; Herdina, J. (2016) *Hydroshield drive with a diameter of 13 m in the Lower Inn Valley – Project design and experience from construction of contract H3-4 / Hydroschildvortrieb mit 13 m Durchmesser im Unterinntal – Projektplanung und Erfahrungen im Baulos H3-4.* Geomechanik Tunnelbau 9 (5), pp. 534–546. DOI: 10.1002/geot.201600036

[22] Köhler, M.; Maidl, U.; Martak, L. (2011) *Abrasiveness and tool wear in shield tunnelling in soil / Abrasivität und Werkzeugverschleiß beim Schildvortrieb im Lockergestein.* Geomechanik Tunnelbau 4 (1), pp. 36–54. DOI: 10.1002/geot.201100002

[23] Bezuijen, A.; Steeneken, S. P.; Ruigrok, J. A. T. (2016) *Monitoring pressures and analysing pressures around a TBM.* Book of abstracts and e-Proceedings of the 13th international conference Underground Construction, Prague, Czech Republic, May 23–25, pp. 1–8.

[24] Broere, W.; van Tol, A. F. (2000) *Influence of infiltration and groundwater flow on tunnel stability. Tokyo,* Japan. Geotechnical Aspects of Underground Construction in Soft Ground, pp. 339–344.

[25] Xu, T.; Bezuijen, A. (2018) *Analytical methods in predicting excess pore water pressure in front of slurry shield in saturated sandy ground.* Tunnelling and Underground Space Technology 73, pp. 203–211. DOI: 10.1016/j.tust.2017.12.011

[26] Yin, X. et al. (2021) *Face stability of slurry-driven shield with permeable filter cake.* Tunnelling and Underground Space Technology 111. DOI: 10.1016/j.tust.2021.103841

[27] Zizka, Z.; Schoesser, B.; Thewes, M. (2017) *Excavation cycle dependent changes of hydraulic properties of granular soil at the tunnel face during slurry shield excavations.* Proceedings of the 9th International Symposium on Geotechnical Aspects of Underground Constructions in Soft Grounds. IS-São Paulo 2017. London, CRC-Press, pp. 137–144.

[28] Zizka, Z.; Schoesser, B.; Thewes, M.; Schanz, T. (2018) *Slurry shield tunneling: new methodology for simplified prediction of increased pore pressures resulting from slurry infiltration at the tunnel face under cyclic excavation processes.* International Journal of Civil Engineering, Special Issue *Current trends and challenges in subsurface engineering* 15 (4), p. 387. DOI: 10.1007/s40999-018-0303-2

[29] Zizka, Z.; Schoesser, B.; Thewes, M. (2021) *Investigations on transient support pressure transfer at the tunnel face during slurry shield drive part 1: Case A – Tool cutting depth exceeds shallow slurry penetration depth.* Tunnelling and Underground Space Technology 118, 104168. DOI: 10.1016/j.tust.2021.104168

[30] Zizka, Z. (2019) *Stability of slurry supported tunnel face considering the transient support mechanism during excavation in non-cohesive soil.* PhD-Thesis, Ruhr-University Bochum, Faculty of Civil and Environmental Engineering. DOI: 10.13154/294-6514

[31] Manie, J.; Kikstra W. (2016) *Manual DIANA 9.6.* DIANA FEA bv.

[32] Batu, V. (1998) *Aquifer Hydraulics: A comprehensive Guide to Hydrogeologic Data Analysis.* New York, Wiley-Interscience.

[33] Küpferle, J. et al. (2018) *Influence of the slurry-stabilized tunnel face on shield TBM tool wear regarding the soil mechanical changes – Experimental evidence of changes in the tribological system.* Tunnelling and Underground Space Technology 74, pp. 206–216. DOI: 10.1016/j.tust.2018.01.011

[34] Broere, W.; van Tol, A. F. (2001) *Time-dependent infiltration and groundwater flow in face stab* in Adachi, T.; Tateyama K.; Kimura, M. [eds.] *Modern Tunneling Science and Technology.* London: CRC Press, pp. 629–634.

[35] Pulsfort, M.; Thienert, C. (2013) *Neue Erkentnisse zur Stützdruckübertragung beim Tunnelvortrieb mit Flüssigkeitsgestützter Ortsbrust.* Forschung + Praxis, Vorträge der STUVA-Tagung 2013, Stuttgart, 27.–29. November 2013. Gütersloh: Bauverlag.

Vertragswesen und betriebswirtschaftliche Aspekte

I. Empfehlungen des DAUB für das Projektrisikomanagement im Untertagebau

Heinz Ehrbar, Götz Vollmann, Atusa Ranjbar, Lars Babendererde, Klaus Rieker

Bauen ist ein grundsätzlich risikobehafteter Prozess, bei dem sich Gefahren, aber auch Chancen realisieren können. Dies gilt insbesondere im Bereich des Tunnelbaus, wo die partielle Unkenntnis der vorausliegenden Verhältnisse eine konstante Unsicherheit impliziert und damit auch einen steten Raum für das Eintreten von Ereignissen aus Risiken eröffnet.

Die Erfahrung aus etlichen Projekten lehrt uns dabei, dass Misserfolge vor allem dann eintreten, wenn Gefahren nicht oder nicht rechtzeitig erkannt werden. Dies führt oft dazu, dass notwendige Gegenmaßnahmen nicht definiert sind, nicht vorgehalten werden oder trotz ausreichender Maßnahmenplanung aufgrund unzureichenden Monitorings nicht richtig oder aber nicht rechtzeitig angewendet werden, mit zum Teil enormen negativen Auswirkungen auf den Projekterfolg.

Der Deutsche Ausschuss für unterirdisches Bauen (DAUB) hat sich hat sich im Zuge einer jüngst erschienenen Empfehlung der Thematik intensiv angenommen und legt mit dieser einen Leitfaden zur Implementierung eines projektbezogenen Risikomanagements bei Großprojekten im Untertagebau vor. Neben theoretischen Überlegungen zum allgemeinen Umgang mit Risiken und der Erläuterung geeigneter Maßnahmen zu ihrer Einschätzung und Bewertung umfasst die Empfehlung vor allem auch gesammelte Erfahrungen aus vielen Großprojekten aus Sicht von Baufirmen, Bauherren, Planern, Hochschulen und Versicherern. Es waren somit alle am Projekterfolg beteiligten Parteien in die Erstellung der Empfehlung eingebunden.

Tunnelbau 2024, Herausgegeben von der DGGT, Deutsche Gesellschaft für Geotechnik e.V.

Mit dieser Veröffentlichung stellen die benannten Autoren – stellvertretend für die Arbeitsgruppe des DAUB – diese Empfehlungen in gekürzter Form vor, zeigen den Einsatzbereich und die Grenzen derselben auf und geben Hinweise zu ihrer effizienten Anwendung für den Untertagebau. Für die konkrete Projektarbeit wird der Beizug der ungekürzten DAUB-Empfehlungen empfohlen.

DAUB-Empfehlungen

Flyer

DAUB recommendations for project risk management in underground construction

Construction is a fundamentally risky process in which threats and opportunities can occur. This is particularly true in the field of underground construction, where the partial lack of information on the ground conditions implies constant uncertainty and thus opens up a constant space for risk events to occur.

The experience from numerous projects teaches us that failures occur above all when threats are not recognized or not recognized in good time. This often means that necessary countermeasures are not defined, are not provided or, despite adequate planning of measures, are not applied correctly or in good time due to insufficient monitoring, with sometimes enormous negative effects on the success of the project.

The German Committee for Underground Construction (DAUB) has taken on the subject intensively in the course of a recently published recommendation and is presenting a guideline for the implementation of project-related risk management in large-scale projects in underground construction. In addition to theoretical considerations on the general handling of risks and the explanation of suitable measures for their assessment and evaluation, the recommendation also includes the experience gained from many large-scale projects from the perspective of construction companies, builders, planners, universities, and insurers. All parties involved in the success of the project were therefore involved in the preparation of the recommendation.

With this publication, the named authors – representing the DAUB working group – present these recommendations in an abbreviated form, show the area of application and the limits of the same and provide information on its efficient application for underground construction. For specific project work, it is recommended to consult the original DAUB recommendations.

DAUB Recommendations

Flyer

1 Ziele und Anwendungsbereich der Empfehlungen

Die im Mai 2022 veröffentlichten DAUB-Empfehlungen für das Projektrisikomanagement (PRM) im Untertagebau sind als generelle Handlungsempfehlungen zu verstehen, die aus dem Erfahrungsschatz des breit abgestützten DAUB-Arbeitskreises (Bauherren, Planer, Wissenschaft und Unternehmer) entstanden sind. Die Empfehlungen sind jedoch nicht als direkt umsetzbares, allumfassendes Arbeitsmittel im Sinne eines Kochbuchs gedacht. Untertagebauprojekte sind generell zu heterogen und in ihren Randbedingungen zu vielfältig, als dass man hierzu pauschale Rezepte formulieren könnte. Dies wäre nicht zielführend.

Die DAUB-Empfehlungen für das Projektrisikomanagement im Untertagebau sollen allen Projektbeteiligten (Bauherr, Planer, Unternehmer, Dritte) für alle Leistungsphasen eines Projekts

1. die zwingende Notwendigkeit für ein phasengerecht ausgestaltetes PRM aufzeigen,
2. ihre rollenspezifischen Aufgaben und Verantwortlichkeiten für jede Projektphase verdeutlichen und
3. gängige, einfach handhabbare Methoden und Werkzeuge für das PRM näherbringen.

Diese Empfehlungen erheben keinen Anspruch auf Vollständigkeit. Das eigenständige ingenieurmäßige und projektbezogene Denken muss stets Bestandteil der Umsetzung dieser Empfehlung sein. Die DAUB-Empfehlungen für das Projektrisikomanagement im Untertagebau sollen dementsprechend mithelfen, bei allen Projektbeteiligten das ausführungsorientierte, praxisnahe Denken zu fördern und das rechtzeitige und richtige Handeln mit baustellentauglichen Mitteln unterstützen.

Grundsätzlich sind die DAUB-Empfehlungen für alle Baumaßnahmen des Untertagebaus, über alle Projektphasen, für die Gewerke des Rohbaus und für alle Realisierungsmodelle im Bauwesen anwendbar. Für ein integrales Risikomanagement unter Berücksichtigung aller Gewerke (z. B. Ausrüstung) müssen weitergehende Überlegungen angestellt werden. Dies gilt insbesondere auch, wenn die Phasen Betrieb und Unterhalt von Verkehrstunneln (Straße wie Schiene) einbezogen würden. Aufgrund der hohen Anforderungen an das operative Risikomanagement verlangen diese je nach Verkehrsträger sehr komplexe Methoden und Ansätze.

Die DAUB-Empfehlungen für das PRM im Untertagebau gliedern sich in sieben inhaltliche Kapitel, ein Kapitel mit Referenzdokumenten und zwei Anhänge. Die ersten sechs inhaltlichen Kapitel werden nachfolgend kurz erläutert. Für die konkrete Projektarbeit wird der Beizug der ungekürzten DAUB-Empfehlungen (inkl. Anhängen) empfohlen.

2 Methodik des Projektrisikomanagements

2.1 Grundlagen zur Risikotheorie

2.1.1 Der Risikobegriff

Unter dem Risikobegriff versteht man gemäss der gängigen internationalen Normierung (DIN ISO 31000) die Auswirkungen von Unsicherheit auf Ziele. Diese Unsicherheit manifestiert sich schließlich in Abweichungen von den definierten Projektzielen (Sollzustand, Planwerte bzw. Vorgaben zum Projektverlauf). Diese Abweichungen können negativ oder positiv sein. Bei positiven Abweichungen spricht man von „Chancen", bei negativen von „Gefahren". Umgangssprachlich wird mit dem Begriff „Risiko" oft jener Fall bezeichnet, bei dem sich negative Auswirkungen manifestieren. Die DAUB-Empfehlungen verwenden den Risikobegriff aber im Sinne der Norm DIN ISO 31000 als Synonym für Chance und Gefahr.

Als Risiko wird somit ein mögliches Ereignis in der Zukunft definiert, das positive oder negative Auswirkungen auf die vorgegebenen Projektziele hat.

Eintretende Risikoereignisse sind nur in den wenigsten Fällen Zufallsereignisse oder die Folgen höherer Gewalt. In den meisten Fällen hat ein Risiko eine oder mehrere Ursachen (Bild 1; vgl. Abschnitt 2.2.2).

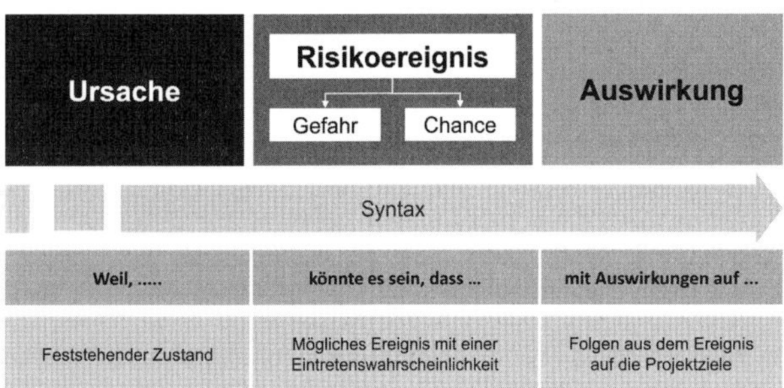

Bild 1. Zusammenhang zwischen Ursache, Risiko und Auswirkung [1]

2.1.2 Unsicheres Wissen

Grundsätzlich gilt, dass in der Planung herangezogene Unterlagen und das hiermit korrespondierende Wissen zu einem erheblichen Teil als „unsicher" anzusehen ist und somit im Hinblick auf die Prognosekraft mit entsprechender Vorsicht verwendet werden sollte (Bild 2). Der Grad der Unsicherheit kann vor dem Hintergrund des Betrachtungsgegenstands unterschiedlich sein und schwankt zwischen sehr sicheren Analysen (z. B. Berechnungen zur Widerstandsfähigkeit von

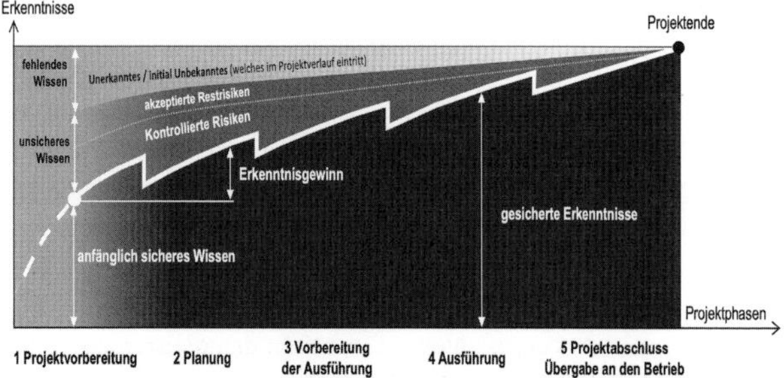

Bild 2. Die Kurve der gesicherten Erkenntnisse im Verlauf des Projekts

Betonkörpern gegen Druckkräfte) und teilweise sehr unsicheren Analysen (z. B. Baugrundgutachten mit geringer Auflösung).

Allgemein wird bei Unsicherheiten zwischen „zufälligen" und „modellbezogenen" Unsicherheiten unterschieden. „Zufällige" Unsicherheiten sind solche, die sich aus der natürlichen Variabilität der Einflussfaktoren oder aus menschlichem Verhalten – also schlicht dem Zufall – ergeben. „Modellbezogene" Unsicherheiten sind im Gegensatz dazu solche, die aus einer zu geringen Kenntnis des Systems, einer zu kleinen Datenmenge als Informations- bzw. Bewertungsgrundlage oder Vereinfachungen der Abläufe entstehen. Sie basieren auf unvollständigem Wissen.

Letztere Unsicherheiten lassen sich durch z. B. Datenerfassung höherer Auflösung reduzieren, während Erstere im System verbleiben und nicht eliminiert werden können. Diesen Zusammenhängen gilt es Rechnung zu tragen. Das unsichere Wissen kann mit den Methoden des Risikomanagements gezielt bewirtschaftet werden, wodurch das Erreichen der Projektziele günstig beeinflusst wird.

2.1.3 Risikowahrnehmung

Risiken unterliegen meistens einer persönlichen (subjektiven) Wahrnehmung von Risiken. Dieser Umstand wirkt sich direkt auf die Identifikation, die Beurteilung und die Bewertung der Risiken und die daraus folgende Maßnahmenplanung aus.

Tätigkeiten, die der Mensch häufig und/oder mit einer gewissen Routine ausführt, werden oftmals subjektiv als weniger bedrohlich oder einfacher handhabbar wahrgenommen, obgleich sie rein objektiv ein substanzielles und nicht zu vernachlässigendes Risiko mit sich bringen. Dieser Umstand kann zu einer Verfälschung des Ergebnisses im Rahmen der Risikobeurteilung führen, insbesondere auch dann, wenn eine persönlich eingefärbte Einschätzung mit viel Selbstbewusstsein vorgetragen wird. Sicheres Auftreten von Einzelpersonen darf nicht mit sicherem Wissen oder objektiver Einschätzung gleichgesetzt werden.

Ähnliches gilt bei Prozessen, die dem Handelnden den Eindruck der Kontrolle vermitteln, und solchen, die eher fremdbestimmt oder frei von Kontrolle wahrgenommen werden. Der Eindruck der persönlichen Kontrollmöglichkeit führt in der Regel zu einer Unterschätzung der Risiken, während umgekehrt die vermeintliche Abwesenheit von Kontrolle eine Überhöhung der Abschätzung von Ausmaß oder Wahrscheinlichkeit des Eintritts nach sich ziehen kann.

Zur Vermeidung von solchen subjektiven Fehleinschätzungen empfiehlt sich die Bewertung der Risiken unter Hinzuziehung eines entsprechend breit abgestützten qualifizierten Teams.

2.1.4 Erforderliche Kompetenzen

Das Projektrisikomanagement hat zum Ziel, potenzielle Risikoereignisse und mögliche Zielabweichungen lange vor ihrem Eintritt zu identifizieren und mit gezielten Maßnahmen entgegenzusteuern. Diese präventive Vorgehensweise sollte das gemeinsame Verständnis aller projektbeteiligten Partner sein. Damit ist ein wichtiges Fundament für ein erfolgreiches PRM geschaffen.

Komplexe Projekte erfordern ein systematisches Vorgehen, um Aussagen über Gefahren und Chancen zu ermöglichen, d. h. den Einsatz der Methoden des PRMs. Dazu braucht es nebst Erfahrungen in der technischen Planung und Umsetzung solcher Projekte auch methodisches Wissen, um Prognosen zu erstellen und Entscheidungsgrundlagen zu schaffen. Die Methoden und Prozesse des PRM (vgl. Abschnitt 2.3 ff.) müssen erlernt und verinnerlicht werden. Alle beteiligten Projektpartner müssen diese Kompetenzen aufbauen und über die gesamte Projektdauer vorhalten.

2.2 Die Ursachen-Wirkungs-Beziehung

2.2.1 Projektanforderungen

Die Projektanforderungen sind vom Bauherrn umfassend und projektspezifisch zu definieren. Typische Projektanforderungen können sein (vgl. Anhang A1 der Empfehlungen):

- Sicherstellen der bestellten Funktionalität,
- Gewährleisten der vereinbarten Qualität,
- Sicherstellen von Gesundheitsschutz, Arbeitssicherheit und Schutz von Leib und Leben,
- Schutz der Umwelt vor negativen Beeinträchtigungen,
- Akzeptanz bei Öffentlichkeit und Politik,
- Einhaltung von Gesetzen/ Normen und Richtlinien,
- Schutz von Bauten und Rechten Dritter,
- Gewährleistung der Kapazität im Bestand (Betriebsprogramm/ Infrastruktur),
- Sicherstellen einer leistungsfähigen Aufbau- und Ablauforganisation,
- Einhaltung vereinbarter Termine,
- Einhalten der Kostenziele.

Die Gewichtung der Projektanforderungen ist im Projektablauf keine statische Größe. Die Priorisierung der Anforderungen kann sich demzufolge im Verlauf eines Projekts ändern. Diese Tatsache gilt es bei der Pflege des Risikomanagements über alle Projektphasen bewusst zu berücksichtigen.

2.2.2 Katalog möglicher Risikoursachen

Zur Erleichterung der Kommunikation innerhalb des Projekts empfiehlt es sich, die Risikoursachen zu standardisieren und zu bündeln. Wohl findet man in der Fachliteratur viele mögliche Ansätze zur Kategorisierung der Risikoursachen für den Infrastrukturbau [2–4]. Eine Konsenslösung auf nationaler bzw. internationaler Ebene gibt es aber nicht. Mögliche Risikoursachen können sein (keine abschließende Aufzählung, vgl. Anhang A2 der Empfehlungen):

- Baugrund und baulicher Bestand,
- rechtliche Grundlagen und allfällige Änderungen,
- Verfahren (Planrecht, Vergaben, Grunderwerb),
- Finanzierung,
- Politik/Wirtschaft,
- Planung/Projektierung,
- Ausführung,
- Bauaufsicht,
- Bestelländerungen,
- Vertragsrisiken,
- Naht-/Schnittstellen,
- Betrieb nahegelegener Anlagen,
- Naturgefahren/ Unfälle/Störfalle,
- höhere Gewalt.

2.3 Der Prozess des Risikomanagements

Die DAUB-Empfehlungen basieren auf dem allgemein anerkannten Risikomanagement-Prozess der Norm ISO 31010 [4] (Bild 3). Die einzelnen Prozessschritte werden mit dem Fokus auf die Projekte des Untertagebaus nachfolgend kurz charakterisiert.

Bild 3 zeigt den Risikomanagementprozess der Einfachheit halber als sequenziellen Prozess. In der praktischen Umsetzung handelt es sich aber vielmehr um einen stark iterativen Prozess zwischen den einzelnen Prozessschritten.

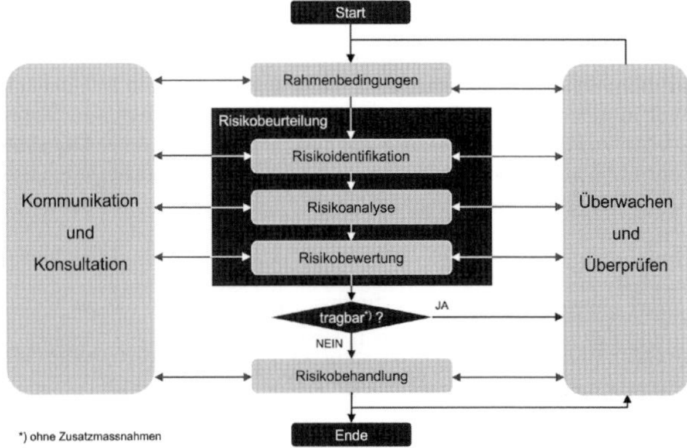

Bild 3. Der Prozess des Risikomanagements auf Basis der Norm ISO 31010 [4]

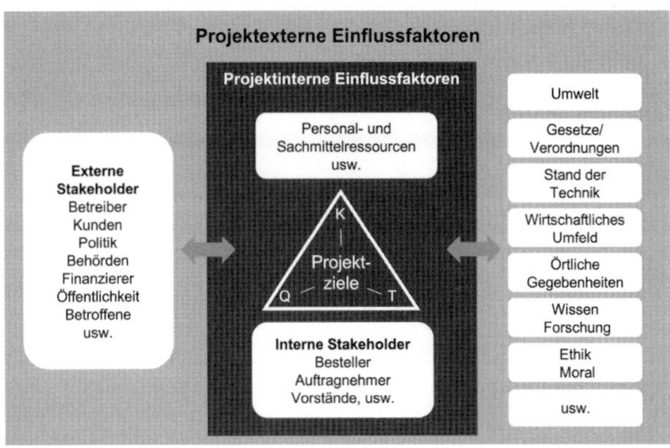

Bild 4. Projektumfeld, das es im Risikomanagement zu berücksichtigen gilt [1]

2.3.1 Erstellung des Kontexts

Die Erstellung des Kontexts ist deshalb von erheblicher Bedeutung, weil damit für sämtliche nachfolgenden Schritte die notwendige Klarheit unter allen Beteiligten geschaffen wird.

Es empfiehlt sich deshalb, ein Grundlagendokument zu erstellen, in dem mindestens die wesentlichsten Zusammenhänge unter Berücksichtigung der projektexternen und projektinternem Einflussfaktoren gemäß Bild 4 klar dokumentiert werden.

2.3.2 Risikoidentifikation

Im Rahmen der Risikoidentifikation sind alle Gefahren bis zum jeweils denkbar ungünstigsten Fall (credible worst case) und alle Chancen bis zum denkbar günstigsten Fall (credible best case) zu erfassen. Dabei muss der Anspruch bestehen, dass alle für das Projekt zutreffenden, bekannten ungünstigsten Fälle Berücksichtigung finden: Das ist eine hohe, aber nicht unerfüllbare Anforderung.

Zur Befüllung des ersten Risikoregisters stehen viele methodisch unterschiedliche Ansätze zur Verfügung:

- Risikoworkshops (mit strukturierter Was–wenn–Analyse, SWIFT),
- Brainstorming/Brainwriting,
- Checklisten,
- Auswertung bestehender Risikoregister,
- Erfahrungsaustausch mit Projektorganisationen mit ähnlichen Aufgabenstellungen,
- Expertenmeinungen einholen (Delphi-Verfahren)/Vier-Augen-Prinzip,
- Interviews,
- Literaturstudium/Fallstudien.

Der Projektorganisation ist es freigestellt, welche Methode oder welche Methodenkombination sie im Hinblick auf die Erstellung eines möglichst umfassenden Risikoregisters anwenden will. Es empfiehlt sich der Einsatz mehrerer Methoden, insbesondere aber die Berücksichtigung von Erfahrungen aus ähnlichen Projekten.

Um bei der Risikoidentifikation dem häufig zu beobachtenden Trend des Nichterfassens von Chancen und Gefahren wegen einer anfänglich vermeintlich kleinen Wahrscheinlichkeit oder vermeintlich kleinen Auswirkungen entgegenzutreten, empfiehlt es sich, die Prozessschritte Risikoidentifikation und Risikoanalyse zeitlich voneinander zu trennen, d.h. alle Risiken zuerst zu identifizieren und zu erfassen, um diese dann erst in einem zweiten Schritt zu bewerten.

2.3.3 Risikoanalyse

Mit der Risikoanalyse werden den identifizierten Risiken die Eintretenswahrscheinlichkeiten und deren Auswirkungen auf das Erreichen der Projektziele zugeordnet. Dazu haben sich im Bauwesen qualitative und semiquantitative Methoden bewährt.

Oft kommt eine semiquantitative Methode zum Einsatz, bei der die Häufigkeit des Eintretens rein qualitativ beschrieben wird. Die Auswirkungen hingegen werden in den Messgrößen der jeweils betroffenen Projektanforderung quantifiziert (z.B. Monate Verspätung für das Terminziel, Anzahl Unfälle bei den Arbeitssicherheitszielen, Millionen Euro Kostenabweichungen etc.). Wegen ihrer Einfachheit und guten Nachvollziehbarkeit ist die semiquantitative Methode im Bauwesen weit verbreitet, auch wenn es für diese Methode entsprechende Anwendungsgrenzen gibt.

Alternativ können deshalb auch vollständig quantitative Verfahren angewendet werden. Dabei versucht man, sowohl die Eintretenswahrscheinlichkeit als auch das Ausmass möglichst genau mit Zahlenwerten zu beschreiben. Dies bringt jedoch häufig eine erhebliche Komplexität in der Modellbildung und Datenerfassung mit sich, was viele Ressourcen bindet. Die Qualität der Resultate hängt zudem stark von der Belastbarkeit der Eingangsdaten ab, die oft nicht zweifelsfrei gegeben ist, insbesondere nicht in frühen Projektphasen. Des Weiteren bedarf es für die Anwendung dieser Methode einer umfassenden Expertise, die in einem Projektteam üblicherweise nicht vorhanden sind. Zur Beantwortung ausgewählter Fragestellungen ist der Einsatz der qualitativen Methode aber durchaus angezeigt.

Im qualitativen und im semiquantitativen Verfahren erfolgt die Einschätzung der Wahrscheinlichkeit W und der Auswirkungen A, üblicherweise in Klassen. Diese Einschätzung kann entweder auf Expertenwissen aufsetzen oder aber aus Daten früherer Projekte und/oder Risikoereignisse hergeleitet werden.

Es gibt keine Standardregel für die Wahl des am besten geeigneten Beurteilungssystems und die Anzahl der Klassen, die dann zu entsprechenden Risikomatrizen führen. Es existieren im Bauwesen viele Ausprägungen von 3 × 3-, 4 × 4- über 5 × 5-Matrizen bis hin zu asymmetrischen Matrizen wie z. B. 6 × 8 usw.

Bei der Festlegung des Beurteilungssystems sind folgende Aspekte zu berücksichtigen:

- Kompatibilität mit dem Unternehmensrisikomanagement,
- Kompatibilität mit dem Risikomanagement der Schlüsselpartner,
- Benötigter Bearbeitungsaufwand und einfache Überblickbarkeit.

Sofern es keine übergeordneten Vorgaben gibt, ist die Projektorganisation in der Wahl der Anzahl der Klassen grundsätzlich frei. Um den in den Beurteilungen oft zu beobachtenden „Hang zur Mitte", zu entschärfen, empfiehlt der DAUB grundsätzlich die Anwendung einer 4 × 4-Matrix.

Abschätzung der Wahrscheinlichkeit W

Im Rahmen des Risikomanagements spricht man üblicherweise davon, die Wahrscheinlichkeit eines Risikos abschätzen zu wollen. Dies führt im Projektrisikomanagement im Bauwesen oft zu schwer fassbaren Diskussionen über die Höhe der Wahrscheinlichkeit, weil häufig belastbare Daten fehlen, um solche scheinbar präzisen Aussagen zu treffen.

Im Rahmen der ISO-Normierung war man sich der Schwierigkeiten bezüglich der Festlegung von exakten Wahrscheinlichkeiten bewusst. Die englischsprachigen ISO-Normen zum Risikomanagement sprechen deshalb von „likelihood" im Sinne einer subjektiv abgeschätzten Wahrscheinlichkeit, im Gegensatz zum Begriff „probability", der die objektive mathematische Wahrscheinlichkeit umschreibt.

Diese Begriffsdiskussionen kann man in der deutschen Sprache umgehen, indem man die „Wahrscheinlichkeit" und die „Häufigkeit des Eintretens" synonym verwendet und als Kriterium beizieht. Tabelle 1 zeigt eine mögliche Definition der Wahrscheinlichkeitsklassen auf der Basis der abgeschätzten Häufigkeit der Ereignisse.

Tabelle 1. Mögliche Definition von Wahrscheinlichkeitsklassen

Wahrscheinlichkeit W	Beurteilung	Beurteilungskriterium
1	sehr klein	denkbar, aber praktisch auszuschließen, nur sehr seltene Fälle sind dokumentiert
2	klein	es ist davon auszugehen, dass das Risiko einmal während des betrachteten Zeitraums auftreten kann; Einzelfälle sind dokumentiert
3	mittel	es ist davon auszugehen, dass das Risiko während des betrachteten Zeitraums mehrfach auftreten kann; mehrfaches Auftreten ist in anderen Projekten dokumentiert
4	hoch	wird mit hoher Wahrscheinlichkeit in größerer Zahl auftreten, viele Fälle von vielen Baustellen sind bekannt; sehr häufiges Auftreten ist dokumentiert

Abschätzung der Auswirkungen

Analog der Abschätzung der Häufigkeit des Eintretens wird auch die Auswirkung beim Eintreten einer Gefahr oder des Nutzens beim Eintreten einer Chance in Klassen abgebildet. Die Messgröße und das Beurteilungskriterium sind von der einzelnen Projektanforderung abhängig (vgl. Abschnitt 2.2.3). Für jede Projektanforderung braucht es einen klar definierten Bewertungsmaßstab, wann z. B. die Auswirkungen auf die Projektanforderungen „sehr klein", „klein", „mittel" oder „hoch" sind (Tabelle 2).

Tabelle 2. Mögliche Einteilung in Ausmaßklassen (Definitionen Anhang A3.1 und A3.2)

Auswirkungs-klasse A	Beurteilung	Beurteilungskriterium
1	sehr klein	Die Kriterien sind für jede Projektanforderung auf der Basis von Erfahrungszahlen projektspezifisch festzulegen und in entsprechenden Katalogen zu dokumentieren. Beispiele dazu finden sich in den DAUB-Empfehlungen Anhang A3.1 (Gefahren) und A3.2 (Chancen)
2	klein	
3	mittel	
4	hoch	

Ermittlung des Risikowerts R

Wie bereits in Abschnitt 2.1 erläutert, ist ein Risiko durch die Häufigkeit des Auftretens und das mögliche Ausmaß der Zielabweichung pro Projektanforderung charakterisiert. Die Messgröße für die Zielabweichung ist für jede Projektanforderung bzw. jedes Projektziel eine andere (vgl. Abschnitt 2.2.3). Nun besteht aber oft der dringende Bedarf, die Risiken innerhalb eines Projekts zu konsolidieren um diese bezüglich möglicher Varianten vergleichen zu können. Dazu braucht es eine einheitliche Bewertungsgröße, die eine solche Konsolidation erlaubt.

Der Anwender könnte als Erstes versucht sein, alle Auswirkungen ausschließlich monetarisiert abzubilden, um dann Entscheidungen allein aufgrund der Kosten bzw. des Kosten-Nutzen-Verhältnisses zu treffen. Von einer solchen rein finanziellen Bewertung der Auswirkungen wird jedoch abgeraten, weil man gerade bei der Bewertung von Unfallereignissen mit Personenschäden schnell in schwierige Bewertungsdiskussionen eintritt. Die Monetarisierung von Personenschäden ist zwar in einigen Ländern wie etwa den Niederlanden üblich, doch erfordert allein die ethisch-moralische Diskussion über den zugrunde liegenden Wert einer Person quälende und in unserem Kulturkreis unübliche Diskussionen. Zudem verleitet die Fokussierung auf die finanzielle Risikobewertung leicht zu Fehlüberlegungen in der Maßnahmenplanung (z. B. transferieren anstatt eigenverantwortlich vermeiden).

Um das Dilemma zu lösen, greift man deshalb häufig auch auf den Risikowert R zurück. Dieser ist nichts anderes als das Produkt aus der Wahrscheinlichkeitsklasse W und der Auswirkungsklasse A.

$R = W \times A$

Unter Anwendung von je vier Klassen für die Wahrscheinlichkeit und die Auswirkungen entsteht eine 16-feldrige Matrix mit den in Bild 5 gezeigten Risikowerten.

Die Ermittlung solcher dimensionsloser Risikowerte ist z. B. im Variantenstudium mit der Darstellung des Gesamtrisikowerts und des Risikoprofils für jede Variante oder bei der Ermittlung der am stärksten gefährdeten Projektanforderungen (Risikoschwerpunkte) hilfreich.

	Wahrscheinlichkeit W			
Auswirkung A	sehr klein	klein	mittel	hoch
hoch	4	8	12	16
mittel	3	6	9	12
gering	2	4	6	8
sehr gering	1	2	3	4

Bild 5. 16-feldrige Risikomatrix mit Risikowerten

2.3.4 Risikobewertung

Im Rahmen der Risikobewertung wird ein Vergleich der Ergebnisse der Risikoanalyse (Risikowerte pro Risiko) mit den festgelegten Risikokriterien (Akzeptanzkriterien) durchgeführt.

Die Risikokriterien teilen den gesamten Risikobereich in entsprechende Risikoniveaus ein. Diese weisen einen unterschiedlichen Härtegrad bezüglich des Umsetzens von Maßnahmen auf (Bild 6). Die Festlegung der Akzeptanzlinie bei den Gefahrenbereichen hängt in hohem Maß von der Risikotragfähigkeit einer Organisation ab und ist deshalb von der Unternehmensführung im Rahmen der strategischen Vorgaben zum Risikomanagement (Risikopolitik des Unternehmens) festzulegen. Die Felder oberhalb der Akzeptanzlinie stellen den nicht akzep-

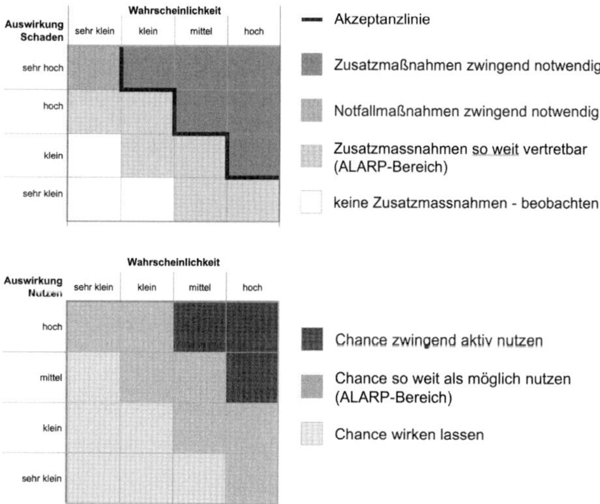

Bild 6. Bewertung von Gefahren (oben) und Chancen (unten) in der Risikowertematrix

tierbaren Bereich dar, bei dem alles zu unternehmen ist, um das Risiko unter die Akzeptanzlinie zu bringen.

Unterhalb der Akzeptanzlinie erstreckt sich der sogenannte c-Bereich (Bild 6). Der Begriff „ALARP" ist das Akronym für „as low as reasonably practicable". In diesem Bereich werden die Maßnahmen so lange optimiert, bis das technisch und wirtschaftlich vertretbar minimale Risiko erreicht ist.

Das Resultat der Risikobewertung wird im Risikoregister hinterlegt und sowohl im internen als auch gegenüber dem externen Projektumfeld (soweit angezeigt) kommuniziert.

2.3.5 Maßnahmenplanung – Risikobewältigung

Die Planung der Massnahmen zur Risikobehandlung erfolgt in einem iterativen Prozess in den nachfolgend aufgelisteten Schritten [5]:

- Formulieren und Auswählen der Risikobehandlungsoptionen,
- Planen und Umsetzen der Risikobehandlung,
- Beurteilen der Wirksamkeit dieser Behandlung,
- Entscheiden, ob das verbleibende Risiko akzeptabel ist,
- falls dieses nicht akzeptabel ist, weitere Behandlungsschritte umsetzen.

Dabei kommen fallweise die folgenden Handlungsoptionen gemäss der dargestellten Rangordnung zur Anwendung (Bild 7):

1. Verhindern
2. Reduzieren
3. Transferieren
4. Akzeptieren

Bevor eine detaillierte Maßnahmenplanung gestartet wird, sind folgende Grundsatzfragen zu klären:

1. Kann eine Gefahr vermieden werden, indem die Aktivität, aus der sich die Gefahr ergibt, nicht begonnen oder nicht fortgeführt wird?
2. Kann eine Gefahr oder eine Chance ohne weitere Maßnahmen akzeptiert werden?

Bild 7. Generelle Handlungsoptionen im zur Gefahrenabwehr

Falls keine der beiden grundsätzlichen Optionen zur Gefahrenreduktion und zur Chancennutzung umgesetzt wird, sind entsprechende Maßnahmen bzw. Maßnahmenkombinationen zu definieren. Die folgenden Maßnahmentypen bilden den generellen Maßnahmenkatalog für Untertagebauprojekte (Tabelle 3):

- Einsatz der am besten geeigneten Ressourcen,
- Einsatz zusätzlicher materieller Maßnahmen,
- Einsatz zusätzlicher organisatorischer Maßnahmen.

Maßnahmen zur Risikobewältigung lassen sich grundsätzlich in drei Kategorien einordnen:

1. Maßnahmen, die einen Einfluss auf die Eintretenswahrscheinlichkeit W nehmen,
2. Maßnahmen, die einen Einfluss auf die Auswirkungen A nehmen,
3. Maßnahmen, die sowohl die Eintretenswahrscheinlichkeit W als auch die Auswirkungen A beeinflussen.

Die Festlegung der geeigneten Maßnahmen erfolgt unter Berücksichtigung der Einordnung des Einzelrisikos in die Risikomatrix gemäß Bild 6. Oberhalb der Akzeptanzlinie sind bei Gefahren die entsprechenden Maßnahmen zwingend derart zu definieren, dass das

Tabelle 3. Beispiel für Maßnahmen für Untertagebauprojekte (ohne Anspruch auf Vollständigkeit)

Maßnahmentyp	Handlungsstrategie		
	verhindern	**reduzieren**	**transferieren**
Geeignete Ressourcen	▪ Einsatz von qualifiziertem, erfahrenem Personal / kontinuierliche Schulung ▪ Einsatz von bewährten Gerätetypen (Stand der Technik) ▪ Einsatz neuwertiger Geräte	▪ Vorhalten von Spezialteams (z.B. Injektionen, ...) ▪ Vorhalten von (Spezial-) Geräten (z.B. Injektionsgeräte, Pumpen, ...)	
Materielle Maßnahmen	▪ Optimierung Linienführung ▪ Sorgfältige Planung unter Berücksichtigung von Sicherheits- und Umweltaspekten ▪ Einsatz sicherer, erprobter Baumethoden und Installationen ▪ geeignete Materialwahl	▪ Angemessene Baugrunduntersuchungen ▪ Optimierung Linienführung ▪ Systematische Vorauserkundung und Monitoring während Vortrieb	
Organisatorische Maßnahmen	▪ Klare Risikopolitik definieren (Akzeptanzlinien / Alarmwerte) ▪ Systematische Umsetzungskontrollen Vier-Augen-Prinzip / Strategic Review Panel ▪ Vorhalten von Expertenteams für spezielle Gefahren	▪ Organisation von Ereignisdiensten ▪ Partnerschaftliche Zusammenarbeit ▪ Vorhalten von Expertenteams	▪ Vertraglich vereinbarte Risikozuteilung (z.B. SIA 118/198) ▪ Versicherungsschutz

verbleibende Restrisiko im Bereich unterhalb der Akzeptanzlinie zu liegen kommt. Wo dies nicht möglich ist, ist dem Minimierungsgebot bei den potenziellen Auswirkungen Rechnung zu tragen.

Im sogenannten ALARP-Bereich werden die Maßnahmen so lange optimiert, wie ein zusätzlicher Aufwand eine entsprechend höhere Risikoreduktion zur Folge hat.

Risken mit ganz tiefen Risikowerten werden nur dahingehend beobachtet, ob sie sich im Lauf der Zeit in einen Risikobereich bewegen, in dem Maßnahmen angezeigt sind.

Einen Spezialfall stellt das Feld mit den sehr kleinen Wahrscheinlichkeiten und den höchsten Auswirkungen dar. Das sind denkbare schwere Ereignisse, die nie absolut ausgeschlossen werden können. Dazu muss zwingend die Notfallplanung zur Bewältigung eines solchen Ereignisses hinterlegt werden.

Die unter diesen Randbedingungen als am besten geeignet ermittelte Handlungsoption (Einzelmaßnahme oder Maßnahmenpaket) wird in den Maßnahmenplan (Bild 8) aufgenommen.

Falls keine Handlungsoptionen verfügbar sind oder die Handlungsoptionen das Risiko nicht ausreichend ändern, ist das Risiko entsprechend zu dokumentieren und laufend zu überprüfen [5].

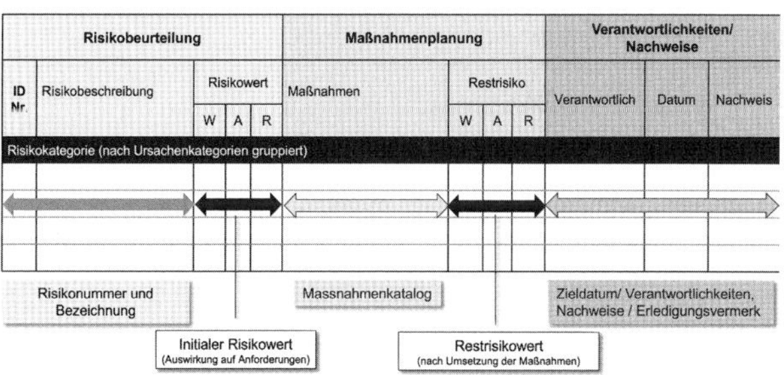

Bild 8. Mögliche Struktur des Risikoregisters und des Maßnahmenplans

2.3.6 Risikoüberwachung und -überprüfung

Im Rahmen der Risikoüberwachung und -überprüfung gilt es zum einen festzustellen, ob der Risikomanagementprozess als solcher richtig implementiert ist (Systemprüfung). Periodisch durchgeführte Audits sind das geeignete Instrument für diese Prüfung.

Zum anderen muss aber auch jede als relevant eingestufte Chance und Gefahr überwacht werden. Für jedes einzelne Risiko sind die maßgebenden Beobachtungsgrößen festzulegen. Für jede Messgröße ist dann individuell festzulegen, ab welchem Wert eine höhere Aufmerksamkeit erforderlich ist, ab welchem Wert erste Interventionen notwendig sind und ab wann ein akuter Bedarf zum sofortigen Einschreiten besteht (Bild 9).

Zudem müssen sämtliche Zuständigkeiten für das Messen, Interpretieren, Berichten und Handeln eindeutig und lückenlos definiert sein.

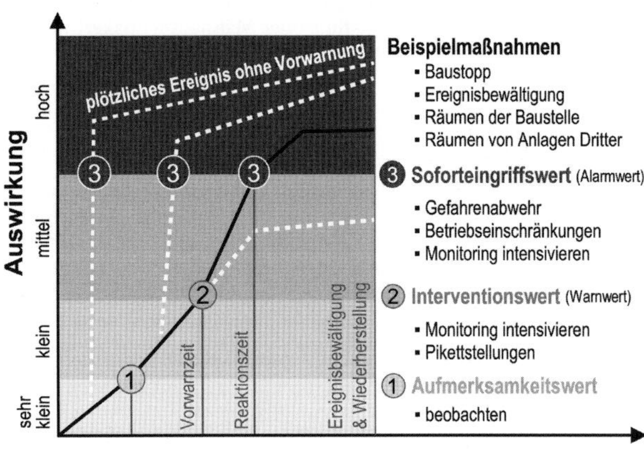

Bild 9. Überwachung von Einzelrisiken

2.3.7 Kommunikation von Risiken

Das Projektrisikomanagement erfüllt seinen Zweck nur dann, wenn alle maßgebenden Beteiligten und potenziell Betroffenen alle folgenden Informationen systematisch und rechtzeitig erhalten:

- einen leicht verständlichen und nachvollziehbaren Überblick über die maßgebenden Risiken aus dem gesamten Risikoportfolio,
- die geplanten Maßnahmen,
- die Entscheidungsgrundlagen,
- die Gründe für bestimmte erforderliche Aktionen.

Am besten erfolgt dies über eine standardisierte Berichterstattung mit über die gesamte Projektdauer gleichartigen Grafiken (Cockpit-Darstellungen, Bild 10), standardisierten Tabellen und kurzen, erläuternden Texten.

Die operative Ebene muss sich darüber im Klaren sein, dass über die Risiken stufengerecht zu berichten ist. Ein Überfluss an Informatio-

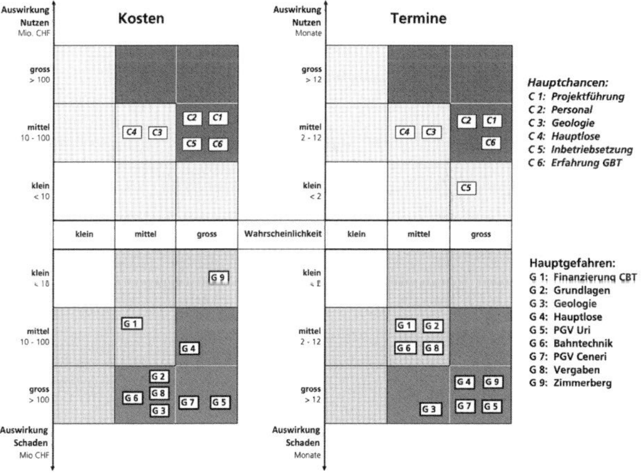

Bild 10. Beispiel einer Risikoberichterstattung mit Standardgrafiken [6]

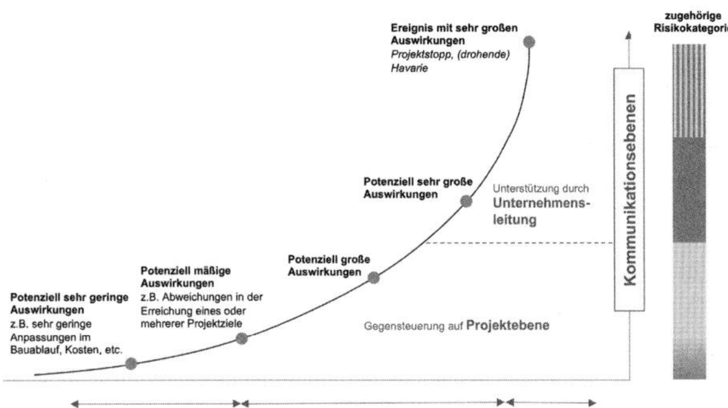

Bild 11. Kommunikation von Gefahren in Abhängigkeit von Ausmaß und Entscheidungsebene [nach 1]

nen auf der Entscheidungsebene kann dazu führen, dass wichtige Entscheidungen wegen der Informationsflut nachrangig behandelt werden. Aus diesem Grund empfiehlt es sich für die Risikoberichte, standardmäßig Risiken entsprechend ihrer Risikokategorie und der zugehörigen Entscheidungsebene zu aggregieren (Bild 11).

3 Aufgaben und Verantwortlichkeiten der Projektpartner

Ein integrales und effizientes Projektrisikomanagement bedarf spezifischer Kenntnisse und Fähigkeiten bei den handelnden Personen. Diese Qualitäten und Kenntnisse lassen sich nicht ad hoc und binnen weniger Tage erlernen bzw. verinnerlichen. Denn sie bedürfen

a) der Kenntnis der Methoden und Verfahren des Risikomanagements sowie regelmäßiger Schulung derselben und
b) eines entsprechenden Handlungsspielraums innerhalb der Unternehmung bzw. des Projekts, verbunden mit eindeutigen Kommunikationswegen und -pflichten bzw. einer eindeutigen Berichts- und Weisungsstruktur.

Risikomanagement kann nicht nebenbei zum Tagesgeschäft der Baustelle durch den Schichtingenieur oder eine Hilfskraft erledigt werden, sondern ist bei allen Beteiligten direkt der Projektleitung zu unterstellen und über eigenständige Funktionen (z. B. Risikomanager) zu betreiben. Ein nicht hinreichend ausgestattetes Risikomanagement kann selbst zu einer Gefahr für das Projekt werden, wenn beispielsweise die einzelnen Risiken nicht kontinuierlich beobachtet, ausgewertet und analysiert und demzufolge die zugehörigen Maßnahmen nicht rechtzeitig definiert und umgesetzt werden.

Alle Beteiligten sind daher anzuhalten, den entsprechenden Personalstamm aufzubauen und über die gesamte Projektdauer vorzuhalten.

Bei Vertragsmodellen mit traditioneller Vertragsabwicklung, d. h. mit klarer Risikozuteilung, ergibt sich die generelle Aufgabenteilung an Bauherr, Planer und Unternehmer.

3.1 Bauherr

Der Bauherr ist der Initiator seines Projekts. Er ist deshalb dafür verantwortlich, dass das Risikomanagement spätestens in der Phase der Vorplanung eingeführt wird und als kontinuierlicher Prozess über alle Leistungsphasen unter Einbezug der relevanten Projektpartner gelebt wird.

Der Bauherr stellt (allenfalls über einen von ihm ernannten Vertreter) sicher, dass sämtliche relevanten Informationen aus seiner Risikoanalyse erfasst werden und den Bietern mit den Angebotsunterlagen für ihre eigene Auftragsanalyse und Maßnahmenplanung übergeben werden.

Im laufenden Projekt entwickelt und pflegt der Bauherr ein Gesamtorganisationsdiagramm für das Management, in dem Berichtsstrukturen und Kommunikationslinien zwischen dem Bauherrn, den Planern und den Unternehmern und insbesondere auch die Rolle und Befugnisse der jeweiligen Risikomanager aufgezeigt werden. Die Verträge des Planers und des Unternehmers enthalten Bestimmungen zur Umsetzung des erforderlichen Risikomanagementprogramms.

Sollte es der Bauherrenorganisation ganz oder teilweise an Erfahrung für die Planung und Ausführungskoordination des geplanten Projekts fehlen, so ist der Bauherr angehalten, einen qualifizierten Vertreter zur Wahrnehmung des jeweiligen Teils seiner Rechte und Pflichten zu ernennen.

3.2 Planer

Der Planer kann mit seiner Planung frühzeitig Risiken erkennen und mit geeigneten planerischen Mitteln Gefahren abwehren und Chancen nutzen. Er leistet damit bereits in den frühen Projektphasen einen wesentlichen Beitrag zum integralen Risikomanagement und zum Projekterfolg.

Im Hinblick auf die Ausschreibung der Bauarbeiten informiert der Planer den Bauherrn und die Bieter über die von ihm erkannten Gefahren, die mit dem Projekt verbunden sind, und macht entsprechende Sicherheitsauflagen. Er führt während des gesamten Projektverlaufs ein Risikoregister aus Sicht des Planers und verpflichtet sich, seine Erkenntnisse aus dem gesamten Risikomanagementprozess zeitgerecht dem Bauherrn zur Verfügung zu stellen,

3.3 Unternehmer

Der Unternehmer bestimmt mit seinen Leistungen die eingebaute Qualität, die für die technische Lebensdauer eines Bauwerks eine maßgebende Größe ist. Er hat den größten Personalbestand auf der Baustelle und erbringt das größte Leistungsvolumen. Dementsprechend ist er häufig von Ereignissen direkt betroffen.

Dabei leistet der Unternehmer während der Bauausführung den größten Beitrag zur Gefahrenabwehr und zur Bewältigung von Ereignissen. Er setzt sämtliche risikomindernden Maßnahmen in seinem Verantwortungsbereich selbstständig um und bewahrt damit das Projekt vor potenziellen Schäden. Dazu führt er während des gesamten Projektverlaufs ein Risikoregister aus Sicht des Unternehmers und verpflichtet sich, seine Erkenntnisse aus dem gesamten Risikomanagementprozess zeitgerecht dem Bauherrn zur Verfügung zu stellen.

Sowohl der Planer als auch der Unternehmer verpflichten sich mit, dem Angebot eine Risikoanalyse samt Maßnahmenplan abzugeben (Auftragsanalyse). Sie verpflichten sich, während der gesamten Zeit der Leistungserbringung für die Pflege des Risikomanagements verfügbar zu sein und sich bei Bedarf mit dem Bauherrn und den übrigen beteiligten Auftragnehmern abzustimmen.

3.4 Strategic Review Panels

Um der Gefahr einer gewissen Betriebsblindheit der im Risikomanagement involvierten Personen vorzubeugen, wird in den verschiedenen Ländern auf das Vier-Augen-Prinzip gesetzt. In angelsächsischen Ländern wird in der Regel ein sogenanntes „Strategic Review Panel" (SRP) eingesetzt, dessen Implementierung sich auch im deutschsprachigen Raum im Sinne eines effektiven Risikomanagements empfiehlt. Das SRP ist ein Beratungsorgan ohne Weisungsbefugnis, das jedoch Empfehlungen aussprechen und dokumentieren kann und so direkt Einfluss auf das Risikomanagement nimmt.

Sollte es trotz der getroffenen Maßnahmen zur Vermeidung von Konflikten zum Streit zwischen den Projektpartnern kommen, so kann das Panel fallweise auch in Schlichtungsfragen von Schiedsstellen und Gerichten angehört werden.

4 Umsetzung des Risikomanagements in den Projektphasen

4.1 Der Ansatz des integralen Risikomanagements

Der Ansatz des integralen Risikomanagements (RM) beinhaltet die frühestmögliche Auseinandersetzung mit den Projektrisiken. Diese haben ihren Ursprung in der ersten grundsätzlichen Projektüberlegung und werden mit der vertieften Planung unter Einbezug aller Projektpartner kontinuierlich analysiert und mit Maßnahmen zur Risikobewältigung hinterlegt. Ziel ist eine risikominimierte Projektrealisierung, um sämtliche Projektanforderungen unter Berücksichtigung des gesamten Projektumfelds vollumfänglich zu erfüllen. Dieses integrale, prozessorientierte Risikomanagement schließt alle Projektphasen (Grundlagenermittlung, Planung, Ausführung und Projektabschluss) ein.

Im integralen Risikomanagement braucht es klar definierte Verantwortlichkeiten zur Systempflege. Es empfiehlt sich, bei jedem Projektpartner einen Risikobeauftragten zu benennen, der sich um die Umsetzung der Prozesse als Dienstleister für die Projektleitung kümmert. Die oberste Verantwortung für das Projektrisikomanagement verbleibt auf der Ebene des Projektleiters.

In Anlehnung an [1] lassen sich diese Verantwortlichkeiten wie in der folgenden Tabelle 4 zusammenfassen.

Tabelle 4. Idealtypische Verantwortungsstruktur zwischen Projektleitung, Risikomanagement (RM) und Fachingenieuren

Personen/ Rollen	Aufgaben
Projektleitung	– Übernimmt die Gesamtverantwortung für das RM – Organisiert das RM im Projekt und sichert die wirksame Umsetzung – Benennt einen Risikobeauftragten – Berichtet insbesondere im Rahmen der Projektdurchsprachen bzw. regelmäßiger Treffen (Jour fixe)
Risikobeauftragter im Projekt	– Fachexperte für RM im Projekt bzw. in der Organisationseinheit – Treiberfunktion im Projekt bzw. in der Organisationseinheit – Organisation sowie Moderation der Risikoklausuren und Risikobesprechungen – Koordination der RM-Aufgaben im Projekt bzw. in der Organisationseinheit – Risikodokumentation im RM-System – Risikoverfolgung und Maßnahmenverfolgung – Überblick zu Kennzahlen sowie Berichten an Projektleitung
Projektsteuerer, Projektingenieur, Planer, Bauüberwacher, Fachspezialisten	– Aktive Mitwirkung bei Identifikation, Bewertung und Analyse von Risiken und Maßnahmen – Bereitstellung von projektrelevanten Informationen für das RM

4.2 Grundlagenbeschaffung

Der Bauherr beschreibt die Anforderungen an sein Projekt in einem Projektpflichtenheft und hält darin all seine Anforderungen zu Händen der Auftragnehmer fest.

Zudem beschafft er alle notwendigen Grundlagen zum Umfeld des Projekts. Er beginnt mit einer umfassenden Recherche bereits verfügbarer Informationen zum Baugrund, zu in der Umgebung bereits realisierten Baumaßnahmen und den dort gemachten Erfahrungen. Bei Ortsbegehungen mit eventuellen Befragungen zu möglichen Betroffenheiten verschafft er sich einen Überblick über die Randbedingungen des Projekts und die Historie des Projektgebiets. Unverzichtbar ist eine systematische, projektbezogene Baugrunduntersuchung unter Berücksichtigung der einschlägigen Regelwerke.

Je detaillierter diese Erkundung und die Baugrunddokumentation erfolgt, desto eher können baugrundbezogene Risiken minimiert werden.

Mit der Ausführung dürfen nur Unternehmen mit einschlägigen Erfahrungen betraut werden.

4.3 Planung

4.3.1 Vorplanung

In der Vorplanung werden Projektvarianten identifiziert und entsprechend den ermittelten Hauptrisikokriterien (häufig Bauzeit, Kosten, technische Unwägbarkeiten, Umweltanforderungen und Akzeptanz) vergleichend bewertet. Der Bauherr veranlasst, dass zur Gewährleistung der Vergleichbarkeit der verschiedenen Varianten für alle Projekt- und Ausführungsvarianten individuelle Risikobeurteilungen vorgenommen werden und dokumentiert diese. Die Auswahl der Vorzugsvariante erfolgt unter Berücksichtigung der Risikoprofile der einzelnen Varianten.

Bei den baugrundbedingten Risiken sind stationsbezogene Maßnahmen zur Vorauserkennung festzulegen, mit der Maßgabe, den schlimmsten Fall nicht eintreten zu lassen (präventive Maßnahmen), und mit der Definition der erforderlichen Maßnahmen zur Risikobewältigung (reaktive Maßnahmen). Das Ziel besteht in der Wahl des aus Sicht des Bauherrn risikominimierten Bauverfahrens, das dann der weiteren Planung zugrunde zu legen ist.

4.3.2 Entwurfsplanung

Der Entwurf bestimmt die planerischen Lösungen zur technischen Bewältigung der in der Vorplanung identifizierten Risiken. Die Entwurfsplanung muss alle planerischen Leistungen erfassen, die erforderlich sind, um das Untertagebauprojekt mit seinen Projektanforderungen vollumfänglich, ausführbar sowie sicher zu beschreiben (vgl. DAUB-Empfehlung [7]).

Der Bauherr überprüft mit geeigneten Maßnahmen die bauliche Machbarkeit der gewählten Lösung. Dabei sind insbesondere die Anforderungen an die Arbeitssicherheit und den Gesundheitsschutz zu berücksichtigen (vgl. DAUB-Leitfaden [8]).

Zusätzlich weist der Bauherr über ein entsprechendes Verzeichnis nach, dass er die Gefährdung des Eigentums Dritter wahrgenommen, eine Bewertung des möglichen Schadenpotenzials vorgenommen und die Gegenmaßnahmen festgelegt hat. Ist der Bauherr auch Betreiber der Anlage, ist die Betreiberorganisation wie ein Dritter zu behandeln.

4.3.3 Genehmigungsplanung

Im Rahmen der Genehmigungsplanung sind insbesondere Abweichungen von geltenden Regularien bzw. vom Stand der Technik zu identifizieren. Die erforderlichen Genehmigungen, z. B. Zustimmungen im Einzelfall (ZiE), sind rechtzeitig und im Einklang mit dem Bauprozess einzuholen, um Risiken im Genehmigungsverfahren und in der baupraktischen Umsetzung zu minimieren. Hierzu gehören auch Umweltbelange (Grundwasser, Bodenbeschaffenheit, Immissionen durch Staub, Erschütterungen und Setzungen) im Hinblick auf bauzeitliche und langfristige Auswirkungen/Beeinträchtigungen.

Den Risiken aus dem sozialen Umfeld (fehlende Akzeptanz) ist mit einer frühen Beteiligung allfällig vom Projekt Betroffener und mit dem Nachweis der Nachhaltigkeit des Gesamtprojekts zu begegnen.

4.3.4 Ausschreibungsplanung

Ziel der Ausschreibungsplanung ist die Ausarbeitung eines Referenzentwurfs des Auftraggebers als „ausführbarer Entwurf", der in einer realistischen Bauzeit, risikoarm und wirtschaftlich ausgeführt werden kann (vgl. DAUB-Empfehlung [6]).

Der ausführbare Entwurf soll risikominimiert sein, wobei folgende Aspekte bzw. Risiken speziell abzudecken sind:

- genehmigungsrechtliche Belange,
- baugrundbezogene Anforderungen,
- maschinen- und verfahrenstechnische Anforderungen,
- Anforderungen der Arbeitssicherheit und des Gesundheitsschutzes,
- Umweltanforderungen.

Das für die risikominimierte Umsetzung in der Ausführungsphase definierte Anforderungsprofil ist im Rahmen der Ausschreibung durch Lastenhefte zu definieren.

Zur Kontrolle bzw. Überwachung der Ausführungsplanung durch den Auftragnehmer (AN) Bau sind bereits in der Ausschreibung risikominimierende Informationen zu fordern:

- Störfallanalyse,
- Ergänzungen zum Sicherheits- und Gesundheitsplan,
- Pflichtenheft,
- Erläuterungsbericht Maschinenkonzept,
- Schildhandbuch bei Schildvortrieben,
- Konformitätsprüfung der TBM,
- Prozesscontrolling,
- Vortriebsvor- und -nachschauen,
- Arbeitsanweisungen/Phasenpläne,
- Qualitätssicherungsprogramme.

Mit fortschreitendem Detaillierungsgrad in der Ausführungsplanung sind diese Steuerungselemente mit dem Ziel der präventiven Risikominimierung fortzuschreiben.

Auf die inhaltliche Erläuterung dieser Steuerungselemente wird an dieser Stelle verzichtet und auf die DAUB-Empfehlung zur Erarbeitung konfliktarmer Bauverträge [6] oder auch die ZTV-ING, Teil 7 Tunnelbau [9], verwiesen.

Der Bauherr als Auftraggeber (AG) gibt mit den Ausschreibungsunterlagen seine aktualisierte Risikobeurteilung und Maßnahmenplanung ab, stellt die von ihm angedachte Risikoverteilung transparent dar und ordnet diese dem jeweiligen Kostenträger zu. Dabei richtet er sich oft nach folgenden Grundsätzen:

- Der AG trägt das Risiko für den ausführbaren Entwurf und den ausführbaren Bauablauf.
- Der AG trägt das Risiko für die vollständige und richtige Massenermittlung.
- Der AG trägt das Baugrundrisiko außerhalb der dem Werkvertrag zugrunde gelegten Prognose.
- Der AN trägt das Risiko aus den von ihm vorgesehenen Mitteln und Methoden zur Leistungserbringung.
- Der AN trägt das Risiko der richtigen Einschätzung der erreichbaren Leistungen und damit der Bauzeit.
- Der AN trägt das Risiko der Kostenermittlung.

4.4 Vorbereitung der Ausführung

Erfolgreicher Untertagebau setzt voraus, dass ein erfahrenes Team von Fachleuten den Vortrieb ausführt, wofür ihm alle erforderlichen Maschinen und Ausrüstungen uneingeschränkt zur Verfügung stehen.

4.4.1 Präqualifikation

Als risikomindernde Maßnahme wird empfohlen, den Bieterkreis mit einem vorgeschalteten Präqualifikationsverfahren auf jene Bewerber zu reduzieren, die einschlägige Erfahrungen mit Untertagebauprojekten mit vergleichbaren Randbedingungen nachweisen können.

4.4.2 Ausschreibung

Mit Herausgabe der Ausschreibungsunterlagen muss den Bietern ein ausreichender Zeitrahmen zur Analyse der Unterlagen und zur Angebotslegung eingeräumt werden. Die Möglichkeit der Kommunikation über Bieterfragen dient der präventiven Risikominimierung.

Der Auftraggeber übergibt die Erkenntnisse aus seiner Risikobeurteilung und Maßnahmenplanung in gut nachvollziehbarer Form an die Anbieter.

4.4.3 Abgabe der Angebote

Aufgabe und Pflicht des Bieters ist, mit seinem Angebot Lösungskonzepte zu den in der Ausschreibung dargestellten Sachverhalten auf der Basis der Lastenhefte nachvollziehbar aufzuzeigen.

Der Bieter hat seine Erkenntnisse zur Risikobeurteilung in Form einer Auftragsanalyse abzugeben und die von ihm erkannten zusätzlichen Maßnahmen möglichst genau zu beschreiben.

4.4.4 Angebotsvergleich und Zuschlagserteilung

Die Angebote der Bieter werden nach zuvor in der Ausschreibung festgelegten Kriterien überprüft und gewertet, wobei neben dem Preis auch Qualitätskriterien mitbestimmend sind.

Die Qualität und die Vollständigkeit der Überlegungen der Bieter im Rahmen ihrer Risikoanalyse und Maßnahmenplanung sollten ein wesentlicher Teil der Vergabekriterien sein und bei der Angebotswertung bei den qualitativen Kriterien unbedingt berücksichtigt werden.

Die Qualitätskriterien sind im Untertagebau entsprechend hoch zu gewichten, damit diese auch wirksam werden.

4.4.5 Vertragsabschluss

Der Vertragsabschluss wird in Erfüllung der Ausschreibungsunterlagen, auf der Basis der Angebotslegung und des Protokolls des Bietergesprächs, das auch die Antworten auf mögliche Bieterfragen berücksichtigt, getätigt.

Mit dem Vertragsabschluss sollte der Auftraggeber die Auftragnehmer verpflichten, das integrale Projektrisikomanagement zu unterstützen. Dazu wird ein Risikomanagementplan vereinbart und dokumentiert.

4.5 Ausführung

Die Ausführungsplanung obliegt traditionell dem AN-Bau und ist auf Basis des AG-Referenzentwurfs (ausführbarer Entwurf) und der der Ausschreibung zugehörigen Lastenhefte zu erstellen.

Die Ausführung ist durch eine stete Soll-Ist-Dokumentation des vertraglich vereinbarten Leistungsinhalts mit Darstellung von Abweichungen und Ursachen zu begleiten. Auf deren Basis wird auch die Vergütung geregelt.

Die Auftraggeber und Auftragnehmer ernennen in ihren Organisationen Verantwortliche für die Durchführung des integrierten Projektrisikomanagements (Risikoverantwortliche) und dokumentieren dies in den Organigrammen. Die Risikoverantwortlichen sind für die Pflege des gemeinsamen Risikoregisters verantwortlich und sorgen dafür, dass in der Maßnahmenplanung keine Lücken in den Umsetzungsverantwortlichkeiten auftreten.

Die Risikobeurteilung und der Maßnahmenplan werden periodisch im Rahmen gemeinsamer Risikodurchsprachen aktualisiert.

4.6 Projektabschluss

Der Projektabschluss sollte einen Erfahrungsbericht hinsichtlich der aufgetretenen Störfallsituationen, ergänzt um verwendete Handlungsanweisungen zu deren Vorauserkennung und Bewältigung, enthalten.

Die im Projekt gemachten Erfahrungen kommen als risikominimierende Handlungsanweisungen zukünftigen Projekten zugute.

5 Umgang mit den untertagebauspezifischen Risiken

5.1 Baugrundbedingte Risiken

5.1.1 Beschreibung des Baugrunds

Grundsätze

Die Beschreibung und Darstellung der geologischen, hydrogeologischen und geotechnischen Verhältnisse bildet die Grundlage für die Beurteilung des Gebirges und dessen Unterteilung in verschiedene Homogenbereiche sowie für die Formulierung möglicher Gefährdungsbilder. Ziel der Beschreibung des Gebirges ist die Ausarbeitung eines geologischen Modells, das als Basis für die Beurteilung des Gebirges hinreichend ist und die Erarbeitung von Baugrundmodellen erlaubt.

Zwischen der Beschreibung (Zahlen und Fakten aus der Erkundung) und der Beurteilung des Gebirges (Interpretation durch die verantwortlichen Fachleute) muss klar unterschieden werden. Dabei sind die relevanten Normen zu berücksichtigen.

Geologische, hydrogeologische und geotechnische Abklärungen sind gemäß den Anforderungen des Projekts phasengerecht vorzunehmen.

Nebst den aus Publikationen, Archiven und Dokumentationsstellen gewonnenen Informationen sind die notwendigen Feld- und Laboruntersuchungen anzuordnen, um allfällige Wissenslücken zu schließen und zu helfen, die Baugrundrisiken zu minimieren.

Beschreibung der geotechnischen Verhältnisse

Die geotechnischen Eigenschaften der Locker- und Festgesteine sind gemäß den Vorgaben des Bauherrn bzw. der aktuellen Normenlage zu beschreiben. Dabei ist je nach geologischen Verhältnissen, der Komplexität des Bauvorhabens und der Projektphase eine Auswahl zu treffen, die auch mögliche Vortriebsverfahren berücksichtigt.

Die Unsicherheiten im Hinblick auf die geotechnischen Verhältnisse, bezogen auf das geplante Untertagebauwerk, sind im Projekt in geeigneter Form klar dazustellen. Sie lassen sich grundsätzlich in zwei Kategorien einteilen:

- Unsicherheiten im geologischen Modell bezüglich
  - Lage und Raumstellung der Kontaktflächen zwischen den verschiedenen geotechnischen Einheiten,
  - möglichem Vorhandensein und bautechnischer Relevanz von Störzonen,
  - möglichem Vorhandensein von bisher unerkannten lithologischen (oder geotechnischen) Einheiten.
- Unsicherheiten in Bezug auf den Grad der Bestimmtheit und die Variabilität der geotechnischen Parameter der identifizierten geotechnischen Einheiten, also der
  - Festigkeitsparameter (einachsige Druckfestigkeit, Zugfestigkeit, Kohäsion, Reibungswinkel),
  - Verformungsparameter (Verformungsmoduli, Poisson-Zahl),
  - Eigenschaften der Trennflächen (Ausrichtung, Abstand, Ausdehnung, Rauheit/Welligkeit, Veränderung des Wandgesteins, Öffnungen, Art der Füllung, Vorhandensein von Wasser),
  - Lösbarkeit des Gebirges (Härte, Bohrbarkeit, Abrasivität, Zerbrechlichkeit, Abbaubarkeit, Quarzgehalt usw.).

Die Risiken können sich sowohl auf die Vorhersage des Verhaltens der Formation während des Lösevorgangs als auch auf die Auswahl und die Verteilung der abgeleiteten Homogenbereiche beziehen.

Beschreibung von Gasvorkommen

Die im Untertagebau relevanten Gase sind Methan (CH_4, inkl. höherer Kohlenwasserstoffe), Kohlendioxid (CO_2) und Schwefelwasserstoff (H_2S).

Das Auftreten von potenziellen Gasmutter- und Gasreservoirgesteinen mit den entsprechenden Migrationswegen sowie bereits bekannte Gasindikationen in vergleichbaren geologischen Formationen sind im Rahmen der Projektierung abzuklären. Kann das Auftreten von

Gas nicht von vornherein ausgeschlossen werden, sind entsprechende Untersuchungen durchzuführen.

In bestimmten Fällen ist auch das Auftreten von Gasen anthropogener Herkunft in Betracht zu ziehen und entsprechend abzuklären (Tankanlagen, Leitungen mit potenziellen Leckagen, Altlasten usw.).

Weitere Angaben

Die Beschreibungen sind je nach projektspezifischem Bedarf mit folgenden Angaben zu ergänzen:

- Radioaktivität (inkl. Radon),
- Gebirgstemperatur,
- Erdbeben,
- neotektonische Bewegungen,
- Erschütterungen, Körperschallübertragungen,
- Setzungen, Instabilitäten und Gefahren, die einzelne ober- oder unterirdische Teile des Bauwerks beeinflussen können (z. B. instabile Felswände, Hakenwurf, Steinschlag, aktive oder latente Rutschungen, Kriechbewegungen, Lawinenzüge, Verwitterungszonen),
- gesundheitsgefährdende Stoffe (Quarz, Asbest usw.),
- quellfähige Gesteine,
- geogene Kontamination, die eine Deponierbarkeit des abgebauten Bodens verhindert und damit ein potenzielles Kostenrisiko erzeugt.

Im Bereich des Bauwerks vorhandene Altlasten, kontaminierte Grundwasserleiter und kontaminiertes Grundwasser sind zu beschreiben, gegebenenfalls vertieft zu untersuchen sowie bezüglich des Bauablaufs zu berücksichtigen.

Erforderliche Kampfmitteluntersuchungen bzw. -räumungen sind vorgängig der Baumaßnahme vom Bauherrn zu veranlassen und durchzuführen. Die für die Bauhauptarbeiten verbleibenden Restrisiken sind zu beschreiben.

5.1.2 Beurteilung des Baugrunds

Grundsätze

Die Beurteilung des Gebirges dient der Prognose von Beschaffenheit und Verhalten des Gebirges bei der Ausführung und Nutzung von Untertagebauten. Sie ermöglicht auch die Verdeutlichung folgender Auswirkungen:

- Auswirkungen der Bauwerkserstellung auf die bestehenden hydrogeologischen Verhältnisse im Hinblick auf die aktuelle und potenzielle Nutzung des Grundwassers sowie auf die Umweltbeeinflussung (quantitative und qualitative Einflüsse),
- Auswirkungen des Grundwassers auf das Bauwerk während der Ausführung (Wasseranfall) und während der Nutzung durch Druckeinwirkung, Aggressivität usw.

In der Projektierungsphase dient die Beurteilung des Gebirges der Erarbeitung des Projekts und des Ausführungskonzepts. In der Ausführungsphase ermöglicht die laufende Beurteilung des Gebirges die Bestätigung der vorgesehenen Maßnahmen bzw. ihre Anpassung an die angetroffenen Verhältnisse.

Für die Beurteilung des Gebirges sind Erfahrungen mit Bauwerken in vergleichbarem Gebirge heranzuziehen. Die Beurteilung soll in enger Zusammenarbeit zwischen den beteiligten Fachleuten erfolgen.

Verhalten des Gebirges

Auf der Grundlage der geologischen, hydrogeologischen und geotechnischen Verhältnisse erfolgt eine Beurteilung des Gebirges bezüglich des Verhaltens des Hohlraums, der Abbaubarkeit, möglicher Kontamination (geogen und anthropogen), der Wasser- und Gaseinflüsse sowie der Verwertung des Ausbruchmaterials.

Die Beurteilung des Verhaltens des Gebirges sowie der Wasser- und Gaseinflüsse im Hinblick auf die Planung geeigneter Maßnahmen erfolgt auf der Grundlage von klar definierten Gefährdungsbildern.

Gefährdungsbilder

Mit der Beurteilung des Gebirges sollen alle potenziellen Gefährdungen erkannt werden, die sich beim Bau und bei der Nutzung eines Untertagebauwerks aus baugrundbedingten Ursachen ergeben können. Sicherheit gegenüber einer Gefährdung besteht dann, wenn diese Gefährdung rechtzeitig erkannt wird, geeignete Maßnahmen zu Beherrschung der Gefahr definiert sind und die festgelegten Maßnahmen im Eintretensfall richtig eingesetzt werden. Eine absolute Sicherheit kann trotzdem nicht erreicht werden – ein Restrisiko bleibt.

Die Beschreibung der Gefährdungen in Form von Gefährdungsbildern erfolgt primär qualitativ und soll, wenn möglich, mit quantitativen Angaben ergänzt werden.

Planung und Umsetzung von Maßnahmen

Auf der Grundlage der Gefährdungsbilder und der Bau- und Nutzungszustände sind die entsprechenden Maßnahmen festzulegen.

Für Vortriebe im Lockergestein bestehen die wichtigsten Maßnahmen aus der Wahl des Vortriebsverfahrens und der Festlegung auf allfällig erforderliche Bauhilfsmaßnahmen. Im Festgestein bestehen mögliche Maßnahmen in der Wahl des Vortriebsverfahrens und der Ausbruchart, den Sicherungsklassen und allfälliger erforderlicher Bauhilfsmaßnahmen.

Mit der Beschreibung des Gebirges, den Gefährdungsbildern und der Wahl des Vortriebsverfahrens ergibt sich die Möglichkeit zur Einteilung der Trasse in einzelne Homogenbereiche.

Beurteilung des Ausbruchmaterials

Im Hinblick auf die geogenen Gegebenheiten und den Abtransport bzw. die Abförderung, Separierung, Ablagerung und Verwertung des Ausbruchmaterials wird eine geotechnische Beurteilung des abzubauenden Gebirges vorgenommen. Dazu sind in der Regel auch die möglichen Vortriebsverfahren und die Ausbruchmethode sowie die möglichen Aufbereitungsverfahren zu berücksichtigen.

Es ist anzustreben, einen möglichst hohen Anteil des Ausbruchmaterials der Verwertung zu zuführen, wobei ökologische und wirtschaftliche Aspekte zu optimieren sind.

Im Hinblick auf die Wahl des Transportmittels sind die für die Abförderung und den Transport maßgebenden geotechnischen Eigenschaften des Ausbruchmaterials gesondert zu beurteilen. Hier sind sowohl die Bandbreite der Eigenschaften des Materials an sich als auch der zeitliche Anfall zu beschreiben.

Beurteilung von natürlichen Gasvorkommen

Die Größe des Vorkommens, Speichervolumen, Gasdruck und Ausströmverhalten sind zu beurteilen, um daraus die entsprechende Maßnahmenplanung herzuleiten.

5.1.3 Anforderungen an die Baugrunddokumentation

Die Herkunft sämtlicher Daten ist nachvollziehbar zu dokumentieren. Es ist dabei klar zu unterscheiden, ob es sich bei den Angaben um Feld- oder Laboruntersuchungen, um Literaturangaben oder Angaben aus vorhandenen geologischen Unterlagen oder um Erfahrungswerte von ähnlichen Bauten handelt, wobei die Vergleichbarkeit nachzuweisen ist.

Die angewendeten Untersuchungs- oder Messmethoden sind zu beschreiben oder mit einer Referenzierung der verwendeten Normen oder Publikationen zu versehen.

Die Genauigkeit der Beschreibungen und die entsprechenden Unsicherheiten sind anzugeben. In den Berichten ist auf erkannte Lücken in den zur Verfügung stehenden Informationen und auf eine allfällige Unvollständigkeit der Daten hinzuweisen.

Bei festgestellten Kenntnislücken sind für die nächstfolgende Bearbeitungsphase ergänzende Untersuchungen mit klar definierten Zielsetzungen sowie einer Abschätzung von Nutzen und Kosten vorzuschlagen. Es ist klar darauf hinzuweisen, welche Risiken bleiben, falls die Maßnahmen nicht umgesetzt werden.

5.2 Bauverfahrenstechnische Risiken

Typisches Merkmal des Untertagebaus ist die Tatsache, dass das Verhalten des Baugrunds stark von der Interaktion der eingesetzten Methoden und Geräte mit dem Baugrund abhängt. Dieser Tatsache gilt es im Rahmen des Risikomanagements für Untertagebauten wie folgt Rechnung zu tragen:

- Es sollen nur Methoden und Geräte zum Einsatz kommen, die auf bewährter Technik beruhen oder deren Eignung unter realitätsnahen Bedingungen mittels Vorversuchen nachgewiesen wurde.
- Vor dem Beginn eines Vortriebs sind vom Bauherrn dem ausführenden Unternehmer detaillierte Arbeits-, Inspektions- und Prüfpläne sowie Risikobewertungen zur Verfügung zu stellen.
- Der Unternehmer erstellt für kritische Arbeitsvorgänge klare Arbeitsanweisungen, in denen die Methoden, die eingesetzten Geräte und die Arbeitsabläufe klar und eindeutig beschrieben sind und alle Aspekte abgedeckt werden, insbesondere Arbeitssicherheit und Gesundheitsschutz, Umweltbelange und Maßnahmen zur Sicherstellung der vereinbarten Qualität.
- In einem Mess- und Überwachungskonzept werden vom Bauherrn in Absprache mit dem Unternehmer die zur Gefahrenabwehr relevanten Beobachtungsgrößen festgelegt und die Zuständigkeiten für das Erfassen der Messwerte sowie die Verantwortlichkeiten für den Fall des Auftretens von Abweichungen vom prognostizierten Verlauf klar geregelt.
- Das Mess- und Überwachungskonzept ist ein unverzichtbarer Bestandteil des Untertagebaus. Die Zwecke des Messens und Überwachens mit geeigneten Instrumenten sind:
  - Überprüfung des Tragverhaltens in Bezug auf Sicherheits- und Gebrauchstauglichkeitskriterien,
  - Quantifizierung der Reaktion des Baugrunds auf eine bestimmte Bauweise und die Überprüfung der Wirksamkeit bestimmter Baumaßnahmen,
  - Vergleich der theoretischen Vorhersagen mit dem tatsächlichen Tragverhalten,

  - Ziehen von Rückschlüssen auf die Bewertung der Materialparameter des Baugrunds,
  - Überprüfung benachbarter Bauwerke und Anlagen auf ihre Sicherheit und Gebrauchstauglichkeit infolge des Untertagebaus.

- Während der Ausführung sind alle relevanten Daten, Konzepte, Überlegungen und Entscheidungen derart aufzuzeichnen, dass die Daten jederzeit zur Verfügung stehen und eine Überprüfung des Entscheidungsprozesses jederzeit möglich ist.
- In den Arbeitsanweisungen und in den Inspektions- und Prüfplänen ist anzugeben, welche Überwachungen und Prüfungen von wem und in welchen Abständen durchzuführen sind. Qualitätsaufzeichnungen sollten erstellt und bereitgestellt werden, um die Vertragsanforderungen zu erfüllen. Verfahren für den Umgang mit Verstößen sollten aufgenommen werden.
- Für alle Mitarbeiter, die mit der Genehmigung und Zertifizierung von Inspektions- und Prüfplänen und Qualitätsaufzeichnungen beschäftigt sind, sollte ein Register der gültigen Unterschriften zusammen mit den Berechtigungsstufen geführt werden.

6 Management von Risikoereignissen

Trotz aller Sorgfalt in der Planung und während der Ausführung kann es zu Ereignissen kommen, sei es aus Naturgefahren, höherer Gewalt, menschlichem Versagen oder anderen Gründen. Auf solche Ereignisse gilt es vorbereitet zu sein, um im Eintretensfall rasch und effizient reagieren zu können und so allfällige Schäden zu minimieren.

Die ONR 49002-3 (2014), Risikomanagement für Organisationen und Systeme – Teil 3: Leitfaden für das Notfall-, Krisen- und Kontinuitätsmanagement [10], ist ein gutes Hilfsmittel zum Aufbau des Ereignismanagements.

Mit dem Eintritt eines Schadenereignisses wird über vordefinierte Arbeitsanweisungen und Alarmpläne das Ereignismanagement ausgelöst. Das Ereignismanagement unterteilt sich je nach Dauer und Schwere eines Ereignisses in das Notfallmanagement zur direkten Er-

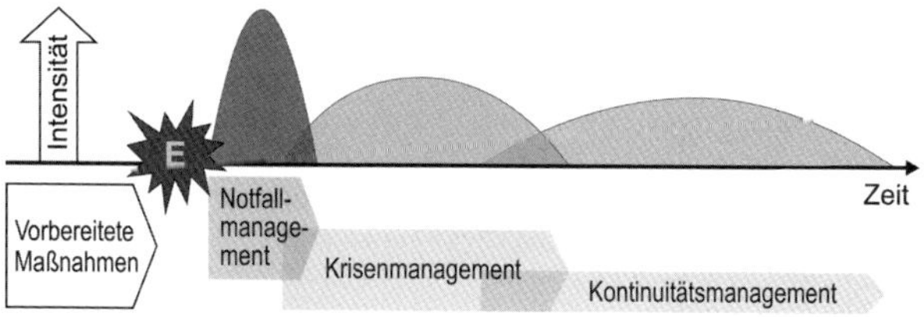

Bild 12. Ereignismanagement = Notfallmanagement + Krisenmanagement (basierend auf [8])

eignisbewältigung (z. B. Bekämpfung eines Brandfalls) und das Krisenmanagement, falls das Notfallereignis oder andere Ursachen auf weitere als nur die direkt betroffenen Organisationseinheiten und über eine längere Zeit einwirken.

Ziel des Notfall- und Krisenmanagements (Bild 12) ist es, dass die gesamte Projektorganisation rasch und richtig auf ein schwerwiegendes Schadenereignis reagiert, zuerst mit den Sofortmaßnahmen zur Schadensbekämpfung, danach mit der Minimierung der Folgen des Schadensereignisses im Rahmen des Krisenmanagements. Das Ziel ist, die volle Leistungsfähigkeit rasch wiederzuerlangen (z. B. nach einem Wasser-/Schlammeinbruch im Untertagebau). Die beteiligten Projektpartner legen im Rahmen des integralen Risikomanagements fest, nach welchen Kriterien sich ein örtlich begrenzter Notfall zu einer projektweiten Krise entwickelt. Darauf hat die oberste operative Führungsebene dann mit außerordentlichen Maßnahmen und dem Einsatz eines Krisenstabs zu reagieren.

Der Krisenstab arbeitet dabei immer als unterstützendes Führungsgremium zugunsten der obersten operativen Leitung. Es ist aber sicherzustellen, dass das Notfall- und Krisenmanagement auch dann funktioniert, wenn die oberste Leitung der Organisation nicht innerhalb einer angemessenen Zeit verfügbar ist. Deshalb ist es sinnvoll, in der frühen Chaosphase eines Ereignisses, in der auch ein ungewöhnlicher Zeitdruck herrscht, die operativen Kompetenzen der obersten

Führungsebene an den Notfall-Einsatzleiter und danach an den Krisenstab zu delegieren.

Bei kleineren Organisationen sind Notfall- und Krisenmanagement identisch. Bei größeren Organisationen, wie dies Projektorganisationen mit mehreren Partnern für große Untertagebauprojekte üblicherweise darstellen, ist die Unterscheidung zwischen dem Notfall- und dem Krisenmanagement sinnvoll. Das Notfallmanagement findet am Ort bzw. in der Organisationseinheit des Schadeneintritts statt, das Krisenmanagement hingegen auf der Stufe der Gesamtorganisation.

6.1 Aufgaben des Notfallmanagements

Das Notfallmanagement muss mindestens die folgenden Aufgaben erfüllen:

- Auslösen des Notfallalarms und Einsatz des Notfall-Einsatzleiters,
- Mobilisierung externer Ereignisdienste (Sanität, Feuerwehr, Polizei),
- Anordnung und Koordination der (vorbereiteten) Sofortmaßnahmen (wie z. B. Räumung, Evakuierung),
- Auslösen von Sofortmaßnahmen zur Schadensbekämpfung oder -begrenzung mit den dafür vorhandenen Mitteln (z. B. Aufbieten der Ereignisdienste, Lüftungssteuerung bei Untertageanlagen etc.),
- Beschaffung von Informationen, Beurteilung der Lage und Weitergabe an die oberste Führungsebene im Hinblick auf das Auslösen des Krisenalarms,
- Sicherstellen der Verbindung zum Krisenstab (auf Stufe der Gesamtprojektorganisation).

6.2 Aufgaben des Krisenmanagements

Das Krisenmanagement hat mindestens folgende Aufgaben:

- Einsatz des Krisenstabs,
- Verbindung zum Notfallleiter sicherstellen und Informationen beschaffen,
- Sammlung und Bewertung von Informationen für die Beurteilung der Lage,

- Ergreifung von organisationsweiten Maßnahmen, um den drohenden Schaden abzuwenden oder den eingetretenen Schaden zu begrenzen,
- Sicherstellung der organisationsweiten, örtlichen, internen und externen Krisenkommunikation,
- Sicherstellung von Informationen (als Anlaufstelle), die von Mitarbeitern, vorgesetzten Instanzen, Behörden und der Öffentlichkeit kurzfristig erwartet werden,
- Ergreifung von Maßnahmen für die Aufrechterhaltung und Weiterführung des Betriebs,
- Beantragung von vorbehaltenen Entschlüssen und Entscheidungen bei der obersten Leitung,
- Planung der Rückführung der Organisation in den Normalzustand.

6.3 Aufgaben des Kontinuitätsmanagements

Dem abschließenden Kontinuitätsmanagement kommt schließlich die Aufgabe zu, den unterbrochenen Baustellenbetrieb zu sichern und die verlorenen Betriebsfunktionen rasch wiederzuerlangen.

6.4 Kommunikation von Risikoereignissen

Größere öffentlichkeitswirksame Risikoereignisse können nicht mit den Mitteln der Standardkommunikation kommuniziert werden. Gerade in solchen Fällen ist aber eine einwandfreie Kommunikation gegenüber vorgesetzten Instanzen, Behörden und den Medien besonders wichtig. Nichts schadet dem Ansehen des Projekts und der Projektbeteiligten im Ereignisfall mehr als widersprüchliche, nicht vertrauenserweckende Informationen. Dadurch werden Spekulationen und Fehlinformationen angeheizt. Um solche Szenarien zu verhindern, sind die folgenden Grundsätze zu beachten:

- Der Prozess des Ereignismanagements und der Ereigniskommunikation ist von Anfang an klar zu definieren.
- Ereignisse sind innerhalb der Organisation ohne Verzug an eine eindeutig bezeichnete Stelle zu melden.

- Der Mindestinhalt für die notwendigen Erstinformation ist zu schulen und einzufordern.
- Die Verantwortlichkeit für die Kommunikation ist an eine einzige Stelle zu delegieren, vorzugsweise beim Kommunikationsbeauftragten der Bauherrenorganisation in Absprache mit der Unternehmensleitung (One-voice-Prinzip).
- Am Ort des Ereignisses ist ein Medienbetreuer einzusetzen, der die Medienvertreter in Empfang nimmt, betreut und für den Informationsfluss gegenüber den Kommunikationsverantwortlichen sorgt (Information aus erster Hand).
- Aktuelle allgemeine Informationen über das Projekt, seinen Stand, sein Umfeld und die beteiligten Unternehmen sind immer bereitzuhalten.
- So rasch wie möglich, unmittelbar nach der Information der vorgesetzten Instanzen und betroffener Behörden, ist in Absprache mit der Ereignisorganisation eine erste Medienmitteilung vorzubereiten.
- Medienkonferenzen sind frühzeitig zu planen sowie bei Bedarf und wenn möglich gemeinsam mit Vertretern der öffentlichen Hand vorzubesprechen und durchzuführen.
- Medienkonferenzen sind dann einberufen, wenn eine weitergehende gesicherte Information möglich ist.
- Nur gesicherte Erkenntnisse sind zu kommunizieren. Es darf niemals improvisiert oder spekuliert werden. Vermutungen, Versprechungen, Schuldzuweisungen dürfen nicht ausgesprochen werden.
- Im Falle schwerer Ereignisse ist zur eigenen Betroffenheit zu stehen.

Literatur

[1] DB Netz AG (2021) *Arbeitsanweisung Risiken in Bauprojekten managen.* Version Rv-Index 01. Berlin: DB Netz AG [Hrsg.] (nicht veröffentlicht).

[2] ITIG (2012) *A Code of Practice for Risk Management of Tunnel Works.* The International Tunnelling Insurance Group 2nd Ed., May 2012. https://www.imia.com/wp-content/uploads/2013/08/ITIG-TCOP-01_05_2012.pdf [Zugriff am: 05.07.2023]

[3] O'Carroll, J.; Goodfellow, B. (2016) *Guidelines for improved Risk Management on tunnel and underground construction projects in the United States*

of America. Englewood, Colorado:Underground Construction Association of SME.

[4] Eskesen, S. D. et al. (2004) *Guidelines for tunnelling risk management*. International Tunnelling Association (ITA), Working Group No. 2 [eds.]. Tunnelling and Underground Space Technology 19, pp. 217–237.

[5] DIN EN 31010: *Risikomanagement – Verfahren zur Risikobeurteilung* (IEC/ISO 31010:2009), deutsche Fassung 2010.

[6] Baumgärtner, U.; Büchler, T. (2005) *Systematik der Kostenrisiken am Beispiel Gotthard Basistunnel*. 2. Kasseler Projektmanagement-Symposium 2005. Spang, K.; Dayyari, A. [Hrsg.] *Konzepte und Entwicklungen beim Risikomanagement komplexer Bauprojekte*. Schriftenreihe Projektmanagement, Heft 2. Kassel: Universität Kassel.

[7] DAUB (2020) *Empfehlung Konfliktarmer Bauvertrag im Untertagebau*. Köln: Deutscher Ausschuss für unterirdisches Bauen e. V.

[8] DAUB (2021) *Leitfaden für Sicherheit und Gesundheitsschutz auf Untertagebaustellen*. Köln: Deutscher Ausschuss für unterirdisches Bauen e. V.

[9] Bundesministerium für Digitales und Verkehr (2022) *Zusätzliche Technische Vertragsbedingungen und Richtlinien für Ingenieurbauten* (ZTV-ING), Teil 7, Tunnelbau.

[10] ONR 49002-3 (2014) *Risikomanagement für Organisationen und Systeme – Teil 3: Leitfaden für das Notfall-, Krisen- und Kontinuitätsmanagement*.

Praxisbeispiele

I. Brenner Basistunnel: Projektbereich Sillschlucht – ein komplexer Bauabschnitt am Stadtrand von Innsbruck

Walter Fahrnberger, Reinhard Huber, David Unteregger, Martin Keinprecht

Das Portal des 64 km langen Jahrhundertbauwerks Brenner Basistunnel liegt vom Innsbrucker Hauptbahnhof den sprichwörtlichen Steinwurf entfernt. Dieser Beitrag beschreibt die technischen Herausforderungen einer Strecke von ca. 450 m vor der Einfahrt und ca. 150 m im Vortrieb des Brenner Basistunnels. Er handelt von aufwendigem Spezialtiefbau, hohen Böschungen mit temporärer Entfernung eines Bergrückens, langen Vorspannankern und Tunneln in offener und geschlossener Bauweise. Im Vergleich zu den großen Tunnelbaulosen der Galleria di Base del Brennero – Brenner Basistunnel BBT-SE (Societas Europaea), kurz BBT-SE, mutet das gegenständliche Baulos hinsichtlich Länge und Kosten bescheiden an. Tatsächlich ist es bestückt mit technischen Raffinessen und hoher Ingenieurkunst, ohne die kein Einfahren in den Tunnel möglich wäre.

Brenner Base Tunnel: Sill Gorge project area – a complex construction phase on the outskirts of Innsbruck

The portal of the 64 km long construction of the century, the Brenner Base Tunnel, is literally a stone's throw away from Innsbruck's main train station. This report describes the technical challenges of a section of approx. 450 m in front of the entrance and 150 m in driving the Brenner Base Tunnel. It deals with complex special civil engineering, high embankments with the temporary removal of a mountain ridge, long prestressed anchors and tunnels in open and closed construction. Compared to the large tunnel construction lots of the BBT-SE, the present construction lot seems modest in terms of length and costs. In fact, it is equipped with technical refinements and high engineering skills, without which it would not be possible to enter the tunnel.

Tunnelbau 2024, Herausgegeben von der DGGT, Deutsche Gesellschaft für Geotechnik e.V.

1 Überblick

1.1 Einleitung

Der aktuell in Bau befindliche Brenner Basistunnel bildet das Kernstück der zum transeuropäischen Verkehrsnetz gehörenden Eisenbahnachse München – Verona und stellt mit einer Gesamtlänge von 64 km das künftig längste unterirdische Eisenbahnbauwerk der Welt dar. Die neu konzipierte Flachbahnstrecke unter dem Brennerpass ergänzt nach ihrer Fertigstellung die seit mehr als 150 Jahren in Betrieb stehende Brenner Scheitelstrecke.

Der Projektbereich Sillschlucht mit der Losbezeichnung H21 umfasst dabei einen etwa 600 m langen Streckenabschnitt zwischen dem Bahnhof Innsbruck und dem eigentlichen Nordportal des Brenner Basistunnels. Der Streckenabschnitt am Stadtrand von Innsbruck führt durch einen räumlich beengten und baulogistisch anspruchsvollen Bereich.

In aufsteigender Kilometrierung überquert die Trasse der Neubaustrecke kurz nach dem Bahnhof Innsbruck zuerst die Inntalautobahn A 12 und folgt auf einem kurzen Teilabschnitt der Brennerbahn-Bestandsstrecke. Während die Bestandsstrecke 80 m nach der Baulosgrenze westlich in den alten Bergisel-Tunnel verläuft, wird die Neubaustrecke parallel zum Flusslauf der Sill geführt (Stützwand Sillschlucht). Im Anschluss folgen ein kurzer, in offener Bauweise hergestellter Tunnelabschnitt (Tunnel Silltal), die Querung des Sillflusses mit zwei Brückenbauwerken (Eisenbahnüberführungen) und letztendlich das Nordportal des eigentlichen Brenner Basistunnels am Fuße der Massenbewegung des Viller Bergs.

Trotz der Kürze des Streckenabschnitts beinhaltet Los H21 eine Reihe von planerisch und baulogistisch komplexen Aufgabenstellungen. Die planerischen Herausforderungen, die bautechnische Umsetzung der Maßnahmen sowie die im Rahmen der Beobachtungsmethode gewonnenen Erkenntnisse und ihre Einarbeitung in die Ausführungsplanung sind Gegenstand dieses Beitrags.

Die Arbeiten zu den genannten Baumaßnahmen wurden im August 2020 aufgenommen und sollen gegen Ende 2024 abgeschlossen sein.

1.2 Regionale geografische und morphologische Randbedingungen

Die Sillschlucht liegt am südlichen Stadtrand von Innsbruck im Mündungsbereich des auf den Brenner führenden Wipptals. In morphologischer Hinsicht kann dieser Abschnitt durch den schluchtartig ausgebildeten Verlauf des vom Wipptal kommenden Sillflusses charakterisiert werden.

Die sogenannte Sillschlucht ist ein etwa 100 m tief eingeschnittenes Erosionstal, das sich am Ende der letzten Eiszeit bildete und ein beliebtes Naherholungsgebiet in unmittelbarer Stadtnähe ist. Die westliche Begrenzung stellt der durch die Skisprungschanze bekannte Bergisel dar. Im Süden und Osten grenzt die Sillschlucht an die nördlichen Ausläufer des Viller Bergs, der seinerseits in das sogenannte Mittelgebirgsplateau von Patsch und Igls und letztendlich in den Bergrücken des Patscherkofels überleitet.

Neben diesen morphologischen Randbedingungen bilden vor allem die im nördlichen Bauabschnitt liegende Trasse der Inntalautobahn A 12, die den Bauabschnitt über eine Brücke querende Brennerautobahn A 13, die im Westen und Nordwesten an das Baufeld anschließende Bestandsstrecke der Brennereisenbahn und die Sportanlagen und Museen am Bergisel sowie eine im Osten angrenzende Kraftwerksanlage zusätzliche räumliche Einschränkungen und baulogistische Herausforderungen.

1.3 Regionale geologische und hydrogeologische Randbedingungen

Der Projektbereich Sillschlucht liegt in den nördlichen Ausläufern der ostalpinen Zentralalpen. Diese werden im Großraum Innsbruck zum überwiegenden Teil aus schwach metamorphen Gesteinen des sogenannten Innsbrucker Quarzphyllit-Komplexes aufgebaut. Der Innsbrucker Quarzphyllit-Komplex umfasst dabei neben den namensgebenden schwachmetamorphen Quarzphylliten auch geringmächtige Einschaltungen von Metakarbonaten (Marmor) sowie sauren und basischen Orthogesteinen (Amphibolite und Porphyroide).

Neben diesen Festgesteinseinheiten finden sich aber aufgrund der morphologischen Situation am Übergang zwischen Wipptal und Inntal auch mächtige Lockergesteinseinheiten alluvialen und quartären Ursprungs. Diese verzahnen sich zudem mit quartären und rezenten Hangschutt-, Bergsturz- und Sackungsmassen.

Die hydrogeologische Situation im Projektgebiet wird durch den Fluss Sill bestimmt, der das Gebiet entwässert und nördlich des Baufelds in den Inn mündet.

1.4 Baumaßnahmen im Projektbereich Sillschlucht

Vom Bahnhof Innsbruck, und damit aus Norden, kommend ergeben sich für zukünftige Bahnreisende die folgenden Attraktionen:

Nach knapp 1,7 km Fahrt vom Ausgangspunkt Bahnsteig Innsbruck driften die Trassen von Bestands- und Neubaustrecke auseinander – der Bestand taucht in den alten Bergisel-Tunnel ein, der Neubau setzt seinen Weg Richtung Italien neben dem ersten Kunstbauwerk des Bauloses H21 fort, der Stützwand Sillschlucht. Etwa 270 m Fahrstrecke legt die Basistunnelbahn auf der Hinterfüllung einer bis zu 10,5 m hohen Stützwand zurück, die parallel zu den beinahe senkrecht abfallenden Flanken des Bergisel am Ufersaum der Sill mit Pfahlböcken tiefgegründet wurde. Bis Block 7 verläuft an der Luftseite der Stützwand ein Begleitweg, der an dieser Stelle mittels Spannbandbrücke Wanderer an das gegenüberliegende, rechte Ufer der Sill führt. 40 m später, bei Block 11, überfährt man eine offene Bauweise kleineren Ausmaßes: Eine Luftschutzanlage aus den Weltkriegen war durch einen offen hergestellten Rechteckquerschnitt bis zur Stützwand zu verlängern und diese mit einem Tor zu versehen.

Unmittelbar nach der Unterquerung der Bergisel-Bogenbrücke der Brennerautobahn A 13 entschwindet der Reisende zum ersten Mal dem Tageslicht: Es geht in den in offener Bauweise errichteten ca. 130 m langen Tunnel Silltal. Etwa in Tunnelmitte teilt sich die zweigleisig von Innsbruck kommende Trasse in zwei eingleisige Bahnkörper. Die Nutzer der östlichen Trasse haben Glück – sie können die Überquerung der Sill über die ca. 50 m lange Stahlfachwerkbrücke optisch wahrnehmen. Auch die Nutzer des Westgleises überqueren die Sill auf einer Eisenbahnüberführung, die jedoch aus Brandschutzgründen innerhalb des Tragwerks in Stahlbeton eingehaust und gasdicht mit den Portalen von Tunnel Silltal und BBT-Weströhre verbunden ist.

Damit ist man nach ungefähr 2,15 km Fahrstrecke im eigentlichen Brenner Basistunnel angekommen und beansprucht noch ca. 150 m je Röhre, die im Zusammenhang mit dem hier beschriebenen Bauabschnitt ausgebrochen wurden.

Dass diese wunderschöne Trasse entlang der Sill realisiert werden konnte, bedurfte noch unzähliger weiterer Maßnahmen. Die Spanne reicht vom umfangreichen Flussbau mit Verlegung und Verbreiterung des Bachbetts über den Abtrag und Neubau einer Stahlfachwerk-Zufahrtsbrücke und Tausende Quadratmeter Böschungssicherung und -beräumung bis hin zu hoch vorgespannten Litzen- und Stabankern beachtlicher Länge.

Die nachfolgenden Kapitel berichten über die wesentlichen baulichen Einheiten und deren Zusammenhänge. In Bild 1 kann die geschilderte Reise schematisch nachvollzogen werden.

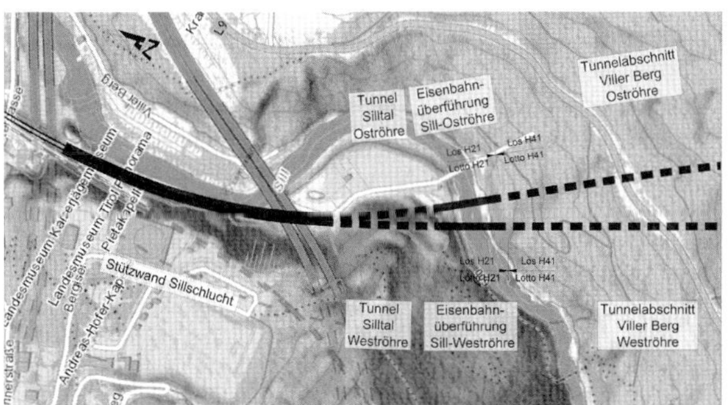

Bild 1. Baumaßnahmen im Projektbereich Sillschlucht

1.5 Baulogistische Rahmenbedingungen im Projektbereich Sillschlucht

Bei der Umsetzung der im Projektabschnitt Sillschlucht geplanten Bauwerke und Baumaßnahmen galt es nicht nur, die bahnbetriebs- und sicherheitstechnischen Anforderungen an das künftige Eisenbahnbauwerk zu berücksichtigen, sondern auch die Vorgaben aus den das Projekt begleitenden Behördenverfahren sowie das gemeinsam mit dem Gestaltungsbeirat der Stadt Innsbruck erarbeitete Gesamtnutzungskonzept für das Naherholungsgebiet der Sillschlucht umzusetzen.

Grundvoraussetzung für alle Baumaßnahmen war jedoch die Entwicklung eines Bauablaufplans, der die lokalen geografischen und morphologischen sowie insbesondere die saisonal unterschiedlichen hydrologischen Bedingungen im Bereich Sillschlucht berücksichtigt. Der zeitliche Ablauf der unterschiedlichen Baumaßnahmen wurde daher speziell auf die saisonal unterschiedliche Wasserführung des Sillflusses mit Hochwasser- und Niedrigwasserperioden abgestimmt.

In die Niedrigwasserperioden (jeweils von Oktober – März) fallen insbesondere sämtliche Flussbaumaßnahmen. Dazu gehören die Umlegung der Sill, der Rückbau der Wehranlage, die naturnahe Ausgestaltung des neuen Flussbetts samt Sohlgurten, Sohlschutz und Uferbefestigungen mit zugehörigen Kabel- und Leitungsquerungen sowie die Schüttung der Behelfsrampe für die Errichtung der Stützwand Sillschlucht und der Rampen für die Errichtung der Widerlager der neuen Zufahrtsbrücke und der beiden Eisenbahnüberführungen.

Der Portalvoreinschnitt und der bergmännische Vortrieb der beiden Röhren des Tunnels Viller Berg wurde ebenfalls in einer Niedrigwasserperiode durchgeführt, da hierfür als Zufahrt mehrfach temporäre Furten durch den Sillfluss zu errichten und anschließend rückzubauen waren.

2 Bauwerk Stützwand Sillschlucht

2.1 Bauwerksbeschreibung

Vom Bahnhof Innsbruck kommend bildet das entlang der orografisch linken Seite des Sillflusses verlaufende, knapp 290 m lange Bauwerk „Stützwand Sillschlucht“ das erste Hauptbauwerk im Projektbereich (Bild 2).

Das Stützbauwerk besteht aus 28 Blöcken, von denen die Blöcke 3–24 auf Pfahlböcken gegründet sind. Die beiden ersten Blöcke vom Bahnhof Innsbruck kommend wurden noch vom Nachbarlos H11 als flach gegründete Winkelstützmauern im Anschlussbereich des südlichen Widerlagers der Inntalautobahn-Überfahrt hergestellt. Block 2 musste auf einem ausgeprägten Magerbetonkeil gebettet werden, da der dem Überfahrtswiderlager dienliche Felskopf auf seiner Südseite steil zum Ufer der Sill abfällt. Der erste von Baulos H21 herzustellende Block mit der Nr. 3 trägt seine Lasten deshalb bereits über vier in der Blockachse angeordnete vertikale Pfähle ab. Alle weiteren Blöcke bis

Bild 2. Stützwand Sillschlucht, Projektstand Juni 2023 (Foto Gebauer)

einschließlich Block 24 leiten ihre Kräfte über zwei Reihen zu je vier mit 10:1 nach außen geneigten Pfählen mit dem Durchmesser d = 120 cm und Längen von 8–26 m in den Felshorizont. Block 7 weicht von dieser Zweireihigkeit ab, da dieser Pfahlblock gleichzeitig auch als Widerlager einer Fußgängerbrücke ans rechte Ufer der Sill dient.

Bis zu diesem Block wird die Stützwand mit glatter Oberfläche ausgebildet. Strukturgebend ist ohnedies der an der Luftseite in ungefähr halber Wandhöhe angeschlossene Wanderweg bis zur Brücke. Ab Block 8 mit einer Höhe von bereits mehr als 8 m werden die tragenden Elemente Stützwand und Pfahlrost Richtung Fels versetzt und an die Stelle der glatten Wandoberfläche treten vorgesetzte Lisenen, die die Stützwandflucht auflockern. Der Randbalken der Stützwandkrone wandert damit auch bis zur Außenkante als Abschluss vor. Die Stützwand startet bei Block 3 mit ca. 3,5 m Höhe und erreicht als Maximum eine Höhe von 10,5 m. Ihre Stärke am Wandfuß variiert von 95 cm bis 175 cm (mit Lisenen 3,0 m).

Entlang des neu zu errichtenden Bauwerks wird die zweigleisige Neubaustrecke zuerst aus der Bestandsstrecke der Brennerbahn ausgeleitet, dann den steil abfallenden Felshängen an der Ostseite des Bergisel entlanggeführt und letztlich in den ebenfalls neu zu errichtenden Tunnel Silltal eingeleitet.

Im nördlichsten, ca. 20 m langen Abschnitt wurde das neu zu errichtende Bauwerk aufgrund der lokalen Untergrundverhältnisse mit anstehendem Fels als flach gegründete Winkelstützmauer konzipiert. Darauf folgt ein etwa 220 m langer Abschnitt im Übergangsbereich zwischen den wandbildenden Felsaufschlüssen des Bergisel und der alluvialen Talfüllung entlang der Sill. In diesem Abschnitt erreicht die Stützwand eine Höhe von bis zu 10,5 m. Sie wurde wegen der stark wechselnden Bodenverhältnisse auf Bohrpfählen gegründet, die in den unter den Talalluvionen anstehenden Fels einbinden. Im südlichen, etwa 50 m langen Abschnitt herrschen wiederum homogene Gründungsverhältnisse vor, weshalb auch hier das Konzept einer flach gegründeten Winkelstützmauer gewählt wurde.

Bild 3 zeigt eine Visualisierung der im nördlichsten Bauabschnitt zu errichtenden Bauwerke der Stützwand Sillschlucht sowie die ebenfalls

Bild 3. Visualisierung Bauwerk Stützwand Sillschlucht [1]

neue Fußgängerbrücke zur Erschließung des Naherholungsgebiets Sillschlucht. Ebenfalls ersichtlich sind die wandbildenden Felsaufschlüsse am Fuß des Bergisel mit dem Portal der bestehenden Brennerbahn, der darüber liegende Gebäudekomplex des Museums Tirol Panorama sowie die Bogenbrücke der Brennerautobahn A 13 und das darunter liegende Portal des künftigen Tunnels Silltal.

2.2 Lokale geologische Rahmenbedingungen

Das Bauwerk Stützwand Sillschlucht verläuft auf dem Großteil seiner Länge im Übergangsbereich zwischen den steil abfallenden Felshängen des Bergisel und den im Bereich der Talsohle anstehenden alluvialen Sedimenten der Sill. Der lokal anstehende Innsbrucker Quarzphyllit ist charakterisiert durch intensive kleinräumige Verfaltung, generell flach liegende Schieferung, steilstehende Nord – Süd verlaufende Kleinklüfte sowie steil nach Nord einfallende Großklüften.

Bild 4. Bauabschnitt Stützwand Sillschlucht nach der Geländeberäumung (Foto Fahrnberger)

Bild 4 zeigt den Bauabschnitt Stützwand Sillschlucht nach erfolgter Rodung des Geländes kurz vor dem Beginn der Bauarbeiten im Frühjahr 2020. Die Trassierung der Neubaustrecke verläuft in etwa auf Höhe des in Bildmitte erkennbaren Wanderwegs.

2.3 Vorbereitende Maßnahmen

Bild 5 verdeutlicht eindrucksvoll, dass das Urgelände umfangreicher Erd- und Felsbewegungen bedurfte, um Trassenfähigkeit zu erlangen. Als erste Maßnahme wurde von Süden kommend eine mit Wasserbausteinen befestigte Rampe in den Fluss geschüttet, um diesen an die rechte Seite zu drängen. Um keine Zeit zu verlieren, wurde mit der Schüttung unverzüglich mit Stichtag Beginn Niederwasserperiode gestartet. Dieses Unterfangen erwies sich anfangs als doch recht aufwendig, da der Fluss nicht immer zwischen theoretischer Nieder- und Hochwasserperiode unterschied. Erst mit einem Rampenabschnitt von ca. 60 – 70 m konnte der Zugang zu Geländeräumung, Böschungssicherung und Felsabtrag geschaffen werden.

Bevor an Abtragsarbeiten zu denken war, musste eine Geländefläche von ca. 9000 m^2 von Gestrüpp, Totholz und losem Felsmaterial beräumt werden. Dies war in etwa der Hälfte des Areals mit Schreitbagger möglich. Der restliche, zum Teil auch überhängende Bereich, wurde von Industriekletterern manuell, in Seilen hängend, gereinigt. In derselben Zusammensetzung wurden, beginnend von oben bis ca. zur Wandhälfte, Felsnetze und Systemvernagelung – als Permanentnägel verzinkte Injektionsbohranker R38 mit bis zu 8 m Länge – verlegt und versetzt. An der unteren Wandhälfte wurde auch Felsabtrag notwendig, der mit tiefen Bohrlöchern bis zum endgültigen Aushubniveau gesplittet wurde. Weiters wurde nördlich der Brennerautobahn A 13 Brücke am Wandfuß ein 60 m langes Steinschlagschutznetz errichtet.

In einer Zwischenphase des Felsabtrags konnte eine temporäre Piste bis an die nördliche Losgrenze durchgängig hergestellt werden. Erst damit wurden die Sicherungs- und Abtragsarbeiten an der Bestandsstrecke über eine Länge von knapp 80 m (Block 3–10) ermöglicht. Diese gestalteten sich relativ unspektakulär, hatten aber für den Terminplan erhebliche Bedeutung, da auf der Nordseite mit Block 3 ab

Bild 5. Felsabtrag und Sicherungsmaßnahmen oberhalb der Trasse der künftigen Stützwand (Foto Gebauer)

April 2021 die Pfahlarbeiten beginnen sollten. Vor der Aufnahme des Böschungsabtrags wurde die Bestandsstrecke mit einem umfangreichen, permanenten Monitoring ausgestattet. Zeitgleich musste auch in diesem Bereich das Bachbett nach rechts gedrängt werden. Zum Schutz vor kommenden Hochwasserperioden wurde das Uferdeckwerk temporär bis an die Aushubunterkante hochgezogen. Mit Beginn der Pfahlarbeiten wurden Felsabtrag und Sicherung im nördlichen Teil der Stützwand fertiggestellt.

2.4 Pfahlgründungen

Sämtliche Pfähle des Bauwerks Stützwand Sillschlucht (Bild 6) wurden als Spitzendruckpfähle bemessen. Es wurden zwei grundlegende Einbindesituationen definiert: 0,5 m in angewittertem bis unverwittertem Fels und 2,5 m in verwittertem Fels. Die Erosionstätigkeit der Sill verursachte über Jahrtausende kontinuierliches Unterspülen und Nachbrechen von Großblöcken und Schollen, die in Kombination

Bild 6. Bohrpfahlherstellung im Bereich der Stützwand Sillschlucht (Foto Gebauer)

mit alluvialen Sedimenten zu eng aufeinanderfolgenden Wechsellagerungen führen. Dies hat die Festlegung, ob Hangschutt mit eingebetteten Großblöcken oder gewachsener Fels vorliegen, komplex gestaltet. Diese Situation bedingt auch einen recht unstetigen Verlauf der Felslinie, weshalb vom Planer ein modulares Bewehrungssystem zur Längenanpassung der Pfähle entworfen wurde. Aufgrund der hydrogeologischen Situation wurde Bohren mit Wasserauflast zur generellen Vorgabe gemacht.

Die erste Bohrkampagne von Block 3 bis einschließlich Block 10 dauerte rund vier Monate. Die Oberkante des Bohrplanums der letzten beiden Blöcke befand sich bereits sehr nahe an der definierten Hochwassermarke, weshalb die Arbeiten bei Block 10 plangemäß unterbrochen und im Feber 2022 mit der Herstellung weiterer 14 Pfahlblöcke fortgesetzt wurde.

Während dieser Pause wurde die Bohrpfahlbewehrung optimiert. Das modulare Bewehrungssystem wurde überarbeitet, wozu man dazu überging, Universalkorbverlängerungen zu fertigen und von dieser „Stangenware" den tatsächlichen Bedarf abzuschneiden. Um auch die variablen Pfahllängen einigermaßen einzugrenzen, wurde in jedem Block nach Nr. 10 zumindest eine zerstörende Erkundungsbohrung zur Feststellung der Felsoberkante abgeteuft, an exponierten Stellen auch eine zweite Richtung Hang.

Die zweite Bohrkampagne dauerte bis Ende August 2022. In einer gesamten Herstellzeit von elf Monaten wurden sämtliche Bohrpfähle abgeteuft. Der längste Pfahl brachte es auf 20,29 m (Bohrung 24,36 m), der kürzeste auf 3,80 m (5,50 m Bohrung).

3 Tunnel Silltal

3.1 Bauwerksbeschreibung

Der etwa 133 m lange Tunnel Silltal schließt an das südliche Ende des Bauwerks Stützwand Sillschlucht an. Der Tunnel wird in offener Bauweise und mit Ausnahme des südlichen Portalblocks (Block 13 ist durch eine Raumfuge vom Rest getrennt) als fugenloses, wasserundurchlässiges Bauwerk („Weiße Wanne") hergestellt.

Vor der Herstellung der offenen Bauweise war ein bis zu 45 m hoher Hanganschnitt mit vernagelter Spritzbetonsicherung herzustellen. Der Hanganschnitt sollte in seinem zentralen Bereich den anstehenden Fels anschneiden. In den Portalbereichen sollte der abtauchende Fels von Lockergestein überlagert sein. Die äußere Standsicherheit des Hanganschnitts sollte durch zwei Ankerbalken mit bis zu 30 m langen Litzenankern hergestellt werden.

Der Übergang von Zweigleisigkeit bei der Einfahrt ins Nordportal zum Eingleisbetrieb der Südportale bedingt ein Verzweigungsbauwerk im Mittelteil. Aufgrund der erwarteten wechselhaften Gründungsverhältnisse mit anstehendem Fels im zentralen Bereich und Lockermaterial in den beiden Portalbereichen wurde für das gesamte Bauwerk eine Pfahlgründung gewählt, um differentielle Setzungen möglichst auszuschließen.

Nach Fertigstellung des Betonbaus ist das Tunnelbauwerk mit zuvor zwischengelagertem Tunnelausbruchmaterial zu überschütten und im Sinne der zukünftigen Nutzung als Teil des Naherholungsgebiets

Bild 7. Visualisierung Bauwerk Tunnel Silltal mit anschließender Eisenbahnüberführung [1]

Sillschlucht mit neuangelegten Wanderwegen und Ruhemöglichkeiten zu gestalten und die ursprüngliche Geländeform naturnah wiederherzustellen.

Bild 7 zeigt eine Visualisierung des im mittleren Bereich des Bauabschnitts Sillschlucht in offener Bauweise zu errichtenden Tunnels Silltal mit den beiden Eisenbahnüberführungen im Vordergrund, dem daran anschließenden Portalbauwerk sowie dem renaturierten Böschungsanschnitt mit Wanderwegen und Ruhezonen.

3.2 Lokale geologische Rahmenbedingungen Tunnel Silltal

Der Bauabschnitt Tunnel Silltal liegt, wie auch der etwas weiter nördlich liegende Bauabschnitt Stützwand Sillschlucht, in den lokal vorherrschenden Einheiten des Innsbrucker Quarzphyllits. Allerdings sind die im Umfeld des Tunnels Silltal anstehenden Innsbrucker Quarzphyllite weniger wandbildend, sondern formen vielmehr einen vom westlich liegenden Bergisel mittelsteil bis steil zur Sillschlucht abfallenden, mit einzelnen Felsaufschlüssen durchsetzten Hügel. Im Bereich der beiden Portale wird der anstehende Quarzphyllit zudem von bis zu mehreren Metern mächtigen, teils grobblockigen Hangschuttsedimenten überlagert.

Die in einer früheren Projektphase in der Trassenachse abgeteuften Erkundungsbohrungen wurden durchgehend als solider Fels interpretiert. Lediglich in ihren untersten Abschnitten gab es Anzeichen für Störungsbahnen, die jedoch bereits unter dem künftigen Sohlniveau des Bauwerkes lagen.

Bild 8 zeigt einen Geländeschnitt der künftigen Hangböschung zum Zeitpunkt der Ausschreibung und mit hinzugewonnenen Erkenntnissen bei der Ausführung.

a)

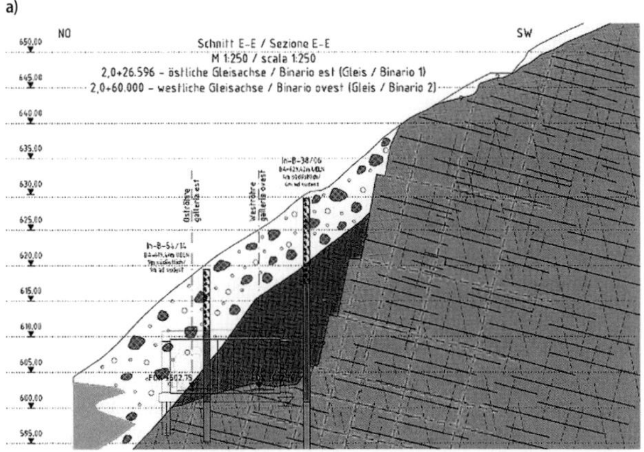

b)

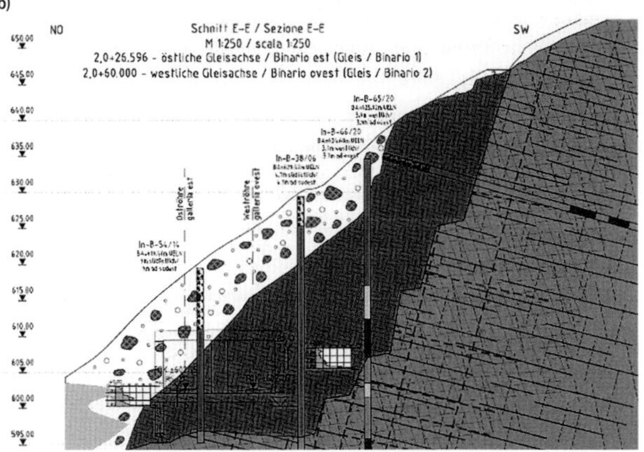

Bild 8. Gegenüberstellung: a) Geologie Ausschreibung; b) Ausführung mit Nacherkundung

3.3 Vorbereitende Maßnahmen – Voreinschnitt Bergisel

Erste Planungsansätze sahen für den Tunnel Silltal eine Errichtung in bergmännischer Bauweise vor. Im Vorfeld abgeteufte Erkundungsbohrungen zeigten jedoch sehr inhomogene Baugrundverhältnisse mit einem felsig dominiertem zentralen Tunnelabschnitt und lockergesteinsgeprägten Einheiten im Bereich der beiden Portale. Aufgrund der zu erwartenden stark inhomogenen Gründungsverhältnisse und daraus ableitbarer differentieller Bauwerkssetzungen wurde die angedachte bergmännische Bauweise zugunsten einer offenen Bauweise mit durchgehender setzungsminimierender Bohrpfahlgründung verworfen.

Für die Errichtung des Tunnels in offener Bauweise galt es zuallererst, einen 45 m hohen Böschungsanschnitt als vernagelte Spritzbetonwand mit zwei planmäßigen Ankerbalken herzustellen.

Als erste Herausforderung präsentierte sich dabei die bis zur Krone der Spritzbetonwand zu errichtende Behelfszufahrt, um das für die Abtrags- und Sicherungsarbeiten erforderliche Baugerät an seinen Einsatzort zu bringen. Noch vor dem Beginn des Abtrags war aufgrund der Nähe zu den im Bereich Bergisel bestehenden Wanderwegen die geforderte Baustellenumzäunung und Absturzsicherung herzustellen (Bild 9).

Aufgrund der Hangneigung des anstehenden Geländes und des beschränkten Platzangebots konnte lediglich eine sehr steile Rampe mit zwei Spitzkehren angelegt werden, die nur mit Kettenfahrzeugen befahrbar war. Dementsprechend aufwendig gestaltete sich anfänglich die Anlieferung von Gittermatten und Felsnägeln: Sie wurden mittels Raupenbaggern und mehrmaligem Umheben an ihren Einsatzort gebracht. Für die Errichtung der Spritzbetonsicherung wurden entlang der Baustellenumzäunung zwei Druckleitungen installiert, mittels derer Trockenspritzbeton an die Böschungskrone geblasen wurde.

Der Abtrag der obersten Aushubebenen erfolgte wie erwartet in oberflächig angewittertem Quarzphyllit, der in den Randbereichen der Böschung von humosem bis blockigem Hangschutt überlagert wurde.

Bild 9. Bauabschnitt Tunnel Silltal: Zuwegung und Beginn Sicherung (Foto Gebauer)

Bild 10. Offene Zerrklüfte im oberen Bereich der Böschung Tunnel Silltal (Foto Gebauer)

Mit zunehmender Aushubtiefe zeigte sich jedoch, dass der unter der angewitterten Oberbodenschicht vermutete zentrale Felskern der Böschung nicht existent war. Vielmehr bestand der Untergrund aus mehrere 10 m mächtigen und teilweise stark zerrütteten Quarzphyllitblöcken, die auch durch viele offene Klüfte voneinander getrennt waren (Bild 10). In der Folge wurden Abtrags- und Sicherungsarbeiten am Voreinschnitt unterbrochen und zusätzliche Bohrungen zur tieferen Erkundung der geologischen Verhältnisse abgeteuft.

Die sowohl vertikal als auch schräg abgeteuften Kernbohrungen zeigten ein einheitliches und schlüssiges Bild: In einer horizontalen Tiefe von ungefähr 40 m fand sich ein ausgeprägtes Scherband. Die Felsmasse davor war irgendwann abgekippt und befand sich in einem aufgelösten Verband von Großblöcken. Aufgrund der Steilheit des Geländes kam es offensichtlich nicht zum Eindringen von Tagwasser, weshalb der Großteil der Blockzwickel und Klüfte als jeweils unverfüllter Hohlraum zutage trat. Die vertikalen Bohrungen bestätigten diese Annahme zumindest bis zum Abtragsfuß des Voreinschnitts. Auf Basis der gewonnenen Erkenntnisse wurde das Geländemodell adaptiert und die Methodik der Böschungssicherung an die erkundeten Untergrundverhältnisse angepasst.

Die Neubemessung der Sicherungsmaßnahmen zu den einzelnen Aushub- und Bauzuständen führte zu einer Erweiterung der erforderlichen Ankerbalken auf fünf anstelle von zwei, nicht nur im ursprünglichen Kernbereich, sondern über die gesamte Böschungsbreite. Die zu versetzenden Litzenanker wurden von 29 m auf 58 m verlängert, ihre Anzahl erhöhte sich von 43 auf 133 Stück. Alles in allem eine beachtliche Steigerung, auch in bauzeitlicher Hinsicht.

Nach der Neubemessung der Spritzbetonwand und der Adaptierung der Vernagelung und Rückverankerung wurde der Aushub der Voreinschnittsböschung bis zur planmäßigen Endteufe ohne nennenswerte Auffälligkeiten fertiggestellt (Bild 11).

Das den Abtrag begleitende geotechnische Messprogramm an Spritzbetonböschung, Ankerbalken und im Gelände darüber bestätigte aus-

Bild 11. Böschungssicherung Tunnel Silltal (Foto Gebauer)

gezeichnet die Prognose von Verschiebungen im einstelligen Zentimeterbereich.

Das Fehlen einer kompetenten Felsböschung hatte also eine Aufrüstung der Sicherungsmaßnahmen sowie eine entsprechende Bauzeitverlängerung des Voreinschnitts zur Folge. Gleichzeitig erwies sich dadurch aber die vor dem Voreinschnitt liegende Gründungsfläche des Betonbauwerks nicht mehr als inhomogen, sondern als gleichmäßig „mittelmäßig". Damit wurden die erheblichen Setzungsdifferenzen der ursprünglichen Bemessung, die zur Pfahlgründung veranlassten, bei neuerlicher Betrachtung relativ moderat.

Die bereits aus den zusätzlichen Erkundungsbohrungen vermuteten „homogeneren" Verhältnisse wurden mit dem Erreichen der planmäßigen Aushubteufe durch großflächig durchgeführte Rammsondierungen bestätigt. Die Ausdehnung des zentralen Felskerns erwies sich als wesentlich geringer als die ursprüngliche Annahme; die umhüllenden abgekippten Großblöcke wiesen einen relativ homogenen Verwitterungszustand auf.

Mit Ausnahme von Block 13 (Südportal und Widerlager Eisenbahnüberführung) konnte nunmehr auf Pfahlgründungen verzichtet werden.

3.4 Offene Bauweise Tunnel Silltal

Der Standardgleisabstand von der Stützwand kommend bedingt am Nordportal des Tunnels Silltal eine zweigleisige Einfahrsituation. Über 85 m Tunnellänge sind aufgrund unterschiedlicher Gelände- und Überdeckungsgeometrien sowie des sich vergrößernden Gleisabstands vier Tunnelquerschnittstypen vorgesehen (Bild 12).

Das Nordportal und Block 2 werden aufgrund der architektonischen Wirkung und wegen nicht vorhandener bzw. nur geringer Geländeüberdeckung im Endzustand im Vergleich zum restlichen Tunnelabschnitt weniger massiv ausgeführt. Für die folgenden beiden Blöcke werden Geländeneigung und -überdeckung im Endzustand sowie der Abstand der beiden Gleisachsen zunehmend größer. Zur Abtragung der äußeren Lasteinwirkungen und um der größeren Deckenspannweite Rechnung zu tragen, muss der Tunnelquerschnitt in diesem Bereich stärker ausgeführt werden. Ab Block 5 ermöglicht der zunehmende Abstand der beiden Gleisachsen die Anordnung einer Trennwand zwischen den beiden Gleisachsen. Die Konstruktionsstärke der Trennwand wird bis Block 7 zunehmend vergrößert. Ab Block 7 ist der Abstand zwischen den beiden Gleisachsen so groß, dass die Trennwand zwischen den Gleisachsen in zwei Trennwände mit Zwischenabstand aufgelöst wird. Der Bereich zwischen diesen Trennwänden wird nach Herstellung der Wände mit Magerbeton verfüllt. Von Block 9 an ist der Abstand zwischen den beiden Gleisachsen ausreichend groß, um in Richtung Süden den zweigleisigen Tunnelquerschnitt in zwei eingleisige Tunnelquerschnitte zu teilen und bis zu den Portalblöcken des Südportals des Tunnels Silltal fortzusetzen.

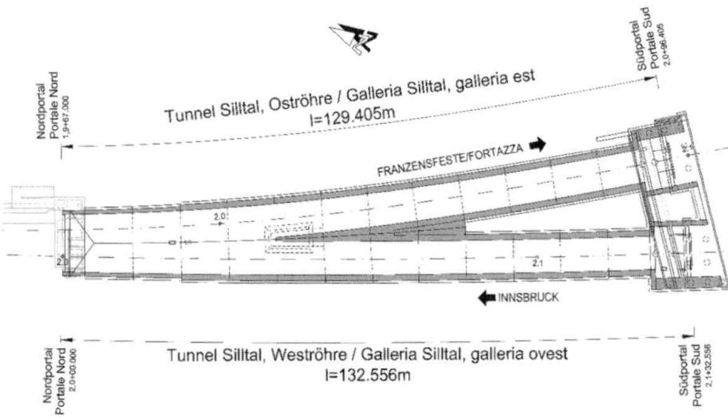

Bild 12. Überblick Tunnel Silltal; links Nordportal, rechts Südportal

Bild 13. Südportal Tunnel Silltal – Projektstand Juni 2023 (Foto Gebauer)

Nord- und Südportal des Tunnels Silltal wurden architektonisch gestaltet. Der zweigleisige rechteckige Portalblock des Nordportals wird aus dem Gelände „herausgezogen" und zum Teil eingeböscht. Die architektonische Gestaltung der Portalblöcke am Südportal des Tunnels Silltal sieht eine geneigte Portalwand für beide Tunnelröhren vor, in die die Tragwerke der Eisenbahnüberführungen Sill-Ostgleis und -Westgleis einbinden. Bild 13 zeigt den Projektstand des Südportals im Juni 2023.

4 Eisenbahnüberführung Sill

4.1 Bauwerksbeschreibung

Die beiden knapp 50 m langen Eisenbahnüberführungen über den Sillfluss werden im Rahmen eines Tunnelbauberichts nur kurz als Bindeglieder zwischen zwei Tunnelbauwerken beschrieben.

Die Widerlager beider Tragwerke sind sowohl in den Südportalblock des Tunnel Silltal als auch in die Portalkonstruktion des Tunnelabschnitts Viller Berg integriert (Bild 14). Die Portalbauwerke des Tunnel Silltal bzw. des Brenner Basistunnels fungieren dabei als nördliches und südliches Brückenwiderlager, wobei die Lasten jeweils über aufgelöste Auflagerbänke und die aus Pfahlkopfplatten und Großbohrpfählen bestehenden Gründungen der beiden Portalbauwerke in den anstehenden Fels abgetragen werden.

Beide Eisenbahnbrücken wurden als einfeldrige Stahlfachwerkbrücken mit aussenliegenden Hauptträgern und untenliegenden Fahrbahnplatten konzipiert. Die Fahrbahnplatten sind ihrerseits mittels Kopfbolzendübel kraftschlüssig mit den Längs- und Querträgern verbunden. Aus brandschutztechnischen Gründen wurde die westliche Eisenbahnüberführung vollständig eingehaust, um im Ereignisfall ein Ansaugen von Rauchgasen durch das Lüftungssystem der beiden Haupttunnelröhren des Brenner Basistunnels zu verhindern.

Bild 14. Visualisierung Bauwerk Eisenbahnüberführung Sill mit Portalbauwerk und Zufahrtsbrücke zum Erkundungs- bzw. späteren Logistikstollen [1]

5 Tunnelabschnitt Viller Berg

5.1 Bauwerksbeschreibung

Der Tunnelabschnitt Viller Berg besteht aus zwei kurzen, jeweils etwa 150 m langen, eingleisigen Abschnitten der eigentlichen Brenner-Basistunnel Hauptröhren mit Voreinschnitt und Portalanlage.

Tunnelabschnitte von ca. 150 m Länge sind in einem Baukomplex wie dem Basistunnel an und für sich nicht üblich. Drei wesentliche Gründe sprechen für die Vorziehung eines kurzen Stücks Tunnel von einem Bereich, der erst zwei Jahre später fertiggestellt wird: (1) Es wurde davon ausgegangen, dass jeweils ca. 150 m ausreichen, um den Anteil einer Massenbewegung des Viller-Berg-Nordhangs zu durchörtern und hinreichend tief in gewachsenen Fels einzubinden; (2) die Portalblöcke werden in diesem Los benötigt, da sie gleichzeitig Widerlagerfunktion für die beiden Eisenbahnüberführungen besitzen; (3) durch dieses Vorziehen wird eine zweijährige Gelegenheit zum Monitoring geschaffen, welche Auswirkungen die Baumaßnahmen auf die Massenbewegung des Viller Bergs haben.

Um etwaigen langanhaltenden Kriechbewegungen Rechnung zu tragen, wurde in der Planung ein von den anderen Tunnelabschnitten des Brenner Basistunnels abweichendes, übergroßes Tunnelprofil berücksichtigt. Um die Vorteile dieses Profils zu nutzen, rollt die Bahn in diesem Bereich auf Schotterbett; die feste Fahrbahn beginnt erst einige 10 m hinter der Massenbewegung.

5.2 Geologische Rahmenbedingungen

Das Nordportal des Brenner Basistunnels liegt am Fuß einer großvolumigen Massenbewegung am Nordhang des Viller Bergs. Eine Rutschmasse erstreckt sich über annähernd 200 Höhenmeter von einer deutlich ausgebildeten Abrisskante im Bereich des Lanser Kopfs bis unter die Sillschlucht, wo sie mit alluvialen Schottern der Sill und Ausläufern des gegenüberliegenden Bergisel verzahnt (Bild 15).

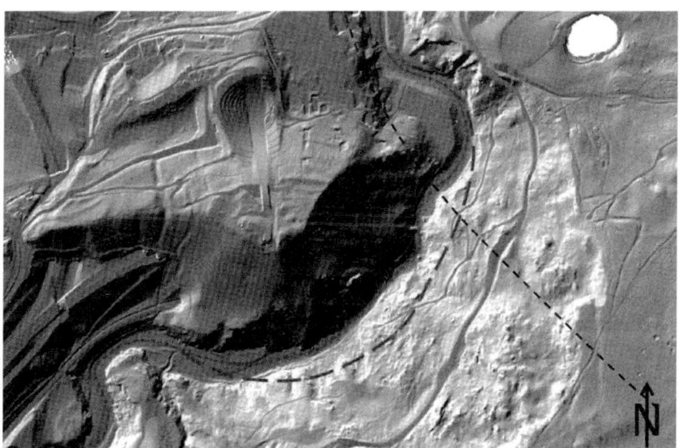

Bild 15. Geländemodell Sillschlucht mit Abrisskante der Rutschmassen und Verlauf der künftigen Bahntrasse (schwarz)

Seismische Untersuchungen sowie Erkundungsbohrungen belegen eine Mächtigkeit der postglazialen Talfüllung im Raum Innsbruck von bis zu 750 m. Morphogenetisch ist daher davon auszugehen, dass die Sill am Ende der letzten Eiszeit eine mehrere 100 m tiefe canyonartige Schucht bildete und kaskadenartig in das damals noch nicht von alluvialen Schottern gefüllte Inntal entwässerte. Die fortwährende Erosion im Bereich der Talsohle bzw. das fortschreitende Einschneiden des Bachbetts dürfte letztendlich zu einem Grundbruch des Nordhangs des Viller Bergs in die ursprüngliche Sillschlucht geführt haben, wodurch diese verschlossen wurde und die Rutschmasse wiederum zum Stillstand kam. Anhand der Höhe der Abrisskante im Bereich Lanser Kopf (25–50 m) kann weiter vermutet werden, dass der von den Rutschmassen verfüllte Schluchtteil am Fuß des Viller Bergs in etwa ebenso breit war.

Die Rutschmasse selbst besteht überwiegend aus aufgelösten Großblöcken des lokal anstehenden Quarzphyllits. Sie wird an ihrer Oberfläche von Verwitterungsrückständen und einer dünnen Humusschicht überdeckt. Inklinometermessungen im Bereich der Rutschmasse aus der Zeit der Herstellung des Erkundungsabschnitts Innsbruck – Ahrental ließen vermuten, dass sich überwiegend oberflächennahe Bewegungen einstellen (saisonales Bodenkriechen), während die tieferen Anteile in Ruhe bleiben. Allerdings reagiert die Rutschung sehr sensibel auf Störungen im Fußbereich. Die Aushubarbeiten für das Tunnelportal des bereits in einer früheren Projektphase hergestellten Erkundungsstollens führten beispielsweise zu einem kurzfristigen starken Ansteigen der Kriechrate in den obersten Bodenschichten. Auch während des Vortriebs des Erkundungsstollens, der bereits in einer Vorprojektphase durchgeführt wurde, wurden kurzzeitig ansteigende Kriechbewegungen im Hang oberhalb des Tunnelportals beobachtet. Sie kamen jedoch nach der Fertigstellung des Tunnels wieder zum Erliegen.

Der Erkundungsstollen Innsbruck – Ahrental liegt etwa 50 m östlich der Haupttunnelachse und durchörtert den östlichen Randbereich des Rutschkörpers. Im Zuge der Vortriebsarbeiten wurden dabei überwiegend in schluffig-sandig-kiesiger Matrix gebettete Quarzphyllitblöcke mit Kantenlängen bis 2 m angetroffen. Der Übergang zu

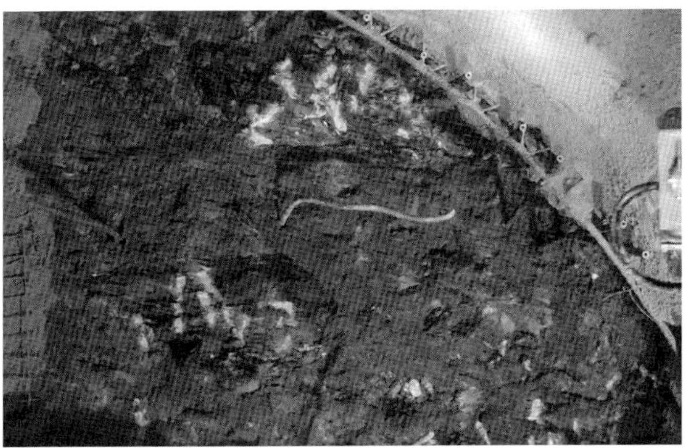

Bild 16. Vortrieb Erkundungsstollen im Rutschhang Viller Berg (Foto BBT)

den unter den Rutschmassen anstehenden Felseinheiten wurde bereits nach 40 Vortriebsmetern erreicht. Er zeigte sich als eine relativ deutlich abgegrenzte Zone, bestehend aus mehreren Scherbändern und Scherbahnen innerhalb eines stark verwitterten Felspakets aus Quarzphyllit (Bild 16).

5.3 Vorbereitende Maßnahmen – Voreinschnitt Viller Berg

Der Vorportalbereich des Tunnels Viller Berg liegt am orografisch rechten Ufer der Sill und war zu Baubeginn lediglich über die bereits in einer früheren Projektphase errichtete Zufahrtsbrücke zum Erkundungsstollen Innsbruck – Ahrental zugänglich. Da die bestehende Zufahrtsbrücke aufgrund der beengten Platzverhältnisse nicht für Großbaugeräte genutzt werden konnte, wurde in der ersten Niederwasserperiode eine Behelfsfurt über die Sill errichtet, um das Baufeld zu erschließen (Bild 17).

In einem weiteren Schritt wurde am orografisch rechten Sillufer eine Rampe geschüttet, um auf das Niveau der oberhalb des künftigen

Bild 17. Behelfsfurt über die Sill zur Erschließung des Baufeldes Viller Berg (Foto Fahrnberger)

Portalbauwerks zu errichtenden Ankerbalken zu gelangen. Mit diesen beiden Ankerbalken sollte die Massenbewegung soweit stabilisiert werden, dass danach mit einem Voreinschnitt an ihrem Fuß „gekratzt" werden durfte.

Parallel zum Bau der Zuwegungen und dem Beginn der Erdarbeiten zu den beiden Ankerbalken standen im gesamten Hangbereich noch mehrere Erkundungsbohrungen an, die als Inklinometer und Pegel ausgebaut werden sollten. Da in der gesamten Massenbewegung kein Bergwasser angetroffen wurde, verzichtete man auf die Pegel und stellte drei Inklinometer mit Teufen um die 100 m her. Die drei jeweils etwa 20 m ausserhalb der Tunneltrasse bzw. mittig zwischen den beiden späteren Tunneln abgeteuften Bohrungen zeigten dabei einen stark divergierenden Schichtenaufbau innerhalb einer sehr inhomogenen Rutschmasse des Viller Bergs. Gewachsener, ungestörter Quarzphyllit mit durchgehendem Kerngewinn wurde in allen drei Bohrungen in 50–70 m Tiefe bzw. auf einer Höhenlage von 600–620 m. ü. N. N. aufgeschlossen. Anhand der erbohrten Tiefenlage der Felslinie wurde die erforderliche Länge der Litzenanker über ein dreidimensionales Modell (Bild 18) letztendlich mit 42 bis zu 114 m festgelegt, um ausreichend Einbindetiefe in den anstehenden Fels zu gewährleisten.

Die Kernmargen aus der darüber liegenden Massenbewegung zeigten stark unterschiedliche Ergebnisse. Während die westlichste der drei Bohrungen, die im Nahbereich der Weströhre abgeteuft wurde, guten Kerngewinn mit zahlreichen Großblöcken zeigte, waren die Kernstrecken aus den beiden östlich davon gelegenen Bohrungen durch häufige Kernverluste und deutlich geringeren Anteil von Großblöcken charakterisiert. Insgesamt bestätigten die Bohrungen die ursprüngliche Annahme einer sehr heterogenen Rutschmasse mit in schluffig-sandig-kiesiger Matrix gebetteten Blöcken und Großblöcken, die mit zunehmender Tiefe dichter gelagert sind und letztendlich in anstehenden Fels übergehen.

Die aus dem Vortrieb des Erkundungsstollens bekannte, relativ scharf abgegrenzte basale Scherzone konnte in den Bohrungen in dieser prägnanten Form nicht nachgewiesen werden. Ähnlich wie am Vor-

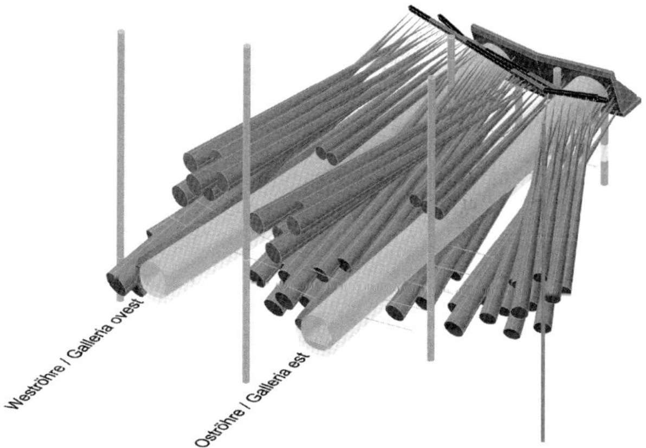

Bild 18. 3D-Grafik: verankerte Konstruktionen, Inklinometerbohrungen und Tunnelröhren

einschnitt Tunnel Silltal stellte sich eine Interpretation von Kernverlusten als Lockermaterial oder Hohlraum als unmöglich dar.

Im Zuge der Vorbereitungsarbeiten für den Aushub der Arbeitsplattformen zur Herstellung der beiden Ankerbalken wurde festgestellt, dass die tatsächlich angetroffenen Geländeverhältnisse und insbesondere die Geländemorphologie deutlich von dem in der Planung verwendeten, aus einer Geländebefliegung generierten Geländemodell abwichen. Nach erfolgter Rodung des Geländes zeigten sich sowohl im Bereich der beiden Ankerbalken als auch im Bereich des Portalbauwerks ausgeprägte Senken, die mit Aushubmaterial aus dem Hanganschnitt Tunnel Silltal aufgefüllt werden mussten. Nach Westen hin tauchte eine etwa 80° steile Böschungsfläche nach hinten ab, sodass die Endschenkel der Balken anzupassen waren. Aufgrund der Geländesteilheit konnte der Einschnitt nicht in einer für ein Bohrgerät erforderlichen Breite hergestellt werden, weshalb eine vom Flussufer aufbauende Vorschüttung nötig wurde.

Die Herstellung der beiden Ankerbalken inklusive der 63 bis zu 114 m langen Litzenanker gestaltete sich aufwendig und langwierig. Die Methodik war bereits von den Ankerbalken Silltal bekannt: 20 t-Bagger mit Betonkübel über unangenehm steile Rampen. Bohrungen und Versetzen der Litzenanker hätten plangemäß vor der Herstellung der Betonbalken durchgeführt werden sollen. Aufgrund der beiden unter den Balken vorzutreibenden Tunnelröhren und aus dem Bedürfnis heraus, die Vorspannanker gegenseitig zu verschränken, entstand ein komplexes Bohrschema, bei dem man im Fall zu großer Abweichungen Bohrungen u. U. wiederholen müsste. Windschief zueinander liegende Litzendaueranker bedingen auch die jeweiligen individuellen Kopfgeometrien. Deshalb zog die Baufirma es vor, zuerst und ohne störende Überstände der Litzen die Balken mit den unzähligen unterschiedlichen Aussparungen für die Köpfe zu betonieren. Das anschließende Bohren verlangte höchste Präzision, um gegenseitige Beeinflussungen oder Beschädigungen zu vermeiden oder gar den Verpresskörper innerhalb des Vortriebsbereichs herzustellen.

Unmittelbar nach Bohrende wurde der Verlauf gemessen. Die Daten wurden an den Planer geliefert und von diesem in ein 3D-Modell eingearbeitet. Es konnte jede Bohrung zum Ankereinbau freigegeben werden. Dies ist umso bemerkenswerter, als das Bohren durch die Massenbewegung aus Großblöcken, schluffig-kiesigen Blockzwickeln und Hohlräumen alleine schon als Kunststück angesehen werden kann. Zu Beginn versuchte man, wegen der wechselnden Bedingungen trocken zu bohren, was Leistungen von 25–30 m pro Tag zur Folge hatte. Erst nach entsprechender Übung und Umstellung auf Spülung und Verrohrung konnten Tagesleistungen von 80–100 m erzielt werden.

Da über das Verhalten der Massenbewegung noch keine Aussagen gemacht werden konnten, setzte der Planer auf Vorspannanker mit verstellbaren Köpfen. Die Vorspannkraft der Ankerlitzen wurde mit 50% der Streckgrenze festgelegt. Damit wurde sichergestellt, dass je nach Bewegung des Hangs die eingeleiteten Kräfte nachjustiert werden könnten. Die Verpressstrecke betrug 12 m.

Nach erfolgter Festlegung wurde mit dem Abtrag eines etwa 70° geneigten Voreinschnitts begonnen. Dieser wurde an der Westseite bis zum unteren Balken vernagelt und gesichert. Die Vorschüttung erwies sich in diesem Zusammenhang als vorteilhaft, da sie ausreichend Arbeitsplatz für ein Bohrgerät bot. Gemeinsam mit dem Abtrag waren nämlich die beiden Einfahrtsrohrschirme der Röhren sowie Daueranker achsparallel zu den Tunnelröhren abzuteufen, welche über vier vertikale Wandscheiben Pfahlrostplatte und Vorsatzscheibe der Portale gegen den Hang verspannen (Bild 19). Auch hier waren Litzenanker vorgesehen, die allerdings erst nach dem Ende des konstruktiven Betonbaus gespannt werden können. Aufgrund des Umstands, dass die Wandscheiben an ihrem Fuß eine Stärke von mehr als 7 m aufweisen und erst drei Jahre nach dem Versetzen der Anker betoniert werden sollten, wären die aus dem Gelände ragenden Überstände von 8 m äußerst schwierig zu schützen gewesen. Deshalb hat man umentschieden und Stabanker anstelle der Litzenanker verwendet und deren Endstücke erst nach Tunnel- und Pfahlbau angemufft. Ein weiterer Vorteil dieser Entscheidung bestand in der Möglichkeit, die Stabanker bereits zu einem sehr frühen Zeitpunkt ihrer Prüfung unterziehen zu können – an den Litzenankern wäre die Prüfung erst nach Fertigstellung des Betonbaus möglich gewesen.

Bild 19. Portal Viller Berg – Montage Dauereinstabanker (Foto Gebauer)

5.4 Vortrieb West- und Oströhre

Nach erfolgtem Voreinschnitt, der bis ca. 2 m unter die Gewölbesohle der Tunnel reicht, wurde der Vorportalbereich wieder auf Niveau Kalottensohle aufgeschüttet. Wenn Platzverhältnisse im Zuge eines Voreinschnitts als eng beschrieben werden, bedeutet das für den Tunnelbau während der Anschlagsituation eine höchst komplexe Situation. In guter Absicht wurde eine Furt noch vor dem Anrücken der Vortriebsmannschaften mittig zwischen die beiden Röhren geschüttet, da zu diesem Zeitpunkt die vorauseilende Röhre nicht definiert war. So kam es, dass jedes Gerät die ersten 10–15 m Vortrieb rechtwinklig zur Vortriebsrichtung stehend arbeiten musste. Beim Spritzen des Anschlags stand der Mischer hinter dem Spritzmobil so steil, dass der Spritzbeton nicht aus der Trommel wollte. Die logistische Situation, insbesondere die der Furt, bot also noch Luft nach oben (Bild 20).

Zu den logistischen Aufgaben kamen noch behördliche Rahmenbedingungen hinzu, die im Tunnelbau eher unüblich sind: Die Vortriebs-

Bild 20. Portal Viller Berg – Anschlagsituation Weströhre (Foto Gebauer)

arbeiten waren auf wochentags zwischen 06:00 und 22:00 Uhr beschränkt. Insbesondere im Einfahrtsbereich, wo die lockere bis maximal mittlere Lagerungsdichte des Massenbewegungsmaterials nach einer vernünftigen Ortsbrustsicherung verlangte, war es den Mineuren nicht immer leicht verständlich zu machen, dass ein halbfertiger Abschlag um 21:30 Uhr gesichert werden musste, weil um 22:00 Uhr die Sperrstunde schlägt.

Wie an anderer Stelle bereits erwähnt, unterscheidet sich der herzustellende Querschnitt vom Standardquerschnitt des Basistunnels durch eine geringfügige Erhöhung des Lichtraumprofils um 20 cm. Aufgrund des Lockermaterialcharakters der Massenbewegung wurden im betrachteten Los nur Regelquerschnittstypen mit leichtem Sohlgewölbe ausgeschrieben. Die Regelkalotte hatte eine Fläche von 65 m^2, Strosse und Sohle als Einheit ca. 28 m^2. Neben diesem Querschnitt wurde in jeder Röhre eine Aufweitung für Strahlventilatoren mit insgesamt 104 m^2 Ausbruchsfläche vorgetrieben. Als Lösemethode wurde im Lockergestein grundsätzlich von mechanischem Baggervortrieb ausgegangen. Das ist nachvollziehbar, fand doch der Großteil des Vortriebs innerhalb der als Lockermaterial bezeichneten Massenbewegung statt. Ein zweiter Beweggrund für mechanischen Vortrieb waren auch die unzähligen Litzen- und Stabanker im unmittelbaren Bereich (bis zu 1,5 m) der Laibung, deren Funktionalität man keinem Risiko aussetzen wollte. Diesem Umstand ist eine weitere Besonderheit geschuldet: Gerade im Einfahrtsbereich nach den beiden 15 m langen Rohrschirmen konnte über eine ähnlich lange Strecke keine Systemankerung eingesetzt werden. Erst nach etwa 25–30 m tauchten die obersten vier Stabanker der Aussteifungsscheiben unter die Kalottensohle ab, weshalb zumindest der Ulmbereich vernagelt werden konnte. Aufgrund der wesentlich längeren Litzenanker der Ankerbalken blieb eine Firstnagelung noch wesentlich länger aus.

Der Vortrieb wurde mit der Weströhre begonnen. Man versprach sich davon, dass die nach dem Tunnelbau für die Gründung des Portalkomplexes zuständige Mannschaft im „hintersten Winkel" des Loses anfangen könnte, sollte der Vortrieb der Oströhre noch nicht abgeschlossen sein. Entgegen den Erfahrungen, die man beim Erkundungsstollen Innsbruck – Ahrental gemacht hat, konnten in der Weströhre bereits die ersten Meter unter dem Rohrschirm nicht mit Bagger und Reißlöffel gelöst werden. Es wurden keine verwitterten Blöcke von 2 m Kantenlänge in Matrix angetroffen, sondern unverwitterter, bester Quarzphyllit ohne Matrix, aber mit Hohlräumen und mit Kantenlänge größer Querschnittsbreite. Die Folge war ein Abtrag mit Hydraulikmeißel und später Anbaufräse; teilweise konnte nur ein Abschlag am Tag hergestellt werden.

Da man das Verhalten und die Blockgrenzen nicht näher kannte, wurde dieser Bereich auch konsequent in Teilflächen ausgebrochen. Nach etwa 30 m Vortrieb wurde der erste Versuch von Lockerungssprengungen gewagt. Zu diesem Zeitpunkt musste man nicht mehr die Begleitung von Stabankern und deren mögliche Beschädigung fürchten. Aufgrund der zahlreichen Hohlräume waren die Ergebnisse der Versuche ziemlich unbefriedigend. Zahlreiche Ladungen bliesen in Hohlräume aus, die Profilgenauigkeit war grenzwertig. Dennoch reduzierte sich der Zeitbedarf für den Ausbruch erheblich. So ging man allmählich, wenn das Ortsbrustbild einen Abschlag durch Sprengen nicht völlig ausschloss, zum Sprengvortrieb über. Letztlich etablierte sich so – mit Ausnahme des fehlenden Durchlaufbetriebs – ein ziemlich gewöhnlicher Vortrieb.

Aufgrund des geringen Platzangebots wurden vom Ausführenden eigentlich die beiden Vortriebe in Serie vorgesehen. Erst Weströhre, dann Oströhre. Die Bedrohung durch die Hochwässer im Frühjahr bei Schneeschmelze und der Bauzeitverlust mit den Anfangsschwierigkeiten der Weströhre haben den Unternehmer jedoch zum Parallelbetrieb veranlasst. Als in der Weströhre Station 50 in etwa erreicht wurde, rüstete man auf und schlug auch die Oströhre an.

In der Oströhre, nur 50 m entfernt, zeigte sich ein völlig anderes Bild der Geologie im Einfahrtsbereich: Zu Anbeginn waren Blöcke Mangelware, schluffig-sandige Matrix wechselte sich mit organischem Material ab. Baumstämme, Wurzeln, Schwemmgut – alles, nur kein Fels. Das Material demonstrierte noch unterhalb des Rohrschirms seine ausgesprochene Rieselfreudigkeit (Bild 21). Hauptgrund dafür

Bild 21. Vortrieb Tunnel Viller Berg Weströhre in stark heterogenen Gebirgsverhältnissen (Foto Gebauer)

war, dass die Firste der Oströhre noch in die Oberboden- und Hangschuttauflage der Massenbewegung einschnitt. Das Eindringen von kohäsionslosem Material in Hohlräume der Großblockstruktur war auch maßgeblich verantwortlich für Oberflächensetzungen zwischen 15 und 18 cm. Zu Vortriebsbeginn in der Weströhre wurde nicht gleich verstanden, dass ein solches Volumen in Hohlräume eindringen kann, um derart große Setzungen zu verursachen. In der Oströhre konnte dieser Umstand in Echtzeit mitverfolgt werden.

Auch im Hohlrauminneren kam es zu signifikant höheren als den prognostizierten Verformungen. Überwiegend standen den 4 cm aus der Prognose Werte um 7–8 cm gegenüber – grundsätzlich nicht viel, jedoch extrem langsam kriechend, sodass ein Ende schwer abgeschätzt werden kann. Zusätzlich war keine Tendenz erkennbar, sondern es schien sich immer um lokale Phänomene des Blockgleitens zu handeln. Auffällig war, dass die Kriechbewegung dynamisch induziert werden musste: Montag bis Freitag Kriechen; keine Erschütterungen am Wochenende und deshalb auch keine Bewegungen. Aus Sicht des Verfassers kann mit diesen Verformungen allerdings keine globale Hangbewegung in Verbindung gebracht werden. Vermutlich handelt es sich um lokale Verdichtungsprozesse in einer nach dem Abgleiten immer noch locker gelagerten Sturzmasse.

Anders als im benachbarten Erkundungsstollen, wo der Übergang zu den unter der Massenbewegung anstehenden Festgesteinseinheiten bereits nach 40 Vortriebsmetern erreicht wurde, erstreckte sich die aus aufgelösten Großblöcken bestehende Rutschmasse wesentlich weiter in das Berginnere. In der Oströhre wurde gewachsener Fels letztendlich bei Tunnelmeter 50, in der Weströhre bei Tunnelmeter 80 erreicht. Planmäßig wurden beide Vortriebe danach mit dem Einbinden der beiden Röhren in anstehendes Festgestein abgebrochen. Der Durchschlag der beiden Tunnelröhren sowie auch der Einbau der Innenschale wird durch das Nachbarbaulos H41 erfolgen.

Trotz anfänglicher Schwierigkeiten und der für eine Tunnelbaustelle ungewohnten Rahmenbedingungen konnten die Vortriebsarbeiten in beiden Tunnelröhren termingerecht und noch vor Beginn der nächsten Hochwasserperiode abgeschlossen werden.

5.5 Portalbauwerk Viller Berg

Das Portalbauwerk Viller Berg lässt sich eigentlich recht einfach beschreiben: Im Grunde geht es um eine pfahlgegründete Winkelstützmauer, deren massige Lisenen die gesamte Konstruktion vorgespannt an den Voreinschnittshang pressen. Das Portalbauwerk ist zudem auch noch Widerlager für zwei Stahlfachwerktragwerke. Etwas präziser kann man sagen, dass das Portalbauwerk als fangedammartige Pfahlbockkonstruktion mit einer darauf aufgesetzten, über vier Wandscheiben ausgesteiften hangseitigen Portalwand konzipiert wurde, wobei die Wandscheiben ebenfalls mit Vorspannankern, die bis bis in die anstehenden Quarzphyllite reichen, mit dem in größerer Tiefe an-

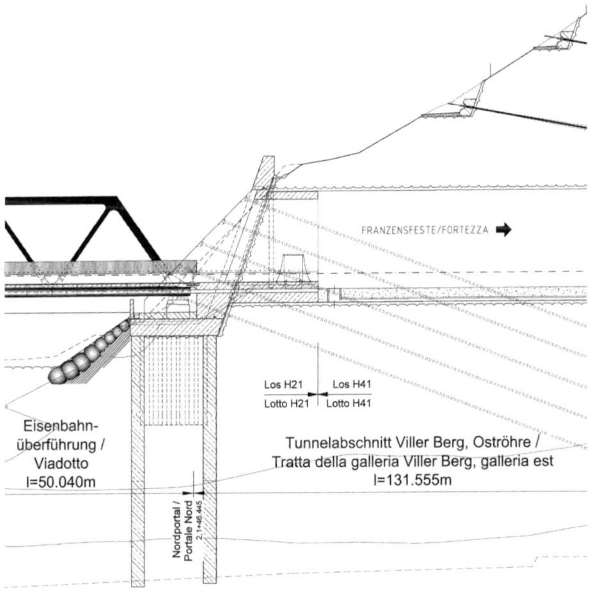

Bild 22. Schnitt Portalbauwerk Viller Berg

stehenden Gebirge verspannt werden (Bild 23). Die Pfahlkopfplatte bildet dabei das Fundament für die monolithisch mit ihr verbundene hangseitige Vorsatzscheibe und die vier Wandscheiben.

Die Pfahlbockkonstruktion des Portalbauwerks Viller Berg besteht aus zwei entlang des orografisch rechten Ufers der Sill verlaufenden Bohrpfahlreihen, wobei die flussseitigen Bohrpfähle zur Aufnahme des horizontalen Hangschubs in den unter der Rutschmasse aufgeschlossenen Quarzphyllit einbinden (Bild 22).

Die beiden uferparallelen Bohrpfahlreihen der Pfahlbockkonstruktion werden zusätzlich durch insgesamt vier quer dazu angeordnete Reihen mit überschnittenen Bohrpfählen und einer massiven, 1,5 m dicken Pfahlkopfplatte ausgesteift. Ursprünglich waren fünf Aussteifungsreihen vorgesehen, doch konnte auf die Reihe in der Symmetrieachse aufgrund günstigerer Bedingungen verzichtet werden. Im Gegensatz zu den uferparallelen Pfählen, die mit variablen Längen und

Bild 23. Portalbauwerk Viller Berg, Bewehrungarbeiten Aussteifungsscheibe (Foto Gebauer)

entsprechenden Einbindetiefen in den Fels als Spitzendruckpfähle bemessen sind, ist den achsparallelen Füllpfählen nur horizontale Aussteifung zugeteilt. Sie wurden deshalb mit fixen Längen hergestellt.

6 Flussbau, Zufahrtsbrücke, Fußgängerbrücke

Im Eingangskapitel wurde bereits auf Baumaßnahmen abseits eigentlicher Spezialtiefbau- und Tunnelbauthemen hingewiesen. Drei Beispiele unter vielen anderen sollen hier erwähnt werden: zwei wegen ihrer Notwendigkeit für die Umsetzung des Gesamtprojekts und eines wegen seiner besonderen Eleganz.

Die Trasse der neuen Brennerbahn beansprucht Platz – Platz, der vor Beginn der Baumaßnahmen dem Fluss und teilweise der Natur zugestanden war. So behinderte an der nördlichen Losgrenze ein bestehendes Wehr sowie im östlichen Bereich eine stillgelegte Industrieanlage die Fischpassierbarkeit. Da die Achse der Sill um die Breite der Bahntrasse nach Osten verrückt werden musste, sollte das Wehr abgetragen und zu einer fischpassierbaren Rampe umgebaut werden. Die Rampe überwindet auf einer Länge von ca. 350 m einen Höhenunterschied von 8 m bei dem Wasserandrang eines (statistisch einmal in 100 Jahren auftretenden) Hochwassers HQ_{100} von 400 m^3/s. Das ist hydraulisch beachtlich und erfordert deshalb eine entsprechende Bettsicherung, die in Form von sechs betongebetteten Sohlgurten in fünf Sektionen umgesetzt wurde. Diese Zwischenbereiche wurden als Blockstein-Steinschlichtungen ausgeführt. Insgesamt wurden in zwei Niederwasserperioden ca. 12.000 m^3 Wasserbausteine der Klassen HMB1000/3000 und HMB3000/6000 für die Vor- und Nachbettsicherung sowie die Rampe verlegt. Bild 24 zeigt Arbeiten an der Sohlrampenherstellung – im Hintergrund ist jedoch noch ein weiteres, bald nach Baubeginn herzustellendes Bauwerk zu sehen: das Stahlfachwerk der neuen Zufahrtsbrücke.

Bereits vor dem Beginn der Arbeiten am Erkundungsstollen Innsbruck–Ahrental wurden in einem Vorlos eine Zufahrtsbrücke (Bild 25) zur Erschließung des Baufelds am Fuß des Bergisel sowie die Portalbrücke zum Erkundungsstollen errichtet. Beim endgültigen

Bild 24. Sohlrampe Sill – Frühjahr 2022 (Foto Gebauer)

Bild 25. Montage der neuen Zufahrtsbrücke (Foto Gebauer)

Projekt standen der Neubau der Zufahrtsbrücke und der anschließende Abtrag der alten Brücke an.

Das letzte Bauwerk, das hier behandelt wird, ist zwar nicht für das Entstehen der Zufahrt zum Brenner Basistunnel, wohl aber für die Bevölkerung der Stadt Innsbruck wesentlicher Bestandteil. Die Anrainer haben wegen der Lage der Baustelle für fünf Jahre auf ein für jeden zu Fuß erreichbares Naherholungsgebiet verzichten müssen und erhalten dafür nach Abschluss der Bauarbeiten einen neu gestalteten Erlebnisraum zurück. Der Eintritt in diese Welt am Fluss erfolgt natürlich über eine Brücke.

Der neue Wanderweg in die Sillschlucht wird entlang der Stützwand Sillschlucht bis zum westlichen Widerlager der Fußgängerbrücke bei Block 7, über die Fußgängerbrücke auf das östliche Ufer der Sill und entlang der Zufahrtsstraße über die neue Zufahrtsbrücke bis zum Tunnel Silltal führen. Dort überquert er diesen und bindet am Osthang des Bergisel wieder an das bestehende Wegenetz an.

Bild 26. Neue Fußgängerbrücke über die Sill (Foto Gebauer)

Die Fußgängerbrücke wurde als Spannbandbrücke in Massivbauweise mit einer Breite von 2,70 m hergestellt (Bild 26). Bei einer Brückenlänge von ca. 55 m beträgt die Bauhöhe des Spannbands lediglich 35 cm. Im Übergang zu den Widerlagern wurde die Unterseite des Überbaus angevoutet und die Konstruktionshöhe bis auf 1,50 m vergrößert. Die Widerlager wurden als massive Stahlbetonkonstruktion pfahlgegründet ausgeführt. Das Widerlager West wurde in Block 7 der Stützwand Sillschlucht integriert. Der Überbau wurde in Spannbetonbauweise auf Traggerüsten hergestellt.

7 Schlusswort

Auf einer Länge von knapp 600 m haben sich ab Herbst 2020 Erdbauer, Böschungssicherer, Pfahlbauer, Tunnelbauer, Brücken- und Betonbauer eingefunden, um alle gleichzeitig ihr Können zu demonstrieren. Das mag pathetisch klingen. Aber es ist gelungen, das lässt sich bereits vor Fertigstellung behaupten. Vieles, das hier geschaffen wird, ist technisches Neuland, viele Leistungen werden unter ungünstigen Rahmenbedingungen erledigt. Es sind die Planer zu würdigen, die einen machbaren logistischen Faden ersonnen haben. Nicht zuletzt sind auch diejenigen zu würdigen, die den gedachten Faden konsequent in die Tat umgesetzt haben:

Für die Bauwerks-Planung: Planungsgruppe Brenner Basistunnel Nord – PG BBTN

- OBERMEYER Infrastruktur GmbH & Co. KG
- Müller + Hereth Ingenieurbüro für Tunnel- und Felsbau GmbH
- hbpm Ingenieure GmbH / Ingegneri Srl

Flußbauplanung: Klenkhart & Partner Consulting ZT GmbH

Ausführung: PORR Bau GmbH Tiefbau, Niederlassung Tirol

- PORR Bau GmbH Abteilung Spezialtiefbau
- Porr Bau GmbH Abteilung Stahlbau
- Porr Bau GmbH Abteilung Tunnelbau
- G. Hinteregger & Söhne Baugesellschaft m.b.H.

Örtliche Bauaufsicht: ÖBA-H21 BERNARD Gruppe ZT GmbH – GEOCONSULT ZT GmbH – IGT – Geotechnik und Tunnelbau ZT GmbH

Literatur

[1] BBT-SE (2022) *Baulos Sillschlucht* [online]. Innsbruck: Brenner Basistunnel BBT-SE. https://www.bbt-se.com/fileadmin/broschueren/2022/baulos-sillschlucht/2/index.html [Zugriff am: 27.06.2023]

II. Elbquerungen – Tunnelbau unter herausfordernden Bedingungen

Tim Babendererde, Per Dost, Paul Erdmann, Michael Henzinger, Gudrun Karpa, Gerhard Zehetmaier

An vier aktuellen Beispielen werden Herausforderungen und Lösungsansätze bei maschinell aufzufahrenden Elbquerungen im Großraum Hamburg vorgestellt. Die Querungen der Küstenautobahn A 20 sowie der Höchstspannungsleitung SuedLink bei Glückstadt, der Fernwärme-Systemanbindung West in Hamburg sowie der B 5/B 209 bei Lauenburg befinden sich derzeit in jeweils unterschiedlichen Phasen der Planung bzw. Realisierung. Allen gemein ist der herausfordernde, äußerst heterogene Baugrund mit mächtigen Weichschichten in den Uferbereichen, die geringe Überdeckung im Bereich der Fahrrinne, die hohen Anforderungen an den Hochwasserschutz und das geländenah anstehende Grundwasser. Der Beitrag beschreibt anhand der vier Querungen, wie den herausfordernden Randbedingungen planerisch begegnet wird. Insbesondere Lösungen für die tiefen Start- und Zielschächte, Besonderheiten der maschinellen Vortriebe unter der Elbe mit Schilddurchmessern von 4,6 m–13,9 m sowie spezielle Konzepte für Planung, Bau und Betrieb systemrelevanter Infrastruktur werden beleuchtet.

Elbe crossings – tunnel construction under challenging conditions

Four current examples will be used to present challenges and solutions for Elbe crossings built with tunnel boring machines in the greater Hamburg area. The crossings of the A 20 coastal motorway and the SuedLink extra-high voltage line near Glückstadt, the West district heating system connection in Hamburg and the B 5/B 209 near Lauenburg are currently in different phases of planning and realization. Common to all of them is the challenging, extremely heterogeneous subsoil with thick soft layers in the shore areas, the low cover at the navigation channel, the high demands on flood protection and the groundwater level close to the surface. The article describes how the challenging boundary conditions are met in design using the four crossings as examples. In particular, solutions for the deep launching and target shafts, special features of the mechanized tunnelling under the Elbe with shield diameters of 4.6 m—13.9 m as well as special concepts for design, construction and operation of system-relevant infrastructure are highlighted.

Tunnelbau 2024, Herausgegeben von der DGGT, Deutsche Gesellschaft für Geotechnik e.V.

1 Einführung

1.1 Hintergrund

Die Unterelbe besitzt herausragende Bedeutung: Sie verbindet den Hamburger Hafen mit der Nordsee und schafft damit als Schifffahrtsweg sogar für größte Containerschiffe eine Zufahrt zum größten Überseehafen Deutschlands und einem der größten Häfen Europas. Dabei trennt sie aber Lebensräume voneinander und wird durch ihre enorme Breite – bei Glückstadt ist der Strom etwa 3 km breit, bei einer Solltiefe der Schifffahrtsrinne von mehr als 17 m – zu einem schwer zu überwindenden Hindernis. Stromabwärts der Hamburger Elbbrücken, auf einer Länge von immerhin 109 km, sind Brücken kaum mehr denkbar. Feste Querungen der Elbe sind bislang nur durch Tunnelbauwerke zu realisieren – trotz der äußerst schwierigen und herausfordernden Randbedingungen. Dabei markieren die heute existierenden Elbtunnel häufig auch entscheidende Entwicklungssprünge im Tunnelbau – so der 1911 eröffnete St. Pauli-Elbtunnel als erster Schildtunnel auf dem europäischen Kontinent oder die 2002 in Betrieb genommene 4. Röhre des neuen Elbtunnels, die mit dem damals weltweit größten Schild mit 14,2 m Durchmesser aufgefahren wurde.

1.2 Praxisbeispiele

Anhand vier aktueller Beispiele von Tunnelbauwerken zwischen Lauenburg und Glückstadt (Bild 1) sollen die herausfordernden Aspekte der Planung von Elbquerungen illustriert werden. Die vier herausgegriffenen Projekte repräsentieren unterschiedliche Stadien der Planung bzw. Realisierung. Während die Querung für die Fernwärme-Systemanbindung West (FWS West) in Hamburg bereits in Bau ist, beginnen bei der Querung des SuedLink (ElbX) zum Veröffentlichungszeitpunkt gerade die Arbeiten am Startschacht. Für den Tunnel der Bundesautobahn A 20 bei Glückstadt ist die Entwurfsbearbeitung abgeschlossen; zur Elbquerung Lauenburg werden aktuell im Rahmen des Vorentwurfs noch Tunnel- und Brückenvarianten gegeneinander abgewogen. Drei der Beispiele befinden sich westlich der Hamburger Elbbrücken und damit im Bereich der für Hochseeschiffe ausgelegten, in der Fahrrinne mindestens 17 m tiefen Tideelbe. Bei

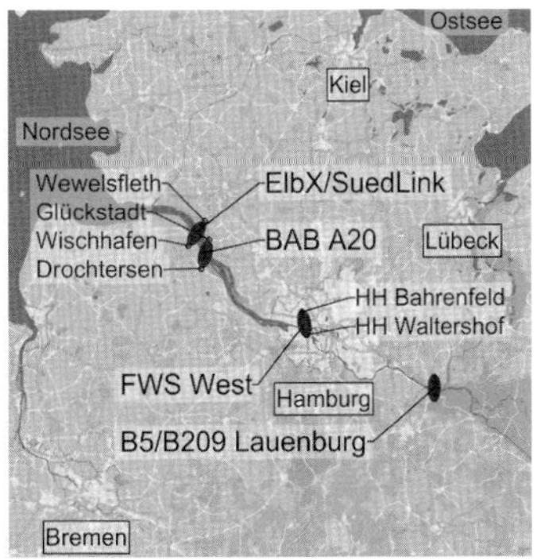

Bild 1. Elbe zwischen dem Wendland und der Mündung in die Nordsee bei Cuxhaven – betrachtete Elbquerungen sind markiert

Lauenburg im Osten Hamburgs sind bei 4 m Tiefe der Fahrrinne nur mehr Binnenschiffe anzutreffen; gleichzeitig sind dort – wegen des wenige km westlich liegenden Wehrs Geesthacht – Gezeiten nicht mehr zu berücksichtigen.

Die Querungen unterscheiden sich zudem durch ihre Funktion und damit durch ihre Durchmesser: ElbX und FWS West sind Infrastruktur-Tunnel für HGÜ-Kabel (Hochspannungs-Gleichstrom-Übertragung) bzw. Fernwärmeleitungen und weisen kleine Durchmesser bis 4,6 m auf, während die Tunnel für die A 20 und die Bundesstraße B 5/B 209 als Straßentunnel mit bis zu 13,9 m erheblich größere Ausbruchdurchmesser aufweisen.

Die vier gewählten Projekte repräsentieren damit ein möglichst breites Spektrum an Randbedingungen und möglichen Lösungsansätzen.

2 Randbedingungen und Herausforderungen

2.1 Überblick

Elbquerungen sind angesichts der anzutreffenden Randbedingungen stets technisch und genehmigungsrechtlich herausfordernde Projekte. Wesentliche technische Herausforderungen sind:

- heterogener Baugrund mit unterschiedlichsten Böden – von äußerst mächtigen organischen Weichschichten bis hin eiszeitlichen Sanden, Mergeln und Tonen mit eingelagerten Blöcken,
- große Wassertiefen insbesondere im Bereich der Fahrrinne mit tideabhängig variierendem Wasserstand, entsprechend großer Tiefenlage der Tunnel und hohen erforderlichen Stützdrücken,
- erhebliche Abstände zwischen den Deichen und damit große erforderliche Tunnellängen,
- vor dem Hintergrund wiederkehrender Sturmflut- und Hochwasserereignisse Hochwasserschutz des Bauwerks und gleichermaßen des Deichhinterlands,
- Behandlung und Transport von Bodenaushub und -ausbruch sowie von Material zur Baugrundverbesserung oder Auflastschüttung angesichts der infrastrukturell wenig entwickelten ländlichen Regionen einerseits (z. B. ElbX, A20) bzw. der dicht besiedelten, urbanen Räume andererseits (FWS West).

2.2 Geologie und Baugrundverhältnisse

Geologie und anzutreffende Baugrundverhältnisse werden entlang der Elbe durch zwei grundlegend unterschiedliche Formationen bestimmt: Die eiszeitlich geprägte Altmoränenformation der Geest und die tiefer liegende, nacheiszeitlich entstandene Elbmarsch.

Die Geest liegt gegenüber der Elbmarsch mehrere 10 m höher und fällt häufig steil zur Elbe bzw. zur Elbmarsch hin ab (Bild 2, rechte Bildhälfte). Unter Auffüllungen stehen Wechsellagen aus Geschiebemergeln (Grundmoränen) und Schmelzwassersanden sowie -kiesen an. Auf der Oberfläche der Mergelschichten finden sich häufig Steine unterschiedlicher Größe, die beim Abtauen der Gletscher zurückgelassen wurden. Darunter folgen weitere, während der vorhergehenden Eiszeit (Elster-Kaltzeit) gebildete und eiszeitlich vorbelastete Wechselfolgen aus Geschiebemergel, Lauenburger Ton und Beckensanden. Unterhalb der holozänen und quartären Schichten, in stark unterschiedlichen Tiefen, stehen tertiäre Glimmerschluffe und -tone großer Mächtigkeiten an.

Gegenüber der Geest sind die oberen Schichten der Marsch deutlich jünger (Bild 2, linke Bildhälfte). Die Geländeoberfläche der Marsch liegt üblicherweise auf Höhe des Meeresspiegels oder nur wenig darüber; lediglich in Bereichen intensiver Nutzung wie z. B. im Hamburger Hafen stehen darüber teils mehrere Meter mächtige Auffüllungen an, z. B. als Folge von Geländeaufhöhungen; dort liegt die Geländeoberkante (GOK) bei etwa 4–8 m über Normalhöhennull (NHN). Die Elbmarsch im Urstromtal der Elbe wurde wesentlich durch die abfließenden Schmelzwasser der letzten Eiszeit (Weichsel-Kaltzeit) geprägt. Mächtige Schichten aus Schmelzwassersanden und -kiesen lagern flächig über den älteren Lauenburger Tonen und Beckensanden der Elster-Kaltzeit. Auch hier stehen – wie im Bereich der Geest – in großer Tiefe tertiäre Glimmerschluffe und -tone an. Über den pleistozänen Sand- und Kiesschichten der Weichsel-Kaltzeit haben sich holozäne organische Weichschichten großer Mächtigkeit gebildet. Durch intensive Vegetation und die Entstehung von Mooren einer-

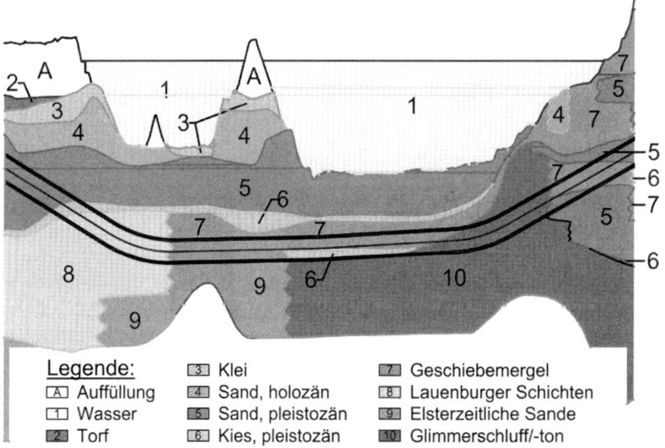

Bild 2. Geologischer Längsschnitt entlang des FWS West (Blickrichtung elbabwärts, Darstellung vereinfacht) – links typische Formation der Elbmarsch (Bereich Hamburger Hafen); rechts Geesthang (Bereich Hamburger Elbvororte).

seits und die Ablagerung von Trübstoffen und Schlick in Überflutungsgebieten des Elbe-Urstromtals andererseits haben sich Torf- und Wattsandlagen sowie vor allem Kleischichten mit Mächtigkeiten bis zu 20 m gebildet. Klei besteht dabei überwiegend aus Schluff mit unterschiedlichen Anteilen an Ton, Feinsand und organischen Substanzen. Er hat eine in der Regel weiche Konsistenz, die bei Wasserzutritt und dynamischer Belastung in eine breiige Konsistenz umschlägt und ihn in der Handhabung schwierig werden lässt.

Der steil zur Elbmarsch abfallende Geesthang markiert gleichzeitig die Berandung des Urstromtals der Elbe. Bis in einen Bereich unmittelbar an der westlichen Grenze von Hamburg zu Schleswig-Holstein im Bereich der Stadt Wedel reicht der Geesthang im Norden an die Elbe heran und ist damit für Elbquerungen relevant. Erst westlich von Wedel liegen Elbquerungen ausschließlich in der Elbmarsch.

Vor diesem Hintergrund wird deutlich, dass für Elbquerungen von äußerst heterogenen Bodenverhältnissen ausgegangen werden muss, die von tonig bis sandig und von breiig bis fest reichen und für den maschinellen Vortrieb, die Herstellung der Baugruben und naturgemäß auch für das Bodenmanagement berücksichtigt werden müssen.

2.3 Wasser – Gezeiten, Grundwasser, Hochwasser

Für Elbquerungen ist Wasser in vielerlei Hinsicht bedeutsam: Als in der Regel geländenah anstehendes Grundwasser, durch den Einfluss der Gezeiten und vor dem Hintergrund von Hochwasser- und Sturmflutereignissen, deren Auswirkungen beherrscht werden müssen. Sowohl für den maschinellen Vortrieb – z. B. hinsichtlich der erforderlichen Stützdrücke – als auch für die Herstellung und Hochwassersicherung der Start- und Zielschächte müssen die variablen Wasserstände berücksichtigt werden.

Für Elbquerungen ist naturgemäß der Wasserstand der Elbe entscheidend. Westlich der Staustufe Geesthacht, etwa 35 km stromaufwärts des St. Pauli-Elbtunnels in Hamburg, unterliegt der Elbwasserstand den Gezeiten (hier relevant für die Elbquerungen ElbX, A20 und FWS West). In Bild 3 sind beispielhaft für den Pegel St. Pauli charakteristi-

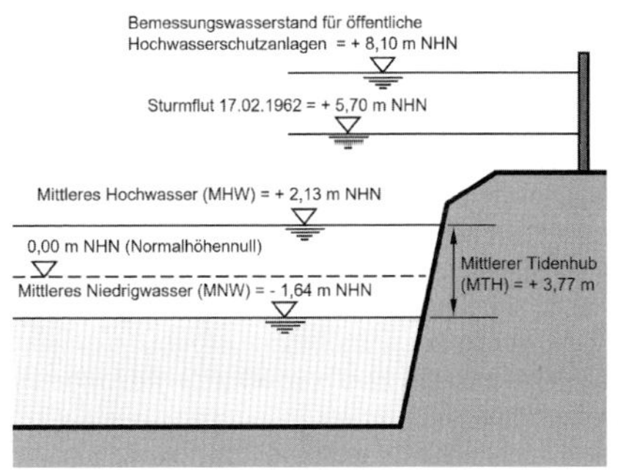

Bild 3. Wasserstände und Sturmfluten am Beispiel des Pegels St. Pauli; Sollhöhen für den Hochwasserschutz in Hamburg (nach [1])

sche Wasserstände angegeben (Bezug auf NHN). Der mittlere Tidenhub beträgt dort 3,77 m zwischen den Mittelwerten von Niedrigwasser (MNW) bei –1,64 m NHN und Hochwasser (MHW) bei +2,13 m NHN. Die katastrophale Sturmflut von 1962 erreichte +5,70 m NHN, der aktuelle Bemessungswasserstand für öffentliche Hochwasserschutzanlagen beträgt in Hamburg +8,10 m NHN.

In den Böden der Elbmarsch wird der Grundwasserstand durch die Elbe bestimmt. Die eiszeitlichen Schmelzwassersande und Kiese stehen in hydraulischer Verbindung mit der Elbe; abhängig von Durchlässigkeit und Abstand zum Strom treten die Gezeiten phasenverschoben und in den Amplituden gedämpft auf. Durch die Überdeckung mit gering leitenden Böden, vor allem Klei, steht das Grundwasser meist gespannt bzw. in Marschgebieten mit Geländehöhen nahe ±0 m NHN artesisch gespannt an. Oberhalb der bindigen Schichten ist mit Stauwasser zu rechnen.

In der höher liegenden Geest steht das Grundwasser lokal teils oberflächennah an, liegt aber – bedingt durch die Geländemorphologie – deutlich oberhalb des Elbwasserstands und ist entsprechend von den Gezeiten entkoppelt. Zur Elbe hin fällt der Grundwasserspiegel ähnlich der Geländeoberfläche ab. Zum Beispiel sind für die Elbquerung der FWS (Stadtgebiet Hamburg) für den Endzustand folgende maximale Wasserstände (BS-P) zu berücksichtigen: Am Startschacht (Elbmarsch) +8,0 m NHN, im Bereich der Elbe +7,2 m NHN, am Zielschacht (Geesthang) +13 m NHN.

Der Hochwasserschutz hat für die Elbufergebiete besondere Bedeutung. Unter anderem die katastrophalen Folgen der Sturmflut 1962 mit einem Wasserstand in Hamburg von +5,70 m NHN sind nach wie vor im öffentlichen Gedächtnis verankert. Dementsprechend wird bei Planung, Bau und Betrieb von Elbquerungen der Sicherung vor Hochwasserereignissen großer Wert beigemessen. Da Start- und Zielschächte in aller Regel im Deichhinterland liegen und auf Zwischenangriffe bzw. Schächte vor den Deichen verzichtet wird, müssen folgende Aspekte berücksichtigt werden:

- In den Tunnel eindringendes Wasser der Elbe – z. B. durch eine Havarie im Bereich der Ortsbrust – darf nicht zu einer Überschwemmung des Deichhinterlands führen.
- Ein Deichbruch darf nicht zur Überflutung des Tunnels und – bedingt durch die Wirkung des Tunnels als kommunizierende Röhre – zur Überflutung des gegenüberliegenden Deichhinterlands führen.
- Die Auswirkungen der Klimaveränderungen auf den Wasserspiegel bzw. Sturmflutereignisse sind abhängig von der geplanten Lebensdauer des Bauwerks zu berücksichtigen.

Konzepte zum Umgang mit Hochwassergefahren werden in Abschnitt 5.1 dargestellt.

3 Tunnel mit kleinen Durchmessern – Versorgungstunnel

3.1 Vorbemerkung – Durchmesser

Zur Herstellung von Tunneln oder Dükern, die als Teil der Versorgungsinfrastruktur Medien (Gase, Flüssigkeiten etc.) oder Energie (Stromkabel) transportieren, stehen verschiedene Verfahren zur Verfügung: Schildvortrieb, Rohrvortrieb, Horizontalspühlbohrverfahren (HDD). Für die beiden hier vorgestellten Elbquerungen wurde angesichts der erforderlichen Länge, des notwendigen Durchmessers und der geotechnischen Randbedingungen der Schildvortrieb als technisch sicher machbares, zuverlässiges und genehmigungsfähiges Verfahren ausgewählt.

Der Tunnelquerschnitt hängt zunächst von den aufzunehmenden Versorgungsleitungen ab; in den beiden vorgestellten Elbquerungen werden lediglich Stromkabel bzw. zwei Fernwärmeleitungen DN 800 eingebaut. Die Wahl des Durchmessers findet im Spannungsfeld von Wirtschaftlichkeit, Minimierung von Ausbruchsvolumen und eingesetzten Baustoffen einerseits sowie Anforderungen der Arbeitssicherheit andererseits statt. Aktuell werden Versorgungstunnel mit vergleichsweise kleinem Innendurchmesser von z. B. DN 3000 im Schildvortrieb aufgefahren (vgl. [2]); allerdings werden der Minimierung des Querschnitts Grenzen gesetzt. Angelehnt an den DAUB-Leitfaden für Sicherheit und Gesundheitsschutz auf Untertagebaustellen [3] wurden bei FWS West DN 3700 und bei ElbX DN 4000 als optimale Durchmesser festgelegt, um ergonomisches Arbeiten unter Tage, Logistik und reibungslose Rettung bzw. Selbstrettung zu gewährleisten.

3.2 Praxisbeispiele Versorgungstunnel

3.2.1 Elbquerung SuedLink / ElbX – Glückstadt

SuedLink bezeichnet eine rund 700 km lange Kabeltrasse aus HGÜ-Leitungen, die vorrangig im Norden Deutschlands aus Windkraft gewonnene elektrische Energie nach Süddeutschland transportieren und dabei eine Leistung von ca. 4 GW übertragen sollen. Realisiert wird der SuedLink durch die beiden Übertragungsnetzbetreiber TenneT und TransnetBW. Die Querung der Unterelbe nördlich Glückstadt – kurz als „ElbX" bezeichnet – ist eine der herausforderndsten Aufgaben im Zuge der Errichtung des SuedLink. Für den ElbX zwischen Wewelsfleth (Schleswig-Holstein) und Wischhafen (Niedersachsen) werden ein Bauwerk aus zwei etwa 25 m tiefen Schächten sowie zwei anschließende Muffenbauwerke jeweils im Deichhinterland (Bild 4) und ein ca. 5,2 km langer, begehbarer Schildtunnel (DN 4000; Außendurchmesser 4,6 m – Bild 5) erstellt, der von Wewelsfleth aus aufgefahren wird. Die Solltiefe der Elbe in der Fahrrinne liegt bei ca. –17,3 m NHN, an einzelnen Stellen (z. B. Kolke) ist

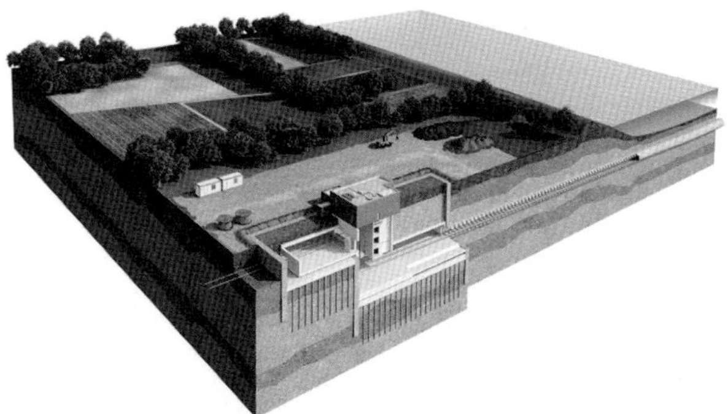

Bild 4. ElbX – Schachtbauwerk Schleswig-Holstein (Startschacht) und Schildtunnel (Quelle: TenneT TSO GmbH)

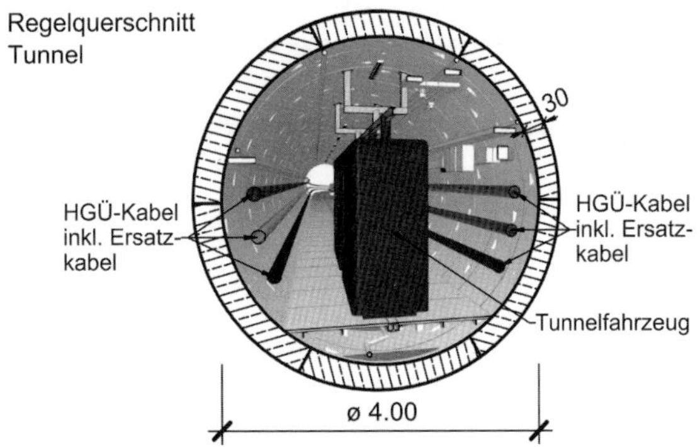

Bild 5. ElbX – Tunnelquerschnitt

der Fluss bis auf –22 m NHN eingetieft. Die Tunneloberkante liegt an der tiefsten Stelle bei ca. –36 m NHN.

Die Kabel (jeweils zwei Kabel je System sowie je ein Ersatzkabel) besitzen eine Länge von jeweils 5,6 km und werden ohne weitere Muffen in den Tunnel eingezogen. Die Schachtbauwerke mit den aufgesetzten Betriebsgebäuden dienen der Tunnelerschließung sowie der Kabelführung und enthalten die technische Infrastruktur zum Betrieb des Tunnels.

3.2.2 Elbquerung Fernwärmesystemanbindung (FWS) West – Hamburg

Die Fernwärmetrasse FWS West vom Hamburger Hafen bis in den Hamburger Stadtteil Bahrenfeld dient der Erschließung vom Wärmequellen im Hafengebiet südlich der Elbe und der Einspeisung der dort entstehenden Wärme – zu großen Teilen Abwärme aus dort ansässigen Industriebetrieben und der Müllverwertungsanlage Rugenberger Damm (MVR) – in das bestehende Fernwärmenetz im Stadtgebiet nördlich der Elbe (Bild 6). Hierfür werden zwei Fernwärmeleitungen (Vorlauf und Rücklauf) DN 800 konventionell – d. h. erdverlegt oder aufgeständert – ausgehend von der Kraft-Wärme-Kopplung- (KWK-) Anlage Dradenau im Hafen nach Norden an die Elbe herangeführt. Die Elbquerung wird durch einen ca. 1,2 km langen, begehbaren Schildtunnel (DN 3700, Außendurchmesser 4,3 m – Bild 7) realisiert. Aufgefahren wird der Tunnel vom ca. 30 m tiefen Startschacht im Hafengebiet aus. Der Zielschacht liegt im Elbsteilhang unmittelbar südlich der Elbchaussee im Hindenburgpark. Von dort wird die Fernwärmeleitung erdverlegt bis nach Bahrenfeld geführt und an das Bestandsnetz angeschlossen.

Im Bereich der Querung liegt die Flusssohle bei ca. –18 m NHN; die Tunneloberkante liegt an der tiefsten Stelle bei etwa –29 m NHN.

Der Trassenverlauf war das Ergebnis eines umfangreichen, iterativen Prüfprozesses. Das Hafengebiet ist charakterisiert durch vielfältige parallele Planungen, die aus Umbauten, Erweiterungen, Neubauten der Hafenanlagen resultieren. Aufgrund der Hafenlogistik sind freie

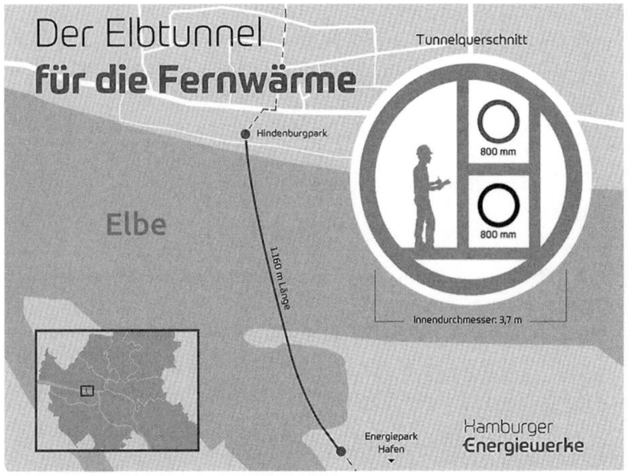

Bild 6. Fernwärme-Systemanbindung (FWS) West – Trassenverlauf [4]

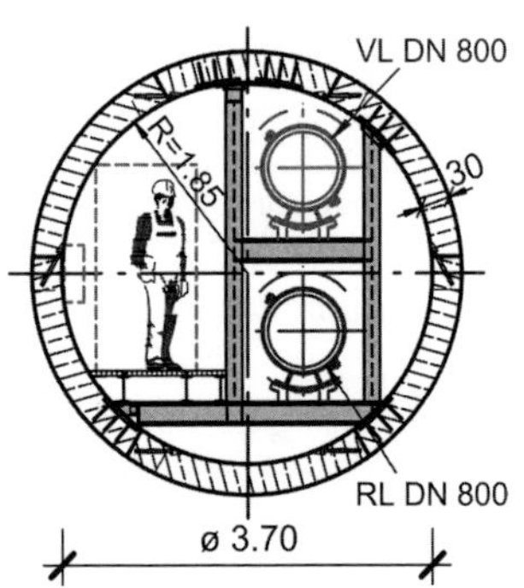

Bild 7. Fernwärme-Systemanbindung (FWS) West – Tunnelquerschnitt (Regelbereich)

Flächen, insbesondere für die Baustelleneinrichtung eines Tunnelvortriebs, nur schwer realisierbar. Das Gebiet nördlich der Elbe an der Elbchaussee ist geprägt durch sehr hochwertige Wohnbebauung innerhalb großflächiger Grundstücke sowie exponierte Grünanlagen am Elbhang. Unter Berücksichtigung der unterschiedlichen Einstufungen der Gebiete südlich und nördlich der Elbe (Wohngebiet, Industriegebiet), der verfügbaren Flächen für Baustelleneinrichtung, der Transportlogistik im Hinblick auf Verkehrsrouten und Anfahrbarkeit wurde entschieden, den Vortrieb von der Hafenseite zu beginnen.

3.3 Maschinelle Vortriebe

3.3.1 Lösungsansatz ElbX

Ortsbruststützung

Die Auswahl des Verfahrens zur Ortsbruststützung wurde vor allem durch drei Aspekte dominiert:

- Bedingt durch die Tiefenlage unter der Elbe werden Stützdrücke und auch Drucklufteinstiege über 4,0 bar erforderlich; gleichzeitig verändern sich die Stützdrücke mit den Gezeiten.
- Entlang der Tunnelstrecke, die vollständig im Bereich der Elbmarsch liegt, werden stark unterschiedliche Böden durchfahren, u. a. holozäne Wattsande, teils mit Kleilagen, pleistozäne Schmelzwassersande und -kiese, schluffige Sande und Lauenburger Ton. Dabei werden mit großer Wahrscheinlichkeit Findlinge und Blöcke angetroffen.
- Kohäsive, zur Verklebung neigende Böden werden dabei allerdings nur in untergeordnetem Maß durchfahren.

Vor diesem Hintergrund fiel die Wahl auf eine Tunnelbohrmaschine (TBM) mit Flüssigkeitsstützung. Als Besonderheiten weist die gewählte TBM eine Vorbereitung für Druckluftarbeiten mit Mixgasen sowie die Möglichkeit der Zugabe von Anti-Verklebungs-Polymeren direkt an der Ortsbrust auf.

Druckluftarbeiten

In Kombination mit dem kleinen Durchmesser sind gerade die hohen erforderlichen Drücke eine große Herausforderung. Die kleine TBM bietet dem Personal nur wenig Rückzugsmöglichkeiten aus dem Abbauraum. Deshalb ist die Stabilität der Ortsbrust von größter Wichtigkeit. Die TBM ist zusätzlich zu den üblichen Einstiegsmöglichkeiten mit zwei Kameras zur Überwachung der Ortsbrust und der Arbeiten ausgestattet. Alle aus den Großmaschinen bekannten Anschlüsse für Schweißstrom, Hochdruckreiniger, Mixgasversorgung etc. sind zusätzlich in die Druckwand integriert worden. Damit soll eventuell notwendigen Arbeiten zum Beheben unerwünschter Ereignisse vorgesorgt werden. Eine weitere Besonderheit der TBM wird in der Druckluftregelung zu finden sein. Obwohl die ausschließlich über Druckluft operierenden Regelungsanlagen extreme Vorteile haben, musste bei den Elbquerungen auf elektronische Regler zurückgegriffen werden. Nur so kann der sich durch die Tide ständig verändernde Stützdruck bei den Druckluftarbeiten automatisch nachgeregelt werden. Die Nachregelung erfolgt über eine Berechnung im Datenmanagementsystem, das den aktuellen Tidestand vom nächsten Elbpegel ausliest, in der freigegebenen Druckluftberechnung verarbeitet und den erforderlichen Stützdruck einstellt.

Für die Druckluftarbeiten oberhalb der deutschen Druckluftverordnung wurde im Voraus mit den Genehmigungsbehörden und der Berufsgenossenschaft die grundsätzliche Genehmigungsfähigkeit abgestimmt.

Neben den beschriebenen Lösungsansätzen für Druckluftarbeiten wird bei der TBM auf eine sehr enge Überwachung des Verschleißes durch Verschleißsensoren und regelmäßige verpflichtende Drucklufteinstiege Wert gelegt. Intention dieser Maßnahmen ist die Vermeidung von Schneidradschäden, die in der Regel mit großem Zeitaufwand und langen Expositionsdauern der Mitarbeiter unter Druckluftbedingungen einhergehen. Dafür wird das Schneidrad mit hydraulischen Verschleißsensoren oberhalb der flächigen Schneidradstruktur und auch oberhalb der Werkzeughalter ausgerüstet. Darüber hinaus sind alle 100 m Drucklufteinstiege vertraglich vorgeschrieben. Durch die regelmäßigen Drucklufteinstiege soll Verschleiß schon erkannt werden, bevor Abbauwerkzeuge und deren Halter in Mitleidenschaft gezogen werden und Schäden am Schneidrad entstanden sind. Hierdurch erhöht sich zwar die Anzahl der Drucklufteinstiege, jedoch wird jeder einzelne Drucklufteinstieg für sich kürzer.

Anti-Verklebungszugabe an der Ortsbrust

Der bisherige Nachteil der Slurry-TBMs, dass sie nicht mit verklebungsminimierenden Polymeren arbeiten können, wird seit wenigen Jahren aufgeweicht. Die Polymere haben die negative Eigenschaft, dass sie nicht nur das Bentonit der Stützsuspension in seiner Wirkung reduzieren, sondern auch, dass sie bei hoher Konzentration zum Schäumen in der Separationsanlage neigen. Durch eine Anpassung des Konzepts der Zugabe konnte der Einfluss auf die Reduktion der Stützwirkung und das Schäumen so stark minimiert werde, dass der Einsatz nun deutliche Vorteile aufweist. Durch die Zugabe unmittelbar an der Ortsbrust werden die Anti-Verklebungs-Polymere hauptsächlich direkt an den frisch aufgeschnittenen Tonschichten aktiv und verhindern das erneute Verkleben des Tons bzw. die Anhaftung (Kohäsion und Adhäsion) am Schneidrad. Durch die Anwendung direkt an der Ortsbrust ist lediglich eine geringe Dosierung erforderlich, um die gewünschte Wirkung zu entfalten. Der Anteil, der in der Bentonitsuspension verbleibt, ist so gering, dass er nicht mehr zum Schäumen in der Separation bzw. zur Kavitation in den Kreislaufpumpen führt. Erste Erfahrungen hiermit wurden schon bei Schildvortrieben sowohl mit großen als auch kleinen Durchmessern im In- und Ausland gesammelt.

3.3.2 Lösungsansatz FWS West

Ortsbruststützung

Die Baugrundschichtung in der Trasse der FWS-West-Querung ist in Bild 2 wiedergegeben. Der Tunnel verläuft in großen Bereichen im Glimmerton, Geschiebemergel und Lauenburger Ton, damit zu mehr als 75 % in Böden, für die primär eine Erdruckstützung infrage kommt.

Lediglich die Anfangs- und die Endstrecke liegen in Böden, die für ein Slurry-Abbauverfahren besser geeignet sind. Deshalb wurde bei FWS West eine TBM im EPB-Verfahren gewählt. Der Entscheidung war ein intensiver Abstimmungsprozess zwischen allen Beteiligten der Planung vorrausgegangen. Selbstverständlich waren den Beteiligten die zu erwartenden Aufwände bei den Drucklufteinstiegen bewusst. Auch die Argumente der größeren Erfahrung mit Slurry-Vortrieben in Norddeutschland wurden berücksichtigt. Dennoch – und auch wegen der vielen negativen Beispiele im Hamburger Untergrund, bei denen eine Vielzahl von Schneidrädern durch Verklebung und den zugehörigen Verschleiß zerstört wurden, oder auch wegen der Vielzahl an Versackungen – hat sich das Planungsteam für das EPB-Verfahren entschieden.

AFS-System: Additional Face Support System

Um die Schwankungen beim Stützdruck zu minimieren und damit eine gleichmäßigere Stützung der Ortsbrust zu gewährleisten, wurde die TBM mit dem sogenannten AFS-System geplant. Dabei ist die eigentlich erddruckgestützte Ortsbrust mit einem unter Druck stehendem Slurry-Reservoir verbunden. Fällt der Stützdruck an der Ortsbrust unterhalb des eingestellten Drucks im Slurry-Reservoir, strömt die Bentonitsuspension in die Abbaukammer und hält den Mindestdruck aufrecht. Dadurch werden die Druckschwankungen an der Ortsbrust stark reduziert und der Boden lässt eine homogene Steuerung und Bettung des Vortriebs zu.

Konditionierungskonzept:

Zur Sicherstellung eines verschleißarmen und effizienten Vortriebs wurde die TBM mit sechs Injektionsdüsen für Konditionierungsmittel auf der Schneidradfläche konzipiert. Die radiale Anordnung lässt eine Konditionierung in weitestgehend gleichen Flächenteilen der Ortsbrust zu, um den Boden gleichmäßig aufzubereiten und durch das Schneidrad zur Schnecke zu transportieren. Für die unterschiedlichen Homogenbereiche wurden im Voraus Konditionierungstests durchgeführt; darauf aufbauend wurde ein Konditionierungskonzept als Orientierungshilfe für den Vortrieb entwickelt. Hinsichtlich der Konditionierungsmittelreste im Abraum und deren Auswirkungen auf die Deponierbarkeit wurden in anderen Projekten zahlreiche Versuche durchgeführt, die für die FWS West als Entscheidungshilfe herangezogen wurden.

3.4 Baugruben – Start- und Zielschächte

3.4.1 Vorbemerkung

Lösungsansätze für die Konzeption und Herstellung der notwendigen Baugruben für den Tunnelvortrieb sind vielfältig und an zahlreiche Randbedingungen geknüpft. In erster Linie müssen sie den Erfordernissen des Tunnelbaus genügen, also u. a. die erforderliche Größe zur Einbringung der TBM und zur Abwicklung baulogistischer Vorgänge (z. B. Transportfenster innerhalb der Aussteifung) aufweisen. Größe, Form und Bauverfahren hängen darüber hinaus an den geologischen Verhältnissen, den daraus resultierenden tragwerksplanerischen Belangen sowie an den zukünftig in die Schächte zu integrierenden Bauwerken – z. B. Zugangs- oder Betriebsbauwerke. Zudem kommen projektspezifische Besonderheiten zum Tragen, die das Baugrubenkonzept beeinflussen.

3.4.2 Lösungsansatz ElbX

An die Baugruben für das ElbX-Querungsbauwerk werden aufgrund der baulichen (z. B. erforderliche Tiefe), hydrogeologischen und bauablauftechnischen Randbedingungen verschiedene Anforderungen gestellt. Dazu zählen der bei Tunnelbauvorhaben übliche wasserundurchlässige Verbau, Sonderbewehrung für die Aus- und Einfahrt der TBM, Ein- und Aushubfenster zwischen den Steifenlagen oder die notwendige freie Höhe unterhalb der unteren Steifenlage für Tunnelbaubelange.

Aufgrund der Terminsituation für das SuedLink-Vorhaben lag jedoch das Hauptaugenmerk auf der Verkürzung der Gesamtbauzeit ElbX. Als Ergebnis der Untersuchung verschiedener Optimierungspotenziale hat sich herausgestellt, dass eine signifikante Beschleunigung durch den Bau der Schachtbauwerks parallel zum Tunnelbau erreicht wird. Unter Berücksichtigung der erforderlichen Länge einer

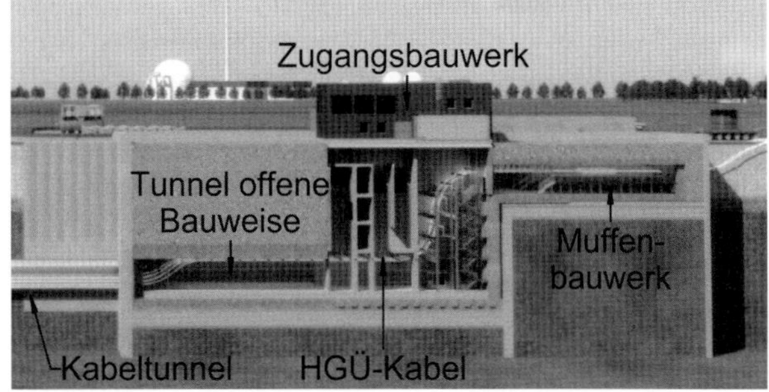

Bild 8. ElbX – Startbaugrube mit Schacht- und Muffenbauwerk (rechts) (Quelle: TenneT TSO GmbH)

Baugrube zur Andienung des Tunnelbaus, der Schachtgröße und eines mit den Sicherheitsbehörden vereinbarten Sicherheitsstreifens zwischen beiden Gewerken wurde die Baugrube um 30 m verlängert und hat mit dem hochliegenden Baugrubenbereich für das Muffenbauwerk eine Gesamtlänge im Innenmaß von ca. 82 m (Startschacht Schleswig-Holstein) bzw. ca. 70 m (Zielschacht Niedersachsen) (Bild 8). Die Mehraufwendungen für die Vergrößerung der Baugrube werden durch die Zeitersparnis von ca. neun Monaten deutlich kompensiert.

Das gewählte Baugrubenkonzept sieht einen ausgesteiften Schlitzwandverbau vor. Bohrpfahlwände wurden wegen der großen Tiefe der Baugrube in Relation zu den Toleranzen der Bohrpfähle verworfen. Eine Rückverankerung im Baugrund ist angesichts der mächtigen Weichschichten (vgl. Abschnitt 2.2) nicht möglich. Zur Sohlabdichtung der Baugruben kommen – geologisch bedingt – unterschiedliche Lösungen zum Einsatz. Bei der Zielbaugrube (Niedersachsen) wurden ab einer Tiefe von 30 m unter GOK sehr mächtige Bodenschichten aus Lauenburger Ton und Glimmerton erkundet, die als natürlich dichtende Schicht herangezogen werden können. Im Bereich der Startbaugrube (Schleswig-Holstein) konnten keine natürlich dichtenden Schichten erkundet werden; entsprechend wird die Baugrube mit einer rückverankerten Unterwasserbetonsohle (UW-Betonsohle) zur Abdichtung der Baugrube ausgeführt.

Daraus ergeben sich deutlich differierende Bauteilabmessungen: Die Startbaugrube besteht aus 1,5 m starken Schlitzwänden mit einer Länge von ca. 38 m, die 2 m dicke UW-Betonsohle ist mit ca. 30 m langen Mikropfählen rückverankert (Bild 8). Die Aussteifung erfolgt über fünf Steifenlagen. Demgegenüber sind die lediglich 1,2 m dicken Schlitzwände der Zielbaugrube ca. 50 m lang, um ausreichend tief in die dichtenden Schichten einzubinden. Die Aussteifung erfolgt dort über vier Steifenlagen. Wegen des gespannt anstehenden Grundwassers ist die Herstellung des offenen Schlitzes von der bestehenden GOK nicht möglich. Daher muss an der Geländeoberfläche eine erhöhte Arbeitsebene erstellt werden, die sogenannte Warft. Die Warfthöhe beträgt zwischen 1,5 m und 2,2 m und berücksichtigt auch die Aufstellung des Schlitzwandgreifers, dessen Lastverteilung und die Zufahrt von Lkws zur Aufnahme des Aushubs. Die Baugruben werden am Schlitzwandkopf mit einer Hochwasserschutzwand als Steckträgerverbau mit einer wasserundurchlässigen Ausfachung realisiert (vgl. Abschnitt 5.1)

3.4.3 Lösungsansatz FWS West

Dominierende Aspekte für die Baugrubenkonzeption für den FWS-West waren für den Startschacht im Hafengebiet potenzielle Altlasten im Untergrund, für den Zielschacht die Lage im Elbsteilhang einschließlich der dadurch erforderlichen Arbeitsebenen und Zuwegungen. Eine Optimierung der Bauzeit trat im Vergleich mit ElbX in den Hintergrund, da der Endausbau der Schächte aufgrund der verringerten betrieblichen Notwendigkeiten deutlich kürzere Zeit in Anspruch nimmt.

Die Startbaugrube in Schlitzwand-Bauweise befindet sich auf einer Grünfläche am Köhlfleethafen und damit im Bereich der Elbmarschböden. Sie weist eine Tiefe von ca. 30 m auf und ist kreisförmig mit einem Innendurchmesser von ca. 22,5 m ausgebildet. Die Schlitzwände binden mit einer Länge von ca. 40 m in den Lauenburger Ton ein; allerdings war eine 2,3 m starke UW-Betonsohle als Abdichtung notwendig. Die Planung sieht Lamellenelemente von ca. 1,5 m Bauteilstärke vor. Am Kopf der Schlitzwand wird der bauzeitliche Hochwasserschutz realisiert. Innerhalb der Baugrube wird nach Abschluss der Tunnelbauarbeiten der zylindrische Zugangsschacht mit einem Innendurchmesser von ca. 12 m erstellt.

Der Zielschacht liegt im Bereich des hier um ca. 20 m steil ansteigenden Geesthangs. Damit unterscheidet sich der Baugrund fundamental von den am Startschacht anstehenden Böden (vgl. Abschnitt 2.2 und Bild 2). Zudem befindet sich der Zielschacht in einem großflächigen Landschaftsschutzgebiet.

Das Konzept des Zielschachts (Bild 9) entspricht im Wesentlichem dem Startschacht, allerdings ist der Innendurchmesser des zylindrischen Schlitzwandschachts auf ca. 13,5 m reduziert. Die 1,5 m dicken Schlitzwände weisen eine Länge von ca. 45 m auf. Die Baugrundverhältnisse erlauben im oberen Bereich der Baugrube einen Erdaushub im Trocken bei vorauseilender kontinuierlicher Wasserabsenkung innerhalb der Baugrube. Eine 2,5 m starke UW-Betonsohle dichtet die

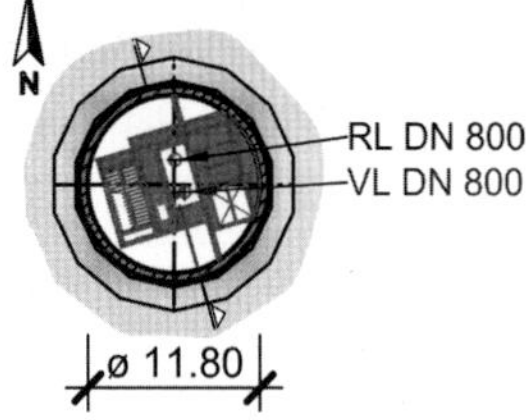

Bild 9. FWS-West – Zielbaugrube am Elbhang inkl. Bauwerk

Baugrube nach unten ab. Nach Einzug der Fernwärmeleitungen in den Tunnel wird das Schachtbauwerk innerhalb der Baugrube hergestellt.

4 Tunnel mit großen Durchmessern – Straßentunnel

4.1 Vorbemerkung

Der im Vergleich zum Versorgungstunnel viel größere Durchmesser eines Straßentunnels – der Ausbruchsdurchmesser einer A 20-Röhre beträgt das ca. 2,9-Fache des benachbarten ElbX-Tunnels – führt zu deutlich höheren erforderlichen Überdeckungen und damit zu gravierend tiefer liegenden Röhren sowie erheblich größeren Ausbruchsmassen. Gleichzeitig werden die tiefen Start- und Zielschächte später in die Tunnel in offener Bauweise integriert und schließen an Rampenbauwerke an. Dementsprechend sind Komplexität, Aufwand und Eingriff bei dem Straßentunnel beachtlich höher.

4.2 Praxisbeispiele Straßentunnel

4.2.1 Elbquerung A 20 Glückstadt – Drochtersen

Die Elbquerung bei Glückstadt – Drochtersen ist Bestandteil der neuen Küstenautobahn A 20 und verbindet die östlichen bereits fertiggestellten Teile der A 20 mit der westlich der Elbe im Bau befindlichen A 26 in Richtung Hamburg sowie der geplanten A 20 in Richtung Westen (Bild 10). Das Herzstück dieses Streckenabschnitts der A 20 bildet die Elbquerung in Form eines ca. 5340 m langen Tunnels (Bild 11), der sich nur wenige Kilometer stromaufwärts von ElbX befindet. Der Tunnel ist im Querschnitt so konzipiert, dass je Tunnelröhre zwei Richtungsfahrbahnen und zusätzlich ein Standstreifen mit einer vollwertigen Fahrbahnbreite Platz finden. Das Tunnelbauwerk wird im Schildvortriebsverfahren errichtet werden und besteht aus zwei parallelen Tunnelröhren mit einem Ausbruchsdurchmesser von ca. 13,90 m je Röhre (Bild 12). Die beiden Röhren werden durch 20 Querschläge verbunden, von denen 18 jeweils im Schutz eines Gefrierkörpers in bergmännischer Bauweise errichtet werden. Das Tunnelbauwerk selbst wird einschalig in Tübbingbauweise hergestellt.

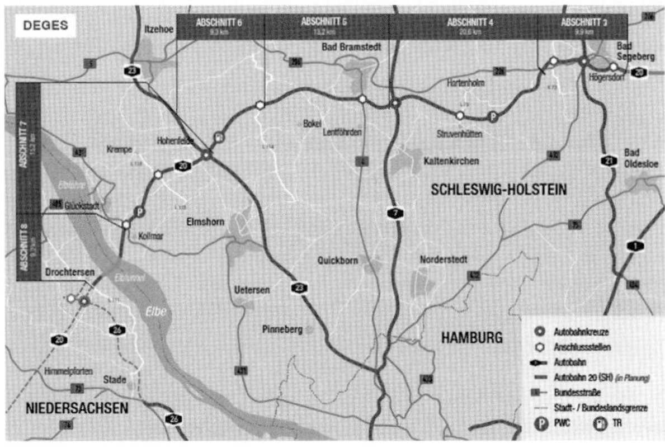

Bild 10. Autobahn A20 – Übersicht mit Elbquerung Glückstadt – Drochtersen (Planfeststellungsabschnitt 8) [5]

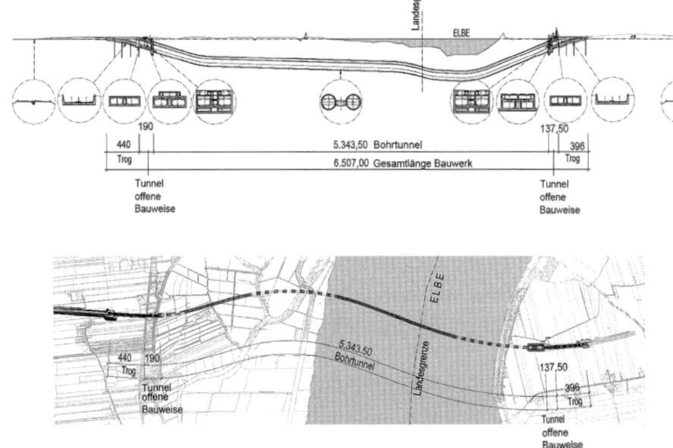

Bild 11. Autobahn A20 – Elbquerung Glückstadt-Drochtersen; Bauwerksübersicht

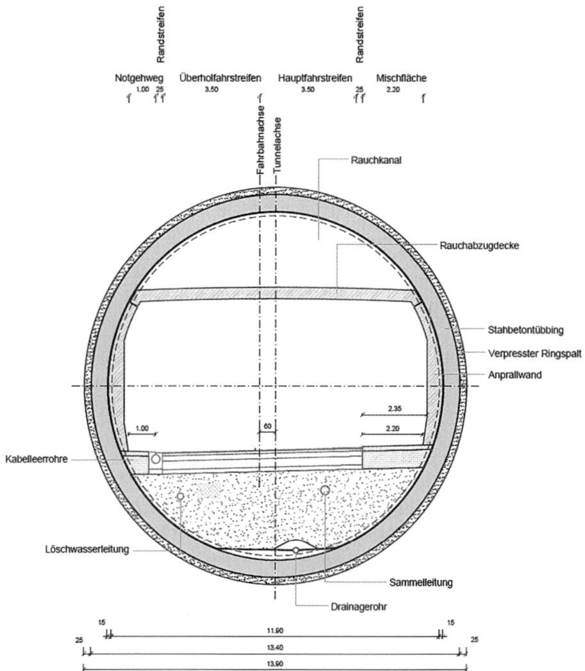

Bild 12. Elbquerung A20 – Regelquerschnitt Tunnel

Das Bauwerk befindet sich – wie der ElbX auch – vollständig im Bereich der Elbmarsch; die Ausführungen zum Baugrund in den Abschnitten 2.2 und 3.2 gelten auch hier. Bemerkenswert sind insbesondere die im Bereich der Querung anstehenden, bis zu ca. 26 m mächtigen organischen Weichschichten aus Klei und Torf mit bereichsweise eingelagerten Wattsanden (Bild 13).

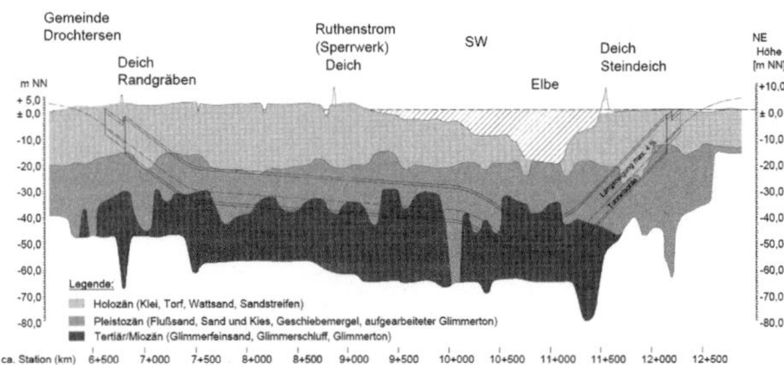

Bild 13. Elbquerung A20 – Geologischer Längsschnitt Weströhre

Die parallel verlaufenden Tunnelröhren werden ab dem jeweiligen Übergang zum Tunnel in offener Bauweise mittels zwei Schildvortriebsmaschinen aufgefahren.

4.2.2 Elbquerung Lauenburg

Lauenburg liegt südöstlich von Hamburg an der Mündung des Elbe-Lübeck-Kanals in die Elbe, also stromaufwärts der Staustufe Geesthacht und damit im Bereich der Elbe, der nicht mehr durch Gezeiten beeinflusst ist und nur noch von Binnenschiffen befahren wird. Die Länder Schleswig-Holstein und Niedersachsen planen derzeit eine neue Elbquerung als Straßenverbindung, da die seit mehr als 70 Jahren bestehende Elbquerung Lauenburg, eine kombinierte Straßen- und Eisenbahnbrücke, mittlerweile erhebliche Schäden aufweist. Aufgrund der räumlichen Nähe werden der Neubau der Elbquerung und die Ortsumgehungen bei Lauenburg gemeinsam betrachtet. Geprüft werden sowohl Trassenverläufe in unmittelbarer Nähe zum bestehenden Bauwerk als auch Varianten westlich und östlich davon in einem etwa 9 km langen Abschnitt der Elbe. Für eine Variantenabwägung wurden Planungskorridore für mögliche Trassen entwickelt (Bild 14). Beabsichtigt ist primär eine für den Straßenverkehr voll funktionsfähige und verfügbare Elbquerung; gleichzeitig sollen die durch Lauenburg verlaufenden Bundestraßen B 209 und B 5 entlastet und eine uneingeschränkte Netzfunktion der B 5 und B 209 als Bundesfernstraßen in einer neuen Führung wiederhergestellt werden. Die Ortsumgehungen sowie die Elbquerung werden als 2-streifiger Neubau mit Regelquerschnitt RQ 11 geplant.

Im Vergleich zu den anderen vorgestellten Elbquerungen befindet sich die Querung Lauenburg in einem sehr frühen Planungsstadium, in dem Querungen als Brücke, Bohrtunnel und Absenktunnel parallel betrachtet und abgewogen werden. Im Folgenden wird daher der Blick auf die Randbedingungen einer Variantenabwägung gerichtet.

Die Geest reicht unmittelbar westlich von Lauenburg bis an die Elbe heran und fällt in einem Geländesprung von ca. 30 m steil zum Fluss hin ab, während südlich der Elbe Marschboden vorherrscht. Für Elbquerungen westlich von Lauenburg ähneln daher Situation und Baugrundverhältnisse dem FWS West in Hamburg. Östlich von Lauenburg weicht die Geest nach Norden zurück; Elbquerungen liegen hier vornehmlich in der Elbmarsch. Für Querungsbauwerke liegen in diesen Korridoren somit ähnliche Verhältnisse an beiden Uferseiten vor, was im Hinblick auf die baulichen Aspekte grundsätzlich positiv zu

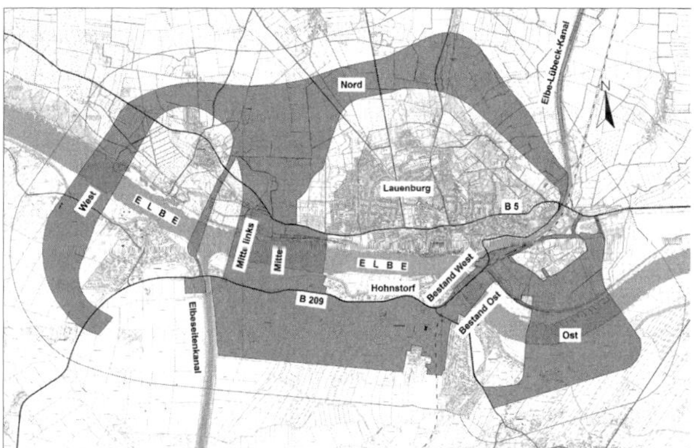

Bild 14. Elbquerung Lauenburg – Planungskorridore

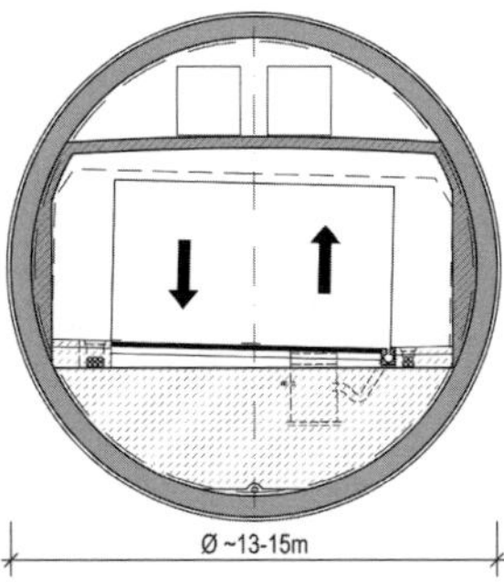

Bild 15. Elbquerung Lauenburg – möglicher Systemquerschnitt

bewerten ist. Im Hinblick auf die Umweltbelange stellen sowohl die Elbmarsch (als NATURA 2000 zugehöriges Naturschutzgebiet) als auch der Geesthang eine Besonderheit und somit große Herausforderung für die Errichtung von Bauwerken dar.

Im Rahmen der derzeit laufenden Vorplanung werden für die Planungskorridore drei verschiedene Bauwerkstypen – Tunnel im Schildvortrieb, Absenktunnel und Brücken – und damit jeweils verknüpfte Trassen untersucht. Für den Schildtunnel ergibt sich unter Berücksichtigung von RQ 11 eine Tunnelröhre mit einem Außendurchmesser von ca. 13–15 m (Bild 15).

4.3 Maschinelle Vortriebe

4.3.1 Lösungsansatz A 20

Die parallel verlaufenden Tunnelröhren werden von Schleswig-Holstein aus in Richtung Niedersachsen mit zwei TBMs mit aktiver Ortsbruststützung aufgefahren. Die Vortriebe erfolgen zeitlich versetzt – die Tunnelröhre für die spätere Fahrtrichtung des Straßenverkehrs nach Schleswig-Holstein (östliche Röhre) läuft der Röhre für die Fahrtrichtung Niedersachsen (westliche Röhre) voraus – aus einer Startbaugrube mit vorgesetzten Dichtblöcken.

Große, tiefe Baugruben sind bei den vorliegenden Bodenverhältnissen äußerst aufwendig; eine Abwägung zwischen Baugrubentiefe und Tunnellänge ist daher erforderlich. Der A 20-Tunnel ist daher in geschlossener Bauweise bis nahe an die Oberfläche geplant. Die Sicherheit gegen Bodenaufbruch infolge der Suspensionsstützung und des artesischen Auftriebs während des Vortriebs wird durch in den Abmessungen auf die statischen Nachweise abgestimmten Aufschüttungen gewährleistet. Aufgrund der hydrogeologischen Randbedingungen in den ersten ca. 700 m Tunnelstrecke sind planmäßige Drucklufteinstiege in den Abbauraum nur in hierzu ertüchtigten Böden möglich. Die Ertüchtigung erfolgt in Form von zwei unterirdischen „Bahnhöfen", die als gegriffene Dichtkörper ausgebildet werden.

Ab dem Bereich des nördlichen Elbhangs sind Drucklufteinstiege mit Drittel- oder Halbabsenkungen geplant. Diese sind notwendig, um die erforderlichen Werkzeuginspektionen und -wechsel durchführen zu können, das Entwurfskriterium für die Gradientenlage.

Wegen der großen Tiefenlage des Tunnels im Bereich der Elbe und der damit verbundenen hohen Wasserdrücke sind die Einstiege nur mit hohen Luftdrücken möglich. Nach Unterquerung der Fahrrinne wird schnellstmöglich in den Bereich oberhalb der Glimmerschluffe bzw. -tone aufgestiegen. So erfolgt der Vortrieb in den günstigeren Sandschichten und der erforderliche Stützdruck kann reduziert werden.

Im weiteren Verlauf der Gradiente werden, langsam weiter steigend, die erste Deichlinie auf niedersächsischer Seite und die dahinterliegenden naturrechtlich geschützten Flächen unterfahren. Auch hier sind außerhalb der offenen Gewässer Drucklufteinstiege möglich.

Auf einer Länge von ca. 370 m durchörtern die Vortriebe wiederum weichere Bodenschichten, in denen planmäßige Drucklufteinstiege nicht möglich sind. Dies wird aufgrund der Kürze der Strecke vor dem endgültigen Ende der Schildfahrt in der Zielbaugrube in Kauf genommen. Auf die Herstellung von Bodenvergütungen in Form von Bahnhöfen im Naturschutzgebiet wird verzichtet.

Den Abschluss der Tunnelfahrt bildet ein Dichtblock vor dem Zielschacht, mit dem sicher in die Baugrube eingefahren werden kann.

Die Anwendung des zuvor beschriebenen maschinellen Vortriebsverfahren ist nur in Kombination mit den nachfolgend genannten baulichen Zusatzmaßnahmen möglich:

- temporäre und permanente Auflastschüttungen,
- Verwendung von Schwerbeton, bereichsweise in der Tunnelsohle,
- Drucklufteinstiege bei Drücken > 3,6 bar.

Auflastschüttungen

Zur Sicherung der Vortriebsarbeiten gegen Auftrieb und zur Gewährleistung der Sicherheit gegen Bodenaufbruch sind Auflasten in Form von Aufschüttungen herzustellen. Das Aufbringen der Auf-schüttungen über der Bohrtunneltrasse hat mit einem zeitlichen Vorlauf von mindestens zwölf Monaten vor der Unterquerung mit den Tunnelvortrieben zu erfolgen. Ziel ist, den oberhalb der Tunnel anstehenden Klei ausreichend zu konsolidieren. Die Höhe der Aufschüttung richtet sich nach den tatsächlich vor Ort angetroffenen Geländehöhen, die kurzfristig vor dem Aufbringen der Aufschüttungen zu bestimmen und in einen Abgleich der statischen Nachweise einzubeziehen sind.

Setzungen der Auflastschüttungen im Zuge der Konsolidierungen in den gesättigten Weichschichten, bei denen das Sättigungsgewicht als stabilisierender Einfluss beim Nachweis gegen Aufschwimmen angesetzt wurde, müssen mittels zusätzlicher Auflastschüttung ausgeglichen werden.

Vor Beginn der Aufschüttungen wird lediglich größerer Bewuchs durch Roden entfernt. Die Grasnarbe und der Oberboden samt dem darin enthaltenen Wurzelwerk sollen als natürliche Bewehrung verbleiben. Auf das anstehende Gelände wird ein Geokunststoff als Trenn- und Bewehrungslage eingebaut. Hierauf werden die Aufschüttungen mit einer Mindestwichte von 19,0 kN/m^3 lagenweise mit einer Einbauhöhe von maximal 1,0 m pro Lage aufgebracht.

Auf der Nordseite der Elbe werden südlich der Startbaugrube Aufschütthöhen von bis zu 5,2 m über GOK erreicht. Zur Verbesserung der Steifigkeit des anstehenden Kleibodens im Hinblick auf die erforderliche dauerhafte Bettung der Tübbingröhren, zur Vermeidung von Setzungen der fertiggestellten Tunnelröhren infolge der bauzeitlichen bzw. der dauerhaften Auflast sowie zur Vermeidung bauzeitlicher Grundbrüche beim Aufbringen der Vorbelastung werden im Grundrissbereich der Aufschüttung Rüttelstopfsäulen angeordnet.

Die Aufschüttungen haben eine lange Liegezeit und werden nach dem Einbau begrünt.

Im Gegensatz zu einer temporären Nutzung der Auflastschüttungen während des Vortriebs müssen in einigen Bereichen nach dem Ende der Bauzeit permanente Auflastschüttungen über den Tunneln zur Sicherung gegen ein Auftreiben der Tunnel verbleiben. Die maximalen Höhen betragen auf der Nordseite 3,0 m über GOK, auf der Südseite 0,5 m über GOK. Die permanenten Aufschüttungen werden mit einer flacheren Böschungsneigung ausgebildet als die bauzeitlichen. Außerdem sind sie mit 30 cm Oberboden abgedeckt und mit Gras angesät. Im Fall der permanenten Auflastschüttung verändert der Tunnelbau längerfristig das Landschaftsbild in örtlich begrenztem Ausmaß.

Verwendung von Schwerbeton

Neben den Aufschüttungen wird im nördlichen Tunnelbereich Schwerbeton mit einer Rohdichte > 35 kN/m^3 im Sohlbereich eingebaut, um die Auftriebssicherheit zu gewährleisten. Angesichts der darüber hinaus geringen statisch-konstruktiven Anforderungen an den Füllbeton können als Schwerzuschläge z. B. günstige Schlacken (Eisensilikatgestein) verwendet werden.

Drucklufteinstiege bei Drücken > 3,6 bar

Die gesamte Tunneltrasse befindet sich unterhalb des Grundwasserspiegels. Instandhaltungsarbeiten im Bereich des Bohrkopfs sind daher unter Druckluftbeaufschlagung durchzuführen. Der aufzubringende Überdruck ist abhängig vom entgegenwirkenden Erd- und Wasserdruck. Durch die Tiefenlage der Elbquerung liegen die aufzubringenden Stützdrücke auf überwiegenden Teilen der Gradiente oberhalb des in der deutschen Druckluftverordnung zugelassenen

Überdrucks von 3,6 bar. Der maximal aufzubringende Druck ergibt sich in der Konstellation Tiefstpunkt mit Vollabsenkung und wird ca. 6 bar betragen. Vollabsenkungen sind nicht zwingend notwendig und nicht planmäßig vorgesehen.

Zur Ermöglichung der notwendigen Drücke, auch bei Halb- und Drittelabsenkungen, werden die TBMs neben den statischen Belangen auch für zusätzliche Luftversorgungssysteme, wie Mixgasatmung oder Saturationstauchen, ausgestattet.

Bestandteile dieser Ausstattung sind z. B. Shuttlebetrieb für Druckluftarbeiter von und zum Arbeitsbereich der TBM, Anschlüsse für Mischgasversorgung und Wohnstation außerhalb des Tunnels für Saturationstaucher. Der Transport der Saturationstaucher mit dem Shuttle erfordert einen erheblichen logistischen Aufwand und bedarf der sorgfältigen Planung. Bei der Elbquerung ist der flexible radgebundene Transport auch innerhalb des Tunnels vorgesehen. Dadurch ergeben sich einige Erleichterungen bei der Baulogistik und der Verwendung des Shuttles.

Für die hohen Drücke der Elbquerung sind Ausnahmegenehmigungen einzuholen. Aufgrund des großen TBM-Durchmessers ist es möglich, die erforderlichen Drucklufteinrichtungen auf der TBM bzw. im Nachläuferbereich zu installieren. Neben den bekannten Ausschleusverfahren in den Doppelkammerschleusen direkt an der Druckwand besteht bei der Größe der TBM die Möglichkeit, die Bauabläufe zu entzerren und außerhalb des unmittelbaren Arbeitsbereichs der TBM zu dekomprimieren.

Durch einen permanenten Sensor in der Elbe wird der Druckluftregelanlage auf der TBM per Funk der Wasserstand übermittelt. Diese passt den eingeregelten Stützdruckwert automatisch an. Eine zeitliche Verzögerung der Wasserstandsschwankung entsprechend derjenigen im Grundwasser kann gleichfalls automatisch eingestellt werden.

Zusatzmaßnahmen im Vortrieb

Während des „Regelvortriebs“ können weitere Zusatzmaßnahmen zur Behebung von Störungen erforderlich werden:

- Messung des Druckluftverbrauchs,
- gezieltes Abdichten der Ortsbrust, z. B. durch Verwendung spezieller Stützflüssigkeiten (z. B. mit Polymerzusatz), Folien oder Spritzbeton,
- Vergelen des Überschnitts um die TBM herum,
- Deckinjektionen oberhalb des Tunnels,
- begehbare Schneidarme,
- Übernahme von Erddruck auf das Schneidrad,
- Durchbohren und Entlüften von Sperrschichten und Sandlinsen,
- Tauchen in der Suspension,
- Verfüllen von Hohlräumen, Luftwegigkeiten und lokalen Ortsbrust-Instabilitäten mit Kunstboden.

4.3.2 Lösungsansatz Lauenburg

Für die Elbquerung Lauenburg werden im Zuge der Vorplanung wesentliche Grundlagen und Randbedingungen für den Schildvortrieb erarbeitet, u. a. der Regelquerschnitt unter Berücksichtigung zusätzlicher Funktionen des Tunnels, wie z. B. Geh- und Radwege, sowie das Sicherheitskonzept mit Notausgängen bzw. Flucht- und Rettungswegen.

Da bei einem RQ 11 grundsätzlich nur von einer Tunnelröhre auszugehen ist, gleichzeitig ab einer Tunnellänge von 400 m aber alle 300 m Fluchtmöglichkeiten vorgesehen werden müssen [6], werden derzeit verschiedene Fluchtwegkonzepte vor dem Hintergrund einer Breite der Elbe von mehr als 400 m untersucht: Fluchtmöglichkeit ins Freie oder in eine andere Tunnelröhre, ggf. über einen Querschlag, Rettungsschacht oder Rettungsstollen. Inwieweit eine zweite parallele Tunnelröhre zur Sicherstellung der Entfluchtung eine zielführende und wirtschaftliche Lösung darstellt oder eher die Wahl eines größeren Tunnelquerschnitts von 14–18 m mit einer zweiten Ebene unter dem Straßenraum, um dort eine Fluchtmöglichkeit zu schaffen, vorteilhaft und ausführbar ist, ist in den nächsten Planungsschritten zu untersuchen. Die Größe des Tunnelquerschnitts hat entscheidenden Einfluss auf Tiefenlage und Gesamtlänge des Tunnelbauwerks. Maßgebender Punkt für die Tiefenlage ist die Elbe, die mit ausreichender

Überdeckung unterfahren werden muss. Der Geesthang auf der Elbnordseite mit einem Geländesprung von ca. 30 m führt dazu, dass sich bei großen Tunnelquerschnitten und somit erforderlicher tieferer Lage unter der Elbe eine große Tunnellänge ergibt. Bei einem Tunneldurchmesser von ca. 13 m (RQ 11) würden sich in dem Bereich westlich von Lauenburg Bohrtunnellängen von mehr als 2 km ergeben. Im Bereich des Bestandskorridors und östlich von Lauenburg ergeben sich aufgrund des beidseitigen Elbmarschgebiets wesentlich geringere Bohrtunnellängen von 1 – 1,5 km.

4.4 Baugruben – Start- und Zielschächte

4.4.1 Lösungsansatz A 20

Start- und Zielschacht müssen neben den Anforderungen aus dem Tunnelvortrieb auch den Anforderungen aus der späteren Nutzung als Verkehrsweg genügen. Der Start- bzw. Zielschacht wird im Endzustand als Straßentunnel in offener Bauweise genutzt und dann in ein Rampenbauwerk geführt. Die Tröge und Tunnel in offener Bauweise werden in wasserhaltenden Baugruben weitestgehend ohne Arbeitsraum erstellt. Die Sicherung der Baugrube erfolgt durch Baugrubenwände in Schlitzwandbauweise sowie den Baugrubensohlen als gegen Auftrieb verankerte UW-Betonsohlen (Bild 16).

Die Schlitzwände werden für die Bauzeit in weiten Bereichen mit Verpressankern, die in die tragfähigen Sande hinabreichen, rückverankert. Im Bereich des Start- und des Zielschachts erfolgt die Aussteifung durch einen umlaufenden Stahlbetonkranz und Stahlbetonsteifen unter Beachtung der Erfordernisse zum Ein- und Ausbau der TBMs.

Die Trogbauwerke auf der Nord- und der Südseite werden aufgrund der vorliegenden Bodenverhältnisse (Sohlen im Bereich holozäner, wenig tragfähiger Schichten) auf voller Länge tief gegründet. Die Tiefgründung überträgt im Endzustand ausschließlich Druckkräfte. Zur Erzielung einer ausreichenden Auftriebssicherheit wird das Eigengewicht der Schlitzwand bereichsweise mit herangezogen.

Die Tunnelbauwerke in offener Bauweise auf der Nord- und auf der Südseite werden als 3-zellige biegesteife Rahmen hergestellt und au-

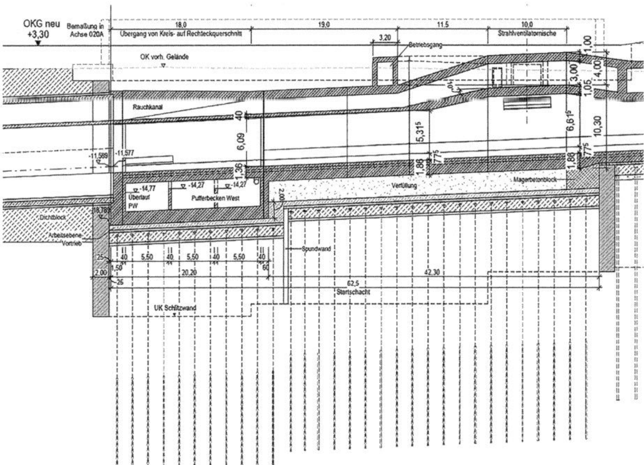

Bild 16. Elbquerung A 20 – Längsschnitt durch Startschacht und Tunnel in offener Bauweise

ßerhalb des Start- bzw. Zielschachts ebenfalls auf Pfählen tief gegründet. Die Tiefgründung wird auch hier im Endzustand ausschließlich durch Druckkräfte beansprucht, während sie im Bauzustand zur Rückverankerung der UW-Betonsohle dienen. Auf der Nord- und Südseite wird das Eigengewicht der Schlitzwand teilweise zur Erzielung einer ausreichenden Sicherheit gegen Auftrieb herangezogen.

Sowohl im Bereich des Startschachts (Nordseite) als auch im Bereich des Zielschachts (Südseite) liegen die Baugrubensohlen wegen der größeren Tiefenlage bereits im Bereich tragfähiger pleistozäner Sande. Dementsprechend sind für den Endzustand Flachgründungen der Bauwerke vorgesehen; dessen ungeachtet sind für die Rückverankerung der UW-Betonsohlen Mikropfähle vorgesehen. Im Bereich der Start- und Zielschächte werden in dem für die Installation bzw. Deinstallation der Vortriebsmaschine ohnehin erforderlichen Raum über eine Länge von ca. 20 m (Nordseite) bzw. 25 m (Südseite) im Anschluss an die Brillenwände zusätzlich unterhalb des 3-zelligen

Rahmens Pufferbecken und ein Pumpenraum der Trogentwässerung vorgesehen sowie (nur Südseite) ein Löschwasserbehälter.

Für die Bauwerke ist eine Ausführung mit wasserundurchlässigem Beton ohne Abdichtung nach dem Prinzip der „weißen Wanne“ (wasserundurchlässige Betonkonstruktion, WUB-KO) vorgesehen.

4.4.2 Lösungsansatz Lauenburg

Lage und Geometrie von Start- und Zielschacht ergeben sich aus der Straßenplanung (Trassenführung, Radien, Anschluss der Verkehrsanlage an den Bestand), aus den Anforderungen des Tunnelvortriebs (Mindestüberdeckung, gerades Ein- bzw. Ausfahren der TBM, Baustelleneinrichtungsflächen insbesondere im Bereich des Startschachts einschließlich der bauzeitlichen Andienmöglichkeiten), aus der Hochwassersicherheit (Lage hinter dem Deich) sowie insbesondere aus möglichen bzw. dringend zu vermeidenden Eingriffen (z. B. schützenswerte Elbmarsch- und NATURA 2000-Gebiete, bestehende bzw. zu verlegende Verkehrswege).

Aufgrund der sehr vergleichbaren Randbedingungen zum Projekt A 20 ist auch bei dem Projekt Elbquerung Lauenburg davon auszugehen, dass die Tunnel in offener Bauweise sowie die anschließenden Tröge in Schlitzwandbauweise ohne Arbeitsraum erstellt werden. Inwieweit dichte Baugrundschichten zur Einbindung der Schlitzwände und somit Abdichtung der Baugrubensohle vorhanden sind oder rückverankerte UW-Betonsohlen eingesetzt werden, muss im Rahmen der nächsten Planungsphasen erarbeitet werden.

5 Weitere Besonderheiten

5.1 Hochwasserschutz

Der Hochwasserschutz für die Elbufergebiete hat nicht nur durch die Vergangenheit mit u. a. dem die weitere Entwicklung des Küstenschutzes bestimmenden Sturmflutereignisses von 1962 besondere Bedeutung. Auch die Klimaveränderungen mit damit verbundenen steigenden Wasserspiegeln, die auch die tidebeeinflussten Bereiche der Elbe betreffen, müssen durch die Planung von Bauwerken in und an der Elbe berücksichtigt werden.

Eine hochwassergeschützte Elbquerung außerhalb der eingedeichten Flächen ist weder im Bau- noch im Betriebszustand sinnhaft und technisch mit vernünftigem Aufwand umsetzbar. Daher sind die Anfangs- und Endpunkte jeweils im Deichhinterland angeordnet. Trotzdem stellen sie sowohl im Bau- als auch im Betriebszustand eine hydraulische Verbindung zwischen den beiden Uferseiten dar. Gleiches gilt im Bauzustand für die Verbindung Ortsbrust–Startschacht.

5.1.1 Szenarien

Für Bau- und Betriebszustand ergeben sich verschiedene Szenarien, die planerisch umzusetzen sind, um den Hochwasserschutz jederzeit sicherzustellen.

Szenarien im Bauzustand:

a) Havarie des Tunnels während des Vortriebs und in der Folge Eindringen von Wasser; eine Überflutung durch Wasser, das am Startschacht ins Deichhinterland austritt, muss vermieden werden. Maßgebend ist der Wasserspiegel der Elbe.

b) Deichbruch bei Hochwasser und in der Folge Eindringen von Wasser in den Startschacht. Solange der Tunnelvortrieb den Zielschacht noch nicht erreicht hat, besteht das Risiko einer Flutung des Tunnels mit gravierenden Auswirkungen auf die Vortriebstechnik (Szenario bei abgeschlossenem Vortrieb ähnlich Betriebszustand). Maßgebend ist der Wasserstand, der sich im Bereich des Startschachts nach einem Deichbruch einstellt.

Szenarien im Betriebszustand:

c) Versagen des Tunnels und Eindringen von Wasser; eine Überflutung der beiden Deichhinterländer ist auszuschließen. Maßgebend ist der Elbwasserstand.

d) Deichbruch bei Hochwasser: Ein Eindringen von Wasser und insbesondere eine Überflutung des gegenüberliegenden Deichhinterlands (Tunnel als kommunizierende Röhre) ist auszuschließen.

> Maßgebend sind die sich bei Deichbruch einstellenden Wasserstände an den Tunnelportalen bzw. an den Schachtbauwerken.

Für die Szenarien des Betriebszustands sind zudem die Auswirkungen der Klimaveränderungen auf den Wasserspiegel bzw. Sturmflutereignisse abhängig von der geplanten Lebensdauer des Bauwerks zu berücksichtigen.

Das Versagen eines im Betrieb befindlichen Bohrtunnels verbunden mit dem Eindringen von Wasser und Überflutung der Deichhinterländer ist angesichts der bisherigen Erfahrungen mit Bohrtunneln mit einer äußerst geringen Wahrscheinlichkeit behaftet. Ob eine Betrachtung erforderlich wird, ist projektspezifisch zu bewerten.

Unterschiedlichen Konstellationen, z. B. offene Tunnelmünder für Verkehrstunnel, geschlossene Zugangsbauwerke bei Versorgungstunneln, unterschiedliche Tunneldurchmesser und schließlich auch die Lage des Querungsbauwerks in Bezug auf die Elbe mit Wasserstand oder Flussbreite, erfordern verschiedene planerische Herangehensweisen.

5.1.2 Wasserstände

Zunächst gilt für alle Querungen als Grundlage des Hochwasserschutzes der Generalplan Küstenschutz (GPK) [7 bzw. 8]. Dieser legt für den Bemessungswasserstand (BHW) im Betriebszustand den örtlichen Referenzwasserstand (RHW) mit einem statistischen Wiederkehrintervall von 200 Jahren (HW_{200}) zuzüglich eines Klimazuschlags fest. Ergänzend ist zu beachten, dass der BHW den bisher höchsten örtlich beobachteten Sturmflutwasserstand nicht unterschreiten darf. Mit dem Klimazuschlag soll der Anstieg der Meeresspiegel als Folge des Klimawandels während der Lebens- bzw. Nutzungsdauer des betrachteten (Hochwasserschutz-)Bauwerks berücksichtigt werden. Die Planungen z. B. für die Projekte ElbX und A 20 erfolgten auf Basis des GPK 2012 [5], mittlerweile liegt die Fortschreibung des GPK zu 2022 vor [8]. Der Klimazuschlag ist darin zunächst zu 0,5 m festgelegt, zusätzlich ist bei konstruktiven Ingenieurbauwerken eine ggf. später zu realisierende Ausbaureserve von 0,5 m vorzusehen. Angesichts der

Unsicherheiten beim prognostizierten Anstieg der Meeresspiegel und gleichzeitig der langen planmäßigen Lebensdauer der Querungsbauwerke wurde z. B. für den A 20-Tunnel bereits planmäßig ein Klimazuschlag von 1,0 m berücksichtigt.

Für Bauzustände werden abweichend davon reduzierte Referenzwasserstände (z. B. mit 20 Jahren Wiederkehrintervall, gleichzeitig ohne Berücksichtigung eines Klimazuschlags) projektspezifisch festgelegt.

5.1.3 Hochwasserschutz im Betriebszustand (Endzustand)

Nachfolgend werden anhand der Projekte ElbX und A 20 Konzepte für den Hochwasserschutz im Betriebszustand vorgestellt.

Für das Projekt **ElbX** ist lediglich das Szenario eines Deichbruchs zu berücksichtigen; das Versagen des Tunnels im Betriebszustand wurde ausgeschlossen. Für den Deichbruch ergibt sich für das Referenzhochwasser (RHW) ein ausgespiegelter Wasserstand nach Deichbruch im Bereich des ElbX-Schachtbauwerks von 1 – 2 m über Gelände. Mit der zuständigen Deichbehörde wurde daher die Berücksichtigung eines Wasserstands von 2,5 m (2,0 m + 0,5 m Sicherheitszuschlag) festgelegt. Für die niedersächsische Elbseite wird der gleiche ausgespiegelte Wasserstand zuzüglich Sicherheitszuschlag berücksichtigt. Um den Anforderungen des Hochwasserschutzes gerecht zu werden, sind alle Gebäudeöffnungen der Schachtbauwerke bis zu den oben genannten Höhen mit hochwassersicheren Türen bzw. Fenstern geplant und druckwasserdicht ausgebildet. Große Fassadenöffnungen, z. B. für die Lüftung oder die Druckentlastung, beginnen frühestens oberhalb der genannten Höhen. Weiterhin werden alle Außenwände des Gebäudes bis einschließlich Erdgeschoss als WUB-KO erstellt.

Zudem ist zu beachten, dass bei einem Deichbruch ein Spülstrom entsteht, der eine sogenannte Wehle – eine tiefe Auskolkung – erzeugen kann. Nach Aussagen der Deichbehörde kann bei einer Deichbruchbreite von ca. 100 m (anzunehmende Bruchbreite bei einem Sandkerndeich) ein Spülstrom von 250 m Länge entstehen und eine Wehle erzeugen. Über die tatsächliche Tiefenauswirkung können keine zuverlässigen Voraussagen getroffen werden. Aufgrund der bindigen

Böden im oberflächennahen Bereich ist eine vorrangig horizontal ausgebildete Wehle wahrscheinlicher als eine vertikale Wehle. In der Berechnung zur Auftriebssicherheit für den Tunnel wurde eine Wehle von ca. 19 m Tiefe nachgewiesen. Entsprechend der geführten Abstimmungen erfolgt eine Kopplung der Tunnelsegmente in Längsrichtung. Abgestimmt ist hier eine Länge von Tunnelportal bis zum Deichfuß. Entsprechend erfolgt eine permanente Verdübelung der Tunnelsegmente in der Ringfuge auf voller Tunnellänge. Diese Forderung gilt aufgrund der topografischen Situation aktuell nur für das Projekt ElbX.

Für das Projekt **A 20** wurden im Betriebszustand beide genannten Szenarien betrachtet. Der maßgebende Elbwasserstand BHW beträgt im Hochwasserfall +7,90 m NHN (RHW 200, 1,0 m Klimazuschlag enthalten). Für den Fall eines Deichbruchs in Schleswig-Holstein wurden mithilfe von Simulationsrechnungen im Bereich des Tunnelportals zu erwartende Wasserstände bestimmt. Unter Berücksichtigung des Klimazuschlags und eines Freibords u. a. für Wellenauflauf wurde – ähnlich ElbX – ein max. Wasserstand von +3,10 m NHN festgelegt. Für den Straßentunnel A 20 mit an die Portale anschließenden Rampen ist eine druckwasserdichte Ausführung von Öffnungen analog ElbX naturgemäß nicht möglich. Hier wurde für das Portal in Schleswig-Holstein eine Umwallung der Tunnelöffnungen (Portale und Rampen, Betriebsgebäude etc.) auf eine Höhe +3,50 m NHN gewählt. Die Umwallung ist als Deich konzipiert und wird über den Straßendamm geschlossen, wenn die Gradiente der Straße die entsprechende Höhe erreicht hat. Für das Portal in Niedersachsen, das hinter zwei Deichlinien liegt, werden anstelle einer Umwallung die Trogwände auf +3,10 m NHN geführt.

Die Tunnelhavarie im Betriebszustand wird für übliche Elbwasserstände betrachtet. Da das mittlere Tiedehochwasser (MThw) bei ca. +1,90 m NHN liegt, wird die Umwallung (+3,50 m bzw. +3,10 m NHN) als ausreichend erachtet, um eine Überflutung des Deichhinterlands zu verhindern.

5.1.4 Hochwasserschutz im Bauzustand

Für den Versorgungstunnel **ElbX** waren beide Hochwasserszenarien zu betrachten, Deichbruch und Havarie des Tunnels.

Ein Wassereintritt in Verbindung mit einer Havarie des Tunnels während des Vortriebs ist prinzipiell nur möglich, wenn ein Tübbing mangelhaft gebettet ist oder es beim Ringbau zu Lageabweichungen während des Einbaus der Tübbinge kommt. Da die Segmente des Tübbings Längs- und Querverbindungen miteinander haben, ist ein plötzliches Versagen der Tübbinge ausgeschlossen; ein drohender Wassereintritt würde sich daher vorankündigen. Sollte es tatsächlich zu einem massiven Wassereintritt in den Tunnel während des Vortriebs kommen und sich die Tunnelröhre durch eingetragenes Bodenmaterial nicht selbstständig verschließen, sind Maßnahmen zur Erhaltung des Hochwasserschutzes erforderlich. Dafür kommen zwei technische Alternativen infrage: eine Hochwasserschutzwand als umlaufender Kragen am Startschacht oder ein Tunnelschott.

Für das Projekt ElbX wurde die Ausführung eines Schotts gewählt. Die Hochwasserschutzwand müsste aufgrund der Vorgaben der Deichbehörde eine Höhe von ca. +6,5 m NHN haben. Die Höhe der Wand mit den damit verbundenen Nachteilen für den Baubetrieb, Sicherheitsbelange und die Baukosten haben diese Variante nachteilig erscheinen lassen.

Das Schott wird in einer Führung zwischen zwei vertikalen Trägern mittels eines Antriebs geschlossen und geöffnet. Bei geschlossenem Schott dichtet ein aufblasbares Dichtungsprofil, das auf die Anfahrdichtung aufgebracht wird, den Tunnel gegen die Abdichtungskonstruktion ab. Das Schott kann montiert werden, sobald die TBM weit genug in den Boden eingefahren ist und die Anfahrkonstruktion sowie die Blindringe rückgebaut wurden. Aufgrund der Lage der Startbaugrube befindet sich die TBM zu diesem Zeitpunkt noch landseitig des Deiches, sodass das Schott rechtzeitig vor Querung der Elbe fertig montiert werden kann. Die erforderlichen Maßnahmen in der Baugrube, um das Schott zu schließen, sind das „Abschiebern" der Versorgungsleitungen der TBM und der Rückbau bzw. die Unterbrechung der Schienen des Versorgungszugs im Bereich des Schotts, damit das

Schott bündig gegen die Baugrubensohle abdichtet. Diese Schritte werden vorgenommen, sobald sich ein größerer Wassereintritt in den Tunnel ankündigt und das Personal von der TBM in die Baugrube geflüchtet ist.

Für den Fall „Deichbruch bei Hochwasser" ist auf beiden Elbseiten der ausgespiegelte Wasserstand bzw. der Bemessungshochwasserstand anzusetzen. Um den Hochwasserschutz zu gewährleisten, ist im Projekt ElbX eine umlaufende Hochwasserschutzwand um den Baugrubenbereich vorgesehen. Diese schützt im Fall eines Deichbruchs das Eindringen von Wasser in die Baugrube. Da einem Deichbruch eine länger anhaltende Sturmflut vorausgehen muss, wird dieses Szenario als eines „mit Ankündigung und zeitlichem Vorlauf" betrachtet. Es ist für einen leichteren Bauablauf (Baulogistik, Zugang etc.) daher geplant, Öffnungen in der Hochwasserschutzwand vorzusehen. Es werden vor Baubeginn mit den Deichbehörden Warn- und Grenzwerte festgelegt, ab welchen prognostizierten Elbwasserständen die Hochwasserschutzwand geschlossen wird. Bei vollständig geschlossener Hochwasserschutzwand erfolgt der Zugang zur Baugrube über einen Treppenturm.

Für den **A 20**-Tunnel wird der Hochwasserschutz im Bauzustand durch eine Hochwasserschutzwand an Start- und Zielschacht gewährleistet. Für den insbesondere relevanten Startschacht wird eine wasserdichte Schutzwand als Verlängerung der Verbauwand auf eine Höhe von +6,50 m NHN geführt. Das Schutzniveau liegt damit über dem für den Bauzustand ermittelten RHW der Elbe von +6,10 m NHN für eine Wiederkehrperiode von 20 Jahren.

5.2 Logistik und Entsorgung

Für die baulogistische Ver- und Entsorgung sind an die jeweiligen projektspezifischen Randbedingungen angepasste Konzepte zu erarbeiten und auszuführen. Die Konzepte werden bei gleichen gewählten Bauverfahren im Wesentlichen einerseits durch die geologisch-hydrologischen und andererseits durch die topografischen Verhältnisse bestimmt. Letzteres wird ebenfalls durch die planfeststellenden Behörden umfassend geprüft. Die Ergebnisse geben Handlungsanweisungen für den Bauherrn bzw. den Bauausführenden vor.

Zu den wesentlichen Herausforderungen bei Elbquerungen zählen beispielsweise:

- Vorbereitung der Zuwegungen und Baustelleneinrichtungsflächen in Bereichen mit nur bedingt geeigneten Böden (Marschböden mit Weichschichten großer Mächtigkeit und geländenah anstehendem Grundwasser) inkl. Drainage, Aufschüttung etc.,
- Anfall großer Aushubmengen in teils breiig-weicher bis flüssiger Konsistenz (Unterwasseraushub organischer Weichschichten, z. B. Klei) bzw. teils potenziell belasteter Böden sowie Anfall großer Mengen an Tunnelausbruch,
- Ver- und Entsorgung der Baustelle insbesondere in ländlichen Gebieten mit teils nicht hinreichender Infrastruktur (Straßenanbindungen, Zuwegungen), während eine Ver-/Entsorgung über die Elbe angesichts deren Bedeutung als Wasserstraße nur in bereits existierenden Häfen erfolgen darf.

Die Materiallogistik erhält bei der Planung der Projekte einen hohen Stellenwert. Insbesondere die Inanspruchnahme von Flächen für die Entwässerung, Konditionierung oder Behandlung und die erforderlichen Transport- und Verbringungs- bzw. Deponiekapazitäten geraten vor dem Hintergrund von Planfeststellungsverfahren in den Fokus der planerischen Bemühungen. Bei Verkehrsbauwerken in Zusammenhang mit Zulaufstrecken ist eine Einbeziehung der benachbarten Abschnitte und insbesondere die Wiederverwendung von Aushub- und Ausbruchmaterial naheliegend.

Auf eine detaillierte Darstellung von Besonderheiten wird in diesem Rahmen verzichtet.

5.3 Konzepte bei systemrelevanten Querungen

Eine Querung zählt zur kritischen Infrastruktur bzw. ist systemrelevant, wenn ihre Beeinträchtigung bzw. ihr Ausfall unmittelbar schwerwiegende Auswirkungen auf die Versorgungslage nach sich züge und damit ein besonderer Schutz notwendig ist. Als systemrelevant kann in diesem Sinn vor allem die Elbquerung ElbX für den SuedLink betrachtet werden.

In einer frühen Planungsphase wurde zur Identifikation und Kategorisierung möglicher Risikofaktoren bzw. zur Bewertung der Wahrscheinlichkeit eines Totalausfalls eine PESTEL-Analyse (**P**olitical, **E**conomical, **S**ocial, **T**echnical, **E**nvironmental, **L**egal) durchgeführt. Mögliche Störfallszenarien, die zum Totalausfall führen können, sind u. a.:

- Versagen bzw. Einsturz des Tunnels,
- Überflutung als Folge eines Deichbruchs,
- Großbrand im Tunnel,
- Sabotageakte.

Aufbauend auf den Untersuchungen wurden beispielsweise folgende Aspekte identifiziert bzw. bereits in die Planung integriert:

- Eine Ausführung der Elbquerung als Tunnel ist im Vergleich zu den weiteren möglichen Querungsarten die vorteilhafteste Variante (Seekabel – Risiko der Beschädigung durch Ankerwurf; Freileitung – bautechnischer Grenzbereich durch enorme Masthöhe bei ca. 75 m erforderlicher lichter Höhe für moderne Containerschiffe sowie ca. 5 km Mastabstand).
- Eine Redundanz in Form eines zweiten parallelen Tunnels wiegt aufgrund der Kosten und vor allem der erforderlichen längere Bauzeit bzw. späteren Inbetriebnahme die geringe Wahrscheinlichkeit eines Totalausfalls nicht auf.
- Zur Minimierung hochwasserbedingter Ausfallszenarien wurden Vorkehrungen zum Hochwasserschutz bei Bau und Betrieb getroffen (s. Abschnitt 5.1).
- Eine Minimierung brandbedingter Risiken im betriebsfertigen Tunnel erfolgt durch auf ein Minimum beschränkte Installationen sowie Brandlasten. Die Wärme im Tunnel wird permanent überwacht, sodass auf Veränderungen, z. B. durch Schwelbrände, umgehend reagiert werden kann. Das im Tunnel vorgesehene Tunnelfahrzeug wäre zudem in der Lage, kleinere Brände zu löschen.

- Die Planungen zum Schutz der Anlagen gegen Sabotage sind noch nicht abgeschlossen und sollen bis zur Bauausführung den aktuellen Erfordernissen angepasst werden.

Mittelfristig werden weitere Übertragungswege, sogenannte „Stromautobahnen“, zur Verfügung stehen; damit werden die Konsequenzen eines Ausfalls einzelner Systeme bzw. der Wegfall großer Übertragungsleistungen durch eine fortschreitende Vernetzung reduziert. Die Netzstabilität bei Ausfällen wird mittelfristig steigen, damit wird die Systemrelevanz abnehmen.

5.4 Nachhaltigkeit

5.4.1 Vorbemerkung

Infrastrukturmaßnahmen wie die hier betrachteten Elbquerungen sind mit hohem Ressourcenverbrauch und – angesichts der in großem Umfang verwendeten Baustoffe Beton und Stahl – mit erheblichen CO_2-Emissionen verknüpft. Allerdings sollten alle drei Dimensionen der Nachhaltigkeit bei Infrastrukturmaßnahmen in den Blick genommen werden, neben der ökologischen Dimension ebenso die soziale und ökonomische. Anders als bei Hochbauten fehlen bei Ingenieurbauwerken allgemein akzeptierte Bewertungsmethodiken für Nachhaltigkeit, obwohl Ansätze insbesondere für Straßeninfrastruktur bereits vorliegen (vgl. [10]). Zumindest zwei der hier vorgestellten Elbquerungen – ElbX für die Querung des SuedLinks und der FWS West zur Nutzung anfallender Abwärme im Hamburger Hafen –dienen per se als Ziele im Kontext nachhaltiger Entwicklung. Eine Nachhaltigkeitsbewertung ist bei Ingenieurbauwerken jedoch eng mit dem Referenzrahmen verknüpft (vgl. [11]). Dessen ungeachtet kann kein Zweifel bestehen, dass bei Infrastrukturprojekten bereits in der Planung erhöhtes Augenmerk auf Ressourcenschonung und CO_2-Emissionen gelegt wird und alle Potenziale betrachtet werden müssen. Bislang sind der Realisierung aller Potenziale allerdings Grenzen durch das zu beachtende Regelwerk gesetzt.

5.4.2 Potenziale

Nachfolgend werden exemplarisch einige vorhandene Potenziale aufgezählt.

Schonung natürlicher Ressourcen:

- **Baustoffe:** Im Rahmen der Planung sind Abmessungen und Querschnitte auf das funktional, statisch und konstruktiv erforderliche Maß zu optimieren. Gleiches gilt insbesondere für die Tunnellänge – beispielsweise wurde für die A 20 zwischen Tunnellänge und Startschachttiefe abgewogen. Für die bei Verkehrstunneln vorgesehene Sohlauffüllung zur Herstellung der Fahrbahn (vgl. z. B. Bild 12) werden Alternativen zu Beton in Betracht gezogen, unter Berücksichtigung statisch-konstruktiver Erfordernisse (vgl. A 20: teilweise wird der Einsatz von Schwerbeton als Sohlauffüllung zur Auftriebssicherung erforderlich).
- **Betonzuschläge**: Natürliche Gesteinskörnungen können durch rezyklierten Altbeton ersetzt werden (Recycling-Beton; R-Beton). Neben der lokalen Verfügbarkeit recyclierter Zuschläge sind allerdings regulatorische Grenzen zu beachten. So sind R-Betone bei Ingenieurbauwerken derzeit nur in untergeordnetem Umfang verwendbar. Bei den hier vorgestellten Projekten wurde auf den Einsatz von R-Beton verzichtet.
- **Wasser:** Das für den Bau der Elbquerungen erforderliche Brauchwasser kann aus der Elbe entnommen, aufbereitet, nach Verwendung gereinigt und wieder in die Elbe geleitet werden. Dabei müssen die hohen Anforderungen an die Qualität des wieder einzuleitenden Wassers erfüllt werden. Dessen ungeachtet ist die Entnahme von Frischwasser und die Einleitung von Brauchwasser insbesondere in den dünn besiedelten Gebieten der Elbmarsch eine erhebliche Belastung des öffentlichen Netzes, die zwar grundsätzlich zulässig wäre, allerdings wegen der nachteiligen Folgen zu vermeiden ist. Für die Querungen ElbX und A 20 ist daher überwiegend die Verwendung von Brauchwasser aus der Elbe geplant.
- **Wiederverwendung von Aushub:** Die Eignung von Aushubmengen für eine Wiederverwendung ist zu prüfen. Beim Projekt A 20

ist geplant, einen Teil des beim Aushub der Baugruben für Schächte und Rampen anfallenden Kleis für den Deichbau einzusetzen. Darüber hinaus wird derzeit im Rahmen des Bodenmanagementkonzepts geprüft, Aushubmengen in angrenzenden Losen einzubauen.

Reduktion von CO_2-Emissionen:

- **Baustoffe:** Auf Baustoffebene werden derzeit vielfältige Möglichkeiten zur Reduktion der CO_2-Emissionen insbesondere mit Blick auf Zement und Betonstahl bzw. Baustahl diskutiert, u. a. Baustoffe mit verringertem CO_2-Fußabdruck mittels Modifikationen in der Herstellung (z. B. Verwendung von Ökostrom in der Stahlherstellung, Verwendung CO_2-reduzierter Betone, CO_2-Abscheidung bei der Zementherstellung). Neben regulatorischen Grenzen z. B. bei der Verwendung von Zementen ist die Verfügbarkeit zu beachten.
- **Konstruktion:** Neben der Optimierung von Querschnitten und Massen im Sinne der Ressourcenschonung (s. o.) werden ergänzend Bauelemente und Konstruktionen minimiert, die mit einem spezifisch hohen CO_2-Fußabdruck verbunden sind. Dementsprechend wird z. B. der Einsatz von Düsenstrahlverfahren (DSV) für Abdichtungen und Dichtsohlen reduziert; Dichtsohlen werden nach Möglichkeit als Unterwasserbetonsohlen hergestellt (vgl. [12]).
- **Logistik/Bodenmanagement:** Emissionen in Verbindung mit dem Transport von Materialien (z. B. Transport von Boden für Auflastschüttungen, Baustoffen, Tübbingen, Aushubmaterial etc.) werden im Rahmen des Logistik- und Bodenmanagementkonzepts betrachtet. Für Elbquerungen bietet sich z. B. der Transport über die Wasserstraße an; siehe hierzu die Ausführungen zum Bodenmanagement.

Die exemplarisch aufgeführten Potenziale stehen stellvertretend für die große Bandbreite an Möglichkeiten, im Rahmen der Planung auf Ressourcenschonung und Reduktion der CO_2-Emissionen hinzuwirken.

6 Schlussbemerkung

Querungen insbesondere im Bereich der Unterelbe westlich der Hamburger Elbbrücken – also in dem Abschnitt des Stroms, der für die Hochseeschifffahrt tauglich ist –, werden bis heute ausnahmslos als Tunnelbauwerke realisiert. Dabei treffen vielfältige Herausforderungen für den Tunnelbau aufeinander: große Wassertiefen mit Solltiefen in der Fahrrinne von mindestens 17 m, Tideeinfluss und Hochwasserszenarien, schwierige und äußerst heterogene Böden mit gleichzeitig mächtigen organischen Weichschichten, eiszeitlichen Sanden und Mergel mit eingelagerten Blöcken sowie Tonen, große Strombreiten von mehreren Kilometern zwischen den Deichen. Anhand vier aktueller Beispiele, die sich in unterschiedlichen Phasen der Planung und Realisierung befinden, werden exemplarisch Lösungsansätze für die Tunnelvortriebe und Baugruben erläutert und weitere für Elbquerungen spezifische Aspekte wie Hochwasserschutz und Bodenentsorgung angesprochen. Dabei soll deutlich werden, dass für Planung und Bau von Tunnelquerungen der Elbe stets eine große Bandbreite sehr spezifischer Aspekte in Betracht gezogen werden muss, insbesondere für den TBM-Vortrieb und die Auslegung von Start- und Zielschächten. Dabei zeigt die Erfahrung auch, dass die Herausforderungen in Zusammenhang mit der planrechtlichen Genehmigung – im Fokus stehen hier u. a. mögliche und tatsächliche Eingriffe oder Logistik- und Entsorgungsfragen – den technische Herausforderungen der Planung gleichrangig gegenüberstehen.

Literatur

[1] HH (2018) *Sturmflutposter – Begriffe und Zahlen zu Sturmfluten und zum Hochwasserschutz.* Freie und Hansestadt Hamburg, Behörde für Umwelt, Klima, Energie und Agrarwirtschaft [Hrsg.] https://www.hamburg.de/hochwasser/3269248/sturmflutposter-bue/ [Zugriff am: 04.07.2023]

[2] Breidenstein, M.; Bräunig, M. (2022) *380-kV-Kabeldiagonale Berlin: Umsetzung der Energiewende durch Tunnelbau* in: Deutsche Gesellschaft für Geotechnik e. V. (DGGT) [Hrsg.] *Taschenbuch für den Tunnelbau 2022.* Berlin: Ernst & Sohn, S. 287–299

[3] DAUB (2022) *Leitfaden für Sicherheit und Gesundheitsschutz auf Untertagebaustellen.* Köln: Deutscher Ausschuss für unterirdisches Bauen (DAUB)[Hrsg.].

[4] Hamburger Energiewerke (o. J.) Energiepark Hafen – Zielgerichtet für Hamburgs Wärmezukunft. https://www.hamburger-energiewerke.de/projekte/energiepark-hafen [Zugriff am 04.07.2023]

[5] DEGES (2023) *A 20: Abschnitt 8 (A 26 / Niedersachsen bis B 431 / Schleswig-Holstein) – Informationen zum Abschnitt 8 (A 26/Niedersachsen bis B 431/Schleswig-Holstein): die Elbquerung.* Berlin: Deutsche Einheit Fernstraßenplanungs- und -bau GmbH (DEGES). https://www.deges.de/projekte/projekt/a-20-neubau-in-schleswig-holstein/ [Zugriff am: 04.07.2023]

[6] FSGV (2019) *EABT-80/100 – Empfehlungen für die Ausstattung und den Betrieb von Straßentunneln mit einer Planungsgeschwindigkeit von 80 km/h oder 100 km/h.* Köln: Forschungsgesellschaft für Straßen- und Verkehrswesen (FSGV) (Hrsg.).

[7] SH (2013) *Generalplan Küstenschutz (GPK), Fortschreibung 2012.* Ministerium für Energiewende, Landwirtschaft, Umwelt und ländliche Räume des Landes Schleswig-Holstein [Hrsg.].

[8] SH (2022) *Generalplan Küstenschutz (GPK), Fortschreibung 2022.* Ministerium für Energiewende, Landwirtschaft, Umwelt, Natur und Digitalisierung des Landes Schleswig-Holstein [Hrsg.].

[9] Zinke, T.; Müller, M.; Ummenhofer, T. (2021) *Ganzheitliche Analyse und Bewertung von Infrastrukturprojekten* in: Hauke, B.; IBU; DGNB [Hrsg.] *Nachhaltigkeit, Ressourceneffizienz und Klimaschutz.* Berlin: Ernst & Sohn.

[10] Schadow, T. (2022) *Ressourcenschonung im Bauwesen – Aspekte aus der Planungspraxis.* Bautechnik 99 (1), S. 50–56. https://doi.org/10.1002/bate.202100110

[11] Leucker, R. (2022) *Klimaschutz im Verkehrswegebau – Ausbau der Infrastruktur in Deutschland.* Bautechnik 99 (7), S. 575–580. https://doi.org/10.1002/bate.202200050

[12] Mischo, A.; Eberle, L.; Zehetmaier, G. (2023) *Ressourcenschonung und CO_2-Minderung unterirdischer Verkehrsbauwerke in offener Bauweise durch konstruktiv optimierte Verbauten.* Bautechnik 100 (7). https://doi.org/10.1002/bate.202300073

III. Bautechnische Herausforderungen bei der Herstellung des unterirdischen Fernbahnhofs am Stuttgarter Flughafen

Armin Semmelmann, Andreas Auchter, Bernd Wiesiolek

Derzeit wird die Verbindung hergestellt, die den Flughafen Stuttgart und die Messe Stuttgart an die ICE-Neubaustrecke und den neuen Bahnknoten Stuttgart anbinden wird. Ein zentraler Bestandteil dieses Projekts ist der unterirdische Fernbahnhof auf dem Gelände des Stuttgarter Flughafens.

Der vollständig unterirdisch gelegene Bahnhof besteht aus zwei mehr als 400 m langen Tunnelröhren, die zusammen mit den Zulaufröhren West und Ost als zwei parallele Durchgangsröhren konzipiert sind. Die Erschließung der Bahnsteige erfolgt über die Zugangsschächte „Zentraler Zugang" und „Zugang Ost". Die bauliche Konzeption der beiden Zugangsanlagen berücksichtigt die geometrischen und geologischen Rahmenbedingungen vor Ort sowie die für die Herstellung erforderlichen baubetrieblichen Voraussetzungen.

Das Zugang Ost besteht daher aus einem ca. 45 m langen monolithischen Einzelbauwerk, das innerhalb eines baubetrieblich genutzten Zugangsschachts unter laufendem Baubetrieb herzustellen ist. Der Zentrale Zugang wird durch ein rundes Zugangsgebäude mit etwa 50 m Durchmesser gebildet. Darunter befinden sich auf einer Länge von rund 65 m insgesamt drei Einzelschachtanlagen, die neben dem Personenzugang zahlreiche Technikräume für den Betrieb des Bahnhofs beinhalten. Zusätzlich werden die bergmännisch hergestellten Stationsröhren im Firstbereich mit einem weiteren Schachtbauwerk verbunden, das ausschließlich im Brandfall als Entrauchungsbauwerk dient.

Der Artikel schließt im Wesentlichen an den vorausgegangenen Artikel im Tunnelbau-Taschenbuch 2022 zum Flughafentunnel [1] an und befasst sich mit der Herstellung der dauerhaften Bauwerke. Es wird insbesondere auf die ingenieurtechnischen Herausforderungen bei der Ausführungsplanung und der Herstellung der einzelnen Ingenieurbauwerke eingegangen.

Anhand der Gliederung der Einzelbauwerke (Zugangsanlagen, Entrauchungsbauwerk, Stationsröhren mit fünf Verbindungsbauwerken) werden logistische Abhängigkeiten, technische Schnittstellen, Erfordernisse der Bauabfolge sowie planerische und schalungstechnische Herausforderungen in den Verschnei-

Tunnelbau 2024, Herausgegeben von der DGGT, Deutsche Gesellschaft für Geotechnik e.V.

dungsbereichen mit den Schachtanlagen, bei denen u. a. Blocklängen von bis zu 28,5 m monolithisch herzustellen sind, beschrieben.

Mit Stand April 2023 sind große Abschnitte der bergmännisch herzustellenden Tunnel- und Schachtanlagen erfolgreich aufgefahren. Bereits im Herbst 2021 wurden die Betonarbeiten an den dauerhaften Bauwerken vortriebsbegleitend begonnen und befinden sich derzeit noch in vollem Gang.

Structural challenges in the construction of the underground train station at Stuttgart Airport

The "airport connection" is currently being established, which will connect Stuttgart Airport and the Stuttgart Exhibition Center to the new ICE line and the new Stuttgart railway junction. A central component of this project is the underground long-distance train station on the premises of Stuttgart Airport. The station, which is completely underground, consists of two tunnel tubes with an length of more than 400 m and which, together with the west and east feed tubes, are designed as two parallel passage tubes. The platforms are accessed via the "Central Access" and "East Access" access shafts. The structural design of the two access systems takes into account the geometric and geological framework conditions on site as well as the construction requirements required for production.

The east access structure therefore consists of an approx. 45 m long monolithic individual structure, which is to be constructed within an access shaft used for construction operations while construction is ongoing. The central entrance is formed by a round entrance building with a diameter of around 50 m. Below this are a total of three individual shaft systems over a length of around 65 m, which, in addition to the access for people, contain numerous technical rooms for the operation of the station. In addition, the station tubes, which were produced by mining, are connected to another shaft structure in the ridge area, which is used exclusively as a smoke extraction structure in the event of a fire.

The article essentially follows on from the previous article in the tunneling handbook 2022 on the airport tunnel (source) and deals with the manufacture of the permanent structures. In particular, the engineering challenges in the implementation planning and the production of the individual civil engineering structures are addressed.

Based on the structure of the individual structures (access systems, smoke extraction structure, station tubes with five connecting structures), logistical dependencies, technical interfaces, requirements of the construction sequence as well as planning and formwork challenges in the intersection areas with the shaft systems, where, among other things, block lengths of up to 28.5 m are to be produced monolithically are described.

By the end of April 2023, large sections of the tunnels and shafts to be produced by mining have been successfully excavated. Concreting work on the permanent structures to accompany tunneling began in autumn 2021 and is currently still in full swing.

1 Einleitung

Das Gesamtbauvorhaben der Flughafenanbindung Stuttgart ist Bestandteil des zeitlich letzten Planfeststellungsabschnitts im Rahmen des Großprojekts „Stuttgart 21" (S21). Der Auftrag zur Ausführungsplanung und Herstellung wurde im Oktober 2019 von der DB PSU GmbH an die Arbeitsgemeinschaft Neubaustrecke Flughafentunnel, bestehend aus den Firmen Ed. Züblin AG, Max Bögl Stiftung & CO. KG sowie Strabag GmbH vergeben.

Der Planfeststellungsabschnitt ist in zwei Lose unterteilt. Das erste Los, „VE10 light", umfasst den Bau des unterirdischen Bahnhofs im Bereich des Flughafens und der Messe Stuttgart sowie die Anbindung an die Neubaustrecke über zahlreiche Ingenieurbauwerke.

Zu den wesentlichen Bauaufgaben des Tunnel-, Ingenieur- und Erdbauloses gehören:

- der Bau des zweiröhrigen Flughafentunnels in bergmännischer (L = ca. 900 m) und offener Bauweise (OBW; L = ca. 150 m, Trog L = ca. 250 m) mit Notausgängen, Verbindungs- und Schwallbauwerken,
- der Bau der unterirdischen Station (L = ca. 430 m) mit fünf Verbindungsbauwerken,
- die Herstellung und Anbindung der späteren Zugangsschächte (Zentraler Zugang, Zugang Ost) sowie des für die Station benötigte Entrauchungsbauwerks,
- der Bau verschiedenster Eisenbahnüberführungen sowie Auslaufbauwerke von Regenrückhalte- und Regenklärbecken,
- der Bau von Gleit-, Lärm- und Blendschutzwänden,

– der Erdbau inklusive Kabelführungs- und Entwässerungsanlagen der freien Strecke (L = ca. 3.070 m).

Das zweite Los, „NBS Ost," umfasst die Neugestaltung der Autobahnanschlussstelle Plieningen, bedingt durch die Trassierung der Neubaustrecke (NBS) entlang der nördlichen Seite der Bundesautobahn BAB A 8. Ebenfalls betroffen hiervon ist die Einmündung der Bundesstraße B 312, die in unmittelbarer Nähe an den Verkehrsknotenpunkt angeschlossen wird.

Zu den wesentlichen Bauaufgaben des Ingenieur- und Erdbauloses gehören:

– der Bau von Ein- und Ausfahrtströgen für die BAB A 8 unter Ermöglichung des fortlaufenden Betriebs der Anschlussstelle Plieningen, mit Brückenbauwerken als Eisenbahn- und Straßenüberführungen,
– der Bau von zwei großen Brückenbauwerken in Form jeweils einer Eisenbahn- und Straßenüberführung,
– die Herstellung einer Grundwasserwanne als Anschluss der Landesstraße L 1192 an die B 312,
– die Herstellung von Lärm- und Blendschutzmaßnahmen,
– der Erdbau inklusive Kabelführungs- und Entwässerungsanlagen der freien Strecke (L = ca. 2.211 m).

Bild 1 zeigt den Gesamtumfang des Bauvorhabens schwarz hervorgehoben.

Der Artikel legt den Schwerpunkt auf den Stationsbereich inklusive zugehöriger Schachtanlagen sowie deren Herstellung im Zusammenspiel mit der Herstellung der bergmännisch aufgefahrenen Zulaufstrecken und der daraus entstehenden baubetrieblichen Abhängigkeiten und logistischen Herausforderungen bei der Umsetzung. Bild 2 zeigt die Lage des unterirdischen Fernbahnhofs sowie den Einflussbereich auf die umliegende Bebauung.

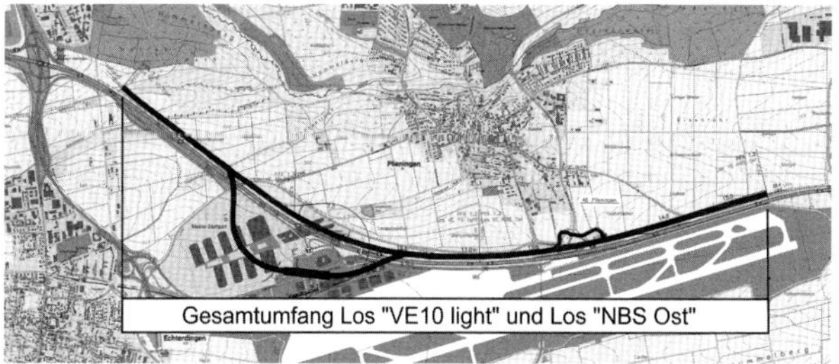

Bild 1. Übersicht Los „VE 10 light" und Los „NBS Ost" (Quelle: Arge NBS Flughafentunnel)

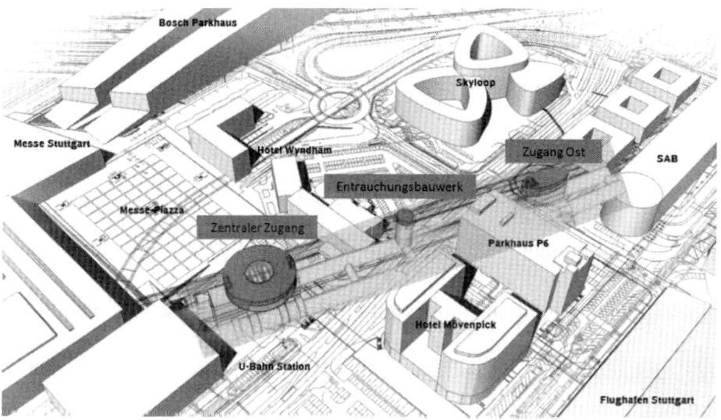

Bild 2. Übersicht Station NBS – Fernbahnhof (Quelle: DB PSU)

2 Bauvorhaben Fernbahnhof

Der Fernbahnhof Stuttgart Flughafen/Messe ist in Bild 3 dargestellt. Er befindet sich in ca. 30 m Tiefe unterhalb des Flughafen- und Messegeländes Stuttgart. Der unterirdische Bahnhof besteht aus zwei baulich getrennten Röhren, die im Ost- und Westbereich über Aufzugs- und Treppenanlagen in entsprechenden Schachtbauwerken zu erreichen sind.

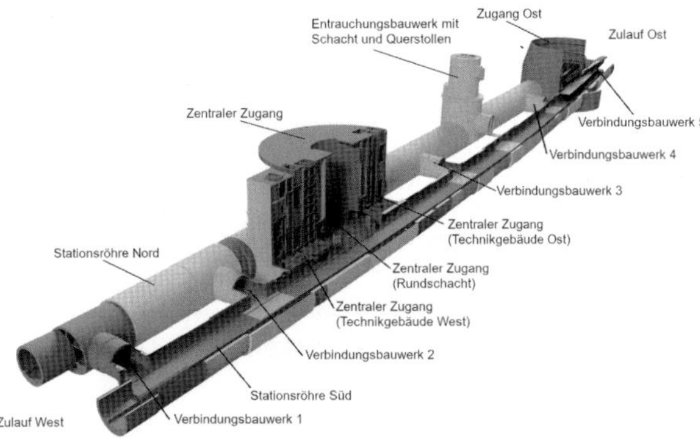

Bild 3. 3D-Darstellung unterirdischer Teil Fernbahnhof Stuttgart (Quelle: Ed. Züblin AG, Zentrale Technik)

Die westliche Zugangsmöglichkeit, der Zentrale Zugang, liegt auf der Messepiazza vor den Haupttoren der Stuttgarter Messe. Unter dem Empfangsgebäude liegen insgesamt drei einzelne Schachtanlagen, nämlich ein zentraler Rundschacht und zwei seitliche unterirdische Technikgebäude. Die seitlichen Technikgebäude wurden als Rechteckschächte mit Abmessungen von ca. 22 × 17 m sowie 15 × 13 m im Ausbruchquerschnitt konzipiert. Ihre Stahlbetoninnenschale besteht aus bis zu 80 cm starken Außenwänden und aussteifenden Innenwänden. Der weitere Innenausbau erfolgt unter statischen Gesichtspunkten ohne aussteifende Wirkung. In den beiden Schächten befindet sich später die gesamte technische Ausrüstung, die zum Betrieb des unterirdischen Bahnhofs notwendig ist. Der zentrale Rundschacht mit einem Durchmesser von ca. 22 m zwischen den beiden Technikschächten erhält ebenfalls eine Stahlbetoninnenschale. Im Zuge des technischen Ausbaus werden hier die Aufzugsanlagen zur Bahnsteigebene installiert. Das oberirdische Empfangsgebäude besteht aus zwei Stockwerken und überspannt im Endzustand mit einem lichtdurchlässigen Foliendach den Rundschacht.

Eine weitere Zugangsmöglichkeit zur Haltestelle besteht über den Zugang Ost, der sich, in geringem Abstand, vor dem Terminalgebäude des Stuttgarter Flughafens befindet. Die Zugangsanlage wird in einem temporären Schachtbauwerk errichtet, das die größten Schachtabmessungen mit ca. 40 m Durchmesser und 32 m Tiefe aufweist. Der temporäre Schacht dient während der Rohbauarbeiten als Logistik- und Versorgungszentrum für den Bau der gesamten unterirdischen Bahnsteiganlagen und die Herstellung der Tunnelröhren des Zulaufs Ost.

Das Schachtbauwerk wird monolithisch hergestellt und bekommt ebenso Treppen- und Aufzugsanlagen. Ein oberirdisches Zugangsgebäude, das durch das Nachfolgegewerk errichtet wird, bildet den oberen Abschluss des Zugangs Ost.

Eine weiteres Schachtbauwerk ist das Entrauchungsbauwerk Mitte. Mit fest darin installierten Ventilatoren können von den Bahnsteigbereichen über dort befindliche Entrauchungskanäle Rauchgase gezielt abgesaugt und an die Oberfläche geleitet werden.

Fünf Verbindungsbauwerke mit Schleusenfunktion verbinden die beiden Bahnsteigröhren auf der Bahnsteigebene untereinander und dienen der fußläufigen Anbindung. Diese können im Notfall genutzt werden, um die jeweils benachbarten Bereiche schnell und sicher zu erreichen.

Neben dem Bau in innerstädtischer Lage mit Beteiligung einer Vielzahl von Stakeholdern liegen die bautechnischen Herausforderungen bei diesem unterirdischen Bahnhof in den geometrisch komplexen Verschneidungen der rechteckigen und runden Schachtanlagen mit den Tunnelröhren. Diese erforderten im Vorfeld zu Ausbruch, Sicherung und Innenschalenherstellung umfassende planerische Aufgaben und verlangen bei der baulichen Umsetzung eine Vielzahl von bautechnischen Sonderlösungen und das gesamte Know-how der Beteiligten [1, 2].

Eine weitere Herausforderung lag darin, dass im Verlauf der Bautätigkeiten die Entscheidung getroffen wurde, die beiden ca. 400 m langen Bahnsteigbereiche um jeweils 30 m zu verlängern. Planänderungsverfahren, Entwurfsplanung sowie Abstimmung und Koordination der Auswirkungen auf den betriebstechnischen Ausbau der gesamten Station bis hin zu den jeweiligen Technikgebäuden mussten damit baubegleitend erfolgen.

Die folgenden Kapitel sollen anhand ausgewählter Einzelthemen einen Eindruck der Komplexität und der gefundenen Lösungen vermitteln.

3 Bauabfolge und -logistik

Der unterirdische Fernbahnhof stellt aufgrund seiner komplexen Bauwerksstrukturen, seiner Lage in Bezug zu den umgebenden Bestandsbauten und der ausschließlichen Zugänglichkeit über Schachtanlagen, die im Endzustand Teile des späteren Bauwerks beinhalten, hohe Anforderungen an die Bauablauf- und Logistiküberlegungen.

3.1 Temporäres Schachtbauwerk am Zugang Ost

Die erste Bauaufgabe im Areal des späteren Fernbahnhofs war die Einrichtung der Baustelle im Bereich des Zugangs Ost sowie der Beginn der Schachtteufe. Nach umfangreicher Kampfmittelsondierung, Abbruch eines Versorgungskanals des Flughafens, Bohren eines vertikalen Rohrschirms, Beseitigung von Asbestrückständen und Herstellung einer umlaufenden Bettung des horizontalen Schachtkragens in geneigtem Gelände konnte die Schachtteufe nach einer Vortriebsdauer von ca. einem Jahr abgeschlossen werden. Parallel zur Schachtteufe wurden drei Aussteifungsringe hergestellt, die mittels Verpressankern in den Baugrund rückverankert wurden, um den konischen Anteil des oberen Schachts zusätzlich zu stützen.

Ursprünglich sah die Ausführungsplanung die Herstellung einer Vorsatzschale aus Konstruktionsbeton vor, bevor die Vortriebe in den einzelnen Röhren begonnen werden durften. Aufgrund von Störungen zu Beginn der Arbeiten konnte das Abteufen nur verzögert beginnen. Diese anfänglichen Verzögerungen wurden im weiteren Verlauf der Bauarbeiten zur Gänze kompensiert. Zur Terminsicherung wurde in Kooperation aller Beteiligten auf Basis einer geänderten

Planung, die von der WBI GmbH erstellt wurde, die nachträglich einzubauende Ortbetonschale durch zusätzliche Spritzbetonverstärkungen ersetzt. Diese konnten im Zuge der Schachtteufe mit eingebaut werden. Die Vortriebe für die Herstellung der Bahnsteigröhren konnten damit fristgerecht, ausgehend vom Zugang Ost, begonnen werden.

3.2 Vortriebsabfolge Stationsröhre

Zunächst erfolgten die Vortriebsarbeiten in den Anschlagbereichen nacheinander aus dem Schacht (Zugang Ost) heraus. Die anschließenden Kalottenvortriebe wurden bis zum Erreichen des vorgesehenen Durchschlagpunkts bis ca. 10 m vor das Technikgebäude Ost des Zentralen Zugangs hergestellt. Der restliche Vortrieb neben den Technikgebäuden und dem Rundschacht des Zentralen Zugangs wurde von Westen her über den Zulauf West ausgeführt. Der Durchschlag erfolgte aus Richtung West kommend, sodass in großen Teilbereichen der Station die Tunnelröhren für nachfolgende Arbeiten freigeben werden konnten.

3.3 Logistik und Fördergeräte am Zugang Ost

Die gesamte Logistik während des Schachtvortriebs, der Tunnelvortriebe und der nachfolgenden Herstellung der Innenschale erfolgt am Zugang Ost mithilfe eines Brückenkrans sowie eines zusätzlichen Hochbaukrans, um sämtliches Material sowohl nach oben als auch nach unten zu bringen.

Die für den Schacht bereits seitens der DB PSU im Vorfeld erstellte Ausführungsplanung für die temporäre Schachtsicherung berücksichtigte die Baustellenlogistik in diesem Ausmaß nicht. Statische Berechnungen führten schließlich zu einer Gründung des Brückenkrans auf Großbohrpfählen mit einer Tiefe bis zu 9 m und darauf aufgesetzten Fundamenten. Letztlich spielte der Platzmangel eine entscheidende Rolle, da die Konstruktion des Brückenkrans nur eine 25 m über den Schacht auskragende Kranbahn zuließ. Ein zusätzlicher Hochbaukran, ebenfalls auf Bohrpfählen und Fundamentplatte gegründet,

Bild 4. Schacht Zugang Ost, Baustelleneinrichtung mit Brückenkran (Quelle: Arge NBS Flughafentunnel)

Bild 5. Schacht Zugang Ost (Quelle: Arge NBS Flughafentunnel)

vervollständigt das Logistikkonzept. Der Brückenkran dient vorrangig zum Vertikaltransport von Ausbruchmaterial, Gerät und Bewehrungsmassen. Der Hochbaukran ergänzt diesen für schnelle Transporte von Hilfsstoffen und Einbauteilen. Die Betonversorgung wird über insgesamt vier Fallleitungen sichergestellt. Die Bilder 4 und 5 vermitteln einen Eindruck über die Bedingungen vor Ort und die sich daraus ergebende Schachtlogistik.

3.4 Logistik und Fördergeräte am Zentralen Zugang

Die Baustelleneinrichtung am Zentralen Zugang (Bild 6) hat zahlreiche Einflussfaktoren. Wechselnde Bauphasen für die Teufarbeiten und den Ingenieurbau beeinflussen maßgeblich die Planung und Abstimmung hinsichtlich erforderlicher Gerätschaften, Lasten und Leistungsfähigkeit der Krananlagen. Als zentrales Hebegerät wurde ein Schwerlastobendreher mit zeitweiser Ergänzung durch mehrere Kleinkräne zielführend eingesetzt.

Bild 6. Zentraler Zugang Baustelleneinrichtung (Quelle: Arge NBS Flughafentunnel)

3.5 Abhängigkeiten zu bzw. zwischen Vortrieb und Innenschale

Besonderheiten bei den Vortriebsarbeiten der Stationsröhren waren die Verschneidungen der drei großen Schachtanlagen im Bereich des Zentralen Zugangs (Bild 7). Hier musste auf knapp 70 m Vortriebslänge von einem geteilten Ausbruchsquerschnitt (Kalotte und Strosse/Sohle) auf einen Vortrieb im Vollausbruch mit abgetreppter Ortsbrust umgestellt werden. Mangels seitlicher Bettung und/oder seitlicher Anschlussmöglichkeit war die Ausführung einer Kalottensohle hier nicht möglich [1, 2].

Parallel zu den Vortriebsarbeiten im Bereich des Zentralen Zugangs erfolgte bereits der Einbau der Innenschale in der südlichen Röhre der Zulaufstrecke West. Die gesamte Vortriebslogistik für Ausbruch und Sicherung der Verschneidungsbereiche mit der Zentralen Zugangsanlage erfolgte über die Nordröhre. Im Bereich der Station wurden beide Vortriebsorte über die bereits vorhandenen Verbindungsbauwerke 1 und 2 erreicht.

Bild 7. Vortrieb Verschneidung Stationsröhre mit Rundschacht (Quelle: Arge NBS Flughafentunnel)

Der Einbau der Innenschale in der südlichen Röhre der Zulaufstrecke West begann am westlichen Portal mit Herstellrichtung zu den Stationsröhren. Der Umsetzvorgang des gesamten Schalzugs der Zulaufstrecke erfolgte nach Abschluss der Arbeiten in der Südröhre auf Bahnsteigebene über den Rundschachtbereich von der Süd- in die Nordröhre unter Verwendung eines Self-Propelled Modular Transporters (SPMT) (Bild 8). Dadurch wurden langwierige Demontagen und Montagen der Schalungen erspart. Die Herstellrichtung der Innenschale in der nördlichen Röhre der Zulaufstrecke West erfolgte von der Stationsröhre in Richtung Portal, sodass der gesamte Schalzug entsprechend seiner Reihung nacheinander verzögerungsfrei verfahren werden konnte.

Die Vortriebsabfolge und die Vortriebsrichtung von Westen am Zentralen Zugang vorbei ergab Baufreiheit für den Beginn der Innenschalenarbeiten im Stationsbereich zwischen dem Zugangsschacht Ost und dem Zentralen Zugang.

Entscheidend hierbei war auch die Vorgabe, dass eine Unterfahrung des Zentralen Zugangs mit den Vortrieben der Stationsröhren erst

Bild 8. Umsetzvorgang Gewölbeschalung mittels SPMT im Bereich des Rundschachts Zentraler Zugang (Quelle: Arge NBS Flughafentunnel)

dann möglich ist, wenn die Schächte der Technikgebäude bereits abgeteuft und die Schachtauskleidungen eingebaut sind. Auch der mittige Rundschacht musste zunächst nach den Vorgaben des Vertrags ausgebrochen und mit Spritzbeton gesichert sowie die Stahlbetoninnenschale vollständig hergestellt sein, bevor die Vortriebsarbeiten darunter erfolgen konnten. Im Verlauf der weiteren Ausführung konnte der Bauablauf optimiert werden (siehe Abschnitt 6).

Aufgrund der noch ausstehenden Entscheidungen zu den Planänderungsverfahren, u.a. zur Verlängerung der Bahnsteige, konnten die Vortriebsarbeiten aus dem temporären Zugangsschacht Ost in Richtung Osten nur eingeschränkt erfolgen. Das sich ergebende Zeitfenster wurde für eine teilweise erleichterte Montage eines Bewehrungswagens und zweier Schalwagen für die Herstellung der Innenschale in den Stationsröhren genutzt. Das Erfordernis, im Bereich der Stationsröhren zwei Gewölbeschalwagen einzusetzen, wird in Abschnitt 4 näher erläutert.

Generell sind die im Verhältnis zu den auszuführenden Arbeiten kleinen nutzbaren Flächen für die Baustelleneinrichtungen eine große Herausforderung. So müssen nahezu alle Lieferungen just in time erfolgen. Eine erweiterte Lagerhaltung, auch in Zeiten zunehmend gestörter Lieferketten, ist kaum möglich. Daher mussten zwingend zusätzliche Lagerflächen außerhalb akquiriert werden. Die wegen terminlicher Vorgaben erforderliche parallele Herstellung der Tunnelröhren im Vortrieb und der Innenschale erforderte eine frühzeitige Vorausplanung und Vorbereitung der Baustellenlogistik.

Eines der letzten Bauwerke, das hergestellt wird, ist das Ingenieurbauwerk im temporären Zugangsschacht Ost. Sobald die Tunnelröhren in diesem offenen Bereich fertiggestellt sind, kann der aufgehende Zugangskern des Gebäudes gebaut werden. Damit schließt sich jedoch auch das Logistikfenster über diesen Zugang. Sämtliche weiteren Arbeiten in den Stationsröhren können dann ausschließlich über die Portale und die Zulauftunnel West und Ost versorgt werden. Noch andauernde Arbeiten in den Zulaufstrecken West und Ost sind dementsprechend auf diese Durchgangslogistik abzustimmen.

4 Stationsröhren

Der Regelquerschnitt der Stationsröhren ist in Bild 9 dargestellt und beinhaltet neben dem Gleisbereich die späteren Bahnsteigbereiche. Der Querschnitt ist als Maulprofil mit einer lichten Breite von 11,40 m und einer Höhe von fast 10 m konzipiert. Die räumliche Anordnung der durchgehenden Gleise erfolgt außermittig zum Stationsröhrenquerschnitt. Jeweils auf der der Nachbarröhre zugewandten Seite ist die Anordnung des späteren Bahnsteigs vorgesehen. Dieser ist damit als Mittelbahnsteig konzipiert, der über die beiden Hauptzugänge sowie über fünf Verbindungsbauwerke erschlossen wird. Im oberen Bereich teilen sich die Oberleitungsanlagen und die Entrauchungskanäle den verbleibenden Restquerschnitt.

Die Herstellung der Tunnelinnenschale ist unter Berücksichtigung der entsprechenden Richtlinie blockweise vorgesehen. Im Verlauf der Ausführungsplanung wurde deutlich, dass eine stetige Aneinanderreihung einzelner Regelblöcke nicht möglich ist. Die Zusammensetzung der Station aus mehreren verschiedenen Einzelbauwerken führt zu einer Vielzahl von geometrischen Zwangspunkten, die maßgeblichen Einfluss auf die Blockeinteilung, aber auch auf die statisch bzw. konstruktiv erforderlichen Blocklängen hat. Für die weitere Ausführungsplanung waren damit die in ihrer Lage fixierten Einzelbauwerke vorrangig maßgebend. Die Stationsröhrenabschnitte außerhalb dieser

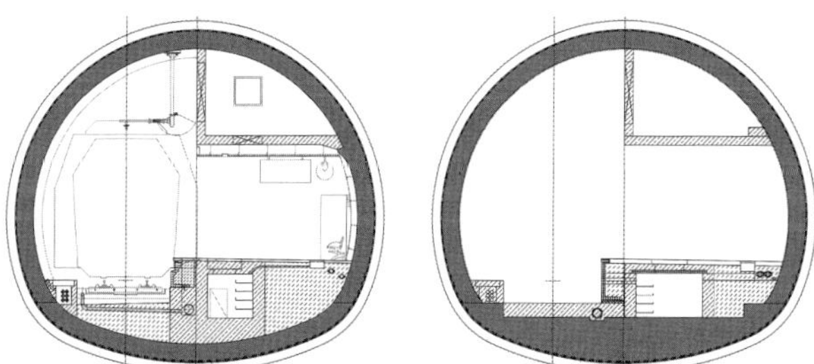

Bild 9. Regelquerschnitt Stationsröhre – links: Entwurf (Quelle: DB PSU); rechts: Ausführungsplanung (Quelle: Ed. Züblin AG, Zentrale Technik)

Schacht- und Verbindungsbauwerkverschneidungen wurden nachrangig auf Grundlage dieser Fixpunkte geplant. Dabei ergaben sich Blocklängen von > 10 bzw. 12,5 m.

Einzelblocklängen bis 28,60 m, wie in Abschnitt 5 bzw. 6 beschrieben, haben in Verbindung mit den statisch erforderlichen Mindestblocklängen bei den weiteren Querschnittsverschneidungen dazu geführt, dass über den gesamten Stationsbereich hinweg eine eher unkonventionelle Blockeinteilung entwickelt werden musste.

Im Sohlbereich wurde die gewölbte Sohloberflächengeometrie auf eine Ausführung mit horizontaler Oberfläche gemäß Bild 9 umgeplant. Damit kann der Einsatz eines Sohlschalwagens mit langem Schreitwerk durch den Einsatz von radgebundenen Hebe- und Betonfördergeräten substituiert und die Flexibilität des Herstellprozesses erhöht werden. Blocklängenunterschiede zwischen einzelnen Passblöcken von 6,15 m bis hin zu Verschneidungsblöcken von 28,60 m sind damit ohne aufwendige Umbauarbeiten möglich (Bild 10). Mehrere rotierend wechselnde Einbaustellen ermöglichen auch bei diesem Verfahren den parallelen Einbau von Bewehrung und Beton in mehreren Bauteilen.

Bild 10. Entrauchungsbauwerk Mitte (Blocklänge: 28,50 m) – Sohlherstellung (Quelle: Arge NBS Flughafentunnel)

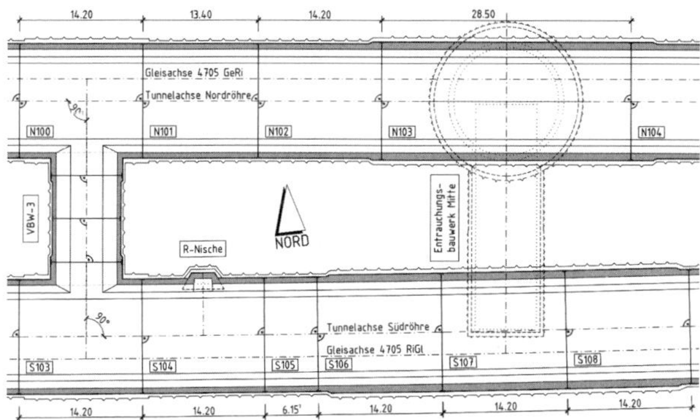

Bild 11. Blockeinteilung Verbindungsbauwerk 3 bis Entrauchungsbauwerk Mitte – Ausführung (Quelle: Ed. Züblin AG, Zentrale Technik)

Für die Herstellung der Gewölbe wird anstelle eines Schalzugs (bestehend aus Bewehrungswagen, Schalwagen und mehreren Nachbehandlungswagen) ein Gerätezug (bestehend aus einem Bewehrungswagen und zwei Schalwagen) eingesetzt. Mit einer Grundlänge von 14,00 bzw. 14,20 m können damit mit Ausnahme der Innenschalen an den Schachtbauwerken sämtliche Verschneidungsbereiche als Einzelblöcke unter Einhaltung der statischen Voraussetzungen hergestellt werden. Durch den Einsatz von zwei baugleichen Schalungen im „Vor- und Nachläuferprinzip" und den Verzicht auf einzeln nachlaufende Nachbehandlungswagen besteht nun die Möglichkeit, die beiden Wagen an den statisch erforderlichen Langblöcken bei den Schachtbauwerken mittels Übergangsblechen aneinander zu koppeln und damit Blocklängen von bis zu 28,60 m monolithisch herzustellen. Die erforderliche Nachbehandlung wird dabei bei allen Blöcken durch Belassen in der Schalung sichergestellt. Bild 11 zeigt exemplarisch einen Auszug der Blockeinteilung im Bereich des Entrauchungsbauwerks Mitte. Bild 12 zeigt die gekoppelten Wagen zur monolithischen Herstellung von Blocklängen > 14,20 m.

Die Zuordnung der Blöcke zu Vor- bzw. Nachläuferblöcken wurde bereits bei der Blockeinteilung unter Berücksichtigung zahlreicher Faktoren festgelegt. Zugrunde gelegt wurden:

- die zum Teil stark unterschiedlichen Herstelldauern der einzelnen Blöcke bei den Schalungs- und Bewehrungsdauern,
- die daraus resultierenden zeitlichen einzelnen Verfügbarkeiten von Vor- oder Nachläuferwagen,

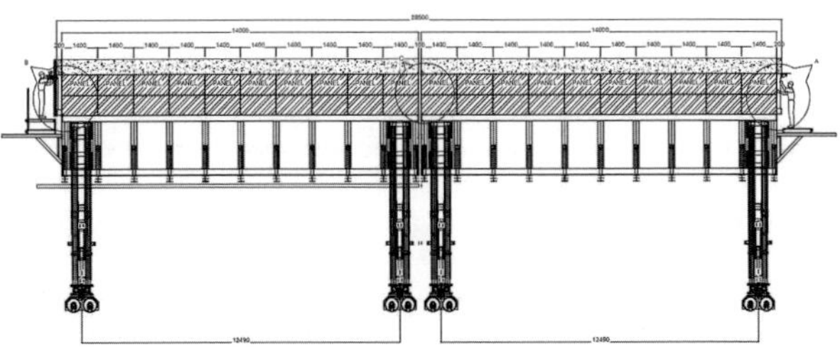

Bild 12. Längsschnitt gekoppelte Gewölbeschalung der Stationsröhre (Quelle: RSB Formwork Technology GmbH)

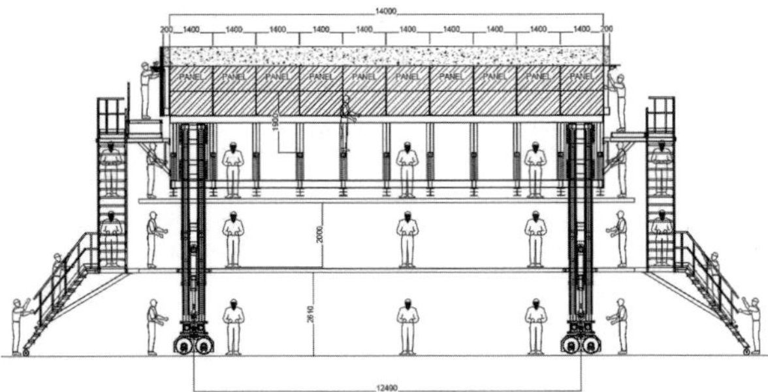

Bild 13. Längsschnitt einzelne Gewölbeschalung der Stationsröhre mit Darstellung eines Vor- und Nachläuferanschlusses (Quelle: RSB Formwork Technology GmbH)

- die konstruktive Machbarkeit eines Lückenschlusses in der Bewehrung,
- der Standort des insgesamt vorauslaufenden Bewehrungswagens,
- die logistischen Gesamtsituation (siehe Abschnitt 3).

Die letztendlich umgesetzte Blockeinteilung wurde iterativ zwischen den Abteilungen Ausführungsplanung und Arbeitsvorbereitung entwickelt. Dabei mussten die Polygonpunkte einer blockweise hergestellten Tunnelinnenschale auf die gekrümmte Gleisachse bezogen werden, ohne dabei den für den Betrieb erforderlichen Lichtraum zu unterschreiten. Neben den oben beschriebenen Einflüssen wurde bei der Festlegung der verbleibenden Ausgleichsblöcke der Polygonabschnitt unter Berücksichtigung des Stichmaßes geradlinig in einen der benachbarten Blöcke verlängert. In Verbindung mit der Umplanung des Deckenwiderlagers der späteren Entrauchungskanäle (Bild 9) konnte die Restlänge der Nachläuferschalung bei Herstellung dieser Kurzblöcke in den jeweils benachbarten Block überstehen, sodass für diesen Längenausgleich zwischen den einzelnen lagefixierten Verschneidungen keine aufwendigen Umbauarbeiten an den Schalungen notwendig waren. Eine baugleiche Ausführung der beiden Schalungen gewährleistete darüber hinaus einen ggf. erforderlichen Wechsel von Vor- und Nachläuferkomponenten an der Schalung und erhöhte damit die Flexibilität im Einsatz (Bild 13).

5 Entrauchungsbauwerk

Das Entrauchungsbauwerk Mitte (EBM) sorgt für die Abführung von Rauchgasen im Fall eines Brands in den Stationsröhren. Es besteht aus einem zentral über der Nordröhre (B × H = 11,40 × 10,0 m) sitzenden Schacht ($ø_i$ = 12,0 m, H = 30,85 m) und ist über einen mittig zur Firste der Tunnelröhren liegenden Querstollen ($ø_I$ = 7,0 m, L = 19,0 m) im Bereich der Entrauchungskanäle der Stationsröhren mit der Südröhre verbunden. Die Blocklängen der Innenschale betragen aufgrund der geometrischen Abmessungen in der Südröhre 14,20 m und in der Nordröhre 28,50 m (Bild 14).

Im Schacht werden auf einer Technikebene vier Ventilatoren sowie ein Technikraum installiert. Der Zugang zur Technikebene erfolgt von

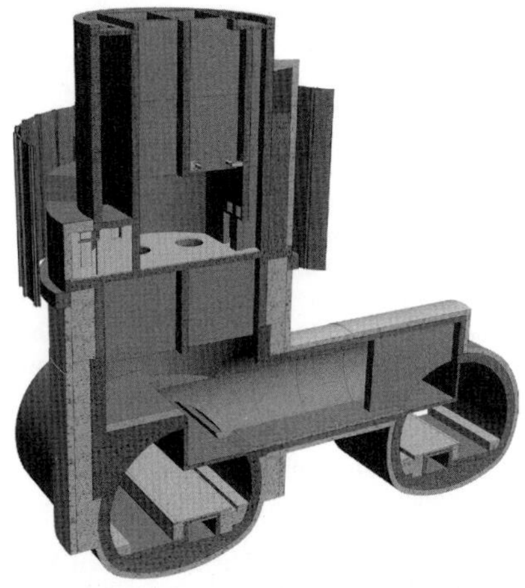

Bild 14. 3D-Ansicht Entrauchungsbauwerk (Quelle: Ed. Züblin AG, Zentrale Technik)

der Oberfläche über ein außenliegendes gewendeltes Treppenhaus (B × H = 1,5 × 3,1 m) bis zur Technikebene. Der Schacht ragt max. 6,4 m über die spätere Geländeoberkante (GOK) hinaus.

Aufgrund der geometrischen Randbedingungen ergeben sich in den Kreuzungsbereichen Querstollen/Südröhre Block S107 und Schacht/Querstollen/Nordröhre Block N103 komplexe Verschneidungsgeometrien. Auf der Nordseite bleibt zwischen den Stationsröhren und dem Querstollen nur ein schmaler Streifen der Schachtwand stehen. Für die statischen Nachweise wurde daher sowohl für die Außen- als auch für die Innenschale ein 3D-FE-Modell erstellt.

Der ursprüngliche Entwurf sah eine durchgehende mittige Trennwand in Querstollen und Schacht bis zur Technikebene vor. Unmittelbar unter der Technikebene war zusätzlich ein Wandkreuz zur Installation von Schalldämpfern angeordnet. Ein geändertes Entlüftungskonzept des Auftraggebers hat dazu geführt, dass die Zwischenwand in Schacht und Querstollen entfallen konnte. Für die Umsetzung dieser Maßnahme wurden die Dicke der Innenschale des

Schachts im Kreuzungsbereich Schacht/Nordröhre/Querstollen von 60 cm auf 100 cm sowie die Betongüte erhöht. Im Kreuzungsbereich Südröhre/Querstollen bleibt ein Teil der 50 cm dicken Trennwand im Querstollen zur Aussteifung der Südröhre und der Stirnwand des Querstollens stehen.

Die Abdichtung des Bauwerks erfolgt mittels PVC-Kunststoffdichtungsbahn (KDB) und horizontalen sowie vertikalen Schottfugenbändern. Die KDB wird bis 30 cm über GOK geführt und mit Klemmleisten befestigt. Der Schacht ist gemäß Entwurfsplanung zusätzlich als wasserundurchlässige Betonkonstruktion (WUBKO) herzustellen. Aus diesem Grund wurde die Geometrie des Treppenhauses unterhalb der GOK angepasst. Die Unterkante des Treppenhauses kommt damit komplett auf Höhe der Technikebene zu liegen. Die Ausbildung der Decke des Treppenhauses erfolgt in drei Stufen.

Die Herstellung des Gewölbes der Südröhre erfolgt bei Block S107 gemeinsam mit dem ersten Teil der Sohle des Querstollens (Bild 15). Zur Montage der Gewölbebewehrung ist aufgrund der Spannweiten und der Bewehrungsgehalte im Kreuzungsbereich der zusätzliche Einbau von BA-Ankern erforderlich. Für ihren Einsatz wurde eine unternehmensinterne Genehmigung (UiG) eingeholt.

Bild 15. Schalung Querstollen Kreuzungsbereich Block S107 (Quelle: Arge NBS Flughafentunnel)

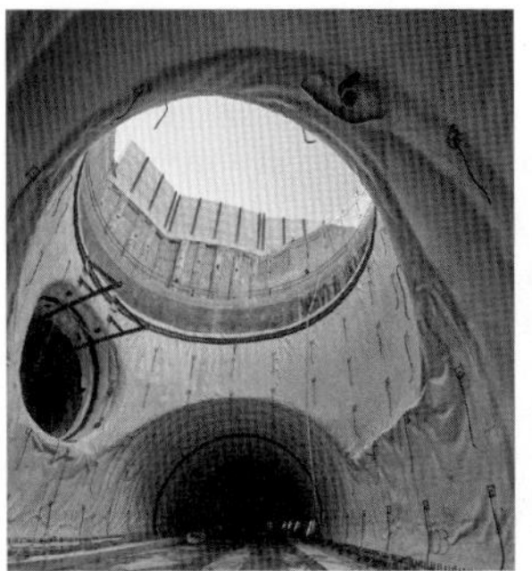

Bild 16. Block N103 – links: mit Gewölbeabdichtung; rechts: mit Gewölbebewehrung (Quelle: ARGE NBS Flughafentunnel)

Das Stellen der Schalung innerhalb des Querstollens erfolgt von der Nordröhre mittels einer bauzeitlich installierten Kranbahn. Die Schalung wird gegen das Tunnelgewölbe ausgesteift.

Nach erfolgter Betonage des Blocks S107 erfolgt der Einbau der Bewehrung im Block N103 (Bild 16). Die Besonderheit beim Einbau der Bewehrung sind neben den hohen Bewehrungsgehalten die Verschneidungen Schacht/Tunnel und Schacht/Tunnel/Querstollen. Des Weiteren ist die Bewehrung des Tunnels sowohl gegen das Gebirge sowie im Schachtbereich offen zu verlegen. Aufgrund der Komplexität erfolgte die Planung der Bewehrung mittels 3D-Modell.

Als Stützkonstruktion der Bewehrung kommen BA-Anker und abgehängte Gitterträger zum Einsatz.

Die Herstellung des Querstollens erfolgt zuerst für die Sohle und dann für das Gewölbe jeweils von der Süd- zur Nordröhre hin (Bild 17). Danach erfolgt die Herstellung des Schachts. Der untere Teil wird gegen die vorhandene Spritzbetonverfüllung mit vorab verlegter Abdichtung einhäuptig betoniert. Oberhalb des Verschneidungsbereichs Schacht/Querstollen bzw. der 100 cm dicken Schachtschale wird der Schacht zweihäuptig bis zur Technikebene betoniert. Nach Herstellung des Wandkreuzes im Schacht, Verlegung der Abdichtung und Verfüllung des Ringraums wird die Bodenplatte der Technikebene und des Treppenhauses hergestellt.

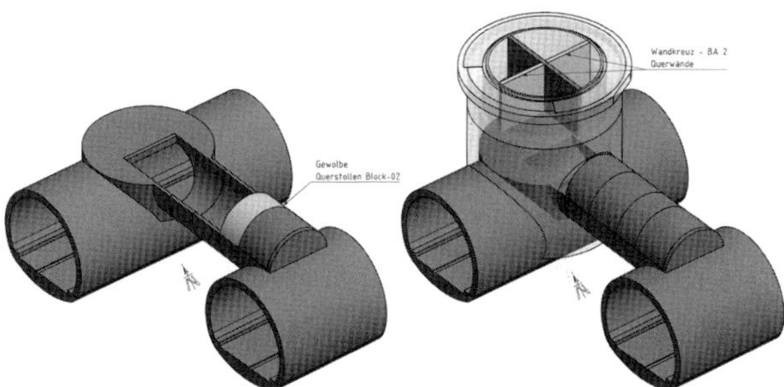

Bild 17. Bauablauf Querstollen und Schacht bis Unterkante Technikebene (Quelle: Ed. Züblin AG, Zentrale Technik)

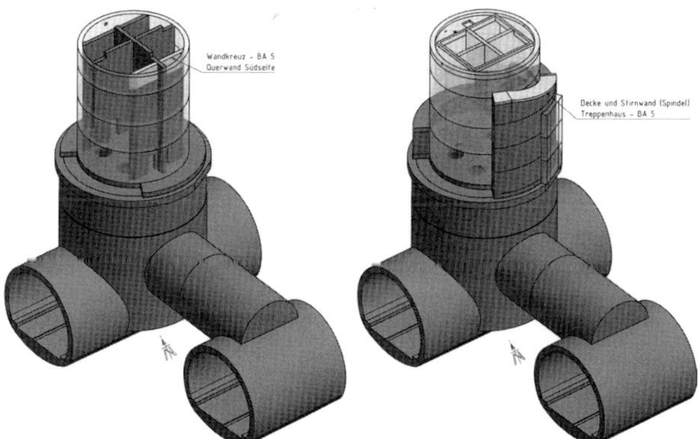

Bild 18. Bauablauf Schacht, Innenwände und Treppenhaus (Quelle: Ed. Züblin AG, Zentrale Technik)

Anschließend erfolgt die zweihäuptig geschalte Betonage des Schachts in mehreren Betonierabschnitten bis zum Schachtkopf. Nach Herstellung der Innenwände und Decken erfolgt die Herstellung der Außenwände und Decken des Treppenhauses. Parallel erfolgen der Einbau der Treppen sowie die Abdichtung des Treppenhauses und die Verfüllung des Ringraums (Bild 18).

6 Zentraler Zugang

Für den Betrieb des Fernbahnhofs ist die zentrale Zugangsanlage (Bild 19) das spätere Herzstück der Station. Der 62 m lange Abschnitt besteht im Wesentlichen aus drei Schachtbauwerken, die sich auf Bahnsteigebene auf gesamter Länge mit den beiden Stationsröhren Nord und Süd verschneiden. An der Geländeoberkante befindet sich das spätere Empfangsgebäude, das die drei Schachtbauwerke durch eine fugenlose kreisrunde Bodenplatte mit einem Gesamtdurchmesser von 50 m überdeckt. Der offen gestaltete kreisrunde Mittelschacht beinhaltet im Endzustand zwei freistehende Aufzugstürme und er-

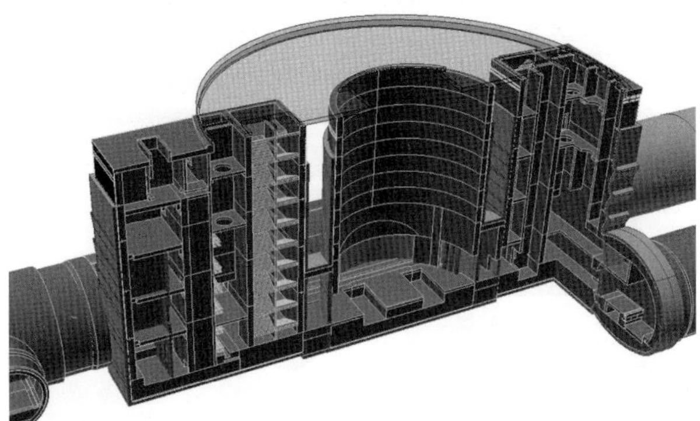

Bild 19. 3D-Ansicht Zentrale Zugangsanlage – in Bauwerkslängsachse geschnitten (Quelle: Ed. Züblin AG, Zentrale Technik)

füllt u. a. auch architektonische Zwecke. Die westlich und östlich gelegenen rechteckigen Schachtbauwerke beinhalten hingegen einen Treppenzugang, die für eine Rauchgasabsaugung erforderlichen Lüftungsanlagen sowie die für den Betrieb der Station benötigten Technikräume (Bild 19).

Durch die räumliche Nähe der drei Schachtbauwerke sowie die sich ergebenden Verschneidungskonturen mit den Stationsröhren und den Übergangsbereichen bestehen aus statischen Gesichtspunkten besondere Anforderungen an die Bauausführung und die Bauabfolge, auf die im Wesentlichen bereits in [1] eingegangen wurde. Der dort beschriebene Bauablauf konnte im Zuge der voranschreitenden Bauausführung unter Einbindung aller Beteiligten terminlich optimiert werden.

Mit Fertigstellung der Schachtteufen an den beiden Technikgebäuden West und Ost lag für den Baubereich der zentralen Zugangsanlage eine großflächige In-situ-Erkundung aller geologischen Schichten östlich und westlich des Rundschachtes bis hinunter auf die Bahnsteigebene vor. Deren Auswertung ergab durchweg, dass in der Statik bisher zu berücksichtigende Grenzzustände nicht vorliegen. Für die weiteren Zwischenbauzustände konnte damit auf Nachweise mit unteren Kennwerten und auf Nachweise mit charakteristischen Kennwerten und zusätzlichen Horizontalspannungen von 1 MPa verzichtet werden [3]. Die weiteren statischen Bemessungen wurden entsprechend der angetroffenen Geologie mit charakteristischen Kennwerten und mit charakteristischen horizontalen Zusatzspannungen geführt. Mithilfe zusätzlicher Nachweise war es nun möglich, die Ausbruch- und Sicherungsarbeiten der Stationsröhren neben den Schächten der Zugangsanlage bereits vor Einbau der Innenschale im Kreisschacht auszuführen (Bild 20), womit baubetriebliche Abhängigkeiten zwischen Vortrieb und Innenschale zum Teil aufgelöst werden konnten.

Aufgrund der weiterhin erforderlichen wechselnden Abfolge der Ausbruchs- und Sicherungsarbeiten mit den Arbeiten der Innenschale ergeben sich auch bei kompletter Neuerstellung des Bauwerks zum Teil Bedingungen, die einem Anschluss an ein Bestandsbauwerk vergleichbar sind. Sowohl die Spritzbetonauskleidung als auch die beiden

Bild 20. Verschneidungsbereich Stationsröhre mit Kreisschacht im Ausbruchzustand (Quelle: Arge NBS Flughafentunnel)

Technikgebäude West und Ost stellen für die nachfolgenden Ausbruch- und Sicherungsarbeiten sowie für die Ausbauarbeiten bei den Stationsröhren und den Übergangsbereichen jeweils Bestandsbauwerke dar, an die die zeitlich nachfolgenden Bauteile anzuschließen sind (Bilder 21 und 22).

Ein besonderes Augenmerk musste dabei den Toleranzen gemäß DIN 18312 gelten. Die Herstellung einer Spritzbetonschale muss zur Sicherstellung der Innentoleranz t_i in Planung und Ausführung mit entsprechenden Überhöhungen hergestellt werden. In weiterer Folge befindet sich damit unter Berücksichtigung aller erforderlichen Toleranzen die Rückseite der Spritzbetonsicherung im Regelfall tiefer im Gebirge als zeichnerisch konstruiert. Die tatsächliche Gesamtüberhöhung setzt sich dabei aus geplanten sowie ungeplanten Überhöhungen zur Aufnahme von Verformungen, Bautoleranzen der Innenschale, Bautoleranzen der Außenschale, Mehrausbrüchen etc. zusammen. Entsprechende Abstimmungen hierzu wurden bereits in einer sehr frühen Phase getätigt, da es galt, die erforderlichen Überhöhungen bei Herstellung der Technikgebäude, aber auch die erforderlichen Überhöhungen der Stationsröhren bei der Anordnung von Abdichtungs- und Bewehrungsanschlüssen bereits zu berücksichtigen.

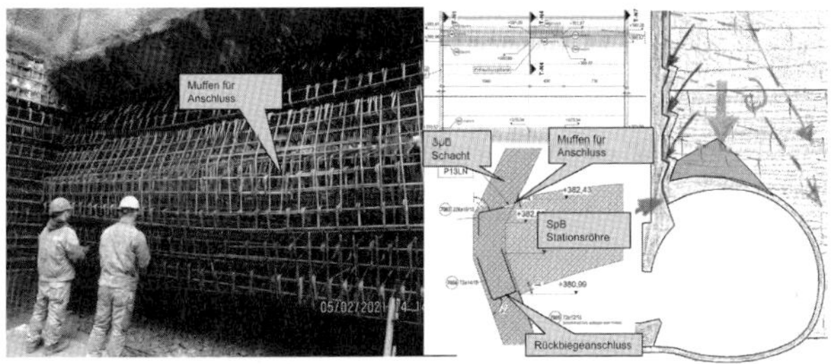

Bild 21. Situation im Bereich der Anschlussbewehrung für die Spritzbetonsicherung zwischen Technikgebäude und Stationsröhre – Blick aus Technikschacht heraus (Quelle: Arge NBS Flughafentunnel)

Bild 22. Rückseite der Spritzbetonsicherung Technikgebäude Bahnsteigebene nach Auffahren der Stationsröhren – Blick aus Stationsröhre heraus (Quelle: Arge NBS Flughafentunnel)

Eine weitere Herausforderung bei dieser Schnittstelle waren die geometrischen Beziehungen der einzelnen Bauwerke zueinander. Die rechteckigen Schächte sind lotrecht herzustellen, wohingegen die beiden Stationsröhren geneigt und teilweise gekrümmt die jeweilige Schachtkontur durchschneiden. Aufgrund der Neigung, aber auch aufgrund der Krümmung wandert die Verschneidungslinie im Kämpferbereich der Stationsröhren und setzt damit besondere Anforderungen an Planung, Vermessung und Ausführung.

Eine durchgängige Abstimmung sowie Festlegungen, wie mit Toleranzen umzugehen ist, musste auch im Hinblick auf die späteren Innenschalen frühzeitig erfolgen. Die zentrale Zugangsanlage unterteilt sich aufgrund ihrer Verschneidung mit den Stationsröhren in Tunnelrichtung betrachtet in insgesamt drei Einzelbauwerke. Der Rundschacht samt den beiden Übergangsbereichen verschneiden sich mit den Stationsröhren innerhalb eines Langblockabschnitts mit 28,5 bzw. 28,6 m Länge. An den Technikgebäuden West und Ost werden jeweils die beiden Tunnelröhren einhüftig in Form einer C-Schale an die Schachtwände der Technikgebäude angehängt. Die bautechnisch erforderliche Toleranz t_b (Innenschalentoleranz) für die Herstellung der Technikschächte und der Stationsröhren reduziert zwangsläufig den verbleibenden Restquerschnitt der hochbelasteten kombinierten Schacht-/Gewölbewand. Hierfür erfolgten bereits bei Erstellung der Ausführungsstatik intensive Abstimmungen, bei denen die planmäßig minimale Wandstärke von 60 cm mit minimal 53 cm noch nachgewiesen werden konnte. Weiterhin war die in Abschnitt 4 beschriebene Blockeinteilung/-absteckung der Stationsröhren zu beachten, da sich durch Veränderung der Polygonpunkte auch die entsprechende Ausrichtung der Verschneidungslinien verändert.

Statik und Ausführungsplanung der Technikgebäude wurden unter Berücksichtigung der frühzeitig durchgeführten Abstimmungen erstellt [1]. Die Längswände der Technikgebäude wurden daraufhin mittels verlorenen Schalungskörpern der überhöhten Tunnelkontur angepasst. Zur Reduzierung von Oberflächensenkungen wurden die dabei entstehenden Hohlräume vollständig verdämmt, sodass eine vollflächige Bettung zur Aufnahme der Lasten aus vorauseilenden Lastumlagerungen aufgrund der Tunnelvortriebe sichergestellt ist (Bilder 23 und 24).

Für den späteren Anschluss der C-Schalen an die vorab hergestellten Bodenplatten bzw. Längswände der Technikgebäude war ein möglichst lagegenauer Einbau von Positionsmuffen für die spätere Her-

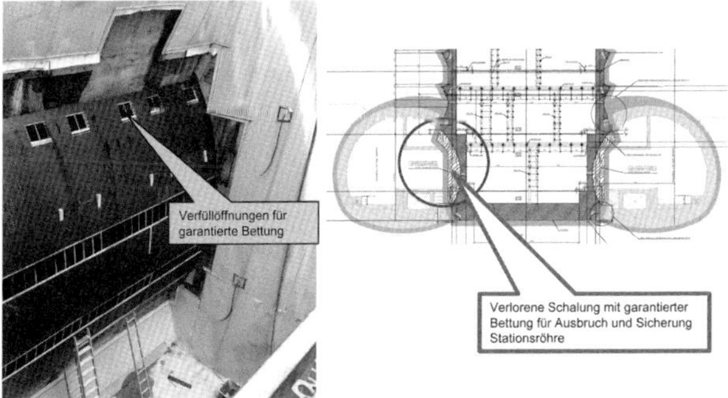

Bild 23. Verlorene Schalung mit Gewölbegeometrie und vollflächigem Bettungsersatz (Quelle: Arge NBS Flughafentunnel)

Bild 24. Längswand Technikgebäude West / Ulmenabschnitt der Stationsröhre Süd – minimale Wandstärke: 53 cm während und nach Abbruch der Spritzbetonschale der Technikschächte (Quelle: Arge NBS Flughafentunnel)

stellung der Anschlussbewehrung gefordert. Das gesamte Bauwerk erhält aufgrund seiner erhöhten Anforderungen an die Dichtigkeit eine außenliegende Abdichtung mittels KDB, was die übliche Lagefixierung von Muffen selbst nach planerischer Berücksichtigung aller erforderlicher Toleranzen an der vorhandenen Außenkontur verhindert. Darüber hinaus muss analog dem Ingenieurbauwerk auch die Abdichtung in Teilen eingebaut und nachträglich nach Fertigstellung aller Ausbrucharbeiten ergänzt werden. Im Zuge einer detaillierten Arbeitsvorbereitung unter Einbindung aller bei der Ausführung Beteiligten wurden bereits mit Beginn der jeweiligen Ausführungsplanungen Konzepte für den Schutz der Abdichtungs- und Bewehrungsanschlüsse erstellt und mittels bereichsweiser zusätzlicher Überhöhungen bei Planung und Herstellung der Schachtbauwerke berücksichtigt (Bilder 25 bis 27).

In anderer Weise ist mit Toleranzen in Tunnellängsrichtung und damit auch an den Stirnseiten der Technikschächte umzugehen. Innerhalb

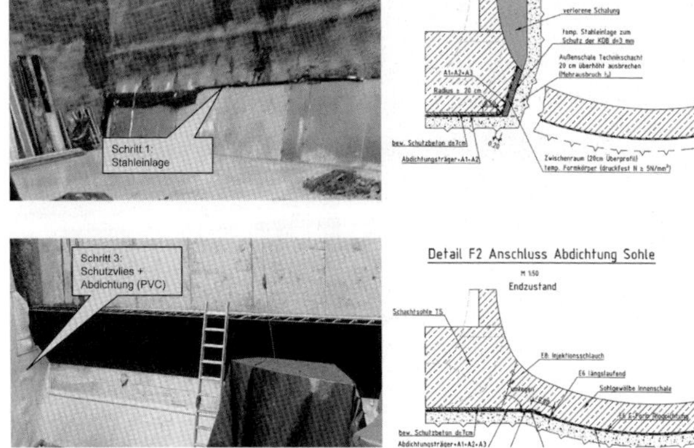

Bild 25. Planung und Vorbereitung von Abdichtungs- und Bewehrungsanschluss – Blickrichtung aus Technikschacht heraus (Quelle: Arge NBS Flughafentunnel)

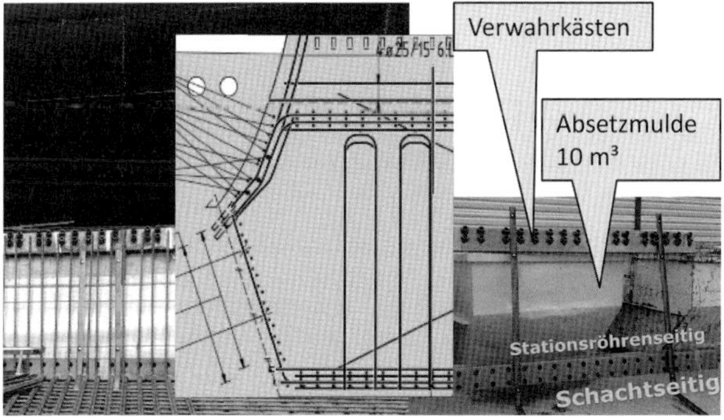

Bild 26. Einbau Anschlussbewehrung gemäß Ausführungsplanung inkl. Positionierungshilfe – Blickrichtung aus Technikschacht heraus (Quelle: Arge NBS Flughafentunnel)

Bild 27. Eingebaute Abdichtung in der Sohle und Positionsmuffen (Muffen aus BA1 mit teilweiser Verlängerung in BA2) – Blickrichtung aus Stationsröhre heraus (Quelle: Arge NBS Flughafentunnel)

einer Tunnelröhre fallen Toleranzen in Tunnellängsrichtung üblicherweise nicht ins Gewicht bzw. gleichen sich beim Herstellungsprozess aus. Anders verhält es sich bei den Blockfugen, die aufgrund der vorhandenen Geometriewechsel zwischen dem Regelquerschnitt der Stationsröhren, den Technikgebäuden und den Übergangsbereichen lagegenau mit den planmäßigen Außenkanten der Technikgebäude abschließen.

Um Zwangsspannungen zu vermeiden, aber auch um im Wesentlichen die ohnehin hoch belasteten Außenstützen des Verschneidungsblocks mit den planmäßigen Abmessungen herstellen zu können, ist in den Stirnbereichen der Technikschächte die planmäßige Lage der späteren Blockfugen sicherzustellen. Vorhandenes Überprofil wird mittels verlorenen Formkörpern lagegenau aufgefüllt (Bild 28). Die Formkörper dienen gleichzeitig dem Schutz der Abdichtungsanschlüsse, die bei den nachfolgenden Ausbrucharbeiten der Stationsröhren und der Übergangsblöcke wieder freigelegt werden.

Eine besondere bautechnische Herausforderung stellt der Mittelteil der zentralen Zugangsanlage dar. Die beiden jeweils monolithisch herzustellenden 28,5 bzw. 28,6 m langen Blöcke der Stationsröhren verschneiden sich auf ihrer gesamten Länge sowohl mit dem lotrecht aufgehenden kreisrunden Schacht als auch mit den jeweils westlich und östlich des Rundschachts angeordneten Übergangsbereichen, die als Verbindung zwischen den beiden Stationsröhren dienen. Bedingt durch diese offene Gestaltung der Zugangsanlage entstehen auf den jeweiligen Innenseiten der Stationsröhren zueinander lediglich vier tragende Einzelstützen, auf denen jeweils die Lasten aus den Langblöcken, der Rundschachtschale sowie dem verbleibenden Gebirgsstock über den Übergangsbereichen lagern. Neben dieser statisch anspruchsvollen Rahmenbedingung sind insbesondere die geometrischen Herausforderungen hervorzuheben. Aufgrund der sich an der Gleistrassierung orientierenden Tunnelachsen sind die beiden Stationsröhren geneigt und im Grundriss gekrümmt, sodass sich für sämtliche Verschneidungskonturen keinerlei Symmetrielinien ergeben.

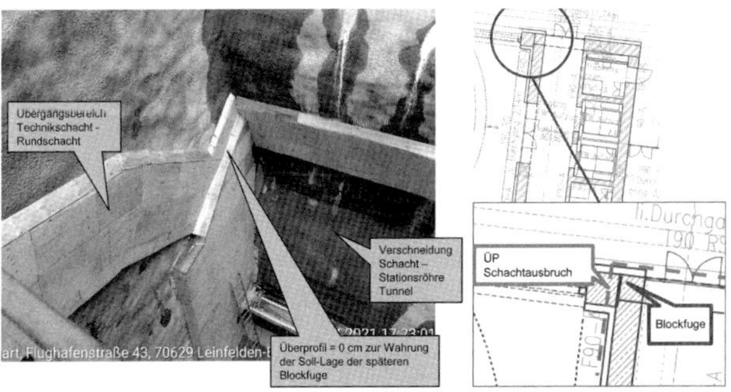

Bild 28. Eingebaute Formkörper vor Einbau der Abdichtung, Herstellung einer späteren, lagegenauen Blockfuge – Blickrichtung aus Technikschacht heraus (Quelle: Arge NBS Flughafentunnel)

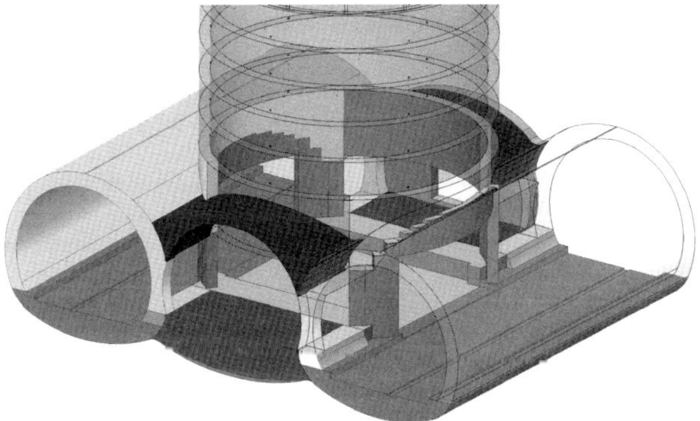

Bild 29. 3D-Darstellung Zentrale Zugangsanlage – Kreuzungsblock Stationsröhre/Rundschacht/Übergangsbereiche (Quelle: Ed. Züblin AG, Zentrale Technik)

7 Empfangsgebäude

Oberhalb der dreiteiligen zentralen Zugangsanlage befindet sich das spätere Empfangsgebäude. Das in Bild 30 dargestellte zweigeschossige Gebäude überdeckt mit einem Durchmesser von 50 m größtenteils alle drei Schachtbauwerke. Die fugenlose Bodenplatte des Empfangsgebäudes stellt den horizontalen Deckenabschluss der untertägigen Technikräume dar und ist damit Voraussetzung für den Beginn der einzelnen Ausbaugewerke und der technischen Gebäudeausstattung.

Die Konstruktion des Rohbaus folgt dabei den statisch konstruktiven Erfordernissen, die sich ergeben, wenn ein fugenloser Hochbau mit einer Gesamtfläche von rund 2.000 m^2 Grundfläche insgesamt drei separate 25 m tiefe Schachtanlagen überdeckt, diese zur Lastabtragung heranzieht und darüber hinaus in der umgebenden Fläche sowohl auf gewachsenem Grund als auch in verfüllten Baugrubenbereichen gegründet ist. Bild 31 vermittelt einen Eindruck über die Gründungssituation als Kombination unterschiedlicher Gründungselemente, die in umfangreichen Abstimmungen aller Planungsbeteiligten iterativ erarbeitet wurde.

Je nach Lastanordnung und Anordnung von aussteifenden Elementen werden Lasten aus dem Hochbau teilweise in die verhältnismäßig steifen Wände der Technikschächte eingeleitet und teilweise in die verhältnismäßig weiche Bohrpfahlgründung, für deren Aktivierung entsprechende Verformungen unabdingbar sind. Die Ausführungsplanung des Hochbaus ist zur vereinfachten Planung der technischen Gebäudeausstattung dem Generalplaner des Ausbaus zugewiesen. Allerdings ergeben sich daraus besondere Herausforderungen bei der Erstellung der Ausführungsplanung für die jeweiligen Rohbauten unter und über Tage. Vertragliche Schnittstellenabgrenzungen der einzelnen Fachplaner sowie die unterschiedlichen Zeitpunkte, zu denen einzelne Fachplaner in den Prozess der Ausführungsplanung einsteigen, schaffen Konfliktpotenziale. Zeitintensive Abstimmungsprozesse bis hin zur Diskussion über Planungsgrundlagen, die terminlich bedingt parallel zur eigentlichen Erstellung der ersten Ausführungspläne erfolgen müssen, hemmen den Planungsfortschritt und binden Planungskapazitäten bei allen Planungsbeteiligten in erheblichem Maß.

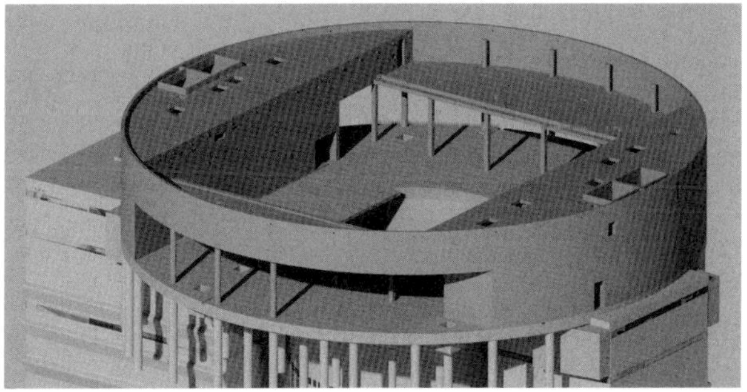

Bild 30. 3D-Darstellung Hochbau Empfangsgebäude Zentrale Zugangsanlage (Quelle: Werner und Balci GmbH)

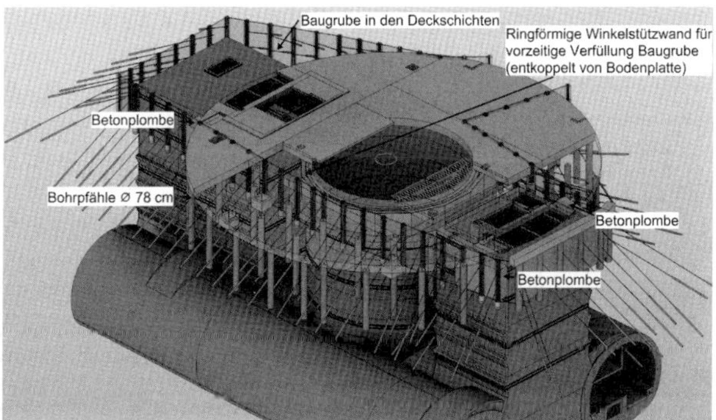

Bild 31. 3D-Darstellung Gründungssituation Empfangsgebäude Zentrale Zugangsanlage (Quelle: Ed. Züblin AG, Zentrale Technik)

Für den Herstellungsbeginn der technischen Gebäudeausstattung in den untertägigen Technikräumen ist ein weitestgehend trockener Rohbau und damit zumindest die Fertigstellung der Bodenplatte des Empfangsgebäudes eine zwingende Voraussetzung. Abweichend von der ursprünglich vorgesehenen Rohbauschnittstelle soll zur terminlichen Optimierung bei den Folgegewerken ein früher Beginn der technischen Gebäudeausrüstung im Herzstück des späteren Fernbahnhofs – der Zentralen Zugangsanlage – ermöglicht werden.

Diese Optimierung führt dazu, dass das Empfangsgebäude nicht wie ursprünglich vorgesehen nach Abschluss der untertägigen Rohbauarbeiten ausgeführt werden kann, sondern bereits parallel zu den noch laufenden Arbeiten unter Tage erstellt werden muss, woraus eine Vielzahl an Abhängigkeiten zu den weiteren Rohbauarbeiten entsteht.

Für den Beginn der Rohbauarbeiten am Empfangsgebäude ist es unabdingbar, den in den Deckschichten hergestellten Baugrubenbereich der Zugangsanlage nach Fertigstellung der Technikschächte wieder zu verfüllen. Eine weitere Voraussetzung ist die Fertigstellung des Kreisschachts. Da der Rundschacht aufgrund der in [1] beschriebenen Umstände und der in Abschnitt 6 beschriebenen Optimierung der Arbeiten unter Tage erst zu einem späteren Zeitpunkt ausgeführt wird, ist es erforderlich, für eine vorgezogene Verfüllung der Baugrube eine Stützkonstruktion in Form einer Winkelstützwand auf den vorhandenen Schachtausbruch aufzusetzen. Lasten aus dieser Winkelstützwand, der zugehörigen Verfüllung der Baugrube, dem Baubetrieb zur Herstellung der Bohrpfahlgründung sowie Lasten aus dem Rohbau selbst werden nun zu einem wesentlich früheren Zeitpunkt auf die darunterliegenden Bauwerke aufgebracht und müssen im Einklang mit den parallel voranschreitenden Ausbauzuständen in den Stationsröhren bauphasenbezogen nachgewiesen werden. Bild 32 zeigt die Arbeiten an der zusätzlichen Winkelstützwand als Vorbereitung für eine vorgezogene Baugrubenverfüllung.

Als weitere Folge der vorgezogenen Rohbauarbeiten am Empfangsgebäude müssen Teile der Baustelleneinrichtung auf dem eigentlichen Baufeld dem Gebäude weichen. Die restlichen Flächen teilen sich die untertägigen, die übertägigen und ab einem gewissen Zeitpunkt die Ausbaugewerke untereinander auf. Zugunsten eines optimierten Bauablaufs bei den Folgegewerken ergeben sich vor allem für die untertägigen Baubereiche erhebliche Auswirkungen infolge der veränderten Gesamtlogistik. Aufgrund der Bauaktivitäten an der Geländeoberflä-

Bild 32. Winkelstützwand als nachträgliche Verlängerung des Rundschachtverbaus in der Baugrube der Deckschichten (Quelle: Arge NBS Flughafentunnel)

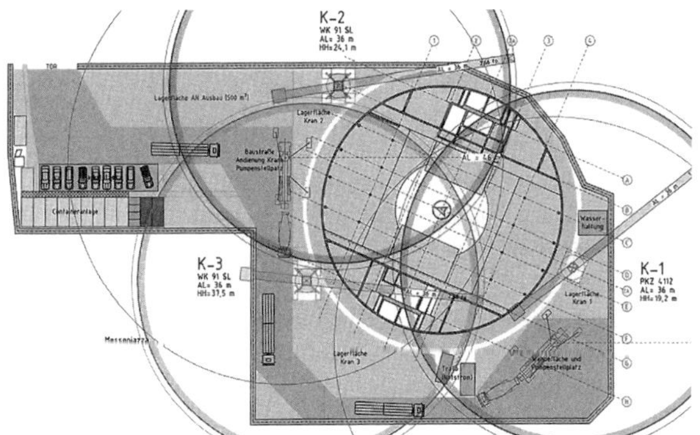

Bild 33. Baubereich Empfangsgebäude inkl. Hochbaukranstandorte (Quelle: Arge NBS Flughafentunnel)

che kann z. B. der Ausbruch der untertägigen Übergangsbereiche nicht mehr über den Rundschacht vonstattengehen, sondern muss unter Behinderung der Ausbauarbeiten unter Tage über zumindest eine der Tunnelröhren erfolgen. Absolut notwendige einzelne Hebevorgänge über den Rundschacht der Zentralen Zugangsanlage müssen unter Betrachtung neuer, an den Rohbau des Empfangsgebäudes angepasster Kranstandorte mit entsprechend größeren Lastmomenten durchgeführt werden, um den Ablauf der untertägigen Ausbauarbeiten nicht in Gänze zu gefährden (Bild 33).

8 Zugang Ost

Was die Zentrale Zugangsanlage für den Betrieb des Fernbahnhofs ist, ist der Zugang Ost – zumindest dessen temporärer Zugangsschacht – für die Phase der Rohbauarbeiten: das Herzstück. Die gesamte Baulogistik für den Bau der Stationsröhren, aber auch für wesentliche Abschnitte des Zulaufs Ost, erfolgt über den temporären Zugangsschacht Ost. Um terminliche Folgen aus einer Verzögerung im Planfeststellungsprozess zu reduzieren, wurde die Ausführungsplanung des temporären Zugangsschachts Ost durch den Auftraggeber vorgezogen erstellt. Damit konnte unmittelbar nach Erteilung des Rohbauauftrags mit der Bauausführung an diesem Schlüsselbauwerk begonnen werden. In den restlichen Baubereichen war die Aufnahme der Arbeiten dagegen erst mit der rohbaubegleitend zu erstellenden Ausführungsplanung möglich.

Aufgrund dieser Schlüsselfunktion für die Baulogistik ist vorgesehen, das eigentliche Ingenieurbauwerk in der Schachtbaugrube erst in einer vergleichsweise späten Bauphase zu erstellen. Durch den Bau der eigentlichen Zugangsanlage in dem für baulogistische Zwecke konzipierten temporären Schacht entstehen zu den benachbarten Röhren keine weiteren statischen Abhängigkeiten. Allerdings muss mit Herstellungsbeginn der Zugangsanlage die Baulogistik der restlichen Tunnelabschnitte nach und nach auf die Portale westlich und östlich der Zulaufröhren umgelegt werden. Mit dem zu einem späten Zeitpunkt im Bauablauf vorgesehenen Herstellungsbeginn war auch zunächst ein späterer Planungsbeginn vorgesehen. Dieser Umstand

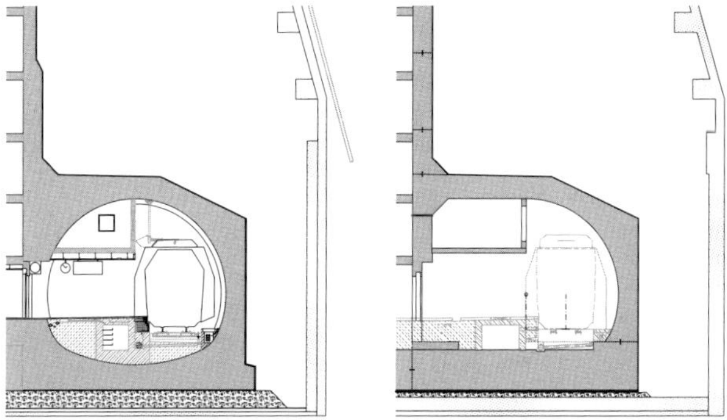

Bild 34. Vergleich Zugangsanlage Ost auf Bahnsteigebene ohne (links) bzw. mit (rechts) Auswirkung der Bahnsteigverlängerung auf den Gewölbequerschnitt im Bereich der Entrauchungskanäle (Quelle: Ed. Züblin AG, Zentrale Technik)

kam der zwischenzeitlich vorangeschrittenen politischen Entscheidung, die beiden Bahnsteigröhren um jeweils rund 30 m zu verlängern, entgegen. Die Festlegung hierzu hatte aus betriebstechnischen Gründen einen Einfluss auf die Geometrie der Zugangsanlage. Bereits kurz nach Beginn der Planungsleistungen konnten damit erforderliche Änderungen in einem intensiven Abstimmungsprozess mit allen Beteiligten präzisiert und in der laufenden Ausführungsplanung berücksichtigt werden. Bild 34 zeigt beispielhaft die Erweiterung der Entrauchungskanäle infolge der Längenanpassungen.

Bei der Zugangsanlage Ost handelt es sich um einen mittig zwischen den beiden Tunnelröhren angeordneten Gebäudekern, der bis an die Geländeoberfläche führt und neben Aufzügen und Treppenhaus zusätzlich Entrauchungskanäle über vier weitere, vertikal angeordnete Entrauchungsschächten beinhaltet. Die Besonderheit hierbei ist, dass aufgrund der geometrischen Abhängigkeiten der späteren Nutzungsaufteilung innerhalb des Gebäudekerns sowie aufgrund der jeweiligen Anbindung der einzelnen Nutzungsbereiche an die beiden Stationsröhren keinerlei durchgängige Bewegungs-/Pressfuge angeordnet

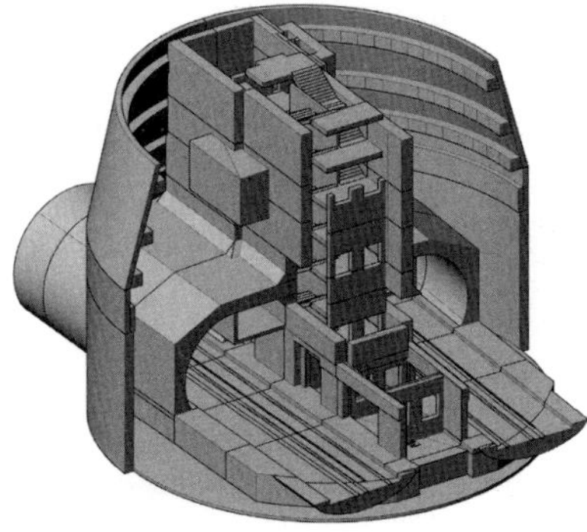

Bild 35. 3D-Darstellung der Zugangsanlage Ost inklusive Teilabschnitten der Stationsröhren (Quelle: Ed. Züblin AG, Zentrale Technik)

werden kann. Infolgedessen wird die gesamte Zugangsanlage Ost als später monolithisches Bauwerk über beide Tunnelröhren inklusive des Gebäudekerns hergestellt. Bild 35 zeigt die Lage der späteren Zugangsanlage im temporären Schacht Ost.

Als weitere Besonderheit bei diesem Bauwerk gelten die vier Übergangsbereiche zu den bergmännisch aufgefahrenen Stationsröhren, die an diese mittels einer als Bewegungsfuge konzipierten Blockfuge anschließen. Durch die Herstellung eines viereckigen monolithischen Bauwerks in einem kreisrunden Schacht ergeben sich geometrische Zwangspunkte in den Eckbereichen des Bauwerks. Der temporäre Schacht Ost besteht in den unteren zwei Dritteln aus einem zylindrischen Schacht mit rund 45 m Durchmesser. Das obere Drittel verjüngt sich parallel zu den Stationsröhren in Form einer Ellipse, um einerseits der Belegung der Oberfläche gerecht zu werden, aber andererseits in Achsrichtung des Gebäudekerns ausreichend Freiraum für die Herstellung des langgezogenen Kerns bereitzustellen. Als Folge ergibt sich auf Ebene der Stationsröhren in den vier Eckbereichen des Bauwerks die Situation, dass die Wandungen des temporären Rundschachts in die sich an der Länge des Gebäudekerns orientierende rechteckig ausgebildete Grundfläche der Zugangsanlage einschneiden. Die damit entstehenden schleifenden Übergänge in die bergmän-

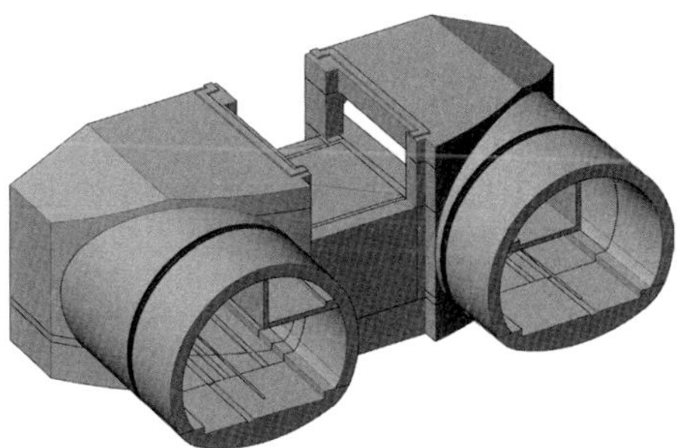

Bild 36. 3D-Darstellung eines Übergangsbereichs zwischen Zugang Ost und Stationsröhre (Quelle: Ed. Züblin AG, Zentrale Technik)

nischen Stationsröhren erzeugen durch ihre Verschneidung mit dem Tunnelquerschnitt insgesamt vier Stummelabschnitte, die an der monolithischen Zugangsanlage mit angehängt sind (Bild 36).

Der Vollständigkeit halber sei erwähnt, dass auch für die Zugangsanlage Ost bereits zu Beginn der Ausführungsplanung umfangreiche Abstimmungen zur späteren Baugrubenverfüllung erfolgten. Die Dimensionen der Zugangsanlage erforderten die schichtenabhängige Auswahl von Verfüllmaterialien, um die vonseiten des Amts für Umweltschutz gestellten Wasserdurchlässigkeiten sicherzustellen. Bedingt durch die Geometrie des Gebäudekerns wurden die Ergebnisse dieser Abstimmungen bei der Zuordnung von Bodenkennwerten zugrunde gelegt, um damit u.a. realitätsnahe Bettungsansätze bereits bei der Bemessung berücksichtigen zu können.

9 Planungsprozess

Im Oktober 2019 wurden die Entwurfsunterlagen sowie eine vorgezogene Ausführungsplanung für die Ausbruch- und Sicherungsplanung für den temporären Zugangsschacht Ost und die offene Bauweise der Zulaufstrecke West inklusive Massivbau von der DB PSU GmbH an die Arge übergeben. Mit der Erstellung der gesamten Ausführungsplanung für die Ingenieurbauwerke wurde die Ed. Züblin AG, Zentrale Technik, seitens der Arge beauftragt. Teile der Ausbruchs- und Sicherungsplanung sowie die statischen Nachweise für die zentrale Zugangsanlage, die Stationsröhren und die Verbindungsbauwerke in den Stationsröhren wurden an die WBI GmbH vergeben.

Neben der DB PSU GmbH als Auftraggeber und deren Fachdiensten sind als weitere Projektbeteiligte die Autobahn GmbH des Bundes, die Flughafen Stuttgart GmbH, die Messe Stuttgart, die Bauüberwachung, diverse Sachverständige und Gutachter, die Prüfingenieure, die Bauvorlageberechtigten sowie der Generalplaner der Ausbaugewerke zu nennen.

Die Prüflaufzeit nach Verwaltungsvorschrift Bau (VV Bau) beträgt 111 Arbeitstage und nach Straßenbauverwaltung (SBV) 123 Arbeitstage. Zur Abstimmung und Klärung offener Planungsthemen finden wöchentliche Routinen mit Auftraggeber, Arge Planer, Bauüberwachung, Prüfsachverständigen des Eisenbahnbundesamtes (EBA-PSV) und nach Erfordernis auch anderen Sachverständigen statt. Des Weiteren finden wöchentliche Schnittstellenbesprechungen mit Auftraggeber, Arge-Planer und Planer Ausbau statt sowie zahlreiche Termine zu konkreten Einzelthemen.

Als besondere Herausforderungen im Planungsprozess zu nennen sind:

- ein enger Terminplan mit z. T. kurzen Vorlaufzeiten für den Planungsprozess,
- eine Vielzahl von parallel zu planenden Bauwerken,
- die damit verbundene Schnittstellenkoordination,
- die vorgelagerte Erstellung einer Ausführungsplanung für die zu Beginn herzustellenden terminkritischen Bauwerke.

Die übliche Abwicklung einer Baumaßnahme inklusive Erstellung der Ausführungsplanung verläuft in Bezug auf ihren Kapazitätsbedarf „glockenförmig". Nach kurzfristiger Abstimmung der Planungsgrundlagen zu den ersten terminkritischen Bauteilen erfolgt parallel zur Erstellungs- und Genehmigungsphase die hierfür notwendige Ausführungsplanung sowie die strukturierte Klärung und Abstimmung zu den weiteren, in Ihrer Anzahl umfangreicheren Planungsbereichen. Insbesondere mit der vorgezogenen Erstellung der Ausführungsplanung zu diesen ersten terminkritischen Bauteilen vor Zustandekommen des Bauvertrags wird für die umfangreiche Anzahl der restlichen Planungsbereiche die Vorlaufzeit für eventuell erforderliche Vorabstimmungen um mehrere Monate verkürzt. Die erforderliche Klärung eventueller Lücken und Widersprüche einer Entwurfsplanung wirkt sich damit vermehrt zeitkritisch auf den weiteren Planungs- und Bauterminplan aus, da die ansteigende Kurve der Planungsleistung in eine zeitliche Lage „vor Beauftragung" vorverlegt wird und damit für die Hochphase der Planungsleistung kein ausreichender Zeitraum für ggf. erforderliche Abstimmungsprozesse mehr vorhanden ist.

Aus den Fortschreibungen der Entwurfsplanung im Stationsbereich und der Zugangsschächte (TEH 306) bei laufender Ausführungsplanung nach Vergabe der Ausbauplanung durch die DB PSU an Dritte sowie den Anpassungen des Entwurfs (PÄV4) mit 30 m Stationsverlängerung und zukünftiger Anbindung des Pfaffensteigtunnels (TEH 312) resultierten intensive Abstimmungsbedürfnisse zwischen allen Beteiligten. Diese Art der „baubegleitenden Planung" bindet in erheblichem Umfang Ingenieurskapazitäten und beeinflusst wesentlich auch den Planungs- und Bauprozess.

Des Weiteren weisen sämtliche Schachtbauwerke sehr komplexe, statisch hoch beanspruchte Verschneidungsgeometrien auf. Dies hat zur Folge, dass jede Änderung – wie z. B. zusätzliche Aussparungen – oder auch Anpassung des Bauablaufs infolge des Planungsprozesses weitreichende zeitintensive statische Untersuchungen des Gesamtbauwerks zur Folge hat.

Diese Komplexität zeigt sich auch bei der Erstellung der Schal- und Bewehrungspläne. Manche der Bauteile befinden sich aufgrund der Geometrie, des Bauablaufs und der Bewehrungsgehalte an der Grenze des Machbaren. Nur mit sehr viel Wissen, Erfahrung und Engagement aller Beteiligten ist es bisher unter erheblichem Zeit- und Ressourcenaufwand gelungen, auch bautechnisch ausführbare Lösungen zu finden.

10 Fazit

Der unterirdisch gelegene Fernbahnhof am Flughafen Stuttgart besteht aus zwei ca. 430 m langen Einzelröhren, drei Schachtbauwerken und fünf Verbindungsbauwerken. In seiner räumlichen Ausdehnung nimmt er lediglich einen Bruchteil des gesamten Leistungsumfangs der Arbeitsgemeinschaft Flughafentunnel in Anspruch. In seiner Komplexität hingegen ist er das Herzstück der gesamten Flughafenanbindung und erfordert die gesamte Palette der Ingenieurskunst im Bauwesen. Die zwischenzeitlich etablierten Building-Information-Modelling- (BIM-)Arbeitsweisen in Entwurf und Ausführung sind bei den Planungsleistungen dabei unverzichtbar. Langjährige Erfahrung in praktischer Bautätigkeit kann dadurch aber nicht ersetzt werden. Einerseits lassen sich bei der dreidimensionalen Planung einzelne Querschnitte leicht miteinander verschneiden und mithilfe von FE-Berechnungen unter statischen Gesichtspunkten nachweisen. Andererseits bedarf es derselben Werkzeuge, um die damit entworfenen Bauwerke in die Realität umzusetzen. Konkret sind einzelne Bereiche des Fernbahnhofs ohne die Anwendung von dreidimensionalen Planungs- und Berechnungstools nicht mehr in eine Ausführungsplanung zu übersetzen. Am Ende führt der oben beschriebene Fortschritt in digitalen Planungstools zu bautechnisch und baubetrieblich hochkomplexen Bauwerksstrukturen. In der Realität entsteht dabei ein hoher Aufwand, um unsymmetrische Geometrieverschneidungen in Überlagerung mit Bewehrungsgehalten > 300 kg/m^2 in untertägigen Bauweisen zu realisieren.

Mit zunehmender Bearbeitungstiefe treten bei einem derart komplexen Bauwerk immer mehr Kollisionsthemen betreffend Normen und Regelwerke, erforderliche Betonstahlmengen, Bautoleranzen und Überhöhungen etc. auf. Diese sind nicht nur in den lokal zuständigen Teams einzelner Baubereiche zu lösen, sondern tangieren übergeordnet alle Teams des Gesamtbauwerks. Weiterer Input Dritter – sei es durch die parallel fortschreitende Ausführungsplanung der Ausbaugewerke oder auch durch parallele politische Entscheidungen – erhöhen den erforderlichen Abstimmungsbedarf exponentiell. Iterative Prozesse zwischen dem Planungsinput Dritter, der Bemessung, der Arbeitsvorbereitung und der Baulogistik sind die Folge und beanspruchen alle am Bau Beteiligten. Einzig durch das themenübergreifende Zusammenführen von Fachkompetenz aus allen Themenbereichen in Verbindung mit der Erfahrung aller Beteiligten lassen sich diese Herausforderungen bewältigen. Ein partnerschaftlicher Umgang zwischen allen Beteiligten ist dabei der Schlüssel zum Erfolg, was der bisherige Baufortschritt im gesamten Stationsbauwerk bestätigt.

Literatur

[1] Wittke, M. et al. (2021) *Flughafentunnel – Hohlraumbau in vorbelasteten Tonsteinen des Lias α,* Taschenbuch für den Tunnelbau 2022, Deutsche Gesellschaft für Geotechnik e. V. (Hrsg.), Berlin: Ernst & Sohn.

[2] Berghorn, R. et al. (2021) *Untertägige Anbindung des Flughafens Stuttgart an die Neubaustrecke Stuttgart–Ulm,* Vortrag anlässlich des 6. Felsmechanik- und Tunnelbautags im Rosengarten in Mannheim am 10.06.2021, Weinheim: WBI-PRINT 23.

[3] Wittke-Gattermann, P. et al. (2023) *Flughafen Zentraler Zugang, Vergleich Messergebnisse und Prognosen, Beeindruckende Entwicklung der Felsmechanik,* Vortrag anlässlich des 8. Felsmechanik- und Tunnelbautags im WBI-Center in Weinheim am 22.06.2023, Weinheim: WBI-PRINT 25.

Tunnelbaubedarf

1 Erd- und Gesteinsarbeiten

1.2 Untersuchungen des Untergrundes

Explorations-Bohrgeräte

- Epiroc Deutschland GmbH
  D-45143 Essen
  www.epiroc.com

1.3 Messungen/Monitoring

Vermessungszubehör für Deformationsmessungen

- GOECKE GmbH & Co. KG
  D-58332 Schwelm
  www.goecke.de

1.4 Bohrmaschinen, Bohrausrüstungen, Sprengtechnik

Bohrwagen und Bohrwerkzeuge/ Vielzweckbohrgeräte/ Seilkernrohre

- Epiroc Deutschland GmbH
  D-45143 Essen
  www.epiroc.com

1.5 Vortriebs- und Lademaschinen (geschlossene Bauweise)

- Epiroc Deutschland GmbH
  D-45143 Essen
  www.epiroc.com

Lufttechnische Anlagen zur Entstaubung und Belüftung sowie zur Kühlung und Erwärmung von Luft für den Berg- und Tunnelbau

- CFT GmbH Compact Filter Technic
  D-45768 Marl
  www.cft-gmbh.de

1.6 Baumaschinen (offene Bauweise)

- Epiroc Deutschland GmbH
  D-45143 Essen
  www.epiroc.com

1.7 Brunnenbau

Brunnenbohrgeräte

- Epiroc Deutschland GmbH
  D-45143 Essen
  www.epiroc.com

2 Transporteinrichtungen

2.1 Gleislose Fahrzeuge

Gleislosfahrzeuge

- D-Epiroc Deutschland GmbH
  45143 Essen
  www.epiroc.com

2.2 Schienenfahrzeuge und Zubehör

Gleisgebundene Transportmittel

- Epiroc Deutschland GmbH
  D-45143 Essen
  www.epiroc.com

2.3 Förderbänder und Zubehör

Transportbänder

- Continental Conveying Solutions
  D-37154 Northeim
  www.continental-industry.com

3 Tunnelausbau

Injektionen

- DMI Injektionstechnik GmbH
  D-12349 Berlin
  www.d-m-i.net

3.1 Injektionen und Gebirgsanker

Gebirgsanker/Ankerbohr- und -setzgeräte/ Injektionsausrüstungen

- Epiroc Deutschland GmbH
  D-45143 Essen
  www.epiroc.com

Injektionsmaterialien

- Master Builders Solutions GmbH
  A-8670 Krieglach
  www.master-builders-solutions.at

3.3 Betonausbau

Spritzbetonbausbau

- Bekaert, NV Bekaert SA
  B-8550 Zwevegem
  www.bekaert.com

- Master Builders Solutions GmbH
  A-8670 Krieglach
  www.master-builders-solutions.at

3.4 Stahlausbau, Tübbingausbau

- Bekaert, NV Bekaert SA
  B-8550 Zwevegem
  www.bekaert.com

3.6 Tunnelabdichtungen

► Master Builders Solutions GmbH
A-8670 Krieglach
www.master-builders-solutions.at

Abdichtungsberatung

► Prof. Dr.-Ing. Dieter Kirschke GmbH & Co. KG
D-76275 Ettlingen
www.prof-kirschke.de

Abdichtungsberatung Injektionstechnik

► DESOI GmH
Hersteller von Injektionstechnik
D-36148 Kalbach/Rhön
www.desoi.de

4 Belüftung beim Vortrieb

Hochwertige Ventilatoren zur Be- und Entlüftung für den Berg- und Tunnelbau mit Laufraddurchmessern von 300 mm bis 4500 mm

► CFT GmbH Compact Filter Technic
D-45768 Marl
www.cft-gmbh.de

4.1 Sonderbelüftung

Bewetterungssysteme für den Berg- und Tunnelbau

► Epiroc Deutschland GmbH
D-45143 Essen
www.epiroc.com

9 Arbeitsschutz

Lufttechnische Anlagen zur Entstaubung und Belüftung sowie zur Kühlung und Erwärmung von Luft für den Berg- und Tunnelbau

► CFT GmbH Compact Filter Technic
D-45768 Marl
www.cft-gmbh.de

10 Tunnelbetrieb

10.5 Sicherheitseinrichtungen

Brandgasventilatoren

► CFT GmbH Compact Filter Technic
D-45768 Marl
www.cft-gmbh.de

Türen und Tore

► BUCHELE GmbH
D-73061 Ebersbach/Fils
www.buchele.de

Türen, Tore und Nischen

► HODAPP GmbH & Co. KG
D-77855 Achern-Großweier
www.hodapp.de

10.8 Bauwerksüberwachung/Monitoring

Vermessungszubehör für Deformationsmessungen

► GOECKE GmbH & Co. KG
D-58332 Schwelm
www.goecke.de

11 Tunnelbautechnische Beratung für Planung, Bau und Sanierung

Beraten – Planen – Überwachen

- Ingérop Deutschland GmbH
  Dillwächterstr. 5
  D-80686 München
  www.ingerop.de

  Die Schwesterunternehmen EDR GmbH, Codema International GmbH und Ingérop Deutschland Consulting GmbH verschmelzen 2024 zur Ingérop Deutschland GmbH.

- SOCOTEC Deutschland Holding GmbH
  D-20095 Hamburg
  www.socotec.de

- ZPP INGENIEURE AG - A SOCOTEC COMPANY
  D-44801 Bochum
  www.zpp.de

Innovative Expertenlösungen und Engineering zum Thema Luft am Arbeitsplatz für den Berg- und Tunnelbau

- CFT GmbH Compact Filter Technic
  D-45768 Marl
  www.cft-gmbh.de

Planer für Lüftung, Aerodynamik und Sicherheit

- HBI Haerter GmbH / AG
  D-89522 Heidenheim (Deutschland) / 8052 Zürich (Schweiz)
  www.hbi.eu

Tunnelbautechnische Beratung für Entwurf und Ausführung – Konventionell und TBM

- HOCHTIEF Infrastructure GmbH
  D-45133 Essen
  www.hochtief-infrastructure.de

► Prof. Dr.-Ing. Dieter Kirschke GmbH & Co. KG
D-76275 Ettlingen
www.prof-kirschke.de

Tunnelbautechnische Beratung und Planung, geotechnische Erkundung, Bauüberwachung

► Baugrundinstitut Franke-Meißner und Partner GmbH
D-65205 Wiesbaden-Delkenheim
www.bfm-wi.de

Untersuchung, Beratung, Planung, Überwachung, Berechnung im Bereich Tunnelbau/Geotechnik, Geologie, Umwelt, Bauwesen und verwandte Gebiete

► gbm Gesellschaft für Baugeologie und -meßtechnik mbH
Baugrundinstitut
D-76275 Ettlingen
www.gbm-baugrundinstitut.de

12 Befestigung

Tunnelausbaubefestigungen & Schwerlastsonderkonstruktionen aus Edelstahl Rostfrei bis Korrosionsschutzklasse V

► Wilhelm Modersohn GmbH & Co. KG (Teil von Leviat)
D-32139 Spenge
www.modersohn.eu

14 Mess- und Prüfgeräte/-einrichtungen

Vermessungszubehör für Deformationsmessungen

► GOECKE GmbH & Co. KG
D-58332 Schwelm
www.goecke.de

Inserentenverzeichnis

A

AUGUST REINERS Bauunternehmung GmbH
Frankfurter Ring 213, D-80807 München
Telefon 089 32361-4, Telefax 089 32361-510
tunnelbau@hegemann-reiners.de, www.hegemann-reiners.de
(s. Anzeige Seite 5)

B

BabEng GmbH
Einsiedelstraße 28, D-23554 Lübeck
Telefon 0451 4866780
contact@babeng.com, www.babeng.de
(s. Anzeige Seite 461)

Baugrundinstitut Franke-Meißner und Partner GmbH
Max-Planck-Ring 47, D-65205 Wiesbaden-Delkenheim
Telefon 06122 9562-0, Telefax 06122 9562-34
info@bfm-wi.de, www.bfm-wi.de

Bekaert, NV Bekaert SA
Bekaertstraat 2, B-8550 Zwevegem
Telefon +41 76 280 60 55
infobuilding@bekaert.com, www.bekaert.com

BPA GmbH
Behringstraße 12, D-71083 Herrenberg-Gültstein
Telefon 07032 89399-0, Telefax 07032 89399-29
info@BPA-waterproofing.com, www.BPA-waterproofing.com
(s. Anzeige Seite 11)

BUCHELE GmbH
Industriestraße 3, D-73061 Ebersbach/Fils
Telefon 07163 1001-0, Telefax 07163 1001-44
info@buchele.de, www.buchele.de

BUNG Unternehmensgruppe
Englerstraße 4, D-69126 Heidelberg
Telefon 06221 306-0
info@bung-gruppe.de, www.bung-gruppe.de
(s. Anzeige Seite III)

C

CFT GmbH Compact Filter Technic
Neckarstraße 23, D-45768 Marl
Telefon 02365 8726-0, Telefax 02365 8726-900
mail@cft-gmbh.de, www.cft-gmbh.de

ContiTech Transportbandsysteme GmbH
Breslauer Straße 14, D-37154 Northeim
Telefon 05551 702-0, Telefax 05551 702-504
mailservice@contitech.de, www.continental-industry.com
(s. Anzeige Seite XI)

D

DESOI GmbH
Gewerbestraße 16, D-36148 Kalbach/Rhön
Telefon 06655 9636-0, Telefax 06655 9636-6666
info@desoi.de, www.desoi.de
(s. Anzeige Seite 111)

DMI Injektionstechnik GmbH
Warmensteinacher Straße 60, D-12349 Berlin
Telefon 030 4174423-40, Telefax 030 4174423-44
info@d-m-i.net, www.d-m-i.net
(s. Anzeige Seite 9)

E

Epiroc Deutschland GmbH
Helenenstraße 149, D-45143 Essen
Telefon 0201 2177-0, Telefax 0201 2177-454
kontakt@epiroc.com, www.epiroc.com
(s. Anzeige Seite 3)

G

gbm Gesellschaft für Baugeologie und –meßtechnik mbH
Baugrundinstitut
Pforzheimer Straße 128 b, D-76275 Ettlingen
Telefon 07243 7632-0, Telefax 07243 7632-50
www.gbm-baugrundinstitut.de

GEOCONSULT ZT GmbH
Wissenspark Salzburg Urstein
Urstein Süd 13, A-5412 Puch bei Hallein
www.geoconsult.com
(s. Lesezeichen)

GOECKE GmbH & Co. KG
Ruhrstraße 38, D-58332 Schwelm
Telefon 02336 4790-0, Telefax 02336 4790-10
info@goecke.de, www.goecke.de
(s. Anzeige gegenüber Haupttitelseite)

H

Hailo-Werk Rudolf Loh GmbH & Co. KG
Daimlerstraße 2, D-35708 Haiger
Telefon 02773 82-0, Telefax: 02773 82-1218
professional@hailo.de, www.hailo-professional.de
(s. Anzeige Seite 253)

HBI Haerter GmbH / AG
Friedrich-Ebert-Straße 25, D-89522 Heidenheim
Telefon +49 7321 982310
info.hdh@hbi.eu
Bahnhaltenstraße 7, CH-8052 Zürich
Telefon +41 44 2893900
info.zh@hbi.ch, www.hbi.eu

Herrenknecht AG
Schlehenweg 2, D-77963 Schwanau
Telefon 07824 302-0, Telefax 07824 3403
info@herrenknecht.de, www.herrenknecht.de
(s. Anzeige auf U2 und gegenüber U2)

HOCHTIEF Infrastructure GmbH
Alfredstraße 236, D-45133 Essen
Telefon 0201 824-0
www.hochtief-infrastructure.de
(s. Anzeige Seite 55)

HODAPP GmbH & Co. KG
Großweierer Straße 77, D-77855 Achern-Großweier
Telefon 07841 6006-0, Telefax 07841 6006-10
info@hodapp.de, www.hodapp.de

I

iC consulenten Ziviltechniker GesmbH
Schönbrunner Straße 297, A-1120 Wien
Telefon +43 1 52169-0
office@ic-group.org
Zollhausweg 1, A-5101 Salzburg/Bergheim
Telefon +43 662 450773
officesalzburg@ic-group.org, www.ic-group.org
(s. Anzeige Seite 151)

IMM Maidl & Maidl, Beratende Ingenieure GmbH & Co. KG
Universitätsstraße 142, D-44799 Bochum
Telefon 0234 97077-0, Telefax 0234 97077-88
info@imm-bochum.de, www.imm-bochum.de
(s. Anzeige Seite 508)

Implenia AG
Thurgauerstrasse 101A, CH-8152 Glattpark (Opfikon)
Telefon +41 58 4747474
info@implenia.com, www.implenia.com
(s. Anzeige Seite IV)

Ingérop Deutschland GmbH
Dillwächterstraße 5, D-80686 München
www.ingerop.de (s. Anzeige Seite 7)

Die Schwesterunternehmen EDR GmbH, Codema International GmbH und Ingérop Deutschland Consulting GmbH verschmelzen 2024 zur Ingérop Deutschland GmbH.

K

Prof. Dr.-Ing. Dieter Kirschke GmbH & Co. KG
Gutenbergstraße 9, D-76275 Ettlingen
Telefon 07243 79071, Telefax 07243 31418
prof.kirschke@t-online.de, www.prof-kirschke.de

M

Master Builders Solutions GmbH
Roseggerstraße 101, A-8670 Krieglach
Telefon +43 720 317517
office.austria@masterbuilders.com,
www.master-builders-solutions.at

Messe Berlin GmbH - InnoTrans
Messedamm 22, D-14055 Berlin, Germany
Telefon +49 30 3038-2034
www.innotrans.de, erik.schaefer@messe-berlin.de
(s. Lesezeichen)

O

ÖSTU-STETTIN Hoch- und Tiefbau GmbH
Münzenbergstraße 38, A-8700 Leoben
Telefon +43 3842 42523 Telefax +43 3842 42523-142
schalungsbau@oestu-stettin.at, www.oestu-stettin.at
(s. Anzeige Seite 52)

S

Sika Deutschland GmbH
Kornwestheimer Straße 103-107, D-70439 Stuttgart
Telefon 0711 8009-0, Telefax 0711 8009-321
info@de.sika.com, www.sika.de
(s. Anzeige Seite XIII)

SOCOTEC Deutschland Holding GmbH
Spitalerstraße 4, D-20095 Hamburg
Telefon 040 3347537-2900, Telefax 040 3347537-2901
info@socotec.de, www.socotec.de

U

Unternehmensgruppe BUNG
Englerstraße 4, D-69126 Heidelberg
Telefon 06221 306-0
info@bung-gruppe.de, www.bung-gruppe.de
(s. Anzeige Seite III)

V

Vössing Ingenieurgesellschaft mbH
Brunnenstraße 29-31, D-40223 Düsseldorf
Telefon 0211 9054-5
Alte Wittener Straße 70, D-44803 Bochum
Telefon 0234 546837-10
tunnel@voessing.de, www.voessing.de
(s. Anzeige Seite VII)

W

Wilhelm Modersohn GmbH & Co. KG (Teil von Leviat)
Industriestraße 23, D-32139 Spenge
Telefon 05225 8799-268, Telefax 05225 8799-97
info@modersohn.de, www.modersohn.eu
(s. Anzeige Seite 417)

Z

ZETCON Ingenieure GmbH
Firmenzentrale, Suttner-Nobel-Allee 15, D-44803 Bochum
Telefon 0234 92567-0, Telefax 0234 92567-1000
info@zetcon.de, www.zetcon.de
(s. Anzeige Seite IX)

ZPP INGENIEURE AG - A SOCOTEC COMPANY
Lise-Meitner-Allee 11, D-44801 Bochum
Telefon 0234 9204-0, Telefax 0234 9204-1000
info@zpp.de, www.zpp.de